# 工程应用力学

杨咸启　李晓玲　张伟林　编著

合肥工业大学出版社

**图书在版编目(CIP)数据**

工程应用力学/杨咸启,李晓玲,张伟林编著.—合肥:合肥工业大学出版社,2018.6(2021.7重印)

ISBN 978-7-5650-4041-2

Ⅰ.①工… Ⅱ.①杨…②李…③张… Ⅲ.①工程力学—应用力学 Ⅳ.①TB12

中国版本图书馆CIP数据核字(2018)第125915号

**工程应用力学**

杨咸启 李晓玲 张伟林 编著　　责任编辑 许璘琳 袁 媛

| | | | |
|---|---|---|---|
| 出 版 | 合肥工业大学出版社 | 版 次 | 2018年6月第1版 |
| 地 址 | 合肥市屯溪路193号 | 印 次 | 2021年7月第2次印刷 |
| 邮 编 | 230009 | 开 本 | 787毫米×1092毫米 1/16 |
| 电 话 | 编 辑 部:0551-62903120 | 印 张 | 29.25 |
| | 市场营销部:0551-62903198 | 字 数 | 676千字 |
| 网 址 | www.hfutpress.com.cn | 印 刷 | 安徽联众印刷有限公司 |
| E-mail | hfutpress@163.com | 发 行 | 全国新华书店 |

ISBN 978-7-5650-4041-2　　定价:72.00元

## 内容提要

本书以工程问题为主导，介绍工程力学的主要内容，包括：材料力学的基本概念、静力学基础、杆件的拉伸和压缩、连接件的剪切与挤压、圆轴扭转、梁弯曲应力与强度、梁弯曲变形与刚度、应力状态与强度理论、组合变形与强度设计、压杆稳定、动载荷应力和交变应力、能量方法与静不定系统，以及工程力学专题等。全书力图从工程实际出发，介绍工程力学的应用实例。

本书以机械、土木等相关专业的学生为读者对象，以工程力学的主干内容为脉络，介绍工程力学的知识和工程实际问题的分析方法，内容精练，工程实例丰富。亦适合从事设计的工程技术人员参考。

# 前　言

一般认为，工程力学内容是理论力学和材料力学简单的组合，其中采用力学模型化的内容比较多。我们认为，工程力学应该更深入实际，与工程实际问题紧密联系。问题应该是从实际中来（教师的任务），再回到实际中指导应用（学生的作用）。既要注重模型，更应该落实到实际问题。鉴于此，在已编著出版的《材料力学》一书的基础上，我们对其中的内容进行了整合改进，加入更多的对工程实际问题的分析，努力做到与工程实际相结合。在内容编排上，进行了大的调整，突出工程问题为主导的思想，故称本书为工程应用力学，一己之见而已。

本书针对应用型本科人才培养特点，从实际需要出发，适当地给学生介绍有关工程问题的背景，再引入工程力学的知识，更有助于训练学生思考问题的方法，提高学生掌握知识和应用知识解决问题的能力。夫兴趣者学习之动力也。通过引用更多的实例，从而提高学生的学习兴趣，为培养学生良好的素质打下基础。

2018—2019年安徽教育厅和安徽建筑大学城市建设学院的质量工程项目支持《工程应用力学》作为省级规划教材立项（2017ghjc409），并于2018年6月出版。该教材已有多所学校采用，取得比较好的效果。随着时间的推移，新的工程应用内容不断出现。为了反映工程应用发展，《工程应用力学》需要补充有关新内容，以满足应用型大学人才培养的需要。同时也需要删减繁琐的内容。2021—2022年安徽教育厅和安徽建筑大学城市建设学院（合肥城市学院）质量工程项目支持该教材作为一流教材建设立项（2020yljc034），进一步修订该教材。

利用重印的机会，经过认真仔细的修订工作，修正了原书的错误，突出了利用材料力学方法分析现代工程中的问题。新修订的全书共分为14章。静力学部分有2章，主要是刚体静力学；材料力学部分有11章，其中基本部分包括：杆件的拉伸和压缩、连接件的剪切与挤压、圆轴扭转、梁弯曲应力与强度、梁弯曲变形与刚度、应力状态与强度理论等。专题部分包括：梁的组合变形与强度设计、压杆稳定、动载荷应力和交变应力、能量方法与超静定系统、工程力学的复杂问题等。呈现在读者面前的这本教材，图文并茂，每章中介绍很多典型的工程力学实际问题例子，章后附有适量的习题供练习选用，书后附有部分习题答案，便于读者练习检查对照。本书是适合工科材料力学及工程力学等课程作为教材参考书。对于安排力学课程学时少的专业，建议只讲解基本部分的内容。专题部分的内容和带*号的章节内容是为有深入了解高等材料力学内容的读者而准备。

本书主编为杨咸启，参加编写与校对的人员有：李晓玲、张伟林。全书由杨咸启修改定稿。在编写中，得到合肥城市学院、商丘工学院、黄山学院和合肥工业大学出版社的大力支持。书中引用了参考文献中的部分资料，也有部分资料来自互联网，在此一并表示感谢。编写过程中，作者深深感到由于实际问题的复杂性，要介绍好这方面的内容十分不易，真所谓思者愈思。由于笔者水平有限，未必都能实现当初的设想。对书中存在的缺点和错误敬请读者批评指正。

**编　者**

2021 年 7 月

# 目　录

## 第二部分 材料力学之基本变形问题分析

## 第三部分　材料力学之复杂变形问题分析

## 第四部分 材料力学之专题分析

# 第1章　绪　论

随着生产的发展和科技深入的研究，工程力学得到了长足的进步。工程力学的概念、理论和方法已广泛应用于机械、冶金、航空与航天、土木、水利、船舶与海洋工程等领域。计算机技术以及实验方法和设备的飞速发展，也为工程力学的工程应用提供了强有力的手段。

工程力学是利用力学的原理来解决工程实际问题的科学。通常包括两大内容：结构静力学与材料力学。工程力学中除了介绍力学知识外，更重要的是与工程实际问题紧密相联系。因此，本书各章都从工程实例出发，建立它们的力学模型，解决工程中的力学问题。因此，工程力学是为工程建设服务并不断发展的一门基础应用科学。

## 1.1　工程力学的应用实例

从古代的建筑工程到现代的机械工程的各个领域，都包含了重要的工程力学知识和原理应用。例如，图1-1～图1-6所示的各种工程结构；又如图1-7～图1-14所示的机械设备、汽车、火车、飞机、航空母舰等。它们都包含了各种结构和部件。为了使机器和建筑物等能正常工作，必须对其组成部件进行设计，即选择合适的尺寸和材料，使之满足一定的工程要求。工程力学研究的具体对象包括：组成机器的部件，如传动轴、齿轮、机架等；组成工程结构的部件，如梁、板、柱等。这些零件和部件统称为构件。工程力学研究的就是这些构件的受力和变形行为，以及它们的强度和刚度等问题。

图1-1　山西应县木结构古塔

图1-2　古石拱桥

图1-3　大型现代水坝

图1-4　港珠澳跨海大桥

图 1-5　现代高层住宅

图 1-6　高速公路隧道

图 1-7　工业机器人

图 1-8　大型机床

图 1-9　比亚迪轿车

图 1-10　“复兴号”高速火车

图 1-11　C919 飞机

图 1-12　航空母舰

图1-13　“神州”火箭发射

图1-14　“天宫号”飞船

## 1.2　工程力学的一般问题

众所周知，经典的理论力学的基本内容包括：静力学、运动学和动力学。静力学主要研究物体受力平衡时作用力应满足的条件，求解物体平衡时的未知力等。采用物体受力的力系简化分析方法。运动学是研究物体的空间运动变化规律，采用的是运动物理量的微分与积分以及向量运算方法。动力学是研究物体时空运动变化的原因。理论力学研究的方法主要是利用伽利略的试验模型思想和牛顿总结的古典力学的方程进行分析。通常将问题中的研究对象抽象为质点、刚体、弹簧质点或弹性体等，再利用牛顿力学定律进行力、位移、速度和加速度计算。

而工程力学通常包括两大内容：结构静力学分析与材料变形力学分析。

结构静力学研究物体受力和平衡的规律。物体通常又当作为刚体对待，也就是不考虑物体受力后发生的变形。受力通常是指物体之间的相互作用，或者受到场力（重力、电磁力等）作用。而平衡是指物体在空间的位置不随时间改变或匀速运动。

结构的材料变形力学（简称材料力学）研究结构受力和变形的规律。采用的方法包括：实验、分析，最后归纳总结出力学中的最基本规律，再抽象、推理和数学演绎出理论体系。其中最典型的方法是建立物体受力的力学模型，分析物体的变形，应力。材料力学与结构设计密切相关。

工程领域中使用的各种结构在外力的作用下，会产生位移和变形，也可能发生破坏。工程力学需要解决的问题如下：

（1）强度设计问题。构件能够抵抗破坏的能力称为强度。构件在外力作用下强度不足就会发生破坏。因此设计构件时，必须使构件具有足够的强度。

（2）刚度设计问题。构件能够抵抗变形的能力称为刚度。在某些情况下，构件虽有足够的强度，但若刚度不够，即受力后产生过大的变形，也会影响正常工作。因此设计构件时，必须使构件具有足够的刚度，使其变形限制在工程允许的范围内，即不发生刚度失效。

（3）稳定性设计问题。构件在外力的作用下，保持原有的形状和平衡的能力称为稳定性。例如，受压力作用的细长直杆，当压力较小时，能够保持其直线形状的平衡，是稳定的。

但当压力过大时，直杆就不能保持直线形状下的平衡，称为失稳。因此，这类构件须具有足够的稳定性才能工作，即不发生稳定失效。

一般说来，构件的强度要求是最基本的要求，而在有些情况下，才会对构件提出刚度要求。对于稳定性问题，某些构件只有在一定的压力情况下才会出现。

为了满足构件工程使用要求，必须从理论上分析计算构件受到外力作用产生的内力、应力和变形，建立构件的强度、刚度和稳定性计算方法。另外，构件的强度、刚度和稳定性与材料的力学性质有密切的关系，而材料的力学性质需要通过试验来确定。

工程力学的任务就是从理论和试验两个方面，研究构件由于外力引起的内力、应力和变形，在此基础上进行构件的强度、刚度和稳定性计算，以便合理地选择构件的材料和尺寸。

在选择构件的材料和尺寸时，当然还要考虑经济性要求，即尽量使用成本低的材料和降低材料的消耗。但是为了安全，又希望构件的材料质量高、尺寸大。这两者之间存在着一定的矛盾，工程力学正是在解决这些矛盾中产生并不断发展的。必须指出，要完全解决这些问题，还应考虑工程上的其他问题，如可制造性与可施工性。工程力学只是提供一种基本的理论基础和分析方法。

## 1.3 静力学基本公理

工程结构静力学的任务之一是对结构的静态受力与平衡进行分析。因此，首先必须了解结构承受的外力和支撑状况，建立结构受力平衡条件，再求解结构中的未知力等。而这种分析方法就是理论力学中的基本内容——静力学。静力学的理论是建立在如下的静力学公理之上。

**公理 1**（牛顿第三定律，作用和反作用定律）：力是物体之间的一种相互作用。作用力和反作用力总是同时存在，同时消失，等值、反向、共线，作用在相互接触的两个物体上。它是牛顿首先总结发现的。

**公理 2**（二力平衡条件）：作用在同一刚体上的两个力，使刚体保持平衡的必要和充分条件是：这两个力的大小相等，方向相反，且作用在同一直线上。

**公理 3**（加减平衡力系原理）：在已知力系上加上或减去任意一个平衡力系，并不改变原力系对刚体的作用。

**推理 1**（力的可传性）：作用于刚体上某点的力，可以沿着作用线移到刚体内任意一点，并不改变该力对刚体的作用。

**推理 2**（三力平衡汇交定理）：作用于刚体上三个相互平衡的力，若其中两个力的作用线汇交于一点，则此三力必在同一平面内，且第三个力的作用线通过汇交点。

**公理 4**（力的平行四边形法则）：作用在物体上同一点的两个力，可以合成为一个合力。合力的作用点也在该点，合力的大小和方向，由这两个力为邻边构成的平行四边形的对角线确定。

**公理 5**（刚化原理）：变形体在某一力系作用下处于平衡，如将此变形体刚化为刚体，其平衡状态保持不变。

在经典力学中，宏观与低速运动的物体受力和运动符合牛顿定律。除了前面介绍的牛顿第三定律（作用与反作用定律）外，牛顿定律还有：

牛顿第二定律：物体的受力与运动加速度之间符合下面的规律：

$$\boldsymbol{F}=\sum_{n=1}^{N}\boldsymbol{F}_n=m\boldsymbol{a} \tag{1-1}$$

其中，式(1-1)左边代表物体受到的外力合力向量；$m$为物体质量；$\boldsymbol{a}$为物体的加速度向量。

如果物体处于静止状态，则上面的规律变为：

$$\boldsymbol{F}=\sum_{n=1}^{N}\boldsymbol{F}_n=0 \tag{1-2}$$

式(1-2)又称为物体平衡方程，即物体受到的合外力为零。

而牛顿第一定律是物体的惯性定律：物体在没有外力作用时，保持原有的运动状态。它是伽利略首先通过试验发现的，后来再经过牛顿总结完善。

利用上面的公理解决工程力学的问题时，首先要选定研究的物体，即确定研究对象，然后考查和分析它的受力情况，这个过程称为受力分析。

## 1.4 材料力学的基本假设

理论力学中通常将物体视为刚体，从宏观上研究物体的平衡和机械运动(刚体位移)的规律。而材料力学有别于其他力学，研究的对象主要集中在简单的几何体构件，如，杆件、圆轴、梁构件等。它将构件视为可变形体，在分析构件的强度、刚度和稳定性问题时，从细观上研究构件的变形位移，但研究构件的平衡和机械运动规律与理论力学的方法相同。

为了研究方便，常常需要简化研究的对象，舍弃一些与所研究的问题无关或关系不大的特性，而只保留主要的特性，这就是将研究对象简化成一种理想的模型。此外，在材料力学中通常对物体材料做出下列基本假设：

(1) 材料连续性假设。假设物体内部充满了物质，没有任何空隙，因此认为物体是连续的。这是材料力学的基础，有了这种连续性才可以进行各种分析。实际上有的物体内可能存在着空隙，而且随着外力或其他外部条件的变化，这些空隙的大小会发生变化。但从宏观方面看，只要这些空隙的大小比物体的尺寸小得多，就可不考虑空隙的存在。

(2) 材料均匀性假设。假设物体内各处的力学性质是完全相同的，没有性能差别。有了这种均匀性分析才可以变得简化。实际上，工程材料的力学性质都有一定程度的非均匀性。例如金属材料由晶粒组成，各晶粒的性质不尽相同，晶粒与晶粒交界处的性质与晶粒本身的性质也不同(如图1-15所示)。对混凝土材料，由水泥、砂和碎石组成，它们的性质也各不相同。但由于这些组成物质的大小和物体本身的尺寸相比很小，而且是随机排列的。因此，从宏观统计平均量上看，可以认为物体的性质是均匀的。

(3) 材料各向同性假设。假设材料在各个方向上的力学性质均相同，没有方向上的差异。有了各向同性，就可以采用一个方向的分析结果来代表其他方向的结果。也使得分析变得简化。金属材料由晶粒组成，单个晶粒的性质有方向性，但由于晶粒交错排列，从统计观点看，金属材料的力学性质可认为是各个方向相同的。同样，像玻璃、塑料、混凝土等非金

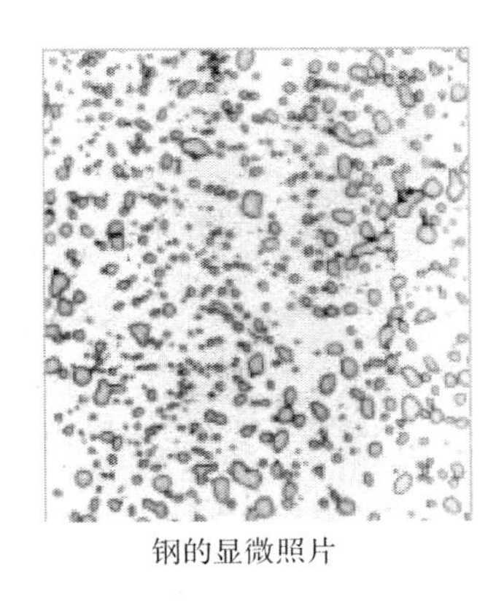
钢的显微照片

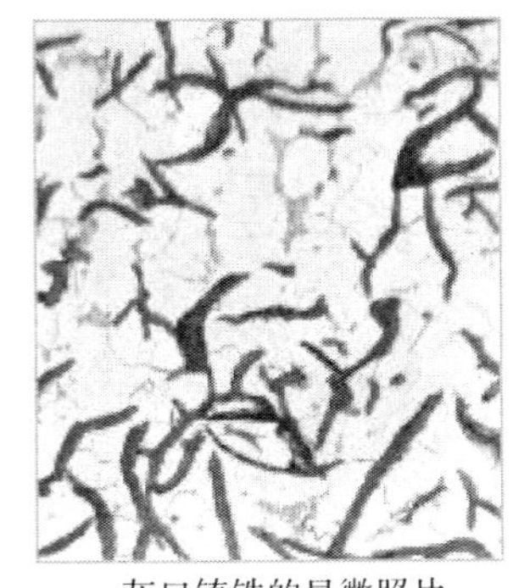
灰口铸铁的显微照片

图 1－15　材料宏观均匀，微观非均匀

属材料也可认为是各向同性材料。但是，有些材料在不同方向具有明显不同的力学性质。如，经过辗压的钢材、纤维整齐的木材以及冷扭的钢丝等，这些材料是各向异性材料（如图 1－16 所示）。在材料力学中主要研究各向同性的材料。

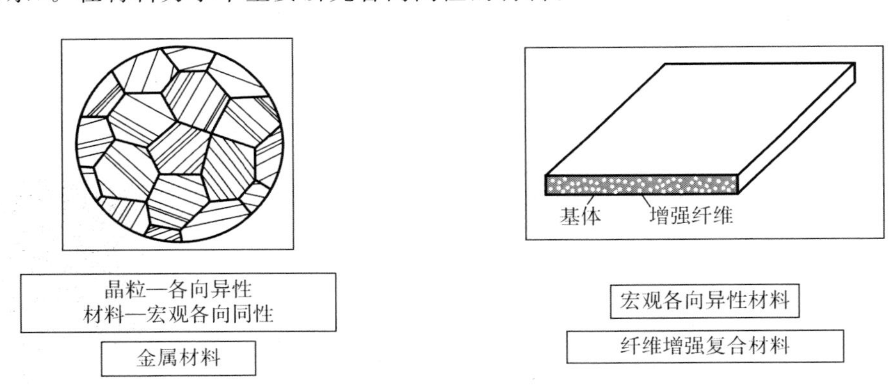


图 1－16　材料微观非同性，宏观同性

（4）结构变形为弹性微小变形假设。若当固体所受外力不超过某一范围时，撤去外力，则变形可以完全消失，恢复原有的形状和尺寸，这种性质称为弹性；若外力超过某一范围时，撤去外力后，变形不会全部消失，其中能消失的变形称为弹性变形，不能消失的变形称为塑性变形、残余变形，或称为永久变形。对于大多数的工程结构，设计的工作载荷范围所产生的变形完全是弹性的。工程中要求构件在工作时只产生弹性变形，因此，在材料力学中，主要研究构件产生弹性变形的问题。

物体受外力作用后将产生变形，如果变形的大小较之物体原始尺寸小得多，这种变形称为小变形。材料力学所研究的构件，受力后所产生的变形大多是小变形。在小变形条件下，研究构件的尺寸、平衡以及内部受力等问题时，均可不计这种小变形影响，而按构件的原始尺寸计算。

材料力学也是一门实验科学，它要建立在实验数据和变化规律的基础之上。而材料力学直接的实验是测量结构的变形，进而计算结构的应变，由此再计算材料截面上的应力等等。因此，本书在以后各章的介绍中，首先分析结构受力后的变形和应变规律，再利用材料的物理本构定律和结构的平衡条件分析截面应力，以及讨论材料力学理论的各方面的应用。

## 1.5　材料力学中的基本变形与应变形式

根据物体的几何形状，工程中通常将构件可分为杆件、板和壳、块体等三类。而材料力学主要研究杆件，其他几类构件的受力与变形分析需用弹性力学理论。

构件在外力作用下产生位移和变形，位移是指物体质点所移动的距离，而变形是物体内两个质点的相对移动的距离。材料力学中构件变形主要包括下面几种基本形式。

1. 构件的变形基本形式

工程中遇到的构件可分为杆件、轴、轮盘以及梁等。通常杆件是指其长度尺寸比截面特征尺寸大很多的构件。材料力学研究它们的变形位移形式是多种多样的。但可以归纳为几种基本变形位移，以及几种基本变形位移的组合。构件的基本变形位移可分为：

(1) 杆件的轴向拉伸或压缩变形。直杆在受到与轴线重合的外力作用时，杆的变形主要是轴线方向的伸长或缩短。如图 1-17(a) 所示。

(2) 构件的剪切与挤压变形。两块构件采用铆钉或螺栓紧固在一起，则在铆钉的截面上会出现剪切，在铆钉柱面和构件孔的表面则出现挤压。如图 1-17(b) 所示。

(3) 圆轴的扭转变形。直杆在垂直于轴线的平面内，受到大小相等、方向相反的力偶作用时，各横截面相互发生转动。如图 1-17(c) 所示。

(4) 梁构件的弯曲变形。直梁在垂直于轴线的平面内受到外力作用，构件的轴线产生弯曲，这种变形称为弯曲变形。如图 1-17(d) 所示。

构件在外力作用下，若同时发生两种或两种以上的基本变形位移，则称为组合变形。材料力学中先讨论构件的基本变形问题，然后再研究构件的组合变形问题。

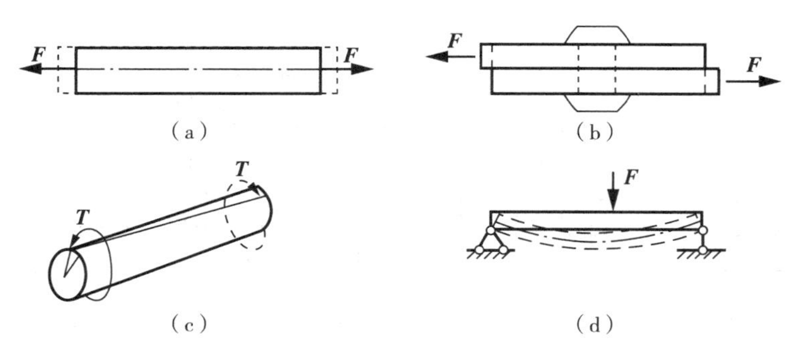


图 1-17　杆件的几种基本变形

2. 构件的位移与变形

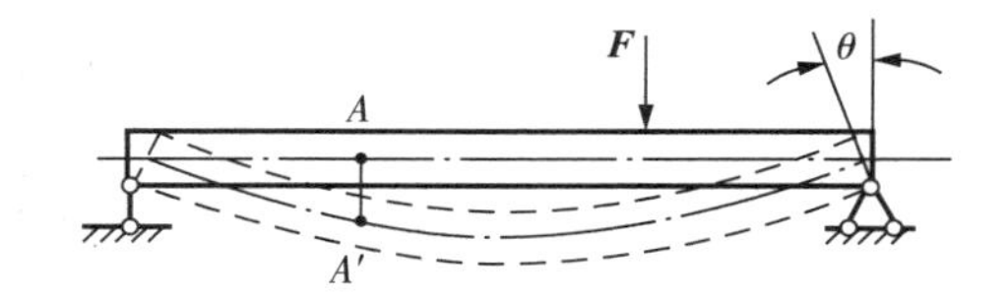


图 1-18　梁构件的位移

弹性构件受力后其形状和尺寸都要发生变化，即发生变形位移。为了分析变形位移，将构件的位移分为线位移和角位移。线位移表示物体中一点相对于原来位置所移动的直线距离。如图 1-18 所示梁构杆，受外力作用弯曲后，梁的轴线上任一点 $A$ 的线位移为 $AA'$。角位移表示物体中某一直线或平面相对于原来位置所转过的角度。如图 1-18 中，梁的右端截面的角位移为 $\theta$。梁构件的弯曲线位移又称为挠度。

上述两种位移是构件变形过程中物体内各点作相对运动所产生的，称为变形位移。变形位移可以表示物体的位移特性，它是具有方向性的。但是，如果物体发生位移但不产生变形，这种位移称为刚体位移。物体受力后可能同时产生刚体位移和变形位移。物体的刚体位移已在理论力学中讨论过，材料力学主要讨论物体的受力变形位移。

3. 构件的应变

为了深入讨论变形位移的特性，介绍应变的概念。一般地，物体受力后截面内各点处的变形位移是不均匀的。为了说明各点处的变形程度，须引入应变的概念。材料力学中，定义线应变为：单位线段长度的改变，用 $\varepsilon$ 表示。

取一长为 $l$ 的杆，受轴向拉伸力作用，杆的伸长量为 $\Delta l$，如图 1-19 所示。则杆的相对伸长为：

$$\varepsilon = \Delta l / l \tag{1-3}$$

这就是杆的轴向线应变。

线应变与位移一样是具有方向性的。设想在物体内一点 $P$ 处取出一微小的长方体，它在 3 个方向的边长为 $\Delta x$、$\Delta y$、$\Delta z$，如图 1-20 所示。物体受力后，$P$ 点位移至 $P'$ 点，长方体的尺寸和形状都发生了改变，边长变为 $\Delta\tilde{x}$、$\Delta\tilde{y}$、$\Delta\tilde{z}$。

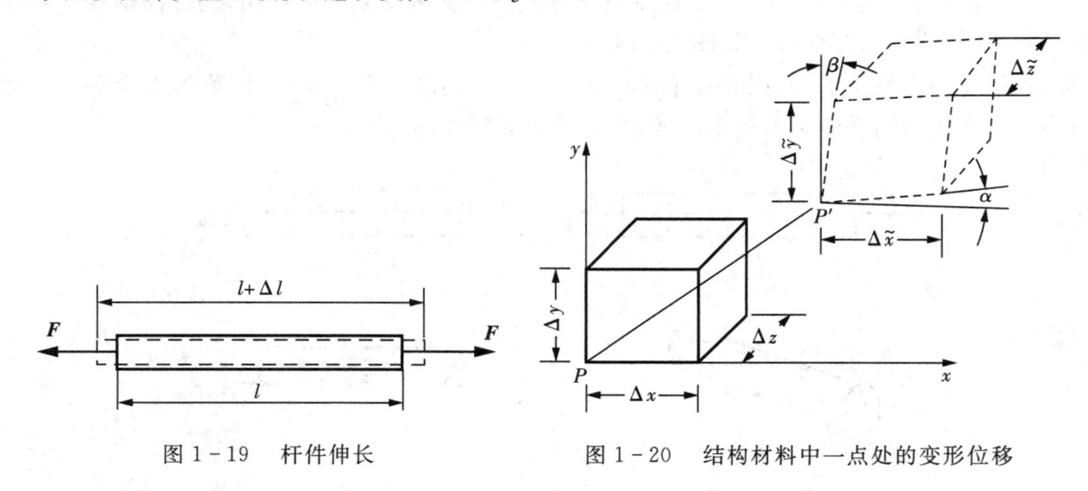


图 1-19　杆件伸长　　　　图 1-20　结构材料中一点处的变形位移

在 3 个方向上定义平均线应变为：

$$\begin{cases} \tilde{\varepsilon}_x = (\Delta\tilde{x} - \Delta x)/\Delta x \\ \tilde{\varepsilon}_y = (\Delta\tilde{y} - \Delta y)/\Delta y \\ \tilde{\varepsilon}_z = (\Delta\tilde{z} - \Delta z)/\Delta z \end{cases} \tag{1-4}$$

当微小的长方体的尺寸无限缩小时，则得到一点处精确的应变定义为：

$$\begin{cases} \varepsilon_x = \lim\limits_{\Delta x \to 0} \dfrac{(\Delta \tilde{x} - \Delta x)}{\Delta x} \\ \varepsilon_y = \lim\limits_{\Delta y \to 0} \dfrac{(\Delta \tilde{y} - \Delta y)}{\Delta y} \\ \varepsilon_z = \lim\limits_{\Delta z \to 0} \dfrac{(\Delta \tilde{z} - \Delta z)}{\Delta z} \end{cases} \tag{1-5}$$

式(1-5)中$\varepsilon_x$、$\varepsilon_y$、$\varepsilon_z$表示$P$点处无限小长方体在3个方向的线应变。线应变是一个无量纲量。

再定义切应变(角应变)为:通过一点处的互相垂直的两线段之间所夹直角的改变量称为切应变,用$\gamma$表示。例如,在图1-20中,直角$\angle xPy$变为锐角(或钝角)。当$\Delta x \to 0$和$\Delta y \to 0$时,直角的改变量为:

$$\gamma = \alpha + \beta \tag{1-6}$$

它就定义为$P$点处的$xy$面的切应变。切应变通常用弧度表示,也是一个无量纲量。在其他面上也可以定义切应变。

线应变$\varepsilon$和切应变$\gamma$是描述物体内一点处变形程度的基本量。通常可以分为3个方向线应变和3个切应变。事实上,在材料力学实验中直接观测到的是物体的变形位移。应变是相对的几何量,可由计算得出。

本书先讨论构件的基本变形,再介绍组合变形。先讨论静荷载下的应力和变形问题,再介绍动荷载问题和交变应力问题。主要讨论材料处于弹性范围的应力和变形,也对有些超过弹性范围的问题作简单介绍。本书以典型的工程实际问题为例,介绍各种材料力学知识和分析方法,注重解决实际问题。

## 1.6　材料力学中截面内力与应力模型

1. 构件的外力

构件受到的外力包括外荷载和约束反力,曾在理论力学中对外力做过不同的分类。主要分为力和力矩,也分为集中力与分布力,或面力与体积力。材料力学研究构件在外力作用下引起的内力,通过外力研究内力,需要采用截面法。应力是单位面积上的内力。

2. 截面法

为了分析构件中的内力,通常采用截面法来研究。截面法的主要内容有:

① 假想截开物体。在需要求内力的位置,用一假想截面将杆件截为两部分。

② 采用内力替代。移走一部分物体,在留下部分的截面上补上内力(力或力偶),用内力来代替移走的一部分物体,对留下部分物体产生作用。

③ 保持平衡。对留下的这部分物体,建立力的平衡方程,利用该部分所受的已知外力来计算截开面上的未知内力。

3. 构件的内力

内力通常是分布在截面上,它与外力相适应。同一个构件,选取的截面不同,内力也不同。三种基本变形构件截面上的内力如图 1-21 所示。通常采用内力的合力来研究它的作用,采用的截面分为横截面和斜截面。横截面是指截面的法线与杆件的轴线重合的截面[图 1-21(c)],否则为斜截面[图 1-21(a)]。在材料力学分析中,最重要的是横截面上的内力。

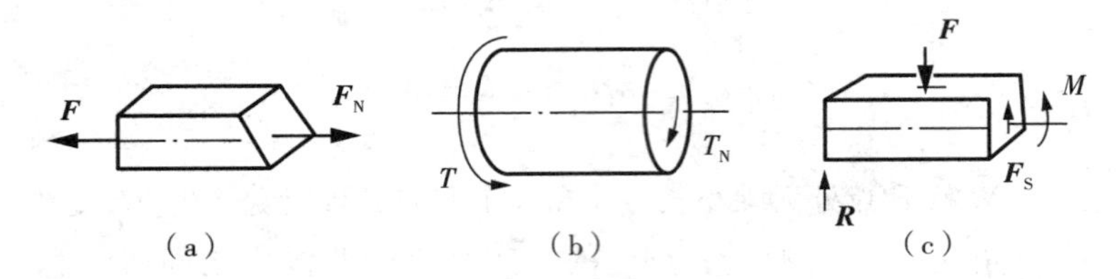


图 1-21 基本变形构件截面上的内力

4. 截面应力

由于内力是分布在构件的截面上,必须进一步确定出截面上各点处分布内力的强度,这就是应力的概念。

在图 1-22(a) 中受力物体 $B$ 的截面上某点 $C$ 处,取一微面积 $\Delta A$,设其上分布的内力的合力为 $\Delta \boldsymbol{F}$。显然,$\Delta \boldsymbol{F}$ 的大小和方向随点 $M$ 的位置与 $\Delta A$ 的大小而变。定义 $\Delta \boldsymbol{F}/\Delta A$ 为面积 $\Delta A$ 上分布内力的平均集度,又称为平均应力。当 $\Delta A$ 无限变小时,则定义 $C$ 点处的应力为:

$$\boldsymbol{p} = \lim_{\Delta A \to 0} \frac{\Delta \boldsymbol{F}}{\Delta A} \tag{1-7}$$

式(1-7) 表示了一点处分布内力的强度,称为一点处的总应力,它也是向量。为了使应力具有更明确的物理含义,可以将一点处的总应力向量 $\boldsymbol{p}$ 可以分解为两个分量:一个是垂直于截面的应力,称为正应力,或称法向应力,用 $\boldsymbol{\sigma}$ 表示。另一个是位于截面内与截面平行的应力称为切应力,或剪应力,用 $\boldsymbol{\tau}$ 表示,如图 1-22(b) 所示。物体的破坏现象表明,拉断破坏和正应力有关,剪切错动破坏和切应力有关。

通常应力的量纲取牛 / 米$^2$(N · M$^{-2}$)。在国际单位制中,应力的单位名称是帕斯卡,符号为 Pa,也可以用兆帕(MPa) 或吉帕(GPa) 表示,其关系为:1MPa= $10^6$ Pa,1GPa= $10^3$ MPa= $10^9$ Pa。

应力与内力一样也具有方向性。因此,一般情况下可以得到 3 个方向的正应力和 3 个方向的切应力。与图 1-19 相对应的应力分布如图 1-22(c)(d)(e) 所示。

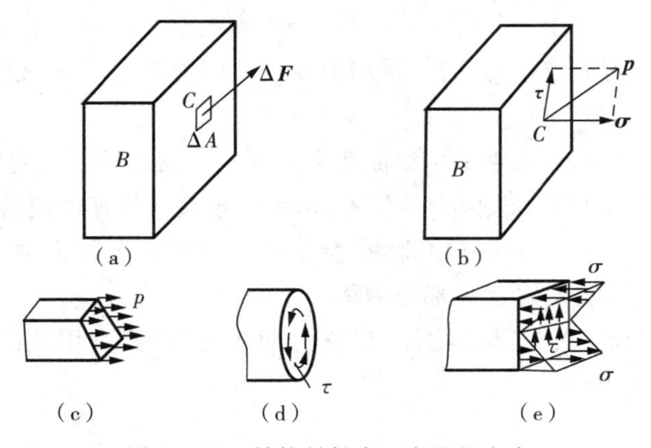


图 1-22 结构材料中一点处的应力

## 1.7　材料力学中物理量间的基本关系

建立了应变与应力概念之后，它们成为描述构件力学行为的两个基本物理量。对于大多数工程材料，这两个物理量并不是独立的，它们之间具有一种确定的关系。这就是胡克定律。

1. 胡克定律与泊松关系

英国科学家胡克(R. Hook)通过实验发现，对于线弹性材料的杆件，在拉伸时应变与应力之间存在一种简单的线性关系：

$$\sigma = E\varepsilon \tag{1-8}$$

式(1-8)称为胡克定律。其中，$E$ 称为弹性模量。英国科学家杨(T. Young)具体测量出了杆件的弹性模量值，因此，有时 $E$ 也称之为杨氏模量。

对于剪切情况实验也证实，线弹性材料的切应力与切应变可以建立类似的关系：

$$\tau = G\gamma \tag{1-9}$$

其中，$G$ 称为剪切弹性模量。它与 $E$ 之间存在一定的关系：

$$G = \frac{E}{2(1+\nu)} \tag{1-10}$$

其中，$\nu$ 为材料的泊松比系数。

泊松比系数是材料的横向应变 $\varepsilon_H$ 与纵向应变 $\varepsilon_Z$ 之间的比值系数：

$$\nu = \frac{\varepsilon_H}{\varepsilon_Z} \tag{1-11}$$

实验表明，对于弹性材料，其泊松比系数是定值。弹性模量和泊松比系数可以查材料手册得到。

在复杂的应力的状态下，也可以建立广义的胡克定律。本书后面章节将作介绍。

2. 圣文南原理

在工程实际中，构件可能受不同方式的外力作用，如，分布力、集中力。外力作用的位置和方式对构件横截面上的应力分布是有影响的。法国科学家圣文南(Saint Venant)指出，集中力在构件中产生的应力不均匀性影响只在作用点的很小的范围内。这一现象被归结成为圣文南原理：

当作用于弹性体表面某一小区域上的外力系 $A$，被另一静力等效的外力系 $B$ 所代替时，它对力的作用区域附近的截面应力和应变有显著的影响，见式(1-12)，这里，下标 $\Delta$ 代表微小的影响区域。

$$\{\sigma(A),\varepsilon(A)\}_{\Delta} \neq \{\sigma(B),\varepsilon(B)\}_{\Delta} \tag{1-12}$$

而对稍远处的应力和应变影响会很小，可以忽略不计，见式(1-13)，

$$\{\sigma(A),\varepsilon(A)\}_{\Omega-\Delta} \approx \{\sigma(B),\varepsilon(B)\}_{\Omega-\Delta} \tag{1-13}$$

这里，下标 $\Omega-\Delta$ 代表力作用区域外的地方。

这个结果已经被许多计算结果和实验结果所证实。例如，杆端外力的作用方式不同，只对杆端附近的应力分布有影响。因此在整个杆件的分析中，可不考虑杆端外力作用方式的影响。

## 1.8 工程力学的特点与学习要求

1. 工程力学的特点

(1) 工程力学的内容理论性比较强。内容的主线是分析和计算构件的应力和变形。根据构件的危险点处的应力进行强度计算，有时需要求出构件的最大变形进行刚度计算；有时需要对一定受力情况下的构件进行稳定性计算。同时力学原理与工程实际密切联系。工程力学的内容和方法是工程设计的理论基础，需要将工程实际问题转化为理论模型，在理论分析时需要考虑实际情况。例如，将实际的构件连同其所受荷载和支承等简化为可供计算的力学模型。在分析和计算时要考虑实际存在的主要因素，以及设计制造上的方便性和经济性等。

(2) 工程力学采用的是科学的研究方法。在分析构件的应力和变形时，必须基于构件在各种力作用下的平衡模型，构件各部分的变形必须互相协调。工程力学的方法是通过试验现象的观察和分析，忽略次要因素，保留主要因素。在某些假设模型下，综合静力学、变形的几何和物理特性等方面的条件，即综合应用平衡、变形协调和物理关系三方面的方程，导出应力和变形的理论计算公式，最后通过实验检验理论公式的正确性。这是一种通行的研究方法。在材料力学中采用某些假设，是为了简化理论分析，以便得到实用的计算公式。而利用这些公式计算得到的结果，可以满足工程上所要求的精度。

在机电一体化高度发展的今天，工程与设备的运转控制是生产中的突出问题。工程力学的概念、理论和分析方法对工程设计是必不可少的，它主要研究的是工程领域中的结构受力行为和设计与控制问题。围绕实际工程问题，建立力学模型，运用数学工具、力学原理和工程规范知识，建立起一般的材料结构的力学系统理论分析模型、分析系统的力学响应和系统强度、刚度和稳定性及判断方法。它们在工程中有着广泛的应用。

2. 本课程的学习要求

一是学习建立一种理论分析方法，以实际工程的问题为对象，将问题归结为力学模型，掌握输入条件，分析输出结果。同时要求对工程实际知识有一定的了解。

二是学习力学专门理论研究出的工程系统的受力变形的规律。它提供了一般的力学系统的特性知识体系，与应用数学、理论力学等学科知识结合紧密，注重一般的模型原理分析。

三是理论知识需要与技术问题相结合，通过对实际问题的求解练习，掌握解决工程中力学问题的技能，需要进行一定量的问题求解练习。

# 习题 1

1-1　材料力学的研究对象是什么？有哪些假设？有哪些研究范围的规定？

1-2　料力学中的构件变形的基本形式有哪几种？它们的外力特征和变形特征各是什么？

1-3　材料力学中的应力与内力有何区别？又有何联系？

1-4　材料力学中的变形、位移、应变有何区别？它们与刚体位移有什么不同？

1-5　工程力学的特点是什么？理论力学和材料力学有什么联系和区别？

1-6　材料力学中的基本假设有哪些？截面法有什么作用？

1-7　解释材料力学中的强度、刚度、稳定性。举出实际的问题例子。

1-8　在题1-8图中A(a)中的杆件，右端的力偶$M_e$是否能搬移到A(b)中的位置？B(a)中杆件上的均布荷载能否用B(b)中作用在杆件中点的等效集中力代替？

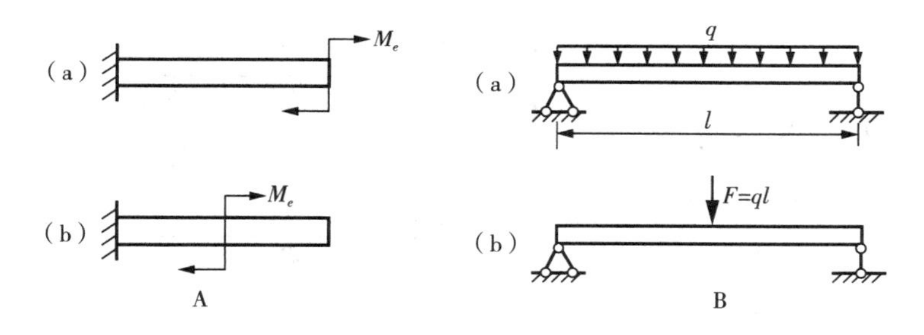


题1-8图

1-9　带缺口的直杆在两端承受拉力$F_P$作用。试判断$A$-$A$截面上的内力分布哪一种是合理的。

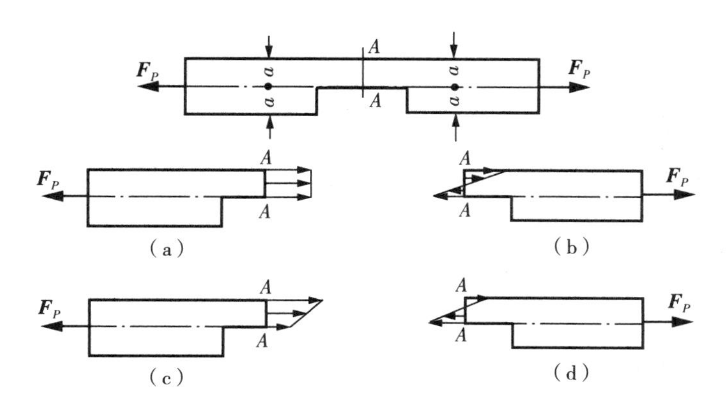


题1-9图

1-10　直杆$ACB$在两端$A$、$B$处固定，如图所示。试判断杆两端的约束力哪一种最合理。

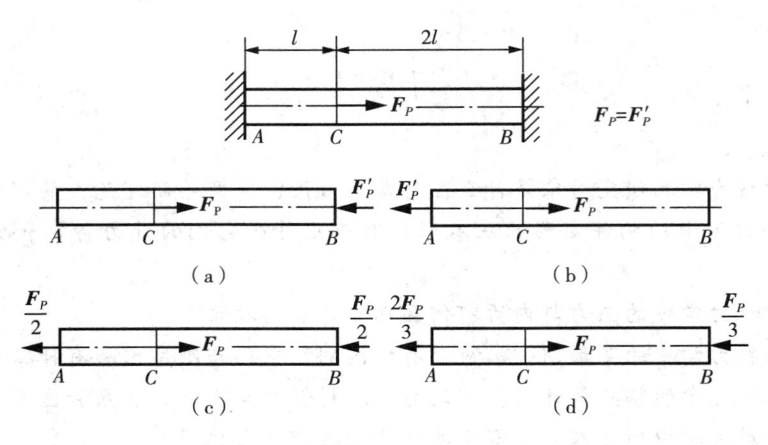


题 1-10 图

1-11 等截面直杆支承和受力状态如图所示。试判断其轴线在变形后的位置(图中虚线所示)哪一种是合理的。

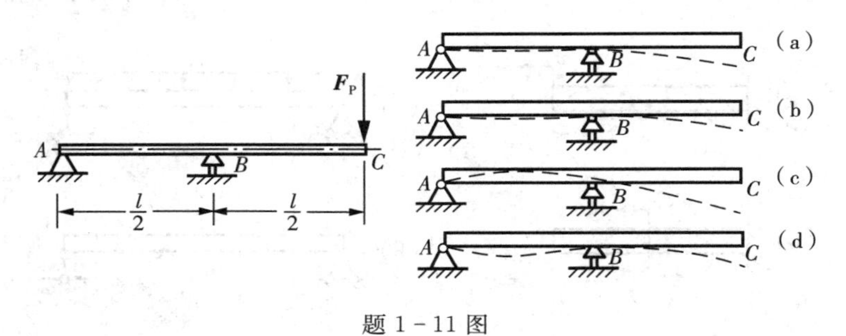


题 1-11 图

# 第一部分

## 工程力学之结构静力学分析

发扬中华文化崇尚的四海一家、天下为公精神，
为实现中华民族伟大复兴而奋斗，为推动共建
人类命运共同体而努力

这个新时代，是全国各族人民团结奋斗、
不断创造美好生活、逐步实现全体人民共同富裕的时代

# 第 2 章　工程结构作用力简化

## 2.1　概　述

第一章中介绍了静力学公理和牛顿力学定律。利用这些公理和定律解决力学问题时，首先要选定需要进行研究的物体，即确定研究对象，然后考查和分析它的受力情况。这个过程称为受力分析。例如，图 2－1 所示铜鼎的自重和承重总和为 $Q$，图 2－2 为其受力分析。

图 2－1　青铜鼎实物

图 2－2　青铜鼎受力分析

总结具体内容包括：

(1) 解除物体的约束。当受约束的物体在某些主动力的作用下处于平衡状态，若将其部分或全部约束解除，代之以相应的约束反力，则物体的平衡不受影响。

(2) 确定物体的分离体。将研究对象解除约束后，从周围物体中分离出来，画出物体简图。

(3) 画物体受力图。将分离体所受的主动力和约束反力以力向量表示在分离体上所得到的图形。

(4) 最后利用牛顿力学定律求解静力学问题中的未知量。

特别指出的是，在受力图上应画出所有力，包括主动力和约束力(被动力)。画受力图步骤为：

第一步：选取所要研究物体为研究对象(分离体)，画出其简图；

第二步：画出物体上所有主动力；

第三步：按约束性质画出所有约束(被动) 力。

画物体的受力图时，需要注意以下问题：

1) 不要漏画力。除重力、电磁力外，物体之间只有通过接触才有相互机械作用力，要分清研究对象(受力体)都与周围哪些物体(施力体)相接触,接触处必有力,力的方向由约束类型而定。

2)不要多画力。要注意力是物体之间的相互机械作用。因此对于受力体所受的每一个力,都应能明确地指出它是哪一个施力体施加的。

3)不要画错特定力的方向。约束反力的方向必须严格地按照约束的类型来画,不能单凭直观或根据主动力的方向来简单推想。在分析两物体之间的作用力与反作用力时,要注意作用力的方向一旦确定,反作用力的方向一定要与之相反,不要把箭头方向画错。

4)受力图上不能再带有约束。即受力图一定要画在分离体上,受力图上不能再带约束。

5)整体受力图上只画外力,不画内力。一个力属于外力还是内力,因研究对象的不同,有可能不同。当物体系统拆开来分析时,原系统的部分内力,就成为新研究对象的外力。

6)必要时需用二力平衡共线、三力平衡汇交等条件确定某些反力的指向或作用线的方位。需要正确判断二力构件。

7)同一系统各研究对象的受力图必须整体与局部一致,相互协调,不能相互矛盾。对于某一处的约束反力的方向一旦设定,在整体、局部或单个物体的受力图上要与之保持一致。

## 2.2 力、力矩及力系分析

在普通物理学中,我们已经了解过力的概念和特性,将力定义为物体间的相互作用。为了本书后面的学习需要,以下回顾普通物理学(力学)中的一些基本概念,并建立有关力的特性和作用等方面的知识。

### 2.2.1 静力学的基本概念

**力**:多数情况下表示物体间相互的机械作用,作用效果使物体的机械运动状态发生改变或物体发生变形。力为向量,具有三要素:大小、方向、作用点。力对物体作用效果分为:外部效果——使物体平衡或加速度运动;内部效果——使弹性体发生变形,产生内部应力。

**力系**:一组作用在一个物体上的力。力系又分为平面力系和空间力系。平面力系又分为平面汇交(共点)力系、平面平行力系、平面力偶系、平面任意力系;空间力系分为空间汇交(共点)力系、空间平行力系、空间力偶系、空间任意力系。

物体所受的力又可分为:集中力(点作用力)、线分布力(线接触力)、表面分布力(面接触力)和体积力(重力、电磁力等)。

**等效力系**:当研究力对物体的外效应时,如果两个力系对同一物体的作用效果相同,则这两个力系互称等效力系,可以相互替代。在理论力学中,等效力系主要从结构的受力平衡角度考虑它们的等效作用。在材料力学中,等效力系不但要从结构的平衡角度考虑,还应该考虑受力的变形等效效果。

**简化力系**:当研究力对物体的外效应时,用一个简单力系等效的替代复杂力系,此简单力系称为复杂力系的简化力系。

**力系合成**:当研究力对物体的外效应时,用一个力与一个力系等效,则此力称为力系的合力。两个力的合成需要满足向量的平行四边形法则。

**物体平衡**：当物体相对惯性参考系（如地面）静止或作匀速直线运动时，称物体处于平衡状态。

**平衡力系**：不改变物体原来运动状态的力系。

**刚体**：在力的作用下，物体内部任意两点间的距离始终保持不变。

**变形体**：与刚体相对应，在外力作用下，物体内部任意两点间的距离会发生改变。

**质点**：具有质量而忽略其体积大小的理想物体。

### 2.2.2　力与力矩的特性

1. 力的特性

力的表达形式可以采用向量（矢量）形式，也可以采用分量坐标形式。如图 2-3(a) 所示。空间力的向量式为：

$$\boldsymbol{F} = f_x\boldsymbol{i} + f_y\boldsymbol{j} + f_z\boldsymbol{k} \tag{2-1}$$

其中，$f_x$、$f_y$、$f_z$ 为力的坐标分量；$\boldsymbol{i}$，$\boldsymbol{j}$，$\boldsymbol{k}$ 为坐标轴方向上的单位向量。力的常用单位是牛顿（N）。如果力向量只有 2 个分量，则该力称为平面力向量。力向量的大小为：

$$|\boldsymbol{F}| = F = \sqrt{f_x^2 + f_y^2 + f_z^2} \tag{2-2}$$

力向量的方向通常采用向量的方向余弦来表示：

$$\cos\alpha_x = \frac{f_x}{F} \quad \cos\alpha_y = \frac{f_y}{F} \quad \cos\alpha_z = \frac{f_z}{F} \tag{2-3}$$

2. 力系合成

多个力向量作用构成力向量系，如图 2-3(b) 所示。它们的作用可以等效为一个力的作用，这个力就称为力系的合力。因为力是向量，力系合成运算应该符合向量运算规律。

力系的合向量等于力系的向量和

$$\boldsymbol{F} = \boldsymbol{F}_1 + \boldsymbol{F}_2 + \boldsymbol{F}_3 + \cdots + \boldsymbol{F}_N = \sum_{n=1}^{N} \boldsymbol{F}_n \tag{2-4}$$

以力系的坐标分量表示时

$$\boldsymbol{F} = F_x\boldsymbol{i} + F_y\boldsymbol{j} + F_z\boldsymbol{k} = \sum_{n=1}^{N} \boldsymbol{F}_n = \sum_{n=1}^{N} f_{xn}\boldsymbol{i} + \sum_{n=1}^{N} f_{yn}\boldsymbol{j} + \sum_{n=1}^{N} f_{zn}\boldsymbol{k} \tag{2-5}$$

合力的大小和方向可以表示为

$$F = \sqrt{F_x^2 + F_y^2 + F_z^2}$$

$$\cos\alpha = \frac{F_x}{F} \quad \cos\beta = \frac{F_y}{F} \quad \cos\gamma = \frac{F_z}{F}$$

如果力系的作用点不同，它们可以简化为一个主向量。主向量的作用点不确定。如果力系的作用点相同，利用向量的合成法则（平行四边形法则），可以合成为一个合力。

如果力系中的力向量的分量只在一个面上，则该力系称为平面力系，否则称为空间力系。

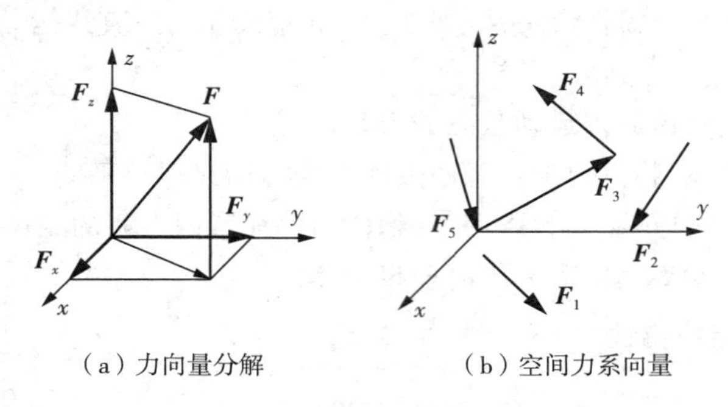


（a）力向量分解　　（b）空间力系向量

图 2-3　力与力系的向量图示

3. 力矩的定义

力 $F$ 对任意点($A$) 的矩定义为：力臂向量与力向量的向量积。如图 2-4 所示。

$$\boldsymbol{M}_A=\boldsymbol{R}_A\times\boldsymbol{F}=\begin{vmatrix}\boldsymbol{i} & \boldsymbol{j} & \boldsymbol{k}\\ r_x & r_y & r_z\\ f_x & f_y & f_z\end{vmatrix}\tag{2-6}$$

其中，$\boldsymbol{R}_A=r_x\boldsymbol{i}+r_y\boldsymbol{j}+r_z\boldsymbol{k}$ 为点 $A$ 到力 $F$ 的力臂向量，$A$ 点称为力矩中心。力矩也是一种向量，它的方向与力向量和力臂向量构成的平面相垂直。力矩的常用单位是牛顿·米(N·m)。

利用向量乘积的计算方法，力矩的向量分量计算式为：

$$\boldsymbol{M}_A=m_x\boldsymbol{i}+m_y\boldsymbol{j}+m_z\boldsymbol{k}\tag{2-7}$$

其中，$m_x=r_yf_z-r_zf_y$，$m_y=r_zf_x-r_xf_z$，$m_z=r_xf_y-r_yf_x$ 为力矩分量，它们也表示力对相应坐标轴的矩，即，$m_x$ 为力 $\boldsymbol{F}$ 对 $x$ 轴的矩；$m_y$ 为力 $\boldsymbol{F}$ 对 $y$ 轴的矩；$m_z$ 为力 $\boldsymbol{F}$ 对 $z$ 轴的矩。图 2-4 显示了力矩的几何意义。力矩向量的大小为：

$$|M_A|=\sqrt{m_x^2+m_y^2+m_z^2}=|\boldsymbol{F}|\,|R_A|\sin\gamma=|\boldsymbol{F}|d\tag{2-8}$$

式(2-8)中，$|F|$ 为力向量大小；$|R_A|$ 为 $A$ 点力臂向量的大小；$d$ 为 $A$ 点力臂的距离，$\gamma$ 为力向量与力臂位置向量之间的夹角。

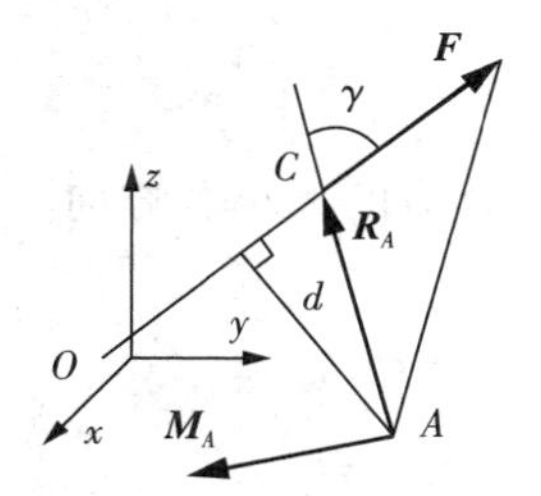


图 2-4　力矩向量的几何意义

如果力矩向量的分量只在一个面上，则该力矩称为平面力矩向量，否则称为空间力矩。

**思考与讨论：** 用解析法求力系的合力大小 $F_R=\sqrt{F_{Rx}^2+F_{Ry}^2+F_{Rz}^2}$ 时，投影轴 $x$、$y$、$z$ 是否必须垂直？为什么？求合力力矩的公式是否也是同样的道理？

4. 力矩系的定义

从力对一点的矩的定义可以看出，力向量是可以沿着力的作用线方向滑动的向量。

多个力对某点的矩构成力矩系，力矩系向量也可以合成为一个总力矩向量。

类似于力系向量，力矩系可以表示为：力系的主矩向量等于各外力的矩向量和。

$$\boldsymbol{M}_A=\sum_{n=1}^{N}(\boldsymbol{R}_{An}\times\boldsymbol{F}_n)=\sum_{n=1}^{N}\begin{vmatrix}\boldsymbol{i}&\boldsymbol{j}&\boldsymbol{k}\\r_{xn}&r_{yn}&r_{zn}\\f_{xn}&f_{yn}&f_{zn}\end{vmatrix}\tag{2-9}$$

力系的主向量和主矩向量是静力学中两个重要的物理量。

5. 力矩的特性

(1) 力对坐标原点的矩。在空间坐标系中，确定力对坐标原点 $O$ 的矩，如图 2-5 所示。用 $\boldsymbol{r}=x\boldsymbol{i}+y\boldsymbol{j}+z\boldsymbol{k}$ 表示力作用点 $C$ 的位置向量，则力 $\boldsymbol{F}$ 对 $O$ 点之矩等于力作用点的向量 $\boldsymbol{r}$ 与该力的向量积。即

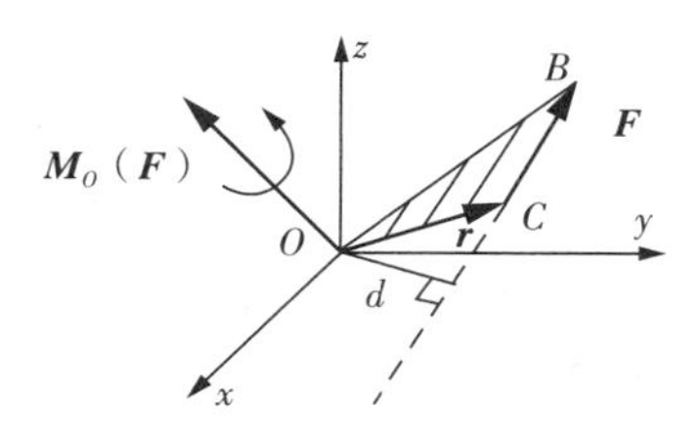


图 2-5 力 $F$ 对坐标原点的矩

$$\boldsymbol{M}_O(F)=\boldsymbol{r}\times\boldsymbol{F}=\begin{vmatrix}\boldsymbol{i}&\boldsymbol{j}&\boldsymbol{k}\\x&y&z\\F_x&F_y&F_z\end{vmatrix}\tag{2-10}$$

$$=(F_zy-F_yz)\boldsymbol{i}+(F_xz-F_zx)\boldsymbol{j}+(F_yx-F_xy)\boldsymbol{k}$$

$$=M_x\boldsymbol{i}+M_y\boldsymbol{j}+M_z\boldsymbol{k}$$

式(2-10)中，$M_x$、$M_y$、$M_z$ 分别为 $M_O(F)$ 在 $x$、$y$、$z$ 轴上的投影；力矩 $M_O(F)$ 的大小为：$|M_O(F)|=|r|\cdot|F|\cdot\sin\gamma=|F|\cdot d$；方向按右手法则确定($\boldsymbol{r}\times\boldsymbol{F}$)。如图 2-5 所示。

(2) 力对坐标轴的矩。例如，考虑力 $\boldsymbol{F}$ 对 $z$ 轴之矩，如图 2-6 所示。利用式(2-10)得到：

$$\boldsymbol{M}_z(F)=\boldsymbol{M}_O(F_{xy})=\boldsymbol{r}_1\times\boldsymbol{F}_{xy}=\begin{vmatrix}\boldsymbol{i}&\boldsymbol{j}&\boldsymbol{k}\\x&y&0\\F_x&F_y&0\end{vmatrix}\tag{2-11}$$

$$=\begin{vmatrix}x&y\\F_x&F_y\end{vmatrix}\boldsymbol{k}=(xF_y-yF_x)\boldsymbol{k}=M_z\boldsymbol{k}$$

这个力矩也可以采用垂直于 $z$ 轴的 $xy$ 面上的力分量对原点 $O$ 的矩，即 $xy$ 面上的力分量 $\boldsymbol{F}_{xy}$ 对 $O$ 点之矩等于力 $\boldsymbol{F}$ 对 $z$ 轴之矩，用 $\boldsymbol{M}_z(\boldsymbol{F})$ 表示。它可表示为代数量，且规定 $\boldsymbol{M}_z(\boldsymbol{F})$ 与 $z$ 轴的正向同向为正，反之为负。

力对其他坐标轴的矩的计算方法与上面的方法类似。

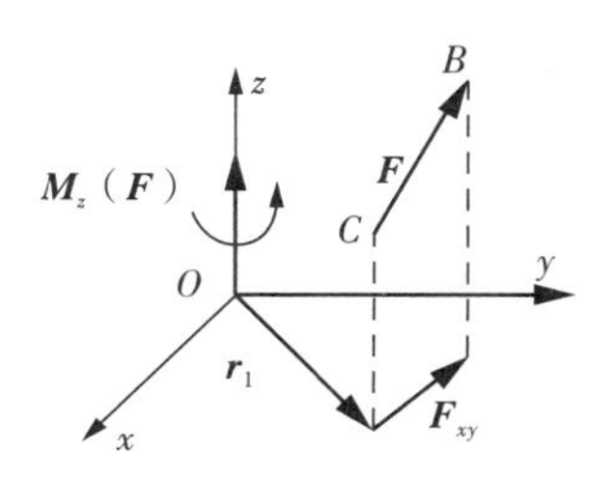


图 2-6 力对 $z$ 轴的矩

总结：① 力对点的矩在某轴上的投影等于力对该轴的矩；力 $F$ 与轴共面时，力对轴之矩为零。② 平面力系中，力对点的矩相当于力对垂直于该平面的轴的矩，可表示为代数量。③ 力对坐标轴的力矩的正负通常规定，绕轴逆时针时为正，顺时针时为负。

同一个力对不同点的矩是不同的，而利用力臂向量的合成，可以将力矩的计算转变为合成力矩计算。设 $A$ 点到力 $\boldsymbol{F}$ 的力臂向量表达为：

$$\boldsymbol{R}_A=\boldsymbol{R}_O+\boldsymbol{R}_{OA} \tag{2-12}$$

其中，$\boldsymbol{R}_O$ 表示某参考点的位置向量；$\boldsymbol{R}_{OA}$ 表示参考点到力 $\boldsymbol{F}$ 的位置向量。

力矩的计算也可以表达为：

$$\begin{aligned}\boldsymbol{M}_A&=\boldsymbol{R}_A\times\boldsymbol{F}=(\boldsymbol{R}_O+\boldsymbol{R}_{OA})\times\boldsymbol{F}\\&=\boldsymbol{R}_O\times\boldsymbol{F}+\boldsymbol{R}_{OA}\times\boldsymbol{F}\end{aligned} \tag{2-13}$$

式(2－13)表明，力对某点的矩可以分解为力对某参考点的矩加上力对参考点的相对力矩。这称为合成力矩。

利用上面的合成力矩计算方法，有时候能够使力矩的计算得到简化。力系的主向量和主矩向量是静力学中两个重要的物理量。

**例 2－1** 在边长为 $a$ 的正方体顶点 $O$，$F$，$C$ 和 $E$ 上各作用一个大小都等于 $P$ 的力，如图2－7 所示。求此力系的主向量和对 $O$ 点的主矩。

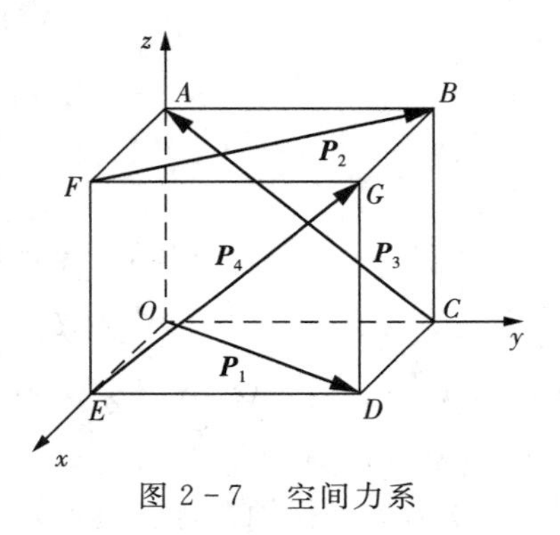

图 2－7 空间力系

**解**：取如图 2－7 所示的坐标系 $Oxyz$，坐标轴 $Ox$，$Oy$，$Oz$ 的单位向量为 $\boldsymbol{i}$，$\boldsymbol{j}$，$\boldsymbol{k}$，则各力的向量可以表达为：

$$\boldsymbol{P}_1=\frac{\sqrt{2}}{2}P(\boldsymbol{i}+\boldsymbol{j}),\boldsymbol{P}_2=\frac{\sqrt{2}}{2}P(-\boldsymbol{i}+\boldsymbol{j}),$$

$$\boldsymbol{P}_3=\frac{\sqrt{2}}{2}P(-\boldsymbol{j}+\boldsymbol{k}),\boldsymbol{P}_4=\frac{\sqrt{2}}{2}P(\boldsymbol{j}+\boldsymbol{k})$$

力系的主向量为：

$$\boldsymbol{P}=\sum_{n=1}^{4}\boldsymbol{P}_n=\frac{\sqrt{2}}{2}P(2\boldsymbol{j}+2\boldsymbol{k})=\sqrt{2}P(\boldsymbol{j}+\boldsymbol{k})$$

若各力的作用点对坐标原点的力臂向量为：

$$\boldsymbol{R}_1=0,\qquad \boldsymbol{R}_2=a(\boldsymbol{i}+\boldsymbol{k}),$$

$$\boldsymbol{R}_3=a\boldsymbol{j},\qquad \boldsymbol{R}_4=a\boldsymbol{i}$$

则力系对坐标原点的主矩向量为：

$$\boldsymbol{M}_O=\sum_{n=1}^{4}(\boldsymbol{R}_n\times\boldsymbol{P}_n)$$

$$=\frac{\sqrt{2}P}{2}\begin{vmatrix}\boldsymbol{i}&\boldsymbol{j}&\boldsymbol{k}\\a&0&a\\-1&1&0\end{vmatrix}+\frac{\sqrt{2}P}{2}\begin{vmatrix}\boldsymbol{i}&\boldsymbol{j}&\boldsymbol{k}\\0&a&0\\0&-1&1\end{vmatrix}+\frac{\sqrt{2}P}{2}\begin{vmatrix}\boldsymbol{i}&\boldsymbol{j}&\boldsymbol{k}\\a&0&0\\0&1&1\end{vmatrix}$$

$$=\sqrt{2}Pa(-\boldsymbol{j}+\boldsymbol{k})$$

从例2-1可以看出，力系主向量和合力是不同的。合力是指作用在同一个质点上的各个力的向量和，而力系主向量可以是作用点不同的各个力之向量和。求主向量时力系的各个力的作用点可以随意移动，主向量只有大小和方向，没有作用点。

**思考与讨论：**主动力偶$M$与主动力$F$作用在自由体的同一个平面内，如果适当地改变力的大小、方向和作用点，有可能使自由体处于平衡状态吗？

### 2.2.3　力偶的特性

1. 力偶特性

作用在同一刚体上的一对等值、反向、作用线平行的力组成的力系，称为力偶。如图2-8所示，记为$(F,F')$或$(F,-F)$。

力偶具有如下性质：

(1) 力偶既没有合力，又不平衡，是一个基本力学量。

(2) 力偶对其所在平面内任一点的矩恒等于力偶矩，而与矩心的位置无关，因此力偶对刚体的效应用力偶矩度量。力偶矩是向量，如图2-9所示。因为

$$\boldsymbol{M}_O(F)+\boldsymbol{M}_O(F')=\boldsymbol{r}_A\times\boldsymbol{F}+\boldsymbol{r}_B\times\boldsymbol{F}'=\boldsymbol{r}_A\times\boldsymbol{F}-\boldsymbol{r}_B\times\boldsymbol{F}=\boldsymbol{r}_{AB}\times\boldsymbol{F}$$

故力偶矩为：

$$\boldsymbol{M}=\boldsymbol{r}_{AB}\times\boldsymbol{F} \tag{2-14}$$

(3) 力偶等效定理。作用在同一刚体内的两个力偶，只要它们的力偶矩大小相等，转向相同，则该两个力偶彼此等效。

这个定理的说明见图2-10。设物体的某一平面上作用一力偶$(F,F')$，现沿力偶臂$AB$方向加一对平衡力$(F_Q,F_{Q'})$，再将$F_Q$、$F$合成为$F_R$，$F_{Q'}$、$F'$合成为$F_{R'}$，得到新力偶$(F_R,F_{R'})$，将$F_R$、$F_{R'}$移到$A'$，$B'$点，则$(F_R,F_{R'})$等价于原力偶$(F,F')$。

可以利用力向量三角形面积来表示力矩大小并加以说明。比较$(F,F')$和$(F_R,F_{R'})$可得$\boldsymbol{M}(F,F')=2\Delta ABD=M(F_R,F_{R'})=2\Delta ABC$即$\Delta ABD=\Delta ABC$，且它们转向相同。

由上述结果可得下列两个推论：① 力偶可以在刚体内任意移动，而不影响它对刚体的作用效应；② 只要保持力偶矩大小和转向不变，可以任意改变力偶中力的大小和相应力偶臂的长短，而不改变它对刚体的作用效应。

结论：当研究力偶对物体的外部效应时，力偶是自由矢量。但是，如果研究力偶对物体的内部效应，则力偶仍是定点向量。

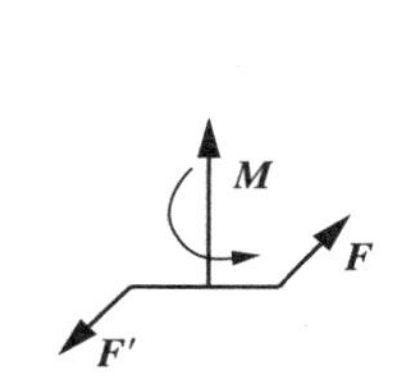


图2-8　力偶向量

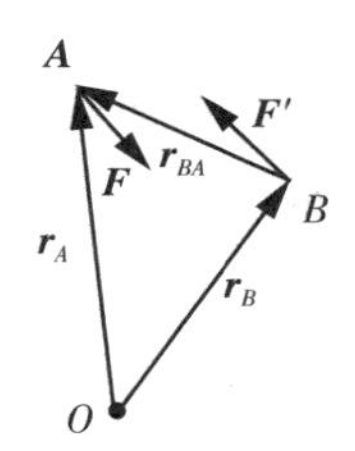


图2-9　力偶特性

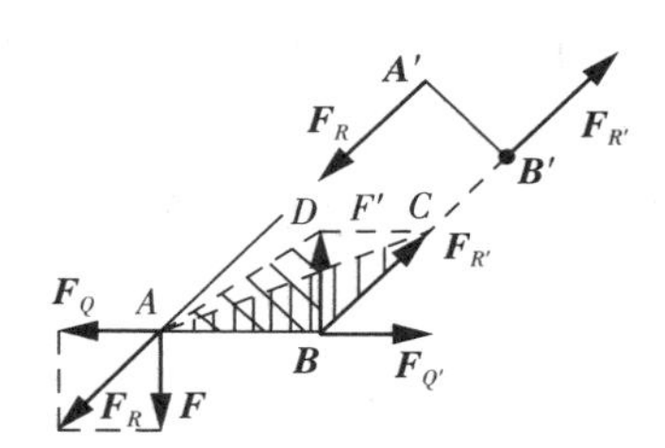


图2-10　力偶等效

力偶向量的三要素：大小为$|M|=|r_{AB}\times F|$；方向与力偶作用面法线方向相同；转向遵循右手螺旋规则。

2. 力偶系的合成

力偶是向量，合成运算也应该符合向量运算规律。

力偶系的合成：

$$\boldsymbol{M}=\boldsymbol{M}_1+\boldsymbol{M}_2+\boldsymbol{M}_3+\cdots+\boldsymbol{M}_N=\sum_{n=1}^{N}\boldsymbol{M}_n \tag{2-15}$$

合力偶的大小：

$$M=\sqrt{M_x^2+M_y^2+M_z^2}$$

$$\cos\alpha=\frac{M_x}{M}\quad\cos\beta=\frac{M_y}{M}\quad\cos\gamma=\frac{M_z}{M}$$

## 2.3 静态力系的等效简化方法

### 2.3.1 力系等效概念

作用在同一个物体上的两个静态力系，从平衡的角度衡量，它们可以相互替代而不改变物体的运动状态，则称这两个力系具有相同的作用效果，简称力系等效。如果在物体上增加或减少某个力系而不改变质系的运动，则称该力系是零力系或平衡力系。如果从力做功的角度衡量，也可以得到力系等效的结果。

根据牛顿力学普遍方程，作用在同一个刚体上的两个力系等效的充分必要条件是：它们的力主向量相等，同时对刚体上任选一点$A$的力主矩也相等。

特别地，力系是平衡力系（零力系）的充分必要条件是该力系的主向量为零，同时对任意点的主矩为零。于是，研究作用在刚体上的力系等效与平衡问题，都可以归结为研究力系的主向量和主矩。

利用力系等效条件可以得到如下力系等效简化的结论。

**结论1** 作用在刚体上的力可以沿着力的作用线（力向量延拓成的直线）在同一个刚体上滑移，但是不能平行于作用线搬移。

**结论2** 力偶不能等效于一个合力。

以下用反证法证明力偶不能等效于一个合力。假设某个合力$\boldsymbol{P}$与力偶$(\boldsymbol{F},-\boldsymbol{F})$等效，那么这个合力对其作用线上一点的主矩等于零。而力偶对任何一点的主矩都等于其力偶矩，是不等于零的。这个矛盾证明力偶不能等效于一个合力。

### 2.3.2 力系的简化

实际中最常见的刚体受力的例子有：利用扳手拧螺母（如图2-11所示）；利用螺丝刀拧螺钉（如图2-12所示）；工厂里工人师傅用丝锥加工螺纹时，施加的力等效于一个力和一个力偶（如图2-13所示）。

图 2-11　扳手拧螺母

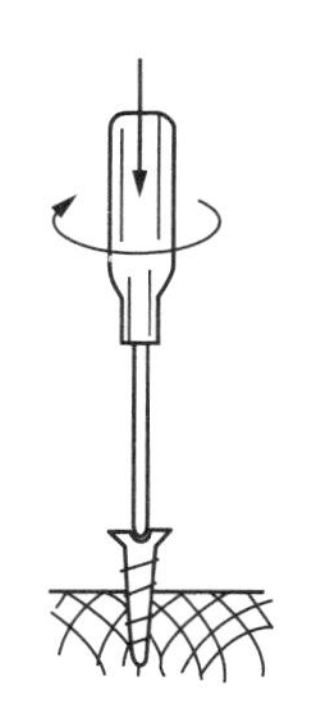

图 2-12　螺丝刀拧螺钉

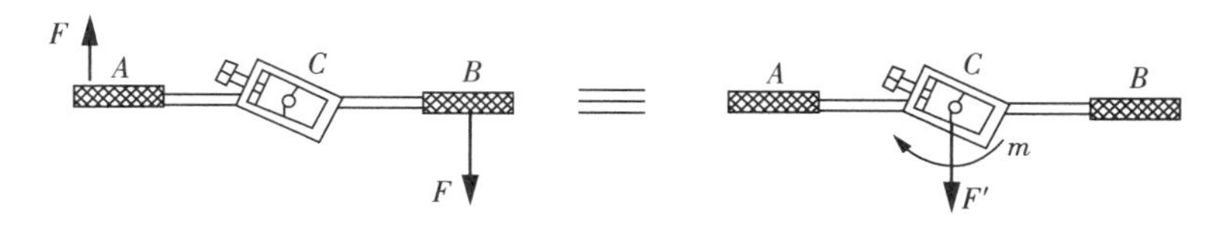


图 2-13　丝锥加工螺纹

上面提到了作用在同一个刚体上的合力，现在将合力的概念推广为：如果力系等效于一个力，则该力称为力系的合力。

力系的简化是指用更简单的等效力系来代替原力系。下面借助力系等效的结论来研究力系的简化问题。

（1）力的平移

根据力对物体的等效外作用，可以把作用在物体上点 $A$ 的力 $\boldsymbol{F}$，平移到任一点 $B$，但必须同时附加一个力偶。这个力偶矩等于原来的力 $\boldsymbol{F}$ 对新作用点 $B$ 的矩。利用力向量图形来说明这个结果。在图 2-14(a) 中，力 $\boldsymbol{F}$ 等价于图 2-14(b) 中的力系 $\boldsymbol{F}$、$\boldsymbol{F}'$、$\boldsymbol{F}''$，又等价于图 2-14(c) 的力与矩 $\boldsymbol{F}$、$\boldsymbol{M}$。这样，可以建立力的平移定理如下。

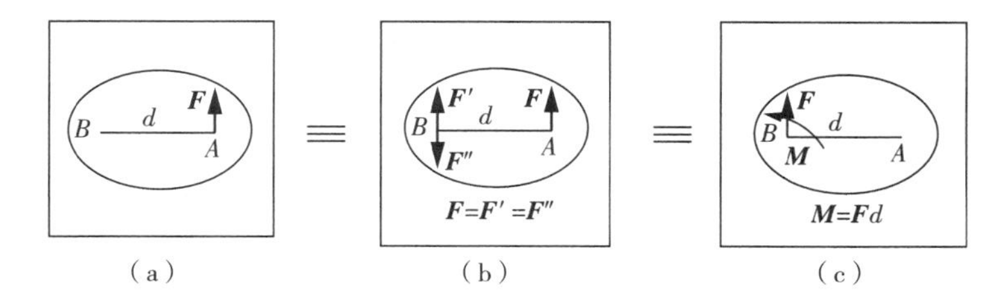


图 2-14　力的平移等效

**力的平移定理**：力向量向某一点平移后需要附加一个力偶才能保持与原来的力等效。

说明：① 力线平移定理揭示了力与力偶的转换关系：力变换为“力 + 力偶”；② 力平移的条件是附加一个力偶 $\boldsymbol{M}$，这个力偶 $\boldsymbol{M}$ 与平移距离 $d$ 有关，$M=F\cdot d$；③ 力线平移定理是力系简化的理论基础。

（2）一般力系向一点简化

根据力的平移定理，将一般力系向一点 $A$ 简化，等效于“汇交力系 + 力偶系”。如图 2-

15，点“$A$”称为简化中心；汇交力系的合力称为原力系的主矢；力偶系的合力偶称为原力系对“$A$”点的主矩。

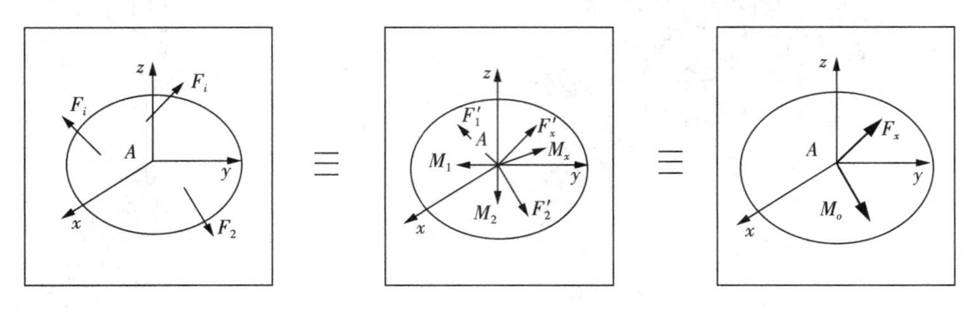


图 2-15 力系简化

主矢：$\boldsymbol{F}_R=\sum \boldsymbol{F}_i'=\sum \boldsymbol{F}_i$，主矢与简化中心 $A$ 点的选择无关。

主矩：$\boldsymbol{M}_A=\sum \boldsymbol{M}_{Ai}=\sum \boldsymbol{M}_A(F_i)$，主矩与简化中心 $A$ 点有关。

若采用向量的分量来计算，则主矢大小为：

$$|\boldsymbol{F_R}|=\sqrt{F_{Rx}^2+F_{Ry}^2+F_{Rz}^2}=\sqrt{(\sum F_x)^2+(\sum F_y)^2+(\sum F_z)^2}$$

主矢方向为：

$$\cos\alpha=\frac{\sum F_x}{|\boldsymbol{F_R}|},\cos\beta=\frac{\sum F_y}{|\boldsymbol{F_R}|},\cos\gamma=\frac{\sum F_z}{|\boldsymbol{F_R}|}$$

主矩大小和方向分别为：

$$|\boldsymbol{M_A}|=\sqrt{M_{Ax}^2+M_{Ay}^2+M_{Az}^2}$$

$$\cos\varphi=M_{Ax}/|M_A|,\cos\varphi=M_{Ay}/|M_A|,\cos\psi=M_{Az}/|M_A|$$

其中，$M_{Ax}=\sum M_x(F_i)$，$M_{Ay}=\sum M_y(F_i)$，$M_{Az}=\sum M_z(F_i)$。

(3) 力系简化结果的讨论

空间一般力系向一点简化得到主矢和主矩，下面针对主矢、主矩的不同情况分别加以讨论。

1) 若 $F_R=0$，$M_A=0$，则该力系处于平衡。

2) 若 $F_R\neq 0$，$M_A=0$，则该力系合成为一个合力 $F_R$，主矢 $F_R{}'$ 就是原力系的合力，这说明该力系的合力作用线通过简化中心 $A$ 点。(此时与简化中心有关，换个简化中心，主矩可能不为零)。

3) 若 $F_R=0$，$M_A\neq 0$，则该力系可合成一个合力偶，其矩等于原力系对于简化中心的主矩。此时主矩与简化中心的位置无关。

4) 若 $F_R\neq 0$，$M_A\neq 0$，此时分三种情况讨论。

① $F_R\perp M_A$，对于这种情况，可进一步简化，将 $M_A$ 变成($F_R'$，$-F_R$)，并令 $M_A=F_R'\cdot d$，使 $F_{R'}$ 与 $F_R'$ 抵消，只剩下 $F_R'$。如图 2-16 所示。这样得到合力矩定理结果如下。

空间力系向 $A$ 点简化后得主矢 $F_{R'}$ 和主矩 $M_A$，若 $M_A\perp F_R$，则可进一步简化为一个作用

在新的简化中心 $A$ 点的合力 $F_R$，即

$$\boldsymbol{M}_A=\boldsymbol{M}_{\perp F_R}=\boldsymbol{r}_{AA'}\times\boldsymbol{F}_R=\boldsymbol{M}_A(F_R)$$

又因为 $\boldsymbol{M}_A=\sum\boldsymbol{M}_A(F_i)$，所以有 $\boldsymbol{M}_A(\boldsymbol{F}_R)=\sum\boldsymbol{M}_A(\boldsymbol{F}_i)$。

② $F_R//M_A$，当主矢与主矩平行时，原力系可以简化为"力螺旋"（物体将又移动又转动），如图 2-16、2-17 所示。例如，图 2-12 用螺丝刀拧螺丝时螺丝的受力就是这样的情况。

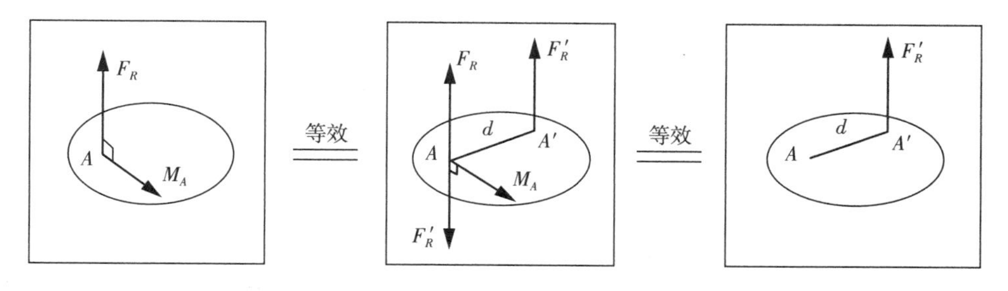


图 2-16　力系简化

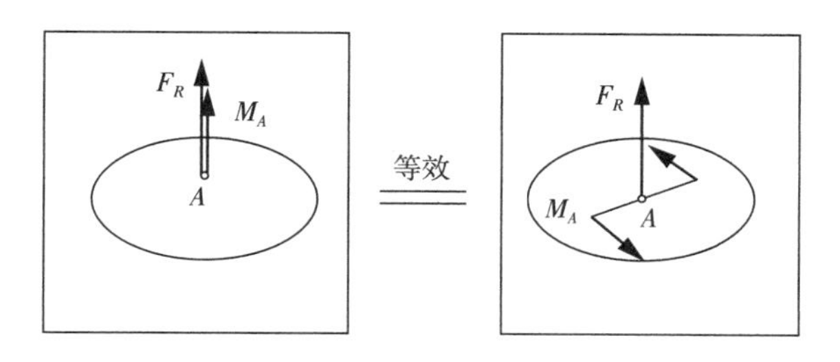


图 2-17　力螺旋

③ $F_{R'}$ 不平行也不垂直 $\boldsymbol{M}_O$，这时就不能进一步简化了。

若力系为平面任意力系（空间的力系的特例），其简化结果有三种情况：合力偶 $M_O$，合力，零。如图 2-18 所示。

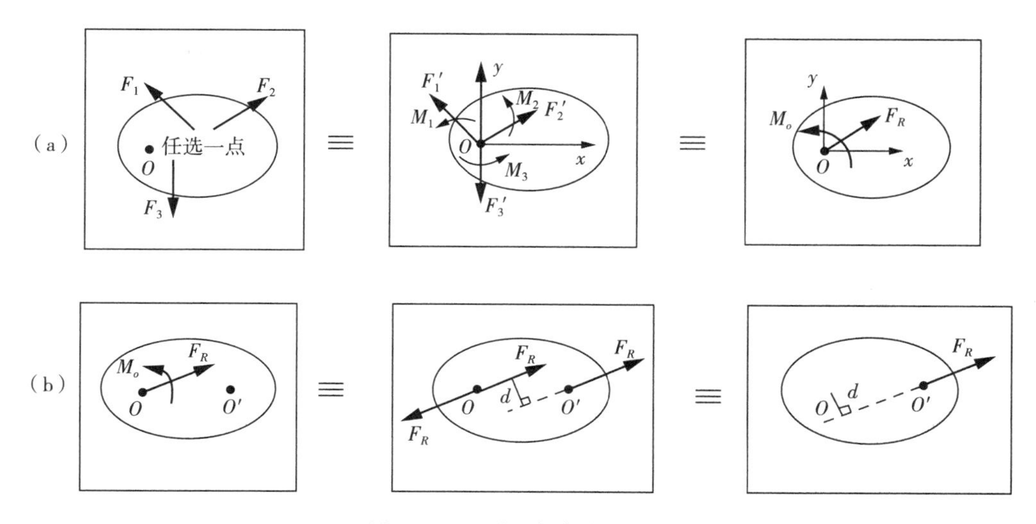


图 2-18　平面任意力系简化

**例 2-2** 挡水墙受静水压力作用，如图 2-19(a) 所示。墙受力简化为受平面力系作用如图 2-19(b) 所示。力的强度 $q(x)$ 为三角形分布，其中最大值为 $q_0$（单位：$N/m$），试求该力系的合力。

**解**：这是一种平面力系。由于平面力系一般可以简化为合力，设合力过 $C$ 点。根据平衡等效计算合力值，依合力矩定理确定合力作用点 $C$ 的位置。

① 沿 $AB$ 方向建立坐标轴 $x$，由于：

$$q(x)=q_0x/L$$

在 $\mathrm{d}x$ 段上的微合力为：

$$\mathrm{d}F_R=q(x)\cdot\mathrm{d}x=(q_0x/L)\mathrm{d}x$$

所以，整个杆上的合力大小为：

$$F_R=\int_L\mathrm{d}F_R=\int_0^L(q_0x/L)\mathrm{d}x=q_0L/2$$

这个结果说明，线性分布力的合力 $F_R$ 恰好等于分布力图形的面积。

② 所有分布力对 $A$ 点取矩的大小得：

$$M_A(F_R)=\int_L x\,\mathrm{d}F_R=\int_0^L x\,\frac{q_0x}{L}\mathrm{d}x=\frac{q_0L^2}{3}$$

由合力矩定理，等效合力的力矩为：

$$M_A(F_R)=F_R\cdot L_{AC}$$

所以，

$$L_{AC}=\frac{M_A(F_R)}{F_R}=\frac{q_0L^2/3}{q_0L/2}=\frac{2}{3}L$$

即，合力 $\boldsymbol{F}_R$ 的作用点在距离 $A$ 点 $\frac{2}{3}L$ 处。也即通过分布图形的形心，如图 2-19(c) 所示。

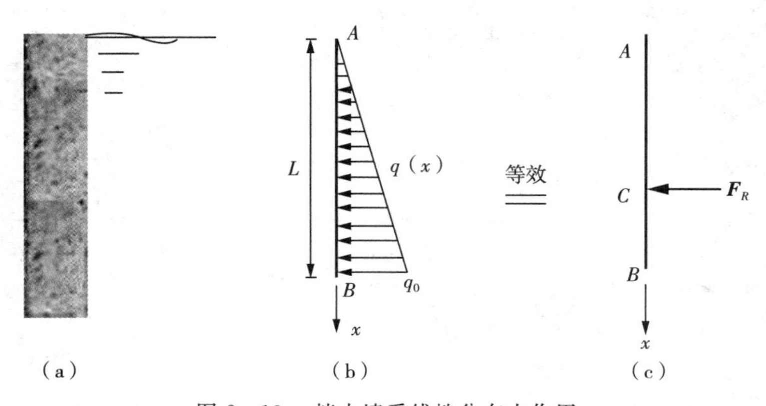


图 2-19 挡水墙受线性分布力作用

**例 2-3**　假设某结构受平面力系作用，如图 2-20(a) 所示。已知力 $F_P=3\text{N}$，力矩 $M=7.5\text{N}\cdot\text{m}$，分布力的最大值为 $q_0=8\text{N/m}$，杆长 $L=3\text{m}$。试求同该力系等效的最简单的力系。

**解**：① 先求分布力的合力。如图 2-20(b)，由前面的例子结果，其合力值为 $F_R=q_0L/2=12(\text{N})$，作用点为 $C$，$L_{CD}=2L/3=2(\text{m})$。

② 将力系向某一点简化[比如 $A$ 点，图 2-20(c)]，得合力

$$F_{RA}=F_P+q_0L/2=3+12=15(\text{N})$$

合力矩(力矩同方向)

$$M_A=M+q_0L/2\times(L+2L/3)=M+5q_0L^2/6=7.5+60=67.5(\text{N}\cdot\text{m})$$

在这种简化情况下，存在合力与合力矩。

③ 再将上面的简化力系进一步简化为只有一个合力的情况，即求最简单的力系。将简化的原力系的合力移动到 $O$ 点，产生的力矩与合力矩 $M_A$ 相抵消。

原力系的合力：$F_R=F_P+q_0L/2=15(\text{N})$

合力的作用位置：$L_{OA}=M_A/F_R=67.5/15=4.5(\text{m})$

图 2-20(d) 所示的力即是原力系图 2-20(a) 的合力 $\boldsymbol{F}_R$。

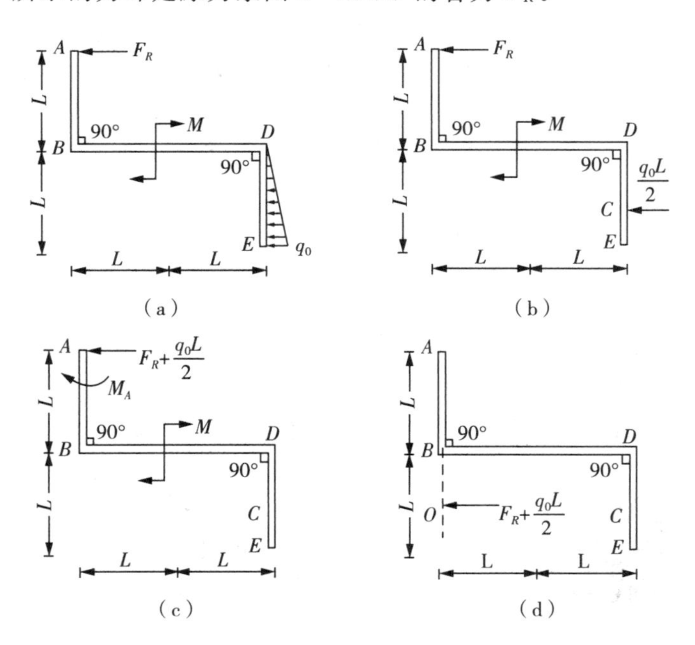


图 2-20　力系简化

(4) 力系简化结果总结

1) 若力系主向量为零，并且力系对某个点的主矩为零，则等效于零力系。

2) 若力系主向量为零，但力系对某个点的主矩 $\boldsymbol{M}$ 不为零，则等效于一个力偶。

3) 若力系主向量不为零，但力系对某个点的主矩为零，则等效于一个合力。

4）若力系主向量不为零，对某个点的主矩不为零并且与主向量垂直，则等效于一个合力。

5）若力系主向量不为零，对某个点的主矩不为零并且不与主向量垂直，则等效于一个力螺旋。如果力偶矩的方向与力的作用线平行，则称该力系是力螺旋。

6）汇交力系等效于一个合力。汇交力系是指力的作用线交于一点的力系。

7）平行力系（作用线相互平行的力系）的简化结果有以下两种：

a. 主向量不等于零的平行力系可以简化成一个合力。称合力作用点 $C$ 点是这个平行力系的中心。b. 主向量等于零，主矩向量不等于零，这时成为一个力偶。

从以上总结可知，任意力系总可以简化成零力系，或者一个合力，或者一个合力偶，或者一个力螺旋。

**思考与讨论：**① 某平面力系向 $A$、$B$ 两点简化的主矩皆为零，此力系简化的最终结果可能有几种情况？

② 设某平面力系向一点简化得到一合力，如另选适当的点为简化中心，问此力系能否简化为一力偶？

## 2.4 物体的重心（质心）

物体在地球引力场内受到重力作用，重力为平行力系。由平行力系的中心，引出一个物体的重心概念。假如将一个物体分成许多基本的单元，则每个单元上都受到重力 $\rho g \Delta V$ 的作用，其中 $\rho$ 是物体的密度，$g$ 是重力加速度，$\Delta V$ 是单元的体积。这些同方向的力构成一个平行力系。这个平行力系的中心称为刚体的重心。例如，青铜器的重心的位置向量为（如图 2－21 所示）：

$$\boldsymbol{r}_C = \frac{\sum \rho g \, \Delta V \boldsymbol{r}}{\sum \rho g \, \Delta V} = \frac{\int_V \rho g \boldsymbol{r} \, \mathrm{d}V}{\int_V \rho g \, \mathrm{d}V} = \frac{\int_V \rho \boldsymbol{r} \, \mathrm{d}V}{m} \tag{2-16}$$

其中 $m$ 为刚体的质量。

式（2－16）也代表物体的质心。对于体积不太大的刚体，其重心总是与质心重合。如果刚体的密度是均匀的，即 $\rho$ 是常数，则物体的质心就是其几何形心。

（a）青铜器

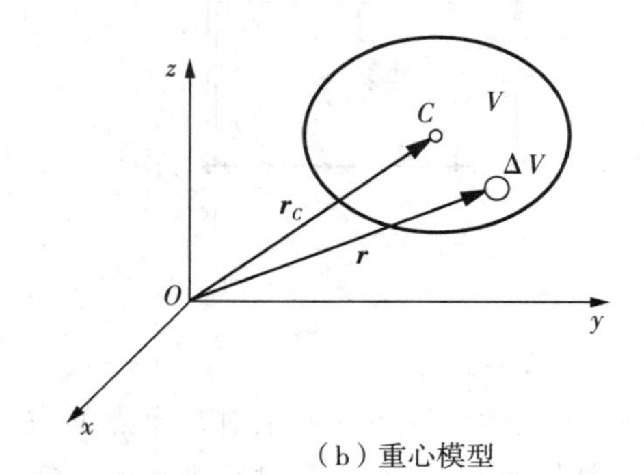


（b）重心模型

图 2－21 物体重心

**例 2-4**　假设图 2-22(a) 所示的为均质单位厚度的薄片，求其形心位置。设 $FG=DE=EF=200\text{mm}$，$AL=BH=300\text{mm}$，$HG=DL=100\text{mm}$。

**解**：将物体图形分割成 3 个长方形 $ALDI$，$IEFJ$ 和 $JGHB$，并建立直角坐标系 $Oxy$，坐标原点位于线段 $IJ$ 的中点，如图 2-22(b) 所示。这 3 个矩形的面积分别为：

$$S_1=S_3=300\times 100=30000(\text{mm}^2),S_2=200\times 100=20000(\text{mm}^2)$$

它们的重心 $C_1$、$C_2$、$C_3$ 的坐标分别在：

$$x_{C1}=150(\text{mm}),\quad y_{C1}=150(\text{mm})$$

$$x_{C2}=50(\text{mm}),\quad y_{C2}=0(\text{mm})$$

$$x_{C3}=150(\text{mm}),\quad y_{C3}=-150(\text{mm})$$

利用这 3 个矩形的重心，再用式(2-16)可求得整体的重心 $C$ 的位置为：

$$x_C=\frac{S_1x_{C1}+S_2x_{C2}+S_3x_{C3}}{S_1+S_2+S_3}=125(\text{mm})$$

$$y_C=\frac{S_1y_{C1}+S_2y_{C2}+S_3y_{C3}}{S_1+S_2+S_3}=0(\text{mm})$$

这种求刚体重心的方法称为分割法。也可以利用负面积的减法求出重心 $C$ 的位置，如图 2-21(c) 所示。

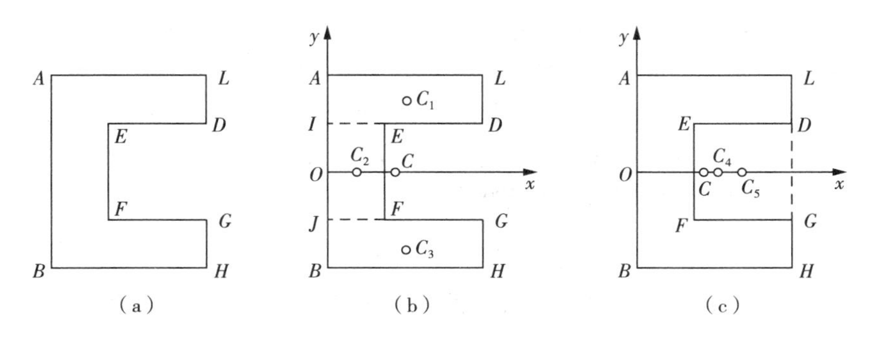


图 2-22　薄片重心

**例 2-5**　建造塔的重要问题之一是确定塔的重心，如果塔的重心偏斜可能造成塔的倒塌。为了保证塔不会倒塌，塔的重心应该落在塔的几何中心偏下的位置。为了方便控制重心，大多数的塔都建成具有对称的形状，当然这也是美观的需要。如应县古木塔[如图 2-23(a) 所示的模型]、砖塔[如图 2-23(b) 所示]都具有很好的对称性。而意大利的比萨斜塔由于地基的问题，其重心发生偏斜，失去对称受力[如图 2-23(c) 所示]。

**想考与讨论**：对图 2-23 中所示的高塔，在什么情况下斜塔会有倾覆倒塌的危险？为什么题？

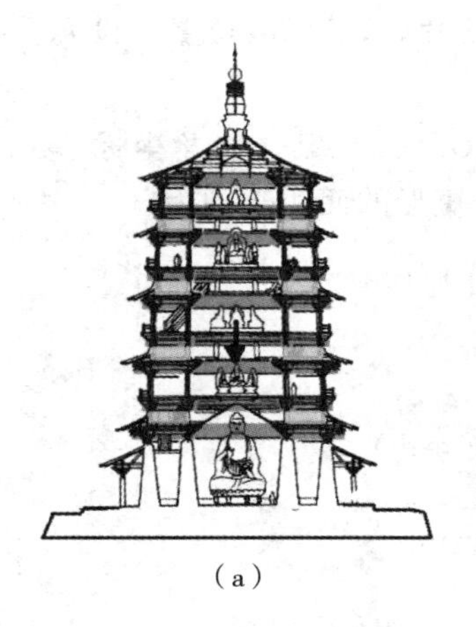
(a)

(b)

(c)

图 2-23 高塔的重心

## 2.5 动态载荷及其简化方法

在工程实际中,有些构件会受到一种动载荷的作用。所谓动载荷,是指载荷随时间作较大变化的载荷,构件会作加速运动或转动而产生惯性力。例如,起重机加速吊升重物时,吊索受到重物惯性力的作用;汽锤打桩时桩受到冲击载荷;冲击钻工作时的冲击载荷;夯实机工作时的冲击载荷;飞轮转动;铁路轮轴;等等。

而与动载荷相对的是所谓静载荷是指载荷由零开始缓慢地增加到最终值,以后就不再变动的载荷。在加载的过程中,构件内各质点的加速度很小,可以忽略不计。

在材料力学中,构件由于动载荷所引起的变形和应力称为动变形和动应力。构件在动载荷作用下同样有强度、刚度和稳定性问题。实验结果表明,材料在静载荷作用下服从胡克定律,在动载荷作用下,只要动应力不超过材料的比例极限,胡克定律仍然适用。

动载荷的简化,通常利用动静法(达朗伯原理),将动载荷引起的加速度惯性力作为载荷加到构件上,与外载荷一起构成物体平衡状态,即

$$\boldsymbol{F}-m\boldsymbol{a}=0$$

因此,可以利用静力学的简化方法来分析动载荷问题。具体的问题可以参看本书后面有关章节。

## 2.6 结构的约束及约束力简化方法

在工程结构中,通常具有一种特别的构件,称为约束。它用来限制物体的位移,约束构件与物体的平衡有着非常紧密的关系。因此,需要搞清楚约束的特性。

由于约束限制了物体的运动,它会对物体产生约束反力,简称约束力。因此,约束力是约束构件对物体的作用力。它的大小与物体受到的主动力有关,但一般是未知待定的力。它的方向与该约束所能阻碍的运动方向相反。约束力的作用位置在约束的接触点或面处。

通常约束力分布在接触面上，但在理论力学中，为了分析方便，将这种分布力简化为集中力，作用在约束面的中心位置。约束与被约束之间存在作用与反作用的关系。

从力学角度分类，约束可分为：理想约束和非理想约束。具有摩擦的约束就是非理想约束。又可分为完整约束与非完整约束。下面介绍几种工程中常见的约束类型。

### 2.6.1　平面约束

当约束力可以简化到一个面上的情况称为平面约束。下面几种具体的约束结构可以归结为平面约束情况。

1. 光滑的点、线、面接触约束

如果约束面是光滑曲面，约束力的特点是在接触面上沿着曲面的法向，指向物体。如齿轮啮合时，主动齿轮齿受到被动齿轮齿的约束(线接触或点接触)。如图 2 - 24 所示。

因此，光滑支承接触的约束力 $\boldsymbol{N}_R$ 作用在接触面处，方向沿接触面的公法线并指向受力物体，故称又为法向约束力。

(a) 齿轮啮合实物

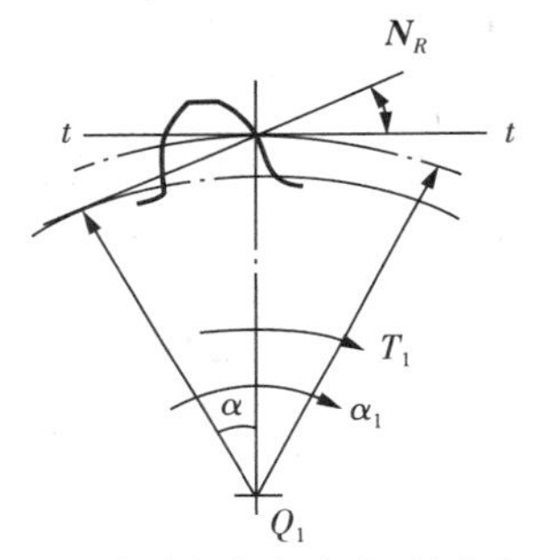


(b) 主动齿轮齿受到的约束力

图 2 - 24　齿轮啮合约束

2. 光滑铰链形成的约束

这种约束又分为下面几种常见的结构。

(1) 光滑圆柱铰链构成的约束，例如，图 2 - 25(a) 所示的剪刀中的铰链结构。

约束特点：由两个各穿孔的构件及圆柱销钉组成。

约束力 $\boldsymbol{N}_R$：光滑圆柱铰链亦为孔与轴的配合，与轴承一样，可用两个正交分力表示。这种约束力简图如图 2 - 25(b) 所示。一般不必分析销钉受力，当要分析时，必须把销钉单独取出。

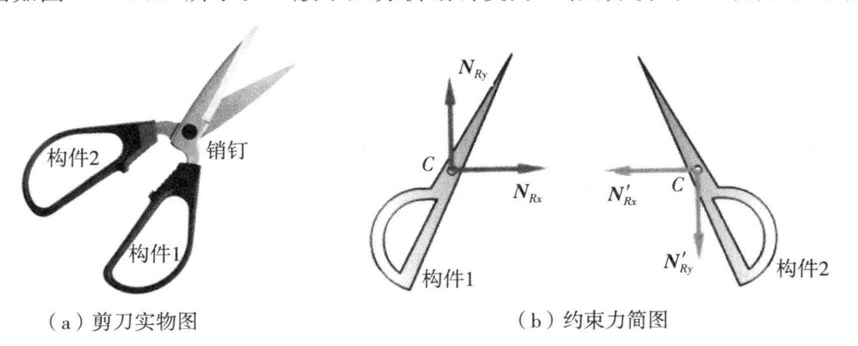


(a) 剪刀实物图　　(b) 约束力简图

图 2 - 25　剪刀中的铰链结构

(2) 固定铰链支座约束，例如图 2-26 所示的门窗中的铰链结构。

这种约束特点：由铰链结构中的构件之一与机架固定而成。

约束力：与圆柱铰链相同。

(3) 径向轴承(向心轴承) 构成的约束，例如，图 2-27 所示的轴承与轴的结构。

约束特点：轴在轴承孔内，轴为非自由体，轴承孔为约束。

约束力 $N_R$：当不计摩擦时，轴与孔在接触处为光滑接触约束 —— 法向约束力。约束力作用在接触处，沿径向指向轴心。当外界载荷不同时，接触点会改变，则约束力的大小与方向均有改变。

图 2-26 门窗中的固定铰链结构

图 2-27 径向轴承约束

以上三种约束(光滑圆柱铰链、固定铰链支座、径向轴承) 其约束特性相同，均为轴与孔之间的接触问题，都可称作固定铰链约束。其约束力可用两个通过轴心的正交分力表示，如图 2-28(a) 所示。因此，它是一种平面约束。光滑圆柱固定铰链约束的简图如图 2-28(b) 所示。

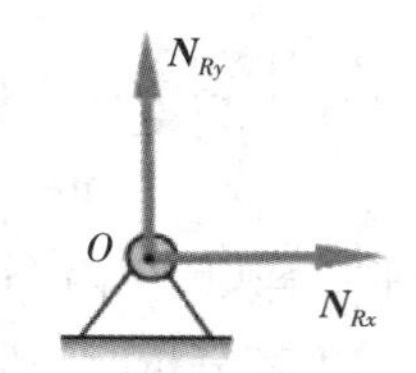


(a) 光滑圆柱铰链约束力简图

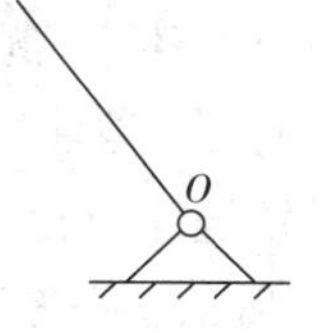


(b) 光滑圆柱铰链约束简图

图 2-28 光滑圆柱铰链约束

3. 可动支座约束

图 2-29 所示为桥梁可动支座。可动支座约束简图如图 2-30(a) 所示，其约束力简图如图 2-30(b) 所示。

约束特点：在固定铰支座与支承平面之间可以相对移动。它也是一种平面约束。在大多数工程结构中，考虑到结构的变形，都将它们的支撑作为可动支座。

约束力 $N_R$：构件受到垂直于光滑面的约束力。

图 2-29　桥梁可动支座

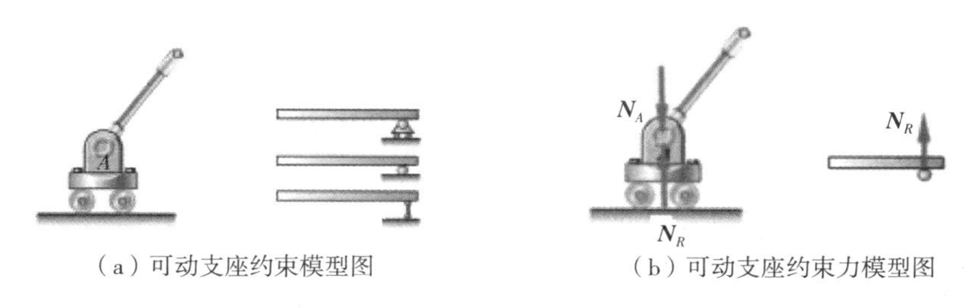


（a）可动支座约束模型图　（b）可动支座约束力模型图

图 2-30　可动支座约束模型

### 2.6.2　空间约束

当约束力只能简化为空间力系的约束称为空间约束。下面几种具体的约束结构可以归结为空间约束情况。

1. 球关节约束

这种约束的实物如图 2-31(a) 所示。

约束特点：通过球与球壳将构件连接，构件可以绕球心任意转动，但构件与球心不能有任何移动。它是一种空间约束。

约束力 $N_R$：当忽略摩擦时，球与球座亦是光滑约束问题。约束力通过接触点，并指向球心，是一个不能预先确定的空间力。可用三个正交分力表示。约束及约束力简图如图 2-31(b) 所示。

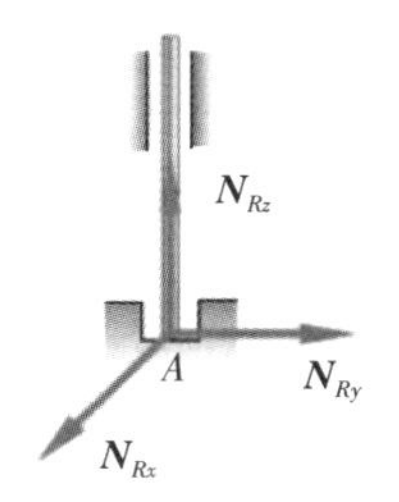


（a）球关节实物图　（b）球关节约束力简图

图 2-31　球关节约束

2. 止推轴承约束

这种约束的实物如图 2－32(a) 所示。

约束特点：止推轴承比径向轴承多一个轴向的位移限制：因此，它比径向轴承多一个轴向的约束力，即有三个正交分力。它是一种空间约束。

约束力 $\boldsymbol{N}_R$：当忽略摩擦时，止推轴承座亦是光滑约束问题。约束力通过接触点，并指向中心，是一个不能预先确定的空间力。可用三个正交分力表示。约束力简图如图 2－32(b) 所示。

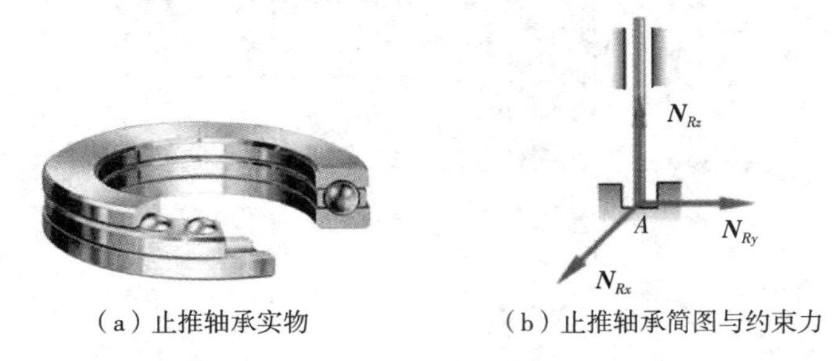


（a）止推轴承实物　（b）止推轴承简图与约束力

图 2－32　止推轴承约束

3. 固定端约束

厚墙体与支撑板之间的约束为固定端约束。

这种约束的特点是，构件被限制了所有方向上的位移和转动。因此，约束力分解为三个方向的约束反力 $\boldsymbol{N}_{Rx}$、$\boldsymbol{N}_{Ry}$、$\boldsymbol{N}_{Rz}$，以及三个方向的约束力矩 $\boldsymbol{M}_x$、$\boldsymbol{M}_y$、$\boldsymbol{M}_z$。如图 2－33 所示。

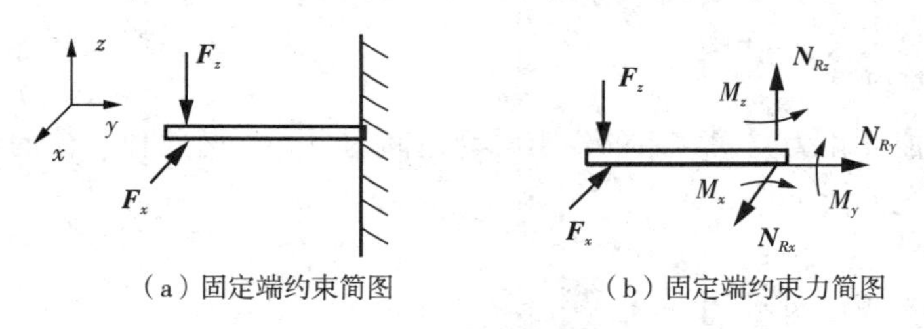


（a）固定端约束简图　（b）固定端约束力简图

图 2－33　空间受力固定端约束

如果结构是平面受力情况，则固定端约束力可以简化如图 2－34 所示的力系。这种情况也作为平面约束对待。

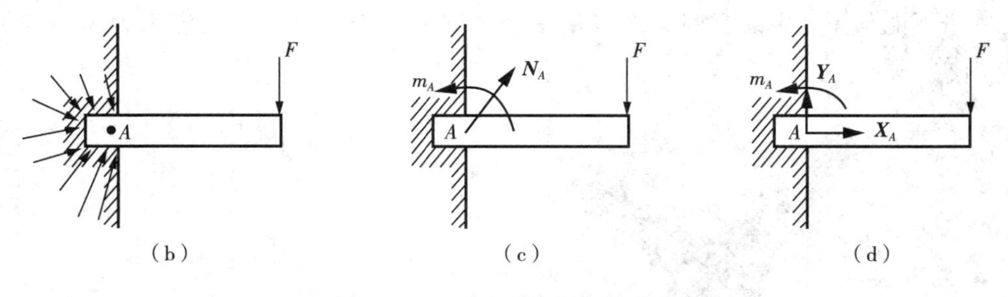


（b）　（c）　（d）

图 2－34　平面受力固定端约束

### 2.6.3　单向约束

这种约束具有特别之处，在分析时需要加以注意。约束力只能在单方向出现，其他方向上不存在约束力，有时也称为不完整约束。经常遇到的例子有下面几种情况。

1. 光滑接触面(线、点)构成的约束

如图 2-35(a) 所示的光滑球体放置在光滑平面上，平面对球体就构成这种约束(点接触)。

(a) 光滑平面约束实物

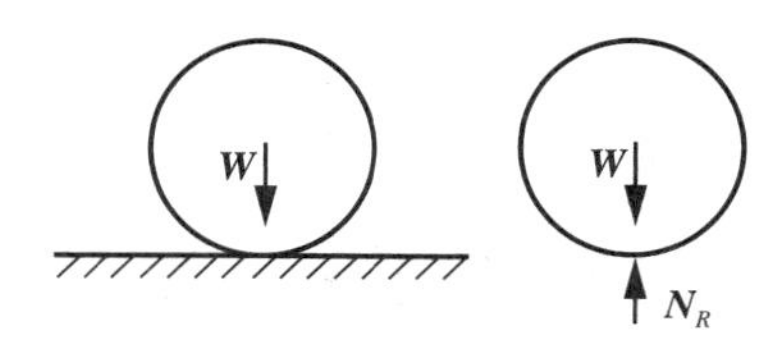

(b) 球体重力与约束反力

图 2-35　光滑平面约束

在图 2-35(a) 中，由于光滑球体的重力 $W$ 作用在平面上，平面对球体产生约束反力。当我们将约束解除后，为了使球的受力与原来的情况等效，必须将约束力加到球体的接触面上。为分析方便，将约束力简化为集中力，用 $N_R$ 表示。因此，球体受到的重力与约束力的简图如图 2-35(b) 所示。

2. 由柔软的绳索、带或链条等构成的约束

如图 2-36(a) 所示的皮带与轮之间的约束。

由于柔索只能受拉力，故约束力又称张力 $\boldsymbol{T}$。柔索对物体的约束力沿着柔索背向被约束物体，带对轮的约束力方向应该沿轮缘的切线方向。其约束力简图如图 2-36(b) 所示。

(a) 皮带传动图

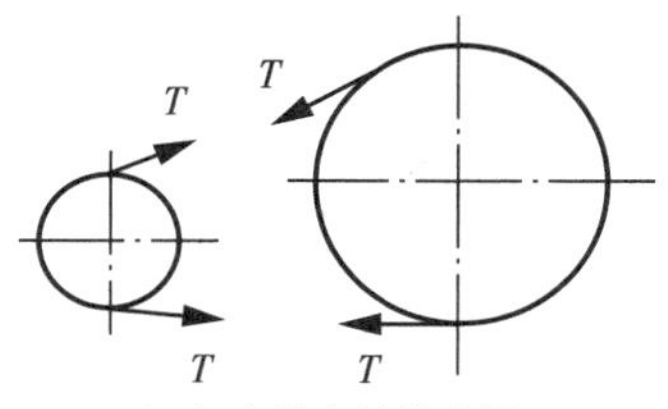

(b) 皮带中的张力图

图 2-36　皮带与轮之间的约束

**思考与讨论：**在图 2-37(a) 的齿轮传动中力系如何平衡？在图 2-37(b) 的轮系中力系能否平衡，也即力偶能否单独用一个力来平衡？为什么题？

(a) 齿轮传动

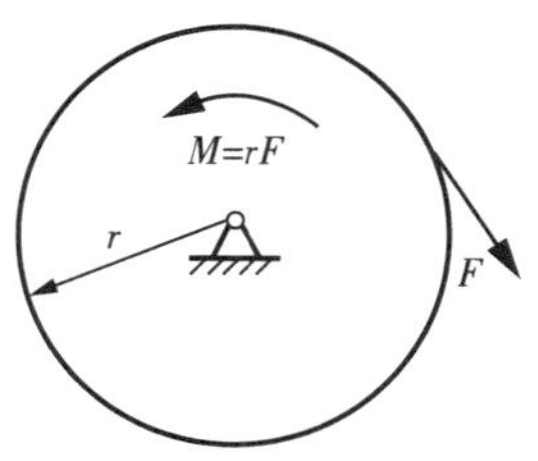

(b) 带轮受力

图 2-37　带轮受力

# 习题 2

2-1 画出下列物体的约束受力图。

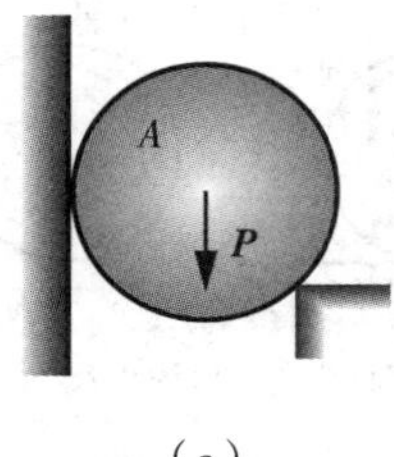


(a)

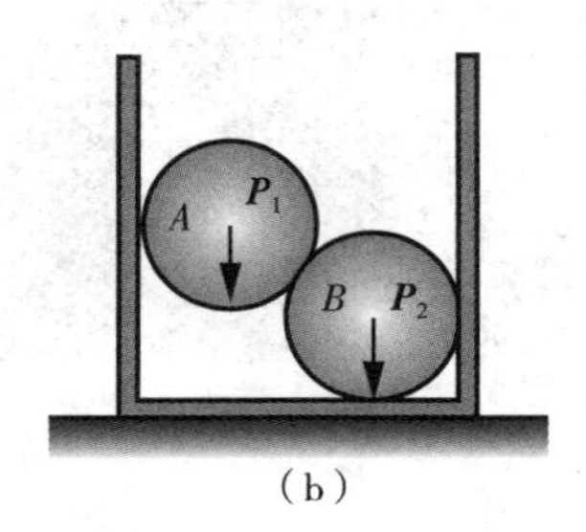


(b)

2-2 画出下列物体的约束受力图。

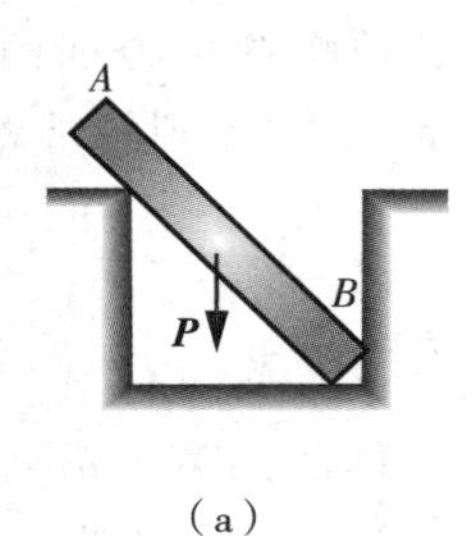


(a)

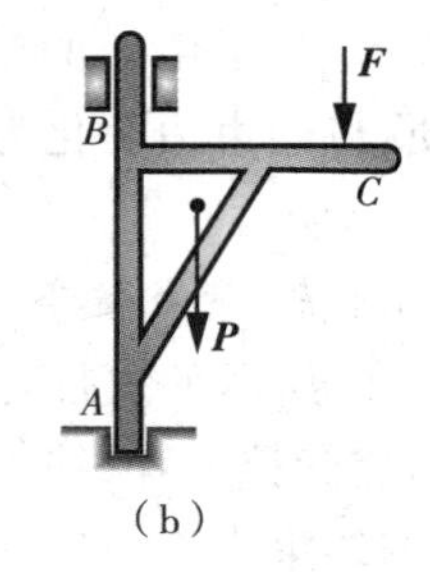


(b)

2-3 画出下列物体的约束受力图。

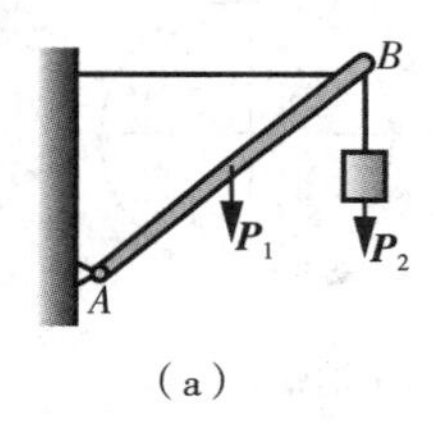


(a)

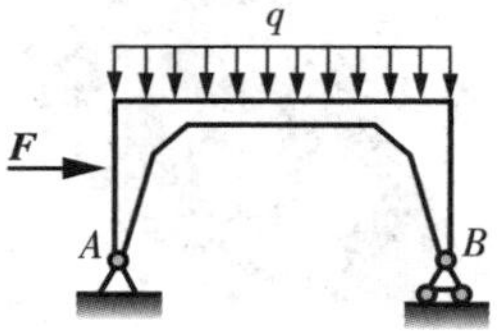

(b)

2-4 试简化下列各力系。

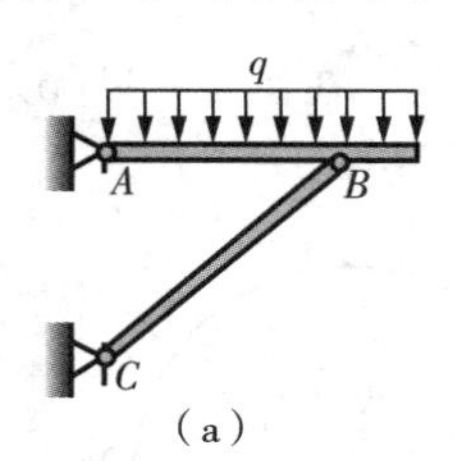


(a)

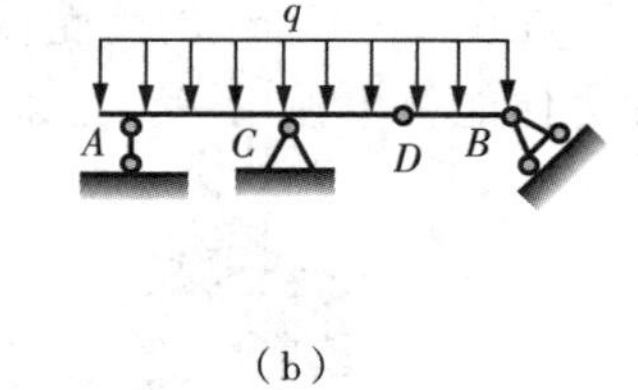


(b)

2-5 试简化下列各力系。

(a) 假定在正立方体的棱边上作用力 $\boldsymbol{P}_1$,$\boldsymbol{P}_2$,$\boldsymbol{P}_3$,大小均等于 $P$,正立方体的边长为 $a$。试将此力系向 $O$ 点简化

(b) 假设正方体上作用载荷 $P=1000\text{N}$,$Q=2000\text{N}$,分别作用在正方体的顶点 $A$、$B$ 处。试将此力系向 $O$ 点简化。

(c) 假设在正方形的 4 个顶点 $A$、$B$、$C$ 和 $D$ 上作用有 4 个力，其方向如图所示。试将此力系向 $O$ 点简化。

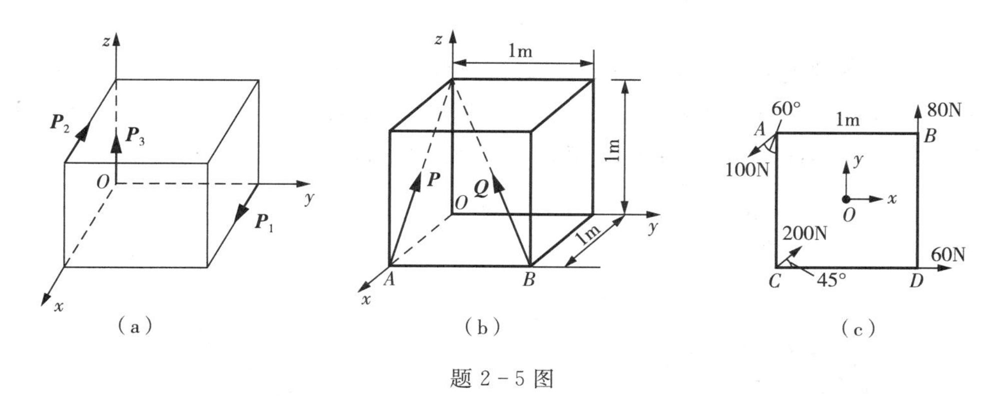


题 2-5 图

2-6　假设有 3 个转盘 $A$、$B$ 和 $C$ 的轴 $OA$，$OB$ 和 $OC$ 在同一平面内，$\angle AOB$ 为直角，$\alpha=143.13°$。在转盘 $A$、$B$ 和 $C$ 的边缘上各作用有力偶，各力偶的力的大小分别等于 100N、200N 和 500N。转盘的半径分别为 15cm、10cm 和 5cm。试简化此力系。

2-7　工程中使用的齿轮箱如图所示，三个轴受到 3 个力偶的作用。试求此力偶系的合力偶。

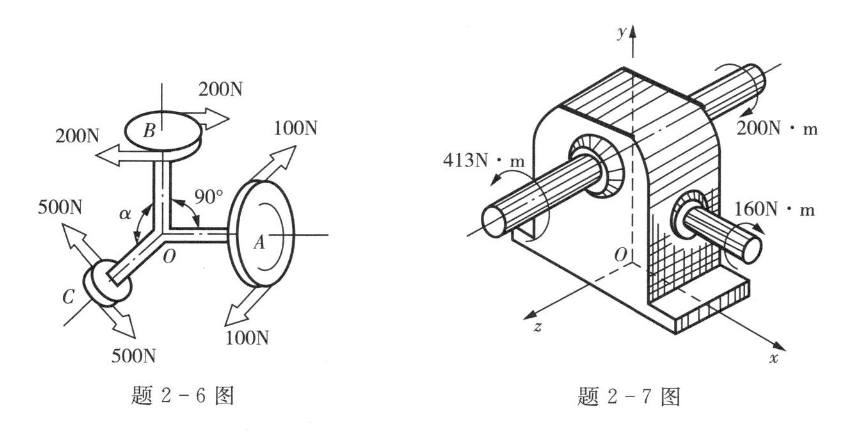


题 2-6 图　　题 2-7 图

2-8　三个弹簧绳的一端 $A$、$B$、$C$ 固定在木板之上，弹簧绳的另外一端连接在一起。已知三个弹簧绳中的张力分别为 8N、7N 和 13N(如题图所示)。试求弹簧绳之间的夹角 $\alpha$、$\beta$ 的大小。

2-9　街道路灯悬挂在绳索 $ABC$ 的中点 $B$ 处，绳子的两端固定在同一水平位置的 $A$、$C$ 点上(如题图所示)。设灯的重量为 150N，绳索 $ABC$ 的长度为 20m，灯的挂点到水平线的距离 $BD=0.1$m，绳索的重量可不计。求绳索 $AB$ 和 $BC$ 中的张力。

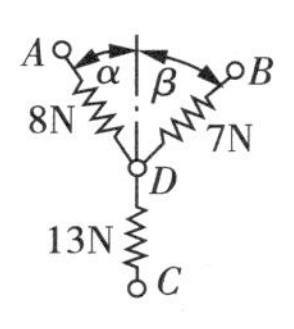


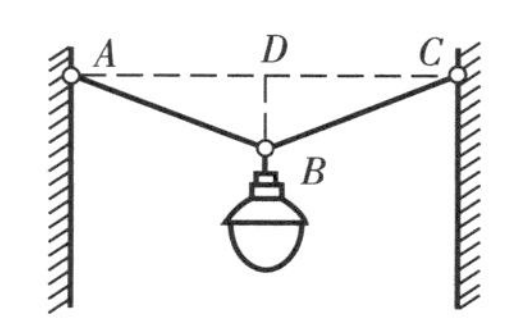


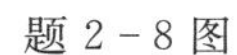
题 2-8 图　　题 2-9 图

2-10 设两个相同的圆柱体(Ⅰ)的重量为$P$,分别用绳索悬挂于$O$点。在两个圆柱体之间又放置一个重量为$Q$的圆柱体(Ⅱ),整个系统处于平衡状态(题图所示)。试求图中的夹角$\alpha$、$\beta$的大小。

2-11 均质球支撑在光滑斜面上,同时用弹簧绳索牵挂处于平衡状态(题图所示)。设球的重力为20N,弹簧绳索中的张力为10N,斜面与水平面夹角为30°,不计绳索的重量。试求绳索与铅垂线之间的夹角$\alpha$的大小,再决定球体对斜面的压力大小。

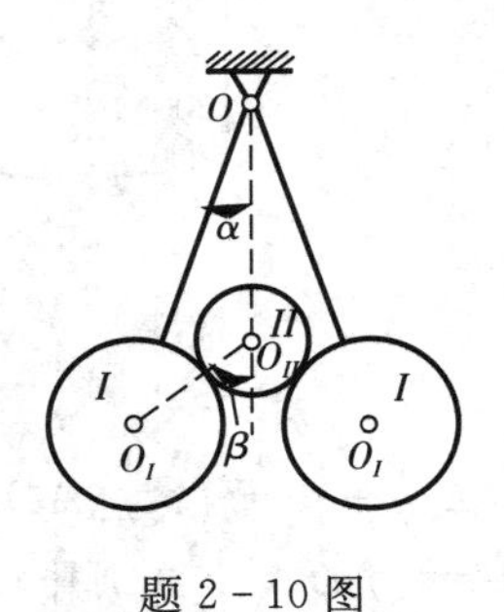


题2-10图

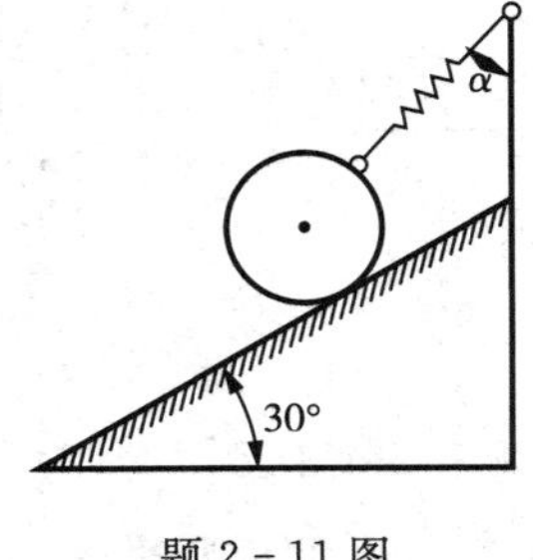


题2-11图

# 第3章　工程结构静力学问题

## 3.1　概　述

静力学是研究物体的受力、力系的简化(等效替换),建立各种力系的平衡条件,再求解未知力的一门科学方法。静力学研究问题的方法是,根据工程问题的特点,简化问题成为一种受力平衡的力学模型,再利用力学平衡方程进行计算。这里关键的步骤是要建立合适的力学模型。模型与实际总是有差异的,但模型必须能反映实际问题的主要特。否则,依据这种模型计算出来的结果是不可信的。

静力学分析的具体做法如下。

1. 物体的受力分析与模型化。分析物体(包括物体系)受哪些力,每个力的作用位置和方向,并画出物体的受力图。例如,图3-1所示学生在课桌上学习,学生对课桌有作用力。当研究课桌受力作用时,需要进行受力分析,建立静力学模型,如图3-2所示。

图3-1　学生与课桌的相互作用

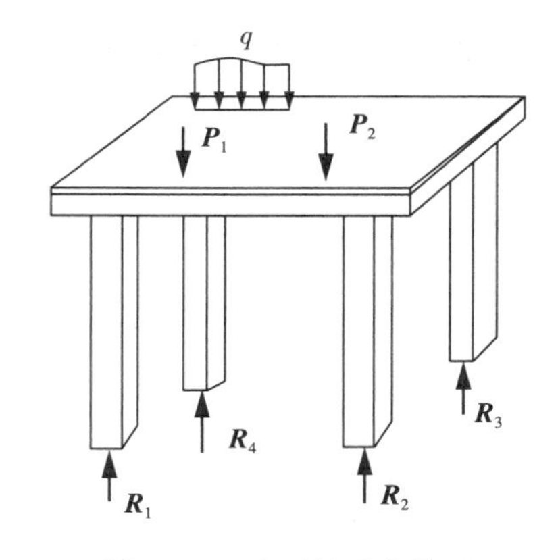


图3-2　桌子的受力模型

2. 力系的简化(等效替换)。为了分析的需要,对物体上面作用的复杂力系,用一个简单力系等效代替,使得问题分析简化。如图3-2所示的课桌上面,人体、书本等的作用力系及地面对桌腿的作用力系就是一种简化的结果。

3. 建立各种力系的平衡条件并进行求解。利用牛顿力学定律,建立各种力系的平衡条件,再利用这些条件解决静力学实际问题。

# 3.2 工程结构受力平衡基本问题求解方法

当结构处于平衡状态，是指该结构处于静止或无加速运动状态。根据牛顿第一定律，物体不受任何外力作用，或者受到的外力系的合力为零，则物体将处于平衡状态。由前面的介绍知识，平衡力系作用在刚体上等效于刚体没有受任何外力。因此，讨论刚体的平衡问题就等价于讨论作用在刚体上的力系平衡问题。如果没有特殊说明，通常所说的力系就是指作用在某个刚体上的力系。

## 3.2.1 一般的平衡方程

分析结构的平衡问题时，首先需要将结构上的所有力向一点简化，通常这个点就选择为力矩中心。根据力系的等效原理，力系$(F_1, F_2, \cdots, F_n)$平衡的充分必要条件是满足合力平衡方程：

$$\boldsymbol{F}_R = \sum_{n=1}^{N} \boldsymbol{F}_n = 0 \tag{3-1}$$

对坐标原点的合力矩平衡方程：

$$\boldsymbol{M}_O = \sum_{n=1}^{N} (\boldsymbol{R}_n \times \boldsymbol{F}_n) = 0 \tag{3-2}$$

如果采用分量形式表达，则平衡方程又写成为合力平衡方程：

$$\sum_{n=1}^{N} f_{xn} = 0, \sum_{n=1}^{N} f_{yn} = 0, \sum_{n=1}^{N} f_{zn} = 0 \tag{3-3}$$

对坐标原点的合力矩平衡方程：

$$\begin{cases} \sum_{n=1}^{N} (y_n f_{zn} - z_n f_{yn}) = 0 \\ \sum_{n=1}^{N} (z_n f_{xn} - x_n f_{zn}) = 0 \\ \sum_{n=1}^{N} (x_n f_{yn} - y_n f_{xn}) = 0 \end{cases} \tag{3-4}$$

空间力偶系的平衡向量方程：

$$\boldsymbol{M} = \sum \boldsymbol{M}_i = 0 \tag{3-5}$$

力偶系的平衡的分量方程：

$$\begin{cases} \sum M_x = 0 \\ \sum M_y = 0 \\ \sum M_z = 0 \end{cases} \tag{3-6}$$

对于一般的空间力系，上面的平衡方程组中包含了6个相互独立的分量平衡方程，因此，联立方程可以求解6个未知量。

对于空间汇交力系，如果取汇交点为坐标原点，则力矩方程都是恒等式，只剩下3个力的分量独立平衡方程，只能求解3个未知量。

对于一般的平面力系，平衡方程组中包含了3个相互独立的分量平衡方程，因此，只可以求解3个未知量。

而对于平面汇交力系，平衡方程组中包只有2个相互独立的力的分量平衡方程，因此，只可以求解2个未知量。

### 3.2.2 平面力系的平衡问题求解

当结构受到的力的作用线共面时，结构就可以简化为平面受力结构。这种力系就称为平面力系。平面力系在工程中是比较常见的受力系统，在理论力学中讨论也较多。

通常取 $Oxy$ 平面作为参考面，力系都作用在这个面内。平面力系的平衡方程如下。

合力平衡方程：

$$\sum_{n=1}^{N} f_{xn}=0,\ \sum_{n=1}^{N} f_{yn}=0 \tag{3-7}$$

对原点的合力矩平衡方程：

$$\sum_{n=1}^{N}(x_n f_{yn}-y_n f_{xn})=0 \tag{3-8}$$

上面的方程组中包含的是两个分力和一个力矩形式的平衡方程。3个方程可以决定3个未知量。平面力系平衡方程也可以选择另外两种形式：一个分力和两力矩形式，以及三个力矩形式。读者自己可以导出这些形式的平衡方程。

下面通过例子来说明平面力系平衡物体的解题过程。

**例3-1** 工地上采用的简易的悬臂式起重机吊起重物，如图3-3(a)所示。$AB$ 是吊车梁，$BC$ 是钢索，与吊车梁的夹角为 $\theta$。$A$ 端支承可简化为铰链支座。若吊机和提升重物共重 $P=5\text{kN}$，吊车梁的自重 $Q=0.5\text{kN}$。起重机工作的位置参数为：$\theta=25°$，$a=2\text{m}$，$l=2.5\text{m}$。求钢索 $BC$ 和铰 $A$ 的约束力。

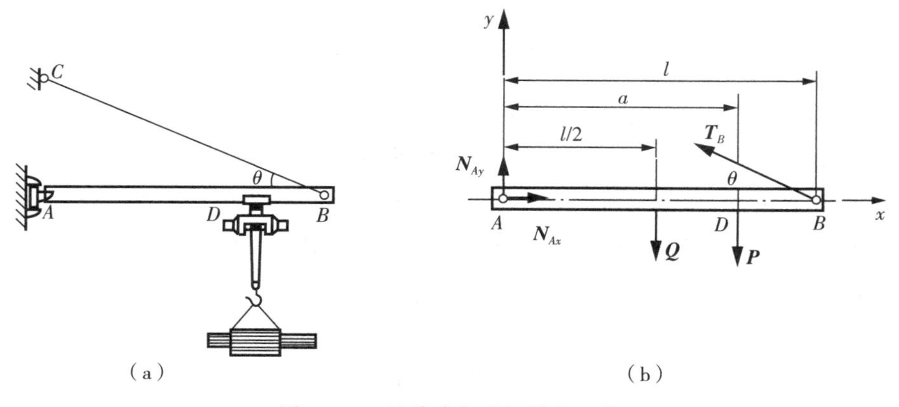


图3-3 悬臂式起重机吊起重物

**解**:由于载荷和约束力都作用在吊车的梁上,所以选择吊车梁为研究对象。

先分析吊车梁所受到的力为:重物的重力 $P$ 作用在 $D$ 点,吊车梁的重力 $Q$ 作用在梁的中点,$B$ 点受钢索的约束拉力 $\boldsymbol{T}_B$,约束力的作用线沿 $BC$ 线。铰 $A$ 的约束力分为两个垂直的分力 $N_{Ax}$、$N_{Ay}$。吊车梁的受力模型图如图 3-3(b) 所示。

取直角坐标系 $Oxy$,如图 3-3(b) 所示。列出平衡方程如下。

合力平衡方程:

$$\sum_{n=1}^{N} f_{xn} = N_{Ax} - T_B \cos\theta = 0$$

$$\sum_{n=1}^{N} f_{yn} = N_{Ay} - P - Q + T_B \sin\theta = 0$$

对 $A$ 点的合力矩平衡方程:

$$M_A(F) = T_B l \sin\theta - Pa - Ql/2 = 0$$

求解上面的方程组,并带入数据计算得到:

$$T_B = (Pa + Ql/2)/l\sin\theta = 10.056(\text{kN})$$

$$N_{Ax} = T_B \cos\theta = 9.114(\text{kN})$$

$$N_{Ay} = P + Q - T_B \sin\theta = 1.250(\text{kN})$$

**例 3-2** 假设半径为 $R$ 的半球形光滑碗内放置一均质的光滑杆 $AB$,如图 3-4(a) 所示,杆的长度为 $L$。求杆平衡时的倾角 $\alpha$。

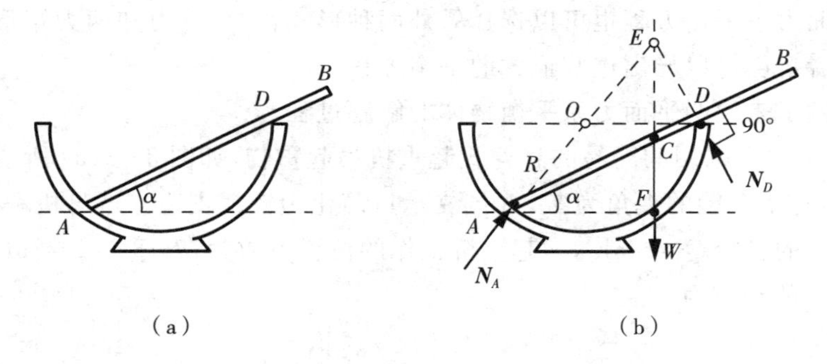


图 3-4 光滑碗与杆的受力

**解**:显然,需要选取杆为研究对象。不考虑摩擦时其受力为:在 $A$ 端,碗对杆的约束反力 $N_A$ 沿碗面的法向,即沿半径 $AO$ 方向。在碗边 $D$ 处,碗对杆有一反力 $N_D$,垂直于杆 $AB$。在杆的重心 $C$ 处($AB$ 的中点)有一重力 $W$(自重),垂直向下。杆上由 $N_A$、$N_D$、$W$ 三力组成一个平衡力系。根据三力平衡的条件,三力必须是汇交力系,即 $W$ 的作用线必须经过 $N_A$ 和 $N_D$ 的交点 $E$,受力模型如图 3-4(b) 所示。

利用力系的几何关系可以求出角度 $\alpha$。

因为 $\angle ADE$ 是直角,所以 $E$ 一定在圆周上,即 $|AE| = 2R$。

又因为 $\angle OAD = \angle ODA = \alpha$,所以,

$$L/2\cos\alpha = |AF| = 2R\cos2\alpha$$

最后解得：

$$\cos\alpha = \left(\frac{L}{16R} \pm \sqrt{\left(\frac{L}{16R}\right)^2 + \frac{1}{2}}\right)$$

由于 $0 \leqslant \alpha \leqslant 90°$，显然，上式成立的条件为 $0 \leqslant \left(\frac{L}{16R} \pm \sqrt{\left(\frac{L}{16R}\right)^2 + \frac{1}{2}}\right) \leqslant 1$。最后取：

$$\cos\alpha = \left(\frac{L}{16R} + \sqrt{\left(\frac{L}{16R}\right)^2 + \frac{1}{2}}\right)$$

另外，该问题成立必须有 $L/2 < 2R$，$|AD| < |AB|$，即 $2R\cos\alpha < L$。得到杆长度需要满足的条件为：

$$\frac{L}{16R} + \sqrt{\left(\frac{L}{16R}\right)^2 + \frac{1}{2}} \leqslant \frac{L}{2R}$$

综合上面的结果后，杆长度需要满足的条件为：

$$\frac{16}{\sqrt{96}} \leqslant \frac{L}{R} \leqslant 4$$

如果上面的问题利用力的平衡方程求角度 $\alpha$，则需要列出 3 个方程，求解比较麻烦。

对于平面力系的平衡问题，下面介绍几个简单的推论，它们给求解静力平衡问题带来方便。

**推论 1**　二力平衡条件：如果平衡力系只有两个力，则它们一定大小相等、方向相反，且作用线相同。

根据主向量为零和主矩为零立刻可以得到这个推论。

**推论 2**　三力平衡条件：平衡力系包括 3 个力 $\boldsymbol{F}_1$、$\boldsymbol{F}_2$ 和 $\boldsymbol{F}_3$，如果 $\boldsymbol{F}_1$ 和 $\boldsymbol{F}_2$ 作用线相交，则 $\boldsymbol{F}_3$ 的作用线一定在 $\boldsymbol{F}_1$ 和 $\boldsymbol{F}_2$ 构成的平面内，并且与 $\boldsymbol{F}_1$ 和 $\boldsymbol{F}_2$ 的作用线汇交于一点。

**推论 3**　设 $A$、$B$、$C$ 是 $Oxy$ 平面上任选的不共线的 3 点，在 $Oxy$ 平面内的力系平衡的充分必要条件是对这 3 个点的力矩均为零。相应的这 3 个方程也称平面力系的三力矩式平衡方程。

**推论 4**　设 $A$、$B$ 是 $Oxy$ 平面上任选的两点，再取一个与 $r_{AB}$ 不垂直的单位向量 $\boldsymbol{e}$，在 $Oxy$ 平面内的力系平衡的充分必要条件是对 2 个点的力矩为零，且沿 $AB$ 方向上力系的投影代数和为零。相应的这 3 个方程也称为平面力系的一个合力与两力矩式平衡方程。

**例 3-3**　高铁桥梁的建设可以采用预制桥梁架设方法，如图 3-5(a) 所示。试分析桥梁建设完成后桥墩的受力。

**解**：为了简化分析，将桥梁中的一跨桥梁和支座的受力简化为模型，如图 3-5(b) 所示。桥梁受到车辆的重力 $2W$ 作用，桥梁自身的均匀分布重力为 $q$。支座约束简化为一端为固定铰，另一端为可移动铰。约束反力为 $\boldsymbol{N}_{Ax}$、$\boldsymbol{N}_{Ay}$、$\boldsymbol{N}_{By}$，如图 3-5(c) 所示。这个问题也简化成为平面力系的平衡问题。

为了方便问题求解，建立两个力矩和一个力的平衡方程如下。

（a）架桥现场

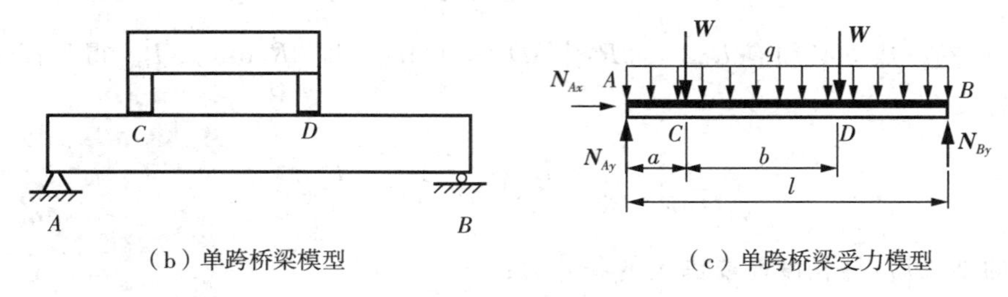


（b）单跨桥梁模型 （c）单跨桥梁受力模型

图 3－5 桥梁分析

对 $A$ 点的合力矩平衡方程：

$$M_A(F)=-Wa-W(a+b)-ql\cdot l/2+N_{By}l=0$$

对 $B$ 点的合力矩平衡方程：

$$M_B(F)=-W(l-a)-W(l-a-b)-ql\cdot l/2+N_{Ay}l=0$$

沿 $AB$ 梁方向的合力：

$$\sum_n F_{xn}=N_{Ax}=0$$

这样，很容易求得：

$$N_{Ay}=W(2l-2a-b)+ql/2$$

$$N_{By}=W(2a+b)/l+ql/2$$

### 3.2.3 空间力系的平衡问题求解

空间结构上承受空间的力系作用，这是工程中最一般的情况。空间结构的平衡问题需要满足空间力系的平衡方程。灵活地利用这些方程可以方便地确定问题的未知量。下面也通过实例来说明。

**例 3－4** 正方形桌面 $ABCD$，由 6 根直腿杆铰接支撑固定于水平位置，尺寸如图 3－6(a) 所示。若在 $A$ 点沿 $AD$ 方向作用有水平的力 $\boldsymbol{P}$，桌面的重量为 $W$，作用在桌面中心。不计桌腿的重量。试求各腿杆的内力。

**解：**以桌面为研究对象。桌面的受力模型图如图 3－6(b) 所示。建立坐标系 $Axyz$，$Ax$ 轴沿着 $AD$ 方向，$Ay$ 轴沿着 $AB$ 方向，$Az$ 轴沿着 $A'A$ 方向。

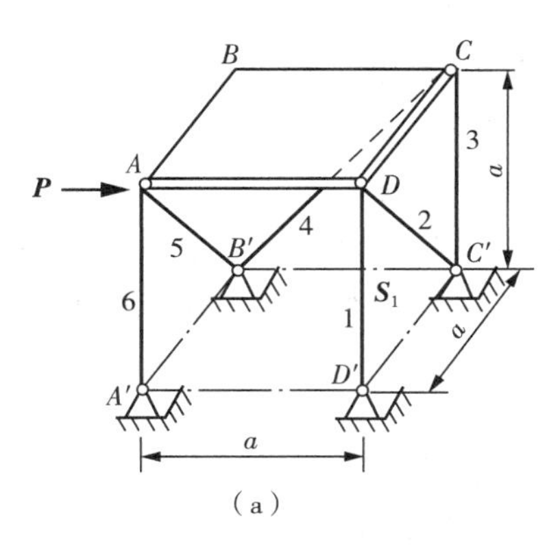


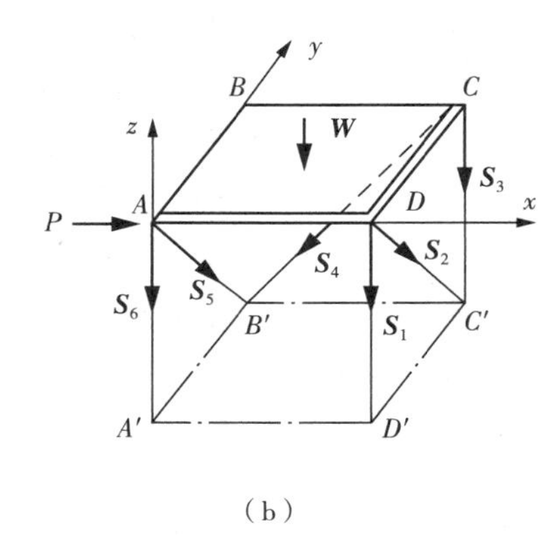


图 3-6　桌面与腿的受力

由于腿杆与桌面是铰接，不考虑腿杆的重力，所以，腿杆是一种二力杆件。先假设各腿杆中的约束力均为拉力，如果计算出来的力的结果是负号，则表示该力应是压力。写出平衡方程如下。

合力平衡方程：

$$\sum_{n=1}^{N} f_{xn} = -S_4\cos45^\circ + P = 0$$

$$\sum_{n=1}^{N} f_{yn} = S_2\cos45^\circ + S_5\cos45^\circ = 0$$

$$\sum_{n=1}^{N} f_{zn} = -S_1 - S_2\cos45^\circ - S_3 - S_4\cos45^\circ - S_5\cos45^\circ - S_6 - W = 0$$

对坐标原点的合力矩平衡方程：

$$\sum_{n=1}^{N}(y_n f_{zn} - z_n f_{yn}) = -S_3 a - S_4 a\cos45^\circ - Wa/2 = 0$$

$$\sum_{n=1}^{N}(z_n f_{xn} - x_n f_{zn}) = S_1 a + S_2 a\cos45^\circ + S_3 a + S_4 a\cos45^\circ + Wa/2 = 0$$

$$\sum_{n=1}^{N}(x_n f_{yn} - y_n f_{xn}) = S_2 a\cos45^\circ + S_4 a\cos45^\circ = 0$$

解联立方程得出各杆内力为：

$$S_4 = \sqrt{2}P \qquad S_3 = -P - W/2$$

$$S_5 = \sqrt{2}P \qquad S_1 = P$$

$$S_6 = -P - W/2 \qquad S_2 = -\sqrt{2}P$$

这个结果说明，只有 3 号和 6 号桌腿杆承受桌面的重力 **W**，而各个腿都要承受推力 **P**。实际中的情况也是，侧向推力容易将桌面推倒，而重力不容易压倒桌面。

在静力学中研究平衡问题时，如果独立的平衡方程数和未知量一样多，则称此问题是静定问题。上面的所有平衡的例题都是静定问题。如果独立的平衡方程数少于未知量，则称此问题是静不定(或超静定)问题。比如，在上面例题中，如果在 $B$ 和 $B'$ 之间增加一个杆，则未知数就变为 7 个，但独立的平衡方程还是 6 个，这就变成了超静定问题。

在理论力学中一般只研究静定问题。超静定问题的求解需要补充方程才能求解。在材料力学或弹性力学中，常利用变形协调方程作为补充方程来求解超静定这类问题。

**例 3-5** 高层建筑物受到风的作用，如图 3-7(a) 所示。假设风的压强由地面向上呈线性变化。建筑物迎风面的长度和高度已知。建筑物的自重为 $W$，假定作用在建筑物中心向下 1/2 处。试分析建筑物地基的受力。

**解**：首先，将建筑物的受力简化为模型，取坐标系如图 3-7(b) 所示。建筑物的重力为 $W$，风的分布压力为 $\boldsymbol{p}(z)$。高层建筑物的基础深入地下比较深，可以简化为固定支座约束。如果考虑单位长度上的受力，不考虑 $x$ 方向上力的作用，则简化后的模型如图 3-7(c) 所示，约束反力为 $\boldsymbol{N}_{Ax}$、$\boldsymbol{N}_{Ay}$、$\boldsymbol{M}_A$。这个问题也简化成为平面力系的平衡问题。

(a) 建筑物受到风力作用现场

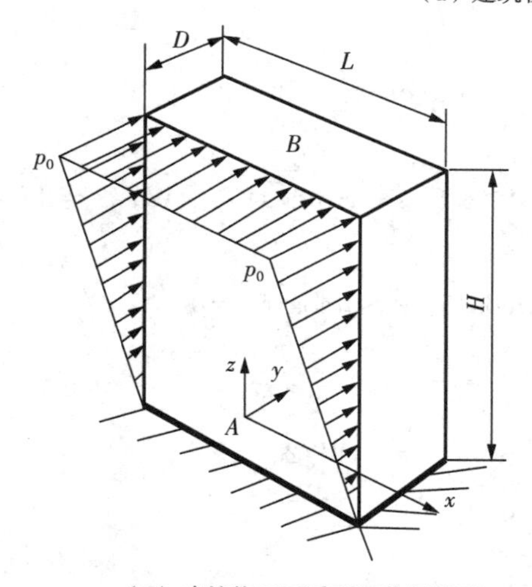


(b) 建筑物正面受到风作用模型

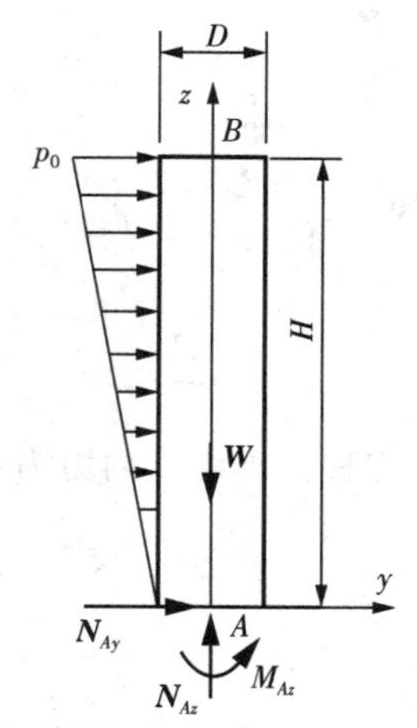


(c) 建筑物受到风作用侧视模型

图 3-7 建筑物受到风力作用分析

为了方便问题求解，建立两个力一个力矩和的平衡方程如下。

沿 $y$ 方向合力平衡方程：

$$\sum_{n} F_{yn} = N_{Ay} + p_0 \frac{H}{2} L = 0$$

沿 $z$ 方向合力平衡方程：

$$\sum_{n} F_{zn} = N_{Az} - W = 0$$

对 $A$ 点的合力矩平衡方程：

$$M_{Ax}(F) = M_{Ax} - p_0 \frac{H}{2} \cdot \frac{2H}{3} \cdot L = 0$$

这样，很容易求得：

$$\boldsymbol{N}_{Ay} = -p_0 HL/2, \quad \boldsymbol{N}_{Az} = W, \quad \boldsymbol{M}_{Ax} = p_0 H^2 L/3$$

## 3.3　工程结构受力平衡的专门问题

结构平衡的专门问题主要是介绍在分析平衡过程中需要特别注意的问题和专门的处理方法。

### 3.3.1　具有摩擦的平衡问题求解

工程中遇到的接触摩擦有很多种，常见的有滑动摩擦（干摩擦、黏性摩擦）和滚动摩擦等，它们的力学机理和性质是不同的，体现在摩擦力的计算方法上有很大的不同。摩擦力是一种耗散力，使能量产生损失。摩擦问题仍然是一个复杂的过程，前面有很多种摩擦理论观点来说明摩擦产生的机理。在工程力学中主要是宏观研究摩擦，采用工程近似的分析结果。

（1）工程滑动摩擦力

滑动擦现象产生的原因比较复杂，目前还不能严格计算摩擦力的变化规律。通过试验发现，摩擦力的大小与施加到物体上的主动力有关。例如，物体放在粗糙水平地面上，如果主动力垂直地面下压物体，物体没有运动趋势，地面给物体的摩擦力是零。如果主动力水平作用，物体就会受到地面摩擦力而阻碍物体运动。水平推力越大，摩擦力也变得越大以保持物体平衡。但是摩擦力不会无限增加，而是具有一个上限值。当水平力大过上限值后，物体将开始运动。这个摩擦力的最大值称为最大静摩擦力，记为 $\boldsymbol{F}_{\max}$。库仑通过试验结果给出最大静摩擦力满足下面的定律：

$$\boldsymbol{F}_{\max} = \mu \boldsymbol{N}_R \tag{3-9}$$

其中 $\mu$ 称为摩擦系数，它只依赖于物体和约束面的材料性质；$N_R$ 是约束面的法向反力。

根据滑动摩擦的特性，摩擦力一定沿着滑动表面的切向并与运动方向相反。在有滑动摩擦力的平衡问题分析中，需要知道摩擦力的方向，不能随意假定其方向。物体平衡时摩擦力的大小与外主动力匹配，应满足下面的不等式关系：

$$\boldsymbol{F} \leqslant \mu \boldsymbol{N}_R \tag{3-10}$$

为了分析方便，通常采用摩擦角参数来计算摩擦临界状态的结果。当摩擦力达到最大静摩擦力时(临界状态)，摩擦力与法向约束力合成为全约束反力 $\boldsymbol{R}$，它与约束面法向之间的夹角称为摩擦角，记为 $\theta_m$。以约束接触面的法向为中心轴，以 $2\theta_m$ 为顶角的正圆锥叫作摩擦锥，如图 3-8 所示。可以看出，摩擦系数与摩擦角的关系是：

$$\mu = \tan\theta_m \tag{3-11}$$

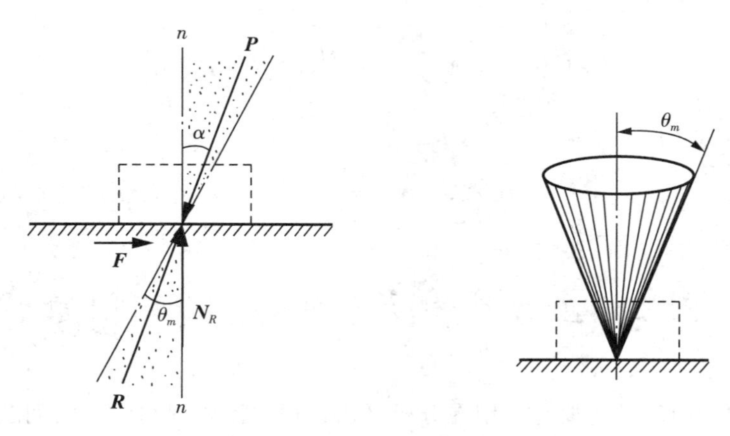


图 3-8　摩擦角示意图

总结摩擦平衡问题，可以得到如下几个结论。

1) 在有摩擦的平衡问题中，摩擦面的全约束反力 $\boldsymbol{R}$ 的作用线一定位于摩擦锥之内。

2) 在有摩擦的平衡问题中，物体平衡的充分必要条件是主动力 $P$ 作用线在摩擦锥内且方向指向接触点。

必要性说明：由二力平衡条件立刻可以得到这个结果。充分性说明：设主动力 $\boldsymbol{P}$ 与法向的夹角为 $\alpha$，接触面法向约束反力大小为 $\boldsymbol{N}_R$，摩擦力大小为 $\boldsymbol{F}$。约束限制了物体沿法向的运动，即 $\boldsymbol{P}\cos\alpha = \boldsymbol{N}_R$，主动力沿切向分量满足下面关系：

$$\boldsymbol{P}\sin\alpha = \boldsymbol{P}\cos\alpha\tan\alpha = \boldsymbol{N}_R\tan\alpha \leqslant \boldsymbol{N}_R\tan\theta_m = \boldsymbol{F}_{\max}$$

因此物体处于平衡状态。

3) 如果主动力 $\boldsymbol{P}$ 作用线落在摩擦锥之内且方向指向接触点，则无论主动力 $\boldsymbol{P}$ 有多大，都不能使物体运动。这种现象叫作自锁现象。

(2) 工程滚动摩擦

滚动摩擦是在物体滚动过程中产生的一种特殊的阻力，滚动摩擦的产生原因比滑动摩擦还要复杂。为了简化分析的需要，将滚动摩擦的阻力简化为一种阻力矩。这个阻力矩由滚动摩阻系数与主动力来计算。

设有一半径为 $r$ 的轮子，在轮子中心 $O$ 处受到铅垂力 $\boldsymbol{P}$ 和水平力 $\boldsymbol{T}$ 作用，如图 3-9(a) 所示。假设轮子与平面都是完全刚性的，它们只在 $A$ 点接触，轮子的受力图如图 3-9(a) 所示。这时无论铅垂力 $\boldsymbol{P}$ 多么大、水平力 $\boldsymbol{T}$ 多么小，轮子都无法平衡，一定会发生滚动，而这与实际情况不符。

分析原因，是由于轮子与平面都不是绝对刚性的，平面也不是绝对平坦的，因此，轮子与平面接触处不是一个点，而是一块小面积，如图 3-9(b) 所示。平面对轮子的作用力是一种分布力。一般来说，这些个分布力可以等效成一个反力 $\boldsymbol{R}$ 和一个力偶 $\boldsymbol{M}_f$，如图 3-9(c) 所示。这个力偶阻碍了轮子的滚动，称为滚动摩阻。在轮子静止时，滚动摩阻力偶 $\boldsymbol{M}_f$ 的大小随着水平拉力 $\boldsymbol{T}$ 增大而增大，当拉力 $\boldsymbol{T}$ 达到一定数值时，轮处于滚动的临界状态，滚动摩阻力偶 $\boldsymbol{M}_f$ 的数值也达到最大 $\boldsymbol{M}_{f\max}$。实验证明：

$$\boldsymbol{M}_{f\max}=\delta\boldsymbol{N}_R \tag{3-12}$$

其中，$\delta$ 称为滚动摩阻系数，它具有长度的量纲，与材料的硬度、温度等因素有关，$\boldsymbol{N}_R$ 为法向约束反力的大小。

根据滚动摩擦的特性，摩擦力矩一定与滚动运动方向相反。在有滚动摩擦平衡问题分析中，需要知道摩擦力矩的方向，不能随意假定其方向。平衡时摩擦力矩的大小与外主动力矩匹配，应满足下面的不等式关系：

$$\boldsymbol{M}\leqslant\mu\boldsymbol{N}_R \tag{3-13}$$

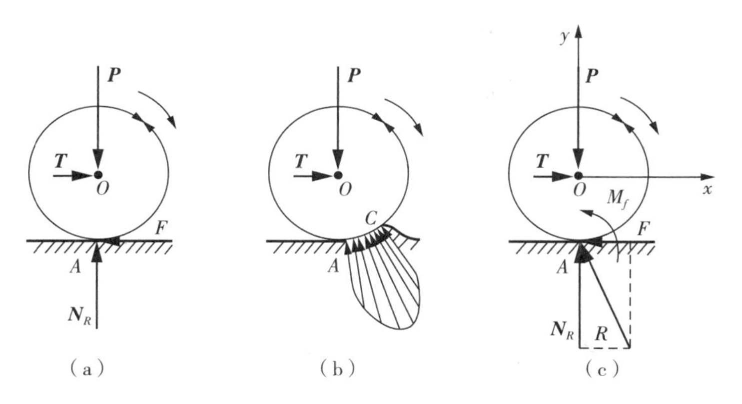


图 3-9　滚动摩擦阻力模型

**例 3-6**　假设一物块放在粗糙斜面上，受到物块的重力 $\boldsymbol{W}$ 和推力 $\boldsymbol{P}$ 作用，如图 3-10 所示。斜面与物块间的摩擦系数为 $\mu$，试分析物块具有向上运动和向下运动趋势时，满足的关系。问平衡时 $\alpha$ 满足什么条件？

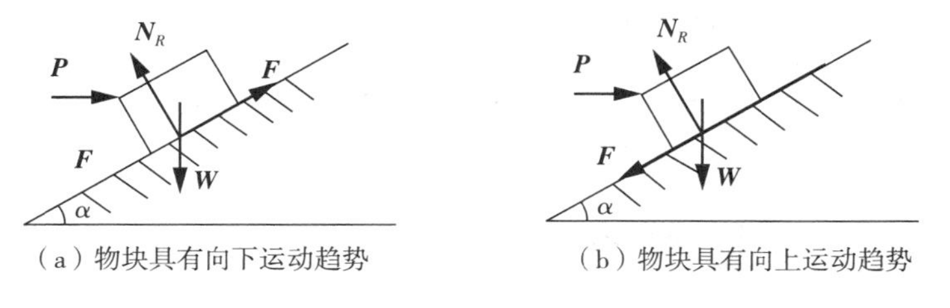


(a) 物块具有向下运动趋势　　(b) 物块具有向上运动趋势

图 3-10　物块在斜面上的平衡

**解：**假设物块具有向下的运动趋势，此时，物块受到的力系如图 3-10(a) 所示。列出沿着斜面和垂直斜面方向的平衡方程：

$$F - W\sin\alpha + P\cos\alpha = 0$$

$$N_R - W\cos\alpha - P\sin\alpha = 0$$

在摩擦平衡临界状态下有：

$$F = \mu N_R$$

此时，力系应该满足：

$$N_R = W\cos\alpha + P\sin\alpha$$

$$\mu(W\cos\alpha + P\sin\alpha) = W\sin\alpha - P\cos\alpha$$

而在推力 $P$ 撤销时，摩擦平衡临界状态则需要满足：

$$\tan\alpha = \mu = \tan\theta_m$$

可见，在一般的摩擦平衡状态时，$\alpha \leqslant \theta_m$，即重力 $W$ 在摩擦锥内。

假设物块具有向上的运动趋势，此时，物块受到的力系如图 3-10(b) 所示。同样可列出沿着斜面和垂直斜面方向的平衡方程：

$$-F - W\sin\alpha + P\cos\alpha = 0$$

$$N_R - W\cos\alpha - P\sin\alpha = 0$$

在摩擦平衡临界状态下有：

$$F = \mu N_R$$

所以，此时，力系应该满足：

$$N_R = W\cos\alpha + P\sin\alpha$$

$$\mu(W\cos\alpha + P\sin\alpha) = P\cos\alpha - W\sin\alpha$$

而在推力 $P$ 撤销时，摩擦平衡临界状态则需要满足：

$$\tan\alpha = -\mu = -\tan\theta_m$$

此时，负号表示重力 $W$ 在摩擦锥的背锥内。

上例中，$\boldsymbol{P} = 0$ 时，若 $\alpha > \theta_m$，则重力 $\boldsymbol{W}$ 落在锥外，物体不平衡。

联合上面的两种情况，在非临界状态下，则得出：

$$-\mu(W\cos\alpha + P\sin\alpha) \leqslant P\cos\alpha - W\sin\alpha \leqslant \mu(W\cos\alpha + P\sin\alpha)$$

左边不等式可以变化成：

$$W(\sin\alpha - \mu\cos\alpha) \leqslant P(\cos\alpha + \mu\sin\alpha)$$

右边不等式可以变化成：

$$P(\cos\alpha - \mu\sin\alpha) \leqslant W(\sin\alpha + \mu\cos\alpha)$$

容易发现，当 $\mu \geqslant \cot\alpha$ 时，也就是说 $\alpha \geqslant \operatorname{arccot}\mu > 45°$ 时，上个不等式左端小于或等于零，不

等式自然满足。因此,推力 $P$ 的大小只有下限而没有上限。当 $\mu < \cot\alpha$ 时,得出推力 $P$ 的大小应满足的条件:

$$\frac{W(\sin\alpha-\mu\cos\alpha)}{\cos\alpha+\mu\sin\alpha}\leqslant P\leqslant\frac{W(\sin\alpha+\mu\cos\alpha)}{\cos\alpha-\mu\sin\alpha}$$

利用摩擦系数与摩擦角的关系 $\mu=\tan\theta_m$,上式进一步简化为:

$$\tan(\alpha-\theta_m)\leqslant\frac{P}{W}=\tan(\alpha+\theta_m)$$

实际上,利用 $P$ 与 $W$ 的合成力 $S$,若它与 $W$ 的夹角为 $\beta$,如图 3-11 所示,则 $\tan\beta=P/W$。

由几何关系知 $S$ 与 $N_R$ 之间的夹角为 $\beta-\alpha$。平衡时这个夹角一定不超过摩擦角,即

$$|\beta-\alpha|\leqslant\theta_m$$

所以,

$$0<\alpha-\theta_m\leqslant\beta\leqslant\alpha+\theta_m$$

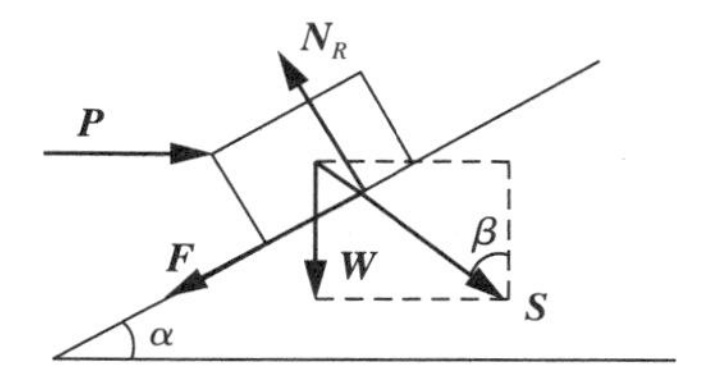


图 3-11　物块在斜面上的平衡力系

当 $\alpha+\theta_m<90°$ 时,即 $\mu<\cot\alpha$ 时,由上式可得:

$$\tan(\alpha-\theta_m)\leqslant\frac{P}{W}=\tan(\alpha+\theta_m)$$

当 $\alpha+\theta_m\geqslant 90°$ 时,即 $\mu\geqslant\cot\alpha$ 时,对 $P$ 只有下限而没有上限。

**例 3-7**　小轿车在平直的路面上均速行驶,如图 3-12 所示。车的重量为 $W$。路面的滑动摩擦系数为 $\mu$,滚动摩擦阻系数为 $\delta$。若假定车的前轮是驱动轮,后轮是从动轮。前轮承担车的重量的 2/3,后轮承担车的重量的 1/3。汽车的驱动力矩为 $\boldsymbol{M}_q$。试分析车的平衡受力状态受力。

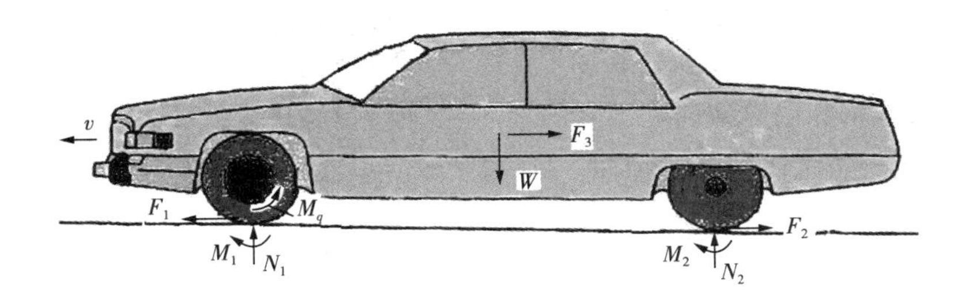


图 3-12　轿车行驶中的受力模型

**解:**本题的特点是在多个点有滑动摩擦和滚动摩擦同时存在,假设各点的摩擦力同时达到最大静摩擦的临界状态。

由于轿车是前轮驱动，所以，前轮的路面摩擦力 $F_1$ 是提供汽车前进的动力，后轮从动，地面摩擦力 $F_2$ 是一种阻力。而前、后轮的滚动摩擦都是阻力矩 $M_1$、$M_2$。设汽车受到的风的阻力为 $F_3$，车驱动力矩为 $M_q$，受力分析模型如图 3－12 所示。作为平面力系，整个汽车的平衡方程如下。

合力平衡方程：

$$\sum_{n=1}^{N} f_{xn} = F_1 - F_2 - F_3 = 0$$

$$\sum_{n=1}^{N} f_{yn} = N_1 + N_2 - W = 0$$

对前轮接触点的合力矩平衡方程：

$$\sum_{n=1}^{N} M_n = M_q - M_1 - M_2 + N_2 l - Wl/2 - F_3 h = 0$$

其中，$l$ 为车的轮距，$h$ 为车重心高度。

在摩擦临界状态下，摩擦力与摩擦力矩为：

$$F_1 = \mu N_1 = 2\mu W/3, M_1 = \delta N_1 = 2\delta W/3$$

$$F_2 = \mu N_2 = \mu W/3, M_2 = \delta N_2 = \delta W/3$$

显然，在这种状态下，如果车的驱动力矩 $M_q$（动力）过大，而地面的摩擦系数太小，方程组不能都得到满足，车子将要产生打滑。而在非临界摩擦平衡状态下，摩擦力与主动力是相互匹配实现平衡状态。

### 3.3.2 刚体系和变形体系的平衡问题分析

工程中很多结构都是由多个刚体通过一定的连接方法而组成，这种结构在静力学中称为刚体系。刚体系的平衡问题可以通过解除刚体间的约束，成为一个个独立的子刚体。再利用平衡方程研究整个刚体系平衡，以及逐个研究单个刚体平衡。

变形体是指物体中的质点之间可以产生相对变化的物体，例如弹性体等。变形体也是一种体系，只要能满足理想约束条件，变形体的平衡问题仍然可以采用刚体平衡方程来研究。例如，弹簧体（图 3－13）没有力作用时处于静止状态。如果在弹簧的两端施加大小相等、方向相反的平衡力系｛$F_1$，$F_2$｝，即 $F_1 = -F_2$，弹簧会发生变形，因此不能保证变形体处于平衡状态。但是，如果我们已知弹簧在力系｛$F_1$，$F_2$｝作用下处于平衡状态，则我们可以断定 $F_1 = -F_2$，否则弹簧将产生刚体移动。也就是说，对于弹簧变形体而言，平衡方程式不是平衡的充分条件。

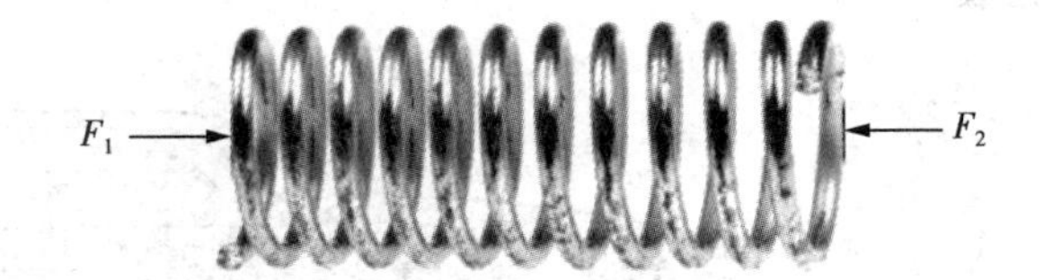

图 3－13 弹簧的受力变形与平衡

如果已知非刚体处于平衡状态，把它想象成刚体，则平衡条件与刚体一样不变。这就是刚化原理，也称为硬化原理。利用这个原理来分析上面弹簧受力平衡的问题。弹簧两头受拉压要变形，最后在拉伸(压缩)到适当长度以后就达到平衡(弹簧不再变形，从整体看处于静止)。此时把弹簧"刚化"，也就是这根弹簧被一根形状相同的完全不会变形的刚体代替，它不会使平衡状态遭到破坏。但是这种做法反过来却有问题。如果有一根不能变形的刚杆，两端受拉力处于平衡。此时如果我们把刚杆"软化"一下，也就是想象这根刚杆被一根橡皮杆代替，显然平衡马上就被破坏了。一般来说，刚体的平衡条件是非刚体(刚体系和变形体)平衡的必要条件，但不是充分条件，解决变形体的平衡还需要考虑变形条件。

利用刚化原理，使得刚体静力学中关于平衡的一些结果，在解决变形体的平衡问题时仍然有用。

**例 3-8**　三铰拱桥如图 3-14 所示，它的结构和受力简化如图 3-15 所示。三铰拱是由两个刚体 $AC$ 和 $BC$ 所组成。这两部分由铰链 $C$ 联结起来，每一部分又用铰链和支座相联结。其尺寸和外力 $P$ 作用如图 3-15(a) 所示。假设拱的自身重量不计，求 $A$ 和 $B$ 支座处的反力。

图 3-14　三铰拱桥

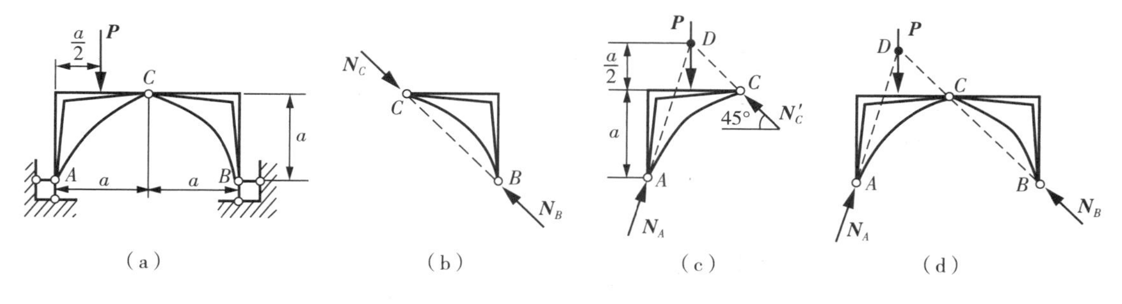


图 3-15　三铰拱的受力

**解**：这个结构由两个刚体组成的刚体系，将它们从铰接处拆分成两个刚体，再分别研究它们的平衡问题。右半拱 $BC$ 是二力构件，受力模型如图 3-15(b) 所示。支座 $B$ 的反力为 $N_B$，刚体 $AC$ 对刚体 $BC$ 的铰接作用力为 $N_C$。由二力构件的平衡条件可知，$N_B$ 和 $N_C$ 必须共线，即沿 $BC$ 连线。

再作左半拱 $AC$ 的受力模型图[图 3-15(c)]，其上只有 3 个力作用。力 $N'_C$ 是 $N_C$ 的反作用力，$N'_C=-N_C$，其作用线与水平线夹角为45°。根据三力平衡条件，$N_A$的作用线必须经过$N'_C$和$P$的交点$D$。由几何关系就可以确定$N_A$与竖直线的夹角是$\beta=\arctan(1/3)$。

列出两个刚体的平衡方程，

$$N_A\sin\beta-N_C\cos45^\circ=0$$

$$N_A\cos\beta+N_C\sin45^\circ-P=0$$

再求解可得出$N_A=10P/4$，$N_B=N_C=2P/4$。

在这个问题求解中，也可以利用刚体系的整体平衡条件来求未知力[图3-15(d)]。当采用整个三铰拱当作一个刚体时，力$N_C$就成了刚体自身这一部分对另一部分作用的内力。因为研究的是刚体在外力作用下的平衡问题，当然内力就不必出现了。

具体采用哪部分来应用平衡条件，看问题求解方便来定。

**例3-9** 工程结构支撑采用桁架结构如图3-16所示。其尺寸和受力如图3-17(a)所示。试求$a$、$b$、$c$、$d$、$e$杆中的内力。

图3-16 屋顶桁架结构

**解**：屋顶桁架结构简化为如图3-17(c)的模型。先考虑桁架的整体平衡，应用平衡方程计算出两个支座的反力。由于结构是对称的，两个支座平均承担了整个载荷，所以支座反力的方向向上，大小为：

$$N_1=N_2=50\text{t}/2=25\text{t}$$

接下来要求杆中的内力。由于杆与杆之间采用铰接，杆成为二力杆。所以，杆的内力一定沿杆的轴线。必须将杆切开，使内力表现出来。在桁架上取一个假想的截面Ⅰ-Ⅰ，把桁架分成两部分，取左半部分为研究对象，受力模型如图3-17(b)所示。注意，截面必须切断$a$、$b$、$c$杆。左半部分包括了杆$a$、$b$、$c$的一部分，每一杆的另一部分对于这个研究对象的作用力就成了外力，它们分别沿着杆的方向。假设它们的内力分别是$N_a$、$N_b$、$N_c$，并且假定它们都是拉力(如果计算结果是负号，则应是压力)。

对左半部分应用两力矩形式的平衡方程，在$A$、$B$点[如图3-17(b)]取合力矩平衡方程，在竖直向上求合力平衡方程如下：

$$\sum F_y = 25 - 10 - 10 + 3N_b/13 = 0$$

$$M_{Az} = 10 \times 4 - 25 \times 8 - 6N_a = 0$$

$$M_{Bz} = 10 \times 4 + 10 \times 8 - 25 \times 12 + 6N_c = 0$$

最后求出：

$$N_a = -26.67\text{t}, N_b = -6.01\text{t}, N_c = +30.00\text{t}$$

如果检验计算结果正确与否，可取另外的投影式或力矩式进行检验，例如取 $\sum F_x = 0$。

同样，采用 Ⅱ－Ⅱ 截面将 $d$、$e$ 杆截开[如图 3－17(b)]。由于 $d$、$e$ 杆铰接没有外力作用，所以，这两个杆中的内力也为零。此时，称它们为零力杆。工程中这种零力杆虽然不受力，可以去除。但有时候为了结构的稳定性，还必须保留。

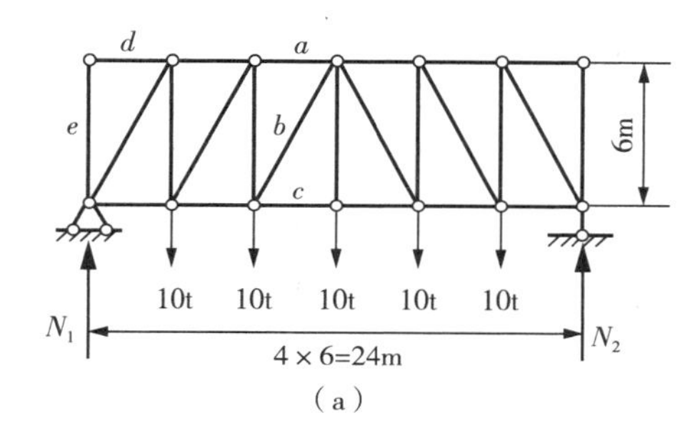

(a)

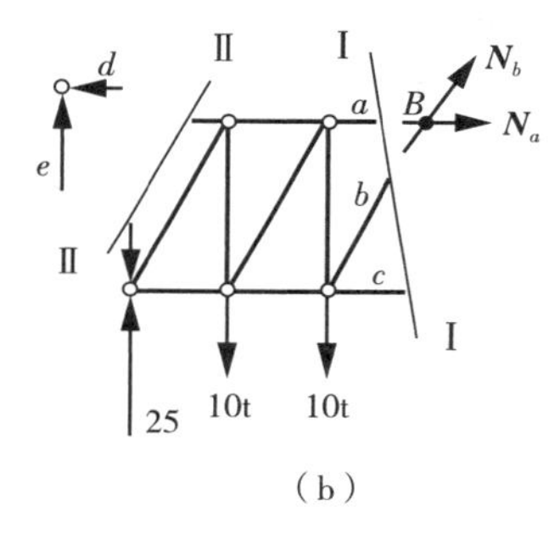

(b)

图 3－17　桥梁尺寸与受力

**例 3－10**　建筑工地经常使用的起重吊塔，如图 3－18 所示。其安全起吊是操作人员必须掌握的基本要求，其中最大起吊重量是关键参数。试求起吊重物在图示的最左边位置处最大的起吊重量 $P_{max}$。吊塔的自重量为 $W$，平衡配重量为 $Q$。各部分的尺寸如图所示。

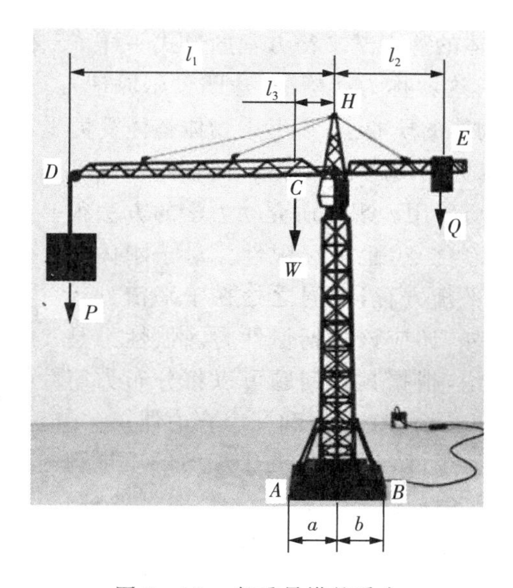


图 3－18　起重吊塔的受力

**解**:塔吊工作中,没有水平方向的受力,自然满足平衡条件。在垂直方向存在多个重力:$P$、$Q$、$W$。当起吊重量处在安全范围内,这些重力由地面承担。地面的支撑力是分布在基础上的,可以将其简化为一个集中力 $N_R$。作用的位置由系统的平衡力矩方程来确定。

现在考虑当起吊重物移动到最左边时,允许吊起的最大重量。在极限情况下,地面的支撑反力 $N_R$ 移到了基座的最左边的 $A$ 点,这时,起吊重量达到最大值。再增加重量会使塔吊倾翻。该状态下系统的力矩平衡方程(对 $A$ 点取力矩)为:

$$P_{\max}(l_1-a)-W(a-l_3)-Q(l_2+a)=0$$

由力矩平衡方程解得最大起吊重量:

$$P_{\max}=[W(a-l_3)+Q(l_2+a)]/(l_1-a)$$

从上面的结果可以看出,如果增加塔吊的平衡配重,可以提高塔吊的最大起重量。但是,在塔吊不工作时,也需要考虑塔吊的安全。如果塔吊的平衡配重过大,可能出现塔吊绕基座 $B$ 点倾翻。因此,塔吊的最大平衡配重量为:

$$Q_{\max}=W(l_3+b)/(l_2-b)$$

### 3.3.3 工程问题的动静分析法

由牛顿第二定律知道,当物体上承受的外力系不平衡时,物体要加速运动,并满足下面的规律:

$$\sum_{n=1}^{N}\boldsymbol{F}_n=m\boldsymbol{a} \tag{3-14}$$

如果将上面的方程右端项左移,并令 $\boldsymbol{F}_I=-m\boldsymbol{a}$,则上面的方程变为:

$$\sum_{n=1}^{N}\boldsymbol{F}_n-m\boldsymbol{a}=\sum_{n=1}^{N}\boldsymbol{F}_n+\boldsymbol{F}_I=0 \tag{3-15}$$

这样,上面方程就与刚体的静力学平衡方程的形式一样了。因此,可以采用静力学的分析方法来求解动力学问题。这就称为动静法(达朗贝尔原理)。通常称 $\boldsymbol{F}_I$ 为惯性力向量。分析时将惯性力直接加到物体的质心上,再考虑物体整体受力平衡。

动静法对于已知运动求力的问题非常有效,而且不涉及动力学概念,因此经常被人们所采用。现在研究动力学的方法很多,动静法与这些方法相比有优点,也有局限性。对于刚体的动静法,可以直接利用刚体平衡方程,不同之处在于平衡方程中除了主动力、约束反力以外,还应该包括惯性力。惯性力是分布力,借助力系简化的结论,根据具体问题可以将分布力简化成一个合力,一个合力偶,或者一个合力和一个合力偶。

**例 3-11** 在离心调速器中(图 3-19),飞球 $A$、$B$ 的质量均为 $m_Q$,重锤 $C$ 的质量为 $m_C$,各杆长均为 $l$,杆重忽略不计,当调速器主轴 $Oy$ 以匀角速度 $\omega$ 转动时,试求调速器两臂的张角 $\alpha$。

图 3-19 调速器

**解**：调速器模型如图3-20(a)所示。当调速器稳定运转时，飞球在水平面内作匀速圆周运动，因此惯性力（即离心力）沿着圆的径向向外，垂直并通过主轴，其大小为：

$$F_I=-m_Q\boldsymbol{a}=-m_Q l\omega^2\sin\alpha$$

选取球 $B$ 为研究对象，将其惯性力加上之后，它的受力模型图如图3-20(b)所示。$T_1$，$T_2$，$Q$ 和惯性力 $\boldsymbol{F}_I$ 组成一平衡力系。

选取图示坐标轴后，列出球 $B$ 的水平和竖直方向的合力平衡方程：

$$\sum_{n=1}^{N}F_{xn}=m_Q l\omega^2\sin\alpha-T_1\sin\alpha-T_2\sin\alpha=0$$

$$\sum_{n=1}^{N}F_{yn}=m_Q g+T_1\cos\alpha-T_2\cos\alpha=0$$

再将重锤 $C$ 简化为一质点，因调速器稳定运转时它没有加速度，它在杆 $AC$，$BC$ 的拉力和自重力）作用下平衡，由此由平衡条件求出拉力

$$T_1=m_C g/(2\cos\alpha)$$

将 $T_1$ 代入球 $B$ 的平衡方程式中，可解出

$$\cos\alpha=(m_Q+m_C)g/(m_Q l\omega^2)$$

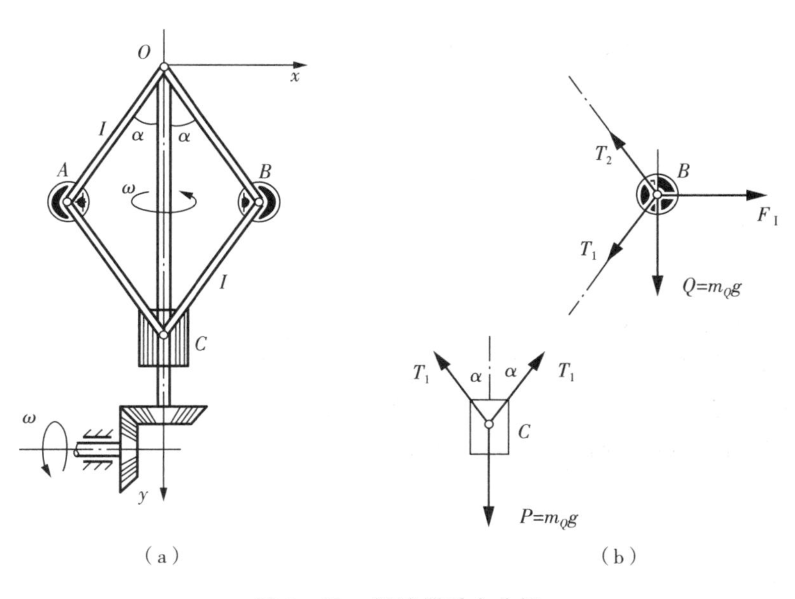


图3-20　调速器受力分析

**例3-12**　大型电机的转子系统如图3-21所示。若转子发生偏心，偏心距为 $e$，转子系统的质量为 $m$，转子以匀角速度 $\omega$ 转动。试求轴承的动约束附加力（由于运动时的惯性力所引起的约束力）。

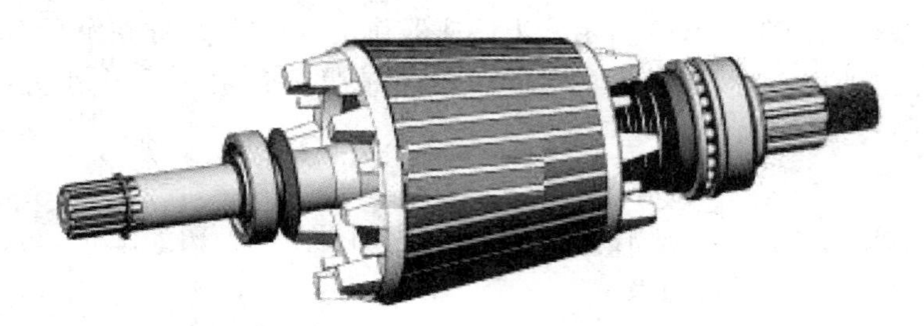

图 3-21 转子系统

**解:**转子与支撑系统如图 3-22(a) 所示。由于转子作匀角速转动,转子上任意一点 $A$ 作匀速圆周运动,向心加速度 $a=\omega^2 r$,其中 $r$ 为该点相对转子的转动轴心 $O$ 的半径,模型如图 3-22(b) 所示。因此,作用在转子上的惯性力是分布离心力系,其汇交于转子的转动轴。这个惯性力系合成为一个合力:

$$\boldsymbol{F}_I=\int_V r\omega^2\rho \mathrm{d}V=\omega^2\rho\int_V r\mathrm{d}V=r_C\omega^2\rho=e\omega^2\rho$$

其中 $r_C$ 是转子质心 $C$ 相对转子的转动轴心 $O$ 的半径[即质心偏心距 $e$,如图 3-22(b)]。

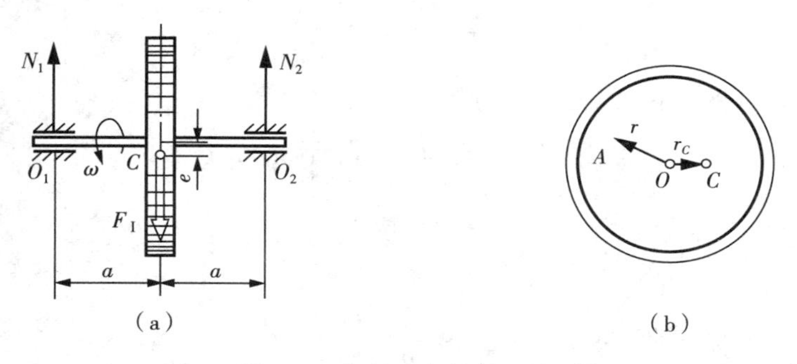


图 3-22 转子与转轴系统

这个惯性力的方向随角速度不断转动变化,但始终指向转动轴。它引起支撑轴承中的动约束附加力为 $N_1=N_2=F_I/2$。

**例 3-13** 大型客机在天空中巡航平稳飞行时(如图 3-23 所示),其相对地面的巡航速度 $v=900$ 千米 / 小时,飞机距地面高度为 10104 米。试分析飞机平衡状态下受到的升力。

**解:**飞机在天空中巡航平稳飞行时,飞机发动机的推力与飞机受到的空气阻力平衡;而在垂直方向受到的力包括:地球对飞机的万有引力 $\boldsymbol{F}_G$、飞机的升力 $\boldsymbol{F}_S$、地球自转引起的飞机的离心力 $\boldsymbol{F}_I$。模型如图 3-24 所示。它们构成平衡力系,满足下面的方程:

$$\boldsymbol{F}_S+\boldsymbol{F}_I-\boldsymbol{F}_G=0$$

飞机受到地球的万有引力大小为:

$$\boldsymbol{F}_G=\frac{Gm_Am_E}{(R_E+H)^2}$$

飞机受到的地球自转离心力大小为:

$$F_I = m_A \omega_E^2 (R_E + H)$$

上面式中，$G$ 为引力常量，其值约为 $6.67 \times 10^{-11} (\mathrm{N \cdot m^2/kg^2})$；$m_E$ 是地球的质量；$m_A$ 是飞机的质量；$R_E$ 是地球的半径；$H$ 是飞机离地面的高度；$\omega_E$ 是地球的自转角速度。

由平衡方程可以解得飞机的升力大小为：

$$F_S = F_G - F_I = \frac{G m_A m_E}{(R_E + H)^2} - m_A \omega_E^2 (R_E + H)$$

在上式中带入具体参数就可以计算出飞机的升力值。

图 3-23　巡航平稳飞行的客机

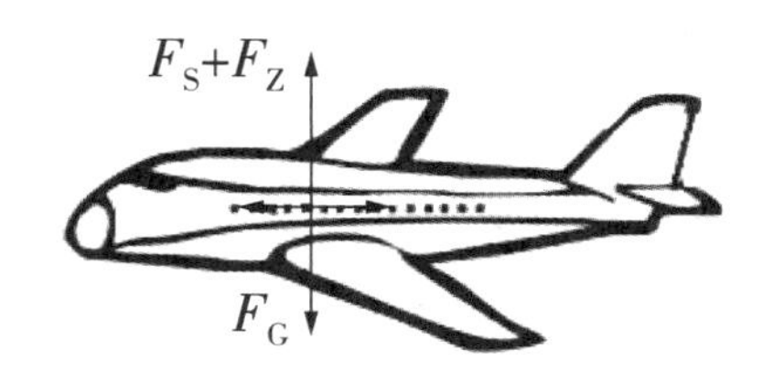


图 3-24　巡航平稳飞行飞机受力模型

**例 3-14**　发射火箭将人造卫星送上地球同步轨道(如图 3-25)。在垂直发射阶段中的某一时刻，若星箭的总质量为 $M_T$，加速度为 $\boldsymbol{a}$。试分析此时的星箭受力，并求火箭的推力。当卫星到达地球同步轨道后，计算地球同步轨道离地面的高度，卫星的线速度。

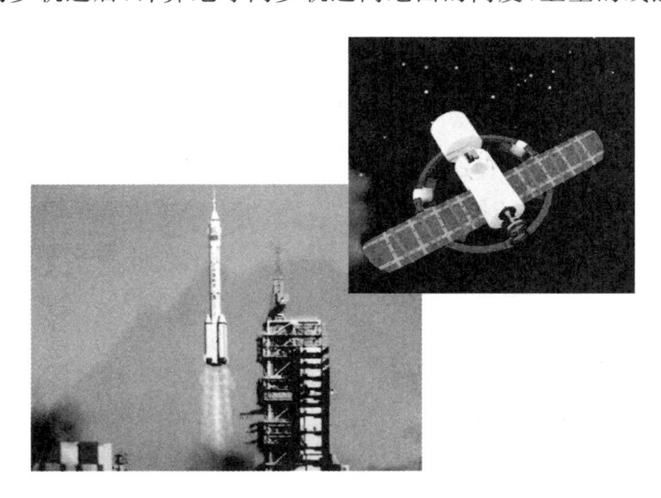

图 3-25　火箭发射将人造卫星送上地球同步轨道

**解：**1) 在火箭垂直发射阶段，星箭系统受到的力有：火箭发动机推力 $\boldsymbol{T}$、系统重力 $\boldsymbol{W} = M_T \boldsymbol{g}$、空气阻力 $\boldsymbol{F}_R$、系统惯性力 $\boldsymbol{F}_I = M_T \boldsymbol{a}$，它们组成星箭系统动态平衡。利用达朗贝尔原理，列出方程如下：

$$\boldsymbol{T} - M_T \boldsymbol{g} - \boldsymbol{F}_R - M_T \boldsymbol{a} = 0$$

由此解得火箭的推力为：

$$\boldsymbol{T} = M_T \boldsymbol{g} + \boldsymbol{F}_R + M_T \boldsymbol{a}$$

在上述分析中，要求星箭系统受到的所有力的方向在一条(垂直)线上。有如果这些力作用方向不在一条线上，星箭系统会出现翻转，发射会失败。

2)当卫星到达地球同步轨道后，卫星围绕地球作圆周运动，卫星的角速度与地球的角速度一致(静止卫星)。另外，卫星的离心力与地球对卫星的引力平衡。

卫星的离心力大小为：

$$F_C = m_S\omega_E^2(R_E + H)$$

其中，$m_S$ 是卫星的质量；$R_E$ 是地球的半径；$H$ 是卫星离地面的高度；$\omega_E$ 是地球的角速度。

地球对卫星的引力(万有引力)大小为：

$$F_G = \frac{Gm_Sm_E}{(R_E + H)^2}$$

其中，$G$ 为引力常量，其值约为 $6.67\times10^{-11}(\mathrm{N\cdot m^2/kg^2})$；$m_E$ 是地球的质量。

利用引力与离心力平衡关系，可以得出卫星离地面的高度为：

$$H = \left(\frac{Gm_E}{\omega_E{}^2}\right)^{1/3} - R_E$$

卫星的在轨道上的绝对切向线速度为：

$$v_S = \omega_E(R_E + H)$$

带入地球数据计算，得到卫星的地球同步轨道高度为 35786 千米。卫星的在轨道上的绝对切线速度为 11036 千米/小时。

# 习题 3

3-1　试求下列问题中支座的约束力大小。不计各构件的自身重量。

(a)工程中采用的铰接结构简化后如图(a)所示。在水平力 $P$ 作用下。

(b)工程中采用的铰接结构简化后如图(b)所示。直角弯杆 $ABC$ 由直杆 $CD$ 支撑。若 $\angle ADC = 60°$，力 $P = 60\mathrm{N}$，沿 $BC$(水平)方向。

(c)工程中采用铰链 $A$、$B$、$C$ 联系曲杆系，其上作用着水平力 $P = 4\mathrm{kN}$，如图(c)所示。

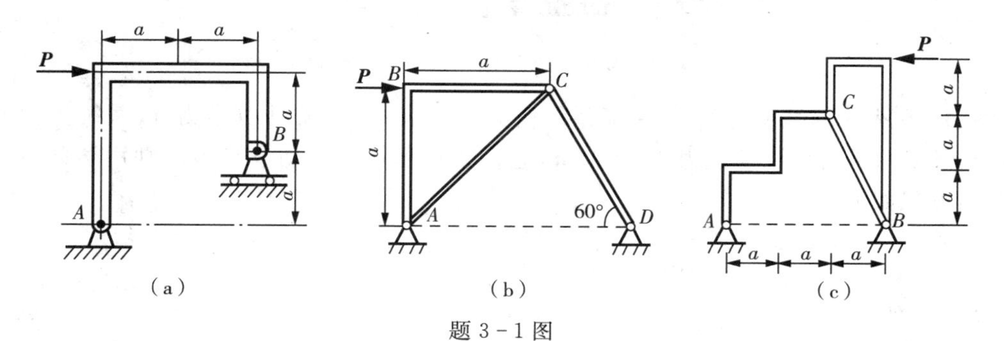

题 3-1 图

3-2　工程中采用的两种连杆机构增力夹具，简化图如图(a)(b)所示。已知推力 $P$ 作用于 $A$ 点。当夹具平衡时，杆 $AB$ 与水平线夹角为 $\alpha$。试求对工件 $B$ 的夹紧力 $Q$ 的大小。不考虑平面上的摩擦力和杆的自重。

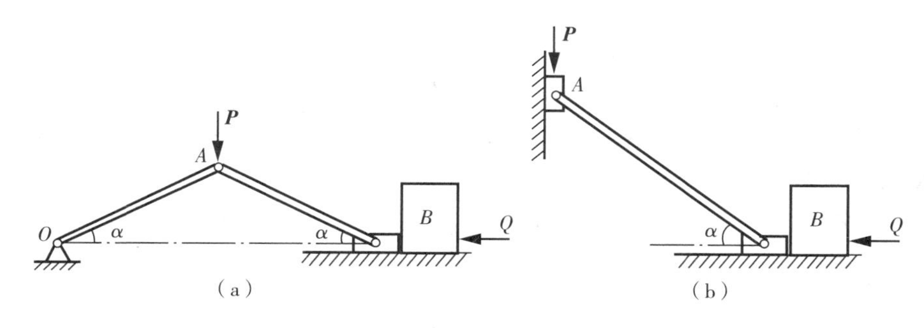


题 3-2 图

3-3　假设机架由 $AB$、$AC$ 和 $DG$ 组成，如图所示。$DG$ 上的光滑销子 $E$ 可在 $AC$ 的槽内滑动。试求在水平位置，$DG$ 的一端作用铅直力 $P$ 时，$AB$ 杆上的点 $B$、$C$ 和 $E$ 所受的力。

3-4　两个相同的均质圆柱体放在水平面上，其轴心用一不可伸长的绳子连在一起，绳长为 $2r$。圆柱体的半径均为 $r$，重量均为 $P$。在这两个圆柱上放着半径为 $R$，重为 $Q$ 的第 3 个均质圆柱。圆柱体受力假设可简化为平面力系。试求：(1) 在三圆柱相互无接触力，绳子无初始张力条件下，绳子中的张力 $S$，圆柱对平面的压力 $N_1$，以及各圆柱彼此间的压力 $N_2$、$N_3$，摩擦不计。(2) 试讨论绳子有初始张力 $S_0$ 时的情况。

3-5　有 4 个半径为 $r$ 的均质球，放置在光滑的水平面上堆成锥形，如图所示。下面的 3 个球 $A$、$B$、$C$ 用绳缚住，绳子与 3 个球心在同一水平面内。当上面的球未放上时，设绳内不存在初始内力。设各球均重量为 $P$，试求绳子中的张力 $S$ 大小。

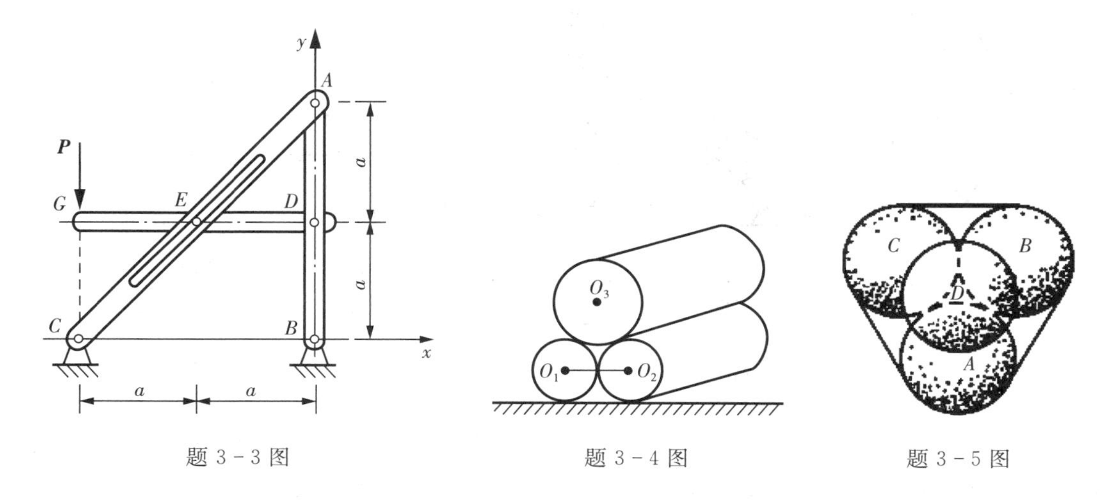


题 3-3 图　　题 3-4 图　　题 3-5 图

3-6　牛头刨床中的曲柄摇杆机构，简化图如图所示。套筒 $A$ 穿过摆杆 $O_1B$，用销子连接在曲柄 $OA$ 上。已知 $OA$ 长度为 $a$，其上作用有力偶矩为 $M_1$。假设在图示位置 $\alpha=30°$，$OA$ 处于水平位置。若要机构能维持平衡，则应在摆杆 $O_1B$ 上加多大的力偶矩 $M_2$？（不计各构件的重量）

3－7　在图示正方形桁架中，试求各杆内力大小。

(a) 节点 $B$ 上作用力 $P$。

(b) 载荷 $P$ 作用在节点 $C$、$D$ 上，其中 4、5 为钢索。

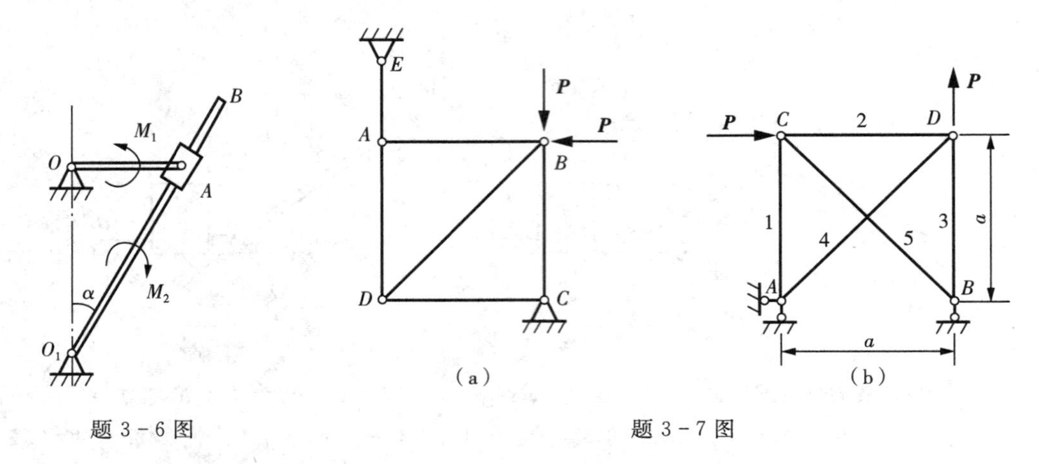


题 3－6 图　　　　题 3－7 图

3－8　平面桁架的支座和载荷如图所示。试求指定杆中的内力。

(a) $ABC$ 为等边三角形，$E$、$F$ 为两腰中点，又 $AD=DB$。试求杆 $CD$、$CE$、$CF$ 的内力 $S$。

(b) 试求杆 $AB$ 的内力。

3－9　已知工程中使用的二层三铰拱由 $AC$、$BC$、$DF$ 和 $EF$ 组成，彼此间用铰链连接。在右上角受载荷 $P$ 作用，如图所示。试求 $A$、$B$ 支座的约束力。

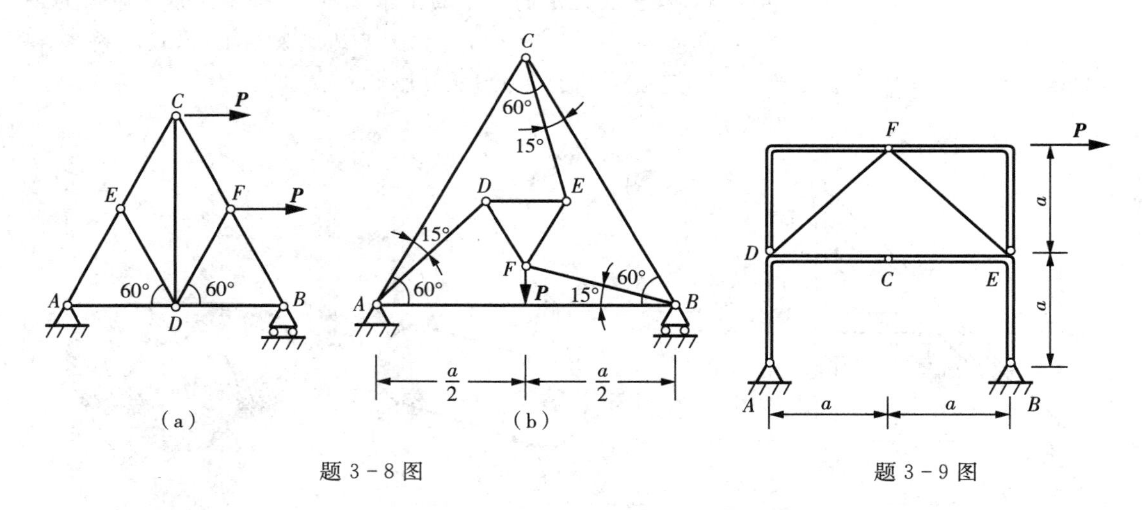


题 3－8 图　　　　题 3－9 图

3－10　在倾角为 $\alpha$ 的斜面上放置重量为 $P$ 的物体，在物体上作用力 $Q$，此力与斜面的交角为 $\theta$，如图所示。假设物体与斜面间的摩擦角为 $\varphi$，试求拉动物体时的 $Q$ 值。并问当角 $\theta$ 为何值时此力为极小。

3－11　在倾角为 20 度的斜面上放两个物体，用绳子连接，如图所示。已知对于重为 100N 的物体的摩擦系数为 0.2，对于重为 $W$ 的物体的摩擦系数为 0.4。试求(1) 当重为 $W$ 的物体能静止于斜面上时，$W$ 的最小值；(2) 当 $W=800\text{N}$ 时，作用于其上的静摩擦力 $F$ 的大小。

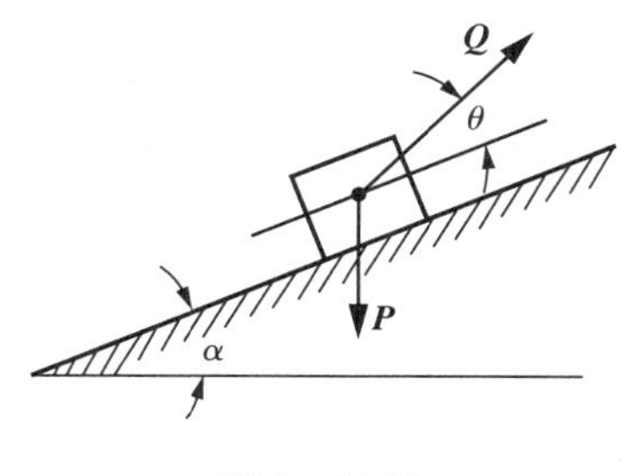


题 3－10 图

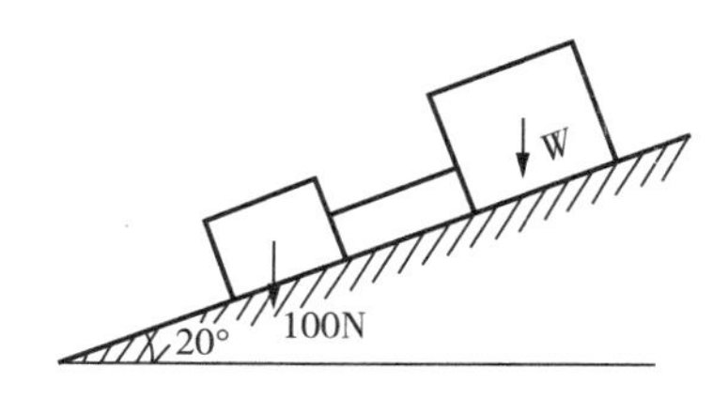


题 3－11 图

3－12　已知梯子 $AB$ 重 $P$，上端靠在光滑的墙上，下端搁在粗糙的地板上，如图所示。地板的摩擦系数为 $f$。试问当梯子与地面间之夹角 $\alpha$ 为何值时，体重为 $Q$ 的人才能爬到梯子的顶点？

3－13　如图所示，半圆柱体半径为 $R$，重量为 $P$，重心 $C$ 到圆心点 $O$ 的距离为 $a=4R/(3\pi)$。假设半圆柱体与水平面间的摩擦系数为 $f$。试求半圆柱体在 $A$ 点被拉动时所偏过的角度 $\theta$。

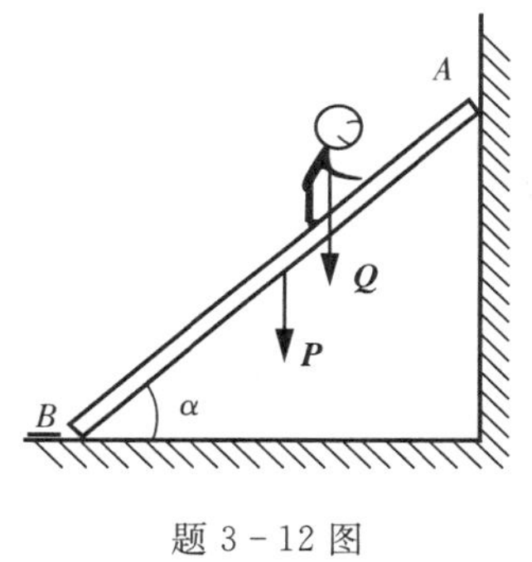


题 3－12 图

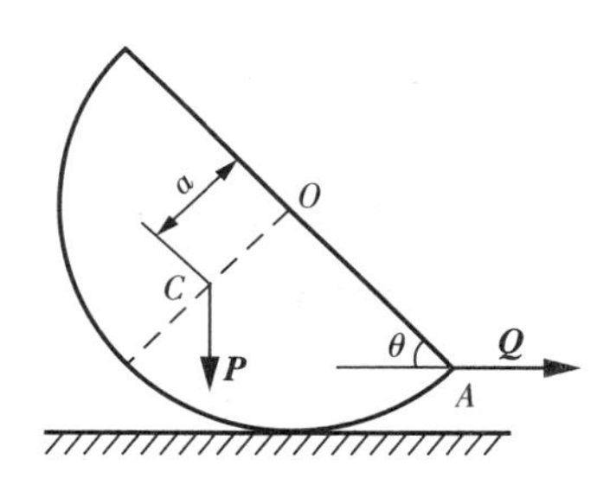


题 3－13 图

3－14　均质杆 $AB$ 长 $2b$，重为 $P$。放在水平面上和半径为 $r$ 的固定圆柱上。设各处摩擦系数都是 $f$。试求杆处于平衡时 $\varphi$ 的最大值。

3－15　已知鼓轮尺寸半径 $R=20\text{cm}$，$r=10\text{cm}$，重量为 500N，放在墙角里，如图所示。假设鼓轮与水平地板间的摩擦系数为 0.25，而铅直墙壁则假定是光滑的。鼓轮上的绳索下端挂着重物 $A$，试求平衡时重物 $A$ 的最大重量。

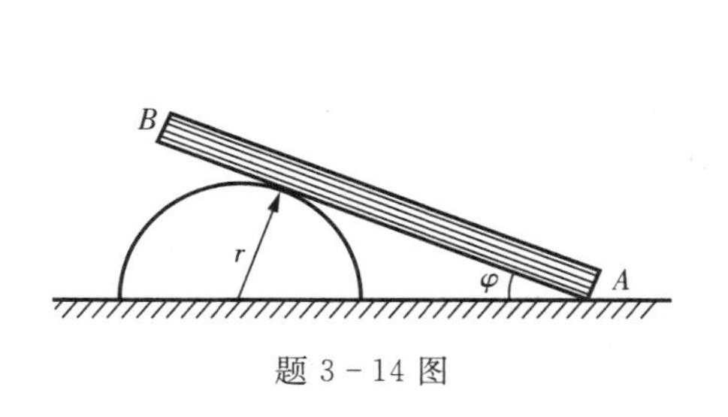


题 3－14 图

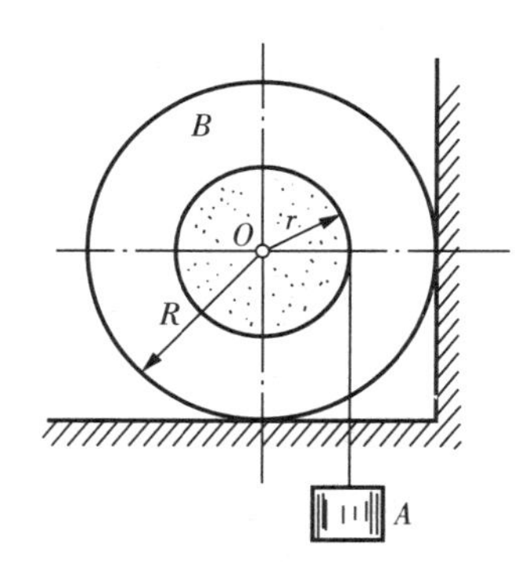


题 3－15 图

3-16　两重块$A$和$B$相叠放在水平面上，如图(a)所示。已知$A$块重$W=500N$，$B$块重$Q=200N$。$A$块和$B$块间的摩擦系数为$f_1=0.25$，$B$块和水平面间的摩擦系数$f_2=0.20$。(a)试求拉动$B$块的最小力$P$；(b)若$A$块被一绳拉住，如图(b)所示。此时拉动$B$块的最小力$P$的值应为多少？

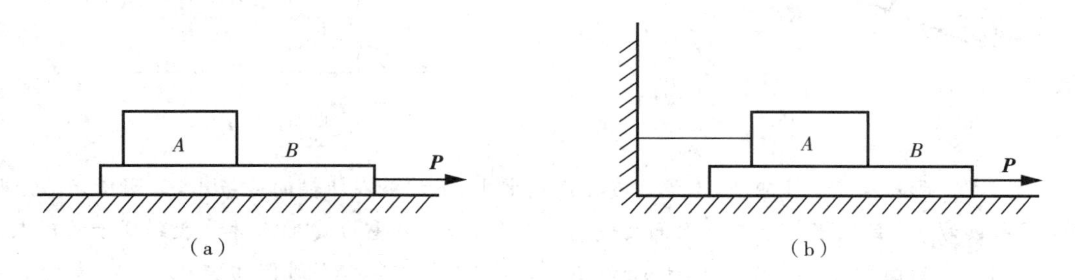


题3-16图

3-17　某人想水平地夹起一叠书，他用手在这叠书的两端加一压力$F=225N$，如图所示。如每本书的质量为0.95kg，手与书之间的摩擦系数为0.45，书与书之间的摩擦系数为0.40。求可能提起书的最大数目。

3-18　工地上使用的砖夹，其宽度为25cm，曲杆$AGB$与$GCED$在$G$点铰接，尺寸如图所示。设砖重$Q=120N$，提起砖的力$P$作用在砖夹的中心线上。砖夹与砖间的摩擦系数$f=0.5$。试求砖夹与砖之间力的作用点与$BG$杆的距离$b$为多大才能把砖夹起。

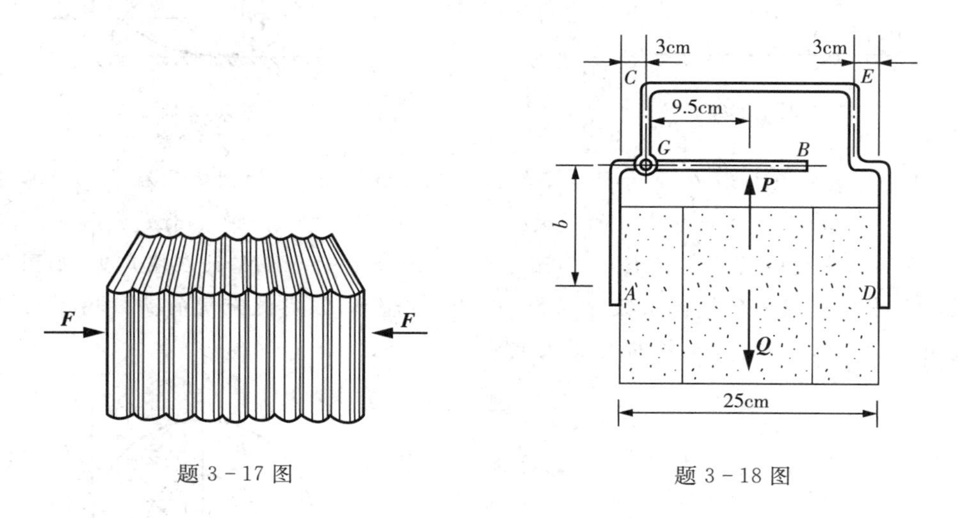


题3-17图　　题3-18图

3-19　两根相同的匀质杆$AB$和$BC$，在端点$B$用光滑铰链连接。$A$、$C$端放在不光滑的水平面上，如图所示。当$ABC$成等边三角形时，系统在铅垂面内处于临界平衡状态。试求杆端与水平面间的摩擦系数。

3-20　悬臂架的端部$A$和$C$处有套环，活套在铅直的圆柱上可以上下移动，如图所示。设套环与圆柱间的摩擦角皆为$\varphi$，不计架的重量。试求架不致被卡住时，力$P$离开圆柱的最大距离。

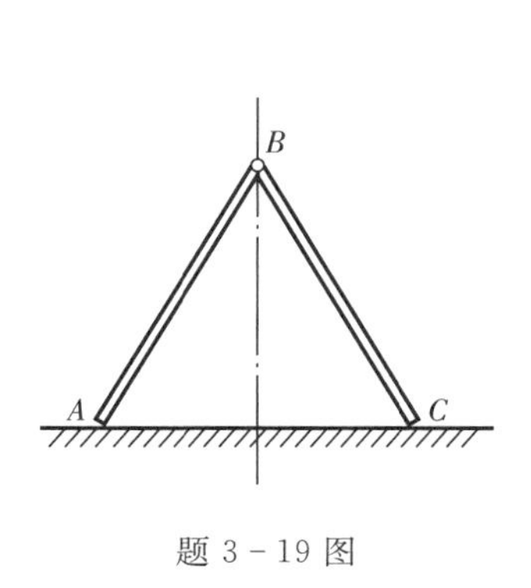


题 3-19 图

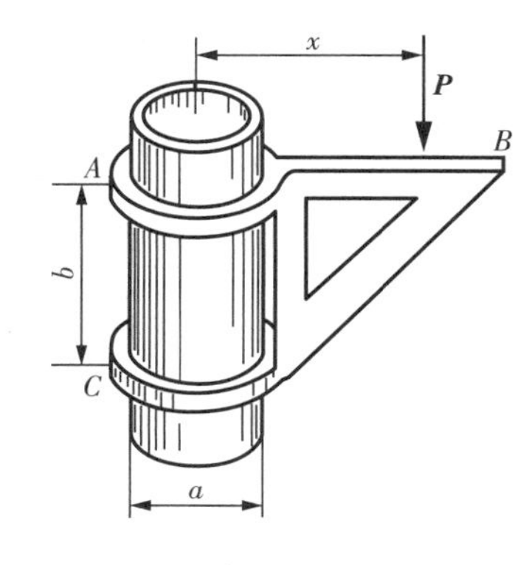


题 3-20 图

3-21　已知工具柜的重量为500N,用一水平力 $P$ 拉动工具柜,如图所示。图中尺寸 $a=h=1\text{m}$。设柜与地面间的摩擦系数 $f=0.40$。当力 $P$ 逐渐增大时,问工具柜是先滑动还是先翻倒?

3-22　若小圆柱体重 $W_1$,半径为 $r$;大圆柱体重 $W_2$,半径为 $R$。设圆柱体与地面间、大圆柱体与小圆柱体之间的摩擦系数均为 $f$。对大圆柱体施加水平力 $P$。在足够大的拉力 $P$ 力作用下,保证大圆柱体从小圆柱体上面翻过。试问摩擦系数 $f$ 至少应为多少?(不计滚动摩阻)

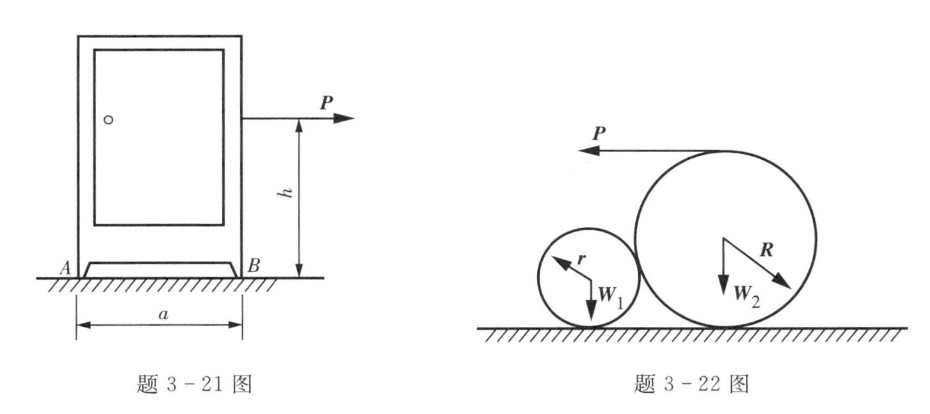


题 3-21 图　　题 3-22 图

3-23　已知均质细杆 $AB$ 的重量为 $W$,在中点与转动轴 $CD$ 固结,如图所示。试求当轴以匀角速度 $\omega$ 转动时,两端轴承处由于惯性力引起的压力的大小。设 $CD=AB=l/3$。

3-24　已知均质的直角三角形薄板绕其直角边 $AB$ 以匀角速度 $\omega$ 转动,试求其惯性力的合力。

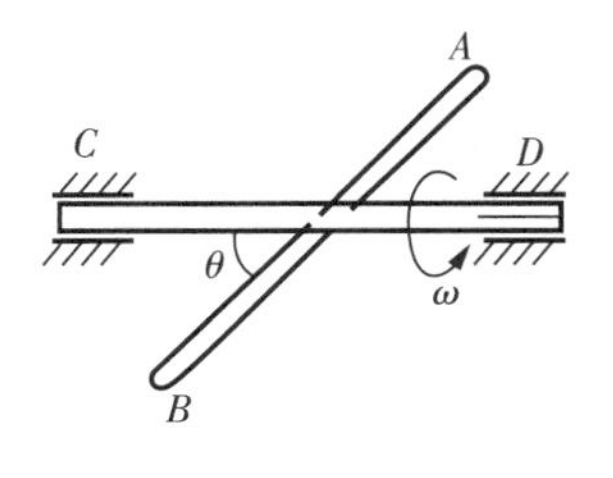


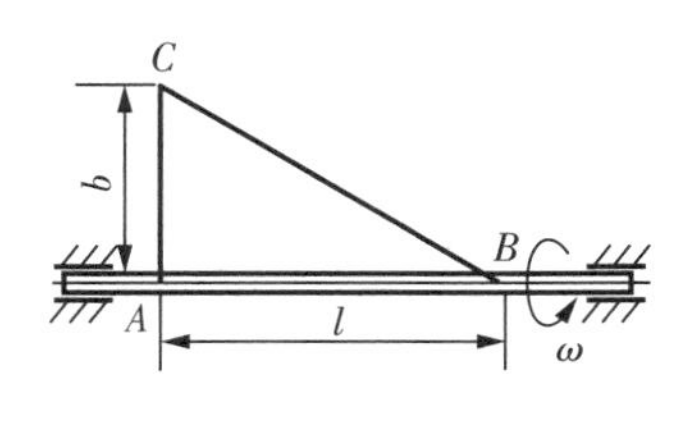

题 3-23 图　　题 3-24 图

# 第二部分

## 材料力学之基本变形问题分析

广大青年要肩负历史使命，坚定前进信心
立大志、明大德、成大才、担大任
努力成为堪当民族复兴重任的时代新人

这个新时代，是决胜全面建成小康社会、
进而全面建设社会主义现代化强国的时代

# 第 4 章　工程构件的拉伸和压缩问题

本章主要讨论一种专门类型的工程构件 —— 等截面直杆的轴线拉压问题。杆件的主要特征是其长径比较大($l/d > 5$),受力的特点是力的方向沿着杆件的轴线方向。这种受力称为轴线拉压。材料力学研究的对象之一是杆件。

## 4.1　构件的拉压受力工程实例

从人们的生活用品到大型工程中,杆构件随处可见,如,自行车架的圈辐条和车架构件、起重机臂杆构件、桁架建造的屋顶构件、桥梁构件,等等(图 4-1)。在这些结构中,杆件承受轴向拉压荷载。杆件将沿轴向伸长或缩短,而截面横向会产生收缩或膨胀。这类杆件称为轴向拉伸(压缩)杆件。轴向拉、压变形是杆件的基本变形形式。

(a) 骑行中的自行车

(b) 工作中的大型起重机

(c) 房屋穹顶

(d) 桁架桥梁

图 4-1　杆结构实例

分析直杆的受力和变形必须首先建立杆件的受力模型。这里假设杆件的截面是等截面直杆件(简称等直杆),在杆件的两端作用轴向外力,记为 **F**,如图 4-2 所示。本章介绍的杆件计算方法主要是基于这种的模型。

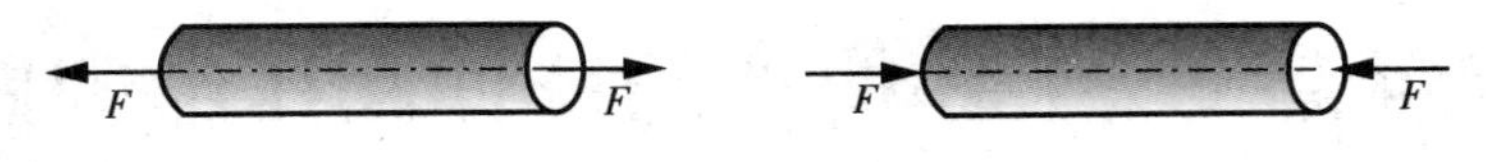


图 4-2 杆件的受力模型

## 4.2 杆件的轴向变形与应变

例如图 4-3 所示的杆模型,设杆的长度为 $l$,设横截面为正方形,边长为 $a$。当受到轴向外力拉伸后,长度 $l$ 增至 $l'$,横截面边长 $a$ 缩小到 $a'$。

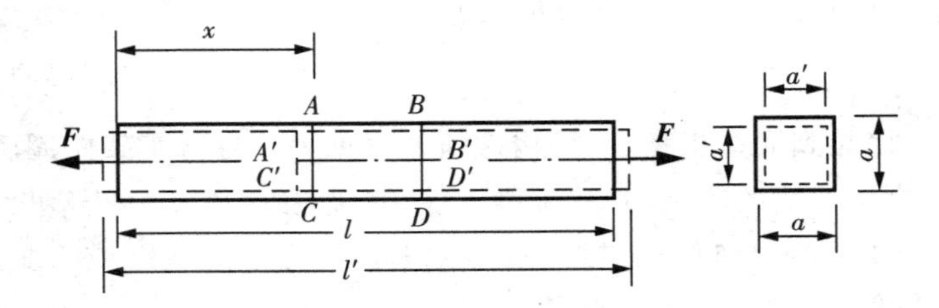


图 4-3 等直杆的拉伸变形模型

实验发现,变形前后杆件中垂直于轴线的横向线 $AC$ 和 $BD$ 仍为直线,且仍然垂直于轴线,线段 $AC$ 和 $BD$ 分别平行移至 $A'C'$ 和 $B'D'$,且两线段伸长量相等。这样,变形前的横截面,在变形后仍保持为平面,且仍垂直于轴线。在两端受力这种情况下,直杆中的变形是均匀发生的。下面介绍变形的计算方法。

设杆的原长为 $l$,变形后的长度变为 $l'$,则杆轴向绝对伸长为 $\Delta l = l' - l$,定义杆的轴向应变(相对伸长)为:

$$\varepsilon = \Delta l / l = (l' - l)/l \tag{4-1}$$

由于直杆中的变形是均匀的,其应变为常值。同时,杆的截面发生横向收缩为 $\Delta a = a' - a$,这样,杆的横向应变为:

$$\varepsilon_C = \Delta a / a = (a' - a)/a \tag{4-2}$$

显然,当杆件拉伸时,$\varepsilon$ 为正值,$\varepsilon_C$ 为负值;而在压缩时,$\varepsilon$ 为负值,$\varepsilon_C$ 为正值。

杆的轴向应变与横向应变之间的比值为:

$$\nu = |\varepsilon_C / \varepsilon| \tag{4-3}$$

实验证实,对具体的材料这个比值是一定的,称之为泊松比。

知道杆件的应变后,可以求出杆中任意点的位移。设 $A$ 点距离杆的左端为 $x$(图 4-3),则 $A$ 点变形后相对左端点的移动位移为:

$$\Delta x = \varepsilon x = x \Delta l / l = x(l' - l)/l \tag{4-4}$$

由此可见，杆上一点的变形位移与其所在位置成正比。

## 4.3　杆件的轴向内力与应力

### 4.3.1　轴向内力

假设一等直杆在两端轴向拉力 $\boldsymbol{F}$ 的作用下处于平衡，如图 4－4 所示，试求件横截面 $m-m$ 上的内力。利用截面法，在截面 $m-m$ 处，假想地将杆截为两部分。取其一部分作为研究对象。弃去的部分以内力来代替，作用在截面上，并保持物体的平衡。内力的合力为 $\boldsymbol{F}_N$。

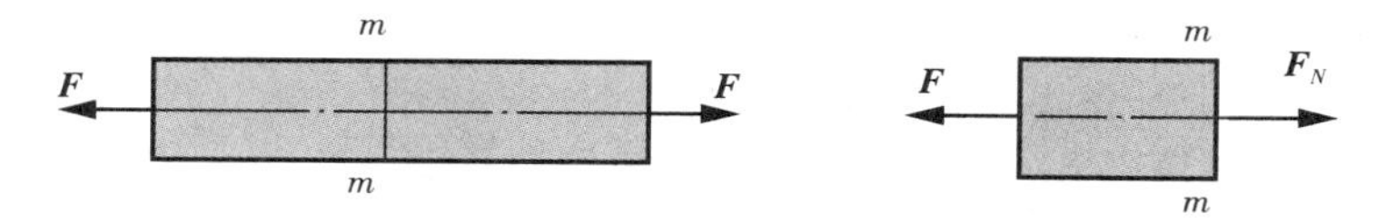


图 4－4　杆件的内力模型

根据理论力学中力的平衡原理，列出研究对象的平衡方程为：

$$\boldsymbol{F}_N-\boldsymbol{F}=0$$

则求出内力为：

$$\boldsymbol{F}_N=\boldsymbol{F} \tag{4-5}$$

需要指出的是，杆件横截面 $m-m$ 上的内力 $\boldsymbol{F}_N$ 与杆的轴线重合，即垂直于横截面并通过其形心，又称为轴力。轴力正负号的规定为，若轴力的指向与截面外法线一致，则规定为正的，称为拉力；若轴力指向截面，则规定为负的，称为压力。

### 4.3.2　轴力图

杆件受轴向拉(压)外力沿轴线变化时，在杆件不同部位横截面上的轴力也是变化的。在进行应力与变形分析时，通常需要知道杆内各个横截面上的轴力、最大轴力及其所在横截面的位置，因此须作出轴力与截面位置关系的变化图线，即轴力图。

首先建立坐标系，用平行于杆轴线的坐标轴表示横截面的位置，用垂直于杆轴线的坐标轴表示横截面上的轴力，绘出轴力与横截面位置关系图线(轴力图)。将正的轴力画在轴的正方向侧，负的轴力画在轴的负方向侧，如图 4－5 所示。

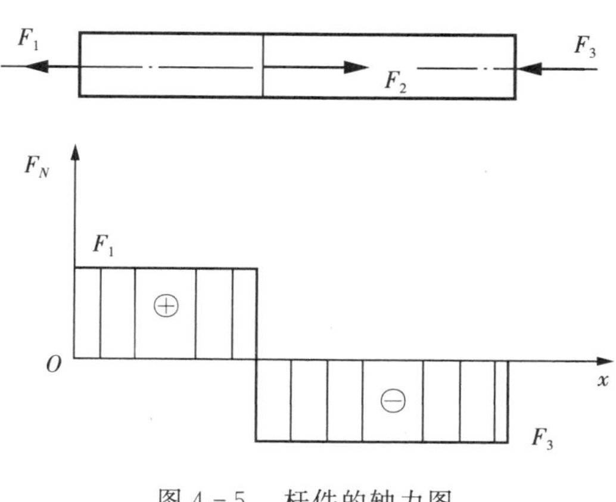


图 4－5　杆件的轴力图

### 4.3.3　横截面应力

通过分析知道，在两端受拉(压)力这种情况下，杆的变形是均匀的。因此，杆件中的内力和应力也是均匀的。

为了了解轴力在横截面上的分布情况，需要分析横截面上的应力。由于轴力垂直于横截面，横截面上各点处的应力就是正应力 $\sigma$。又由变形分析知道，横截面上的应变是均匀的，因此，横截面上的应力也是均匀的。应力的大小为：

$$\sigma = F_N / A \tag{4-6}$$

式(4-6)中，$A$ 为杆的横截面面积；$F_N$ 是轴向力。正应力的正负号与轴力的正负号相对应，即拉应力为正，压应力为负。

显然，由上式计算得到的正应力大小与横截面面积成反比，与横截面的形状无关。对于横截面沿杆长连续缓慢变化的变截面杆，其横截面上的正应力也可用上式来近似计算。

### 4.3.4 斜截面上的应力

在杆件任意斜截面上的应力如图 4-6 所示。

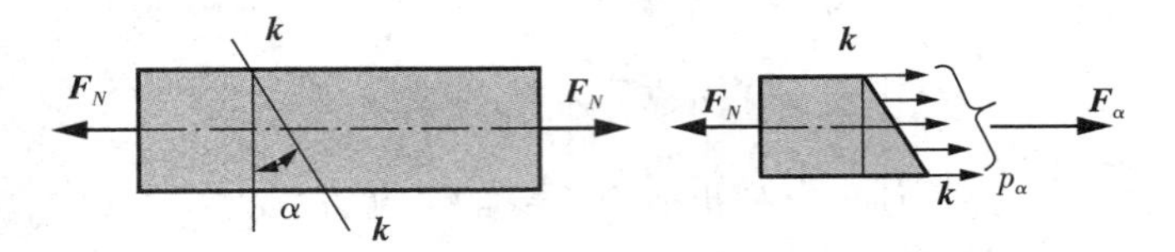


图 4-6 斜截面应力模型

设斜截面与轴线的夹角为 $\alpha$，根据应力的定义，斜截面上的全应力大小为：

$$p_\alpha = F_\alpha / A_\alpha = F_N / \frac{A}{\cos\alpha} = \frac{F_N}{A}\cos\alpha = \sigma\cos\alpha \tag{4-7}$$

这个应力方向是沿杆的轴线。如果将该应力分解到斜截面的法线和切线方向，则得到斜截面的正应力 $\sigma_\alpha$ 和切应力 $\tau_\alpha$，如图 4-7 所示。

利用应力分解可以得到：

$$\sigma_\alpha = p_\alpha\cos\alpha = \sigma\cos^2\alpha \tag{4-8}$$

$$\tau_\alpha = p_\alpha\sin\alpha = \sigma\cos\alpha\sin\alpha \tag{4-9}$$

这就是斜截面上的正应力、切应力与横截面上的正应力的转换关系。

这里对斜截面的转角做出下面的符号规定。当自杆件的轴线 $x$ 正方向转向截面的外法线 $n$，转角为逆时针时，$\alpha$ 为正，否则，$\alpha$ 为负。

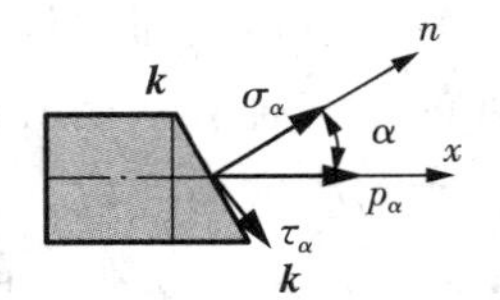


图 4-7 斜截面的正应力和切应力模型

利用上面公式计算出来的正应力为正时表示为拉应力，为负时表示为压应力。切应力的正负规定为，切应力对杆件内任一点取矩，顺时针矩时，切应力为正，逆时针矩时，切应力为负。这样与习惯的应力正负号一致。

如果杆件的横截面是均匀缓慢变化的，拉伸又是轴线拉伸(图 4-8)，则其上的应力可以近似表示为：

$$\sigma(x)=F_N/A(x) \tag{4-10}$$

对偏心拉伸情况(图 4-9),横截面的应力是不均匀分布的,截面应力需要采用比较复杂的积分计算方法。

$$F_N=\int\sigma(x)\mathrm{d}A \tag{4-11}$$

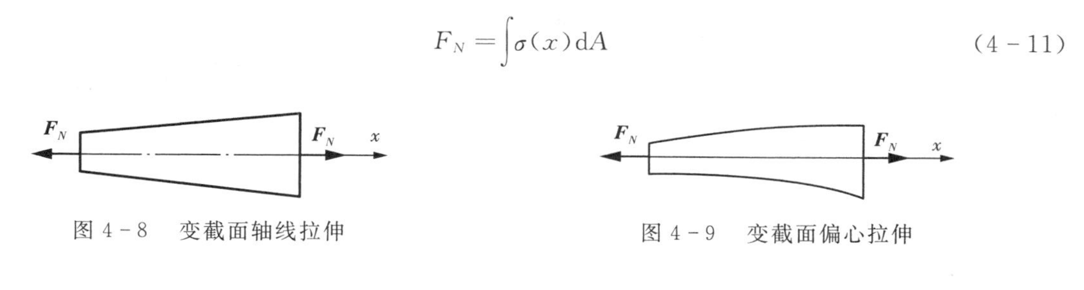


图 4-8　变截面轴线拉伸

图 4-9　变截面偏心拉伸

# 4.4　材料拉伸和压缩的力学性能

材料的力学性能是指材料受外力作用后,应力和应变所表现出来的特性,也称为机械性能。如,应力与应变变化关系,材料的弹性常数 $E$、$\nu$,材料的强度极限应力等。另外,对材料的破坏极限应力、破坏形式等方面,也需要通过材料试验来确定。这些参数是工程力学中的基本参数。在进行工程力学分析计算时,必须知道材料的力学特性。

与材料的力学性能参数有关的因素有:材料内部的成分、组织结构、加载速度、环境温度、受力状态以及周围介质等。本节主要介绍在常温和静荷载(缓慢平稳加载)作用下处于轴向拉伸和压缩时材料的力学性能参数。

工程中,根据金属材料变形特性不同,将材料分为塑性材料和脆性材料。容易出现塑性屈服变形的为塑性材料,否则为脆性材料。

## 4.4.1　塑性金属材料的拉伸压缩力学性能

### 1. 低碳钢的拉伸力学性能

低碳钢是含碳量较低(在 0.25% 以下)的碳素钢,例如 Q235 号钢等。它们是工程上广泛使用的塑性材料。在拉伸试验时,它的力学性质较为典型。

为了便于比较试验结果,应将材料制成标准试样,如图 4-10 所示。对于金属材料,通常采用两种标准试样。一种是圆截面试样[图 4-10(a)],在试样中部取长度 $l$ 称为标距($A$,$B$ 点之间),试验时用仪表测量该段的伸长,标距 $l$ 与标距内横截面直径 $d$ 的关系为 $l=10d$ 或 $l=5d$;另一种为矩形截面试样[图 4-10(b)],标距 $l$ 与横截面面积 $A$ 的关系为 $l=11.3A$ 或 $l=5.65A$。

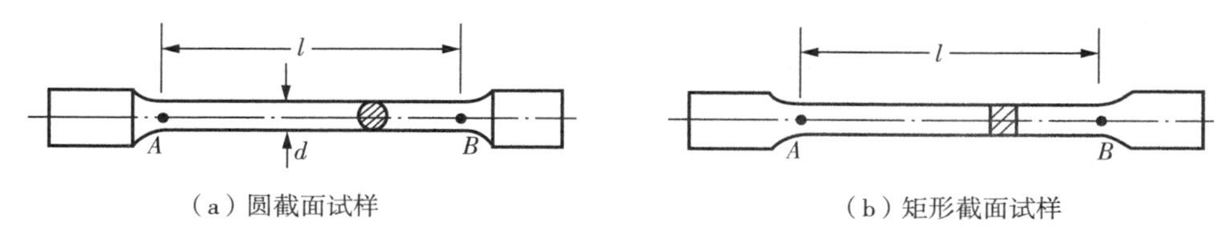


(a) 圆截面试样　　(b) 矩形截面试样

图 4-10　金属材料标准试样

材料拉压试验机如图 4－11 所示。实验时将试样安装在机器上，然后均匀缓慢地加载（应力速率为 3 ～ 30MPa/s），拉伸试样直至断裂。试验机能够自动绘制试样所受荷载与变形的关系曲线，即 $F-\Delta l$ 曲线，称为拉伸图，如图 4－12 所示。为了消除试样尺寸的影响，将拉力 $F$ 除以试样的原横截面面积 $A$，伸长 $\Delta l$ 除以原标距 $l$，将 $F-\Delta l$ 曲线转换为材料的应力与应变图，即 $\sigma-\varepsilon$ 图，如图 4－13 所示。

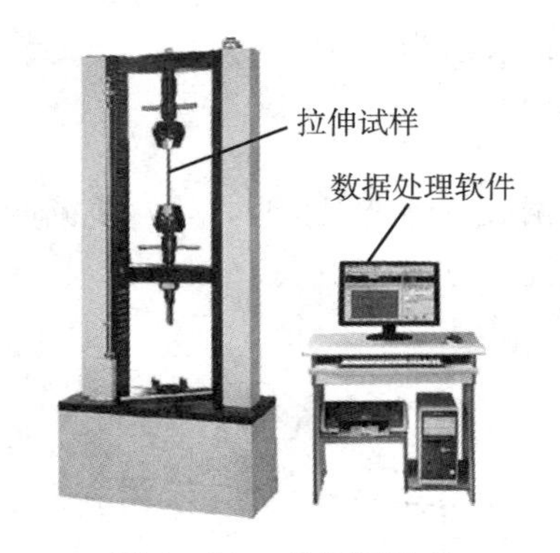

图 4－11 拉压试验机

从拉伸应力-应变图（图 4－13）可确定低碳钢的下列力学特性。

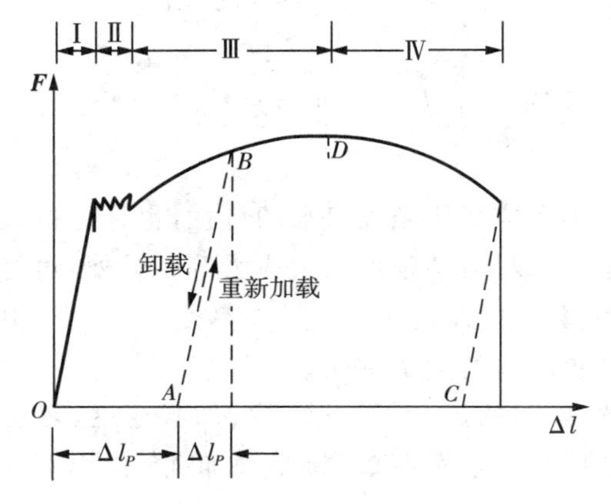

图 4－12 荷载与变形的关系曲线

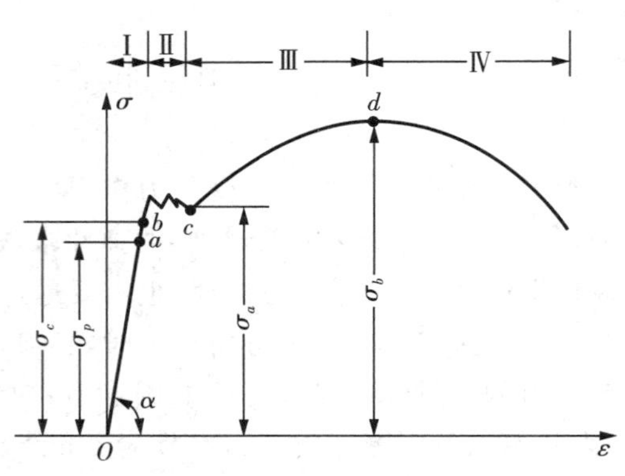

图 4－13 应力与应变关系曲线

（1）拉伸过程的各个阶段及特征点

整个拉伸过程大致可分为四个阶段：

① 弹性阶段（应力与应变曲线第 Ⅰ 段）。在 $Oa$ 直线段，应力和应变（或拉力和伸长变形）成线性关系，即材料服从胡克定律。

$$\sigma=\varepsilon\cdot E$$

在 $Oa$ 线段范围内材料服从胡克定律，就可以在这段范围内确定材料的弹性模量 $E$。$a$ 点的应力为线弹性阶段的应力最高值，称为比例极限，用 $\sigma_p$ 表示。

进一步仔细分析，当试样中的应力不超过图 4－13 中 $b$ 点的应力时，试样的变形是完全弹性的。在这个阶段内，当卸去荷载后，变形完全消失。$b$ 点对应的应力为弹性阶段的应力最高值，称为弹性极限，用 $\sigma_e$ 表示。

试验结果表明，材料的弹性极限和比例极限数值上非常接近，故工程上对它们往往不加区分。

② 屈服阶段（应力与应变曲线第 Ⅱ 段）。此阶段也称为流动阶段。当增加荷载使应力超过弹性极限后，变形增加较快，而应力不增加或产生波动。在 $\sigma-\varepsilon$ 曲线上（或 $F-\Delta l$ 曲线上）呈锯齿形线段，这种现象称为材料的屈服或流动。在屈服阶段内，若卸去荷载，则变形不

能完全消失。这种不能消失的变形即为塑性变形或称残余变形。将材料具有塑性变形的性质称为塑性。

试验表明，低碳钢在屈服阶段内所产生的应变约为弹性极限时应变的 15 ~ 20 倍。当材料屈服时，在抛光的试样表面能观察到两组与试样轴线成 45° 的正交细条纹，这些条纹称为滑移线。产生这种现象是由于拉伸试样中与杆轴线成 45° 的斜面上，存在着数值最大的切应力。当拉力增加到一定数值后，最大切应力超过了临界值，造成材料内部晶格在 45° 斜面上产生相互间的滑移。由于滑移，材料暂时失去了继续承受外力的能力，此时变形增加应力不会增加甚至减少。

由试验得知，屈服阶段内最高点（上屈服点）的应力很不稳定，而最低点 $c$（下屈服点）所对应的应力较为稳定。故通常取最低点所对应的应力为材料屈服时的应力，称为屈服极限（屈服点）或流动极限，用 $\sigma_s$ 表示。

③ 强化阶段（应力与应变曲线第 Ⅲ 段）。试样屈服以后，内部组织结构发生了调整，重新获得了进一步承受外力的能力，因此要使试样继续增大变形，必须增加外力，这种现象称为材料的强化。在强化阶段中，试样主要产生塑性变形，而且随着外力的增加，塑性变形量显著地增加。这一阶段的最高点 $d$ 所对应的应力称为强度极限，用 $\sigma_b$ 表示。

④ 破坏阶段（应力与应变曲线第 Ⅳ 段）。从 $d$ 点以后，试样在某一薄弱区域内的伸长急剧增加，试样横截面在这薄弱区域内显著缩小，形成了“颈缩”现象，如图 4 - 14 所示。由于试样“颈缩”，使试样继续变形所需的拉力迅速减小。因此，$\boldsymbol{F}-\Delta l$ 和 $\sigma-\varepsilon$ 曲线出现下降现象。最后试样在缩成最小截面处被拉断。

材料的比例极限 $\sigma_p$（或弹性极限 $\sigma_e$）、屈服极限 $\sigma_s$ 及强度极限 $\sigma_b$ 都是材料的特征点应力，它们在工程力学的计算中有重要意义。

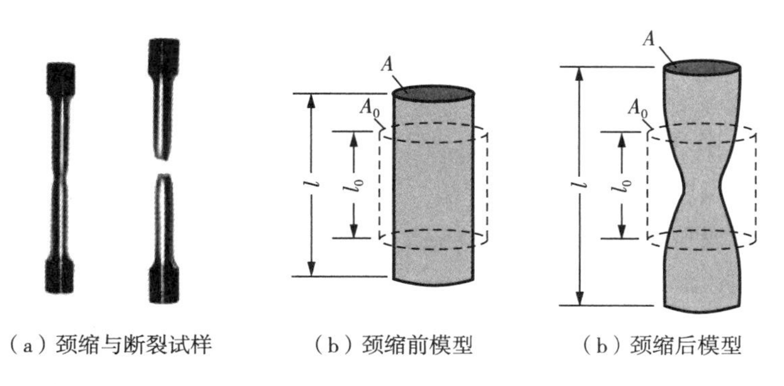


（a）颈缩与断裂试样　（b）颈缩前模型　（b）颈缩后模型

图 4 - 14　低碳钢拉伸颈缩现象

（2）材料的塑性指标

试样断裂之后，弹性变形消失，塑性变形则留存在试样。试样的标距由原来的 $l$ 伸长为 $l_1$，断口处的横截面面积由原来的 $A$ 缩小为 $A_1$。工程中常用试样拉断后保留的塑性变形大小作为衡量材料塑性的指标。常用的塑性指标有两种，即

延伸率（断后伸长率）

$$\delta=\frac{l_1-l}{l}\times 100\% \qquad (4-12)$$

断面收缩率

$$\psi = \frac{A - A_1}{A} \times 100\% \tag{4-13}$$

工程中一般将 $\delta \geqslant 5\%$ 的材料称为塑性材料，$\delta < 5\%$ 的材料称为脆性材料。低碳钢的延伸率大约在 25% 左右，故为塑性材料。

(3) 应变硬化现象

在材料的强化阶段，如果卸去荷载，卸载时拉力和变形之间仍为线性关系，如图 4-12 中的虚线 $BA$。由图可见，试样在强化阶段的变形包括弹性变形 $\Delta l_e$ 和塑形变形 $\Delta l_p$。如卸载后重新加载，则拉力和变形之间大致仍按 $AB$ 直线变化，直到 $B$ 点后再按原曲线 $BD$ 变化。将 $OBD$ 曲线和 $ABD$ 曲线进行比较后看出，① 卸载后重新加载时，材料的比例极限提高了(由原来的 $\sigma_p$ 提高到 $B$ 点所对应的应力)，而且不再有屈服现象；② 拉断后的塑性变形减少了(即拉断后的残余伸长由原来的 $OC$ 减小为 $AC$)。这一现象称为应变硬化现象，工程上也称为冷作硬化现象。

材料经过冷作硬化处理后，其比例极限提高，表明材料的强度可以提高，这是有利的一面。例如钢筋混凝土梁中所用的钢筋，常常预先经过冷拉处理，起重机用的钢索也常预先进行冷拉。但另一方面，材料经冷作硬化处理后，其塑性降低，这在许多情况下又是不利的。例如机器上的零件经冷加工后易变硬变脆，使用中容易断裂。在冲孔等加工中，零件的孔口附近材料变脆，使用时孔口附近容易开裂。因此需对这些零件“退火”处理，以消除冷作硬化的影响。

2. 其他塑性材料拉伸时的力学性能

图 4-15 给出了 5 种不同金属材料在拉伸时的应力-应变曲线。这 5 种材料的延伸率都比较大($\delta > 5\%$)，有些材料没有明显的屈服阶段。对于没有明显屈服阶段的塑性材料，通常将产生 0.2% 的塑性应变时的应力作为屈服极限，称为条件屈服极限，或称为规定非比例伸长应力，用 $\sigma_{0.2}$ 表示。

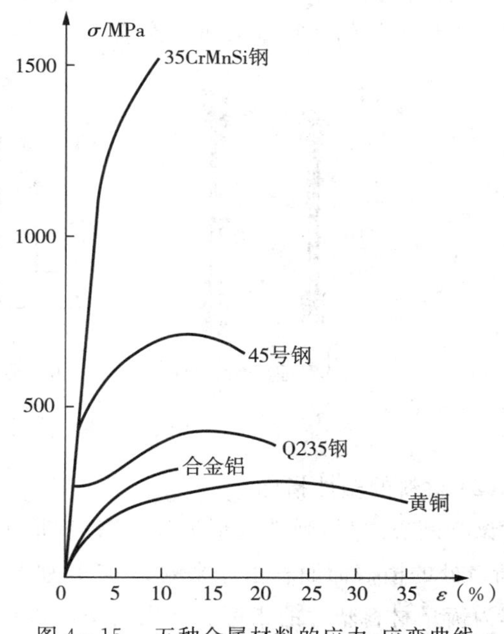

图 4-15 五种金属材料的应力-应变曲线

3. 低碳钢的压缩力学性能

低碳钢压缩试验采用短圆柱体试样，试样高度和直径关系为 $l = (1.5 \sim 3.0)d$。试验得到低碳钢压缩时的应力-应变曲线如图 4-16 所示。试验结果表明：

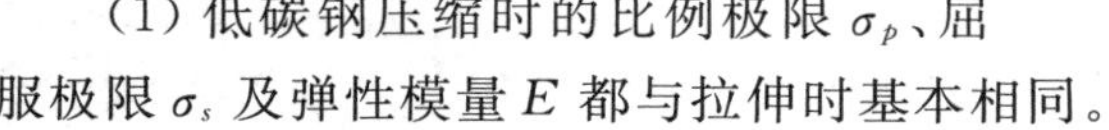
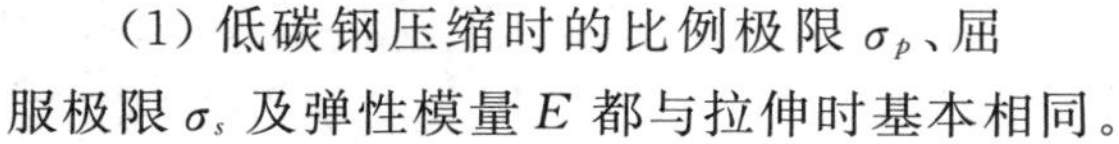

(1) 低碳钢压缩时的比例极限 $\sigma_p$、屈服极限 $\sigma_s$ 及弹性模量 $E$ 都与拉伸时基本相同。

(2) 当应力超过屈服极限之后，压缩试样产生很大的塑性变形，愈压愈扁，横截面面积不断增大。虽然名义应力不断增加，但实际应力并不增加，故试样不会断裂，无法得到压缩的强度极限。

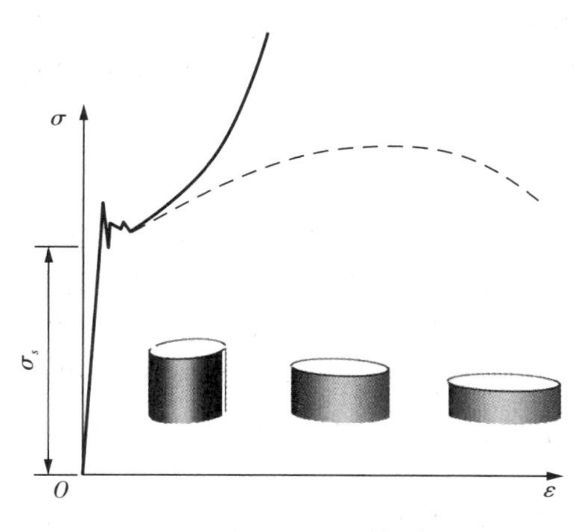


图 4-16　低碳钢的压缩性能

### 4.4.2　脆性材料的拉伸压缩力学性能

1. 铸铁的拉伸力学性能

图 4-17 为灰口铸铁拉伸时的应力-应变曲线。从图中可看出：

(1) 材料的应力-应变曲线上没有明显的直线段，即材料不再服从胡克定律。在初始部分曲线的曲率变化很小。因此，曲线的绝大部分可用一割线(如图中直线)代替。在这段范围内，认为材料近似服从胡克定律。

(2) 材料的变形很小，拉断后的残余变形只有 0.5% ~ 0.6%，故为脆性材料。

(3) 材料没有屈服阶段和"颈缩"现象。唯一的强度指标是拉断时的应力，即强度极限 $\sigma_b$，但强度极限很低，因此，它不宜作为拉伸构件的材料。

2. 铸铁的压缩力学性能

铸铁压缩试验也采用短圆柱体试样。灰口铸铁压缩时的应力-应变曲线和试样破坏情况如图 4-18 所示。试验结果表明：

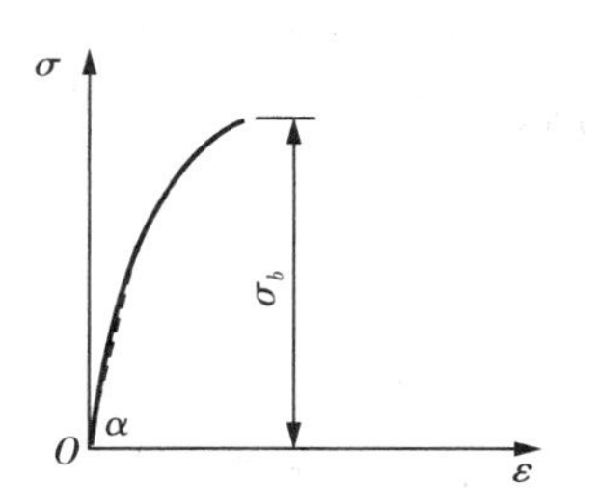


图 4-17　铸铁的拉伸应力-应变曲线

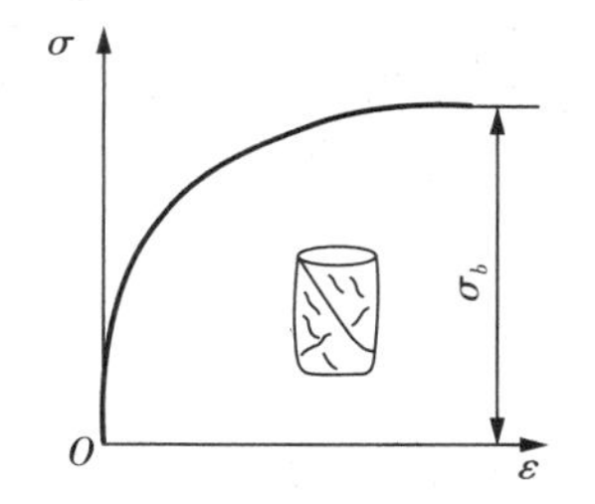


图 4-18　铸铁的压缩性能

(1) 和铸铁拉伸试验相似，铸铁压缩应力-应变曲线上没有明显的直线段，材料只近似服从胡克定律。

(2) 铸铁压缩没有屈服阶段。

(3) 和铸铁拉伸相比，铸铁压缩破坏后的轴向应变较大，约为 5% ～ 10%。

(4) 试样沿着与横截面大约成 55° 的斜截面剪断。通常以试样剪断时横截面上的正应力作为强度极限 $\sigma_b$。铸铁压缩强度极限比拉伸强度极限高 4 ～ 5 倍。

**思考与讨论**：试样拉伸至强化阶段时，在拉伸图上如何量测其弹性伸长量和塑性伸长量？当试样拉断后又如何量测它们？

### 4.4.3 复合材料力学性能

两种或两种以上互不相溶(熔)的材料，通过一定的方式组合成一种新型的材料，称为复合材料。例如，纤维增强复合材料，以韧性好的金属、塑料或混凝土为基体将纤维材料嵌固其中，二者牢固地粘结成整体。如玻璃钢、加纤混凝土等。由于纤维材料的嵌入，材料的性能有极明显的改善。例如，碳纤维增强的环氧树脂基体复合材料，其弹性模量比基体材料可提高约 60 倍，强度可提高约 30 倍。因此，复合材料是具有发展前景的新型材料而得到广泛使用。

纤维增强复合材料不同于金属等各向同性材料，它具有极明显的各向异性。在平行于纤维的方向"增强"效应极其明显，而在垂直于纤维方向则不显著。所以在制造时常常采用叠层结构，其中每一层的纤维都按一定要求的方向铺设(图 4-19)。

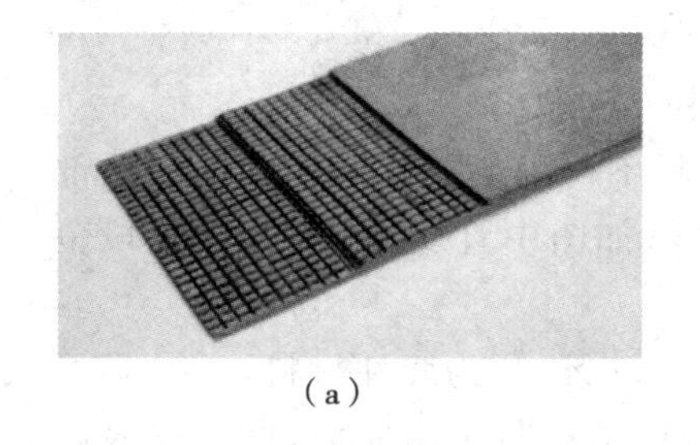
(a)

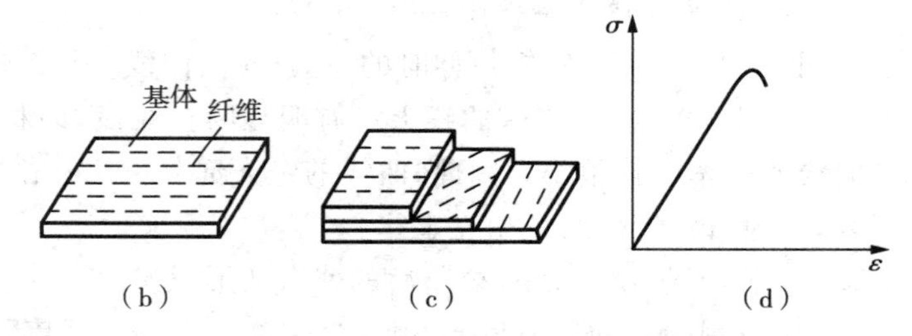

(b) (c) (d)

图 4-19 复合纤维材料

复合材料的弹性模量不仅与基体和纤维材料的弹性模量有关，而且与这两种材料的体积比有关。纤维按同一方向排列时的单层玻璃钢，沿纤维方向拉伸的应力-应变曲线如图 4-19(d) 所示。由图可见，其 $\sigma$ 与 $\varepsilon$ 基本上是线弹性关系。

复合材料沿纤维方向的弹性模量可由并联模型得到。即将复合材料杆中两种材料归结为长度相同、横截面面积不同的两根并联的杆，在轴向荷载的作用下，两杆具有相同的伸长量。由此可推出单层复合材料沿纤维方向的弹性模量为：

$$E = E_f V_f + E_m (1 - V_f) \tag{4-14}$$

其中，$E_f$ 为纤维材料的弹性模量；$E_m$ 为基体材料的弹性模量；$V_f$ 为纤维材料的体积与总体积之比。

在以上分析中，没有考虑纤维材料与基体材料横向变形的影响。当二者的泊松比不同时，在二者的交界面上将会产生横向正应力。应用能量原理可以证明，此时的复合弹性模量会比按式(4-14) 计算的结果稍大。对于纤维排列方向不同和应力方向与纤维方向不同时复合材料的力学性能，可参阅有关的资料。

### 4.4.4　几种常用材料的力学性能参数

上面讨论了塑性和脆性材料的力学性能特点。在力学计算和工程设计中，经常要用到材料的力学性能参数。下面给出几种常见材料的弹性模量、弹性极限、强度极限等力学性能参数。更多的材料参数可以查阅材料手册。

表 4-1 为常见材料的弹性模量等参数。表 4-2 为常见材料的弹性极限、强度极限等参数。

**表 4-1　常用材料的 $E$，$\nu$ 值**

| 材料 | 弹性模量 $E$(GPa) | 泊松比 $\nu$ |
|---|---|---|
| 碳钢 | 196 ～ 216 | 0.24 ～ 0.28 |
| 铜及其合金 | 73.6 ～ 128 | 0.31 ～ 0.42 |
| 灰口铸铁 | 78.5 ～ 157 | 0.23 ～ 0.27 |
| 铝合金 | 70 | 0.30 ～ 0.33 |
| 花岗岩 | 48 | 0.16 ～ 0.34 |
| 石灰岩 | 41 | 0.16 ～ 0.34 |
| 混凝土 | 14.7 ～ 35 | 0.16 ～ 0.18 |
| 橡胶 | 0.0078 | 0.47 |
| 木材 顺纹 | 9 ～ 12 | |
| 木材 横纹 | 0.49 | |

**表 4-2　几种常用材料在拉伸和压缩时的力学性质(常温、静荷载)**

| 材料名称或牌号 | 屈服极限 $\sigma_s$(MPa) | 强度极限(MPa) | | 塑性指标 | |
|---|---|---|---|---|---|
| | | $\sigma_b^+$ | $\sigma_b^-$ | $\delta$(%) | $\psi$(%) |
| Q235 钢 | 216 ～ 235 | 380 ～ 470 | 380 ～ 470 | 24 ～ 27 | 60 ～ 70 |
| Q274 钢 | 255 ～ 274 | 490 ～ 608 | 490 ～ 608 | 19 ～ 21 | |
| 35 号钢 | 310 | 530 | 530 | 20 | 45 |
| 45 号钢 | 350 | | | 16 | 40 |
| 15Mn 钢 | 300 | 520 | 520 | 23 | 50 |
| 16Mn 钢 | 270 ～ 340 | 470 ～ 510 | 470 ～ 510 | 16 ～ 21 | 45 ～ 60 |
| 灰口铸铁 | | 150 ～ 370 | 600 ～ 1300 | 0.5 ～ 0.6 | |
| 球墨铸铁 | 290 ～ 420 | 390 ～ 600 | ≥ 1568 | 1.5 ～ 10 | |
| 有机玻璃 | | 755 | > 130 | | |
| 红松(顺纹) | | 98 | ≈ 33 | | |
| 普通混凝土 | | 0.3 ～ 1 | 3.5 ～ 80 | | |

# 4.5 轴向拉压杆件的应变能

在弹性体内部，受力后产生变形，这样在体内就储存了弹性势能。这个势能又称为弹性应变能，它的大小与外力所做的功有关。弹性应变能也是材料的一种特性，它有助于对结构和材料的了解。利用弹性应变能也可以求解弹性体的变形问题，这种方法称为能量法，后面章节将作详细介绍。

### 4.5.1 外力做功

由于杆件内的轴力在其引起的位移上做功是一个变力做功，因此，计算这样的功需要采用微元功计算。由功的定义，外力在其引起的微小位移上所做的微元功为：

$$\mathrm{d}W = F\mathrm{d}(\Delta l) \tag{4-15}$$

对于图 4-20 所示的弹性变形关系，则弹性力整个变形过程中完整做功等于：

$$W = \int \mathrm{d}W = \int F\mathrm{d}(\Delta l) = \frac{1}{2}F\Delta l \tag{4-16}$$

### 4.5.2 应变能

同样的，应力与应变之间也是一种渐变过程，如图 4-20 所示。单位体积的应变能增量为：

$$\mathrm{d}u_\varepsilon = \sigma \mathrm{d}\varepsilon \tag{4-17}$$

应力引起的全部加载过程的单位体积的应变能为：

$$u_\varepsilon = \int \mathrm{d}u = \int \sigma \mathrm{d}\varepsilon = \frac{1}{2}\sigma\varepsilon \tag{4-18}$$

式(4-18)也称为应变能密度，或应变比能。弹性体中全部体积内的应变能为：

$$U_\varepsilon = \int u_\varepsilon \mathrm{d}V = \frac{1}{2}\int \sigma\varepsilon \,\mathrm{d}V \tag{4-19}$$

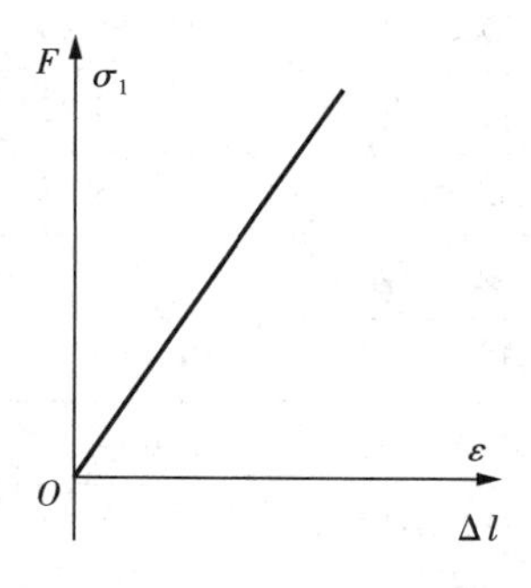

图 4-20 内力与位移（应力与应变）关系

根据能量守恒原则，外力总功与总体应变能互等：

$$W = U_\varepsilon \tag{4-20}$$

# 4.6　轴向拉压杆的强度校核

材料力学中计算出杆件横截面上的应力的目的之一是为了判断杆件是否发生破坏。要实现这一目的，需要建立材料强度的校核方法。杆件在工作载荷下的应力称为工作应力。但仅有工作应力并不能判断杆件是否会因强度不足而发生失效。需要将杆件的最大工作应力与材料的强度指标联系起来作出判断。

## 4.6.1　容许应力和安全因数

通常构件既不允许破坏，也不允许产生较大的塑性变形。因为较大塑性变形的出现，将改变原来的状态，会影响杆件的正常工作。

从材料的拉伸和压缩试验得知，塑性材料的应力达到屈服极限时材料将产生较大的塑性变形。当脆性材料的应力达到强度极限时材料将会断裂。因此，通常将塑性材料的屈服极限 $\sigma_s$（或 $\sigma_{0.2}$），脆性材料的强度极限 $\sigma_b$ 取作为材料的极限应力，采用通用符号 $\sigma_u$ 表示。要保证杆件安全而正常地工作，其最大工作应力不能超过材料的极限应力。

考虑到实际存在的不利因素后，构件设计时不能使最大的工作应力等于极限应力，而必须小于极限应力。这些不利因素主要有：

（1）计算的工作荷载常常难以估计准确，因而杆件中实际产生的最大工作应力可能超过计算出的数值；

（2）计算时所做的简化不完全符合实际情况；

（3）实际的材料与试件材料存在差异，因此，实际的极限应力往往小于试验所得的结果；

（4）其他因素，如杆件的尺寸存在制造误差，加工过程中杆件受到损伤，杆件长期使用受到磨损或材料老化、腐蚀等。

综合以上不利因素，通常要给杆件必要的强度储备。工程上的做法是将极限正应力除以一个大于 1 的安全因数 $n$，作为材料的容许正应力，即

$$[\sigma]=\sigma_u/n \tag{4-21}$$

在实际使用中，对于塑性材料取 $\sigma_u=\sigma_s$（或 $\sigma_{0.2}$），对于脆性材料取 $\sigma_u=\sigma_b$。安全因数 $n$ 的选取除了需要考虑前述因素外，还要考虑其他很多因素。例如，工程的重要性，杆件失效所引起后果的严重性以及经济效益等。因此，需要根据实际重要性选取安全因数。

在通常情况下，对静荷载问题，塑性材料一般取 $n=1.5\sim3.0$，脆性材料一般取 $n=3.0\sim3.5$。几种常用材料的容许正应力的数值列于表 4－3。

**表 4－3　几种常用材料的容许正应力值**

| 材料名称 | 容许应力值（MPa） | |
|---|---|---|
| | 容许拉应力$[\sigma_t]$ | 容许压应力$[\sigma_c]$ |
| 低碳钢 | 170 | 170 |
| 合金钢 | 230 | 230 |

（续表）

| 材料名称 | | 容许应力值(MPa) | |
|---|---|---|---|
| | | 容许拉应力$[\sigma_t]$ | 容许压应力$[\sigma_c]$ |
| 灰口铸铁 | | 34 ～ 54 | 160 ～ 200 |
| 松木 | 顺纹 | 6 ～ 8 | 9 ～ 11 |
| | 横纹 | — | 1.5 ～ 2 |
| 混凝土 | | 0.4 ～ 0.7 | 7 ～ 11 |

### 4.6.2 强度条件与刚度条件

等直截面杆内力最大的横截面一般称为危险截面，危险截面上应力最大的点就是危险点。当该点的最大工作应力不超过材料的容许正应力$[\sigma]$时就能保证杆件正常工作。因此，等截面拉压直杆的强度条件为：

$$\sigma_{\max}=\boldsymbol{F}_{N\max}/A\leqslant[\sigma] \tag{4-22}$$

式(4-22)中，$\boldsymbol{F}_{N\max}$为杆件危险截面上的最大轴力；$\sigma_{\max}$为杆件的最大工作正应力，即危险截面上的最大正应力。有时，也需要将强度条件改写为其他形式。如：

$$\boldsymbol{F}_{N\max}\leqslant[\sigma]A \tag{4-23}$$

杆件的刚度是指杆件的可变形的最大程度。等直截面杆件最大变形可以表示为：

$$\Delta_{\max}=\varepsilon l=\frac{\sigma}{E}l=\frac{\boldsymbol{F}_N l}{AE}$$

因此，杆件的刚度条件可以表示为：

$$\Delta_{\max}\leqslant[\Delta] \tag{4-24}$$

式(4-24)中，$[\Delta]$为杆件的许用变形。

杆件的强度分析，也称为强度设计，包括下面3个方面内容。

(1) 校核强度。当杆的横截面面积$A$、材料的容许正应力$[\sigma]$及杆所受荷载已知时，校核杆件的最大工作应力是否满足强度条件的要求。

$$\sigma_{\max}=\boldsymbol{F}_{N\max}/A\leqslant[\sigma] \tag{4-25}$$

(2) 设计截面。当杆件所受荷载及材料的容许正应力$[\sigma]$已知时，选择杆件所需的横截面面积，即

$$A\geqslant\boldsymbol{F}_{N\max}/[\sigma] \tag{4-26}$$

确定了截面面积后，再根据不同的截面形状，确定截面的尺寸。

(3) 确定容许荷载。当杆件的横截面面积$A$及材料的容许正应力$[\sigma]$已知时，求出杆件所容许产生的最大轴力为：

$$\boldsymbol{F}_{N\max}\leqslant[\sigma]A \tag{4-27}$$

再由此可确定杆所容许承受的荷载。

### 4.6.3　等强度柱的形状设计

在柱体工作中任何截面位置处承受相同大小的应力称为等强度柱。因此，柱的截面必须是变化的。为方便起见，设柱的截面为对称矩形，其厚度为 $B$（不变化），宽度为 $2y(x)$，如图 4-21 所示。柱子顶端作用有载荷 $P$，考虑柱子的自身重力作用。

在距离柱子顶端 $x$ 处取出微元体，其上下面的受法向力为 $F_N$、$F_N+\mathrm{d}F_N$，微元体上下面的面积为 $2By(x)$、$2B[y(x)+\mathrm{d}y]$。其上下截面的应力为：

$$\begin{cases}\sigma(x)=\dfrac{F_N(x)}{2By(x)}\\ \sigma(x+\mathrm{d}x)=\dfrac{F_N(x)+\mathrm{d}F_N}{2B[y(x)+\mathrm{d}y]}\end{cases}\tag{4-28}$$

而微元体体积力的增量为：

$$\mathrm{d}F_N=2\rho_g By\mathrm{d}x$$

等强度杆设计要求杆各截面上的应力相等，这里让它等于许用应力$[\sigma]$，也即

$$\sigma(x)=\sigma(x+\mathrm{d}x)=[\sigma]\tag{4-29}$$

代入上面各应力计算式得：

$$\begin{cases}\sigma(x)=\dfrac{F_N(x)}{2By(x)}=[\sigma]\\ \sigma(x+\mathrm{d}x)=\dfrac{F_N(x)+\mathrm{d}F_N}{2B(y(x)+\mathrm{d}y)}=[\sigma]\end{cases}\tag{4-30}$$

化简上面各式后得到：

$$\frac{\mathrm{d}y}{y}=\frac{\rho_g}{[\sigma]}\mathrm{d}x\tag{4-31}$$

这是一种微分方程，积分后得出：

$$\ln y=\frac{\rho_g}{[\sigma]}(x+C)\tag{4-32}$$

其中，$C$ 为积分常数。它可以通过对柱体的顶边的最小面积要求来确定。即当 $x=0$ 时，$2By_0=A_0$。则：

$$C=\frac{[\sigma]}{\rho_g}\ln y_0=\frac{[\sigma]}{\rho_g}\ln\frac{A_0}{2B}\tag{4-33}$$

最后，等强度杆的截面形状为：

$$\ln\frac{y}{y_0}=\frac{\rho_g}{[\sigma]}x\tag{4-34}$$

上面的结果表明，理想的等强度柱体的边界曲线为对数曲线(图 4-21)。如果柱的截面是圆形也可以得到类似的结果(请自证)。

### 4.6.4 桁架结构受力与强度计算

桁架结构是指一类铰接在一起杆件组成的结构，它们的外力都作用在铰接点上。桁架结构简单，造价低，承载能力能够满足要求。例如，大型的屋顶构件、桥梁支撑等。桁架所有载荷都认为是作用在杆件节点上，因此，桁架中每根杆都是二力杆，杆的截面内力都是沿杆的轴线。分析桁架构件的内力有时需要通过特殊的截切杆件，使杆件中的内力体现出来，再利用平衡条件求出杆件内力。

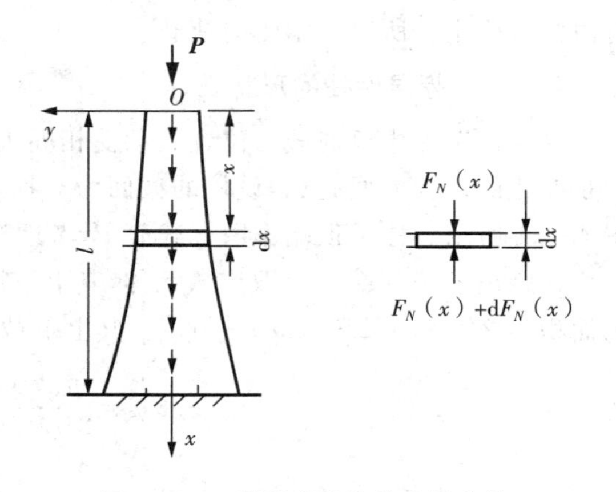


图 4-21 等强度柱体的边界曲线

例如考虑屋顶桁架结构实物如图 4-22(a) 所示，其简化模型的尺寸和受力如图 4-22(b) 所示。已知载荷 $P=16\text{kN}$，桁架杆的钢材许用应力$[\sigma]=120\text{MPa}$，弹性模量 $E=200\text{GPa}$，桁架杆的截面积相同。(1) 判断结构中不受力的杆件；(2) 试选择杆 $GH$ 的截面积；(3) 计算 $CD$ 杆的变形。

该结构是对称的，支座反力是静定的。利用整体平衡条件可以求出支座反力为：

$$R_A=R_B=2.5P$$

求解本题杆中的内力，需要合理截杆，使得求解简单。

(1) 零受力杆件

由结点的受力平衡分析，因为在左半部分结点 $I$ 上不受外力，因此，求出杆 $IE$ 中的内力为零。这样的杆又称为零杆。零杆不受力，但在结构中起到稳定结构的作用，一般不可以省略。由结构的对称性可以知道，对称的位置的杆也是零杆。

一般情况下，如果节点不受载荷作用，节点由 3 个杆铰接为 $T$ 形形状，则必有一个杆的内力为零；或者，节点由 2 个杆铰接为 $L$ 形状，则这 2 个杆的内力都为零。

(2) 设计 $GH$ 杆的截面积

首先需要求出 $GH$ 杆的内力。为了能直接求出内力，将桁架中 $EG$、$GH$、$HC$ 杆截开，取桁架左部分研究。截开杆的内力为 $F_{EG}$、$F_{HG}$、$F_{HC}$，通常设为拉力，如图 4-22(c) 所示。根据平衡条件，对 $A$ 点取力矩得：

$$\sum M_A=0,6F_{HG}-3P=0$$

解得：

$$F_{HG}=P/2=8(\text{kN})(\text{拉力})$$

因此，$GH$ 杆的最小截面积为：

$$A_{\min}=F_{GH}/[\sigma]=\frac{8\times10^3}{120\times10^6}=6.667\times10^{-5}(\text{m}^2)$$

(a) 屋顶桁架实物图

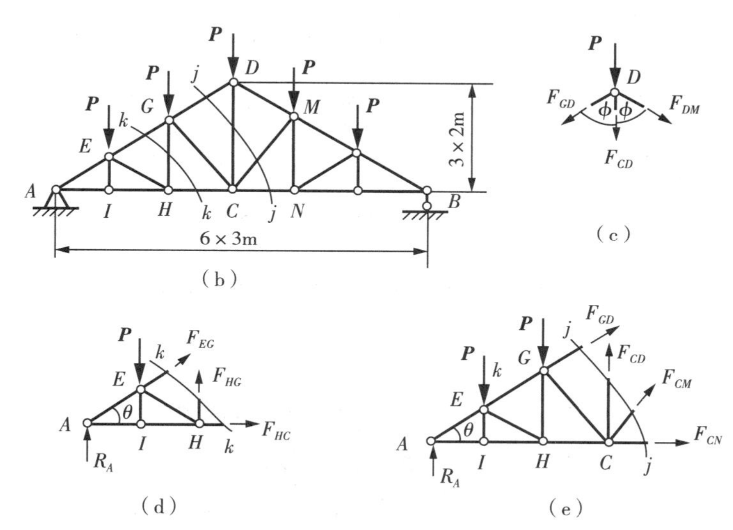


(b)　(c)　(d)　(e)

图 4-22　屋顶桁架及受力

其他截面内力求解如下。

对 $H$ 点取力矩得：

$$\sum M_H = 0,\ -6R_A - F_{EG}6\sin\theta + 3P = 0$$

由桁架的几何尺寸，得：

$$\sin\theta = 6/\sqrt{6^2 + 9^2} = 0.555$$

$$\cos\theta = 9/\sqrt{6^2 + 9^2} = 0.832$$

解平衡方程得：

$$F_{EG} = (-R_A + 0.5P)/\sin\theta = -2 \times P/\sin\theta$$

$$= -2 \times 16/0.555 = -57.658(\text{kN})(\text{压力})$$

由 $x$ 方向力平衡方程：

$$\sum F_x = 0,\ F_{HC} + F_{EG}\cos\theta = 0$$

解得：

$$F_{HC}=-F_{EG}\cos\theta=57.658\times0.832=47.971(\text{kN})(\text{拉力})$$

（3）计算 $CD$ 杆的变形

采用同样方法，再将 $CD$ 等铰接件截开。新出现杆的内力为 $F_{CD}$、$F_{GD}$、$F_{CM}$、$F_{CN}$，假设为拉力，如图 4－22(d)。根据平衡条件，对 $C$ 点取力矩，得：

$$\sum M_C=0,\ -9R_A+9P-9F_{GD}\sin\theta=0$$

解上面的平衡方程得到：

$$F_{GD}=(-R_A+P)/\sin\theta=-1.5\times16/0.555=-43.243(\text{kN})(\text{压力})$$

再截开 $D$ 节点连接杆，新出现的杆内力为 $F_{DM}$，如图 4－22(e)。由 $D$ 点的对称条件知道，$D$ 点的坐标方向平衡方程为：

$$\sum F_X=0,\ -F_{GD}\cos\theta+F_{DM}\cos\theta=0$$

$$\sum F_Y=0,\ -P-F_{CD}-F_{GD}\sin\theta-F_{DM}\sin\theta=0$$

解得：

$$F_{DM}=F_{GD}=-43.243(\text{kN})(\text{压力})$$

$$\begin{aligned}F_{CD}&=-P-F_{GD}\sin\theta-F_{DM}\sin\theta\\&=-16+2\times43.243\times0.555=32(\text{kN})(\text{拉力})\end{aligned}$$

所以，$DC$ 杆的变形为：

$$\begin{aligned}\Delta_{CD}&=\varepsilon_{CD}l_{CD}=\frac{\sigma_{CD}}{E}l_{CD}=\frac{F_{CD}l_{CD}}{A_{\min}E}\\&=\frac{32\times10^3\times6}{6.667\times10^{-5}\times2\times10^{11}}=0.014(\text{m})(\text{拉伸})\end{aligned}$$

## 4.7* 拉压超静定问题分析

当分析杆件轴向拉压问题时，约束力或轴力均可由静力平衡方程直接求出，这类问题称为静定问题。但在工程实际中，有时约束力或轴力并不能仅由静力平衡方程直接解出，这类问题称为超静定问题。在超静定问题中，存在的约束多于维持平衡所必需的约束数，习惯上称其为“多余”约束。这种多余是对结构的平衡及几何不变性而言的，但多余约束可以提高结构的强度和刚度。由于多余约束的存在，未知力的数量必然多于独立平衡方程的数量。未知力个数与独立平衡方程数的差称为超静定次数。

约束对结构的变形起着一定的限制作用，这就为求解超静定问题提供了补充条件。因此在求解超静定问题时，除了根据静力平衡条件列出平衡方程外，还必须根据变形的几何相容性建立变形协调关系（或称变形协调条件），再根据弹性范围内力与变形的关系建立物理条件，将三个方面的方程联立求解才能解出全部未知力。因此，求解超静定问题需要综合考虑力的平衡、结构变形和材料物理特性等三方面的条件，这是分析超静定问题的基本方法。

超静定问题是多种多样的，但是可以分成几种类型。下面通过例题来说明各种拉压超静定杆的解法。

### 4.7.1　约束超静定问题

这类超静定是由约束反力个数超出了平衡方程的个数。

考虑图4-23所示两端固定的等直杆 $AB$，在截面 $C$ 上受轴向力 $\boldsymbol{F}$，杆的弹性模量为 $E$，截面积为 $S$。试求杆两端反力。

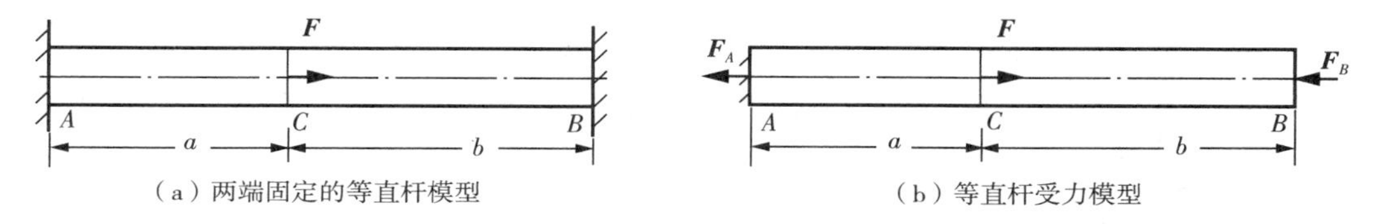


（a）两端固定的等直杆模型　（b）等直杆受力模型

图4-23　超静定杆受力模型

杆 $AB$ 为轴向拉压杆，故两端的约束反力也均沿轴向，因此独立的平衡方程只有一个。

$$F - F_A - F_B = 0 \tag{4-35}$$

由于方程中有两个未知约束力，故问题为一次约束超静定问题。求解这种超静定问题需建立一个补充方程。为了建立补充方程，需要先分析杆件的变形协调关系。由于 $AB$ 杆在荷载与约束力的作用下，$AC$ 段和 $CB$ 段均发生轴向变形，但由于 $AB$ 杆两端固定，杆的总变形量必须等于零，即

$$\Delta_{AC} + \Delta_{CB} = 0 \tag{4-36}$$

这就是变形协调关系式。

再根据胡克定律（物理关系），各段的轴力与变形的关系为：

$$\Delta_{AC} = \frac{F_A a}{SE}, \quad \Delta_{CB} = \frac{-F_B b}{SE} \tag{4-37}$$

上式代入变形协调关系式得：

$$\frac{F_A a}{SE} - \frac{F_B b}{SE} = 0 \tag{4-38}$$

最后，由平衡方程和变形协调关系式联立求解出两端的约束反力大小为：

$$F_A = \frac{Fb}{a+b}, \qquad F_B = \frac{Fa}{a+b} \tag{4-39}$$

### 4.7.2 装配超静定问题

当构件制造时存在误差，装配时通过外作用才能装配完成，这时必然会产生内力超静定，这种构件内力就称为装配内力。与之相对应的应力称为装配应力。

工程中采用3个不相同截面杆件装配在一起，如图4-24(a)所示。若第3杆尺寸有微小误差$\delta$，利用外力将它们装配到一起。求各杆中的内力。

在杆系装配好后，各杆将处于图4-24(b)中位置。分析装配过程知道，第3杆的轴力为拉力，第1、2杆的轴力为压力。设$\Delta l_3$为3杆的变形、$\Delta l_1$为1杆的变形、$\Delta l_2$为2杆的变形、$\Delta u$代表$A$点的位移。

(1) 建立变形几何协调条件

3个杆件组装到一起后，变形必须满足：

$$\Delta l_3 + \Delta u = \delta, \qquad \Delta u = \Delta l_1 / \cos\alpha \tag{4-40}$$

(2) 建立平衡方程[图4-24(c)]，在微小变形前提下：

$$\begin{cases} F_{N3} - F_{N1}\cos\alpha - F_{N2}\cos\alpha = 0 \\ F_{N1}\sin\alpha - F_{N2}\sin\alpha = 0 \end{cases} \tag{4-41}$$

(3) 建立物理方程，在微小变形前提下：

$$\Delta l_1 = \frac{F_{N1} l_1}{A_1 E_1}, \qquad \Delta l_2 = \frac{F_{N2} l_2}{A_2 E_2}, \qquad \Delta l_3 = \frac{F_{N3} l_3}{A_3 E_3} \tag{4-42}$$

求解上面各方程后得出：

$$\begin{cases} F_{N1} = F_{N2} = \delta\cos\alpha \Big/ \left(\dfrac{l_1}{A_1 E_1} + \dfrac{2 l_3 \cos^2\alpha}{A_3 E_3}\right) \\ F_{N3} = 2\delta\cos^2\alpha \Big/ \left(\dfrac{l_1}{A_1 E_1} + \dfrac{2 l_3 \cos^2\alpha}{A_3 E_3}\right) \end{cases} \tag{4-43}$$

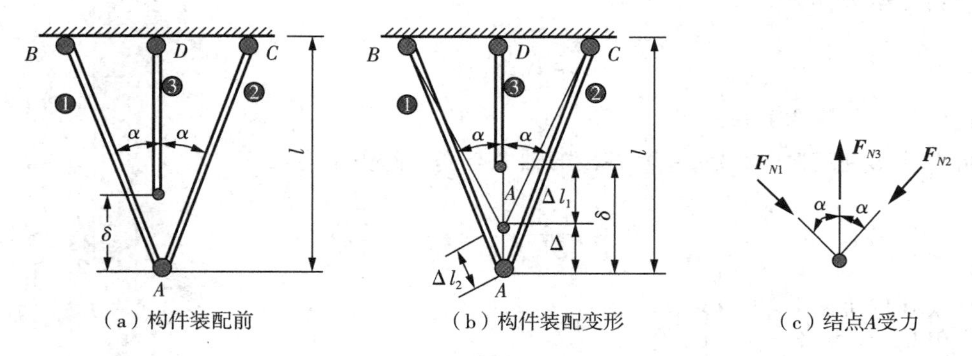


图4-24 杆件超静定装配模型

### 4.7.3 温度超静定问题

由于存在温差以及材料的热特性不同，很多工程结构中会产生不同的热变形。如果结构是超静定的，就会产生额外的内应力，温度超静定问题就会出现，这种附加的构件内力就称为温度内力。与之相对应的应力称为温度应力。

考虑两个很大的刚性件用两根钢杆 1、2 连接，如图 4-25(a)，钢杆标准长度为 $l=200\text{mm}$，现有铜杆制造超长了 $e=0.11\text{mm}$。需要将铜杆 3 装入铸件之间。已知：钢杆直径 $d=10\text{mm}$，铜杆横截面积为 $20\text{mm}\times30\text{mm}$ 的矩形，钢的弹性模量 $E=210\text{GPa}$，铜的弹性模量 $E_3=100\text{GPa}$。铸件很厚，其变形可略去不计。若将 3 个杆放到温度不同的温度环境中。试计算各杆内的装配应力。

在这个问题中，出现温度变形和装配误差联合作用的情况。需要考虑它们共同的效果。

(1) 计算杆因温度引起的变形，利用杆件的热胀冷缩规律：

$$\Delta_1=\alpha_1(T_1-T_0)l_1,\qquad \Delta_2=\alpha_2(T_2-T_0)l_2,\qquad \Delta_3=\alpha_3(T_3-T_0)l_3 \tag{4-44}$$

(2) 计算轴力引起的变形，杆 1、杆 2 中为拉力，引起杆伸长；杆 3 中为压力，引起杆压缩。

$$\delta_1=\frac{F_{N1}l_1}{A_1E_1},\delta_2=\frac{F_{N2}l_2}{A_2E_2},\delta_3=\frac{F_{N3}l_3}{A_3E_3} \tag{4-45}$$

(3) 建立变形协调条件[图 4-25(b)]，由于不考虑铸件的变形，则每个杆的变形为：

$$\Delta l_1=\Delta_1+\delta_1,\Delta l_2=\Delta_2+\delta_2,\Delta l_3=\Delta_3+e-\delta_3 \tag{4-46}$$

它们同时必须满足的协调条件为[如图 4-25(b)]：

$$\frac{\Delta l_1-\Delta l_3}{a}=\frac{\Delta l_3-\Delta l_2}{b} \tag{4-47}$$

(4) 构件满足的平衡方程[图 4-25(c)]

$$\begin{cases}\sum F_x=0,F_{N1}+F_{N2}-F_{N3}=0\\\sum M_C=0,F_{N1}a-F_{N2}b=0\end{cases} \tag{4-48}$$

联立求解上面各方程得到：

$$\begin{cases}F_{N1}=\dfrac{(a+b)(\Delta_3+e)-b\Delta_1-a\Delta_2}{b}\Big/\left(\dfrac{l_1}{A_1E_1}+\left(\dfrac{a}{b}\right)^2\dfrac{l_2}{A_2E_2}+\left(\dfrac{a+b}{b}\right)^2\dfrac{l_3}{A_3E_3}\right)\\F_{N2}=\dfrac{a(a+b)(\Delta_3+e)-ab\Delta_1-a^2\Delta_2}{b^2}\Big/\left(\dfrac{l_1}{A_1E_1}+\left(\dfrac{a}{b}\right)^2\dfrac{l_2}{A_2E_2}+\left(\dfrac{a+b}{b}\right)^2\dfrac{l_3}{A_3E_3}\right)\\F_{N3}=\dfrac{(a+b)^2(\Delta_3+e)-(a+b)(b\Delta_1+a\Delta_2)}{b^2}\Big/\left(\dfrac{l_1}{A_1E_1}+\left(\dfrac{a}{b}\right)^2\dfrac{l_2}{A_2E_2}+\left(\dfrac{a+b}{b}\right)^2\dfrac{l_3}{A_3E_3}\right)\end{cases}$$

(3-49)

如果上面的结果中，$a=b,E_1=E_2=E,A_1=A_2=A,l_1=l_2=l_3$，则：

$$\begin{cases}F_{N1}=F_{N1}=[2(\Delta_3+e)-\Delta_1-\Delta_2]\Big/\left(\dfrac{2l}{AE}+\dfrac{4l}{A_3E_3}\right)\\F_{N3}=[2(\Delta_3+e)-\Delta_1-\Delta_2]\Big/\left(\dfrac{l}{AE}+\dfrac{2l}{A_3E_3}\right)\end{cases} \tag{4-50}$$

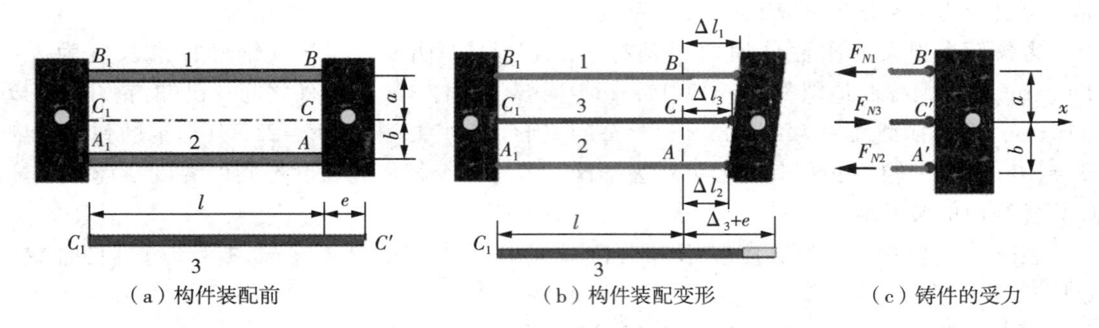


（a）构件装配前　（b）构件装配变形　（c）铸件的受力

图 4－25　温度超静定结构模型

**思考与讨论：**“受力杆件的某一方向上有应力必有应变，有应变必有应力。”这样说对不对？

### 4.7.4　桁架结构超静定问题

杆件中的力是轴向内力，如桁架屋顶结构、桁架桥梁结构、桁架臂结构等的受力。桁架结构可以是静定结构，也可以是超静定结构。更多时候是内部超静定混合结构。

如图 4－26 所示的构件承受重力作用。设 1、2、3 号杆用绞链连结，其中，2、3 杆长 $l_1=l_2=l$，杆截面积 $A_1=A_2=A$，弹性模量 $E_1=E_2=E$；3 号杆的长度为 $l_3$，横截面积 $A_3$，弹性模量 $E_3$。试求外力 $F$ 作用下各杆的轴力。

（1）列写平衡方程（如图 4－26 中的受力图）

$$\begin{cases}\sum F_y=0, F_{N1}\cos\alpha+F_{N2}\cos\alpha+F_{N3}-F=0\\ \sum F_x=0, F_{N1}\sin\alpha-F_{N2}\sin\alpha=0\end{cases} \tag{4-51}$$

显然，有 3 个未知力，只有 2 个方程，这是一次超静定问题。

（2）建立变形几何协调条件

由于结构在几何，物理及受力方面都是对称的，所以变形后 $A$ 点将沿铅垂方向下移。变形协调条件是变形后三杆仍绞结在一起。在微小变形前提下，变形几何协调条件由弧的切线直角三角形关系给出（如图 4－26 中的变形图）为：

$$\Delta l_1=\Delta l_2=\Delta l_3\cos\alpha \tag{4-52}$$

构件的几何关系为：

$$l_1=l_2, l_3=l_1\cos\alpha \tag{4-53}$$

（3）建立物理方程：

$$\Delta l_1=\frac{F_{N1}l_1}{E_1A_1},\quad \Delta l_3=\frac{F_{N3}l_3}{E_3A_3} \tag{4-54}$$

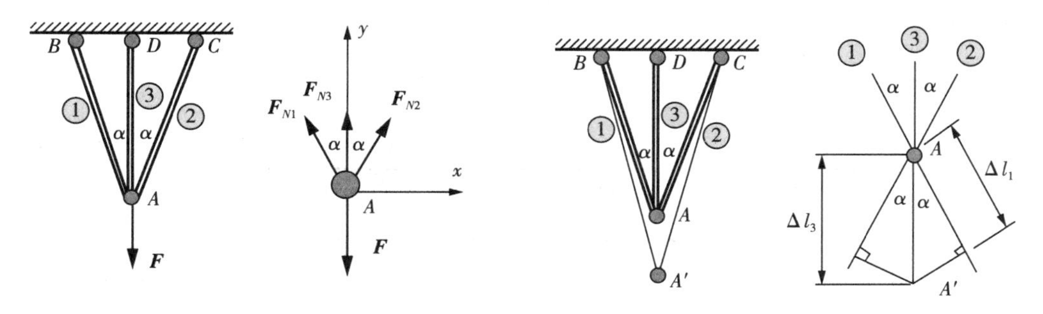


图 4-26　桁架结构超静定模型

联立求解上面各方程，得出：

$$\begin{cases} F_{N1}=F_{N2}=F\Big/\left(2\cos\alpha+\dfrac{E_3A_3}{E_1A_1\cos^2\alpha}\right) \\ F_{N3}=F\Big/\left(1+2\dfrac{E_1A_1}{E_3A_3}\cos^2\alpha\right) \end{cases} \tag{4-55}$$

在上面问题中，如果结构不对称，则问题变得比较复杂一些，几何协调条件就不一样了。

**思考与讨论：** 图 4-27 中几种近似做法哪个更合理？

1) $AA''\approx AA'=\Delta l_1/\cos\alpha$；2) $AA''\approx AA'''=\Delta l_1\cos\alpha$；3) $AA''\approx AA_1'/\cos\alpha$.

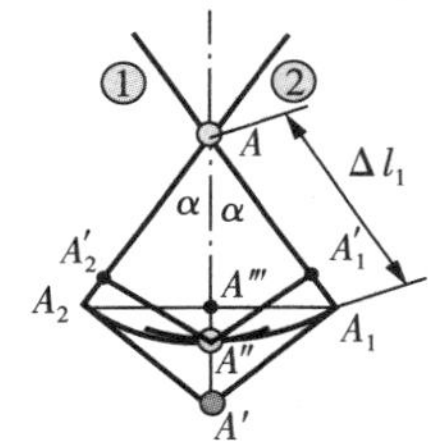


图 4-27　变形几何协调关系

# 4.8　典型工程构件的拉压问题分析

为了深入理解和运用上面介绍的拉压理论和公式，下面通过例子的求解来说明实际工程中的问题分析方法。

**例 4-1**　在工程结构中，有一等直杆件，其受力情况如图 4-28 所示，作杆件的轴力图。

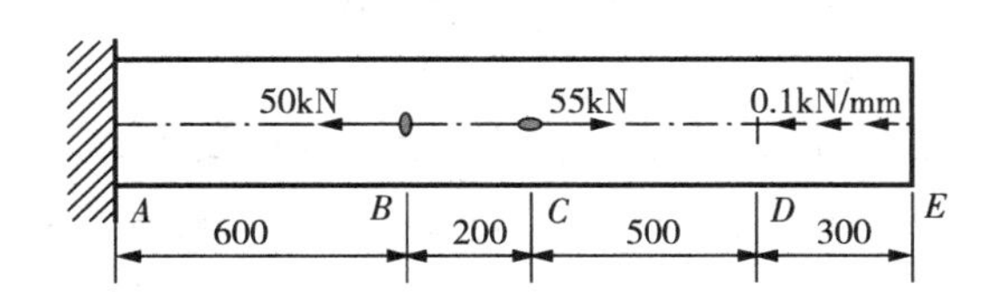


图 4-28　等直杆件的受力模型

**解：** 求支座反力 $F_{RA}$，将支座截开，用反力代替(图 4-29)。由整体杆件的力平衡条件：

$$\sum F_x=0,\qquad F_{RA}-50+55-0.1\times300=0$$

则得到支座反力

$$F_{RA}=50-55+30=25(\mathrm{kN})$$

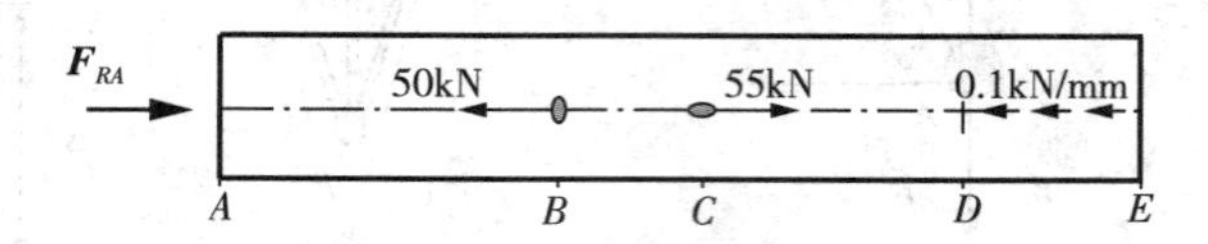


图 4-29　杆件的受力与支座反力模型

利用截面法和平衡条件可以求出各段杆内的轴力如下：

在 $A-B$ 段，$F_{N1}=-25(\mathrm{kN})$（压力）；

在 $B-C$ 段，$F_{N2}=-25+50=25(\mathrm{kN})$（拉力）；

在 $C-D$ 段，$F_{N3}=-25+50-55=-30(\mathrm{kN})$（压力）；

在 $D-E$ 段，$F_{N4}=-30+0.1\times(x-1300)(\mathrm{kN})$（压力）。

整个杆件的轴力图如图 4-30 所示。

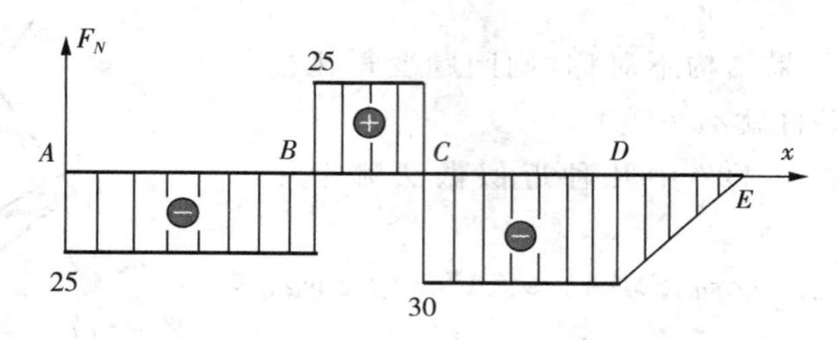


图 4-30　柱的轴力图

上面的例子可以看出，在画轴力图时，首先应确定集中力作用点处两侧的横截面，这些截面都是控制面。计算出控制面上的轴力值，再根据相邻控制面之间的荷载情况，画出轴力图。相邻两控制面间若无荷载，该段轴力为一定值，轴力图为平直线。若相邻两控制面间若为均布荷载，该段轴力图为斜直线。轴力图在集中力作用处有突变，突变值即为该集中力的值。

**例 4-2**　简易吊车架结构模型如图 4-31(a)，吊车及所吊重物总重为 $W=28.5\mathrm{kN}$。拉杆 $AB$ 的横截面为圆形，直径 $d=25\mathrm{mm}$。当吊车处在图示位置时，求 $AB$ 杆横截面上的正应力。

**解**：由于吊车架上连接点 $A$、$B$、$C$ 三处采用铰接，$AB$ 杆受到二力作用，因此，它受轴向拉伸力作用，如图 4-31(b)。根据平衡条件可以求出 $AB$ 杆中的轴力 $\boldsymbol{F}_N$。对 $C$ 点取力矩，

$$\sum M_C=0,\quad F_N L\sin 30^\circ - WL/2=0$$

解得：

$$F_N=W$$

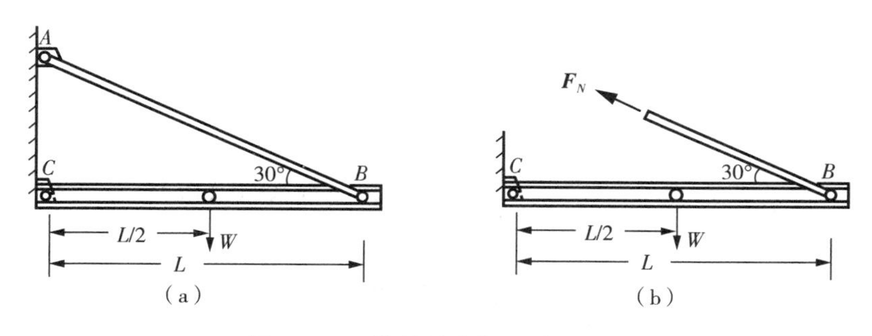


图4-31　简易吊车架的受力模型

因此，$AB$ 杆横截面中正应力为：

$$\sigma = F_N/A = W/\left(\frac{\pi d^2}{4}\right) = 28.4 \times 10^3 / \frac{\pi \times 0.025^2}{4} = 57.856 \times 10^6 (\text{Pa})$$

显然，当吊车在 $BC$ 杆上行驶到其他位置时，$AB$ 杆的应力将发生变化。在工程力学中，最重要的是分析杆件内的最大应力，因为根据最大应力的大小，可以判定杆是否有足够的强度。

一般情况下，杆各横截面上的轴力和横截面的面积都未必相同，这就需要具体分析哪个截面的正应力最大。对于等直杆，轴力最大的横截面上正应力也最大。所以通常将内力图中数值最大的位置所在的截面称为危险截面，需要计算这种截面上的应力。

**例4-3**　已知房顶钢结构和受力模型如图4-32(a)所示。图中1、2、3杆的横截面面积 $A_1 = A_2 = A_3 = 1100\text{mm}^2$。求结构中1、2、3杆内的应力。

**解**：首先确定支座反力。由结构对称性，支座反力为：

$$F_{RA} = F_{RB} = \frac{q \times 8}{2}$$

截开1、2、3杆，加上杆内力，假设都为拉力，如图4-32(b)。

取整体左半部分，由 $C$ 点的力矩平衡方程：

$$\sum M_C = 0, \qquad F_{RA} \times 4 - F_2 \times 2.2 - \frac{q \times 4 \times 4}{2} = 0$$

解得：

$$F_2 = \frac{4}{2.2} F_{RA} - \frac{8q}{2.2} = \frac{8q}{2.2} \quad (\text{拉力})$$

由1、2、3杆力的平衡方程：

$$-F_1 \cos\alpha + F_2 = 0$$

$$F_1 \sin\alpha + F_3 = 0$$

解得：

$$F_1 = F_2/\cos\alpha = \frac{8q}{2.2} \times \frac{\sqrt{5}}{2} = 4.066q(\text{拉力})$$

$$F_3 = -F_1\sin\alpha = -4.066q \times \frac{1}{\sqrt{5}} = -1.818q(\text{压力})$$

所以,1、2、3 杆的应力为:

$$\sigma_{(1)} = \frac{F_1}{A_1} = \frac{4.066 \times 10^4}{1100 \times 10^{-6}} = 36.964 \times 10^6(\text{Pa})$$

$$\sigma_{(2)} = \frac{F_2}{A_2} = \frac{3.636 \times 10^4}{1100 \times 10^{-6}} = 33.058 \times 10^6(\text{Pa})$$

$$\sigma_{(3)} = \frac{F_3}{A_3} = \frac{-1.818 \times 10^4}{1100 \times 10^{-6}} = -16.527 \times 10^6(\text{Pa})$$

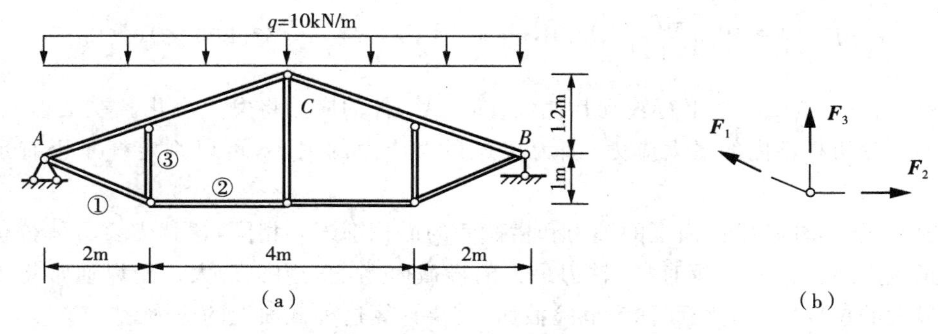


图 4-32 钢结构房顶受力模型

**例 4-4** 车间厂房方形立柱分上下两段,如图 4-33(a) 所示,横截面为正方形。其模型受力情况与各段长度及横截面面积如图 4-33(b) 所示。已知 $F=50\text{kN}$,试求荷载引起柱中的 45 度斜截面应力。

**解:**(1) 作轴力图

上段柱:$F_{N1} = -F = -50\text{kN}$(压力)

下段柱:$F_{N2} = -3F = -150\text{kN}$(压力)

轴力图如图 4-33(c)。

(2) 计算应力

上段柱:$\sigma_{(1)} = \dfrac{F_{N1}}{A_1} = \dfrac{-50000}{0.24 \times 0.24} = -0.868 \times 10^6 = -0.868(\text{MPa})$(压应力)

45 度斜截面上的应力为:

$$\sigma_{45} = \sigma\cos^2\alpha = -0.868 \times \cos^2 45° = -0.434(\text{MPa})(\text{压应力})$$

$$\tau_{45} = \sigma\cos\alpha\sin\alpha = -0.868 \times \cos 45° \times \sin 45° = -0.434(\text{MPa})$$

下段柱:$\sigma_{(2)} = \dfrac{F_{N2}}{A_2} = \dfrac{-150000}{0.37 \times 0.37} = -1.096 \times 10^6 = -1.096(\text{MPa})$(压应力)

（a）立柱实物

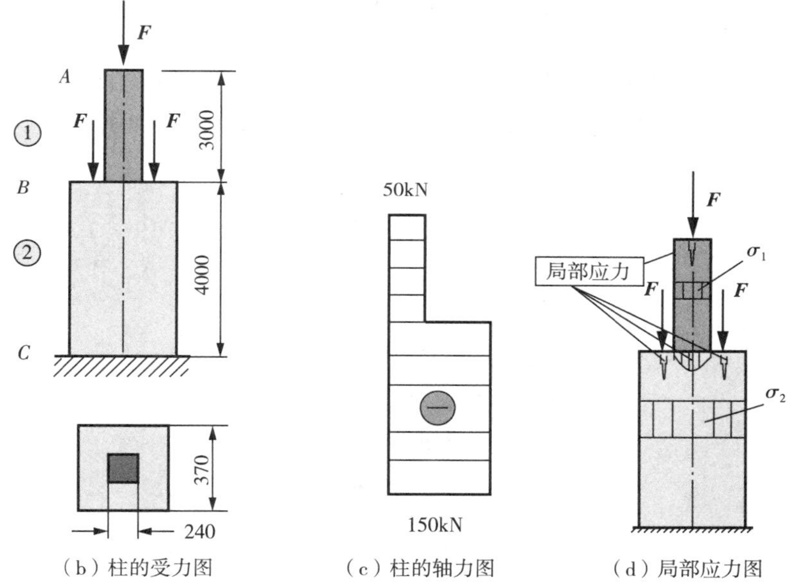


（b）柱的受力图　（c）柱的轴力图　（d）局部应力图

图 4-33　车间厂房方形立柱及受力

45 度斜截面上的应力为：

$$\sigma_{45}=\sigma\cos^2\alpha=-1.096\times\cos^2 45^\circ=-0.548(\mathrm{MPa})(\text{压应力})$$

$$\tau_\alpha=\sigma\cos\alpha\sin\alpha=-1.096\times\cos 45^\circ\times\sin 45^\circ=-0.548(\mathrm{MPa})$$

显然，柱中的最大工作压应力在下段柱中。

在两段柱的衔接处和柱顶处有外力集中作用，会产生局部不均匀应力。根据圣文南原理，这种不均匀的局部应力，对远离外力集中位置处的应力不会产生大的影响[图 4-33(d)]。

**例 4-5**　工程中常见的三角架吊装如图 4-34(a) 所示，受力模型图如图 4-34(b)。三角架中 $AB$ 和 $AC$ 杆的弹性模量 $E=200\mathrm{GPa}$，$A_1=2172\mathrm{mm}^2$，$A_2=2548\mathrm{mm}^2$。当 $F=130\mathrm{kN}$ 时，求节点 $A$ 的位移，并计算外力做功和杆件内的应变能。

**解**:(1) 计算内力,由平衡方程,两杆的轴力满足[图 4 - 34(b)]:

$$F_{N1}\sin30° - F = 0$$

$$F_{N1}\cos30° - F_{N2} = 0$$

解得:

$$F_{N1} = 2F = 260(\text{kN})(\text{拉力}), \quad F_{N2} = -1.732F = -225.16(\text{kN})(\text{压力})$$

各杆的变形为:

$$\Delta l_1 = \frac{F_{N1}l_1}{A_1E_1} = \frac{260\times10^3\times2}{2.172\times10^{-3}\times2\times10^{11}} = 1.197\times10^{-3}(\text{m})(\text{拉伸})$$

$$\Delta l_2 = \frac{F_{N2}l_2}{A_2E_2} = \frac{-225.16\times10^3\times2\times\cos30°}{2.548\times10^{-3}\times2\times10^{11}} = -0.765\times10^{-3}(\text{m})(\text{压缩})$$

(2) 计算 $A$ 的位移 $A$ 点的位移,可以通过变形的协调关系求出。首先计算各杆的变形,在微小位移情况下,利用切线直角三角形关系,将各杆联系到一起,如图 4 - 34(c),有:

$$A_2A' = A_2A + AA' = \Delta l_2 + \Delta l_1/\cos30° = 2.147\times10^{-3}(\text{m})$$

$$A_2A_3 = A_2A'/\tan30° = \Delta l_2/\tan30° + \Delta l_1/\sin30° = 3.719\times10^{-3}(\text{m})$$

$$AA_2 = \Delta l_2 = 0.765\times10^{-3}(\text{m})$$

(a) 三角架吊装

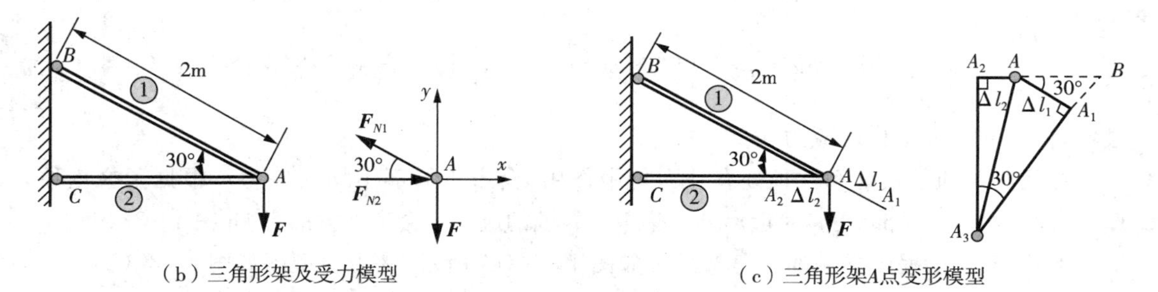


(b) 三角形架及受力模型　　(c) 三角形架A点变形模型

图 4 - 34　三角架受力

则 $A$ 点的最后位移近似为：

$$AA_3=\sqrt{(AA_2)^2+(A_2A_3)^2}=3.797\times10^{-3}(\mathrm{m})$$

以上分析计算节点的位移方法具有普遍的特性。

(3) 计算外力做功和杆件内的应变能

外力做的总功：

$$W=\frac{1}{2}F\cdot A_2A_3=\frac{1}{2}\times130\times3.719\times10^{-3}=241.735(\mathrm{N\cdot m})$$

杆件中的总应变能为：

$$U_\varepsilon=\frac{1}{2}\sigma_1\varepsilon_1V_1+\frac{1}{2}\sigma_2\varepsilon_2V_2=\frac{1}{2}F_{N1}\Delta l_1+\frac{1}{2}F_{N2}\Delta l_2=241.734(\mathrm{N\cdot m})$$

上面的结果验证了外力总功与总体应变能互等，也说明了 $A$ 点位移近似计算是合适的。利用功能互等也可以求出外作用点的位移。这就是能量法。

**例 4-6**　车间厂房采用等截面直柱，模型如图 4-35(a) 所示。设该柱的横截面面积 $A$、材料密度 $\rho$ 和弹性模量 $E$ 均为已知。求在自重作用下其最大正应力以及柱的轴向总变形。如果将柱的自重作为集中外载荷作用在柱的顶部，再计算相应结果。最后，计算柱子中的应变能。

**解**：柱的自重为体积力。对于均质材料的等截面柱，可将柱的自重简化为沿轴线作用的均布荷载，其线载荷集度为 $q=\rho_gA$。柱的自重为 $W=\rho_gAl$（体积力）。

(1) 计算柱内的最大正应力

考虑体积力作用时，应用截面法，离柱顶端距离为 $x$ 处的横截面[图 4-35(b)]上的轴力为：

$$F_N(x)=-qx=-\rho_gAx\text{（压力）}$$

上式表明，自重引起的轴力沿柱轴线按线性规律变化。轴力图如图 4-35(d) 所示。

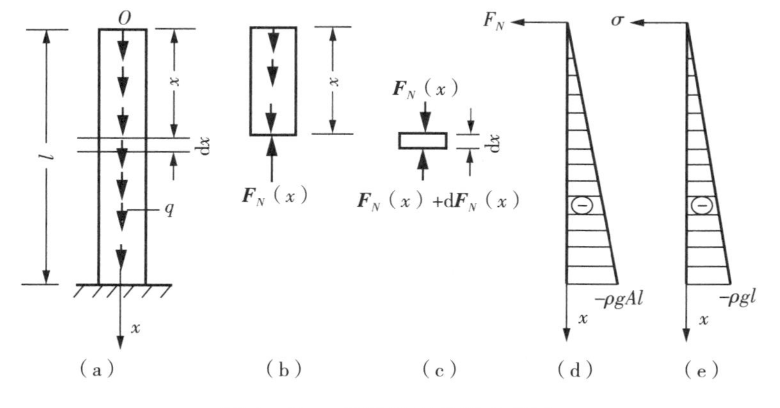


图 4-35　等截面直柱受力模型

在 $x$ 处截面上的正应力为：

$$\sigma(x)=F_N(x)/A=-\rho_g x \quad (\text{压应力})$$

其中负号表示正应力为压应力。正应力沿轴线的变化规律如图 4 - 35(e) 所示。由图可见，在柱底部($x=l$)的横截面上，正应力的数值最大，其值为：

$$\sigma(l)=-\rho_g l$$

如果考虑体积力集中作用在柱顶部。这时，柱中的应力各处都是一样的。应力大小为：

$$\sigma=-W/A=-\rho_g l$$

它与分布体力情况下的柱底部应力一样。

(2) 计算柱的轴向变形

考虑体积力作用。由于柱的各个横截面的内力均不同，因此变形也不均匀。选取柱中长度为 $\mathrm{d}x$ 的微段[图 4-35(c)]，计算其变形 $\mathrm{d}(\Delta l)$。略去微量的 $\mathrm{d}F$ 影响，$\mathrm{d}x$ 微段的变形为：

$$\mathrm{d}(\Delta l)=\varepsilon\,\mathrm{d}x=\frac{\sigma(x)}{E}\mathrm{d}x=\frac{-\rho_g x}{E}\mathrm{d}x$$

柱子总变形可沿柱长 $l$ 积分得到，即

$$\Delta l=\int_0^l \mathrm{d}(\Delta l)=\int_0^l \frac{-\rho_g x}{E}\mathrm{d}x=\frac{-\rho_g l^2}{2E}=\frac{-Wl}{2EA}$$

式中负号说明是压缩变形。

若考虑体积力集中作用在杆件顶部。这时，杆的总变形为：

$$\Delta l=\varepsilon l=\frac{\sigma}{E}l=\frac{-\rho_g l^2}{E}=\frac{-Wl}{EA}$$

比较上面的结果可知，柱因自重引起的变形，在数值上等于将柱的总重的一半集中作用在柱端所产生的变形。

(3) 计算柱子的应变能

考虑体积力作用，由杆单位体积应变能密度公式：

$$u_\varepsilon=\frac{1}{2}\varepsilon\sigma=\frac{1}{2E}\sigma^2(x)=\frac{1}{2E}(\rho_g x)^2$$

柱子中总应变能为：

$$U_\varepsilon=\int_V \frac{1}{2E}(\rho_g x)^2\mathrm{d}V=\frac{(\rho_g)^2 A}{2E}\int_0^l x^2\mathrm{d}x=\frac{(\rho_g)^2 A l^3}{6E}=\frac{\rho_g l^2 W}{6E}$$

若考虑体积力集中作用在杆件顶部。这时，由杆单位体积应变能密度公式：

$$u_\varepsilon=\frac{1}{2}\varepsilon\sigma=\frac{1}{2E}\sigma^2=\frac{1}{2E}(\rho_g l)^2$$

柱子中总应变能为：

$$U_\varepsilon = \int_V \frac{1}{2E}(\rho_g l)^2 \mathrm{d}V = \frac{(\rho_g)^2 A l^2}{2E}\int_0^l \mathrm{d}x = \frac{(\rho_g)^2 A l^3}{2E} = \frac{\rho_g l^2 W}{2E}$$

**例 4-7**　工厂中使用的气动夹具采用汽缸提供动力，如图 4-36(a) 所示。已知汽缸活塞的内径 $D=150\text{mm}$，汽缸压力 $p=0.6\text{MPa}$，活塞杆的材料的容许拉应力$[\sigma]=80\text{MPa}$，试设计活塞杆所需的直径 $d$。

**解**：从图 4-36(b) 中，活塞杆的轴力为：

$$F_N = p\pi D^2/4 = 0.6\times10^6\times\pi\times0.15^2/4 = 10.603\times10^3(\text{N})(\text{压力})$$

由强度条件[式(4-24)]，

$$A = \pi d^2/4 \geqslant F_N/[\sigma]$$

得：

$$d \geqslant \sqrt{\frac{4F_N}{\pi[\sigma]}} = \sqrt{\frac{4\times10.603\times10^3}{\pi\times80\times10^6}} = 0.013(\text{m})$$

因此，选用活塞杆的直径必须大于或等于 13mm。

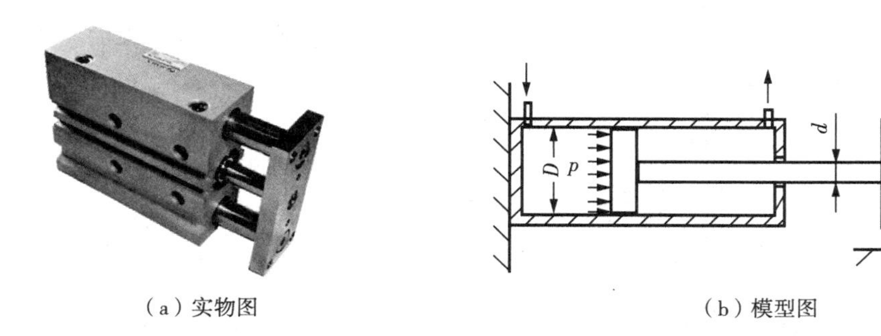


(a) 实物图　　(b) 模型图

图 4-36　汽缸构件及受力

**例 4-8**　某承重墙体及剖面如图 4-37(a) 所示，已知墙体材料的容许压应力$[\sigma_c]=1.2\text{MPa}$，容重 $\rho_g=16\text{kN/m}^3$；地基的容许压应力$[\sigma_q]=0.5\text{MPa}$。试求墙上段每米长度上的容许荷载 $q$ 及下段墙的厚度。

**解**：如图 4-37(b) 所示的模型，它是取单位长度的墙体进行计算。

对于上段墙，受到外载荷 $q$ 和自重的作用，其最大应力发生在下部。大小为：

$$\sigma_{1\max} = \frac{q + \rho_g h_1 A_1}{A_1}$$

其中，$h_1$ 为上段墙高，$A_1$ 为上段墙的单位面积。根据墙体材料的强度条件 $\sigma_{1\max} \leqslant [\sigma_c]$，得出单位长度墙体可承受的最大外载荷 $q$ 为：

$$q_{\max} = [\sigma_c]A_1 - \rho_g h_1 A_1 = (1.2\times10^6 - 16\times10^3\times2)\times0.38 = 443.84\times10^3(\text{N/m})$$

对于下段墙，受到外载荷 $q$、上段墙重力和自重的作用，其最大应力也发生在下部。大小为：

$$\sigma_{2\max}=\frac{q+\rho_g h_1 A_1+\rho_g h_2 A_2}{A_2}$$

下段墙要满足墙体材料的强度条件，这时的外载荷按照最大强度载荷计算。所以：

$$\sigma_{2\max}=\frac{q_{\max}+\rho_g h_1 A_1+\rho_g h_2 A_2}{A_2}\leqslant[\sigma_c]$$

由此求出下面墙体的面积必须满足：

$$A_2\geqslant\frac{q_{\max}+\rho_g h_1 A_1}{[\sigma_c]-\rho_g h_2}$$

代入墙体材料的容许压应力，计算得出单位面积为：

$$A_2\geqslant\frac{q_{\max}+\rho_g h_1 A_1}{[\sigma_c]-\rho_g h_2}=\frac{443.84\times10^3+16\times10^3\times2\times0.38}{1.2\times10^6-16\times10^3\times2}=0.390(\mathrm{m}^2)$$

下段墙还要满足地基强度的条件，再代入地基材料的容许压应力，计算得出单位面积为：

$$A_2\geqslant\frac{q_{\max}+\rho_g h_1 A_1}{[\sigma_q]-\rho_g h_2}=\frac{443.8\times10^3+16\times10^3\times2\times0.38}{0.5\times10^6-16\times10^3\times2}=0.974(\mathrm{m}^2)$$

显然，墙的单位面积必须取较大的值，即采取地基材料的容许压应力计算的结果。所以下段墙的最小厚度为 0.974m(由单位长的墙体计算结果)。

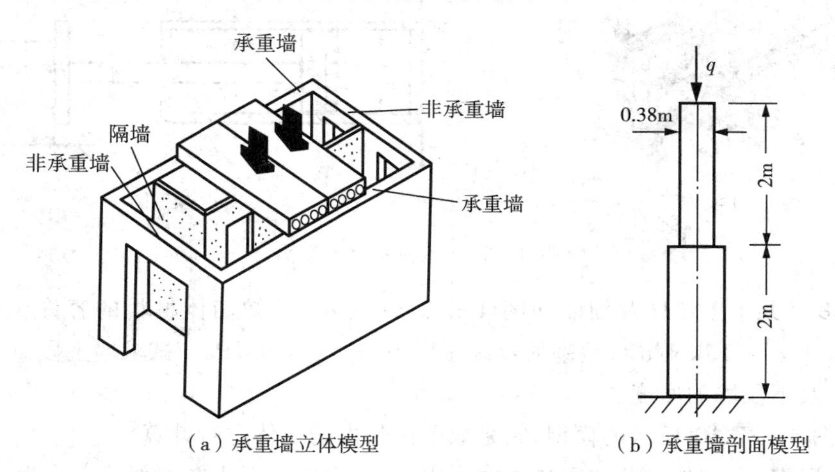


(a) 承重墙立体模型 (b) 承重墙剖面模型

图 4-37 承重墙体及受力

**例 4-9** 建筑结构中采用平行杆系 1、2、3 悬吊着刚性横梁 $AB$，模型如图 4-38(a) 所示。在横梁上作用着荷载 $\boldsymbol{F}$。各杆的截面积、长度、弹性模量均不相同。试求三杆的轴力 $F_{N1}$、$F_{N2}$、$F_{N3}$。三个杆的截面积为 $A_1$、$A_2$、$A_3$。

**解：**(1) 列出平衡方程[图 4-38(b)]

$$\sum F_x=0,R_x=0$$

$$\sum F_y=0,F_{N1}+F_{N2}+F_{N3}-F=0$$

$$\sum M_E=0, F_{N2}a+F_{N3}(a+b)-Fc=0$$

这是一次超静定问题，且假设均为拉杆。

(2) 建立变形几何协调条件[图 4-38(c)]

$$\frac{\Delta l_1-\Delta l_2}{a}=\frac{\Delta l_2-\Delta l_3}{b}$$

(3) 建立物理方程

$$\Delta l_1=\frac{F_{N1}l_1}{A_1E_1}, \Delta l_2=\frac{F_{N2}l_2}{A_2E_2}, \Delta l_3=\frac{F_{N3}l_3}{A_3E_3}$$

联立求解上面的方程。得出：

$$F_{N1}=F\cdot\frac{a+b-c}{a+b}-F\cdot\left[\frac{b(a+b-c)}{(a+b)^2}\frac{l_1}{A_1E_1}+\frac{b^2cl_3}{a(a+b)^2A_3E_3}\right]$$

$$/\left(\frac{b}{a+b}\frac{l_1}{A_1E_1}+\frac{a+b}{a}\frac{l_2}{A_2E_2}+\frac{b}{a+b}\frac{l_3}{A_3E_3}\right)$$

$$F_{N2}=F\cdot\left[\frac{a+b-c}{a+b}\frac{l_1}{A_1E_1}+\frac{bcl_3}{a(a+b)A_3E_3}\right]$$

$$/\left(\frac{b}{a+b}\frac{l_1}{A_1E_1}+\frac{a+b}{a}\frac{l_2}{A_2E_2}+\frac{b}{a+b}\frac{l_3}{A_3E_3}\right)$$

$$F_{N3}=F\frac{c}{a+b}-F\left[\frac{a(a+b-c)}{(a+b)^2}\frac{l_1}{A_1E_1}+\frac{bcl_3}{(a+b)^2A_3E_3}\right]$$

$$/\left(\frac{b}{a+b}\frac{l_1}{A_1E_1}+\frac{a+b}{a}\frac{l_2}{A_2E_2}+\frac{b}{a+b}\frac{l_3}{A_3E_3}\right)$$

特别情况，当 3 个杆件完全相同，且 $a=b=l/2, c=0$ 时，得到：

$$F_{N1}=5F/6, F_{N2}=2F/6, F_{N3}=-F/6$$

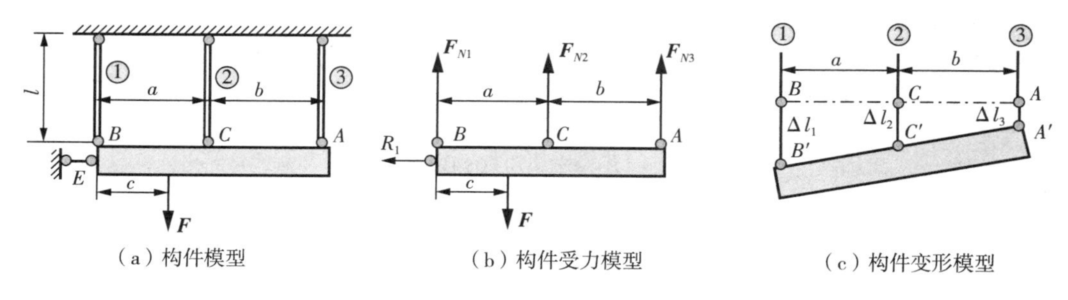

(a) 构件模型　(b) 构件受力模型　(c) 构件变形模型

图 4-38　平行杆系受力模型

**例 4-10**　某超静定桁架结构尺寸和受力模型如图 4-39(a) 所示。桁架杆的钢材弹性

模量 $E$，截面积 $A$ 都相同。(1) 试计算各杆的内力。(2) 计算支座反力。

**解**：将各杆件截开，用内力替代后，会发现这是一次内力超静定和一次反力超静定问题。

(1) 计算杆件内力

考虑 $C$ 点，截开 1、2、4 杆。以内力 $F_{N1}$、$F_{N2}$、$F_{N4}$ 代替[图 4-39(b)]。

建立平衡方程：

$$F_{N1} - F_{N4}\sin 45^\circ = 0$$

$$F_{N2} + F_{N4}\cos 45^\circ - P = 0$$

建立变形协调条件[图 4-39(c)]：

$$\Delta_1^2 + \Delta_2^2 = \Delta_4^4 + (\Delta_1\cos 45^\circ + \Delta_2\cos 45^\circ)^2$$

建立变形与内力的关系：

$$\Delta_1 = \frac{F_{N1}a}{AE}, \Delta_2 = \frac{F_{N2}a}{AE}, \Delta_4 = \frac{F_{N4}a/\cos 45^\circ}{AE}$$

求解上面各方程得出：

$$F_{N1} = \frac{\sqrt{2}-1}{2}P, F_{N2} = \frac{3-\sqrt{2}}{2}P, F_{N4} = \frac{2-\sqrt{2}}{2}P$$

考虑 $D$ 点，截开 2、3、5 杆。以内力 $F_{N2}$、$F_{N3}$、$F_{N5}$ 代替[图 4-12(d)]。

建立平衡方程：

$$F_{N3} - F_{N5}\sin 45^\circ = 0$$

$$F_{N2} - F_{N5}\cos 45^\circ = 0$$

所以，$F_{N5} = F_{N2}/\cos 45^\circ = \frac{3\sqrt{2}-2}{2}P$， $F_{N3} = F_{N5}\sin 45^\circ = \frac{3-\sqrt{2}}{2}P$。

(2) 计算支反力

考虑 $A$ 点，截开 3、4 杆。以反力 $R_{AX}$、$R_{AY}$，内力 $F_{N3}$、$F_{N4}$ 代替[图 4-39(e)]。

利用平衡方程得到：

$$R_{AX} = F_{N3} + F_{N4}\cos 45^\circ = P$$

$$R_{AY} = F_{N4}\sin 45^\circ = \frac{\sqrt{2}-1}{2}P$$

考虑 $B$ 点，截开 1、5 杆。以反力 $R_{BX}$、$R_{BY}$、内力 $F_{N1}$、$F_{N5}$ 代替[图 4-39(f)]。

$$R_{BX} = F_{N1} + F_{N5}\cos 45^\circ = P$$

$$R_{BY}=F_{N5}\sin45^{\circ}=\frac{3-\sqrt{2}}{2}P$$

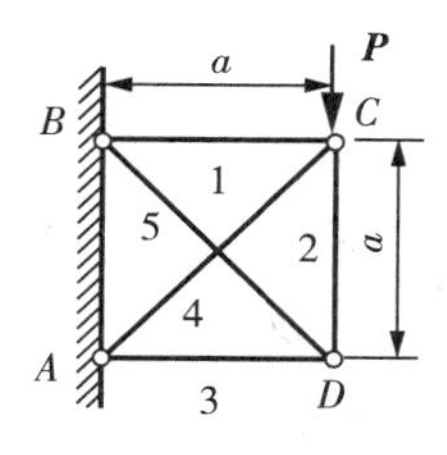

（a）超静定桁架结构模型

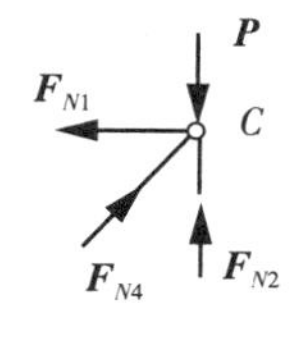

（b）结点C受力图

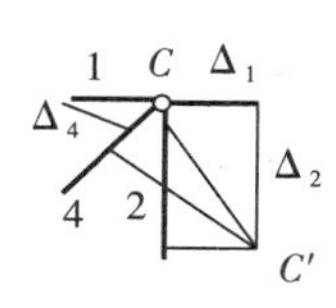

（c）结点C变形协调图

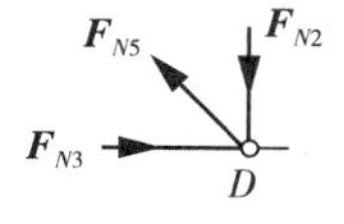

（d）结点D受力图

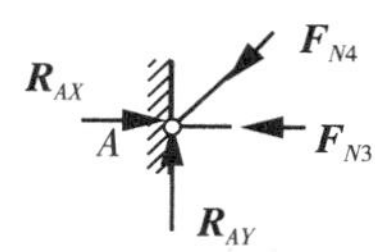

（e）结点A受力图

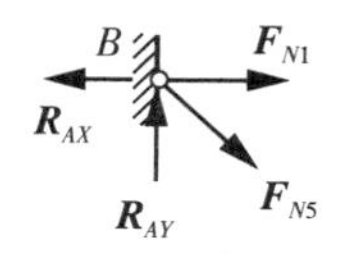

（f）结点B受力图

图 4－39　超静定桁架结构受力

# 习题 4

4－1　等直杆材料的容重为 $\rho g$，弹性模量为 $E$，横截面积为 $A$，在 $D$、$B$ 截面各有载荷 $F$ 作用。在考虑与不考虑材料的重力的情况下，求：(1) 直杆 $B$、$C$ 截面的正应力；(2) 求 $B$、$D$ 截面的变形位移。

4－2　杆 $AC$ 段截面积 $A_2=400\text{mm}^2$，$BC$ 段截面积 $A_1=300\text{mm}^2$，杆的单位体积重量 $\gamma=28\text{kN/m}^3$，长度 $l=5\text{m}$，承受外力 $P=12\text{kN}$。求：1) 杆内的最大内力；2) 求 $A$,$C$ 截面的应力；3) 作轴力图。

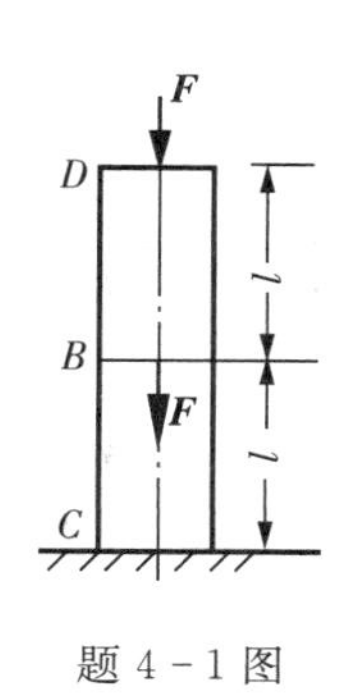

题 4－1 图

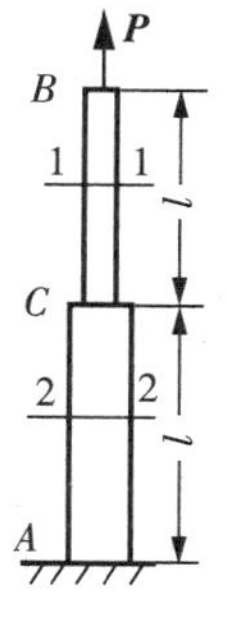

题 4－2 图

4－3　上段为钢制台体，长 200mm，上截面尺寸为 100mm×100mm；下段为铝制方柱体，长 300mm，截面尺寸为 200mm×200mm。柱顶受 $F=100\text{kN}$ 力作用，不考虑重力的作用。(1) 求 柱子截面中的最大应力。(2) 求柱子总变形。已知钢 $E_s=200\text{GPa}$，铝 $E_a=70\text{GPa}$。

4-4　已知起重架由$100\times100\text{mm}^2$的木杆$BC$和直径为30mm的钢拉杆$AB$组成，如图所示。现起吊一重物$W=40\text{kN}$，及受拉力$F=40\text{kN}$。求杆$AB$和$BC$中的正应力。

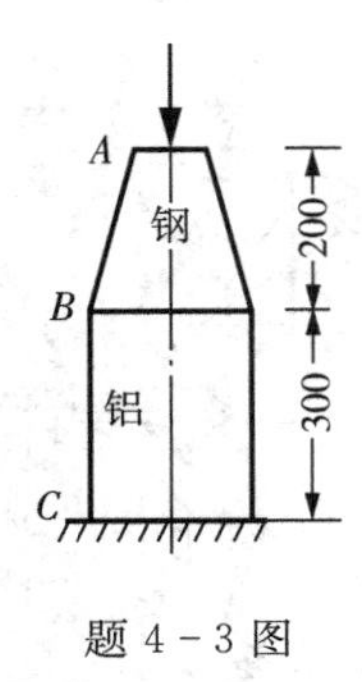


题4-3图

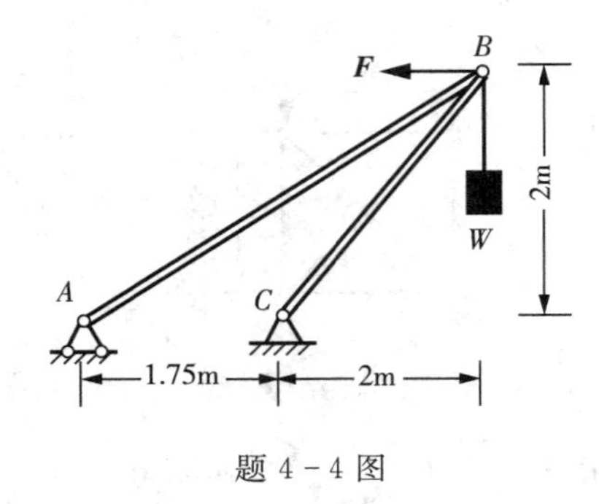


题4-4图

4-5　材料试验时，试样的直径为15mm，标距为200mm的合金钢杆，在比例极限内进行拉伸试验，当轴向荷载从零缓慢地增加到58.4kN时，杆伸长了0.9mm，直径缩小了0.022mm。试确定材料的弹性模量$E$、泊松比$\nu$。

4-6　在图示结构中，$AB$可视为刚性杆，$AD$为钢杆，面积$A_1=500\text{mm}^2$，弹性模量$E_1=200\text{GPa}$；$CG$为铜杆，面积$A_2=1500\text{mm}^2$，弹性模量$E_2=100\text{GPa}$；$BE$为木杆，面积$A_3=3000\text{mm}^2$，弹性模量$E_3=10\text{GPa}$。当$G$点处作用有$F=150\text{kN}$时，求该点的竖直位移$\Delta G$。

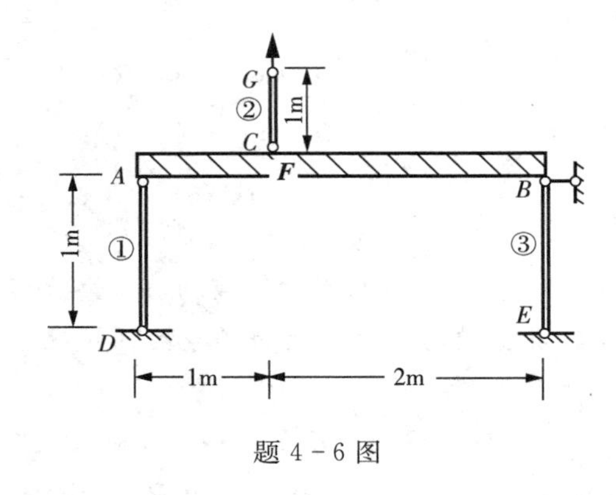


题4-6图

4-7　圆台形杆在下端点有轴向力$F$和线均布力$q$作用，两端直径为$d_1$、$d_2$，弹性模量为$E$。试作轴力图，求下端点伸长量。

4-8　图示阶梯状杆，其上端固定，下端与支座间有一微小距离$\delta$。已知上、下两段杆的横截面面积分别为$A_1$和$A_2$，材料的弹性模量为$E$。试作图示荷载作用下杆的轴力图。

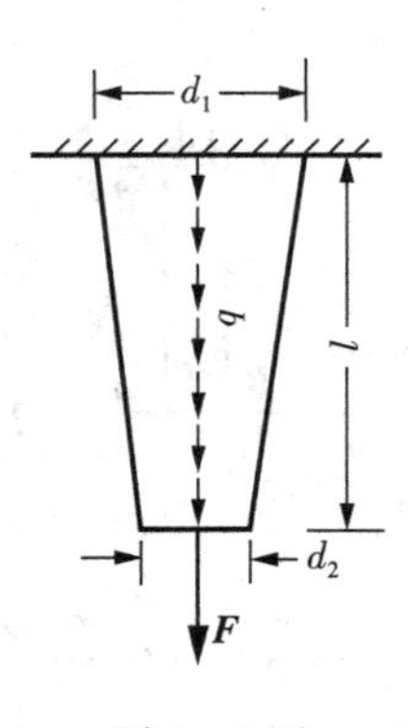


题4-7图

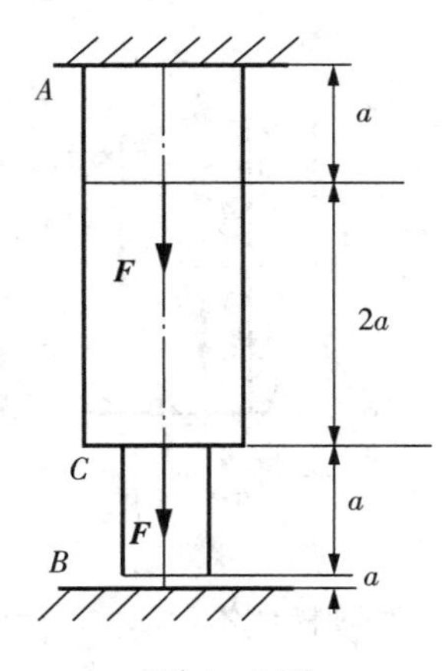


题4-8图

4-9　钢芯和铜套组成的直杆，两端的轴向荷载 $F$ 通过刚性板加在杆上，试分析横截面上的正应力分布规律及正应力与 $F$、$E_s$、$E_c$、$d$、$D$ 的关系。

4-10　求下列各构件内的最大正应力。

(1) 图(a)为开槽拉板，两端受力 $F=14\text{kN}$，$b=20\text{mm}$，$b_0=10\text{mm}$，$t=4\text{mm}$；

(2) 图(b)为阶梯形杆，$AB$ 段杆横截面积为 $80\text{mm}^2$，$BC$ 段杆横截面积为 $20\text{mm}^2$，$CD$ 段杆横截面积为 $120\text{mm}^2$；

(3) 图(c)为变截面拉杆，上段 $AB$ 的横截面积为 $40\text{mm}^2$，下段 $BC$ 的横截面积为 $30\text{mm}^2$，杆材料的比重 $\rho_g=78\text{kN/m}^3$。

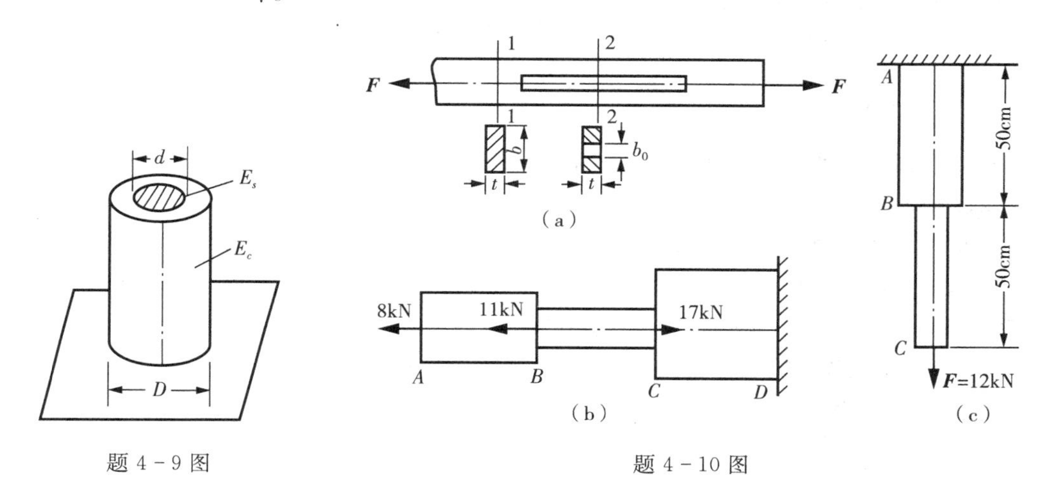


题 4-9 图　　　　题 4-10 图

4-11　已知钢结构的受力如图示。图(a)中①②③④⑤杆的横截面面积 $A_1=A_2=A_3=A_4=A_5=1150\text{mm}^2$；图(b)中①②③④⑤杆的横截面面积 $A_1=850\text{mm}^2$，$A_2=600\text{mm}^2$，$A_3=500\text{mm}^2$。求结构中指定①②③④⑤杆内的应力。

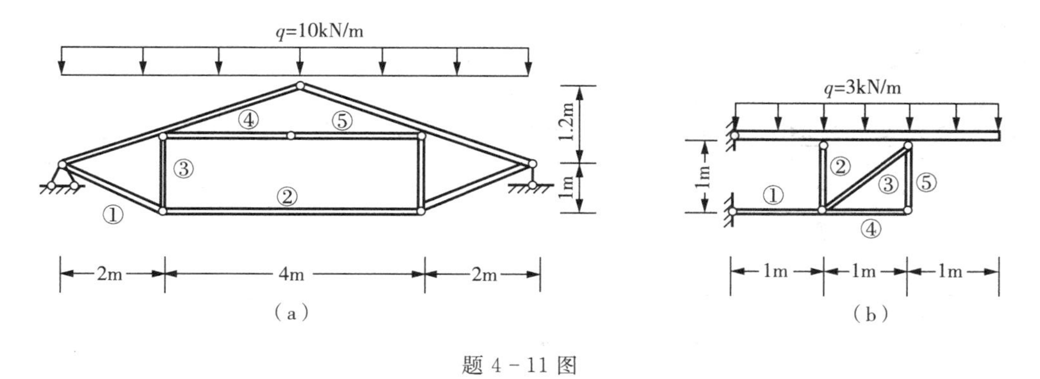


题 4-11 图

4-12　水塔结构中水和塔共重 $W=400\text{kN}$，同时还受侧向水平风力 $F=100\text{kN}$ 作用。若支杆①②和③的容许压应力 $[\sigma_c]=100\text{MPa}$，容许拉应力 $[\sigma_t]=140\text{MPa}$，试求每根支杆所需要的面积。

4-13　挡水墙如图，采用 $AB$ 杆支承着挡水墙，水深 2m，各部分尺寸均已示于图中。若 $AB$ 杆为圆截面，材料为松木，其容许应力 $[\sigma]=11\text{MPa}$，承担跨长为 2m 的墙上水的压力。试

求 $AB$ 杆所需的面积。

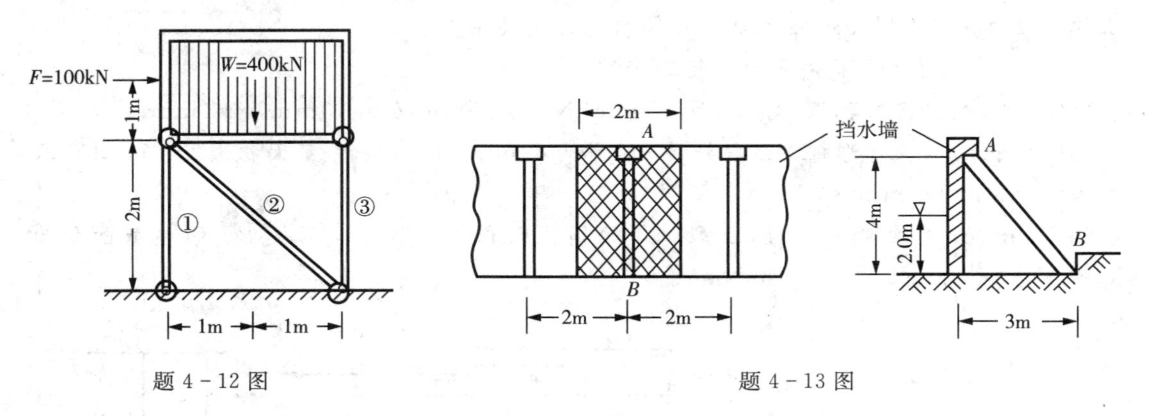


题 4-12 图　　题 4-13 图

4-14　图示结构中的 $CD$ 杆为刚性杆，$AB$ 杆为钢杆，直径 $d=30\text{mm}$，容许应力 $[\sigma]=160\text{MPa}$，弹性模量 $E=3.0\times10^5\text{MPa}$。试求结构的容许荷载 $F$。

4-15　正方形砖柱高为 3m、边长为 0.4m，砌筑在高为 0.4m 的正方形块石地基上。已知砖的容重 $\rho_{1g}=16\text{kN/m}^3$，块石容重 $\rho_{2g}=20\text{kN/m}^3$。砖柱顶上受集中力 $F=16\text{kN}$ 作用，地基容许应力 $[\sigma]=0.08\text{MPa}$。试设计正方形块石地基的边长 $a$。

4-16　已知 $AB$ 为刚性杆，长为 $3a$。$A$ 端铰接于墙壁上。在 $C$、$B$ 两处分别用同材料、相同面积的 ①、② 两杆拉住。材料弹性模量为 $E$，横截面面积为 $A$。在 $D$ 点作用荷载 $F$ 后，求两杆内产生的应力。

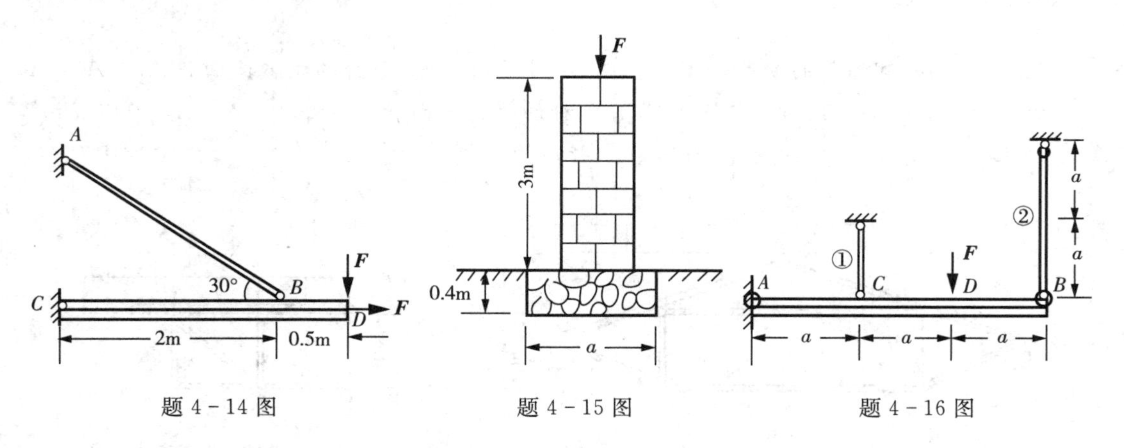


题 4-14 图　　题 4-15 图　　题 4-16 图

4-17　两端固定的正方形杆，长度为 $l$，横截面面积为 $A$，弹性模量为 $E$，在 $B$、$C$ 截面处各受一力 $F$ 作用。求 $B$、$C$ 截面间的相对位移。

4-18　图示结构中，杆 1 材料为碳钢，横截面面积为 $A_1=200\text{mm}^2$，许用应力 $[\sigma]_1=160\text{MPa}$；杆 2 材料为铜合金，横截面积 $A_2=300\text{mm}^2$，许用应力 $[\sigma]_2=100\text{MPa}$。试求此结构许可载荷。

4-19　杆件由两种材料在 Ⅰ-Ⅰ 斜面上用黏结剂黏结而成。已知杆件横截面面积 $A=2000\text{mm}^2$，根据黏结剂强度指标要求黏结面上拉应力不超过 $\sigma_0=10\text{MPa}$，切应力不超过 $\tau_0=6\text{MPa}$，若要求黏结面上正应力与切应力同时达到各自容许值，试给定黏结面的倾角 $\alpha$，并确定其容许轴向拉伸载荷 $P$。

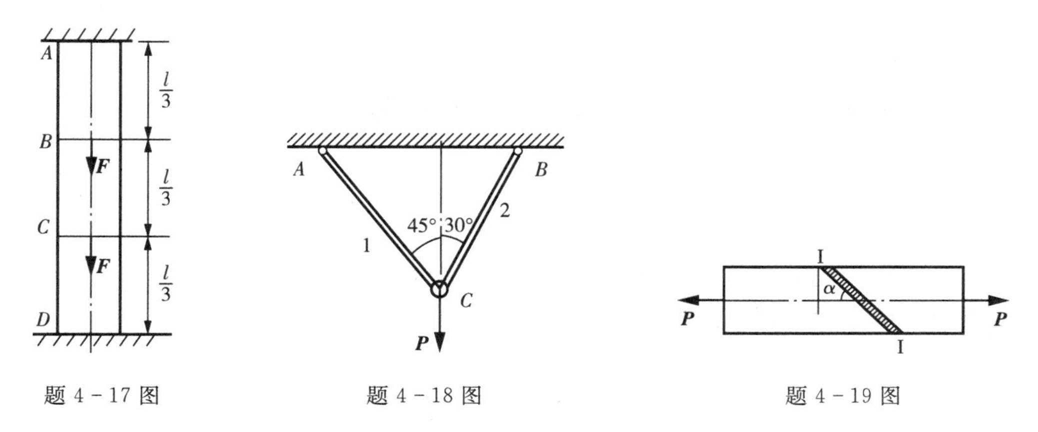


题 4-17 图　　题 4-18 图　　题 4-19 图

4-20　简单杆架由 $AC$ 杆、$BC$ 杆组成，杆的横截面积为 $A$，长度为 $l$。已知：1) 材料的弹性模量为 $E$，在载荷 $P$ 作用下处于线弹性范围；2) 材料在 $P$ 作用下的应力-应变关系为 $\sigma^n=k\varepsilon$[题 4-20 图(b)]，其中 $n$，$k$ 为已知材料常数。试求节点 $C$ 的铅垂位移。

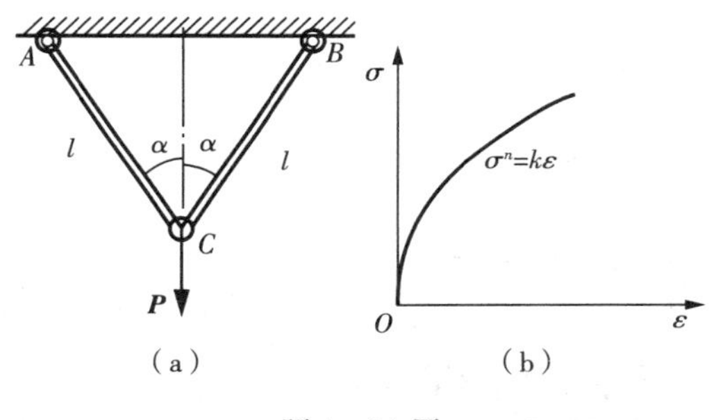


题 4-20 图

4-21　承受自重和集中载荷作用的柱如图所示，其横截面积沿高度方向按 $A(x)=A_0e^{\rho A_0 x/F_P}$ 变化，其中 $\rho$ 为材料的比重。试作下列量的变化曲线：

1. 轴力 $F_{Nx}(x)$；2. 应力 $\sigma_x(x)$；3. 位移 $u(x)$。

4-22　长为 1.2m、横截面面积为 $1.10\times10^{-3}\mathrm{m}^2$ 的铝制筒放置在固定刚块上，直径为 15.0mm 的钢杆 $BC$ 穿过铝筒，悬挂在铝筒顶端的刚性板上，若二者轴线重合、载荷作用线与轴线一致，且已知钢和铝的弹性模量分别为 $Es=200\mathrm{Gpa}$，$Ea=70\mathrm{GPa}$，$F_P=60\mathrm{kN}$。试求钢杆上 $C$ 处位移。

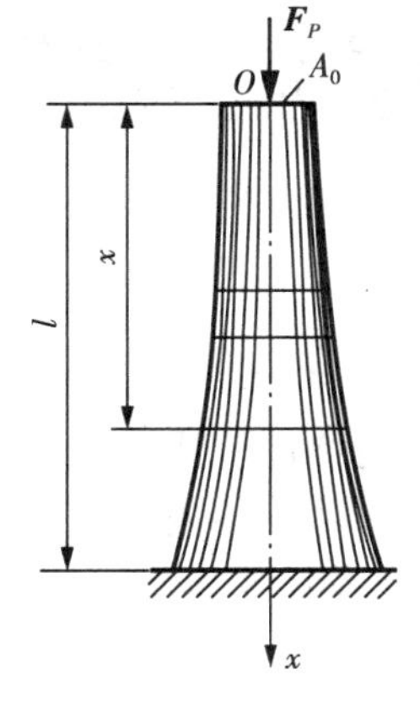


题 4-21 图

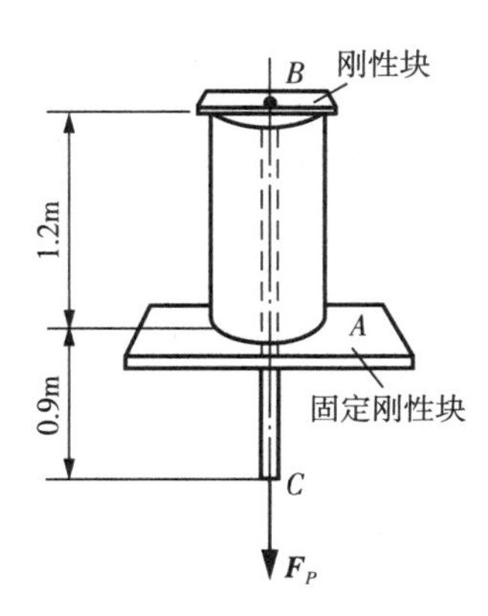


题 4-22 图

# 第5章　工程构件的剪切与挤压问题

工程中经常采用连接件，在这种构件中主要出现剪切与挤压。本章要讨论连接件的剪切与挤压受力问题的强度计算方法。

## 5.1　工程构件剪切与挤压实例

如图5-1(a)(b)所示两块板用螺栓、铆钉连接在一起，它们就是工程中采用的典型的拉压构件；图5-1(c)是轮子与轴通过键连接在一起转动；图5-1(d)是通过焊接将板材连接起来。这些螺栓、铆钉、销钉以及键都是连接件，被连接的物体称为连接体。

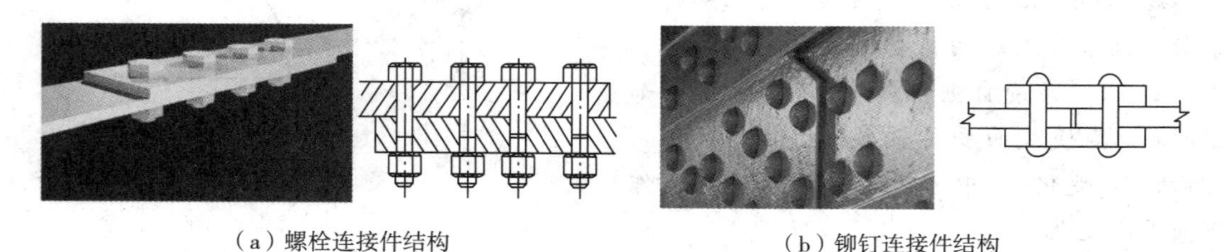

(a) 螺栓连接件结构　　(b) 铆钉连接件结构

(c) 轮轴键连接件结构　　(d) 焊接件结构

图5-1　工程中的联接件

连接构件的受力特点主要是在接触面上受挤压，在连接件的截面上受剪切。以两块板的铆接为例，铆钉和板孔的受力如图5-2所示。作用在连接件两侧面上的一对外力的合力大小相等，均为$F$，而方向相反，力的作用线相距很近，这使各自作用的部分沿着与合力作用线平行的截面$C$-$C$(称为剪切面)发生相对错动。这种变形称为剪切变形。

因此，连接构件的变形主要为构件沿两平行力系的交界面发生相对错动。连接构件的破坏形式主要分为：

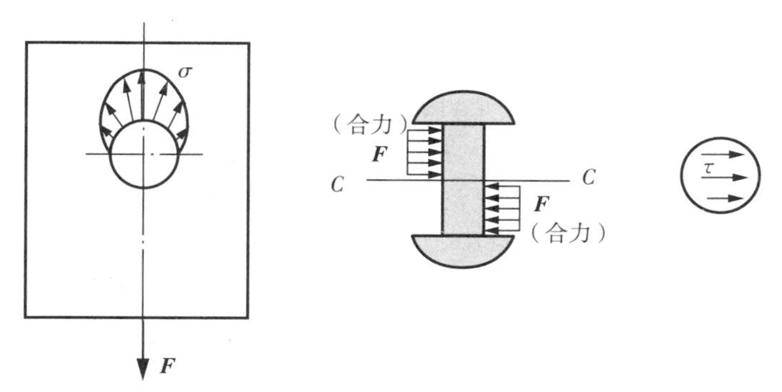


（a）连接板体孔的受挤压力　（b）铆钉侧边受挤压力　（c）铆钉断面受剪切力

图 5-2　连接构件中的受力模型

剪切破坏 —— 如铆钉沿剪切面比较容易剪断；

挤压破坏 —— 如铆钉与板在相互接触面上因挤压而溃压连接松动，发生破坏；

拉伸破坏 —— 如板在受铆钉孔削弱的截面处，应力增大，易在连接处拉断。

除了连接件在拉伸工作时要承受剪切这种情况之外，机械加工中常见的冲压和剪切加工方法也是通过产生大的剪切变形来实现的，如图 5-3 所示。

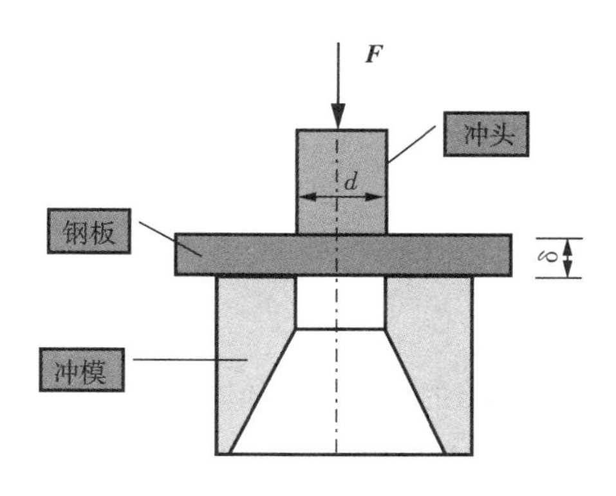


（a）冲压加工现场与模型

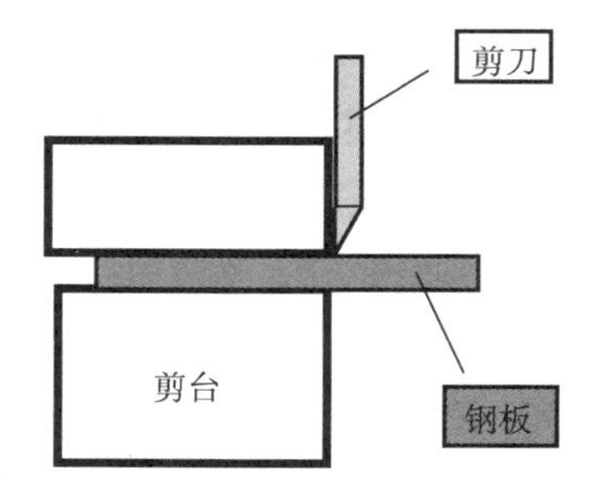


（b）剪切加工现场与模型

图 5-3　剪切与冲压加工

为了保证连接后的构件能够安全地工作，除构件自身必须满足强度、刚度和稳定性的要求外，连接件本身也需要具有足够的强度。

由于连接件本身的受力和变形很复杂，因而要精确地分析计算其内力和应力很困难。工程上通常是根据连接件的实际破坏的主要形态，对其内力和相应的应力分布作一些合理的简化，并采用简化法来计算名义应力(平均应力) 作为强度计算中的工作应力。而材料的容许应力，则是通过对连接件进行破坏试验，并用相应的计算方法由破坏荷载计算出各种极限应力，再除以相应的安全因数而获得。实践证明，只要简化得当，并有充分的实验依据，按这种实用计算法得到的工作应力和容许应力，以及建立起来的强度条件，在工程上是可以接受的。

## 5.2 剪切应力的工程计算方法

### 5.2.1 冲压剪切应力计算

剪切材料必须满足的条件是材料中的剪切应力要大于材料的剪切强度极限。因此机械冲压加工方法中涉及剪切应力计算。

若要冲头在冲压过程中不能发生破坏，因此，冲压头必须满足的强度条件为：

$$\sigma=\frac{F}{A}\leqslant[\sigma] \tag{5-1}$$

材料的剪切应力必须大于材料的剪切强度极限才能剪断材料，即

$$\tau=\frac{F_S}{A_S}\geqslant\tau_u \tag{5-2}$$

以上介绍的方法具体的应用例子见本章的后面的章节内容。

### 5.2.2 铆钉铆接应力计算

1. 单个铆钉铆接

单个铆钉铆接应力计算是多铆钉铆接计算的基础。假设两块板采用一个铆钉以搭接形式将它们联接在一起，模型如图 5-4 所示，称为单个铆钉铆接。板块通过铆钉传递拉力。这种铆接构件可能有三种破坏形式：(1) 铆钉沿横截面剪断，称为剪切破坏；(2) 铆钉与板孔壁相互挤压而在铆钉柱表面和孔壁柱面的局部范围内发生显著的塑性变形，称为挤压破坏；(3) 板在钉孔位置由于截面削弱被拉断，称为拉断破坏。因此，在铆接强度计算中，对这三种可能的破坏情况均应考虑。

在图 5-4(a) 中，两个板块连接的铆钉的受力如图 5-4(b) 所示。应用截面法，可求得铆钉中间横截面的内力为剪力 $F_S$。这个横截面就是剪切面。由铆钉上半部(或下半部) 的平衡方程可求得：

$$F_S=F \tag{5-3}$$

在连接件的实用计算中，假定剪切面上只有切应力且均匀分布，因此，剪切面上的名义

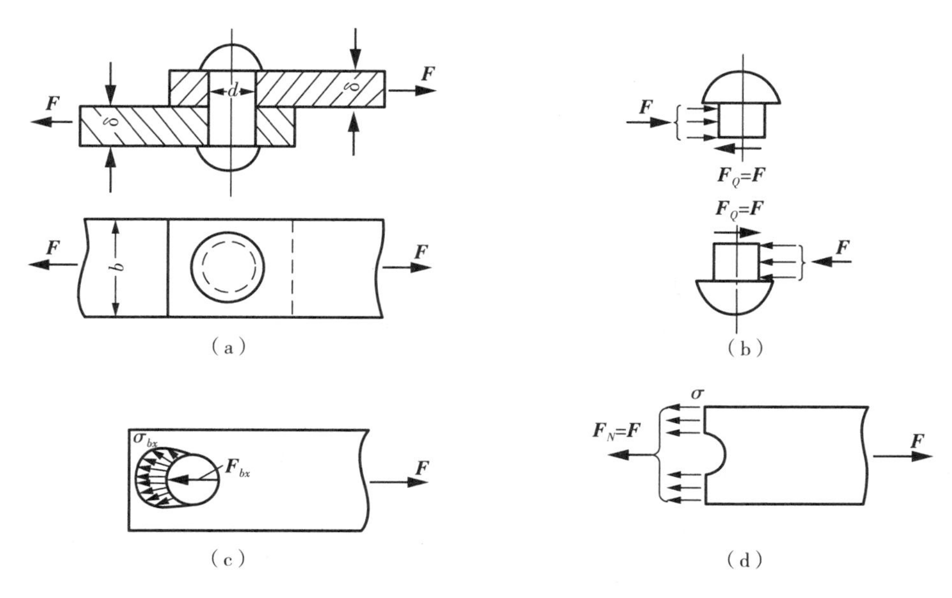


图 5－4　单个搭接铆接接头剪切受力模型

切应力(平均应力)为:

$$\tau = F_S / A_S \tag{5-4}$$

式(5－4)中 $A_S$ 为剪切面面积。若铆钉是直径为 $d$ 的圆柱,则 $A_S=\pi d^2/4$。

如果铆钉受剪切的面是双面时,则平均切应力为:

$$\tau = \frac{F_S}{2A_S} \tag{5-5}$$

为使铆钉不发生剪切破坏,必须要求:

$$\tau \leqslant [\tau] \tag{5-6}$$

式(5－6)中$[\tau]$为铆钉的容许切应力。这就是剪切强度条件。

在实际应用中,将铆钉按实际受力情况进行剪切破坏试验,测量出铆钉在剪断时的极限荷载 $F_u$,并由式(5－4)计算出铆钉剪切破坏的极限切应力 $\tau_u$,再除以安全因数 $n$,就可得到$[\tau]$。对于钢材,通常取$[\tau]=(0.6\sim0.8)[\sigma]$。

2. 多个铆钉铆接结

多个铆钉铆接情况中,作用在每个铆钉上的剪力可能是变化的。因此,准确地计算铆钉中的剪切应力比较困难。但在工程实用计算中,如果各铆钉都是紧铆接的,可以近似认为在每个铆钉中承担的剪切力相同。这样,铆钉的平均切应力为:

$$\tau = \frac{F_S}{A} = \frac{F/n}{mA_S} \tag{5-7}$$

式(5－7)中,$F$ 为构件承受的总拉力;$A_S$ 为单个剪切面面积;$n$ 为承载的铆钉个数;$m$ 为铆钉受剪切面个数。

# 5.3　挤压应力的工程计算方法

## 5.3.1　单连接件结构应力计算

如模型图5-5(a)所示，采用单个螺栓连接情况比较常见。螺栓柱面和板孔壁面上将因相互压紧而产生挤压力 $F_{bs}$，从而在相互压紧的范围内引起挤压应力 $\sigma_{bs}$。挤压力 $F_{bs}$ 发生在螺栓上半部或下半部。由板的平衡方程求得：

$$F_{bs}=F \tag{5-8}$$

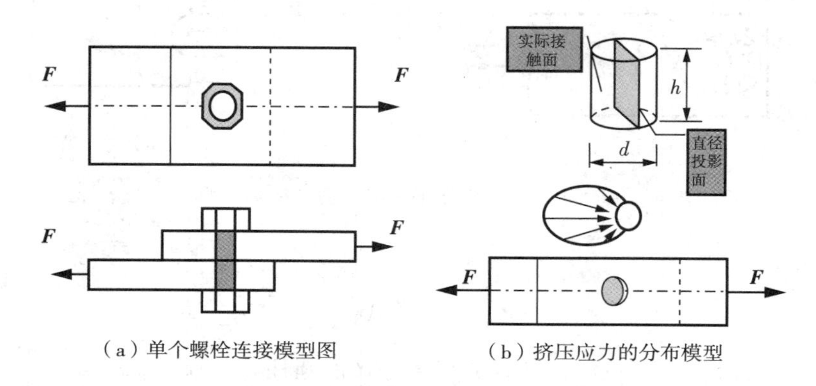


（a）单个螺栓连接模型图　　（b）挤压应力的分布模型

图5-5　单个螺栓连接结构受力模型

挤压应力的实际分布情况比较复杂。根据理论和试验分析结果，在半个螺栓圆柱面与孔壁柱面间，挤压应力的分布大致如图5-5(b)所示。工程实际应用中，以螺栓圆柱或孔的直径面面积作为假想的挤压面积 $A_{bs}$，在该截面上挤压应力均匀分布。

$$\sigma_{bs}=F_{bs}/A_{bs} \tag{5-9}$$

这个计算应力与实际挤压面上的最大挤压应力相近。若螺栓的直径为 $d$，板的厚度为 $\delta$，则式中的 $A_{bs}=d\delta$。

为使螺栓或孔壁不发生挤压破坏，建立挤压强度条件为：

$$\sigma_{bs}\leqslant[\sigma_{bs}] \tag{5-10}$$

式(5-10)中，$[\sigma_{bs}]$ 为容许挤压应力，它可由通过挤压破坏试验得到的极限挤压应力 $\sigma_u$ 除以安全因数 $n$ 得到。对于钢材而言，通常取 $[\sigma_{bs}]$ 为容许正应力 $[\sigma]$ 的1.7～2.0倍。

当螺栓与板的材料不相同时，应取 $[\sigma_{bs}]$ 较小者进行挤压强度计算。

在图5-5(a)所示的连接情况下，板中有一连接孔，板的横截面面积在孔处被削弱，孔直径处的横截面面积为最小。该处横截面为板的危险截面。

将板在最小截面处截开，则板的受力情况如图5-5(b)所示。根据平衡方程，可以求出该截面的拉力为：

$$F_N = F \tag{5-11}$$

在实用计算中，假定该截面的拉应力是均匀分布的，因此可计算出该截面的平均拉应力为：

$$\sigma_t = F_N / A_N \tag{5-12}$$

式(5-12)中 $A_N$ 为板的受拉面面积。若铆钉直径为 $d$，板的厚度为 $\delta$，宽度为 $b$，则：

$$A_N = (b-d)\delta \tag{5-13}$$

为使板在该截面不发生拉断破坏，建立铆接的拉伸强度条件为：

$$\sigma_t \leqslant [\sigma_t] \tag{5-14}$$

式(5-14)中，$[\sigma_t]$ 为板的容许拉应力。

需要强调指出，连接件的强度必须同时满足强度条件。根据这三个强度条件来校核连接接头的强度、设计连接件直径和计算容许荷载。

### 5.3.2　多联接件结构应力计算

每块搭接接头板或对接接头板中的铆钉超过一个，这种接头就称为多连接件，也称为铆钉群接头。在铆钉群接头中，各铆钉的直径通常相等，材料也相同，并按一定的规律排列。

模型图5-6(a)所示的是一种铆钉群接头，它是用4个铆钉将两块板以搭接形式连接。外力 $F$ 通过铆钉群中心。对这种接头，通常假定外力均匀分配在每个铆钉上，即每个铆钉所受的外力均为 $F/4$，从而各铆钉剪切面上名义切应力相等。各铆钉柱面或板孔壁面上的名义挤压应力也相等。因此，可取任一铆钉作剪切强度计算，取任一铆钉柱面或孔壁面作挤压强度计算。具体方法可参照单个铆接情况。

但是，对这种多联接件进行板的拉伸强度计算时要注意铆钉的实际排列情况。在图5-6(a)所示的接头中，上面一块板的受外力和内力图分别如图5-6(b)和(c)所示。该板的危险截面要综合考虑铆钉孔削弱后的板的截面面积和轴力大小两个因素。确定了危险截面，并计算出板的最大名义拉应力，则板的拉伸强度计算也可参照单个铆接情况进行。

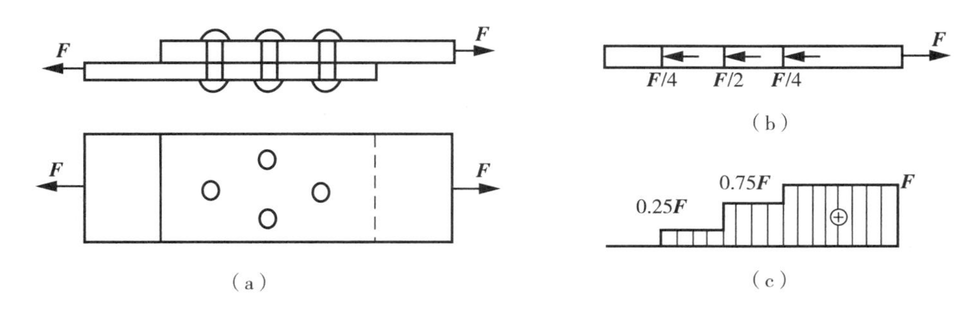


图5-6　铆钉群接头受力模型

如果连接件是采用上、下盖板，左、右各用一个铆钉将对置的两块板连接起来，如模型图5-7(a)。两个被连接的板称为主板。两主板通过铆钉及盖板相互传递拉力。在这种对接连接中，任一铆钉的受力情况如图5-7(b)所示。它有两个剪切面。在实用计算中，假定两个剪切面上的剪力相等，均为 $F_S = F/2$。对接连接中，主板的厚度 $\delta$ 通常小于两盖板厚度 $\delta_1$ 之和，即 $\delta < 2\delta_1$，因而需要校核铆钉中段圆柱面与主板孔壁间的相互挤压应力。由于 $\delta < 2\delta_1$，故只需计算主板的拉伸强度。

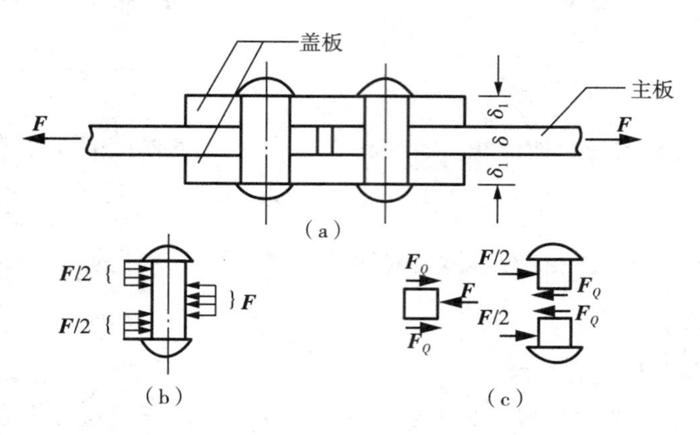


图 5－7　对接铆接接头受力模型

## 5.4　典型工程问题分析

为了深入理解和运用上面介绍的挤压和剪切理论和公式，下面通过例子的求解来说明实际工程中的问题分析方法。

### 5.4.1　挤压与剪切问题的计算

**例 5－1**　已知某冲床加工及模型如图 5－8(a)(b) 所示，最大冲压力 $F=400\text{kN}$，冲头材料的许用压应力 $[\sigma]=440\text{MPa}$，钢板的剪切强度极限 $\tau_u=360\text{MPa}$，试求冲头能冲剪的最小孔径 $d$ 和最大的钢板厚度。

**解：**(1) 首先确定冲头的最小直径。利用式(5－1) 得：

$$\sigma=\frac{F}{A}=\frac{F}{\pi d^2/4}\leqslant[\sigma]$$

冲头的直径必须满足 $d\geqslant\sqrt{\dfrac{4F}{\pi[\sigma]}}=\sqrt{\dfrac{4\times400\times10^3}{\pi\times440\times10^6}}=0.034(\text{m})$。

取冲头能冲剪的最小孔径 $d=35\text{mm}$。

(2) 确定最大的冲压钢板厚度[图 5－8(c)]

在冲压剪切过程中，最大的冲压力就是切面上的剪切力。由于钢板中的切应力必须大于材料的剪切强度极限才能剪断钢板，即

$$\tau=\frac{F_S}{A_S}=\frac{F}{\pi d\delta}\geqslant\tau_u$$

所以，冲压钢板厚度需要满足 $\delta\leqslant\dfrac{F}{\pi d\tau_u}=\dfrac{400\times10^3}{\pi\times0.035\times360\times10^6}=1.01\times10^{-2}(\text{m})$。

由此可知，最大的冲压钢板厚度不能超出 $\delta=10\text{mm}$。

（a）冲床加工现场

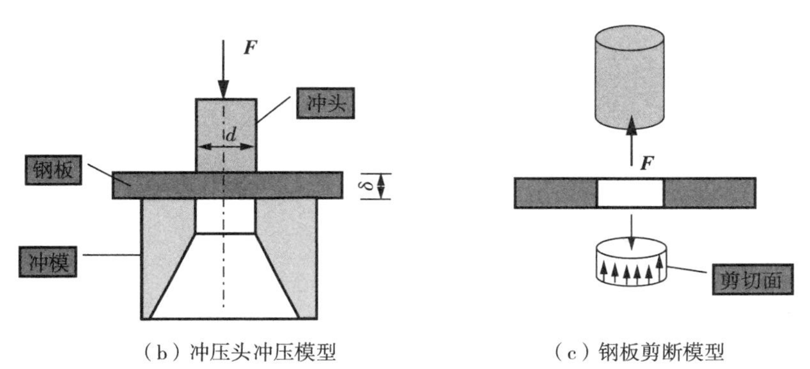


（b）冲压头冲压模型　　（c）钢板剪断模型

图 5-8　冲床加工及构件受力模型

**例 5-2**　工程中的起重吊车上一销钉连接如图 5-9(a) 所示。已知外力 $F=18\text{kN}$，销钉直径 $d=15\text{mm}$，销钉材料的许用切应力为 $[\tau]=60\text{MPa}$。试校核销钉的强度。

**解：**(1) 销钉受力如图 5-9(b) 所示，

$$F_S = F = 18 \times 10^3$$

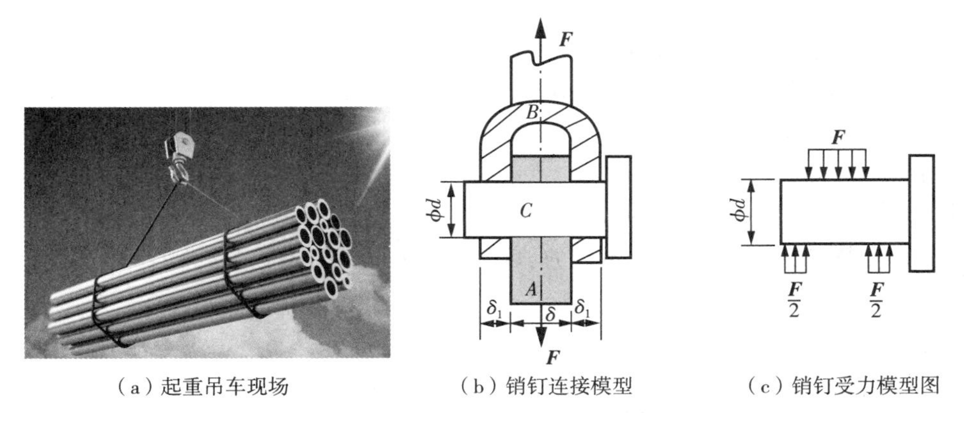


（a）起重吊车现场　　（b）销钉连接模型　　（c）销钉受力模型图

图 5-9　起重吊车及销钉连接件受力模型

销钉的截面积为 $A_S=\pi d^2/4$。

(2) 校核剪切强度

由于销钉两个面上的受剪力,所以,

$$\tau=\frac{F_S}{2A_S}=\frac{18\times10^3}{2\times\pi\ (0.015)^2/4}=50.930\times10^6<[\tau]=60\times10^6$$

由此知道该销钉剪切是安全的。

**例 5-3** 两块板采用四个铆钉连接,如图 5-10(a) 所示。铆钉直径 $d=16\text{mm}$,$F=90\text{kN}$,铆钉的许用剪切应力$[\tau]=120\text{MPa}$。试校核铆钉接头的剪切强度。

**解:**假设铆钉均匀受载,模型如图 5-10(b) 所示。每个铆钉受剪力为 $F/4$,每个铆钉受剪面积为:

$$A_S=\pi d^2/4=\pi\ (0.016)^2/4=0.0002(\text{m}^2)$$

因此,每个铆钉受剪面上的剪力为($n=4$,$m=1$):

$$\tau=\frac{F_S}{A}=\frac{F/n}{mA_S}=\frac{90\times10^3/4}{1\times0.0002}=111.906\times10^6<[\tau]=120\times10^6$$

由此知道这个铆接头剪切是安全的。

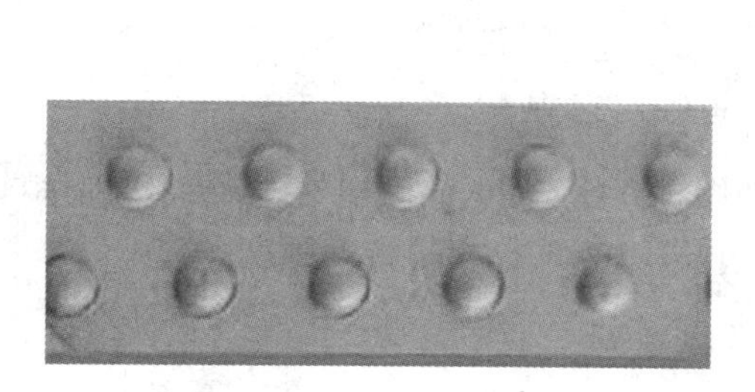

(a) 铆钉连接实物

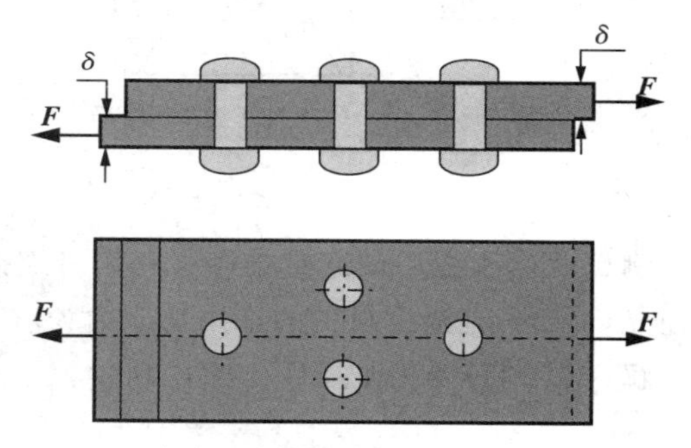


(b) 四个铆钉连接受力模型

图 5-10 四个铆钉连接两块钢板及受力

**例 5-4** 如图 5-11 所示的工程对接铆接模型图,每边有 3 个铆钉,受轴向拉力 $F=130\text{kN}$ 作用。已知主板及盖板宽 $b=110\text{mm}$,主板厚 $\delta=10\text{mm}$,盖板厚 $\delta_1=7\text{mm}$,铆钉直径 $d=17\text{mm}$。材料的容许应力分别为$[\tau]=120\text{MPa}$,$[\sigma_t]=160\text{MPa}$,$[\sigma_{bs}]=300\text{MPa}$。试校核铆接头的强度。

**解:**由于主板所受外力 $F$ 通过铆钉群中心,故每个铆钉受力相等且为 $F_s=F/3$。

由于对接铆钉受双面剪切,由铆钉的剪切强度条件[式(5-5)]($n=3$,$m=2$),将已知数据代入得:

$$\tau=\frac{F/3}{2\times\pi d^2/4}=\frac{130\times10^3/3}{2\times\pi\times(0.017)^2/4}=95.456\times10^6\leqslant[\tau]=120\times10^6$$

显然,铆钉的剪切强度是足够的。

由于 $\delta < 2\delta_1$，故需校核主板（或铆钉）中间段的挤压强度，由挤压强度条件式(5-10)，

$$\sigma_{bs} = \frac{F/3}{\delta d} = \frac{130 \times 10^3/3}{0.01 \times 0.017} = 254.901 \times 10^6 \leqslant [\sigma_{bs}] = 300 \times 10^6$$

挤压强度也是满足的。

对主板的拉伸强度校核，需要确定最大内力位置。作出右边主板的内力图，如图 5-11(b) 所示。由图可见：在 1-1 截面上，内力 $F_{N1}=F$，截面只被 1 个铆钉孔削弱。对 2-2 截面，轴力 $F_{N2}=2F/3$，但被 2 个钉孔削弱。需要对这两个是危险截面进行拉伸强度校核。由已知数据，求得这两个横截面上的拉伸应力为：

$$\sigma_{t1} = \frac{F_{N1}}{A_{N1}} = \frac{130 \times 10^3}{0.01 \times (0.11 - 0.017)} = 139.785 \times 10^6 < [\sigma_t] = 160 \times 10^6$$

$$\sigma_{t2} = \frac{F_{N2}}{A_{N2}} = \frac{130 \times 10^3 \times 2/3}{0.01 \times (0.11 - 2 \times 0.017)} = 114.035 \times 10^6 < [\sigma_t] = 160 \times 10^6$$

所以，主板的拉伸强度也是满足的。

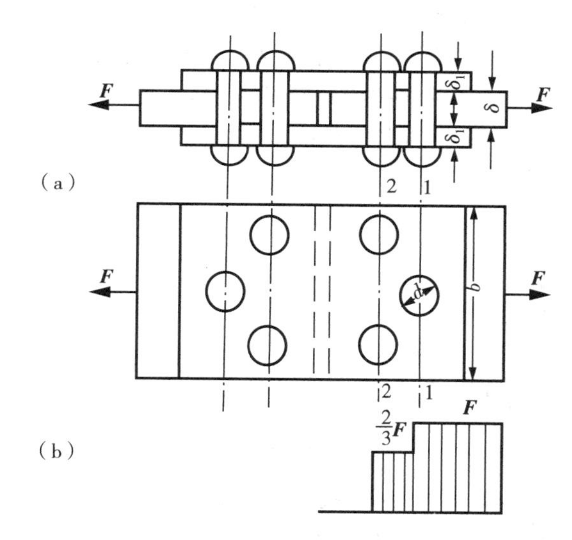


图 5-11　对接铆接头受力模型

**例 5-5**　已知齿轮与轴由平键连接[如图 5-12(a)]，已知轴的直径 $d=70$mm，键的尺寸为 $b \times h \times L = 20\text{mm} \times 12\text{mm} \times 100\text{mm}$，传递的扭转力偶矩 $M_T=2$ kN·m，键的许用切应力为$[\tau]$=60MPa，许用挤压应力为$[\sigma_{bs}]=100$MPa。受力模型如图 5-12(b) 所示。试校核键的强度。

**解**：(1) 键的受力分析如图 5-12(c)(d)，压力 $F$ 为：

$$F = \frac{M_T}{d/2} = \frac{2 \times 10^3}{0.07/2} = 57.143 \times 10^3 (\text{N})$$

校核剪切强度 $\tau = \dfrac{F_S}{A_S} = \dfrac{F}{bl} = \dfrac{57.143 \times 10^3}{0.02 \times 0.1} = 28.571 \times 10^6 < [\tau] = 60 \times 10^6$，

校核挤压强度 $\sigma_{bs} = \dfrac{F_{bs}}{A_{bs}} = \dfrac{F}{hl/2} = \dfrac{57.143 \times 10^3}{0.012 \times 0.1/2} = 95.238 \times 10^6 < [\sigma_{bs}] = 100 \times 10^6$。

显然，键满足强度要求。

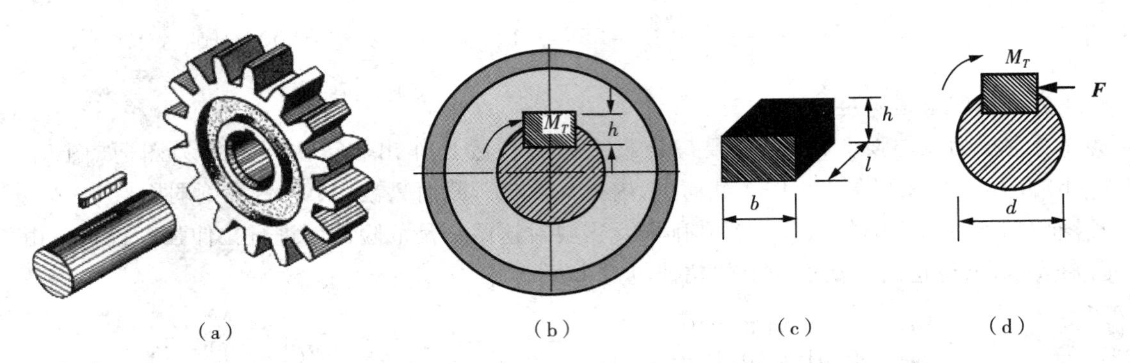


图 5-12 齿轮与轴平键连接与受力模型

### 5.4.2 应力集中问题的计算

由于实际的需要，工程中有些构件常被设计有台阶、孔洞、沟槽、螺纹等结构。这样，使构件的横截面在某些部位发生突然变化。理论和实验研究发现，在截面发生突变处的局部范围内，应力数值也会发生比较大的变化，这种现象称为应力集中。

如图 5-13(a) 所示的为一受轴向拉伸的直杆，在轴线上开一小圆孔。显然，在横截面 1-1 上，应力分布不再均匀，靠近孔边的局部范围内应力很大，在离开孔边稍远处，应力明显降低，如图 5-13(b) 所示。但在离开圆孔较远的 2-2 截面上，应力仍为均匀分布，如图5-13(c)。

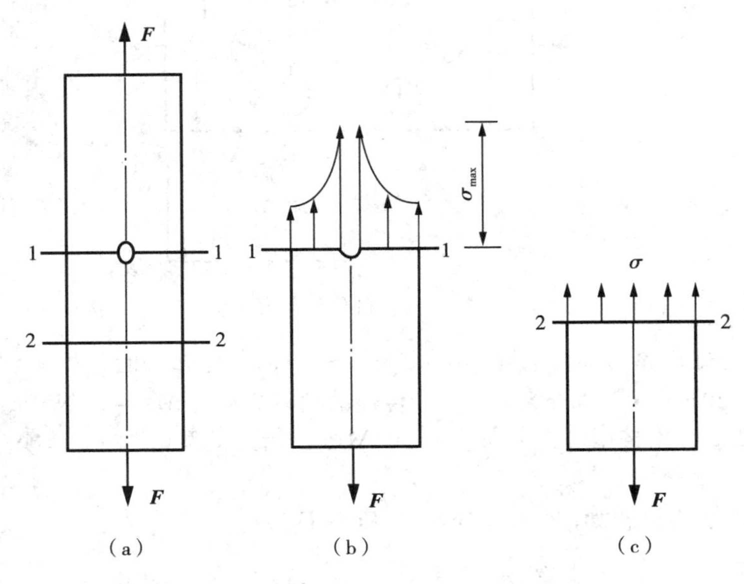


图 5-13 孔口应力分布模型

当材料处在弹性范围时，用弹性力学方法或实验方法，可以求出有应力集中的截面上的最大应力和该截面上的应力分布规律。该截面上的最大应力 $\sigma_{max}$ 和该截面上的平均应力 $\sigma_0$ 之比，称为应力集中系数 $\alpha$，即

$$\alpha = \sigma_{max}/\sigma_0 \tag{5-15}$$

式中，$\sigma_0 = F/A_0$，$A_0$ 为 1－1 截面处的净截面面积。通常，$\alpha$ 是大于 1 的数。它反映出应力集中的程度。只要求得 $\sigma_0$ 值及 $\alpha$ 值，即可计算最大应力 $\sigma_{max}$。不同情况下的 $\alpha$ 值，一般可在设计手册中查到。

**例 5－6**　已知受轴向拉伸的直板在外侧有缺口，如图 5－14(a) 所示。缺口的直径 $d=8$mm，板厚度 $h=12$mm，宽度 $b=100$mm。受到拉力 $F=600$kN。若应力集中系数 $\alpha=1.8$。试计算板中的最大拉应力。

**解**：板中最小截面处的平均应力为：

$$\sigma_0 = \frac{F_N}{A_0} = \frac{600 \times 10^3}{0.012 \times (0.1 - 0.008)}$$

$$= 543.478 \times 10^6 (\text{Pa})$$

板中最大拉应力为 $\sigma_{max} = \alpha\sigma_0 = 1.8 \times 543.478 \times 10^6 = 978.261 \times 10^6 (\text{Pa})$。

最大应力发生在侧边处，见图5－14(b)。

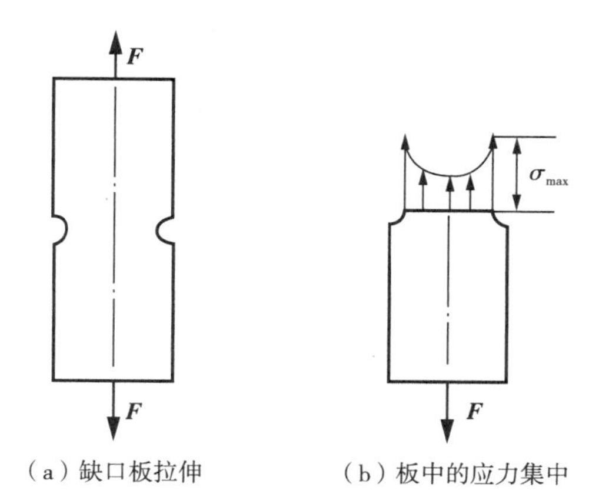

(a) 缺口板拉伸　　(b) 板中的应力集中

图 5－14　拉伸直板的受力模型图

## 5.5　焊缝强度的工程校核方法

将两个构件连接在一起的另外一种方法是工程焊接。焊缝的方法有很多种。连接物块的形式有平接[图 5－15(a)]、搭接[图 5－15(b)]、T 形连接[图 5－15(c)] 和角接[图 5－15(d)] 等。焊缝形式也有多种，包括正对接焊缝、斜对接焊缝、角焊缝等。

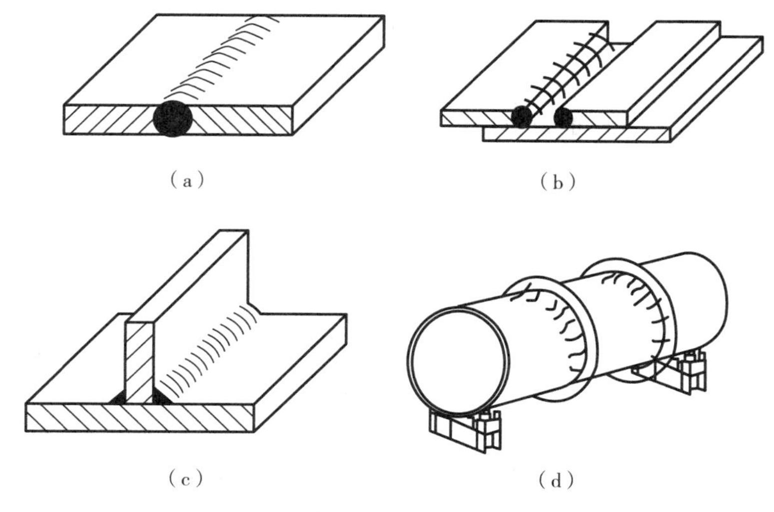
(a)　(b)　(c)　(d)

图 5－15　焊接形式模型图

焊接构件的受力通常也很复杂，准确计算不容易。这里主要介绍焊接构件在承受拉力情况下一种实用的计算方法。

### 5.5.1 对接平焊的强度校核

在图 5-15(a) 中对接平焊情况下，受到拉力作用时，焊缝中应力为拉应力，应力不会出现大的应力集中。焊缝的破坏形式主要是断裂。因此，需要校核焊缝的抗拉强度。

焊缝中的平均应力大小为：

$$\sigma=\frac{F_N}{A_W} \tag{5-16}$$

式(5-16) 中，$F_N$ 为构件受到的拉力，$A_W$ 为全部的焊缝受拉面积。如果是正对接焊缝 $A_W=b\delta$，$b$ 为焊缝的宽度，$\delta$ 为焊缝的厚度。

如果是斜对接焊缝(图 5-16)，

$$\sigma=\frac{F_N\sin\theta}{b\delta/\sin\theta}=\frac{F_N\ \sin^2\theta}{b\delta} \tag{5-17}$$

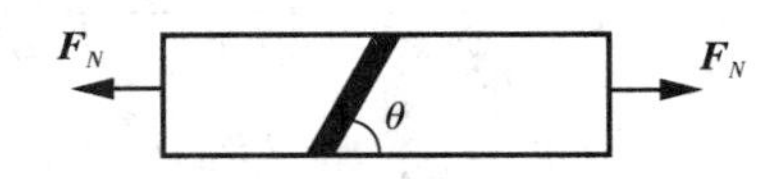


图 5-16 斜对接焊缝模型图

显然，斜对接焊缝中的应力减小了，有利用提高焊接件的强度。

焊缝的强度校核条件为：

$$\sigma\leqslant[\sigma] \tag{5-18}$$

其中，$[\sigma]$ 为焊缝材料的许用抗拉极限。

### 5.5.2 搭接角焊缝的强度校核

图 5-15(b) 所示的搭接焊缝构件在承受拉力时，焊缝中应力为切应力。焊缝的破坏形式主要是剪断。因此，需要校核焊缝的抗剪强度。焊缝中的平均切应力大小为：

$$\tau=\frac{F_N}{\sum A_S} \tag{5-19}$$

式(5-19) 中，$F_N$ 为构件受到的拉力；$\sum A_S$ 为全部的焊缝受剪面积。

焊缝的强度校核条件为：

$$\tau\leqslant[\tau] \tag{5-20}$$

其中，$[\tau]$ 为焊缝材料的许用抗剪极限。

**例 5-7** 如图 5-17(a) 所示，工程中采用上下板拼焊接。若主板的截面为 14mm×400mm，拼接板截面为 8mm×660mm。承受轴线拉伸力 $F$=900kN。采用搭接侧面角焊缝长宽高为 200mm×20mm×8mm，如图 5-17(b) 所示。主板与拼接板的材料相同，许用拉应力$[\sigma]$=200MPa，焊缝材料的许用切应力$[\tau]$=60MPa。试校核主板、拼接板和焊缝中的应力。

**解**:在搭接侧面角焊缝中，主要承受切应力。承受应力的面积为两条焊缝的侧边[如图5-17(c)]。

$$\sum A_S = 2(l \times b + l \times h) = 4(0.2 \times 0.02 + 0.2 \times 0.008) = 0.0224(\mathrm{m}^2)$$

由式(5-14),焊缝中的平均切应力为:

$$\tau = \frac{F_N}{\sum A_S} = \frac{900 \times 10^3}{0.0224} = 40.178 \times 10^6 < [\tau]$$

由式(5-12),主板中的平均拉应力为:

$$\sigma = \frac{F_N}{A_m} = \frac{F_N}{b_m \times \delta_m} = \frac{900 \times 10^3}{0.014 \times 0.4} = 160.714 \times 10^6 < [\sigma]$$

拼接板中的拉应力为:

$$\sigma = \frac{F_N}{A_a} = \frac{F_N}{2 \times b_a \times \delta_a} = \frac{900 \times 10^3}{2 \times 0.008 \times 0.36} = 156.25 \times 10^6 < [\sigma]$$

因此,该拼焊接结构使安全的。

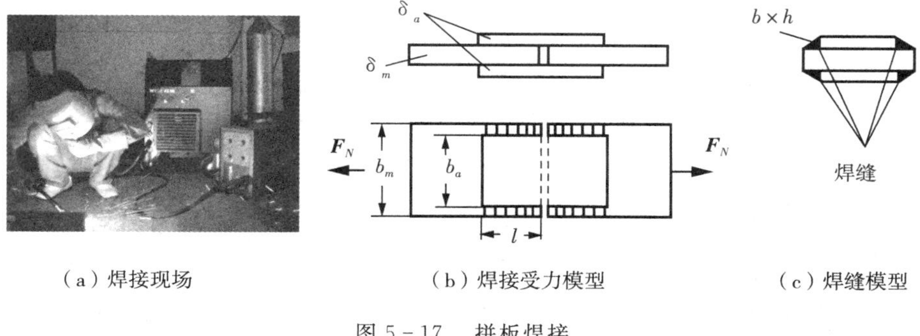


(a) 焊接现场　(b) 焊接受力模型　(c) 焊缝模型

图 5-17　拼板焊接

# 习题 5

5-1　试分析图示装配零件的剪切面和挤压面。

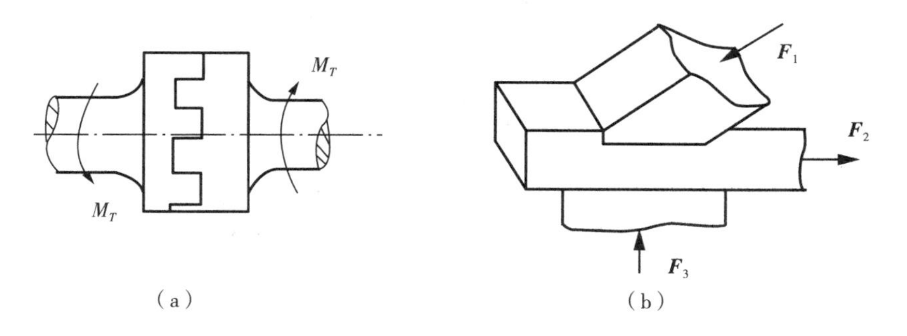


(a)　(b)

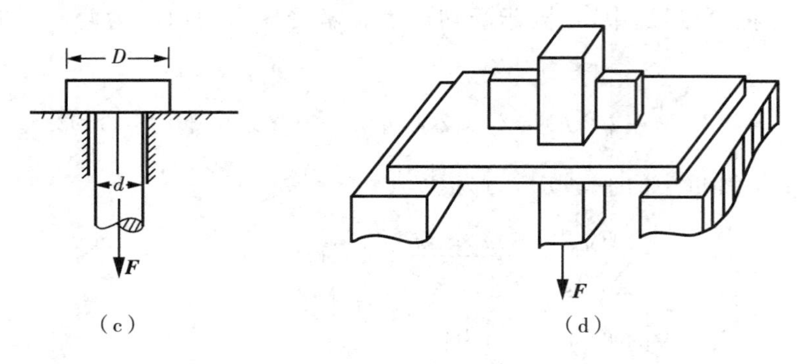


题 5 - 1 图

5 - 2　销钉联接如图示。受力 $F=120\text{kN}$，销钉直径 $d=30\text{mm}$，材料的容许应力 $[\tau]=70\text{MPa}$。试校核销钉的剪切强度。若强度不够，应改用多大直径的销钉？

5 - 3　两块钢板塔接铆接，铆钉直径 $d=25\text{mm}$，排列如图所示。已知 $[\tau]=100\text{MPa}$，$[\sigma_{bs}]=280\text{MPa}$，板 ① 的容许应力 $[\sigma]=160\text{MPa}$，板 ② 的容许应力 $[\sigma]=140\text{MPa}$，求拉力 $F$ 的许可值。如果铆钉排列次序相反，即自上而下，第一排是两个铆钉，第二排是三个铆钉，则 $F$ 值如何改变？

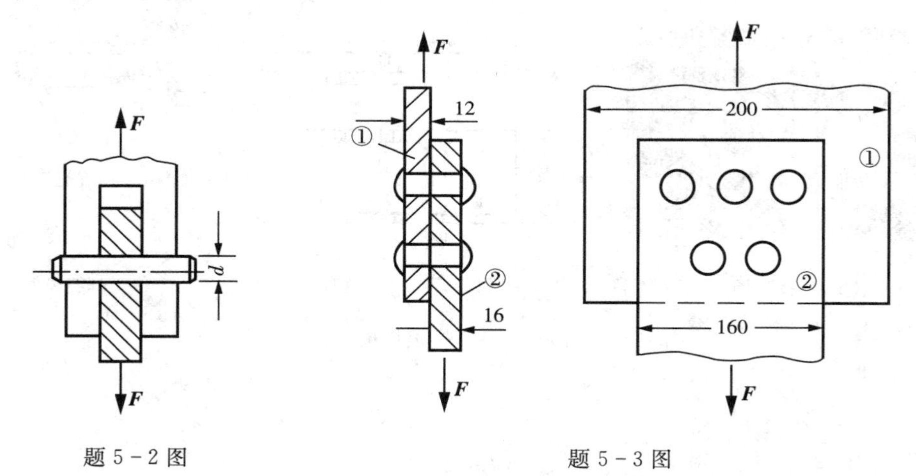


题 5 - 2 图　　题 5 - 3 图

5 - 4　方形木榫接头的尺寸为：$a=120\text{mm}$，$b=100\text{mm}$，$c=55\text{mm}$，承载力为 $F=45\text{kN}$。试求木榫接头的剪切应力和挤压应力。

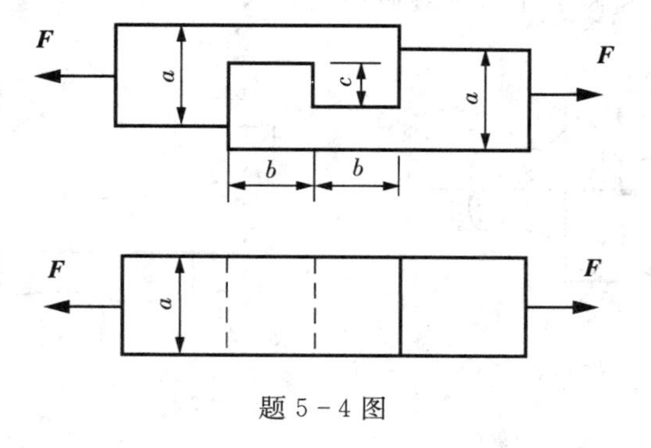


题 5 - 4 图

5-5　采用2个铆钉将等边角钢铆接在墙上，构成一种托架。托架的承载力为$F=120\text{kN}$，销钉直径$d=300\text{mm}$。试计算销钉的剪切和挤压应力。

5-6　螺栓受到的拉力$F$作用，已知材料许用应力为$[\tau]=0.6[\sigma]$。试求螺栓的直径和螺栓头的高度的合理比值。

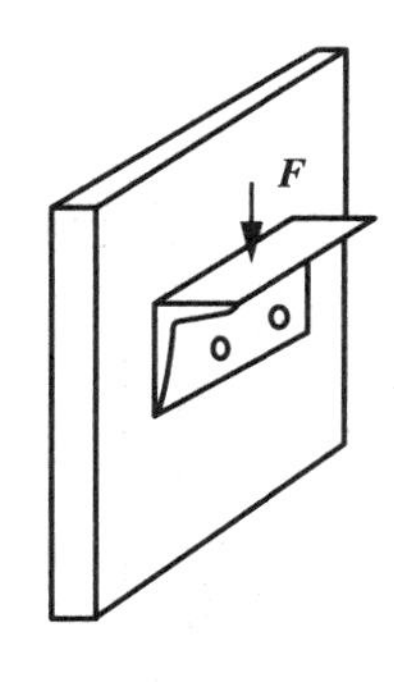


题5-5图

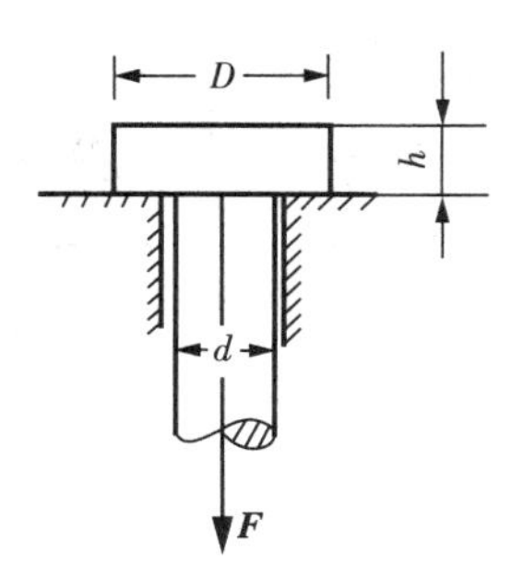


题5-6图

5-7　传动杆由两个圆杆采用联轴器连接在一起，如图所示。已知销的平均直径$d=6\text{mm}$。材料为45钢，许用应力为$[\tau]=370\text{MPa}$。试求联轴器能够传递的最大扭矩。

5-8　在厚度为5mm的钢板上冲出一个槽，如图所示。钢板剪断的极限切应力$\tau=320\text{MPa}$。试求需要多大的冲剪力。

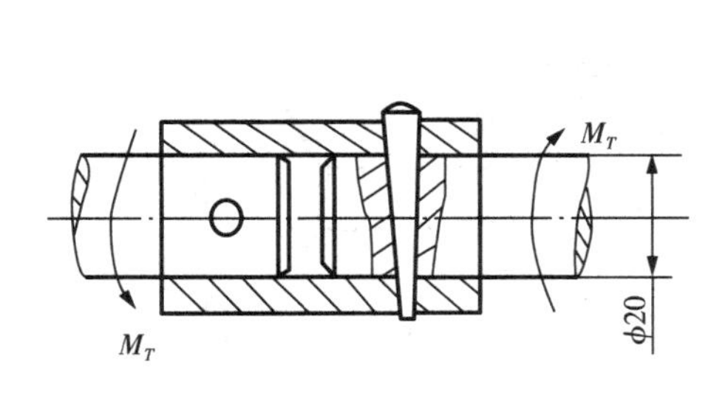


题5-7图

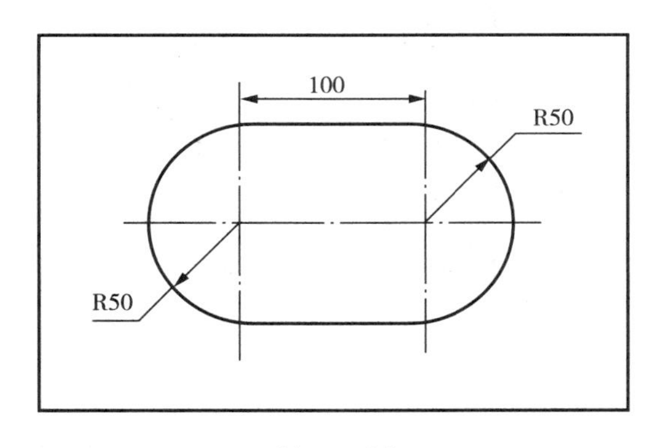


题5-8图

5-9　花键有8个齿，轴与轮的配合程度$l=65\text{mm}$，传递的外力矩$M_T=4\ \text{kN}\cdot\text{m}$。轴与轮的材料许用挤压应力为$[\sigma_{bs}]=140\text{MPa}$。试校核花键的挤压强度。

5-10　已知活塞销的材料许用应力为$[\tau]=70\text{MPa}$，$[\sigma_{bs}]=100\text{MPa}$。活塞销的外径$d_1=48\text{mm}$，内径$d_2=26\text{mm}$，长度$l=130\text{mm}$。活塞的大直径$D=135\text{mm}$。活塞工作时的压强$p=7.5\text{MPa}$。试校核活塞销的剪切和挤压强度。

5-11　联轴器传递的扭矩为$M_e=240\ \text{N}\cdot\text{m}$，凸缘上采用4个螺栓连接，螺栓直径$d=10\text{mm}$。螺栓材料的许用应力为$[\tau]=60\text{MPa}$。试校核联轴器的剪切强度。

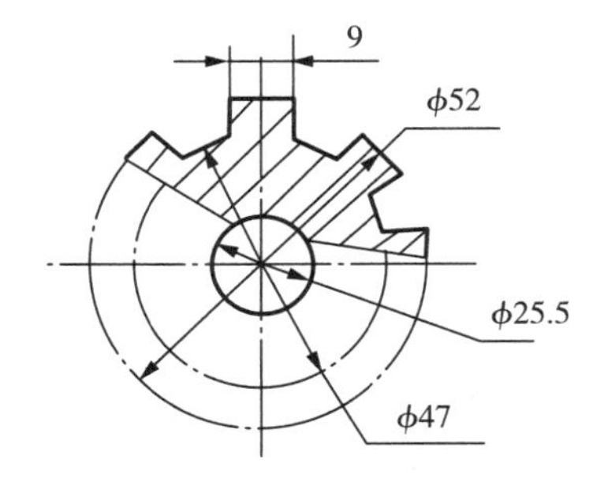


题5-9图

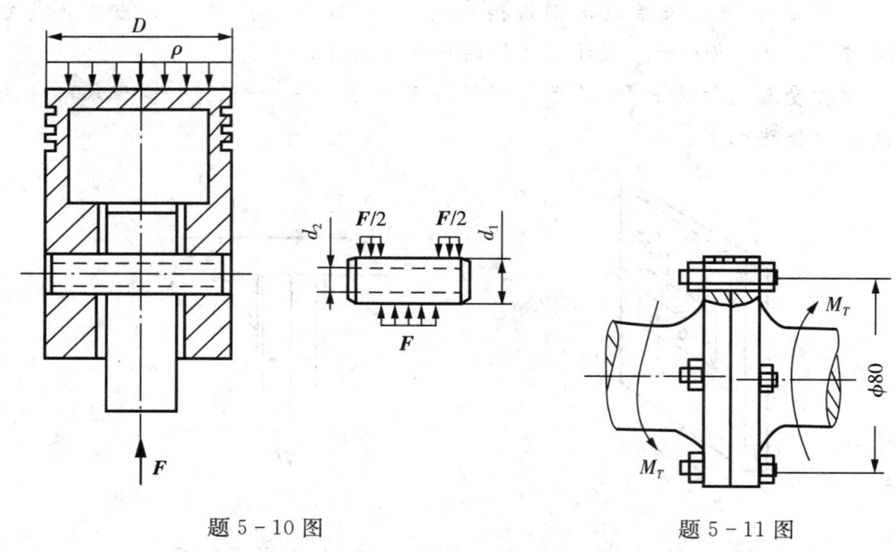


题 5-10 图　　　　题 5-11 图

5-12　图(a)(b)所示两种托架，受力 $F=40\text{kN}$，铆钉直径 $d=20\text{mm}$，铆钉为单剪，求它们的最危险铆钉上的切应力的大小及方向。

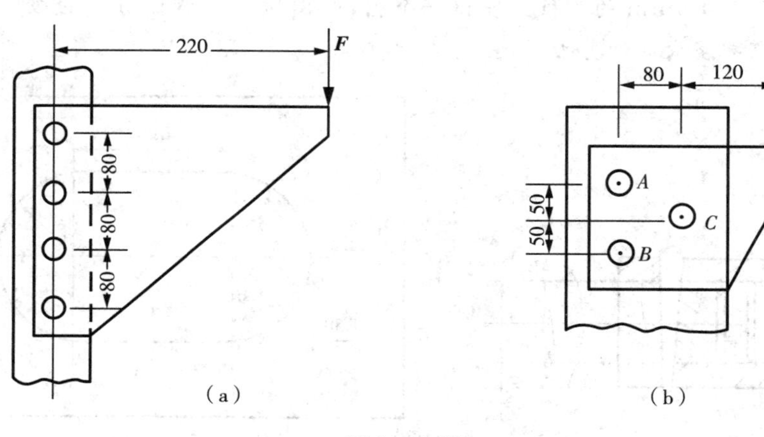


题 5-12 图

# 第 6 章　工程圆轴扭转问题

## 6.1　工程中的扭转结构实例

在工程中，采用转轴构件的场合很多，如发动机的轴、齿轮箱轴等。这种构件受纯扭矩作用，其变形特点是截面产生扭转角度，称它们为转轴构件。选择合适的轴构件是产品设计的关键之一。图 6－1 给出了几种典型的包含有转轴的例子，图 6－1(a) 中为汽轮机轴；图 6－1(b) 中为发动机曲轴；图 6－1(c) 中为皮带轮轴；图 6－1(d) 中为齿轮箱轴。

本章主要分析圆截面轴的扭转。转轴在工作中承受扭矩而产生扭转变形一般比较复杂，特别是非圆截面轴(杆)受扭分析要困难很多，本书最后章节将简单介绍非圆截面构件的弹性力学的一些研究结果。

(a) 汽轮机轴

(b) 发动机曲轴与凸轮轴系统

(c) 电机皮带轮轴系统

(d) 变速箱轴系

图 6－1　典型转轴机构

# 6.2 轴的扭矩计算和扭矩图

## 6.2.1 轴的外力偶矩

当已知传动轴所传递的功率$P$和转速$n$，求出作用在轴上的外力扭矩。扭矩所作的功$W$等于扭矩$T$和相应角位移$\varphi$的乘积，即

$$W = T\varphi \tag{6-1}$$

扭矩在单位时间内所作的功为功率$P$为：

$$P = W/t = T\omega \tag{6-2}$$

式(6-2)中，$\omega$为角速度，单位为rad/s；扭矩$T$的单位为N·m；功率$P$的单位为$W$。若功率$P$的单位为kW，转速$n$的单位为转/分(rpm)，则外力扭矩与功率、转速的关系为：

$$T = P/\omega = 9549P/n(\mathrm{N \cdot m}) \tag{6-3}$$

由电机传递到轴上的外扭矩是一种力偶矩，所以，有时传动轴外扭矩也称为外力偶矩。

## 6.2.2 轴的内扭矩及扭矩图

已知轴的外力扭矩后，利用平衡条件可以求出轴的任意截面上的内扭矩。由截面扭矩平衡不难知道，受扭轴的横截面上只有面内扭矩，记为$M_T$，其大小可由平衡方程求得。如图6-2所示为转轴受力模型。

$$\sum M_T = 0 \tag{6-4}$$

内扭矩的正负号按右手法则确定，即扭矩矢量的正方向与横截面外法线方向一致时为正，反之为负。与拉伸轴力图的画法相似，根据控制截面的扭矩，可画出轴的扭矩图。

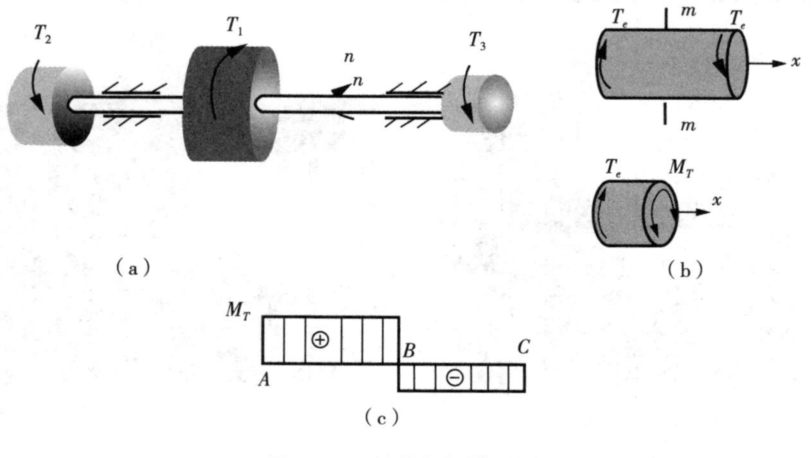


图6-2 轴的扭矩模型图

# 6.3　薄壁空心圆轴的扭转问题分析

壁厚 $\delta \leqslant r_0/10$ 的空心轴($r_0$ 为轴的平均半径)称为薄壁空心轴构件。这种构件承受纯扭矩时,称为薄壁空心轴构件扭转。在这样薄壁空心轴构件的截面上,扭矩引起的应力可以认为是均匀分布的。

## 6.3.1　截面切应变

利用长度为 $l$,平均半径为 $r_0$ 的薄壁空心轴进行扭转实验,在薄壁空心轴表面画出网格线。通过实验发现,(1) 薄壁空心轴表面的各圆周线的形状、大小和间距扭转前后均未改变,只是绕轴线作了相对转动;(2) 各纵向素线扭转后均转动了同一微小角度 $\varphi$;(3) 所有表面矩形网格扭转后均歪斜成同样大小的平行四边形。如图 6-3 所示。

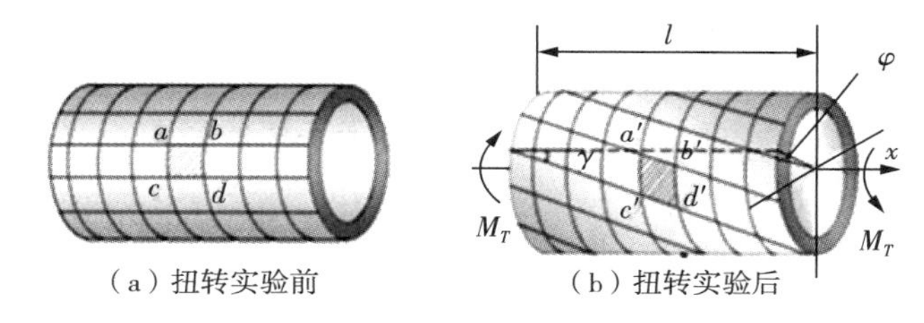


(a) 扭转实验前　　(b) 扭转实验后

图 6-3　薄壁空心轴构件扭转模型

通过这一实验结果,根据切应变定义,得到截面切应变为:

$$\gamma = bb'/ab = \varphi \cdot r_0/l \tag{6-5}$$

因此,薄壁空心轴中的截面切应变是均匀的。利用上面公式可以求出薄壁空心轴构件两端截面相对扭转角为:

$$\varphi = \gamma \cdot l/r_0 \tag{6-6}$$

## 6.3.2　截面切应力

如图 6-4 所示,薄壁空心轴的受扭矩力和截面变形特点是:(1) 横截面上无正应力,只有切应力;(2) 切应力方向垂直半径;(3) 圆周各点处切应力的方向与圆周相切且数值相等,横截面的切应力 $\tau$ 可以近似的被认为沿壁厚方向无变化。这样采用截面法,将截面上的切应力合成为扭矩,它等于截面扭矩。

$$M_T = \int r_0 \tau \mathrm{d}A \approx r_0 \tau \int \mathrm{d}A \approx 2\pi \cdot r_0 \delta \cdot r_0 \tau \tag{6-7}$$

所以,截面上的切应力为:

$$\tau = \frac{M_T}{2\pi\delta \cdot {r_0}^2} \tag{6-8}$$

式(6－8)是薄壁空心轴构件截面平均切应力计算公式。

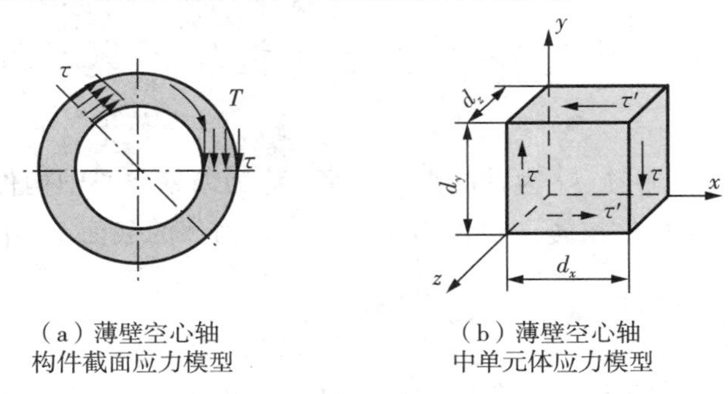


(a)薄壁空心轴构件截面应力模型

(b)薄壁空心轴中单元体应力模型

图 6－4 薄壁空心轴扭转

### 6.3.3 切应力互等定理

如图6-4(b)所示,从薄壁空心轴构件上取出一个微小的单元体,它是沿横截面、纵截面及垂直于径向的平面截出一无限小的长方体。设其边长分别为 $d_x,d_y,d_z$。该单元体的左、右两个面属于横截面,作用有切应力 $\tau$;前后面与外表面平行,其上没有应力。由平衡的观点,在上、下两个纵截面上必定存在着切应力 $\tau'$。由于各面的面积很小,可认为切应力在各面上均匀分布。利用力矩平衡方程:

$$\sum M_Z=0,\tau d_z d_y d_x-\tau' d_z d_x d_y=0$$

得:

$$\tau=\tau' \tag{6-9}$$

式(6-9)表明,在薄壁空心轴构件横截面和纵截面(径向平面)上存在着切应力,且这两个截面上的切应力一定相等。这就是切应力互等定理。

在图6－5中,微单元面上只有切应力,称这种状态为纯剪切单元。

### 6.3.4 剪切胡克定律

通过薄壁空心轴扭转试验,可以找出材料的切应力与切应变之间的关系,并确定材料的极限切应力。在扭转试验机上进行扭转试验如图6－5所示。将一薄壁空心轴一端固定,一端自由。在自由端受外力扭矩 $T$ 作用,如图6－6(a)所示。

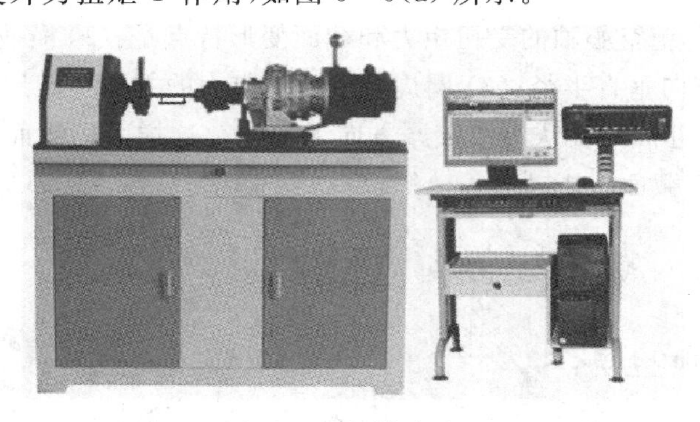

图 6－5 扭转试验机

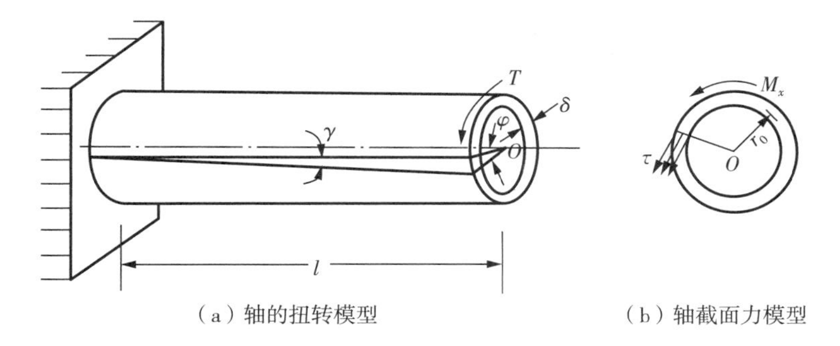


（a）轴的扭转模型　（b）轴截面力模型

图 6－6　薄壁空心轴构件扭转模型

试验中，逐渐增加外力扭矩，测量自由端与之相应的扭转变形角 $\varphi$，画出 $T-\varphi$ 曲线。再转化为扭转切应变和切应力，绘制 $\tau-\gamma$ 曲线。这里给出低碳钢和铸铁材料的 $\tau-\gamma$ 曲线如图 6－7 所示。

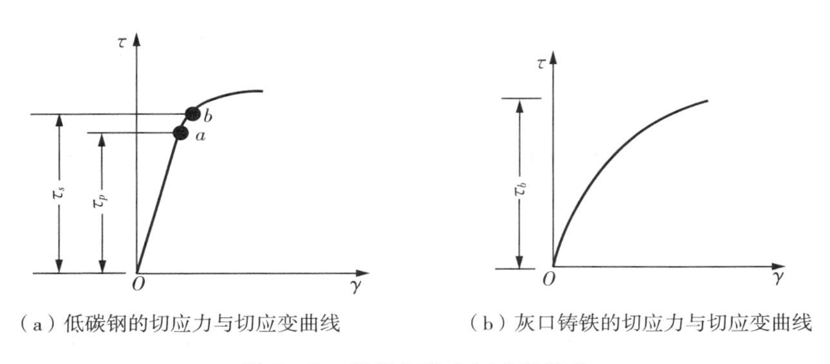


（a）低碳钢的切应力与切应变曲线　（b）灰口铸铁的切应力与切应变曲线

图 6－7　材料切应力与应变关系

由低碳钢的切应力应变曲线可见，在弹性范围内，切应力 $\tau$ 与切应变 $\gamma$ 之间成线性关系，它就是前面的章节中已经介绍过的切应力的胡克定律：

$$\tau = G\gamma \tag{6-10}$$

式(6－10)中，$G$ 为剪切弹性模量。

在低碳钢的 $\tau-\gamma$ 曲线上，曲线 $a$ 点的切应力称为剪切比例极限，用 $\tau_p$ 表示。当切应力超过 $\tau_p$ 以后，材料将发生屈服，$b$ 点的切应力称为剪切屈服极限，用 $\tau_s$ 表示。但低碳钢的扭转试验不易测得剪切屈服极限，因为在材料屈服前，圆筒壁可能会发生皱折。

在灰口铸铁的 $\tau-\gamma$ 曲线上，没有明显的直线段，一般用割线代替，而认为剪切虎克定律近似成立。此外，铸铁扭转时没有屈服阶段，但可测得剪切强度极限 $\tau_b$。

### 6.3.5　扭转变形与剪切应变能

当需要计算薄壁空心轴扭转时，其截面之间产生的相对角位移 $\varphi$，即扭转角，由几何变形关系有：

$$\varphi = \gamma l / r_0 \tag{6-11}$$

将切应力和切应变计算式代入式(6－11)，可以得出：

$$\varphi = \frac{l}{r_0}\frac{\tau}{G} = \frac{M_T l}{2\pi G r_0^3 \delta} \tag{6-12}$$

式(6－12)是薄壁空心轴构件扭转角与截面扭矩的关系。

薄壁空心轴构件经过扭转后，外扭矩做功，构件中产生应变能。这种功和能计算如下：

$$W = \frac{1}{2}M_T\varphi = \frac{M_T{}^2 l}{4\pi G r_0^3 \delta} \tag{6-13}$$

而在纯剪切状态下应变比能为：

$$u_\varepsilon = \frac{1}{2}\tau\gamma \tag{6-14}$$

因此，薄壁空心轴构件中的应变能为：

$$U_\varepsilon = \int \mathrm{d}u_\varepsilon = \int \frac{1}{2}\tau\gamma\,\mathrm{d}V \approx \frac{1}{2}\frac{\tau^2}{G}2\pi r_0 l\delta = \frac{\pi\tau^2 r_0 l\delta}{G} \tag{6-15}$$

在保守系统中，通常轴的外扭矩做功与轴的应变能应该相等。

### 6.3.6 任意斜方向截面上应力

取如图 6－8(a) 所示的纯剪切单元体，若沿不同方向切开单元体，则得到斜截面上的应力。将单元体沿 $\alpha$ 方向角切开，在斜截面上会出现正应力和切应力如图 6－8(b) 所示。

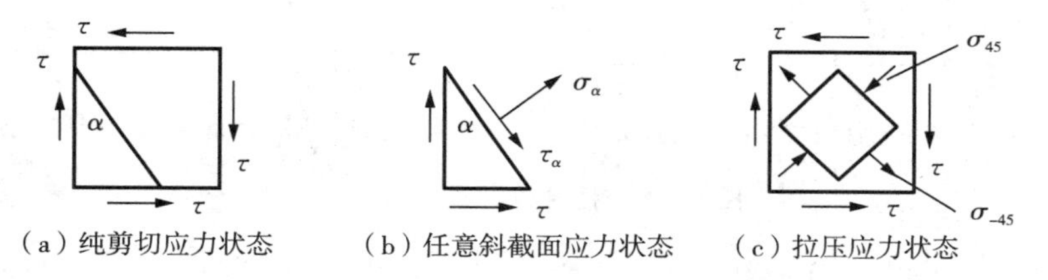

(a) 纯剪切应力状态　(b) 任意斜截面应力状态　(c) 拉压应力状态

图 6－8　纯剪切单元体应力状态模型

设斜截面的面积为 $A$，根据平衡条件有：

$$\begin{aligned} &\sum F_n = 0, \sigma_\alpha A + (\tau A\cos\alpha)\sin\alpha + (\tau A\sin\alpha)\cos\alpha = 0 \\ &\sum F_t = 0, \tau_\alpha A - (\tau A\cos\alpha)\cos\alpha + (\tau A\sin\alpha)\sin\alpha = 0 \end{aligned} \tag{6-16}$$

式(6－16)经过简化后得到任意斜截面上的应力为：

$$\sigma_\alpha = -2\tau\sin 2\alpha \tag{6-17}$$

$$\tau_\alpha = \tau\cos 2\alpha \tag{6-18}$$

特别，当 $\alpha = \pm 45°$ 时，$\tau_{\pm 45} = 0$，$\sigma_{\pm 45} = \mp\tau$。这说明在45度斜面上只存在正应力，没有切应力，这时称为纯拉压状态单元，见图 6－8(c)。拉应力是最大应力，压应力是最小应力。

根据应变能的定义，在纯剪切状态单元中，单位体积的应变能为：

$$u_\varepsilon = \frac{U_\varepsilon}{V} = \frac{1}{2}\tau\gamma = \frac{\tau^2}{2G} \tag{6-19}$$

将纯剪切状态单元转化为纯拉压状态单元后，也可以计算应变能。特别是转化为纯拉压状态单元，这时分别采用拉应力做功与压应力做功叠加。但是，需要注意的是，在拉应力做功过程中压应力也同时做功。因此，总的应变能为：

$$u_\varepsilon = \frac{1}{2}\sigma_{-45}\varepsilon_{-45} + \sigma_{-45}\varepsilon_{45} + \frac{1}{2}\sigma_{45}\varepsilon_{45} \tag{6-20}$$

在拉应力状态中，$\sigma_{-45}=E\varepsilon_{-45}$，$\varepsilon_{45}=-\nu\varepsilon_{-45}$；

在压应力状态中，$\sigma_{45}=E\varepsilon_{45}$，$\varepsilon_{-45}=-\nu\varepsilon_{45}$；

将上面各结果代入总的应变能计算式(6-20)得：

$$\begin{aligned} u_\varepsilon &= \frac{1}{2}\frac{\sigma_{-45}^2}{E} + \sigma_{-45}\frac{-\nu\sigma_{45}}{E} + \frac{1}{2}\frac{\sigma_{45}^2}{E} \\ &= \frac{1}{2}\frac{\tau^2}{E} + \tau\frac{\nu\tau}{E} + \frac{1}{2}\frac{(-\tau)^2}{E} \\ &= \frac{1+\nu}{E}\tau^2 \end{aligned} \tag{6-21}$$

比较式(6-19)与式(6-21)两种状态计算的单位体积应变能公式，它们应该是相等的。这样可以得出：

$$G = \frac{E}{2(1+\nu)} \tag{6-22}$$

这就是剪切弹性模量与拉压弹性模量至之间的关系。利用这一关系，当材料的拉伸弹性模量 $E$ 和泊松系数 $\mu$ 已知后，就可以求出剪切模量 $G$。

# 6.4　实心圆轴扭转问题分析

为了确定圆轴横截面上的切应力分布规律，必须研究扭转时圆轴的变形情况，得到变形的几何关系，然后再利用物理关系和静力学平衡关系建立计算公式。

### 6.4.1　圆轴的变形几何关系

与薄壁空心轴扭转不同，实心圆轴扭转时截面上的应力不再是常值。取一段圆轴，在其两端施加一对大小相等、转向相反的力偶矩 $M_T$，使其发生扭转。在圆轴表面画出微小的网格。当变形很小时，可以观察到(如图 6-9 所示)：(1) 变形后所有圆周线的形状、大小和间距均未改变，只是绕杆的轴线作相对转动；(2) 所有的纵线都转过了同一角度 $\gamma$，因而所有的表面矩形都变成了平行四边形。

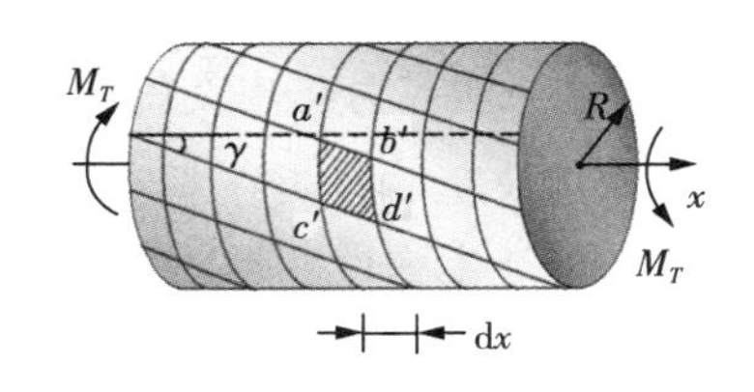


图 6-9　圆轴扭转变形模型

为了分析圆轴内部的变形，从圆轴表面的变形现象开始分析。这里做出如下假设：变形前为平面的横截面，变形后仍为平面，只绕轴旋转一个角度，横截面上任一半径始终保持为直线。这一假设称为平截面假设或平面假设。

从图 6－9 所示的轴中，截取长为 $dx$ 的微小段，其扭转后的相对变形情况如图 6－10(a) 所示。为了更清楚地表示轴的变形，再从微段中截取一楔形微体 $OO'abcd$，如图 6－10(b) 所示。其中实线和虚线分别表示变形前后的形状。由图可见，在圆轴表面上的矩形 $abcd$ 变为平行四边形 $abc'd'$，边长不变，但直角改变了一个 $\gamma$ 角，$\gamma$ 即为切应变。

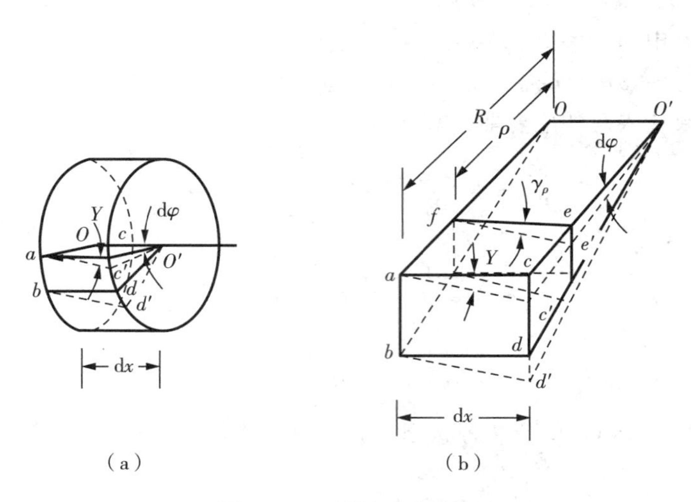


图 6－10　圆轴微段变形

取距圆心半径为 $\rho$ 处的矩形，变形变为平行四边形，设其切应变为 $\gamma_\rho$。在 $dx$ 段的左、右两截面的相对扭转角用半径 $O'c$ 转到 $O'c'$ 的角度 $d\varphi$ 表示，在微小变形前提下，半径方向的任一位置 $\rho$ 处的切应变为：

$$\gamma_\rho \approx \tan\gamma_\rho = \frac{ee'}{fe} = \rho\,\frac{d\varphi}{dx} \tag{6-23}$$

在式(6－23)中，由于 $d\varphi/dx$ 在截面上不变化，因此，同一横截面切应变 $\gamma_\rho$ 与 $\rho$ 成正比。

显然，切应变是由于矩形的两侧相对错动而引起的，发生在垂直于半径的方向。如果需要计算圆轴扭转时相邻两截面之间产生的相对角位移 $\varphi$，即扭转角，利用式(6－23)得：

$$d\varphi = \frac{\gamma_R}{R}dx \tag{6-24}$$

将式(6－24)沿整个轴积分，得到整个轴的两个端面相对扭转角为：

$$\varphi = \frac{\gamma_R l}{R} \tag{6-25}$$

### 6.4.2　切应力与应变的物理关系

因为切应变的方向在垂直于半径的方向，所以与它对应的切应力的方向也垂直于半径。当轴只产生弹性变形时，切应力和切应变之间满足胡克定律，得到横截面上任一点处的切应力为：

$$\tau_\rho = G\gamma_\rho = G\rho\,\frac{d\varphi}{dx} \tag{6-26}$$

式(6-26)表明，横截面上各点处的切应力与$\rho$成正比，$\rho$相同的圆周上各点处的切应力相同，切应力的方向垂直于截面半径。图 6－11 表示实心圆轴横截面上的切应力分布规律。在圆轴周边上各点处的切应力具有相同的最大值，在圆心处$\tau=0$。

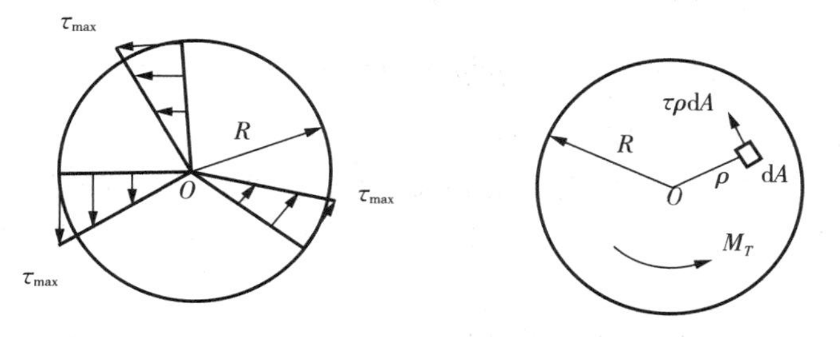


（a）横截面上的切应力分布规律　（b）横截面上的切应力合成

图 6－11　横截面上的切应力

### 6.4.3　切应力计算公式

根据截面法和静力学的力等效关系，截面上的切应力对圆心 $O$ 取矩，它应该等于横截面上的扭矩 $M_T$（如图 6－11 所示）。

$$M_T=\int\rho\tau_\rho \mathrm{d}A=\int^G\rho^2\frac{\mathrm{d}\varphi}{\mathrm{d}x}\mathrm{d}A=G\frac{\mathrm{d}\varphi}{\mathrm{d}x}I_P \tag{6-27}$$

式(6－27)中，$I_P$ 称为横截面对圆心的极惯性矩（单位 $m^4$）。

$$I_P=\int\rho^2\mathrm{d}A \tag{6-28}$$

从式(6－27)得出：

$$\frac{\mathrm{d}\varphi}{\mathrm{d}x}=\frac{M_T}{GI_P} \tag{6-29}$$

代入切应力公式后得到圆轴横截面上任一点处的切应力公式：

$$\tau_\rho=\frac{M_T\rho}{I_P} \tag{6-30}$$

式(6-30)中，$M_T$ 为横截面上的扭矩，$\rho$ 为求应力的点到圆心的距离，$I_P$ 为横截面对圆心的极惯性矩。

横截面上的最大切应力发生在 $\rho=R$ 处，其值为：

$$\tau_{\max}=\frac{M_TR}{I_P} \tag{6-31}$$

记 $W_P=I_P/R$，称为抗扭截面系数（单位 $m^3$），则式(6－31)变为：

$$\tau_{\max}=\frac{M_T}{W_P} \tag{6-32}$$

对于截面为规则的圆截面，上面的极惯性矩和抗扭截面系数都可以计算出来。如图 6－

12 所示几种圆形截面，它们的极惯性矩如下。

实心圆截面极惯性矩：$I_P=\int_0^{D/2}\rho^2 2\pi\rho \mathrm{d}\rho=\pi D^4/32$

实心圆截面抗扭截面系数：$W_P=\pi D^3/16$

空心圆截面极惯性矩：$I_P=\int_{d/2}^{D/2}\rho^2 2\pi\rho \mathrm{d}\rho=\pi D^4(1-\alpha^4)/32,\alpha=d/D$

空心圆截面抗扭截面系数：$W_P=\pi D^3(1-\alpha^4)/16$

对于截面是薄壁圆环截面，内、外径分别为 $d$ 及 $D$。设其平均直径为 $D_0$，平均半径为 $r_0$，壁厚为 $\delta$。将 $D=D_0+\delta,d=D_0-\delta$ 分别代入空心圆截面极惯性矩式，得：

$$I_P=\pi {D_0}^4\ (1+\beta)^4\left[1-\left(\frac{1-\beta}{1+\beta}\right)^4\right]/32,\beta=\delta/D_0$$

$$W_P=\pi {D_0}^3\ (1+\beta)^3\left[1-\left(\frac{1-\beta}{1+\beta}\right)^4\right]/16$$

若略去壁厚 $\delta$ 的高阶无穷小，得到，

薄壁圆环截面极惯性矩：$I_P=2\pi\cdot {r_0}^3\delta$；

薄壁圆环截面抗扭截面系数 $W_P=2\pi\cdot {r_0}^2\delta$。

这与前面薄壁圆环截面得出的结果一致。

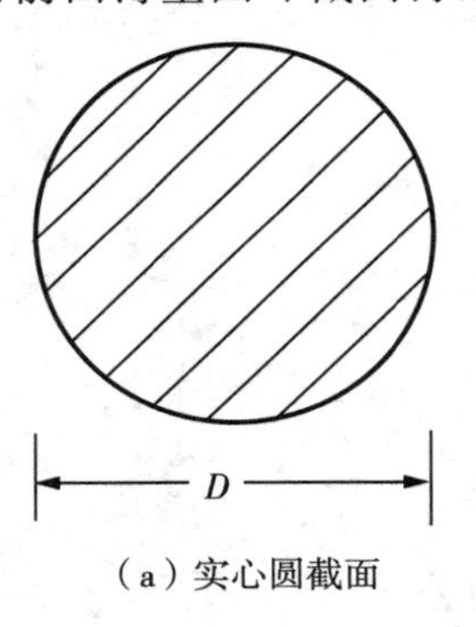

(a) 实心圆截面

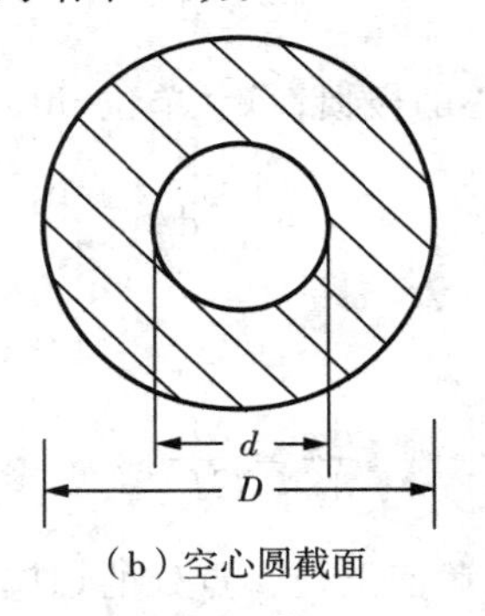

(b) 空心圆截面

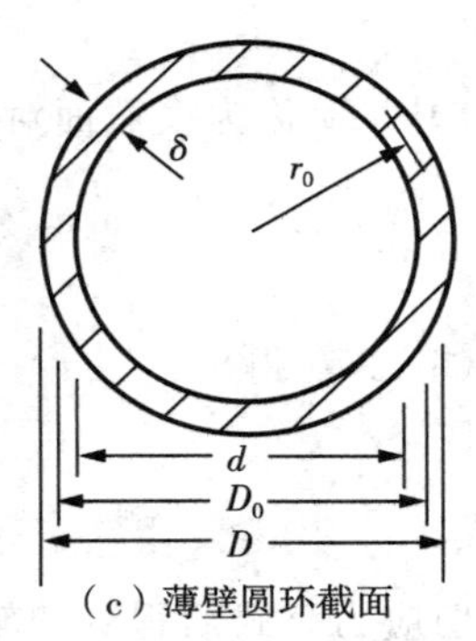

(c) 薄壁圆环截面

图 6-12 轴横截面图

### 6.4.4 圆轴扭转的变形

将式(6-10)(6-31) 代入计算公式(6-25)，得到圆轴两端截面相对扭转角公式为：

$$\varphi=\frac{\gamma_R l}{R}=\frac{\tau_{\max} l}{GR}=\frac{M_T l}{GI_P} \tag{6-33}$$

式(6-33) 表明，扭转角与轴的长度 $l$ 成正比，与 $GI_P$ 成反比。乘积 $GI_P$ 称为圆轴的扭转刚度。$GI_P$ 越大，扭转角越小；$GI_P$ 越小，扭转角越大。扭转角的单位为弧度。

如果轴是由多段不同截面的阶梯形圆柱组成，则整个轴的截面相对扭转角为：

$$\varphi=\sum_{i=1}^{m}\frac{M_T l_i}{GI_{Pi}} \tag{6-34}$$

**思考与讨论：**由两种不同材料组成的圆轴，里层和外层材料的切变模量分别为 $G_1$ 和 $G_2$，

且 $G_1=2G_2$。圆轴尺寸如图 6-13 所示。圆轴受扭时，里、外层之间无相对滑动。讨论横截面上的切应力分布。

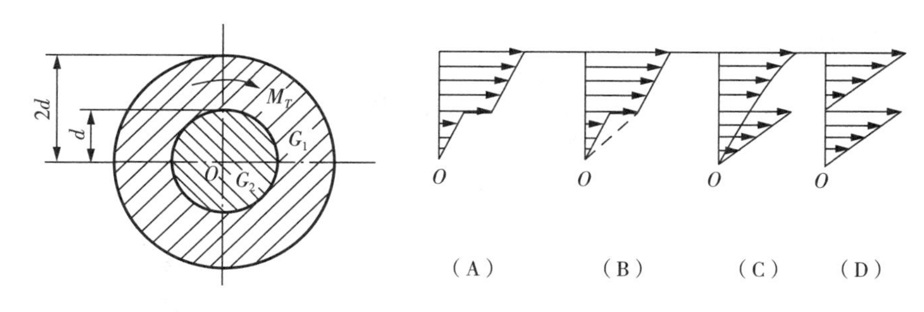


图 6 - 13　两种材料组合轴的扭转

### 6.4.5　圆轴纵截面切应力

当已知横截面上的切应力及其分布规律后，由切应力互等定理便可知道纵截面上的切应力及其分布规律，如图 6 - 14 所示。

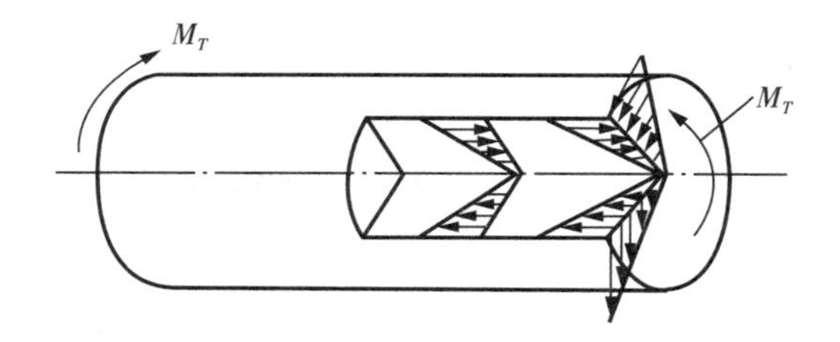


图 6 - 14　切应力互等

在扭转问题中切应力互等定理成立。但须特别指出，这一定理只适用于一点处或在一点处所取的单元体。如果边长不是无限小的长方体或一点处两个不是相正交的方向平面上便不能适用。

下面深入分析纵截面上的切应力的变化特点。如图 6 - 15(a) 所示圆轴模型，在外扭矩 $T$ 作用下发生扭转。现沿横截面 $ABE$、$CDF$ 和水平纵截面 $ABCD$ 截出杆的一部分，如图 6 -15(b)。根据切应力互等定理可知，水平截面 $ABCD$ 上的切应力分布情况如图 6 - 15(b) 所示，其上的切向分布内力 $\tau' \mathrm{d}A$ 将组成一合力偶。试分析半截杆的合力的平衡。

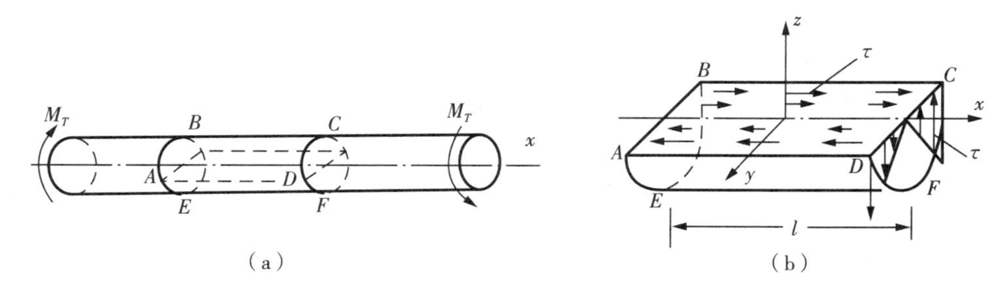


图 6 - 15　圆杆受扭图

显然，在 $ABCD$ 平面上的切应力合成后是自动平衡力系：

$$F_{x1}=\int_{A1}\tau(\rho)\mathrm{d}A=\int_{-r}^{r}\frac{M_T}{I_P}\rho l\,\mathrm{d}\rho=\frac{M_T l}{I_P}\int_{-r}^{r}\rho\,\mathrm{d}\rho=0$$

但切应力会合成为力偶矩：

$$M_{z1}=\int_{A1}\rho\tau(\rho)\mathrm{d}A=\int_{A1}\rho\tau(\rho)l\mathrm{d}\rho=\frac{M_T l}{I_P}\int_{-r}^{r}\rho^2\mathrm{d}\rho=\frac{2M_T l r^3}{3I_P}$$

在右端平面上，切应力合成后为：

$$F_{y2}=-\int_{A2}\tau(\rho)\sin\theta\mathrm{d}A=-\int_0^R\int_0^\pi\frac{M_T\rho}{I_P}\sin\theta\rho\,\mathrm{d}\theta\mathrm{d}\rho=\frac{-2M_T r^3}{3I_P}$$

$$F_{z2}=\int_{A2}\tau(\rho)\cos\theta\mathrm{d}A=\int_0^R\int_0^\pi\frac{M_T\rho}{I_P}\cos\theta\rho\,\mathrm{d}\theta\mathrm{d}\rho=0$$

$$M_{x2}=\int_A\rho\tau(\rho)\mathrm{d}A=\frac{M_T}{2}$$

在左端平面上，切应力合成后为：

$$F_{y3}=\int_{A3}\tau(\rho)\sin\theta\mathrm{d}A=\int_0^R\int_0^\pi\frac{M_T\rho}{I_P}\sin\theta\rho\,\mathrm{d}\theta\mathrm{d}\rho=\frac{2M_T r^3}{3I_P}$$

$$F_{z3}=-\int_{A3}\tau(\rho)\cos\theta\mathrm{d}A=-\int_0^R\int_0^\pi\frac{M_T\rho}{I_P}\cos\theta\rho\,\mathrm{d}\theta\mathrm{d}\rho=0$$

$$M_{x3}=-\int_{A3}\rho\tau(\rho)\mathrm{d}A=\frac{-M_T}{2}$$

整个半截杆的合力为：

$$F_{y2}+F_{y3}=0$$

$$M_{x2}+M_{x3}=0$$

$$M_{z1}+\frac{F_{y2}l}{2}-\frac{F_{y3}l}{2}=\frac{2M_T l r^3}{3I_P}-\frac{M_T l r^3}{3I_P}-\frac{M_T l r^3}{3I_P}=0$$

所以，整个半截杆是平衡的。

**思考与讨论：**(1) 扭转切应力公式 $\tau(\rho)=M_T\rho/I_P$ 的应用范围有以下几种，讨论哪一种是正确的。

(A) 等截面圆轴，弹性范围内加载；

(B) 等截面圆轴；

(C) 等截面圆轴与椭圆轴；

(D) 等截面圆轴与椭圆轴，弹性范围内加载。

**思考与讨论：**(2) 若在圆轴表面上画一小圆，试分析圆轴受扭后小圆将变成什么形状？使小圆产生如此变形的是什么应力？

# 6.5　轴的扭转的强度与刚度校核

## 6.5.1　强度校核条件

低碳钢直圆轴扭转试验时的破坏形式主要为剪切破坏，如图 6－16 所示。为保证轴能正常工作，需要控制轴的强度失效，还应对其变形加以限制，不能发生刚度失效。因此，必须对轴进行强度校核和刚度校核。

（a）圆轴扭转破坏实物

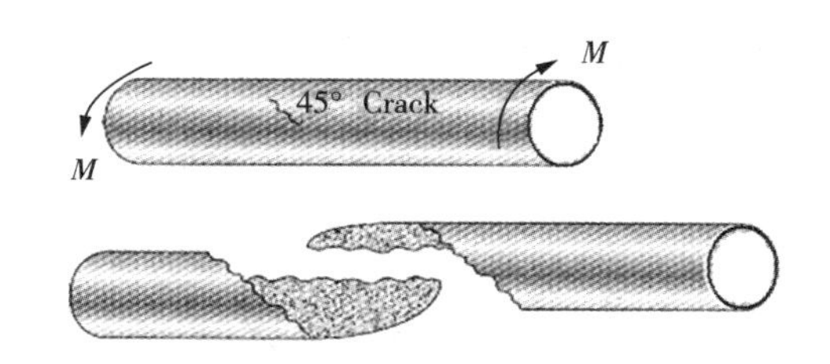


（b）圆轴扭转破坏模型

图 6－16　直圆轴扭转的破坏形式

由于等直圆轴扭转时最大切应力 $\tau_{\max}$ 发生在最大扭矩所在的危险截面的周边上，在这些危险截面的周边是危险点，需要校核其强度。即 $\tau_{\max}$ 不能超过材料的容许切应力$[\tau]$：

$$\tau_{\max}=\frac{M_{T\max}}{W_P}\leqslant[\tau] \tag{6-35}$$

式(6－35)中，$M_{T\max}$ 是危险截面上的最大扭矩；$W_P$ 为危险截面的抗扭系数。

轴的强度设计任务包括校核轴的强度、设计轴的截面或求容许外力偶矩。

对变截面圆轴，如阶梯轴、圆锥形轴等，$W_P$ 不是常量，$\tau_{\max}$ 并不一定发生在 $W_P$ 最小的截面上，这时要综合考虑扭矩 $M_{T\max}$ 和 $W_P$ 的变化。

材料容许切应力$[\tau]$的确定需要考虑材料的极限切应力 $\tau_u$，将其除以安全因数，即可得到容许切应力的数值。通常取塑性材料的剪切屈服极限$\tau_s$和脆性材料的剪切强度极限$\tau_b$作为极限切应力 $\tau_u$。

根据试验结果，容许切应力和容许拉应力之间通常取下面的范围：

$$塑性材料：[\tau]=(0.5\sim0.6)[\sigma]$$

$$脆性材料：[\tau]=(0.8\sim1.0)[\sigma]$$

有些受扭转的圆轴有联接法兰接头，对其联接件也应进行强度计算，以保证足够的强度。

### 6.5.2 刚度校核条件

对于扭转圆轴，通常是限制其最大的单位长度扭转角不超过规定的数值。因此，等直圆杆扭转时的刚度条件为：

$$\frac{\varphi_{\max}}{l}=\theta_{\max}=\frac{M_{T\max}}{GI_P}\leqslant[\theta] \tag{6-36}$$

式中$[\theta]$为规定的单位长度杆扭转角，其值可在设计手册中查到。例如，

精密机器传动轴：$[\theta]=(0.15\sim0.3)°/\mathrm{m}$

一般机器传动轴：$[\theta]=(0.5\sim2.0)°/\mathrm{m}$

钻杆：$[\theta]=(2.0\sim5.0)°/\mathrm{m}$

如果轴是由多段不同截面的阶梯形圆柱组成，则整个轴的刚度条件为

$$\theta_{\max}=\frac{\varphi}{\sum\limits_{i=1}^{m}l_i}=\frac{\sum\limits_{i=1}^{m}\dfrac{M_T l_i}{GI_{Pi}}}{\sum\limits_{i=1}^{m}l_i} \tag{6-37}$$

对圆轴进行刚度设计时，包括校核刚度、设计截面或求容许外力偶矩。

## 6.6 密圈螺旋弹簧的应力和变形

工程中广泛使用的弹簧构件，它主要起减振、储能等作用。当弹簧受轴向拉压力$F$时，弹簧丝中会受扭转和剪切。当弹簧的螺旋角小于5°时，且弹簧外径$D\gg d$(弹簧丝直径)，这样的弹簧称为密圈螺旋弹簧(如图6-17所示)。下面推导这种弹簧的应力与变形的计算方法。

### 6.6.1 截面内力与应力的计算

(1) 横截面内力

为便于分析，将弹簧切开(如图6-18)，弹簧丝杆的斜度视为0°，弹簧丝的横截面上有两个内力，即

$$截面剪力：F_S=F,\quad 截面扭矩：\ M_T=FD/2$$

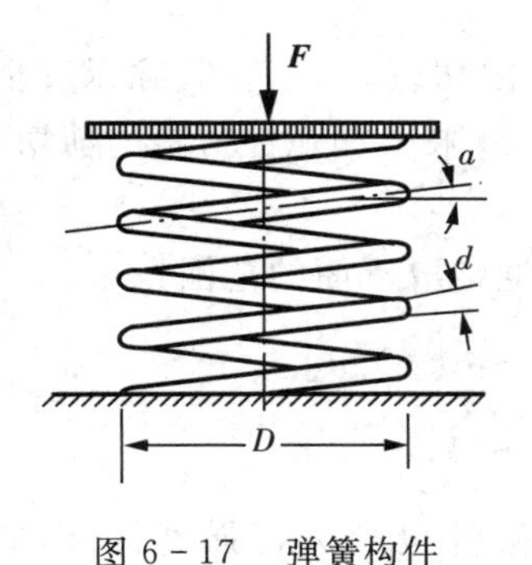


图6-17 弹簧构件

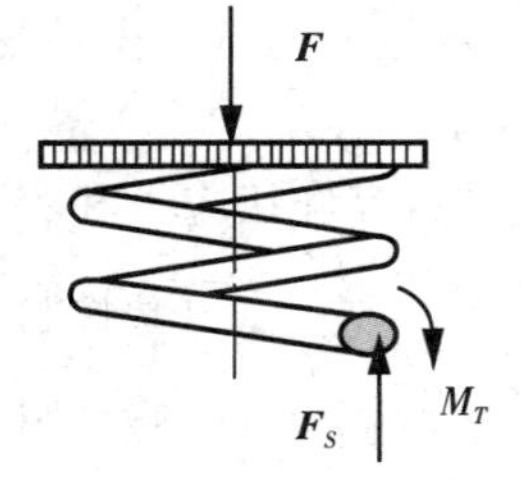


图6-18 弹簧丝受力

(2) 横截面应力

利用前面的分析结果,截面剪切内力引起的切应力(均匀分布)为:

$$\tau_1 = F_S/A = \frac{F}{\pi d^2/4}$$

截面扭矩引起的切应力(线性分布)为:

$$\tau_{2\rho} = \frac{M_T\rho}{I_P} = \frac{FD\rho/2}{\pi d^4/32} = \frac{16FD\rho}{\pi d^4}$$

扭矩引起的截面中最大的切应力为:

$$\tau_{2\max} = \frac{8FD^2}{\pi d^4}$$

因此,弹簧丝横截面上最大合切应力为:

$$\tau_{\max} = \tau_1 + \tau_{2\max} = \frac{4F}{\pi d^2} + \frac{8FD}{\pi d^3} = \frac{8FD}{\pi d^3}(1 + \frac{d}{2D}) \tag{6-38}$$

显然,当 $D \gg d$ 时,可以近似计算弹簧丝横截面上最大合切应力为:

$$\tau_{\max} \approx \frac{8FD}{\pi d^3} \tag{6-39}$$

在上述弹簧丝的截面应力公式推导过程中采用了较多的假设,所以上面的公式在实际计算中会有较大误差。工程上常常采用下面的修正公式进行计算。

$$\tau_{\max} = \frac{8FD}{\pi d^3}\left(\frac{4c-1}{4c-4} + \frac{0.615}{c}\right) = \zeta\frac{8FD}{\pi d^3} \tag{6-40}$$

其中,$c = D/d$,称为弹簧指数;$\zeta = \frac{4c-1}{4c-4} + \frac{0.615}{c}$,称为曲度系数。

为了便于计算,通常将弹簧指数和曲度系数列表计算(如表 6-1)。从表 6-1 中可以看出,$c$ 越大,$\zeta$ 值越小。因此,对大直径弹簧,由式(6-39)计算的截面最大切应力比较准确。

对弹簧丝的最大切应力需要进行其强度校核。

$$\tau_{\max} \leqslant [\tau] \tag{6-41}$$

**表 6-1　弹簧的曲度系数**

| $c$ | 4 | 5.5 | 5 | 5.5 | 6 | 6.5 | 7 | 7.5 | 8 | 8.5 | 9 | 9.5 | 10 | 12 | 14 |
|---|---|---|---|---|---|---|---|---|---|---|---|---|---|---|---|
| $\zeta$ | 1.40 | 1.35 | 1.31 | 1.28 | 1.25 | 1.23 | 1.21 | 1.20 | 1.18 | 1.17 | 1.16 | 1.15 | 1.14 | 1.12 | 1.10 |

### 6.6.2　弹簧变形能计算

弹簧构件在拉压后外力做功,它作为弹性能储存在弹簧中。根据能量守恒原理两者应该相等。弹性变形能的计算方法如下。

弹簧单位体积中的应变能为：

$$u_{\varepsilon}=\frac{\tau_{\rho}{}^{2}}{2G}=\frac{1}{2G}\left(\frac{16FD\rho}{\pi d^{4}}\right)^{2} \tag{6-42}$$

因此，弹簧的总变形能为：

$$U_{\varepsilon}=\int u_{\varepsilon}\mathrm{d}V=\int u_{\varepsilon}\mathrm{d}A\mathrm{d}s=\int u_{\varepsilon}\rho\,\mathrm{d}\theta\mathrm{d}\rho\mathrm{d}s$$

$$=\int\frac{1}{2G}\left(\frac{16FD\rho}{\pi d^{4}}\right)^{2}\rho\mathrm{d}\theta\mathrm{d}\rho\mathrm{d}s=\frac{128F^{2}D^{2}}{\pi^{2}Gd^{8}}\int_{0}^{2\pi}\mathrm{d}\theta\int_{0}^{d/2}\rho^{3}\mathrm{d}\rho\int_{0}^{n\pi D}\mathrm{d}s \tag{6-43}$$

$$=\frac{4nF^{2}D^{3}}{Gd^{4}}$$

式(6－41)中，$n$ 为弹簧丝的圈数。

而弹簧上的外力做功为：

$$W=\frac{1}{2}F\Delta \tag{6-44}$$

式中，$\Delta$ 为弹簧的变形。

由能量守恒原理得到：

$$\Delta=\frac{8nD^{3}F}{Gd^{4}}=F/k \tag{6-45}$$

式中，$k$ 称为弹簧刚度系数。$k=\dfrac{Gd^{4}}{8nD^{3}}$，它与弹簧的尺寸、材料等有关。

## 6.7 典型工程圆轴扭转问题分析

为了理解和运用上面介绍的扭转理论和公式，下面通过例子的求解来说明实际工程中的问题分析方法。

**例 6－1** 已知传动轴如图 6－19(a) 所示，其转速 $n=300$ r/min，主动轮 $C$ 输入的功率为 $P_C=500$ kW。若不计轴承摩擦功耗，三个从动轮输出的功率分别为 $P_A=P_B=150$ kW，$P_D=200$ kW。传动轴受力模型如图 6－19(b) 所示，试作出轴的扭矩图。

**解**：首先计算各轮子受到的外力偶矩为：

$$T_C=9549P_C/n=9549\times500/300=15915(\mathrm{N\cdot m})$$

$$T_A=T_B=9549P_A/n=9549\times150/300=4774.5(\mathrm{N\cdot m})$$

$$T_D=9549P_D/n=9549\times200/300=6366(\mathrm{N\cdot m})$$

再计算轴各段内任横一截面上的扭矩(以截面外法线为正方向)。

在 $AB$ 段内：$M_{T1}+T_A=0$，$M_{T1}=-T_A=-4774.5(\mathrm{N\cdot m})$

在 $BC$ 段内：$M_{T2}+T_A+T_B=0$，$M_{T1}=-T_A-T_B=-9549(\mathrm{N\cdot m})$

在 $CD$ 段内：$M_{T3}-T_D=0$，$M_{T1}=T_D=6366(\mathrm{N\cdot m})$
作扭矩图如图 6-19(c)。最大扭矩发生在 $BC$ 段。

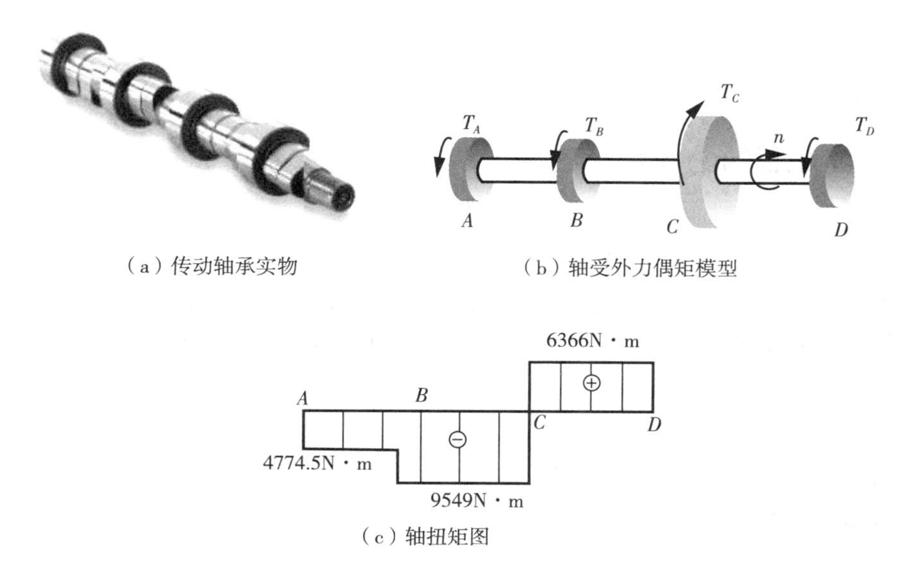


(a) 传动轴承实物　(b) 轴受外力偶矩模型

(c) 轴扭矩图

图 6-19　传动轴受扭及受力

**例 6-2**　假设开口和闭口薄壁圆管横截面的平均直径均为 $D$、壁厚均为 $\delta$，横截面上的扭矩均为 $T_e$，如图 6-20(a)(b) 所示。试求，(1) 闭口圆管受扭时横截面上切应力和杆的扭转角；(2) 开口圆管受扭时横截面上最大切应力和杆的扭转角。

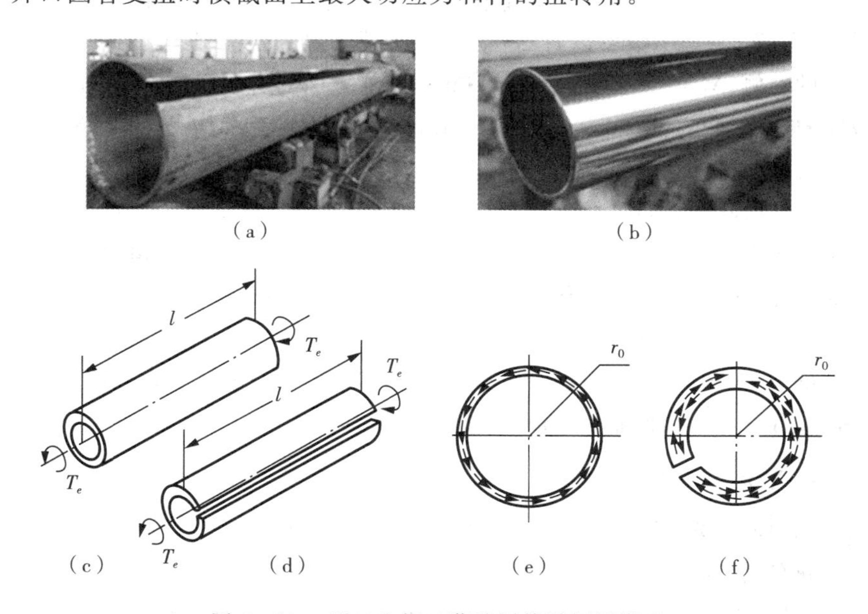


(a)　(b)

(c)　(d)　(e)　(f)

图 6-20　开口和闭口薄壁圆管受扭图模型

**解**：(1) 在闭口薄壁圆管的横截面模型上[图 6-20(c)(d)]，切应力圆周均匀分布[图6-20(e)]，

$$T_e = \int_A \frac{D}{2} \tau \mathrm{d}A = \frac{D}{2} \tau \cdot \pi D \delta$$

所以，横截面上切应力为：

$$\tau = \frac{2T_e}{\pi D^2 \delta}$$

由式(6-8)，杆的扭转角为：

$$\varphi = \frac{l}{r_0} \frac{\tau}{G} = \frac{T_e l}{2\pi G {r_0}^3 \delta}$$

(2) 在开口薄壁圆管的横截面上，切应力必须在开口环状上对称均匀分布为剪力流[图6-20(f)]，将该截面当作狭长矩形截面对待。横截面上最大切应力在狭长矩形截面的中间边界上，近似计算式为：

$$\tau_{\max} = \frac{T_e}{\alpha h b^2} = \frac{3T_e}{\pi D \delta^2}$$

杆的扭转角为：

$$\varphi = \frac{T_e l}{G I_p} = \frac{T_e l}{G \alpha h b^2} = \frac{3 T_e l}{G \pi D \delta^2}$$

**例 6-3** 在工厂生产线传动轮系中，有直径 $d=50$ mm 的传动轴，模型如图 6-21(a) 所示。受到外扭矩作用。(1) 求轴扭矩突变处的表面切应力。(2) 若改用内、外直径比值为 0.5 的空心圆轴，与实心轴比较，分析轴截面切应力的变化和轴的截面积的变化。

**解：**从模型图 6-21(b) 中可以看出，轴在 $A$、$C$ 截面处扭矩存在突变。

在 $A$ 截面的左侧，$M_{TA1} = 1.43 \times 10^3 (\mathrm{N \cdot m})$，在 $A$ 截面的右侧，$M_{TA2} = 1.75 \times 10^3 (\mathrm{N \cdot m})$；

在 $C$ 截面的左侧，$M_{TC1} = 1.75 \times 10^3 (\mathrm{N \cdot m})$，在 $C$ 截面的右侧，$M_{TC2} = 0.96 \times 10^3 (\mathrm{N \cdot m})$。

扭矩图如图 6-21(c) 所示。

(1) 对于实心圆截面轴，$W_P = \pi D^3/16 = \pi \times 0.05^3/16 = 24.544 \times 10^{-6} (\mathrm{m}^3)$，

在 $A$ 截面的左侧，$\tau_{A1} = M_{TA1}/W_P = 1.43 \times 10^3/(24.544 \times 10^{-6}) = 58.263 \times 10^6 (\mathrm{N/m^2})$，

在 $A$ 截面的右侧，$\tau_{A2} = M_{TA2}/W_P = 1.75 \times 10^3/(24.544 \times 10^{-6}) = 71.3 \times 10^6 (\mathrm{N/m^2})$，

在 $C$ 截面的左侧，$\tau_{C1} = M_{TC1}/W_P = 1.75 \times 10^3/(24.544 \times 10^{-6}) = 71.3 \times 10^6 (\mathrm{N/m^2})$，

在 $C$ 截面的右侧，$\tau_{C2} = M_{TC2}/W_P = 0.96 \times 10^3/(24.544 \times 10^{-6}) = 39.113 \times 10^6 (\mathrm{N/m^2})$。

(2) 如果采用空心圆截面轴，取 $\alpha = d/D = 0.5$，则

$$W_P = \pi D^3 (1-\alpha^4)/16 = \pi \times 0.05^3 (1-0.5^4)/16 = 23.01 \times 10^{-6}$$

这时，截面切应力变化倍数：$\beta = W_{PK}/W_{PS} = 1-\alpha^4 = 0.9375$；

截面积变化倍数：$\chi = A_K/A_S = \alpha^2 = 0.25$。

显然，空心轴的截面积变化更大一些，这样空心轴有利于节约材料。此外，由扭转切应力在截面上的分布规律表明，实心圆截面中心部分的切应力很小，这部分面积上的微内力 $\tau \mathrm{d}A$ 离圆心近，力臂小，所以组成的扭矩也小，材料没有被充分利用。而空心圆截面的材料分布得离圆心较远，截面上各点的应力也较均匀，微内力对圆心的力臂大，在合成相同扭矩

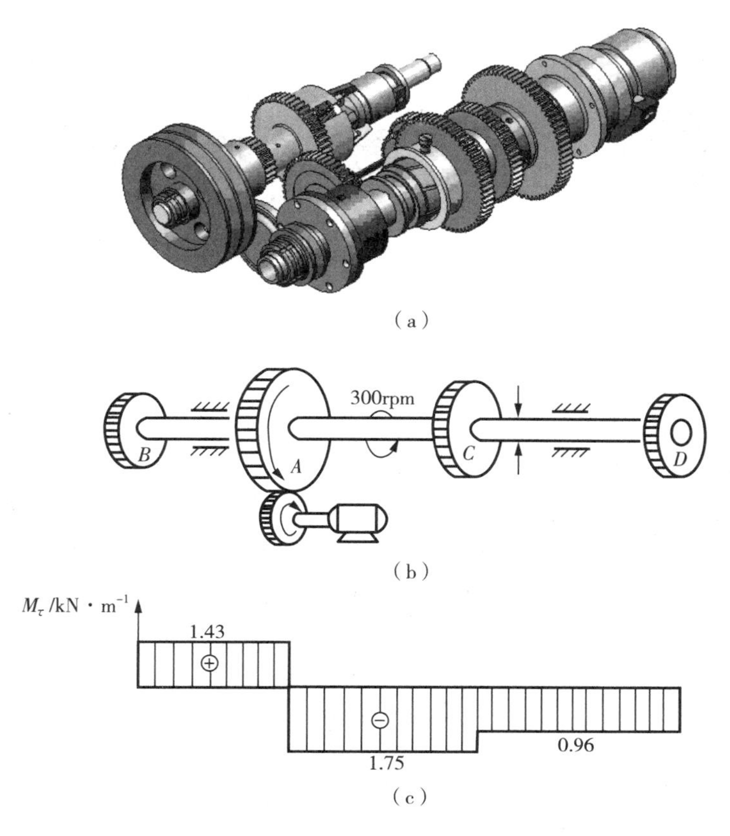


图 6-21　传动轮系受扭模型图

的情况下，最大切应力必然减小。

**思考与讨论：**承受相同扭矩且长度相等的直径为 $d_1$ 的实心圆轴与内、外径分别为 $d_2$、$D_2$ 的空心圆轴，若二者横截面上的最大切应力相等，则二者重量之比（$W_1/W_2$）是多少？

**例 6-4**　假设钢制实心圆截面阶梯传动轴如图 6-22(a) 所示，其受力模型如图 6-22(b) 所示。$AB$ 段的直径 $d_1=120\text{mm}$，$BC$ 段的直径 $d_2=100\text{mm}$。扭转力矩为 $M_A=22\ \text{kN}\cdot\text{m}$，$M_B=-36\ \text{kN}\cdot\text{m}$，$M_C=-14\ \text{kN}\cdot\text{m}$，轴长 $l_{AB}=300\text{mm}$，$l_{BC}=100\text{mm}$。钢的切变模量 $G=80\text{GPa}$。试求截面 $B$、$C$ 相对于截面 $A$ 的扭转角。

**解：**轴扭矩图如图 6-22(c) 所示，$AB$、$BC$ 两轴段的扭矩分别 $M_A=22\text{kN}\cdot\text{m}$，$M_C=-14\text{kN}\cdot\text{m}$。分别计算截面 $B$、$C$ 相对于截面 $A$ 的扭转角。为此，可假想截面 $A$ 固定不动。

由扭转角公式得：

$$\varphi_{AB}=\frac{M_A l_{AB}}{GI_P}=\frac{M_A l_{AB}}{G\pi D^4/32}=\frac{22000\times 0.3}{80\times 10^9\times\pi\times 0.12^4/32}=4.0525\times 10^{-3}(\text{rad})(\text{逆时针})$$

$$\varphi_{AC}=\varphi_{AB}+\varphi_{BC}=\frac{M_A l_{AB}}{GI_{PAB}}+\frac{M_C l_{BC}}{GI_{PBC}}$$

$$=\frac{22000\times 0.3}{80\times 10^9\times\pi\times 0.12^4/32}-\frac{14000\times 0.1}{80\times 10^9\times\pi\times 0.10^4/32}=2.27\times 10^{-3}(\text{rad})(\text{逆时针})$$

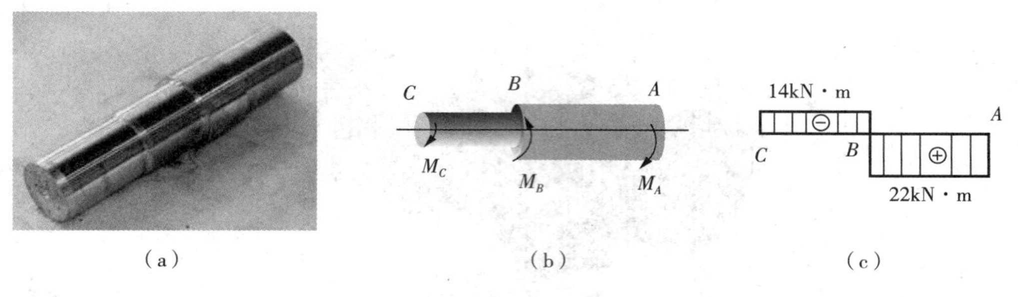


图 6-22 阶梯传动轴及受扭力矩

**例 6-5** 工程中两根轴采用联轴器连接。轴的直径 $D=100$ mm,联轴器有法兰盘,其凸缘直径 $D_0=200$ mm 的圆周上布置 8 个螺栓紧固,如图 6-23(a)所示。已知轴在扭转时的最大切应力为 70MPa。螺栓的容许切应力$[\tau]=60$MPa,试求螺栓最小直径 $d$。

**解**:这是螺栓群连接问题,两轴段间所传递的外力扭矩 $T$ 由螺栓群接头来完成,因而是一个仅承受力偶矩作用的螺栓群接头问题。螺栓均为承受单剪。模型图如图 6-23(b)(c)。

设每个螺栓的受剪力为 $F_i$,作用位置至螺栓群中心 $C$ 的距离为 $r_i$,8 个螺栓上的受力相同。由力矩平衡方程,得:

$$\sum_{i=1}^{8} F_i r_i = 8F_0 r_0 = M_T$$

所以,螺拴的剪力为:$F_0=M_T/(8r_0)=M_T/(4D_0)$,

由轴的最大切应力得轴受的扭矩为:

$$M_{T\max}=\tau_{\max}W_{P\min}=\tau_{\max}\pi D^3/16=70\times10^6\times\pi\times0.1^3/16=13.75\times10^3(\text{N}\cdot\text{m})$$

所以,$F_{0\max}=M_{T\max}/(4D_0)=13.7445\times10^3/(4\times0.2)=17.181\times10^3(\text{N})$

螺栓受最大切应力时需要满足强度条件:

$$\tau=F_{0\max}/A=F_{0\max}/\frac{\pi d^2}{4}\leqslant[\tau]$$

所以,$d\geqslant\sqrt{4F_{0\max}/(\pi[\tau])}=\sqrt{4\times17.181\times10^3/(\pi\times60\times10^6)}=19.1\times10^{-3}(\text{m})$

最后取螺栓的直径 $d=20$ mm。

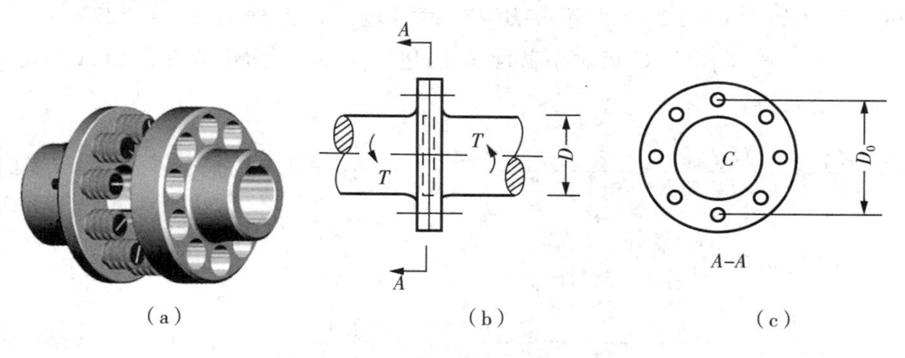


图 6-23 联轴器及受扭作用模型

**思考与讨论**：两根长度相等、直径不等的圆轴受扭后，轴表面上母线转过相同的角度。设直径大的轴和直径小的轴的横截面上的最大切应力分别为 $\tau_{1\max}$ 和 $\tau_{2\max}$，切变模量分别为 $G_1$ 和 $G_2$。讨论下列结论的正确性。

(A) $\tau_{1\max} > \tau_{2\max}$；

(B) $\tau_{1\max} < \tau_{2\max}$；

(C) 若 $G_1 > G_2$，则有 $\tau_{1\max} > \tau_{2\max}$；

(D) 若 $G_1 > G_2$，则有 $\tau_{1\max} < \tau_{2\max}$。

**例 6-6**　设传动轴的受力模型如图 6-24(a) 所示。设材料的容许切应力 $[\tau]=40\text{MPa}$，剪切弹性模量 $G=80\text{GPa}$，杆的容许单位长度扭转角 $[\theta]=0.2$ 度/m。试求轴所需的直径。

**解**：由扭矩图 6-24(b) 知道，最大截面扭矩在 $AB$ 段内。

(1) 由强度条件确定最小直径

利用强度条件式(6-35) 得：

$$W_P \geqslant \frac{M_{T\max}}{[\tau]} = \frac{7\times10^3}{40\times10^6} = 0.175\times10^{-3}(\text{m}^3)$$

由实心轴的抗扭系数公式得最小的轴的直径：

$$D=\sqrt[3]{16W_P/\pi}=\sqrt[3]{16\times0.175\times10^{-3}/\pi}=0.096(\text{m})$$

(2) 由刚度条件确定最小直径

利用刚度条件式(6-36) 得：

$$I_P \geqslant \frac{M_{T\max}}{G[\theta]} = \frac{7\times10^3}{80\times10^9\times0.2\times\pi/180} = 25.067\times10^{-6}(\text{m}^4)$$

由实心轴的极惯性矩公式得最小的轴直径：

$$D=\sqrt[4]{32I_P/\pi}=\sqrt[4]{32\times25.067\times10^{-6}/\pi}=0.126(\text{m})$$

综合上面两种校核结果，实心轴最小直径应该取为 $D=0.126\text{m}$。

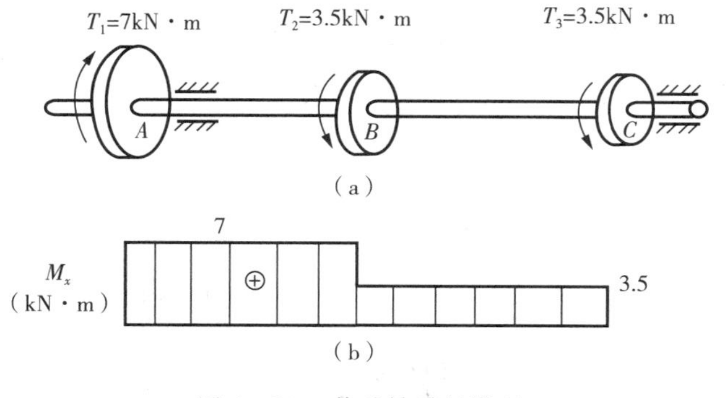


图 6-24　传动轴受扭模型

**例 6-7**　若汽车万向传动轴采用空心杆，模型如图 6-25(a) 所示。设轴工作时最大扭矩为 $T_{\max}=1.5\text{kN}$，如图 6-25(b)。传动轴的直径为 90mm，壁厚为 3mm，长度为 2m。材料的容许切应力 $[\tau]=60\text{MPa}$，剪切弹性模量 $G=80\text{GPa}$，传动轴的容许单位长度扭转角

$[\theta]=0.1$ 度 /m。试校核传动轴的强度和刚度。

**解**:根据传动轴的尺寸计算抗扭截面系数。

$$\alpha=\frac{d}{D}=\frac{90-6}{90}=0.956$$

$$W_P=\frac{\pi D^3}{16}(1-\alpha^4)=\frac{\pi\times 90^3\times 10^{-9}}{16}\times(1-0.956^4)=23.8\times 10^{-6}(\mathrm{m}^3)$$

$$I_P=\frac{\pi D^4}{32}(1-\alpha^4)=\frac{\pi\times 90^4\times 10^{-12}}{32}\times(1-0.956^4)=1.06\times 10^{-6}(\mathrm{m}^4)$$

传动轴截面上最大切应力为:

$$\tau_{\max}=\frac{T_{\max}}{W_P}=\frac{1.5\times 10^3}{23.8\times 10^{-6}}=63\times 10^6(\mathrm{Pa})<[\tau]$$

传动轴单位长度的扭转变形角为:

$$\frac{\varphi_{\max}}{l}=\theta_{\max}=\frac{T_{\max}}{GI_P}=\frac{1.5\times 10^3}{80\times 10^9\times 1.06\times 10^{-6}}\times\frac{180^\circ}{\pi}=1.01^\circ<[\theta]$$

所以,该传动轴是安全的。

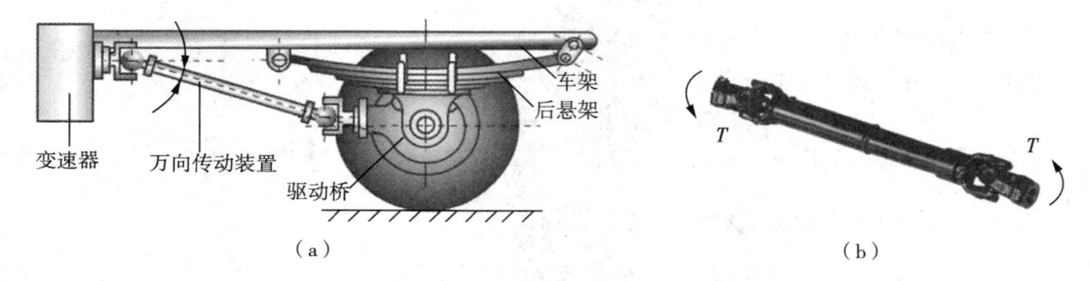


图 6-25 汽车万向传动轴受扭图

**例 6-8** 已知柴油机的气阀弹簧,簧圈平均直径 $D=119$ mm,簧丝横截面直径 $d=14$mm,有效圈数 $n=5$。材料的剪切许用应力$[\tau]=350$MPa,剪切弹性模量 $G=80$GPa,弹簧工作时总压缩变形(包括预压变形)为 $\Delta=55$mm。试校核弹簧的强度。

**解**:弹簧工作时总压缩变形为 $\Delta=55$mm,弹簧所受的压力 $F$ 为:

$$F=\frac{\Delta Gd^4}{8nD^3}=\frac{55\times 10^{-3}\times 80\times 10^9\times 0.014^4}{8\times 5\times 0.119^3}=2507.63(\mathrm{N})$$

代入弹簧丝的最大切应力计算公式,$c=D/d=119/14=8.5$,

$$\tau_{\max}=\frac{8FD}{\pi d^3}\left(\frac{4c-1}{4c-4}+\frac{0.615}{c}\right)$$

$$=\frac{8\times 2507.63\times 0.119}{\pi\times 0.014^3}\left(\frac{4\times 8.5-1}{4\times 8.5-4}+\frac{0.615}{8.5}\right)=324.656\times 10^6\leqslant[\tau]$$

因此,该弹簧满足强度要求。

**例6-9**　若汽车坐垫的缓冲弹簧采用双层圆柱螺旋弹簧，如图6-26(a)所示。若内层弹簧中径为$D_1=80\text{mm}$，弹簧丝的直径为$d_1=20\text{mm}$，弹簧丝的圈数$n_1=20$；外层弹簧中径为$D_2=130\text{mm}$，弹簧丝的直径为$d_2=22\text{mm}$，弹簧丝的圈数$n_2=18$。总缓冲压力为$F=30\text{kN}$。弹簧材料相同，剪切弹性模量$G=80\text{GPa}$。弹簧的受力模型如图6-26(b)。试计算内外弹簧的承载力。

**解**：首先计算弹簧的刚度系数。

$$c_1=\frac{D_1}{d_1}=\frac{80}{20}=4,\zeta_1=1.40$$

$$k_1=\zeta_1\frac{Gd_1{}^4}{8n_1D_1{}^3}=1.40\times\frac{80\times10^9\times(0.02)^4}{8\times20\times(0.08)^3}=2.187\times10^5(\text{N/m})$$

$$c_2=\frac{D_2}{d_2}=\frac{130}{22}=5.91,\zeta_1=1.255$$

$$k_2=\zeta_2\frac{Gd_2{}^4}{8n_2D_2{}^3}=1.255\times\frac{80\times10^9\times(0.022)^4}{8\times18\times(0.13)^3}=0.743\times10^5(\text{N/m})$$

设内弹簧的载荷为$F_1$，外弹簧的载荷为$F_2$。则：

$$F_1+F_2=F$$

内外弹簧的变形为：

$$\Delta_1=F_1/k_1$$

$$\Delta_2=F_2/k_2$$

而变形协调条件为$\Delta_1=\Delta_2$，

联立求解上面的方程得到内弹簧的载荷为：

$$F_1=\frac{k_1}{k_1+k_2}F=\frac{2.187\times10^5}{2.187\times10^5+0.743\times10^5}\times30=22.392(\text{kN})$$

外弹簧的载荷为：

$$F_2=\frac{k_2}{k_1+k_2}F=\frac{0.743\times10^5}{2.187\times10^5+0.743\times10^5}\times30=7.608(\text{kN})$$

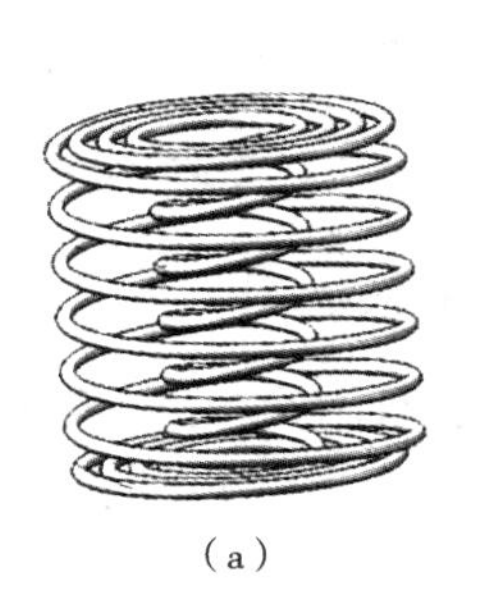

(a)

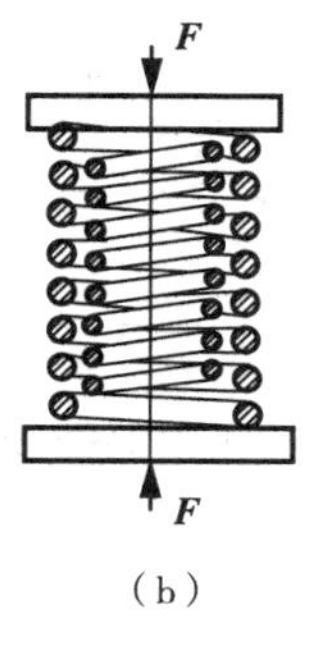


(b)

图6-26　缓冲弹簧及受力模型

## 6.8* 圆轴扭转超静定问题

扭转超静定问题分析方法与前面介绍的拉压超静定问题的分析方法类似。当轴在扭转时，其截面扭矩仅用静力平衡方程不能求出，这类问题称为扭转超静定问题。除了利用平衡方程外，需要补充变形协调条件。求解过程包括，确定轴的受力与满足平衡方程、计算轴的变形满足与协调条件、联立求解所有方程式，获得所需要的结果。

下面考虑圆轴两端 $A$、$B$ 固定，如图 6-27 所示。在 $C$ 截面处作用一扭转外力偶矩 $M$ 后，求 $C$ 截面的变形。

设两固定端产生反力偶矩 $M_A$ 和 $M_B$。由静力学平衡方程得到：

$$M_A + M_B - M = 0 \tag{6-46}$$

显然，这是一次超静定问题。为了求出 $M_A$ 和 $M_B$，必须考虑变形谐调条件。轴在扭矩作用下，$C$ 截面发生转动，截面 $C$ 相对于 $A$ 端产生扭转角 $\varphi_{CA}$，相对于 $B$ 端产生扭转角 $\varphi_{CB}$。且 $\varphi_{CA} = \varphi_{CB}$，这就是变形谐调条件。

利用式(6-33)计算扭转角，并代入变形谐调方条件

$$\frac{M_A a}{GI_P} = \frac{M_B b}{GI_P} \tag{6-47}$$

解上面的方程得 $M_A = \dfrac{M_B b}{a}$，

再代入平衡方程 $M_A - M + M_B = 0$，

解得，$M_A = \dfrac{b}{a+b}M$，$M_B = \dfrac{a}{a+b}M$，

最后，$C$ 截面的转角变形为 $\varphi_C = \dfrac{ab}{a+b}\dfrac{M}{GI_P}$。

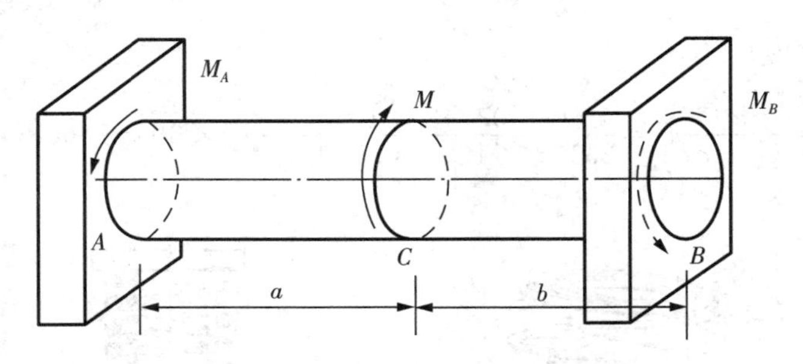


图 6-27 两端固定扭转轴模型

再如，长为 $l$ 的组合轴，由不同材料的实心圆截面杆和空心圆截面轴组成，如图 6-28 所示。内外两轴均在线弹性范围内工作，其抗扭刚度 $G_a I_{Pa}$、$G_b I_{Pb}$ 已知。当此组合轴的两端各自固定在刚性板上，并在刚性板处受一对扭转力偶 $M_e$ 作用。试求分别作用于内、外轴上的扭转矩。

设组合轴中实心圆截面轴上的扭矩为 $M_a$，空心圆截面杆上的扭矩为 $M_b$。整个轴的截面扭矩为两者的扭矩合成：

$$M_a + M_b = M_e \tag{6-48}$$

组合轴的变形的协调条件是，在两轴端处扭转角相等 $\varphi_a = \varphi_b$。利用式(6-33)求得扭转角并代入协调条件：

$$\frac{M_a l}{G_a I_{Pa}} = \frac{M_b l}{G_b I_{Pb}} \tag{6-49}$$

联立上面的方程求解，得到实心圆截面轴的扭矩为：

$$M_a = \frac{G_a I_{Pa}}{G_a I_{Pa} + G_b I_{Pb}} M_e \tag{6-50}$$

空心圆截面杆上的扭矩为：

$$M_b = \frac{G_b I_{Pb}}{G_a I_{Pa} + G_b I_{Pb}} M_e \tag{6-51}$$

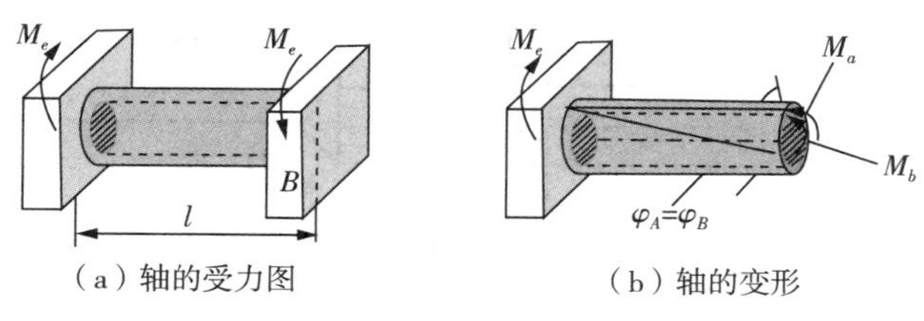


（a）轴的受力图　（b）轴的变形

图 6-28　空心圆截面轴模型

# 习题 6

6-1　圆轴的直径 $d$=60mm，其两端受外力偶矩 $T$=2kN·m 的作用而发生扭转。试求横截面上 1、2、3 点处的切应力和最大切应变，并在此三点处画出切应力的方向($G$=80GPa)。

6-2　一端固定、一端自由的圆轴，直径 $d$=30mm，其余几何尺寸及受力情况如图所示，试求：

(1) 轴的最大切应力。

(2) 两端截面的相对扭转角($G$=80GPa)。

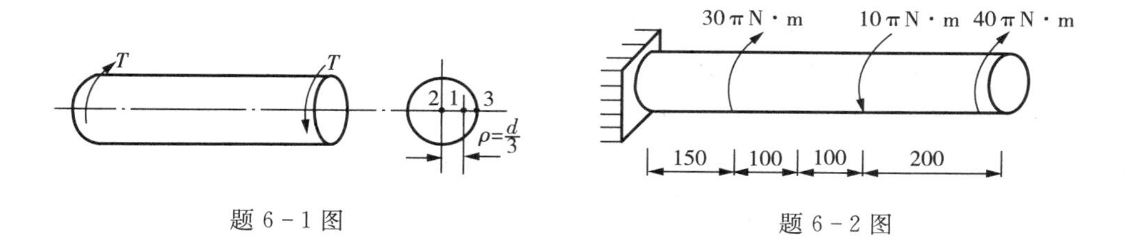


题 6-1 图　题 6-2 图

6－3　已知转动轴受图示外力偶矩作用，作扭矩图。

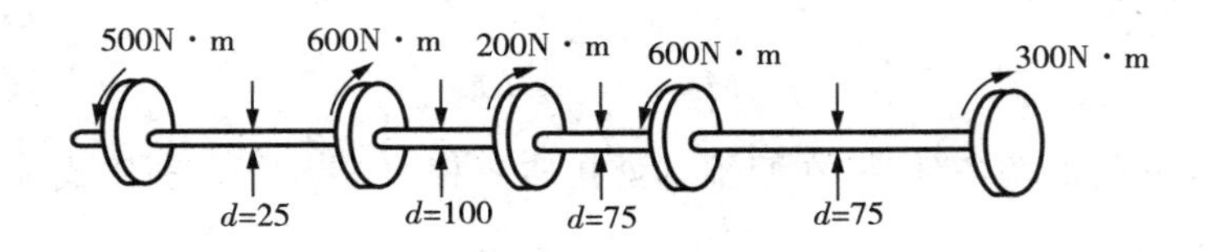


题6－3图

6－4　从直径为300mm的实心轴中镗出一个直径为150mm的通孔而成为空心轴，问最大切应力增大了百分之几？

6－5　圆轴$AC$如图所示。$AB$段为实心，直径为50mm；$BC$段为空心，外径为50mm，内径为35mm。要使杆的总扭转角为0.12°，试确定$BC$段的长度$a$。设$G$=80GPa。

6－6　图示实心圆轴，承受均匀分布的扭转外扭矩作用。设轴的切变模量为$G$，求自由端的扭转角。

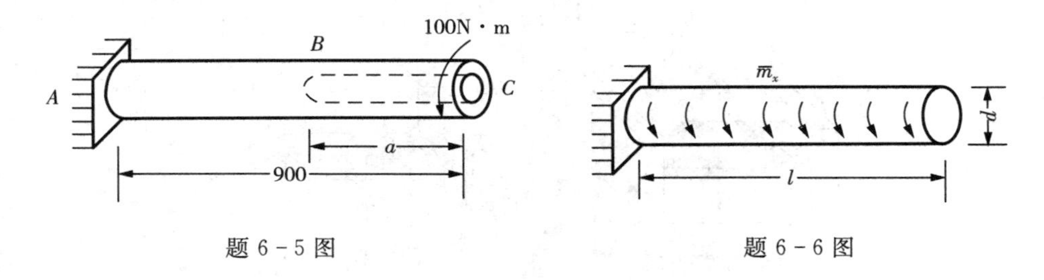


题6－5图　　题6－6图

6－7　传动轴的转速为200转/分，从主动轮3上输入的功率是80kW，由1、2、4、5轮分别输出的功率为25、15、30和10kW。设$[\tau]=20$MPa。

(1) 试按强度条件选定轴的直径。

(2) 若轴改用变截面，保持等强度，试分别定出每一段轴的直径。

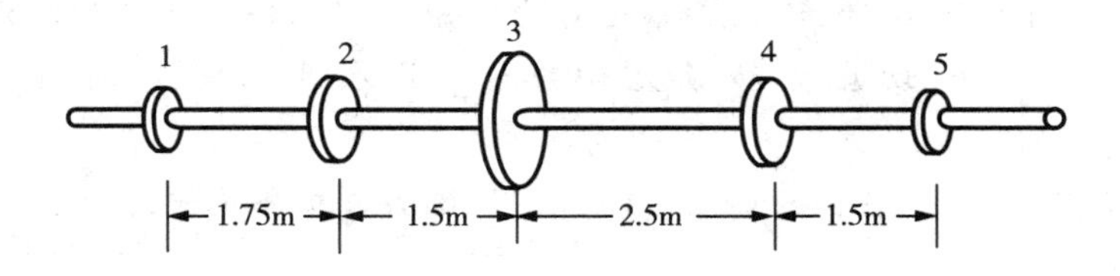


题6－7图

6－8　传动轴的转速为$n$=500转/分，主动轮输入功率$P_1=500$kW，从动轮2、3分别输出功率$P_2=200$kW，$P_3=300$kW。已知$[\tau]=70$MPa，$[\theta]=1°/\text{m}$，$G=80$GPa。

(1) 确定$AB$段的直径$d_1$和$BC$段的直径$d_2$。

(2) 若$AB$和$BC$两段选用同一直径，试确定直径$d$。

6－9　实心圆钢杆，直径$d$= 100mm，受外力偶矩$T_1$和$T_2$作用。若杆的容许切应力$[\tau]=80$MPa；杆长900mm内的容许扭转角$[\varphi]=0.014$rad，求$T_1$和$T_2$的值。已知$G=80$GPa。

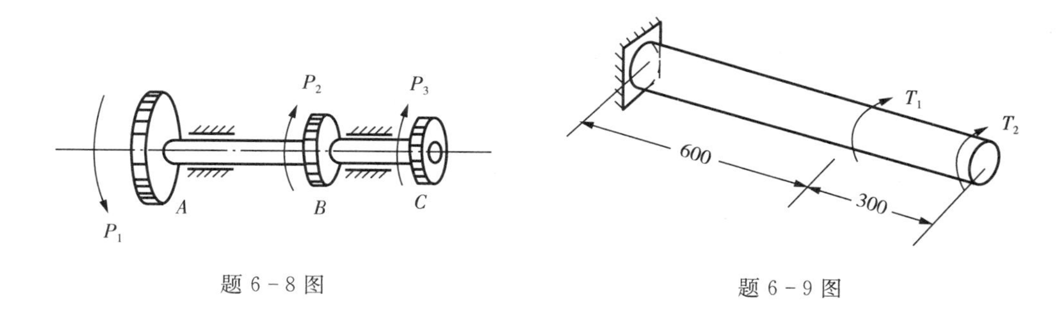


题 6-8 图　　　　题 6-9 图

6-10　外径为 50mm，壁厚为 2mm 的管子，两端用刚性法兰盘与直径为 25mm 的实心圆轴相连接，设管子与实心轴材料相同，试问管子承担外力偶矩 $T$ 的百分之几？

6-11　两端固定的阶梯圆杆 $AB$，在 $C$ 截面处受一外力偶矩 $T$ 作用，若使两端约束力偶矩数值上相等时，求 $a/l$ 的表达式。

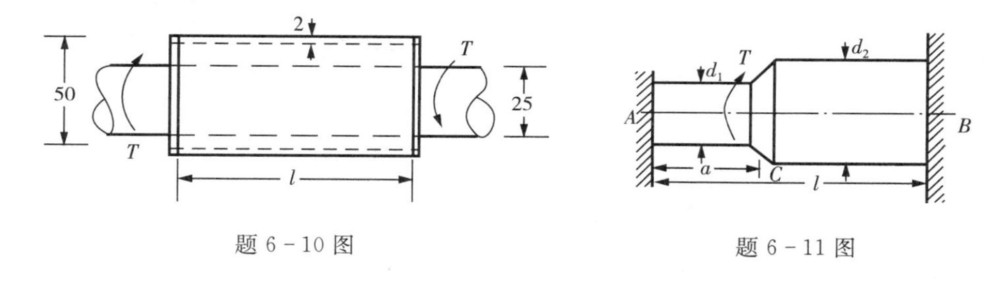


题 6-10 图　　　　题 6-11 图

6-12　图示芯轴 $AB$ 与轴套 $CD$ 的轴线重合，二者在 $B$、$C$ 处连成一体，在 $D$ 处无接触。已知芯轴直径 $d=66$mm；轴套的外径 $D=80$mm，壁厚 $\delta=6$mm。若二者材料相同，所能承受的最大切应力不得超过 60MPa。试求结构所能承受的最大外力扭矩 $T$。

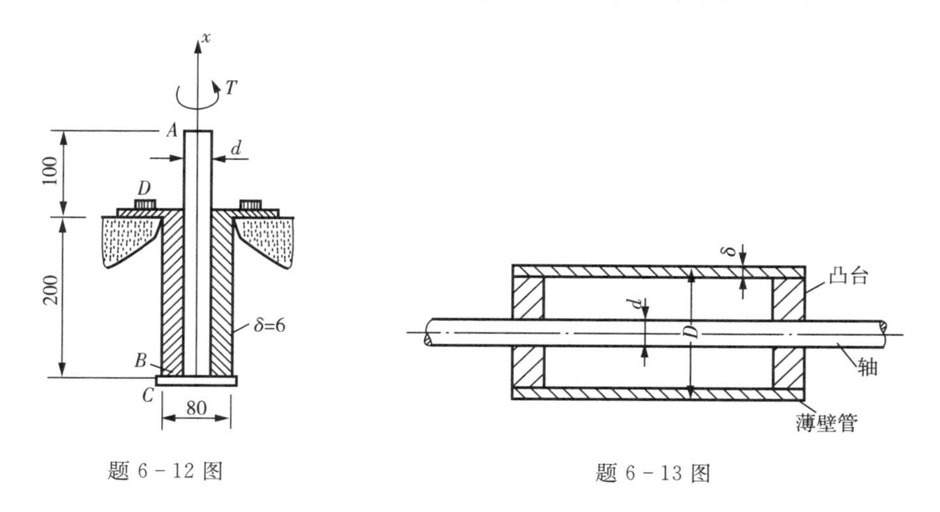


题 6-12 图　　　　题 6-13 图

6-13　直径 $d=25$mm 的钢轴上焊有两凸台，凸台上套有外径 $D=75$mm、壁厚 $\delta=1.25$mm 的薄壁管，当杆承受外力偶矩 $T=73.6\text{N}\cdot\text{m}$ 时，将薄壁管与凸台焊在一起，然后再卸去外力扭矩。假定凸台不变形，薄壁管与轴的材料相同，切变模量 $G=40$MPa。试求：

(1) 分析卸载后轴和薄壁管的横截面上有没有内力，二者如何平衡？

(2) 确定轴和薄壁管横截面上的最大切应力。

6-14 由钢芯（直径 30mm）和铝壳（外径 40mm、内径 30mm）组成的复合材料圆轴，一端固定，另一端承受外加力偶，如图所示。已知铝壳中的最大切应力 60MPa，切变模量 $G_a$ =27GPa，钢的切变模量 $G_s$ = 80GPa。试求钢芯横截面上的最大切应力。

6-15 实心轴和空心轴通过牙式离合器连接在一起，如图所示。已知轴的转速 $n$ = 100r/min，传递的功率 $P$ = 7.5kW，材料的许用切应力$[\tau]$ = 40MPa。试选择实心轴的直径 $d_1$ 和内外径比值为 0.5 的空心轴的外径 $D_2$。

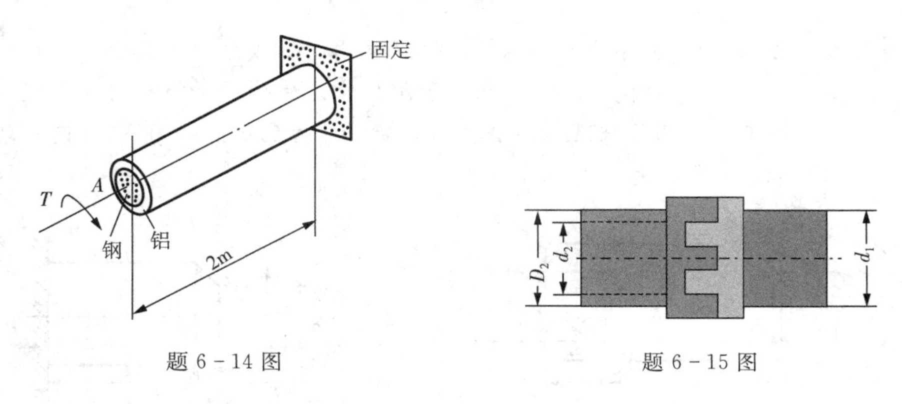


题 6-14 图　　题 6-15 图

6-16 汽车主轴将发动机的驱动力矩传递到汽车后桥，再驱动后轮前进。设主传动轴能够传递的最大力偶矩为 $T$=2kN·m，空心主轴的外径为$D$=90 mm，轴的壁厚为 2.5mm，材料的剪切弹性模量为 $G$ = 80GPa. 试求轴的切应力和切应变，以及应变比能。

# 第 7 章　工程梁的弯曲应力与强度分析

## 7.1　工程梁实例及弯曲特点

当构件的受力作用线方向与其轴线方向不相同，构件发生的变形特点之一是弯曲，这种构件就称为梁构件。梁构件是工程中经常使用的一类普遍的构件。例如，桥梁、房屋结构中承载大梁、机架梁等。图 7 - 1 给出典型的梁结构实例。

(a) 连续桥梁

(b) 古典房屋木梁

(c) 车间桁车梁

(d) 钻铣床悬臂梁

图 7 - 1　典型的梁构件实例

当梁有一个纵向对称面(各横截面的纵向对称轴所组成的平面)，外力作用在该对称面内，梁的轴线将在此对称面内弯曲成一条平面曲线，这种弯曲称为平面弯曲，又称为对称弯曲，这是工程中最简单、最常见的一种弯曲。若梁不具有纵向对称面，或虽有纵向对称面但外力不作用在该面内，这种弯曲统称为非对称弯曲。在特定条件下，非对称弯曲的梁也会发生平面弯曲。图 7 - 2 给出典型的平面弯曲梁模型。本章主要分析直梁的平面弯曲。

以梁的几何结构分，如果梁的轴线是直线就称为直梁，否则为曲梁。如果梁的各横截面是一样的，则称为等截面梁，否则称为变截面梁。以梁的受力形式分，如果只受到力矩作用，称为纯弯曲梁；如果受到垂直轴线的力作用，称为横力弯曲梁。

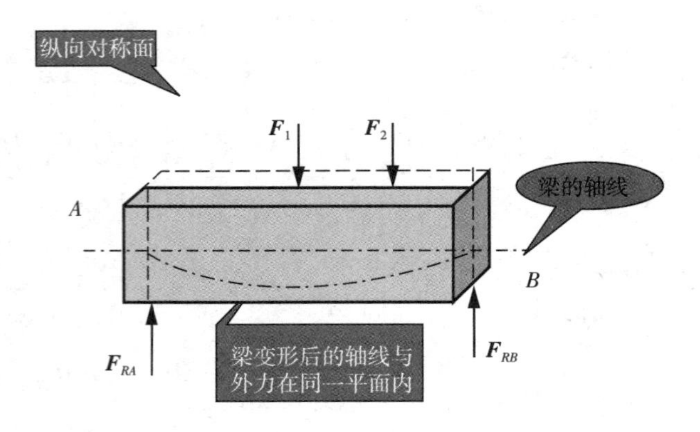


图 7-2　平面弯曲梁模型

梁受到的载荷通常简化为：集中力、集中力矩、分布力、分布力矩等。

梁的支撑可以简化为：固定支座、固定铰支座、可移动铰支座等，如图 7-3 所示。固定支座不允许支座端点发生位移和转角。在固定端处存在 2 个支座反力和 1 个力矩。固定铰支座不允许支座端点发生位移，但可以产生转角。在端点处存在 2 个支座反力。可移动铰支座只约束一个方向的位移。在支座处存在 1 个支座反力。

为了便于分析计算，需要将实际的梁构件简化为计算模型。在计算梁的内力和变形时，利用梁的轴线来代替梁；在计算梁截面应力与应变时采用实际的梁截面形状来分析，这是梁的力学模型的简化方法。针对图 7-1 中的工程梁结构可以简化为图 7-3 的分析模型，在分析梁的受力时，支座采用支反力代替。

如果梁的支反力可以通过梁的静力平衡条件确定，则这种梁称为静定梁，否则称为超静定梁。

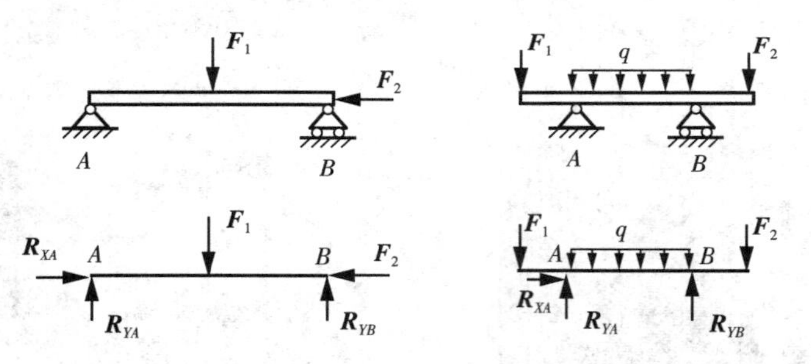


（a）静定简支梁受集中力作用　（b）静定外伸梁受集中力与分布力作用

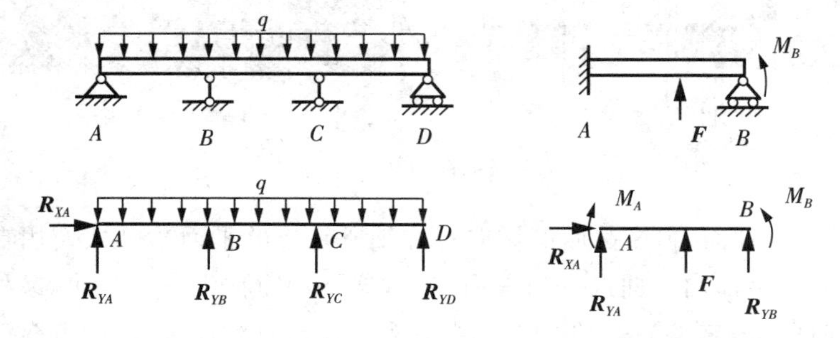


（c）超静定连续梁受分布力作用　（d）超静定固端梁受集中力与力矩作用

图 7-3　梁的简化分析模型

另一方面，梁受外力作用后将产生弯曲变形，如图7-4所示的体育运动中使用的器材变形。

（a）跳板受力变形

（b）单杠受力梁变形

图7-4　体育运动器材构件受力后产生弯曲变形实例

在平面弯曲情况下，梁的弯曲轴线一般是一条平面曲线，如图7-5所示简支梁模型的变形曲线，称此曲线为梁的挠曲线。当材料在弹性范围时，挠曲线是一条光滑连续的曲线。

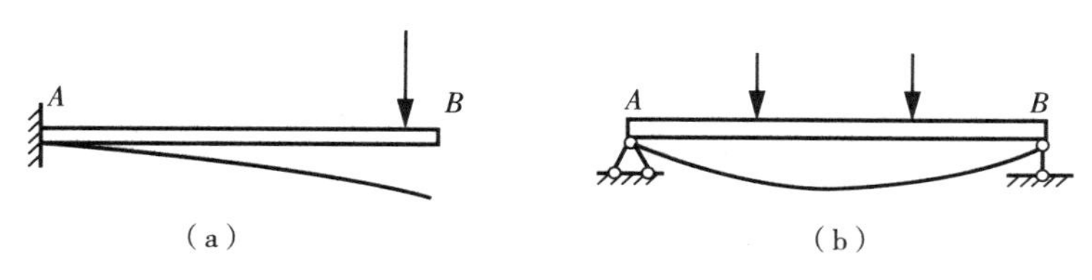


图7-5　梁的挠度和转角模型

# 7.2　梁的截面内力和内力图

利用截面法切开梁的横截面，一般情况下，梁截面上的内力包括弯矩和剪力。当梁的外力（包括载荷与支座反力）已知后，利用截面法和梁的平衡条件可以确定出梁截面的弯矩和剪力。

## 7.2.1　截面内力与正负号规定

### 1. 内力求法

在外力 $F$ 作用下，求出简支梁的支反力 $R_A$、$R_B$。利用截面法将梁假想截开，为了保持截开的梁处于平衡状态，在截面上必须有弯矩和剪力。如图7-6所示。

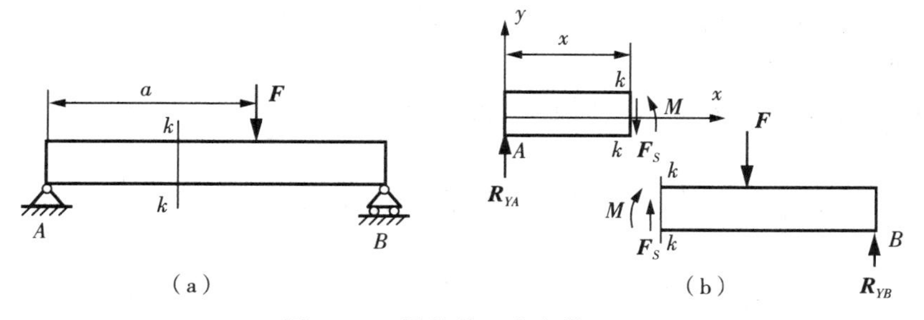


图7-6　梁的截面内力模型图

对截面左半部分梁，建立坐标系，利用平衡条件，所有力在坐标方向的投影代数和为零，对截面中心的力矩代数和也为零，即

$$\sum F_Y = 0, R_{YA} - F_S = 0$$

$$\sum m = 0, M - R_{YA}x = 0$$

这样，得到截面上的剪力和弯矩为：

$$F_S = R_{YA}, M = R_{YA}x \tag{7-1}$$

在上面求截面内力的方法中，根据坐标系的方向来确定所有力的正负号。

如果利用截面右半部分梁也可以得到截面内力。

$$\sum F_Y = 0, R_{YB} + F_S - P = 0$$

$$\sum M = 0, M - R_{YB}(l - x) + P(a - x) = 0$$

解得：

$$\begin{cases} F_S = P - R_{YB} = R_{YA} \\ M = R_{YB}(l - x) - P(a - x) = R_{YA}x \end{cases} \tag{7-2}$$

显然，得出的内力与利用左半部分梁得出的结果数值一致，但是截面两边的内力的符号正好相反，它们是作用与反作用的关系。

利用截面法求任意梁的截面上的剪力和弯矩的规律如下：

(1) 梁横截面上的弯矩，在数值上等于截面左面(或右面) 梁上所有外力对截面力矩的代数和；

(2) 梁横截面上的剪力，在数值上等于截面左面(或右面) 梁上所有横向力的代数和。

截面法是工程力学中经常使用的一种重要的方法，在很多场合下，应根据不同的要求使用不同的截面法。

2. 截面内力正负号规定

上面利用截面法确定内力时，得到在截面的左面的内力与截面的右面的内力在坐标系中的符号是不同的。为了避免这样的符号差异引起的不便，使得采用截面左半部分梁和采用截面右面部分梁得到的内力符号一致，同时，也与以后分析梁的应力规律一致，在工程力学中对梁截面内力的符号作如下规定。

(1) 取截面附近一微段，如果截面上的弯矩使该微段产生下凸的变形，则规定弯矩为正，否则剪力为负；

(2) 取截面附近一微段，如果截面上的剪力对该微段中心的力矩是顺时针方向，则规定剪力为正，否则剪力为负。

如图 7-7 所示，(a) 剪力为正；(b) 剪力为负；(c) 弯矩为正；(d) 弯矩为负。经过这样规定之后，采用截面法时利用哪个部分梁进行计算都能得到相同符号的截面内力。需要特别

强调的是，这种内力符号规定只是为了统一构件截面的两边的内力符号，而在列写平衡方程时仍然需要根据力的坐标投影方向和力矩方向来确定正负。

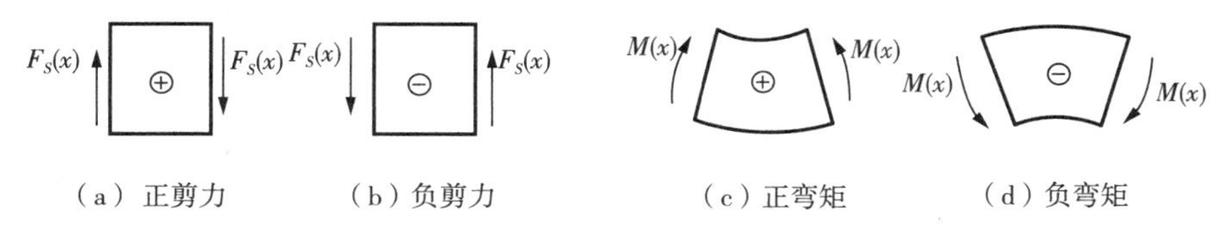


（a）正剪力　（b）负剪力　（c）正弯矩　（d）负弯矩

图 7-7　梁的截面内力符号规定

**例 7-1**　钻床悬臂梁受到钻力作用，如图 7-8(a) 所示。试分析悬臂梁的内力。

**解**：为了简化分析，不考虑钻床悬臂梁自身重力，悬臂梁一端固定，其受力模型如图 7-8(b)。建立图示坐标系，以梁左端为坐标原点。距离悬臂梁固定端为 $x$ 处截面上，内力有剪力和弯矩。假设内力为正符号。取截面右半部分，根据其平衡方程得出

剪力：

$$F_S(x)=\begin{cases}-P & 0\leqslant x<l\\ 0 & l\leqslant x\leqslant L\end{cases}$$

弯矩：

$$M(x)=\begin{cases}P(l-x) & 0\leqslant x<l\\ 0 & l\leqslant x\leqslant L\end{cases}$$

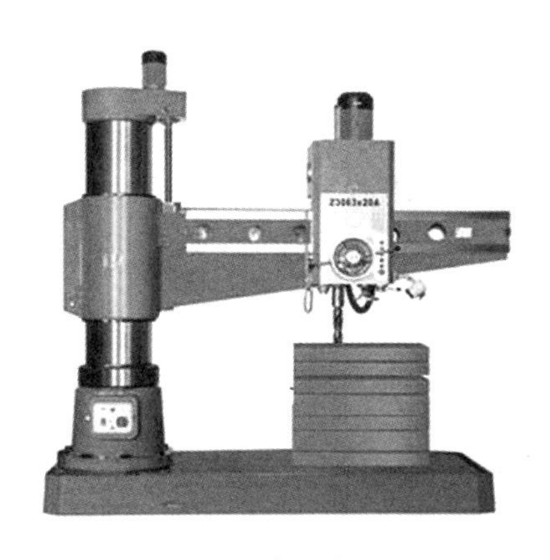

（a）钻床悬臂梁

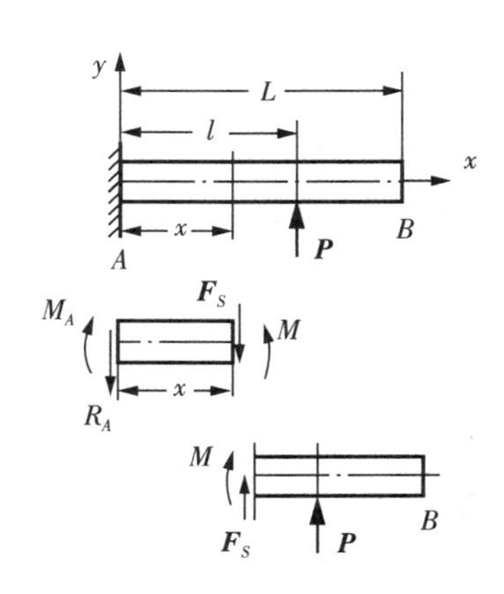


（b）受力模型

图 7-8　钻床及悬臂梁受力模型

从上面的例子的内力计算结果可以看出，梁的截面内力一般随着截面位置是变化的。

### 7.2.2　截面内力方程和内力图

梁截面的内力，一般情况下是截面位置的函数，剪力随位置变化的函数称为剪力方程，弯矩随位置变化的函数称为弯矩方程。

$$F_S = F_S(x), M = M(x) \tag{7-3}$$

通常，将截面内力大小沿梁轴线画出得到内力图。习惯上将剪力的正值画在坐标的正方向，而正弯矩画在梁的受拉边方向。画出内力图后能够很方便判断出它们的最大值和发生的位置。

**例 7-2** 考虑车间桁车梁[图 7-9(a)]，分析在不同的工作状态下的梁截面内力，画出内力图。(1) 单吊机起吊重物；(2) 双吊机起吊大重物；(3) 没有起吊重物。

(a) 车间桁车梁

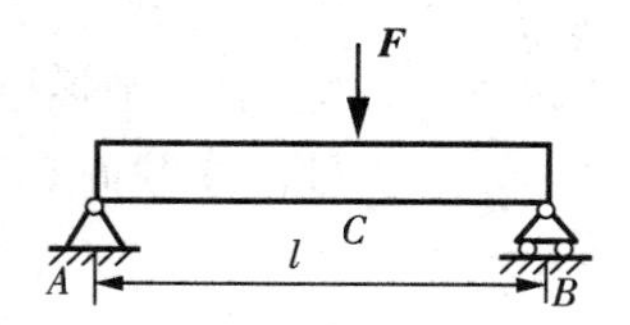

(b) 桁车梁简化模型

图 7-9 车间桁车梁及受力模型

**解**：车间桁车梁可以简化为静定简支梁，简化模型如图 7-9(b)。下面根据不同的工作状态分析梁截面内力。

(1) 单吊机起吊重物

这时，可以认为梁承受重物作用在梁的一点，这里梁的自身重力忽略不计，受力模型如图 7-10(a)。利用平衡条件可以求出支座的反力为：

$$R_{YA} = F(l-a)/l \quad R_{YB} = Fa/l$$

由于梁上作用集中力，在集中力作用点的两侧，截面内力会发生突变，因此，要分段建立内力方程。建立图示的坐标系，以梁左端为坐标原点。利用截面法，假设内力为正符号，在 $AC$ 段，截面内力方程为：

剪力方程：$F_S(x) = R_{YA} = F(l-a)/l, (0 \leqslant x < a)$

弯矩方程：$M(x) = R_{YA}x = Fx(l-a)/l, (0 \leqslant x < a)$

在 $CB$ 段，截面内力方程为：

剪力方程：$F_S(x) = -R_{YB} = -Fa/l, (a \leqslant x < l)$

弯矩方程：$M(x) = R_{YB}(l-x) = Fa(l-x)/l, (a \leqslant x < l)$

显然，剪力方程为分段常数，它的图形为阶梯直线。弯矩方程为分段一次函数，它的图形为两段斜直线。最大弯矩发生在梁的集中力作用点。如图 7-10(b)(c) 所示。

(2) 双吊机起吊大重物

这时，可以认为梁在两点承受重物作用，同样梁的自身重力也忽略不计，受力模型如图 7-11(a)。设 $F_1 > F_2$、$a > b$。利用平衡条件可以求出支座的反力为：

$$R_{YA} = [F_1(l-a) + F_2 b]/l \quad R_{YB} = [F_1 a + F_2(l-b)]/l$$

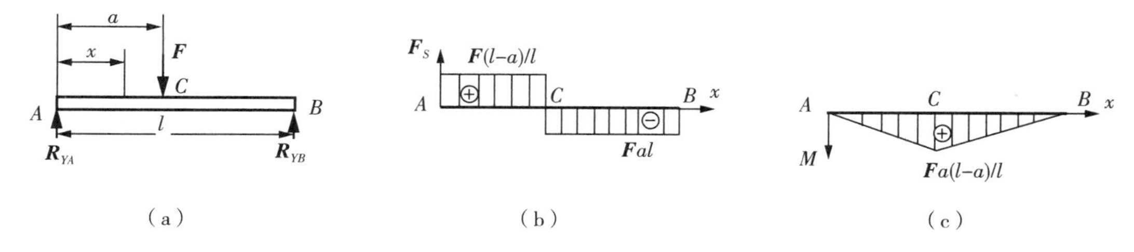


图7-10　简支梁受单个集中载荷作用模型

在集中力作用点的两侧，梁内力会发生突变，因此，要分段建立内力方程。在图示的坐标系中，利用截面法，假设内力为正符号，在 $AC$ 段，截面内力方程为：

剪力方程：$F_S(x)=R_{YA}=[F_1(l-a)+F_2b]/l,(0\leqslant x<a)$

弯矩方程：$M(x)=R_{YA}x=[F_1(l-a)+F_2b]a/l,(0\leqslant x<a)$

在 $CD$ 段，截面内力方程为：

剪力方程：$F_S(x)=R_{YA}-F_1=-[F_1a-F_2b]/l,(a\leqslant x<l-b)$

弯矩方程：$M(x)=R_{YA}x-F_1(x-a)=[F_1(l-x)a+F_2bx]/l,(a\leqslant x<l-b)$

在 $DB$ 段，截面内力方程为：

剪力方程：$F_S(x)=-R_{YA}=-[F_1a+F_2(l-b)]/l,(l-b\leqslant x\leqslant l)$

弯矩方程：$M(x)=R_{YB}(l-x)=[F_1a+F_2(l-b)]b/l,(l-b\leqslant x\leqslant l)$

从上面的结果知道，剪力方程为分段常数，它的图形为阶梯水平直线。弯矩方程为分段一次函数，它的图形为三段斜直线。最大弯矩发生的位置要看两个外力的大小来定，应该发生在外力大的作用点。如图7-11(b)(c)所示。

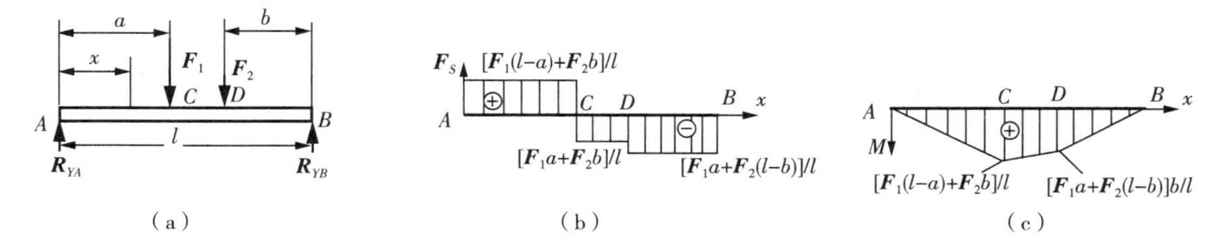


图7-11　简支梁受两个集中载荷作用模型

(3) 未吊重物，考虑只受自身重力作用

当梁只受自身重力作用。将这种自重简化为均布载荷，均布线载荷大小为 $q$，受力模型如图7-12(a)。利用平衡条件可以求出支座的反力为：

$$R_{YA}=R_{YB}=ql/2$$

建立图示的坐标系，利用截面法，假设内力为正符号，得到截面内力方程为：

剪力方程：$F_S(x)=R_{YA}-qx=ql/2-qx,(0\leqslant x<l)$

弯矩方程：$M(x)=R_{YA}x-qx\cdot x/2=qlx/2-qx^2/2,(0\leqslant x<l)$

显然，剪力方程是一次函数，它的图形为斜直线。弯矩方程为二次函数，它的图形为抛物线。最大剪力发生在支座端点，最大弯矩发生在梁的中点。如图7-12(b)(c)所示。

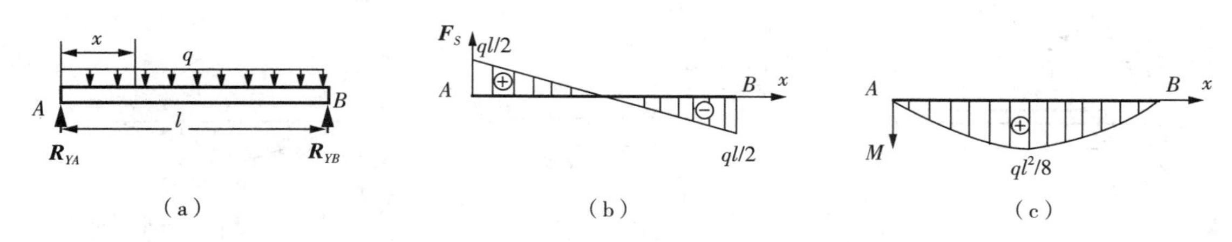


图 7-12 简支梁受均布载荷作用模型

**思考与讨论：**对于图 7-13(a) 所示承受均布载荷的简支梁，其弯矩图凸凹性与哪些因素相关？讨论四种答案中哪几种是正确的。

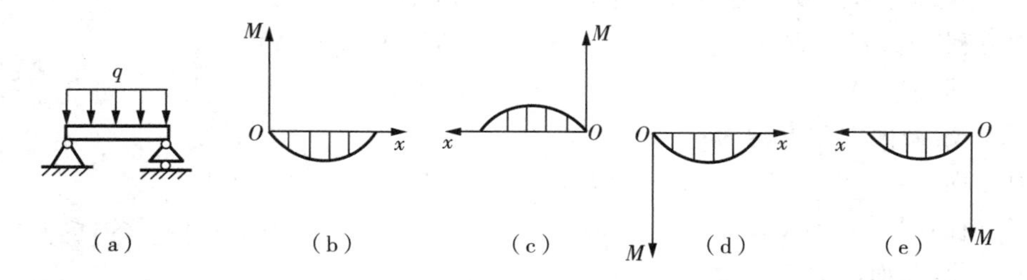


图 7-13 简支梁受力模型及弯矩图讨论

### 7.2.3 梁的截面内力之间的关系

对比剪力与弯矩的方程和图形，不难发现它们之间具有密切的数学关系。下面将导出这些关系式。

考虑梁上作用一般的载荷，如图 7-14(a) 所示。在梁中取一微小段[图 7-14(b)]，其截面上作用有剪力和弯矩。根据微段梁的平衡条件有：

$$\sum F_Y = 0, F_S(x) - [F_S(x) + \mathrm{d}F_S(x)] + q(x)\mathrm{d}x = 0$$

$$\sum M_C = 0, -M(x) + [M(x) + \mathrm{d}M(x)] - F(x)\mathrm{d}x - q(x)\mathrm{d}x\mathrm{d}x/2 = 0$$

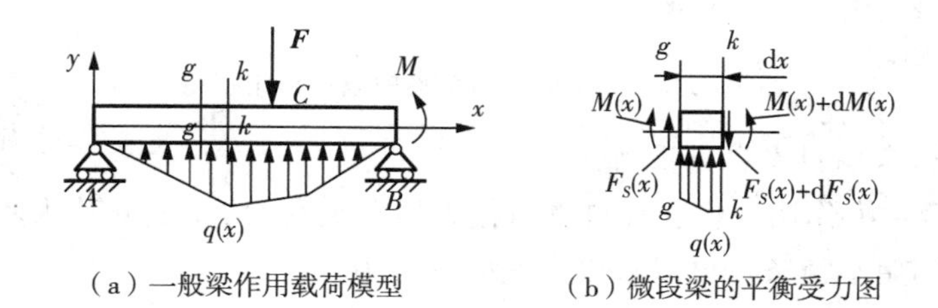


(a) 一般梁作用载荷模型　　(b) 微段梁的平衡受力图

图 7-14 简支梁受力模型图

上式化简后(略去高阶微小量)得到：

$$\frac{\mathrm{d}F_S(x)}{\mathrm{d}x} = q(x) \tag{7-4}$$

$$\frac{\mathrm{d}M(x)}{\mathrm{d}x} = F_S(x) \tag{7-5}$$

利用数学求导法则，可以进一步导出：

$$\frac{d^2M(x)}{dx^2}=\frac{dF(x)}{dx}=q(x) \tag{7-6}$$

上面的式(7-4)、式(7-5)、式(7-6)就是截面上的分布载荷、剪力、弯矩之间的微分关系。

利用这种关系可以了解到载荷分布曲线、剪力曲线、弯矩曲线的变化走向。特别是当内力曲线是连续光滑曲线时，可以通过剪力曲线判断弯矩的极值发生的位置，通过载荷曲线判断剪力的极值点位置。因为，

当$\frac{dM(x_m)}{dx}=F(x_m)=0$，则此处$M(x_m)$为极值。

当$\frac{dF_S(x_s)}{dx}=q(x_s)=0$，则此处$F_S(x_s)$取得极值。

例7-2中的结果已经证实了上面的结论。

利用内力之间这种微分关系，很容易判断内力图的走向。例如，剪力图如果是连续的，弯矩图就是光滑曲线；剪力图出现跳跃，弯矩图会出现拐点；剪力图是正值，弯矩图就是上升曲线；剪力图是常值，弯矩图就是斜直线；等等。

分布载荷、剪力、弯矩之间的微分关系也可以转换为积分关系。例如，在区间$[x_a,x_b]$内，对式(7-4)积分，$\int_{x_a}^{x_b}dF_S(x)=\int_{x_a}^{x_b}q(x)dx$得到

$$F_S(x_b)=F_S(x_a)+\int_{x_a}^{x_b}q(x)dx \tag{7-7}$$

其中，$F_S(x_a)$为边界起始点的剪力。

对(式7-5)积分，$\int_{x_a}^{x_b}dM(x)=\int_{x_a}^{x_b}F_S(x)dx$得到

$$M(x_b)=M(x_a)+\int_{x_a}^{x_b}F_S(x)dx \tag{7-8}$$

其中，$M(x_a)$为边界起始点的弯矩。

**例7-3** 假设一简支梁部分受到均布载荷作用，载荷集度$q=100\text{kN/m}$。模型梁的尺寸如图7-15(a)所示。求梁的内力，画内力图。

**解**：首先确定梁的支座反力。利用平衡条件和载荷对称性可以得到：

$$R_{YA}=R_{YB}=ql_q/2=100\times10^3\times1.6/2=80\times10^3(\text{N})$$

$$M_A=M_B=0$$

支反力如图7-15(b)所示。再利用内力积分关系式可以各段的内力。

在$AC$段，$q=0$，

剪力方程：$F_S(x)=F_S(0)+\int_0^x q(x)dx=R_{YA}=80\times10^3(\text{N}) \quad (0\leqslant x<0.2)$

弯矩方程：$M(x)=M(0)+\int_0^x F_S(x)dx=0+\int_0^x 80\times10^3dx=80\times10^3x\ (\text{N}\cdot\text{m}) \quad (0$

$\leqslant x < 0.2)$

在 $CD$ 段，$q = -100 \times 10^3 \mathrm{N/m}$，

剪力方程：

$$F_S(x) = F_S(0.2) + \int_{0.2}^{x} q(x)\mathrm{d}x = 80 \times 10^3 - \int_{0.2}^{x} 100 \times 10^3 \mathrm{d}x$$

$$= (1 - x) \times 10^5 (N) \quad (0.2 \leqslant x < 1.8)$$

弯矩方程：

$$M(x) = M(0.2) + \int_{0.2}^{x} F_S(x)\mathrm{d}x = 16 \times 10^3 + \int_{0.2}^{x} (1 - x) \times 10^5 \mathrm{d}x$$

$$= 48 \times 10^3 - 5 \times (1 - x)^2 \times 10^4 (\mathrm{N \cdot m}) \quad (0.2 \leqslant x < 1.8)$$

在 $DB$ 段，$q = 0$，

剪力方程：$F_S(x) = F_S(1.8) + \int_{1.8}^{x} q(x)\mathrm{d}x = -80 \times 10^3 (N) \quad (1.8 \leqslant x \leqslant 2)$

弯矩方程：$M(x) = M(1.8) + \int_{1.8}^{x} F_S(x)\mathrm{d}x = 16 \times 10^3 - \int_{1.8}^{x} 80 \times 10^3 \mathrm{d}x = 160 \times 10^3 - 80 \times 10^3 x \ (\mathrm{N \cdot m}) \quad (1.8 \leqslant x \leqslant 2)$

剪力图如图 7-15(c) 所示，弯矩图如图 7-15(d) 所示。

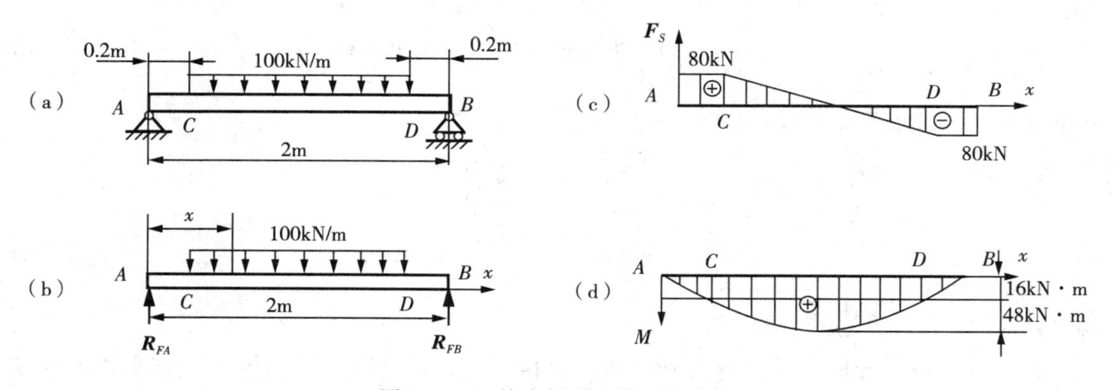


图 7-15 简支梁受力模型与弯矩

# 7.3 用叠加法绘制梁的内力图

在工程中，当梁同时承受多种载荷时，计算梁截面内力比较复杂，可以采用载荷叠加的方法来简化计算。

1. 载荷叠加法求截面内力

当梁的变形为小变形且处于线弹性范围情况下，梁截面内力与荷载成线性关系。例如图 7-16(a) 所示的悬臂梁，承受集中力 $F_0$、集中力矩 $M_0$ 和分布力 $q$ 的情况下，建立图示坐标

系，在微小变形情况下，其截面内力为：

剪力方程：

$$F_S(x) = F_0 - qx, (0 \leqslant x < l) \tag{7-9}$$

弯矩方程：

$$M(x) = M_0 + F_0 x - qx^2/2, (0 \leqslant x < l) \tag{7-10}$$

显然，截面内力是由各外力的分别作用的结果。如图 7－16(b)(c)(d) 所示。

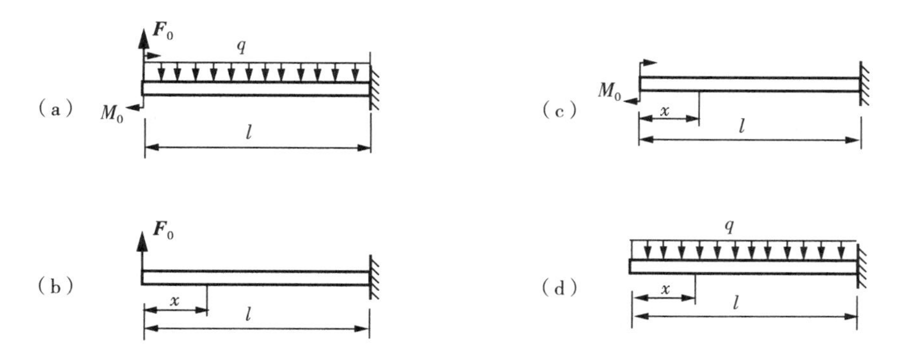


图 7－16　梁的载荷叠加模型

推广到一般情况，可以建立下面的叠加原理：在弹性小变形条件下，联合载荷作用下的梁截面内力等于各个载荷单独作用下的内力代数和。

利用叠加原理可以将复杂的加载下的内力转化为求几个简单的载荷作用下的内力，再将它们叠加。梁的内力图也可以应用叠加原理绘制，即在多个荷载作用下梁的内力图，等于各个荷载单独作用所引起的内力图的叠加。

**例 7－4**　试分析如图 7－17(a) 所示的书架的内力。假设书的重量为均布的，线载荷集度为 $q$。

**解：**将书架简化为一个外伸梁，其上的受力可以简化为如图 7－17(b) 所示的模型。这样，在梁上作用有均布载荷、集中载荷和集中力矩。对于这样多载荷作用下的梁的内力，采用叠加方法，首先求出各个简单载荷作用下的内力，如图 7－17(d)(e)(f)。

(a) 书架实物

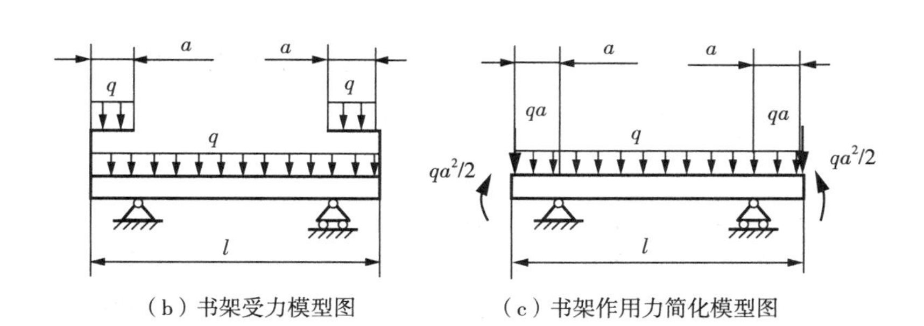


(b) 书架受力模型图　(c) 书架作用力简化模型图

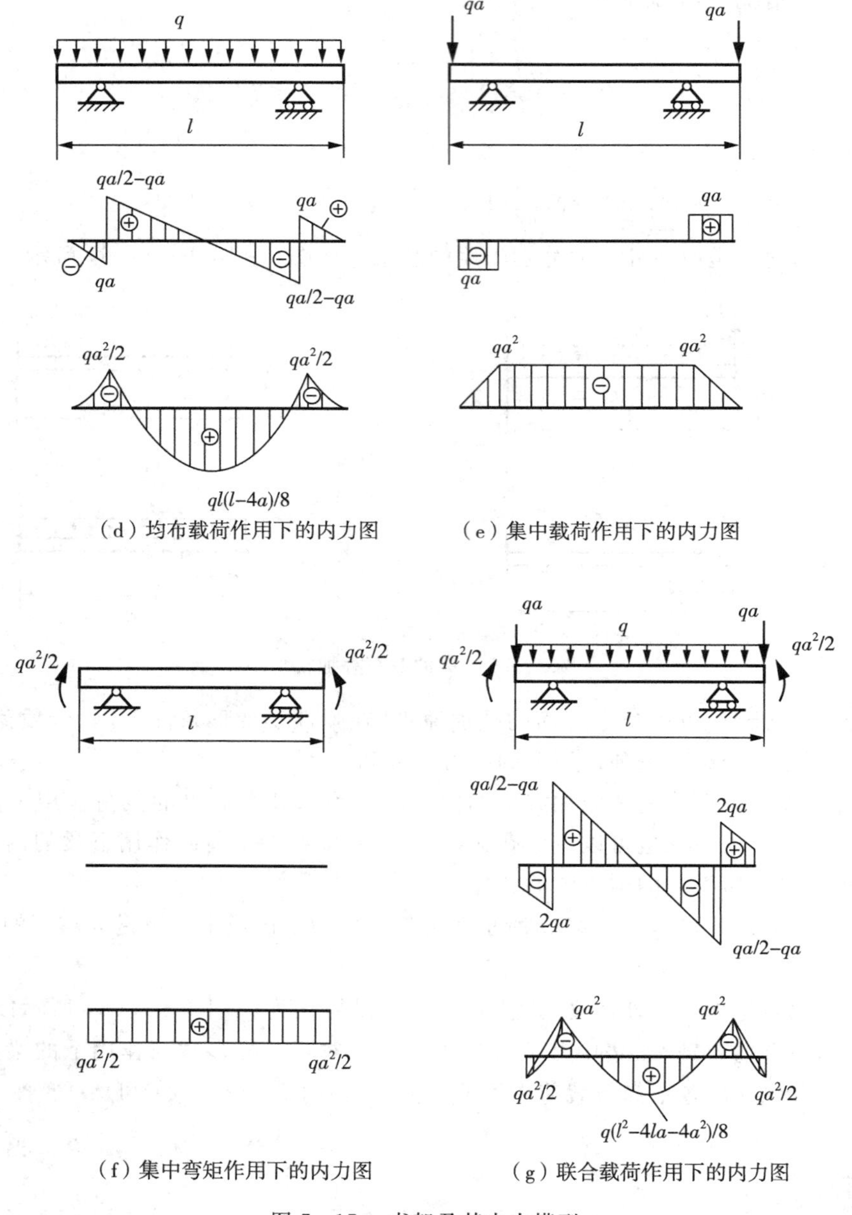


（d）均布载荷作用下的内力图

（e）集中载荷作用下的内力图

（f）集中弯矩作用下的内力图

（g）联合载荷作用下的内力图

图 7－17　书架及其内力模型

将 3 种内力图再对应相加(代数和)，得到整体的内力图，如图 7－17(g)。最大弯矩处于梁的中位置，其大小为：

$$M_{\max}=q(l^2-4la-4a^2)/8$$

**思考与讨论**：梁的内力与梁的哪些因素有关？

2．分段叠加法作弯矩图

用分段叠加法作弯矩图，可以使绘制弯矩图的工作得到简化。

下面讨论简支梁[图 7－18(a)]的情形。简支梁承受端部力偶 $M_A$、$M_B$ 与跨间载荷 $q$ 的作用。其弯矩图如图 7-18(b)。

将两种载荷分开，图 7-18(c) 为该梁在端部力偶作，其弯矩 $M_1$ 图如图 7-18(e)。

图 7-18(d) 为在跨间承受均布载荷 $q$ 作用，其弯矩 $M_2$ 图如图 7-18(f)。

载荷图 7-18(a) 可以看作是图 7-18(c) 与图 7-18(d) 的叠加。

弯矩图 7-18(b) 也是图 7-18(e) 与图 7-18(f) 的叠加。即

$$M(x)=M_1(x)+M_2(x) \tag{7-11}$$

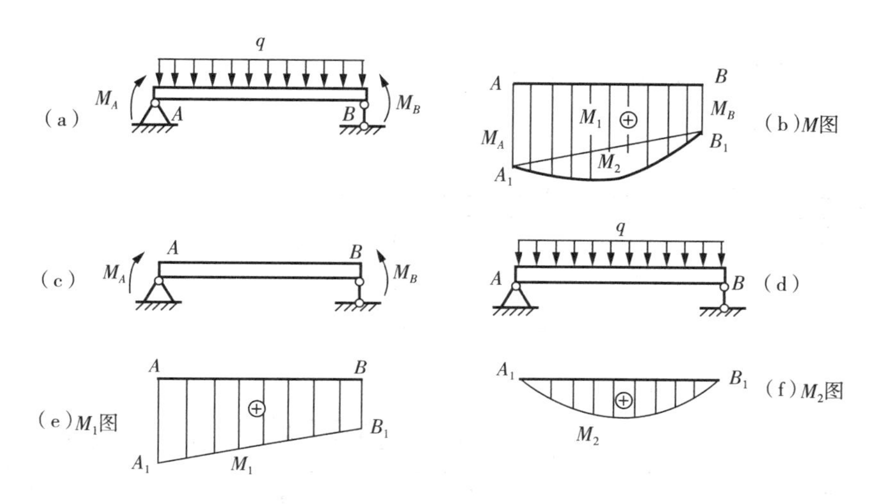


图 7-18　分段叠加法简支梁模型

应当注意，这里所说的弯矩图叠加不是图形的简单拼合，而是指弯矩图上纵坐标的叠加。图 7-18(b) 中 $M_2$ 图的纵坐标仍然垂直于杆轴 $AB$，而不是垂直于图中的虚线 $A_1B_1$。

上述叠加法可用于绘制结构中任意直线段的弯矩图。

如图 7-19(a) 所示的简支梁，在绘制梁的任意段弯矩图时，可以采用分段叠加法绘制弯矩图。为了方便，可将梁分成 $AC$、$CD$、$DF$ 三段，每一段都可应用叠加法。从图 7-19(a) 中取出的直线段 $CD$ 隔离体。在隔离体两端的截面上，有弯矩 $M_A$、$M_C$ 与剪力 $F_{QA}$、$F_{QC}$ 作用。它可以变成如图 7-19(b) 所示的一个受跨间载荷 $F$ 和端部力偶 $M_A$、$M_C$ 作用的简支梁，其支反力用 $F_{QA}$、$F_{QC}$ 表示。这种做法对于梁上任一直线段都是成立的。

所以，从图 7-19(a) 简支梁上取出 $AC$ 段隔离体，$M$ 图与相应简支梁图 7-19(d) 的弯矩图一样。先求出 $AC$ 段两端截面上的弯矩值 $M_A$ 与 $M_C$，画出直线的弯矩图 $M_1$；再以此直线图形为基础，叠加相应简支梁 $AC$ 在中点集中力作用下的弯矩图 $M_2$，如图 7-19(c) 所示。$AC$ 中点 $B$ 的弯矩值为：

$$M_B=\frac{b}{l_1}M_A+\frac{a}{l_1}M_C+\frac{ab}{l_1}F \tag{7-12}$$

同样，从图 7-19(a) 简支梁上取 $CD$ 段，$M$ 图与相应简支梁图 7-19(d) 的弯矩图一样。先求出两端截面上的弯矩值 $M_C$ 与 $M_D$，画出直线的弯矩图 $M_1$；再以此直线图形为基础，叠加相应简支梁 $CD$ 在跨间荷载作用下的弯矩图 $M_2$，如图 7-19(e) 所示。$CD$ 中点 $G$ 的弯矩值为：

$$M_G = \frac{1}{2}(M_C + M_D) + \frac{q{l_2}^2}{8} \tag{7-13}$$

*DF* 段的 *M* 图绘制与相应简支梁图 7-19(f) 的弯矩图绘制相同。先求出梁两端截面上的弯矩值 $M_D$ 与 $M_F$，画出直线的弯矩图 $M_1$；再以此直线图形为基础，叠加相应简支梁 *DF* 在中点集中力偶作用下的弯矩图，如图 7-19(g) 所示。*DF* 中点 *E* 的弯矩值出现跳跃。

$$M_{E-} = \frac{1}{2}M_D - \frac{M_P}{2} \quad , M_{E+} = \frac{1}{2}M_D + \frac{M_P}{2} \quad (M_F = 0) \tag{7-14}$$

最后整体的弯矩图如图 7-19(h) 所示。

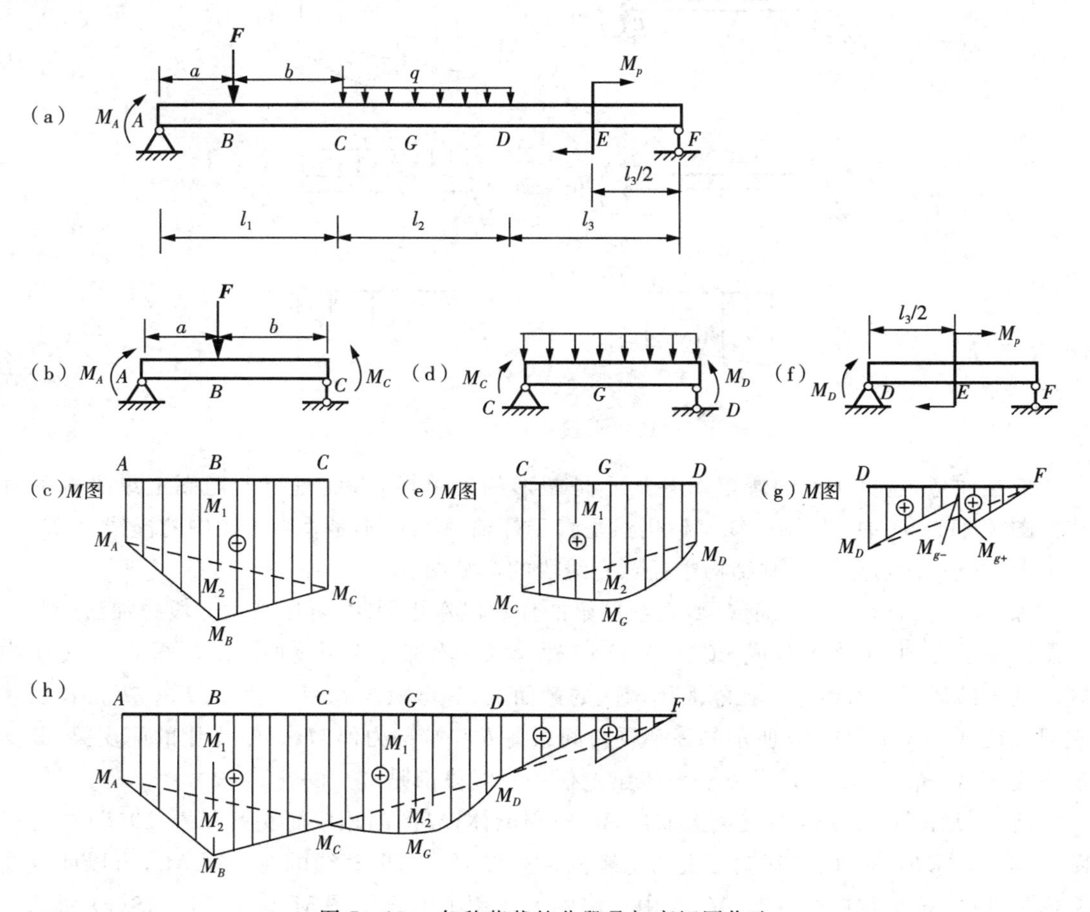


图 7-19 各种荷载的分段叠加弯矩图作法

利用上述内力图的形状特点以及弯矩图的叠加法，分段叠加法作弯矩图的方法可归结如下：

(1) 选定外力的不连续点(如集中力、集中力偶作用点，分布载荷的起点和终点) 为控制截面，求出截面弯矩值；

(2) 画弯矩图。当控制截面之间无载荷时，根据控制截面的弯矩值，即可作出直线弯矩图。当控制截面间有荷载作用时(该荷载可以是分布载荷、集中力、集中力偶等)，可在直线弯矩图上再叠加这一段按简支梁作用该载荷求得的弯矩图。

下面举例说明分段叠加法的应用。

**例 7-5** 试用分段叠加法作图7-20(a)所示外伸梁模型的弯矩图。已知 $M=6\text{kN}\cdot\text{m}$，$F=6\text{kN}$，$q=2\text{kN/m}$，$a=2\text{m}$。

**解**：在作该梁的 $M$ 图时不需求支反力。

(1) 选 $A$、$C$、$D$ 为控制截面，求得弯矩值为：

$$M_A=6\ \text{kN}\cdot\text{m},$$

$$M_C=-4\ \text{kN}\cdot\text{m},M_D=0$$

将上面的弯矩值在 $m$ 图上画出点 $A_1$、$C_1$、$D_1$，连以虚线 $A_1C_1$。

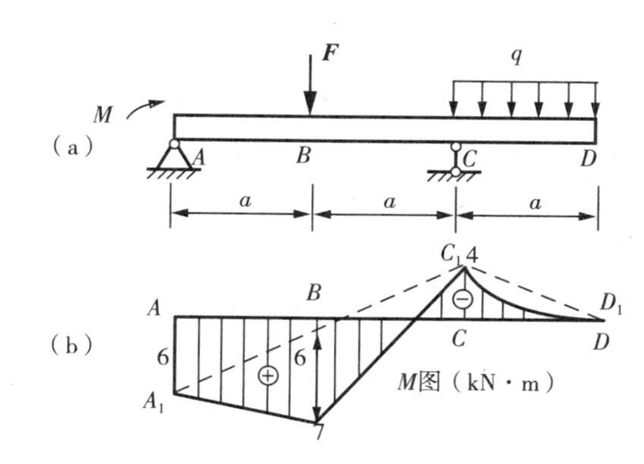


图 7-20 外伸梁受力模型

(2) $AC$ 段有载荷，以 $A_1C_1$ 为基线，叠加以 $AC$ 为跨度、跨中有集中力作用在简支梁上的弯矩图，其中点竖距为 $2Fa/4=6\text{kN}\cdot\text{m}$；如图中标注。所以，$B$ 截面弯矩为：

$$M_B=\frac{(M_A+M_C)}{2}+\frac{F(2a)}{4}=7\text{kN}\cdot\text{m}$$

(3) $CD$ 段为均布载荷作用下的伸臂段，其受力与一在 $C$ 点固定的悬臂梁相同，可直接画出抛物线形状的弯矩图。由于 $D$ 截面处剪力 $F_{QD}=0$，弯矩图的抛物线在 $D$ 点应与水平轴相切。

最后得出整体弯矩图如图 7-20(b)。

**例 7-6** 试用分段叠加法作图 7-21(a) 所示外伸梁模型的弯矩图。已知 $M_C=qa^2/2$。

**解**：(1) 选 $A$、$B$、$C$ 为控制截面，求得弯矩值为：

$$M_A=0$$

$$M_C=-qa^2/2$$

$$M_B=-qa^2/2$$

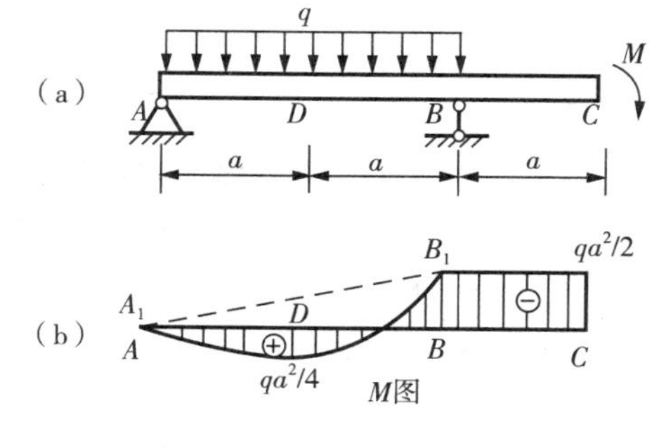


图 7-21 外伸梁受力模型

将上面的弯矩值在 $M$ 图上画出点 $A_1$、$B_1$ 连以虚线。

(2) $AB$ 段有载荷，以 $A_1B_1$ 为基线，叠加跨中有均布荷载作用在简支梁上的弯矩图，其中点竖距为 $q(2a)^2/8$；如图中标注。所以，$D$ 截面弯矩为：

$$M_D=-\frac{qa^2}{4}+\frac{q\,(2a)^2}{8}=\frac{qa^2}{4}$$

(3) $BC$ 段为在自由端作用集中力偶下的伸臂段，其受力与一在 $B$ 点固定的悬臂梁相同，可直接画出直线弯矩图。整个梁的弯矩图如图 7-21(b) 所示。

# 7.4 梁弯曲截面应力分析

## 7.4.1 纯弯曲梁的截面正应力

利用截面法研究梁的截面内力，再计算分布在截面上的应力。这些应力不是简单的均匀分布。通常，截面上的切应力合成为截面剪力，正应力会合成为截面弯矩与轴力。为了导出梁截面上的应力计算方法，首先从简单的情况出发，即考虑梁截面只存在正应力的情况。

若梁或一段梁内各横截面上的剪力为零，弯矩为常量，则该梁或该段梁的弯曲称为纯弯曲。例如图7-22所示的火车轮轴梁，由其剪力图和弯矩图可知，梁$CD$段为纯弯曲。若梁横截面上既有弯矩又有剪力，该梁的弯曲称为横力弯曲或剪切弯曲。显然梁$AC$段、$DB$段为横力弯曲。

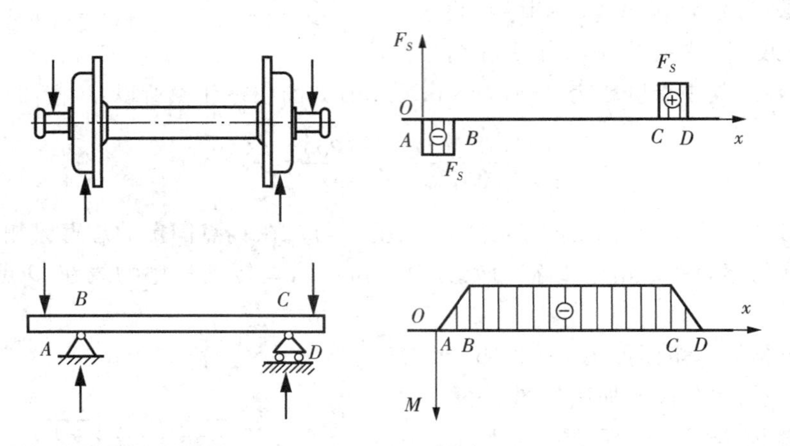


图7-22 纯弯曲梁模型及弯矩特点

下面考虑梁具有纵向对称面内，外力为纯弯矩，且外力作用在梁的对称面内，这时梁发生纯弯曲。分析梁中的应力方法与杆受轴向拉压和圆轴扭转时分析横截面上应力的方法相同，也需要从变形几何关系、物理关系和静力学关系三个方面综合考虑。

1. 变形位移几何关系

设矩形横截面直梁具有一个纵向对称面，若在其表面画出平行于轴线的水平直线和垂直于轴线的竖直线，如图7-23(a)所示。当梁产生纯弯曲后，可观察到[参见图7-23(b)]：梁上部的水平直线弯曲后缩短，下部的水平直线弯曲后伸长。竖直线在变形后仍保持为直线，但旋转了一个角度，且与弯曲后的水平直线仍然正交。这种弯曲也称为正弯曲。

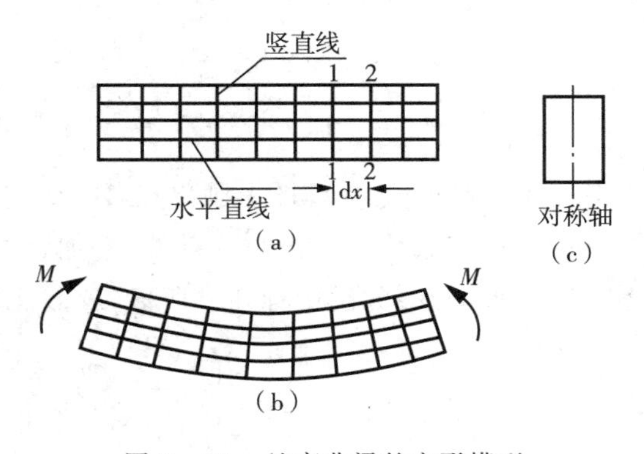


图7-23 纯弯曲梁的变形模型

根据上述变形模型，可作出如下假设：

(1) 梁的横截面在变形后仍为平面，并和弯曲后的纵向层正交(横截面保持平面假设，正弯曲)；

(2) 梁的各水平线之间互不挤压，即每一水平线受单向拉伸或单向压缩(无挤压应力假设)；

(3) 在横截面每一水平层纵向上，应力均匀分布(纵向应力均匀假设)。

根据平面假设，图 7-23(b) 中梁的上部水平线缩短，下部水平线伸长。由变形的连续性可推知在梁的中间，必有一层水平线既不伸长，也不缩短，这一层称为中性层。中性层与横截面的交线称为中性轴，如图 7-23(c) 所示。

由以上假设，可进一步找出梁的水平线应变的变化规律。

建立如图 7-24(a) 所示的坐标系，取横截面的竖直向下的对称轴为 $y$ 轴，中性轴为 $z$ 轴(中性轴的位置暂时不知道)。利用截面法，取长为 $dx$ 的一微段梁，如图 7-24(b) 所示。微段梁变形后如图 7-24(c) 所示。变形前梁横截面如图 7-24(d) 所示。

考虑距离中性层为 $y$ 处的水平层中任一水平线 $ab$[图 7-24(b)] 的变形。设图 7-24(c) 中 1-1 截面和 2-2 截面之间相对转角为 $d\theta$，$\rho$ 为中性层的曲率半径。水平线 $ab$ 变形后为弧线 $a'b'$，它的长度为：

$$a'b' = (\rho + y)d\theta$$

而变形前后的中性层长度不变，为：

$$O_1O_2 = ab = dx = O_1'O_2' = \rho d\theta$$

所以，水平线 $ab$ 的应变为：

$$\varepsilon = \frac{a'b' - ab}{ab} = \frac{(\rho + y)d\theta - \rho d\theta}{\rho d\theta} = \frac{y}{\rho} \tag{7-15}$$

式(7-15) 表明，横截面上任一点处的水平向线应变与该点到中性轴的距离 $y$ 成正比。

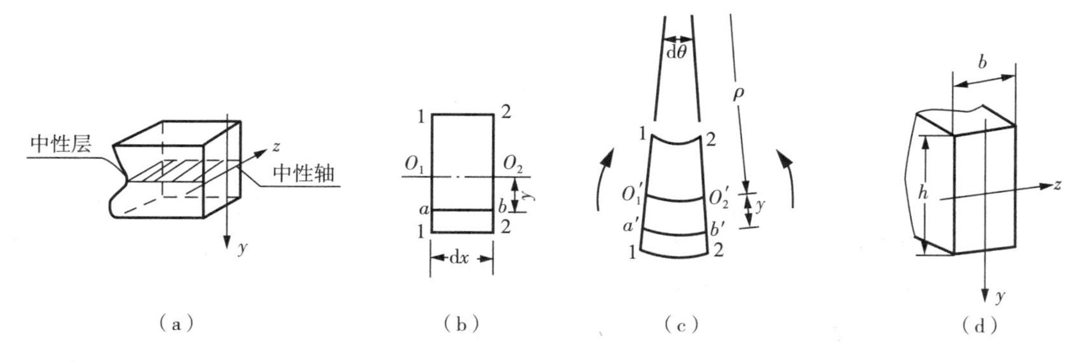


图 7-24　微段梁及其变形模型

2. 应力与应变物理关系

由于梁的各水平线受单向拉伸或单向压缩，当应力小于材料的比例极限值时，应力应变之间符合单向应力的胡克定律：

$$\sigma = E\varepsilon$$

将上面的应变计算式(7－6)代入后得：

$$\sigma = E\frac{y}{\rho} \tag{7-16}$$

由式(7－16)可见，横截面上各点处的正应力与 $y$ 成正比，而与 $z$ 坐标无关，即正应力沿高度方向呈线性分布，沿宽度方向均匀分布。对横截面为矩形的梁，横截面上的正应力分布如图 7－25(a)所示。通常可简单地用图 7－25(b)或图 7－25(c)表示。但是，目前还不能计算出正应力，因曲率半径 $\rho$ 和中性轴的位置尚未知，还必须应用静力学关系求出曲率半径 $\rho$ 和中性轴的位置。

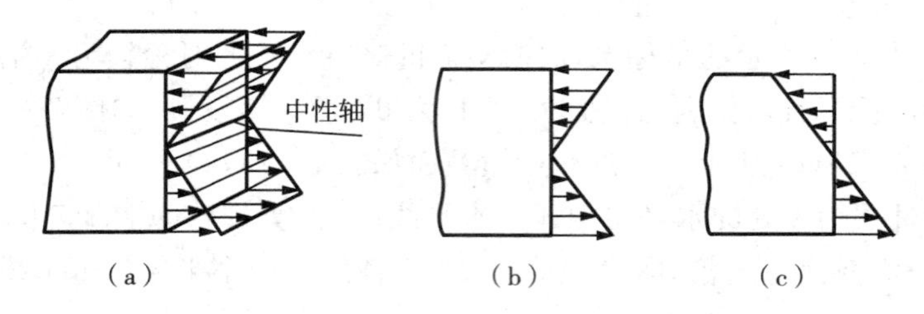


图 7－25　梁横截面正应力分布

3. 静力学平衡方程

在横截面上任意点处取微小面积 $dA$，其上的微小内力 $\sigma dA$ 都是垂直于截面的法向力，它们组成空间平行力系。它们可以合成为横截面上的内力。由截面内力分析知道，平面纯弯曲横截面上只有对 $z$ 轴的力矩(即弯矩)，没有轴力，也没有对 $y$ 轴的力矩。

截面轴力：$F_N = \int_A \sigma dA = \int_A E\frac{y}{\rho}dA = 0$

截面力对 $y$ 轴力矩：$M_y = \int_A z\sigma dA = \int_A E\frac{zy}{\rho}dA = 0$

由于在截面上，材料的弹性模量 $E$ 和中性层的曲率半径都是常值，所以，上面两式子简化为：

$$\int_A y dA = 0, \quad \int_A zy dA = 0 \tag{7-17}$$

式(7－17)表明，梁横截面对中性轴(即 $z$ 轴)的面积一次矩(静矩)等于零。由几何学知识知道，满足这一条件时意味着 $y$ 应该有正负值，并且要求中性轴 $z$ 必须过横截面的形心。这样就确定了中性轴的位置，即中性轴必须通过截面的形心，且包含在中性层内。所以，梁截面的形心连线也在中性层内，其长度不发生变化。

而式(7－17)也表明，横截面对 $y$ 轴和 $z$ 轴的面积惯性积也必须为零。当截面的 $y$ 轴是对称轴时，这种惯性积一定等于零，也就是这一条件自然得到满足。如果 $y$ 轴不是截面对称轴，情况变得比较复杂，将在以后讨论。

4. 截面上的正应力公式

下面再求应力对 $z$ 轴的力矩。由横截面力的合成，它应该等于截面弯矩 $M$，即

$$M_Z = \int_A y\sigma dA = M \tag{7-18}$$

将应力计算式代入式(7-18)得：

$$\frac{E}{\rho}\int_A y^2 \mathrm{d}A = M \tag{7-19}$$

若令 $I_z=\int_A y^2 \mathrm{d}A$(称为截面惯性矩)，则上式可以转化为：

$$\frac{1}{\rho}=\frac{M}{EI_z} \tag{7-20}$$

显然，梁弯曲变形后，其中性层的曲率 $1/\rho$ 与截面弯矩 $M$ 成正比，与 $EI_z$ 成反比。梁的中性轴曲率 $1/\rho$ 随着 $EI_z$ 增大而减小。因此通常称 $EI_z$ 为梁的抗弯刚度。梁的抗弯刚度越大，则其曲率越小，即梁的弯曲程度越小。

将式(7-20)再代进应力计算式(7-16)得：

$$\sigma = E\frac{y}{\rho}=\frac{My}{I_z} \tag{7-21}$$

式(7-21)就是梁的横截面上任一点处正应力的计算公式。式中 $m$ 是横截面上的弯矩，$y$ 是所求正应力点处到中性轴 $z$ 的距离。$I_z$ 为截面对中性轴 $z$ 的惯性矩，其值与截面的形状和尺寸有关，其量纲常用单位为 $\mathrm{m}^4$ 或 $\mathrm{mm}^4$。对不同的形状截面其计算结果也不同，例如，

对于圆形截面，

$$I_z=\int_A y^2 \mathrm{d}A=\frac{\pi D^4}{64} \tag{7-22}$$

对矩形截面，

$$I_z=\int_A y^2 \mathrm{d}A=\frac{bh^3}{12} \tag{7-23}$$

进一步分析，由于式(7-21)中 $y$ 值有正负出现，梁在纯弯曲时横截面被中性轴分为两个区域。一个区域内横截面上各点处产生拉应力，而在另一个区域内产生压应力。由式(7-21)所计算出的某点处的正应力究竟是拉应力还是压应力，有两种方法确定：将规定的坐标 $y$ 及弯矩 $M$ 的数值连同正负号一并代入式(7-21)，如果求出的应力是正，则为拉应力，如果为负则为压应力；或根据弯曲变形的形状确定，即以中性层为界，梁弯曲后，凸出边的应力为拉应力，凹入边的应力为压应力。通常按照后面这一方法确定比较方便。

式(7-21)是在纯弯曲情况下得到的结果，是根据平面假设和纵向线之间互不挤压的假设导出的，它已为纯弯曲实验所证实。由式(7-21)可知，当 $y=|y|_{\max}$ 时(即在横截面上离中性轴最远的边缘上各点处)，正应力的绝对值取得最大值。横截面上的绝对值最大的正应力为：

$$|\sigma|_{\max}=\frac{M|y|_{\max}}{I_z} \tag{7-24}$$

若令 $W_z=\frac{I_z}{|y|_{\max}}$，则式(7-24)可以转化为如下简单的形式：

$$|\sigma|_{\max}=\frac{M}{W_z} \tag{7-25}$$

式(7-25)中$W_z$称为弯曲截面系数，其值与截面的形状和尺寸有关，它也是一种截面几何性质。其量纲常用单位为$m^3$或$mm^3$。

当中性轴为横截面的对称轴时，最大拉应力和最大压应力的数值相等。

$$\sigma_{max}=\frac{M}{W_z},\quad \sigma_{min}=-\frac{M}{W_z}$$

对于圆形截面，

$$W_z=\frac{I_z}{D/2}=\frac{\pi D^3}{32} \tag{7-26}$$

对矩形截面，

$$W_z=\frac{I_z}{h/2}=\frac{bh^2}{6} \tag{7-27}$$

**例7-7** 已知工字形截面钢梁横截面上只承受纯弯矩$M=20\ \mathrm{kN\cdot m}$，横截面$I_z=11.3\times10^{-6}\mathrm{m}^4$，其他尺寸如模型图7-26所示。试求横截面中性轴以上半部分应力沿$x$方向的合力。

**解**：由于截面具有对称性，中性在对称轴上。上半部分的正应力为压应力。在图示坐标系下，采用式(6-21)计算正应力时坐标取负值：

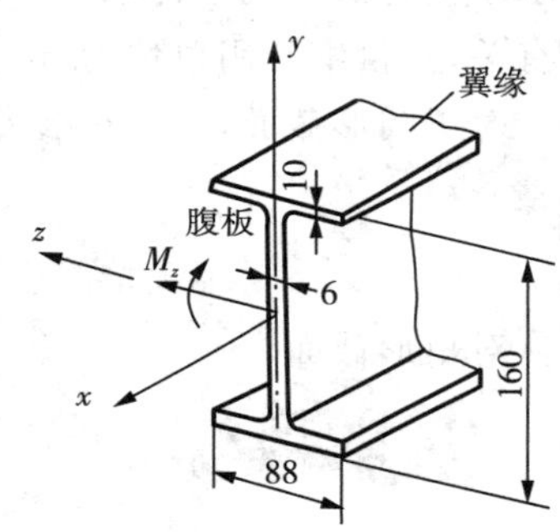

图7-26 工字形截面钢梁模型及横截面受力

$$\sigma=\frac{-My}{I_z}$$

应力的合力为：

$$\begin{aligned}F_{N/2}&=\int_{\frac{A}{2}}\sigma\mathrm{d}A=\int_{A1}\frac{-My}{I_z}\mathrm{d}A+\int_{A2}\frac{-My}{I_z}\mathrm{d}A\\&=-\frac{M}{I_z}\left[\int_0^{0.07}y\times0.006\mathrm{d}y+\int_{0.07}^{0.080}y\times0.088\mathrm{d}y\right]\\&=-\frac{M}{I_z}\left[6\times\frac{1}{2}\times70^2+88\times\frac{1}{2}(80^2-70^2)\right]\times10^{-9}\\&=-\frac{20\times10^3}{11.3\times10^{-6}}\times10^{-9}[3\times70^2+44\times(80^2-70^2)]\\&=-143\times10^3(\mathrm{N})(\text{压力})\end{aligned}$$

而上半部分合力形成的力矩是整个截面力矩的一半，合力作用位置可以由下面的力矩方程得出：

$$|F_{N/2}|\cdot y_{c^*}=\frac{M}{2}$$

代入数据得到：

$$y_{c^*}=\frac{20}{2\times143}=0.0699\mathrm{m}\approx70\mathrm{mm}$$

即上半部分布力系合力大小为143 kN(压力),作用位置离中心轴 $y=70\text{mm}$ 处,即位于腹板与翼缘交界处。

### 7.4.2　横力弯曲下梁的截面正应力

当梁受横向外力作用时,该梁的弯曲称为横力弯曲或剪切弯曲,如模型图7-8、图7-9所示就是横力弯曲,这时,截面内力随梁轴向位置而变化,横截面上既有弯矩又有剪力(一般轴力不存在)。

根据弹性力学的理论和实验知道,当存在剪力时,梁横截面在变形后已不再是平面,而且由于横向外力的作用,梁纵线之间存在互相挤压。但理论分析结果表明,对于跨度长与横截面高度之比大于5的梁,这种影响很小。而工程上常用的梁的跨高比都远大于5。因此,利用梁纯弯曲正应力公式(7-21)计算横力弯曲,可满足工程上的精度要求。

与纯弯曲相同,横力弯曲时中性轴也必须通过横截面的形心。截面的 $y$ 轴是对称轴时惯性积等于零。因为

截面轴力:$F_N=\int_A \sigma\mathrm{d}A=\int_A E\dfrac{y}{\rho}\mathrm{d}A=\dfrac{E}{\rho}\int_A y\mathrm{d}A=0$

截面力矩(对 $z$ 轴):$M_y=\int_A z\sigma\mathrm{d}A=\int_A E\dfrac{zy}{\rho}\mathrm{d}A=\dfrac{E}{\rho}\int_A zy\mathrm{d}A=0$

在横力弯曲情况下,由于各横截面的弯矩是截面位置 $x$ 的函数,梁的截面积和截面惯性矩也可能是位置 $x$ 的函数。因此,公式(7-20)(7-16)应改写为:

$$\frac{1}{\rho(x)}=\frac{M(x)}{EI_z(x)} \tag{7-28}$$

应力计算式为:

$$\sigma(x,y)=E\frac{y}{\rho(x)}=\frac{M(x)y}{I_z(x)} \tag{7-29}$$

这就是梁的横力弯曲条件下,横截面上任一点处正应力的计算公式。式中 $M(x)$ 是横截面上的弯矩,$I_z(x)$ 为截面对中性轴 $z$ 轴的惯性矩,$y$ 是所求正应力点处到中性轴 $z$ 的距离。

**例7-8**　车间里使用一种简支钢梁及其所受荷载模型如图7-27所示。设矩形截面高为 $h=140\text{mm}$,宽为 $b=100\text{mm}$,试求梁的最大拉应力。若梁分别采用截面面积相同的圆形截面和工字形截面,再求梁的最大拉应力。

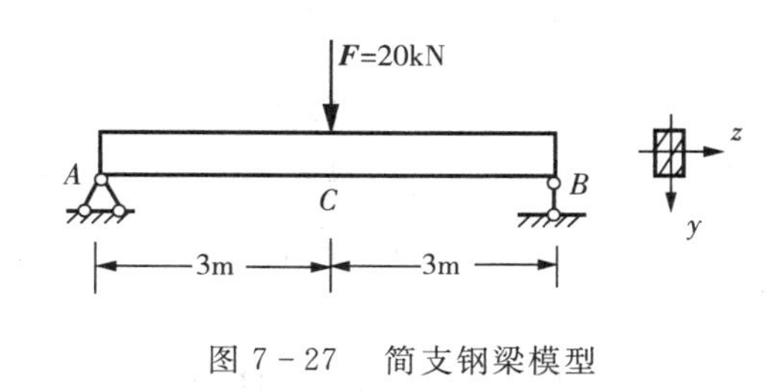


图7-27　简支钢梁模型

**解**:由梁的截面弯矩图知道,该梁 $C$ 截面的弯矩最大,故全梁的最大拉应力发生在该截面的最下边缘处。其最大截面弯矩为:

$$M_{\max}=\frac{F}{2}\times\frac{L}{2}=\frac{20\times10^3\times6}{4}=3\times10^4(\text{N}\cdot\text{m})$$

截面最大拉应力为 $\sigma_{\max}=\dfrac{M_{\max}}{W_z}$。

下面计算不同形状的截面最大拉应力的数值。

(1) 矩形截面

由式(7-27)

$$W_z=\frac{bh^2}{6}=\frac{0.1\times 0.14^2}{6}=0.3267\times 10^{-3}(\mathrm{m}^3)$$

由式(7-25)求得全梁的最大拉应力为:

$$\sigma_{\max}=\frac{M_{\max}}{W_z}=\frac{3\times 10^4}{0.3267\times 10^{-3}}=91.8273\times 10^6(\mathrm{Pa})$$

矩形截面面积为 $A=bh=0.1\times 0.14=0.014(\mathrm{m}^2)$。

(2) 圆形截面

当圆形截面的面积和上面的矩形截面面积相同时,相应的圆形截面的直径为:

$$D=\sqrt{4bh/\pi}=\sqrt{4\times 0.1\times 0.14/3.1416}=0.1335(\mathrm{m})$$

由式(7-26),$W_z=\frac{\pi D^3}{32}=\frac{3.1416\times 0.1335^3}{32}=0.2336\times 10^{-3}(\mathrm{m}^3)$,

由式(7-25)求得全梁的最大拉应力为:

$$\sigma_{\max}=\frac{M_{\max}}{W_z}=\frac{3\times 10^4}{0.2336\times 10^{-3}}=128.4246\times 10^6(\mathrm{Pa})$$

(3) 工字形截面

当采用与矩形截面面积相同的工字形截面时,计算截面系数比较复杂一些。可由附录C的型钢表,直接选用50C工字钢,其截面面积为:

$$A=0.01393(\mathrm{m}^2)$$

弯曲截面系数为:$W_z=2080\times 10^{-6}(\mathrm{m}^3)$

由式(7-25)求得全梁的最大拉应力为:

$$\sigma_{\max}=\frac{M_{\max}}{W_z}=\frac{3\times 10^4}{2080\times 10^{-6}}=14.4231\times 10^6(\mathrm{Pa})$$

比较以上计算结果表明,在承受相同荷载和截面面积相同(即用料相同)的条件下,工字钢梁所产生的最大拉应力最小。反过来说,如果使三种截面的梁所产生的最大拉应力相同时,工字钢梁所能承受的荷载最大。因此,工字形截面最为经济合理,矩形截面次之,圆形截面最差。

### 7.4.3 横力弯曲梁的截面切应力

横力弯曲梁的横截面上除弯矩外还会存在剪力,因此必然存在切应力。研究发现,梁的切应力分布不但与截面剪力有关,还与截面形状有关。不同的截面切应力分布规律不同。下面给出几种截面梁的切应力计算公式。

1. 矩形截面梁的切应力

相对来说,横截面上的切应力的变化是比较复杂的。通过矩形截面的弯曲实验,观察切应力的特点，作出下面的假设。

（1）横截面上各点处的切应力平行于侧边。因为根据切应力互等定理，横截面两侧边上的切应力必平行于侧边。

（2）切应力沿横截面宽度方向均匀分布，模型如图7-28所示，横截面上切应力沿宽度方向均匀分布的情况。

对于狭长矩形截面梁，宽高比越小，上述两个假设越接近实际情况。

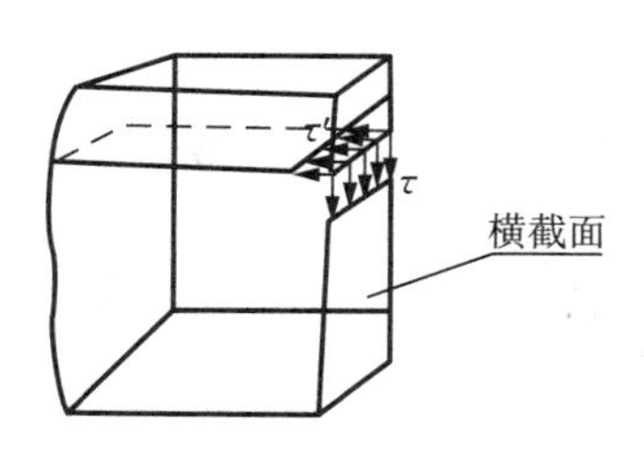


图7-28　矩形截面梁的切应力模型

根据上述模型，由切应力互等定理可知，横截面上某一高度处有竖向的切应力时，则在同一高度处梁的水平面上靠近横截面处必有与之大小相等的切应力 $\tau'$。如果知道了 $\tau'$ 的大小，就可知道 $\tau$ 的大小。

下面考虑一般的横力弯曲梁模型，如图7-29(a)所示。沿 $m-m$ 和 $n-n$ 取出长为 $\mathrm{d}x$ 的一段梁，并设 $m-m$ 截面上的弯矩为 $M$，$n-n$ 截面上的弯矩为 $M+\mathrm{d}M$，如图7-29(b)所示。为了求出距中性轴距离为 $y$ 处水平面上的切应力 $\tau'$，再沿水平面将梁截开，取 $mnopqrst$ 这一部分进行分析，如图7-29(d)所示。

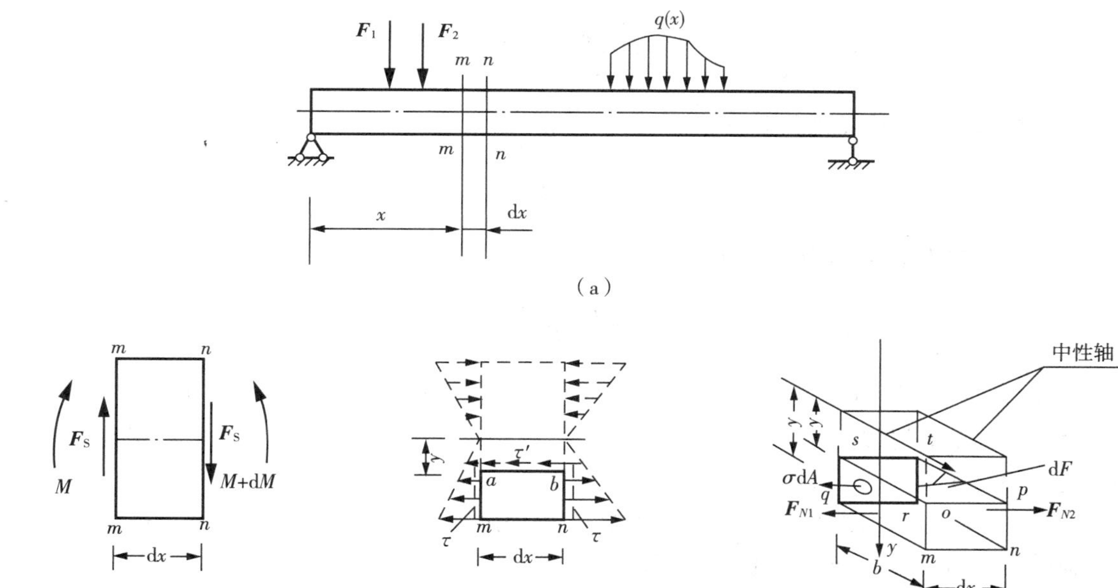


图7-29　横力弯曲梁应力模型

由于 $mosq$ 和 $nptr$ 两截面上高度相同的点处的正应力不同，故两截面上的由法向应力合成的内力 $F_{N1}$ 和 $F_{N2}$ 也不相等。但是该部分是处于平衡状态，所以在 $opts$ 截面上必存在切应力 $\tau'$。设 $\tau'$ 合成为 $\mathrm{d}F$，指向左方。

由微体 $mnopqrst$ 的平衡方程

$$F_{N2}-F_{N1}=\mathrm{d}F \tag{7-30}$$

其中，

$$F_{N1}=\int_{A^*}\sigma\mathrm{d}A=\int_{A^*}\frac{M(x)}{I_z}\tilde{y}\,\mathrm{d}A=\frac{M(x)}{I_z}\int_{A^*}\tilde{y}\mathrm{d}A$$

$$F_{N2}=\int_{A^*}(\sigma+\mathrm{d}\sigma)\mathrm{d}A=\int_{A^*}\frac{M(x)+\mathrm{d}M}{I_z}\tilde{y}\,\mathrm{d}A=\frac{M(x)+\mathrm{d}M}{I_z}\int_{A^*}\tilde{y}\mathrm{d}A$$

若令 $S^*(y)=\int_{A^*}\tilde{y}\mathrm{d}A$，$A^*$ 为 $mosq$ 的面积，则上式内力可写为：

$$F_{N1}=\frac{M(x)}{I_z}S^* \tag{7-31}$$

$$F_{N2}=\frac{M(x)+\mathrm{d}M}{I_z}S^*$$

根据前面假设(2)，沿横截面宽度方向各点处 $\tau'$ 相等。同时，在面积 $opts$ 上沿微小的 $\mathrm{d}x$ 方向各点处 $\tau'$ 也可认为相等。因此该截面上 $\tau'$ 均匀分布，故：

$$\mathrm{d}F=\tau' b\,\mathrm{d}x \tag{7-32}$$

将式(7-30)与式(7-31)代入式(7-32)，得到：

$$\tau'=\frac{\mathrm{d}M}{\mathrm{d}x}\frac{S^*}{I_z b} \tag{7-33}$$

再引用弯矩与剪力之间的微分关系式：

$$\frac{\mathrm{d}M}{\mathrm{d}x}=F_S \tag{7-34}$$

和切应力互等定理 $\tau=\tau'$，最后得到：

$$\tau=\frac{F_S S^*}{I_z b} \tag{7-35}$$

式(7-35)即计算矩形截面上各点处切应力的公式。其中 $F_S$ 为横截面上的剪力，$I_z$ 为整个横截面对中性轴 $z$ 的惯性矩，$b$ 为横截面的宽度，$S^*$ 为图 7-30(a) 中阴影部分的面积对中性轴 $z$ 的面积矩。

由式(7-35)可见，横截面上的切应力与 $S^*$ 成正比，而 $S^*$ 是 $y$ 的函数，由此可确定切应力沿横截面截面高度的分布的规律比较复杂。

对于图 7-30(a) 中的矩形截面，阴影部分对中性轴 $z$ 的面积矩为：

$$S^*=\int_{A^*}\tilde{y}\mathrm{d}A=\int_y^{h/2}b\tilde{y}\,\mathrm{d}y=\frac{b}{2}\left(\frac{h^2}{4}-y^2\right) \tag{7-36}$$

而矩形截面的惯性矩为：

$$I_z=\frac{bh^3}{12}$$

这样，由式(7-35)得到矩形截面中，距中性轴 $z$ 距离为 $y$ 的各点处的切应力：

$$\tau=\frac{F_S S^*}{I_z b}=\frac{6F_S}{bh^3}\left(\frac{h^2}{4}-y^2\right) \tag{7-37}$$

式(7－37) 表明，在矩形截面梁的横截面上，切应力沿横截面高度按二次抛物线规律变化。横截面上切应力沿高度的分布如图 7－30(b) 所示。当 $y=\pm h/2$ 时，$\tau=0$。当 $y=0$ 时，

$$\tau=\tau_{\max}=\frac{3F_S}{2bh} \tag{7-38}$$

式(7－38) 表明，矩形截面中性轴上各点处的切应力最大，其值等于横截面上平均切应力的 1.5 倍。

梁横截面上切应力的正负号与横截面上剪力的正负号规定是一致的，且这一正负号规定对工程力学其他问题中的切应力，如扭转杆件的切应力等，也同样适用。

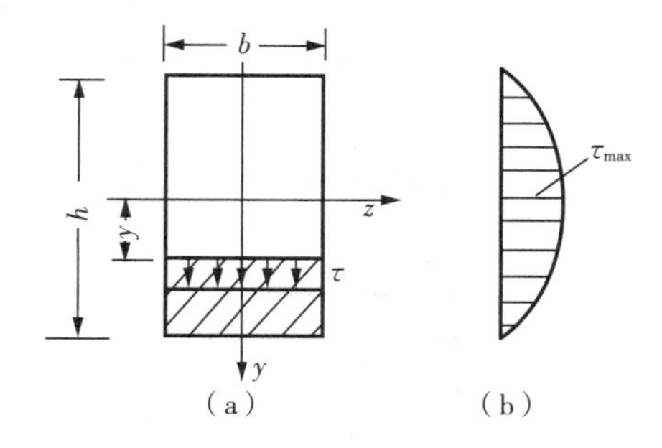

图 7－30 矩形截面梁横截面切应力分布模型

梁横截面上存在剪力会使得横截面变形后不再保持为平面。例如图 7－31(a) 所示悬臂梁，在自由端受集中荷载作用。如不考虑剪力的影响，梁弯曲后任一横截面 $m-m$ 将转过一角度仍为平面。但是梁截面内各点如果存在切应力，相应地要产生切应变 $\gamma$。由切应力分布规律(7－37) 可知，在梁的上、下边缘处，因 $\tau=0$，故对应 $\gamma=0$。而在中性轴上切应力最大，对应 $\gamma$ 也最大。因此，截面 $m-m$ 将发生翘曲变成 $m'-m'$，如图 7－31(b) 所示。

如果各截面剪力相同，则各截面的翘曲程度也相同，因而纵向线的线应变不会受到影响(固定端附近除外)。这种情况与纯弯曲变形相似。这时横力弯曲的正应力可以由纯弯曲得到的正应力公式计算。但当梁上受有分布荷载时，由于各截面剪力不同，则各截面翘曲程度不同。这时纵向线的线应变要受到影响，纯弯曲的正应力计算公式已不再适用横力弯曲。但对于跨高比大于 5 的梁，这种影响很小，可忽略不计。

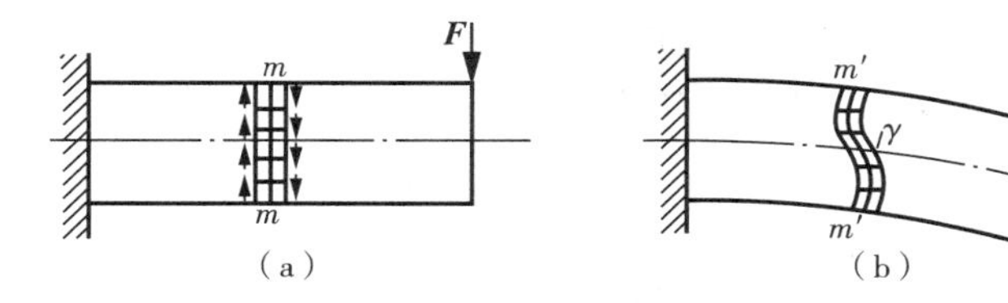

图 7－31 梁横截面翘曲模型

2. 组合矩形截面梁的切应力

具有对称特性的组合矩形截面主要包括：工字形截面、T 形截面、槽形截面。对工字形截面梁，如图 7－32(a) 所示，截面由三块矩形组成。上、下两块为相同的矩形，称为翼缘，中间一块称为腹板。因此，研究工字形截面上的切应力需要分为三部分进行。

(1) 腹板上的切应力。它是一狭长矩形，用与上节相同的分析方法，可导出其上的切应力公式为：

$$\tau_1=\frac{F_S S_1^*}{I_z b_1} \tag{7-39}$$

式(7－39) 中，$b_1$ 为腹板宽度，$I_z$ 为整个工字形截面对中性轴 $z$ 的惯性矩，$S_1^*$ 为图 7－32(a) 中

阴影部分面积对中性轴 $z$ 的面积矩。

$$S_1^* = \int_{A^*} y\mathrm{d}A = \int_{h_1/2}^{h/2} by\mathrm{d}y + \int_{y}^{h_1/2} b_1 y\mathrm{d}y = \frac{b}{2}\left(\frac{h^2}{4} - \frac{h_1{}^2}{4}\right) + \frac{b_1}{2}\left(\frac{h_1{}^2}{4} - y^2\right) \tag{7-40}$$

由此可见，切应力沿腹板高度按二次抛物线规律变化，如图 7-32(b) 所示。最大切应力发生在中性轴上各点处。但在腹板与翼缘交界各点处，切应力并不为零。

工字形型钢截面计算最大切应力时，可直接利用附录 C 的型钢表中给出的 $I_z$ 值和$S^*$值。这里的 $S^*$ 为中性轴任一边的半个截面面积对中性轴的面积矩，即最大面积矩 $S^*$ 。

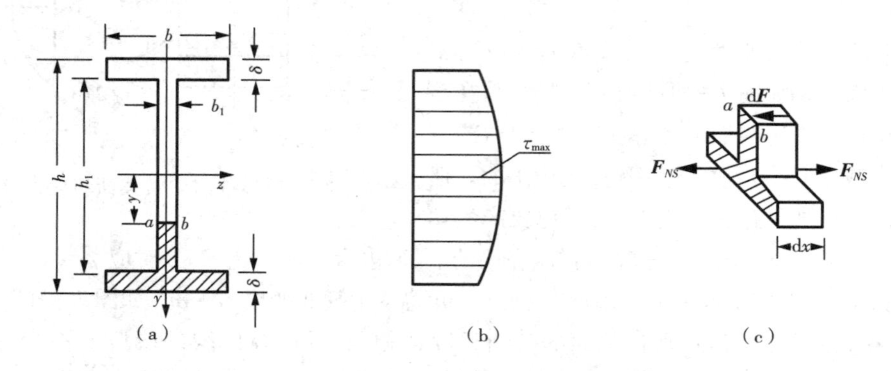


图 7-32 工字形截面梁横截面的切应力模型

(2) 上下翼缘的切应力。工字形截面的翼缘是一种宽矩形，在翼缘上存在着水平切应力 $\tau_2$，现分析如下。

取长为 $\mathrm{d}x$ 的一段工字形截面梁，如图 7-33(a) 所示。利用内力符号规定，假设左边截面上有正的剪力 $F_S$ 和正的弯矩 $M$，右边截面上有正的剪力 $F_S$ 和正的弯矩 $M + \mathrm{d}M$。

在翼缘上，由边界应力条件，可认为切应力 $\tau_2$ 平行于水平边界并沿厚度均匀分布。

与矩形截面分析相似，为了计算 $\tau_2$，在下翼缘上截出一段 $A$，如图 7-33(b) 所示。图中 $u$ 为从翼缘端部量起的距离。在该段的左面和右面，分别有法向内力 $F'_{N1}$ 及 $F'_{N2}$。

由平衡条件可知，在截开的截面上(后面)，必定存在着切应力 $\tau_2{}'$，其合力为 $\mathrm{d}F$，并且指向左方。由该段平衡方程得到翼缘截面上水平切应力的计算公式。再由切应力互等定理可知，翼缘截面上的切应力 $\tau_2$ 等于 $\tau_2{}'$，并且有指向后方。

$$\tau_2 = \frac{F_S S_2{}^*}{I_z b} \tag{7-41}$$

式(7-41) 中，$b$ 为翼缘宽度，$I_z$ 为整个工字形截面对中性轴的惯性矩，$S_2^*$ 为图 7-33(a) 中部分翼缘面积对中性轴的面积矩。由于翼缘比较薄，可以近似为

$$S_2{}^* = \int_{A^*} y\mathrm{d}A \approx \frac{1}{2}(h - \delta)u\delta \tag{7-42}$$

上式代入式(7-41) 可以看出，水平切应力 $\tau_2$ 与 $u$ 成线性关系。

用同样的方法可对上翼缘的 $B$ 段进行分析。分析表明，$B$ 段翼缘上的水平切应力指向

前方，其大小仍按式(7－41)计算，但切应力的方向相反。这样，整个翼缘上的水平切应力是自相平衡力。对翼缘的其他部分，可用同样方法分析。

整个工字形截面上的切应力形成所谓“切应力流”，如图 7－33(d) 所示。图中画出了翼缘上水平方向切应力大小的分布情况以及腹板上竖直方向切应力大小的分布情况。

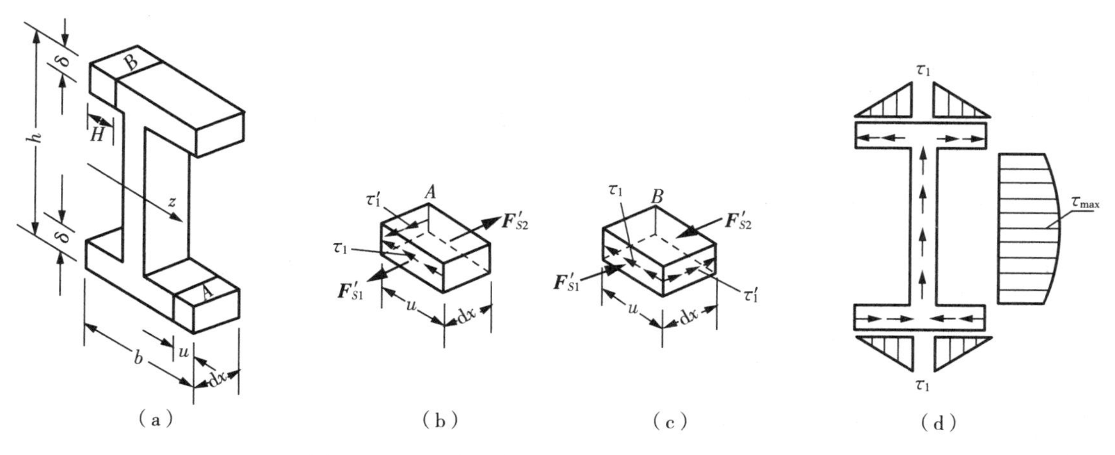


图 7－33　工字形截面梁横截面切应力分布模型

计算腹板上竖向切应力所对应的剪力，发现其占横截面上总剪力的 95% 左右。因而翼缘上的竖向切应力很小，一般可不必计算。实际上，翼缘宽度很大，对矩形截面梁的竖向切应力所作的两个假设在此不适用，所以也不能用式(7－35)计算竖向切应力。

对工字形截面梁横截面上的切应力的分析和计算方法，同样适用于 T 形、槽形和箱形等截面梁。

**例 7－9**　在 T 形截面梁上，剪力 $F_S=50\text{kN}$，与 $y$ 轴重合。截面尺寸如模型图 7－34(a)。试画出腹板上的切应力分布图，并求腹板上的最大切应力。

**解**：T 形截面腹板可以当作矩形截面对待，其上的切应力方向与剪力 $F_S$ 的方向相同。

腹板上的切应力为：

$$\tau_1=\frac{F_S S_1^*}{I_z b_1}$$

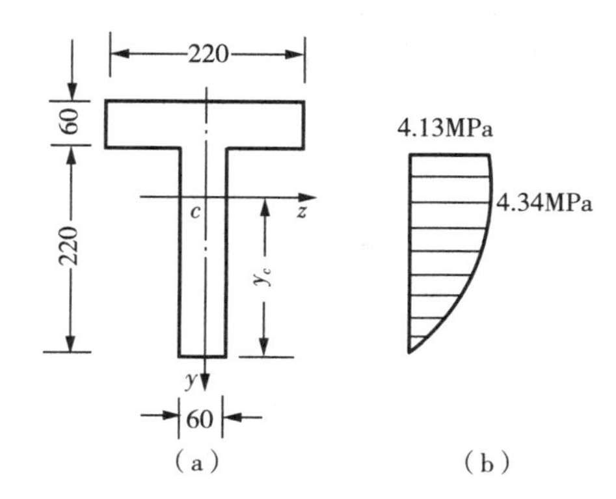


图 7－34　T 形截面梁剪应力分布模型

式中，$b_1$ 为腹板宽度，$I_z$ 为整个 T 形截面对中性轴 $z$ 的惯性矩，$S_1^*$ 为部分面积对中性轴 $z$ 的面积矩。利用图 7－34 中的尺寸，下半部分腹板的面积矩为：

$$S_1{}^*=\int_{A^*}y\mathrm{d}A=\int_y^{y_c}b_1y\mathrm{d}y$$

$$=\frac{b_1}{2}(y_c{}^2-y^2)\tag{7-43}$$

上半部分腹板的面积矩为：

$$\begin{aligned} S_1^* &= \int_{A^*} y\mathrm{d}A = \int_{-(h-y_c)}^{-(h-y_c-h_1)} by\mathrm{d}y + \int_{-(h-y_c-h_1)}^{y} b_1 y\mathrm{d}y \\ &= \frac{b}{2}\left[(h-y_c-h_1)^2-(h-y_c)^2\right]+\frac{b_1}{2}\left[y^2-(h-y_c-h_1)^2\right] \end{aligned} \tag{7-44}$$

显然，腹板上的切应力大小沿腹板高度按二次抛物线规律变化。腹板截面下边缘各点处 $\tau=0$；中性轴 $z$ 上各点处的切应力最大。T 形的形心 $c$ 的位置为 $y_c=180\text{mm}$，则：

$$S_{1\max}^* = \frac{b_1}{2}({y_c}^2-0^2)=\frac{0.06}{2}\times 0.18^2=0.972\times 10^{-3}$$

$$I_z=\int_{-100}^{-40} y^2\times 220\mathrm{d}y+\int_{-40}^{180} y^2\times 60\mathrm{d}y=186.56\times 10^6(\text{mm}^4)=186.56\times 10^{-6}(\text{m}^4)$$

$$\tau_{\max}=\frac{F_s S_{1\max}^*}{I_z b_1}=\frac{50\times 10^3\times 0.972\times 10^{-3}}{186.56\times 10^{-6}\times 0.06}=4.342\times 10^6(\text{Pa})$$

图 7－34(b) 为切应力分布曲线。

**思考与讨论：**梁横截面中性轴上的正应力是否一定为零？切应力是否一定为最大？有水平对称轴截面的梁与无水平对称轴截面的梁上的最大拉、压应力计算方法是否相同？

3. 圆形截面梁的切应力

由于在圆截面的外表面上没有切应力，根据切应力互等定理可知，圆形截面周边上各点处的切应力方向必与周边相切。因此，当剪力 $F_S$ 与对称轴 $y$ 重合时，任一弦线两端点处的切应力延长线必相交于一点 $A$，弦线中点处的切应力也通过 $A$ 点。由此可假设弦线上各点处的切应力延长线均通过 $A$ 点，如图 7－35 所示。此外，假设弦线上各点处切应力的竖直分量相等。这样，就可用矩形截面梁的切应力公式(7－35) 计算各点处切应力的竖向分量。

$$\tau_y=\frac{F_S S^*(y)}{I_z b(y)} \tag{7-45}$$

式(7－45) 中，$b$ 为截面圆弦宽度，它是变化的，$I_z$ 为整个形截面对中性轴 $z$ 的惯性矩，$S^*$ 为部分面积对中性轴 $z$ 的面积矩。

显然，最大切应力产生在中性轴上各点处，方向与 $y$ 轴平行。这时，

$$b=2R,\ I_z=\frac{\pi D^4}{64}=\frac{\pi R^4}{4} \tag{7-46}$$

而半个圆截面面积对中性轴的面积矩为：

$$S_{\max}^*=\int_{A^*} y\mathrm{d}A=\frac{\pi R^2}{2}\,\frac{4R}{3\pi} \tag{7-47}$$

将上面的各量代入式(7－35) 得：

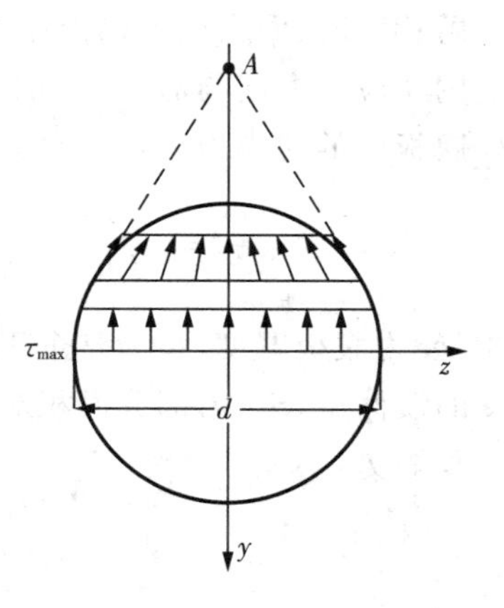

图 7－35 圆形截面梁横截面切应力分布模型

$$\tau_y = \tau_{\max} = \frac{F_S S_{\max}^*}{I_z b} = \frac{4}{3}\frac{F_S}{\pi R^2} \tag{7-48}$$

由式(7-48)可见，最大切应力是截面平均切应力的 4/3 倍。

# 7.5　梁的强度校核与工程问题分析

## 7.5.1　梁的强度校核理论

由上面分析知道，在梁的横截面上，会同时存在弯矩和剪力两种内力。因此截面上一般同时有正应力和切应力。在特殊点上，如在梁的上下边缘处，截面应力只有正应力；在中性轴上只有切应力。它们都处于单向应力状态。

对于等直梁，最大弯矩截面就是危险截面，其最大正应力点为危险点。因此，等直梁的正应力强度控制条件为：

$$\sigma_{\max} = \frac{M_{\max}}{W_z} \leqslant [\sigma] \tag{7-49}$$

式(7-49)中 $M_{\max}$ 为梁的最大弯矩，$[\sigma]$ 是材料弯曲容许正应力，作为近似处理，可取材料在轴向拉伸时的容许正应力。但实际上，材料在弯曲时的强度会略高于轴向拉伸时的强度，所以有些手册上所规定的弯曲容许正应力略高于轴向拉伸时的容许正应力。

同时，最大剪力截面也可能是危险截面，其中最大切应力点处为危险点。等直梁的切应力强度条件为：

$$\tau_{\max} = \frac{F_{S\max} S_{\max}^*}{I_z b} \leqslant [\tau] \tag{7-50}$$

式(7-50)中，$F_{S\max}$ 为梁的最大剪力，$S_{\max}^*$ 为截面中性轴以上(或以下)面积对中性轴的面积矩。$[\tau]$ 为容许切应力。

一般情况下，在梁的设计中，正应力强度起控制作用，切应力强度自然会得到满足。但在下列情况下，需要特别校核切应力强度：(1) 梁的最大弯矩较小而最大剪力较大时，例如集中荷载作用在靠近支座处的情况；(2) 焊接或铆接的组合截面(如工字形)钢梁，当腹板的厚度与梁高之比小于工字形等型钢截面的相应比值时；(3) 对于木梁，由于木材顺纹方向抗剪强度较低，故需校核其顺纹方向的切应力强度。

若材料的容许拉应力等于容许压应力，而中性轴又是截面的对称轴，这时只需对绝对值最大的正应力作强度计算；若材料的容许拉应力和容许压应力不相等，则需分别对最大拉应力和最大压应力作强度计算。

利用式(7-49)、式(7-50)对梁作强度分析时可能包括：校核强度、设计截面和求容许荷载。

**例 7-10**　假设一简支梁及其所受荷载模型如图 7-36 所示。设材料的容许正应力 $[\sigma_t] = [\sigma_c] = 10\text{MPa}$，容许切应力 $[\tau] = 2\text{MPa}$，梁的截面为圆形，求所需的最小的截面圆直径。

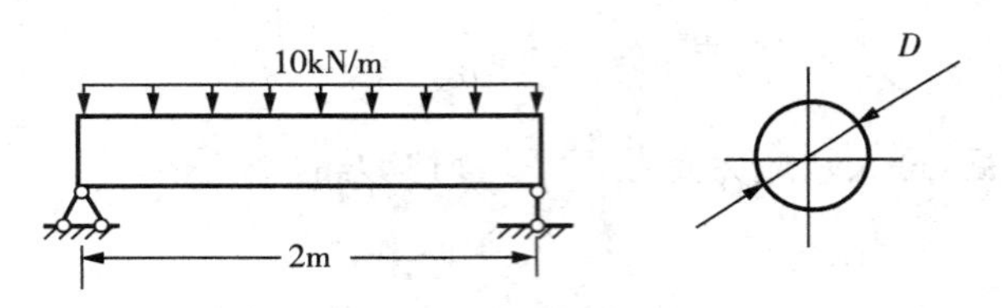


图 7-36　简支梁及其所受荷载模型

**解**：先由正应力强度条件确定截面圆直径，再校核切应力强度。

(1) 正应力强度计算

该梁的最大弯矩为：

$$M_{\max}=\frac{ql^2}{8}=\frac{10\times10^3\times2^2}{8}=5\times10^3(\mathrm{N\cdot m})$$

由式(7-49)得：

$$W_z\geqslant\frac{M_{\max}}{[\sigma]}=\frac{5\times10^3}{10\times10^6}=5\times10^{-4}(\mathrm{m}^3)$$

对于圆形截面，$W_z=\frac{\pi D^3}{32}$，所以，

$$D=\sqrt[3]{\frac{32W_z}{\pi}}\geqslant\sqrt[3]{\frac{32\times5\times10^{-4}}{3.1416}}=0.1595(\mathrm{m})$$

可取 $D=0.16$ m。

(2) 切应力强度校核该梁的最大剪力为：

$$F_{S\max}=\frac{ql}{2}=\frac{10\times10^3\times2}{2}=10\times10^3(\mathrm{N})$$

由圆形截面梁的最大切应力公式(6-50)，

$$\tau_{\max}=\frac{F_{S\max}S^*_{\max}}{I_zb}=\frac{16}{3}\frac{F_{S\max}}{\pi D^2}$$

$$=\frac{16\times10\times10^3}{3\times3.1416\times0.16}=0.1061\times10^6<[\tau]$$

可见由正应力强度条件所确定的截面尺寸能满足切应力强度要求。

**思考与讨论**：梁的最大应力一定发生在内力最大的横截面上吗？为什么？

### 7.5.2　工程梁典型问题分析

为了理解和运用上面介绍的梁内力计算理论和公式，下面通过例子的求解来说明实际工程中的问题分析方法。

**例 7-11**　某一水坝受到水的压力，如图 7-37(a) 所示。试分析水坝体内由于水压引起的内力。

**解**：为了简化分析，取单位长度的坝体，其受水压力模型如图 7-37(b)。建立图示坐标系，原点在坝的顶点。从坝顶开始，坝体截面内力为：

在无水部分，坝体截面剪力：$F_S=0$，坝体截面弯矩：$M=0$。

在有水部分，根据静水压力的变化规律，坝体受到线性增加的分布载荷作用。分布载荷的集度为：

$$q(h)=-\rho g(h-h_0)$$

在坝体高度为 $h$ 位置处，假设内力为正符号，截面内力计算为：

剪力平衡条件：$\sum F_Y=0-\int_{h_0}^{h}\rho g(y-h_0)\mathrm{d}y-F_S=0$

得到坝体的单位长度截面剪力为：

$$F_S(h)=-\rho g\ (h-h_0)^2/2$$

得到剪力为负值，说明假设的内力符号与实际的相反。

弯矩平衡条件：$\sum M=0,\int_{h_0}^{h}\rho g(y-h_0)(h-y)\mathrm{d}y+m=0$

得到坝体的单位长度截面弯矩为：

$$M(h)=-\rho g\ (h-h_0)^3/6$$

(a) 水坝

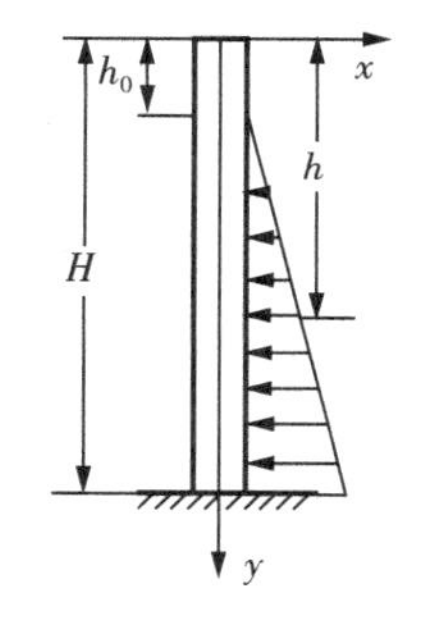


(b) 水坝受力简化模型

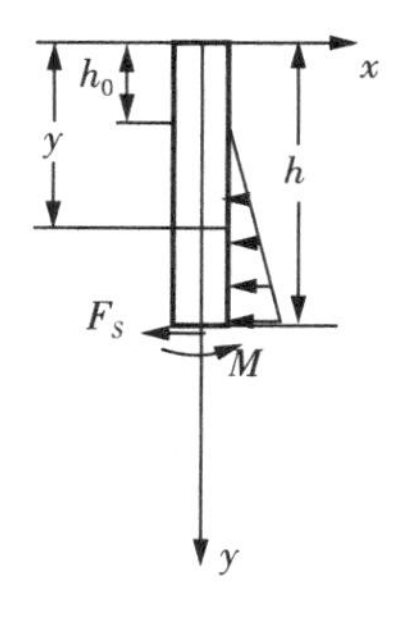


(c) 坝体内力

图 7-37　水坝及受力模型图

将上面的结果总结在一起后(以 $h$ 为自变量)

剪力：

$$F_S(h)=\begin{cases}0 & 0\leqslant h<h_0\\ -\rho g(h-h_0)^2/2 & h_0\leqslant h\leqslant H\end{cases}$$

弯矩：

$$M(h)=\begin{cases}0 & 0\leqslant h<h_0\\ -\rho g(h-h_0)^3/6 & h_0\leqslant h\leqslant H\end{cases}$$

显然，内力是分段函数，各内力之间符合下面的关系(对自变量 $h$，断点处除外)：

$$\frac{\mathrm{d}F_S(h)}{\mathrm{d}h}=q(h)$$

$$\frac{\mathrm{d}M(h)}{\mathrm{d}h}=F_{S}(h)$$

**例 7-12** 直梁横截面上只有纯弯矩 $M$ 作用，截面尺寸如模型图 7-38 所示。梁的材料为塑料，已知塑料受拉和受压时的弹性模量分别为 $E_t$ 和 $E_c$，且已知 $E_c=2E_t$；$M_z=600$ N·m。试求：1) 中性轴的位置；2) 梁截面内最大拉、压正应力。

**解**：根据纯弯曲平面假设，应变沿截面高度作直线变化，因为 $E_c=2E_t$，所以，应力 $\sigma$ 沿截面高度变化的的斜率不同，所以中性轴不过截面形心。

1) 确定中性轴位置。设拉、压区高度分别为 $h_t$、$h_c$，由 $\sum F_x=0$，

得：$-\frac{1}{2}\sigma_{c\max}h_c b+\frac{1}{2}\sigma_{t\max}h_t b=0$

即，$\frac{\sigma_{c\max}}{\sigma_{t\max}}=\frac{h_t}{h_c}=\frac{h-h_c}{h_c}$

又，$\frac{\sigma_{c\max}}{\sigma_{t\max}}=\frac{E_c\varepsilon_{c\max}}{E_t\varepsilon_{t\max}}=\frac{2\varepsilon_{c\max}}{\varepsilon_{t\max}}=2\frac{h_c}{h_t}$

所以得 $\frac{h-h_c}{h_c}=\frac{2h_c}{h_t}=\frac{2h_c}{h-h_c}$，即，$(h-h_c)^2=2h_c^2$

代入具体数据得到中性轴的位置为：

$$\begin{cases}h_c=(\sqrt{2}-1)h=41.4(\mathrm{mm})\\ h_t=(2-\sqrt{2})h=58.6(\mathrm{mm})\end{cases}$$

2) 确定梁内最大拉、压正应力。由：

$$\begin{aligned}M_z&=\int_{A_t}y\sigma_t\mathrm{d}A+\int_{A_c}y\sigma_c\mathrm{d}A=\int_{A_t}yE_t\varepsilon_t\mathrm{d}A+\int_{A_c}yE_c\varepsilon_c\mathrm{d}A\\&=E_t\left[\int_{A_t}y\varepsilon_t\mathrm{d}A+\int_{A_c}2y\varepsilon_c\mathrm{d}A\right]=E_t\left[\int_{A_t}y\cdot\frac{y}{\rho}\mathrm{d}A+2\int_{A_c}y\cdot\frac{y}{\rho}\mathrm{d}A\right]\\&=\frac{E_t}{\rho}(I_t+2I_c)\end{aligned}$$

其中，$I_t+2I_c=\frac{bh_t^3}{3}+2\times\frac{bh_c^3}{3}=\frac{bh^3}{3}(6-4\sqrt{2})$

得出，$\frac{1}{\rho}=\frac{M_z}{E_t(I_t+2I_c)}$

再代入到应力计算公式(7-29)，得到：

最大压应力，$\sigma_{c\max}=-E_c\frac{h_c}{\rho}=-\frac{E_c}{E_t}\frac{M_z}{I_t+2I_c}h_c=-\frac{2M_z}{I_t+2I_c}h_c$

$$=-\frac{2\times600\times41.4\times10^{-3}}{\frac{50\times100^3}{3}(6-4\sqrt{2})\times10^{-12}}=-8.69(\mathrm{MPa})(\text{压应力})$$

最大拉应力，$\sigma_{t\max}=\frac{E_t}{\rho}h_t=\frac{M_z}{I_t+2I_c}h_t=\frac{600\times(2-\sqrt{2})\times100\times10^{-3}}{\frac{50\times100^3}{3}\times10^{-12}(6-4\sqrt{2})}=6.15(\mathrm{MPa})$(拉

应力）

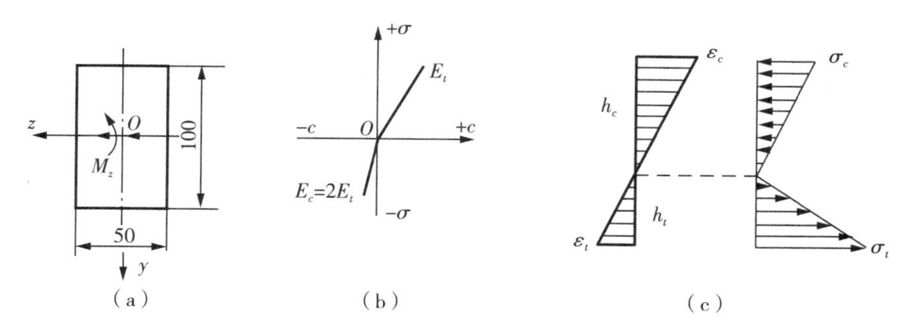


图 7-38　直梁横截面应力分布模型

**思考与讨论:**截面相同而材料不同的梁在相同的弯矩作用下有什么不同的表现。纯弯曲梁的截面出现不同位置的孔，如模型图 7-39 所示，讨论截面中最大正应力的变化。

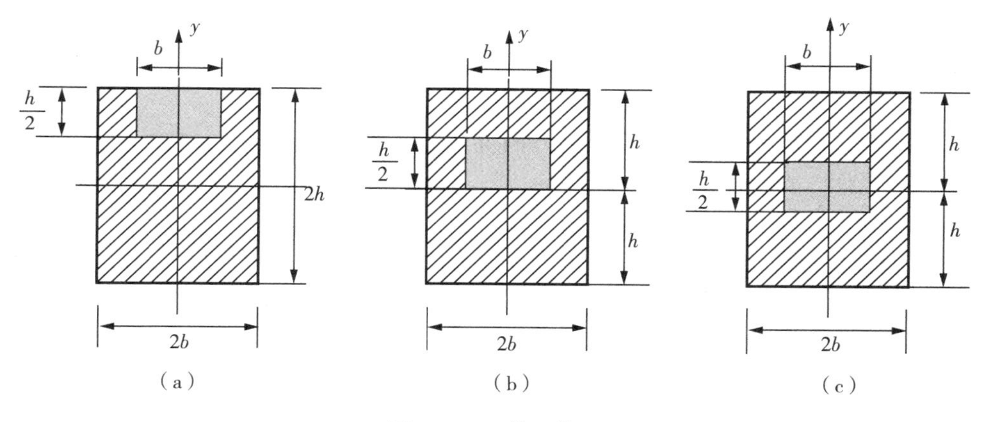


图 7-39　截面模型

**例 7-13**　建筑物上使用的 T 形截面外伸梁及其所受荷载如模型图 7-40(a) 所示（横截面的尺寸单位为 mm）。$h=280$，$b=220$，$h_1=60$，$b_1=60$，试求最大拉应力及最大压应力，并画出最大拉应力截面上的正应力分布图。

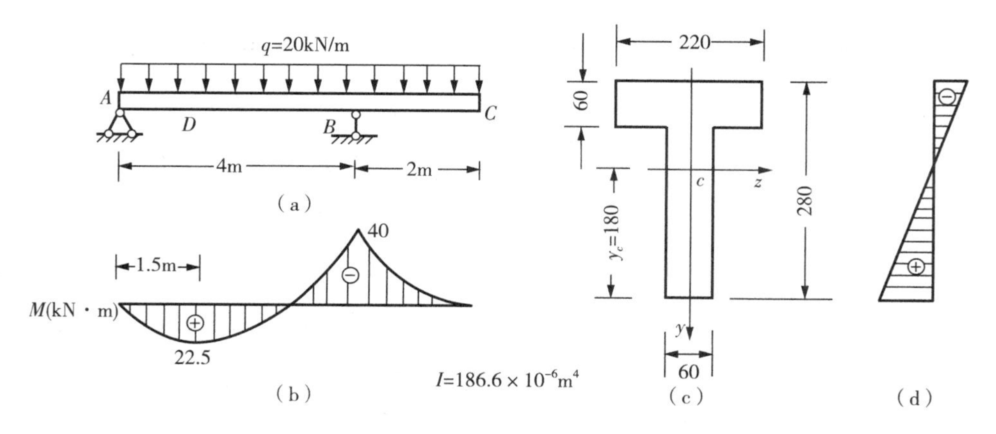


图 7-40　T 形截面外伸梁模型及受力

**解**:(1) 画弯矩图。利用平衡条件可以求出截面弯矩值,弯矩图如图 7-40(b) 所示。从图中可以看出,最大正弯矩发生在 $D$ 截面,最大负弯矩发生在 $B$ 截面。

(2) 确定横截面形心的位置。建立图 7-40(c) 所示坐标系,由于截面轴力为零,即

$$\int_A y\mathrm{d}A = 0$$

将 T 形截面分为两个矩形,分别计算上面的积分,为:

$$\int_{y_c-280}^{y_c-220} y \times 220\mathrm{d}y + \int_{y_c-220}^{y_c} y \times 60\mathrm{d}y = 0$$

由上面的方程可以求出其形心 $c$ 的位置,$y_c = 180(\mathrm{mm})$。如图 7-40(c) 所示。中性轴为通过形心 $c$ 的 $z$ 轴。

(3) 计算横截面的惯性矩 $I_z$。由:

$$I_z = \int_A y^2 \mathrm{d}A$$

分别计算两个矩形面上的积分得:

$$I_z = \int_{-100}^{-40} y^2 \times 220\mathrm{d}y + \int_{-40}^{180} y^2 \times 60\mathrm{d}y = 186.56 \times 10^6(\mathrm{mm}^4) = 186.56 \times 10^{-6}(\mathrm{m}^4)$$

(4) 计算最大拉应力和最大压应力

从图 7-40(b) 可以看出,虽然 $B$ 截面弯矩的绝对值大于 $D$ 截面弯矩,但因该梁的截面不对称于中性轴,因而横截面上、下边缘离中性轴的距离不相等,故需分别计算 $B$、$D$ 截面的最大拉应力和最大压应力,然后进行比较。

$B$ 截面的弯矩为负,故该截面上边缘各点处产生最大拉应力,下边缘各点处产生最大压应力。其值分别为:

$$\sigma_{B_1} = \frac{M_B y_1}{I_z} = \frac{-40 \times 10^3 \times (-0.1)}{186.56 \times 10^{-6}} = 21.4408 \times 10^6(\mathrm{Pa})(\text{拉应力})$$

$$\sigma_{B_2} = \frac{M_B y_2}{I_z} = \frac{-40 \times 10^3 \times 0.18}{186.56 \times 10^{-6}} = -38.5935 \times 10^6(\mathrm{Pa})(\text{压应力})$$

$D$ 截面的弯矩为正,故该截面下边缘各点处产生最大拉应力,上边缘各点处产生最大压应力,其值分别为:

$$\sigma_{D_1} = \frac{M_D y_1}{I_z} = \frac{22.5 \times 10^3 \times (-0.1)}{186.56 \times 10^{-6}} = -12.0605 \times 10^6(\mathrm{Pa})(\text{压应力})$$

$$\sigma_{D_2} = \frac{M_D y_2}{I_z} = \frac{22.5 \times 10^3 \times 0.18}{186.56 \times 10^{-6}} = 21.7088 \times 10^6(\mathrm{Pa})(\text{拉应力})$$

由计算结果可知,全梁最大拉应力为 21.7088 MPa,发生在 $D$ 截面的下边缘各点处;最大压应力为 38.5935MPa,发生在 $B$ 截面的下边缘各点处。$D$ 截面上的正应力分布如图 7-40(d) 所示。

**思考与讨论**:梁的横截面上中性轴两侧的正应力的合力之间有什么关系?这两个力最

终合成的结果是什么?

**例 7-14**　建筑中采用的矩形截面悬臂梁如模型图 7-41 所示，由三块木板胶合而成。梁上受均布荷载 $q=3\text{kN/m}$ 作用。设木板的容许正应力 $[\sigma]=10\text{MPa}$，容许切应力 $[\tau]=1\text{MPa}$；胶层的容许切应力 $[\tau_1]=0.4\text{MPa}$。试校核胶层是否有脱开的危险，并校核梁的正应力强度和切应力强度。

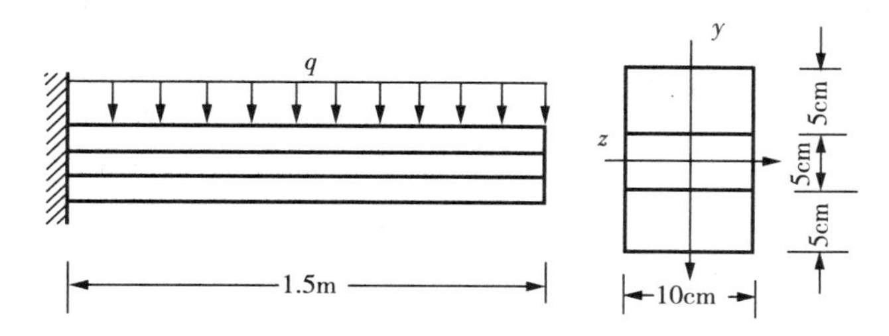


图 7-41　矩形截面悬臂梁模型及受力

**解**:对于悬臂梁，在固定端截面上出现最大的剪力和弯矩，其值为：

$$F_{S\max}=ql=3\times10^3\times1.5=4.5\times10^3(\text{N})$$

$$M_{\max}=\frac{ql^2}{2}=\frac{3\times10^3\times1.5^2}{2}=3.375\times10^3(\text{N}\cdot\text{m})$$

(1) 校核胶层强度

胶层中存在水平切应力，它等于同一层处横截面上的切应力。因此，需要计算横截面上胶层处的切应力。因胶合面对称于梁截面的中性轴，故只需校核任一胶层的强度。

由式(7-27)，该截面上胶层处的切应力为：

$$\tau_c=\frac{F_{S\max}S_c^*}{I_zb}=\frac{6F_{S\max}}{bh^3}\left(\frac{h^2}{4}-y_c^2\right)$$

$$=\frac{6\times4.5\times10^3}{0.1\times0.15^3}(0.075^2-0.025^2)=0.4\times10^6<[\tau]$$

它等于该处胶层中的水平切应力，小于胶层的容许切应力，故胶层不会脱开。

(2) 校核梁的正应力强度

梁的最大正应力为：

$$\sigma_{\max}=\frac{M_{\max}}{W_z}=\frac{3.375\times10^3}{0.1\times0.15^2/6}=9\times10^6<[\sigma]$$

可见也满足梁的正应力强度要求。

(3) 校核梁的切应力强度

显然，梁的最大切应力也发生在固定端截面中性轴上各点处，其值为：

$$\tau_{\max}=\frac{F_{S\max}S_{\max}^*}{I_zb}=\frac{3F_{S\max}}{2bh}$$

$$=\frac{3\times4.5\times10^3}{2\times0.1\times0.15}=0.45\times10^6<[\tau]$$

因此，梁的切应力满足强度要求。

**思考与讨论：**

1. 如图 7-42 所示模型梁，梁的上表面承受均匀分布的切向力作用，其集度为 $\bar{p}$。梁的尺寸如图所示。若已知 $\bar{p}$、$h$、$l$，试导出轴力 $F_N$、弯矩 $M$ 与均匀分布切向力 $\bar{p}$ 之间的平衡微分方程。并梁的轴力图和弯矩图，并确定 $|F_{Nx}|_{\max}$ 和 $|M|_{\max}$。

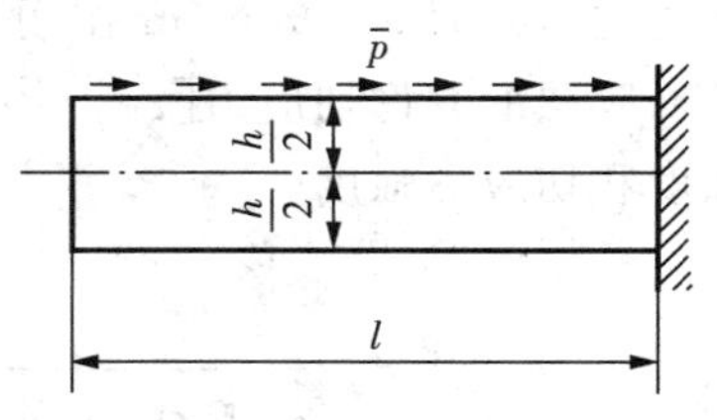

图 7-42 模型梁

2. 梁的横截面形状和尺寸如模型图 7-43(a)(b)所示，若在顶、底削去高度为 $\delta$ 的一小部分，梁的承载能力是提高还是降低？并求出梁具有最大承载能力时的 $\delta$ 值。

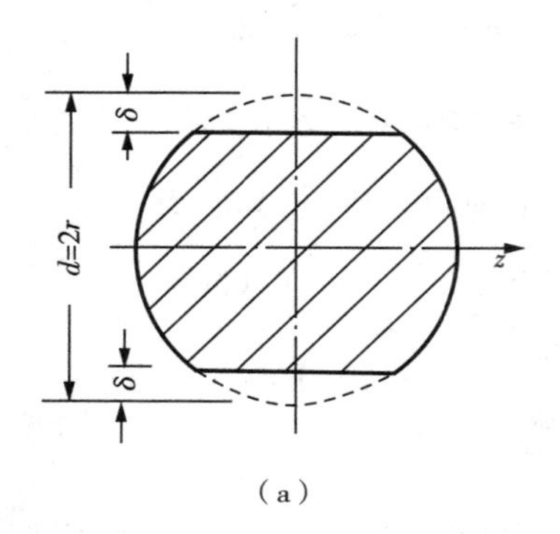

(a)

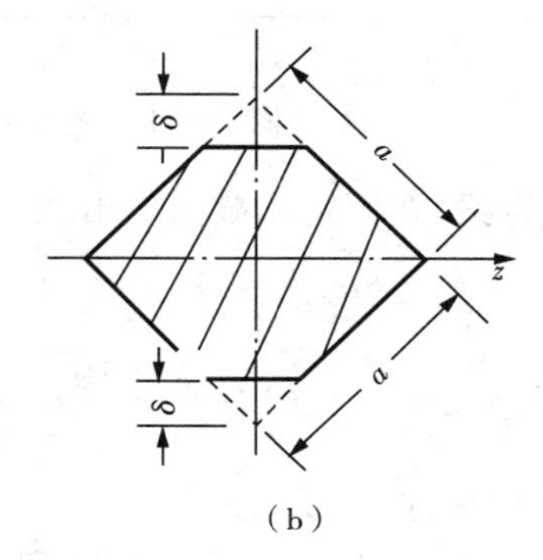

(b)

图 7-43 截面模型

## 习题 7

7-1 试画出图示各梁的剪力图和弯矩图

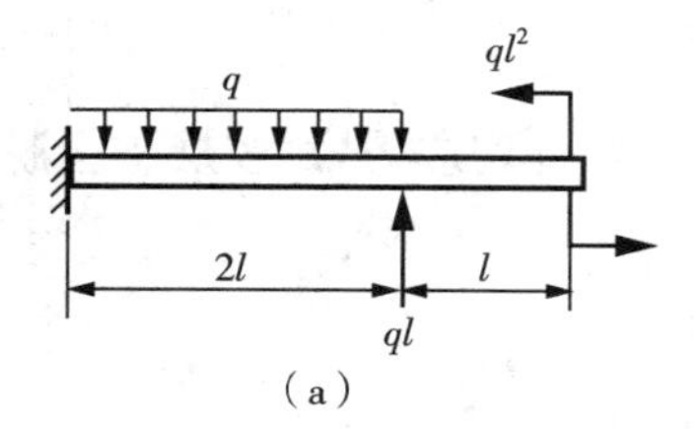

(a)

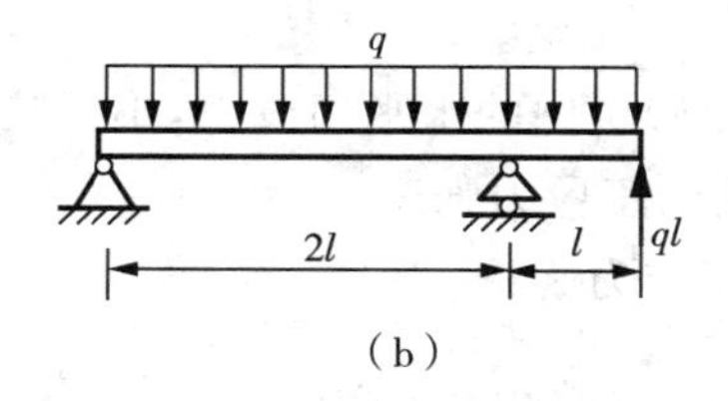

(b)

题 7-1 图

7-2 试画出图示各梁的剪力图和弯矩图，并确定 $|F_S|_{\max}$，$|M|_{\max}$。

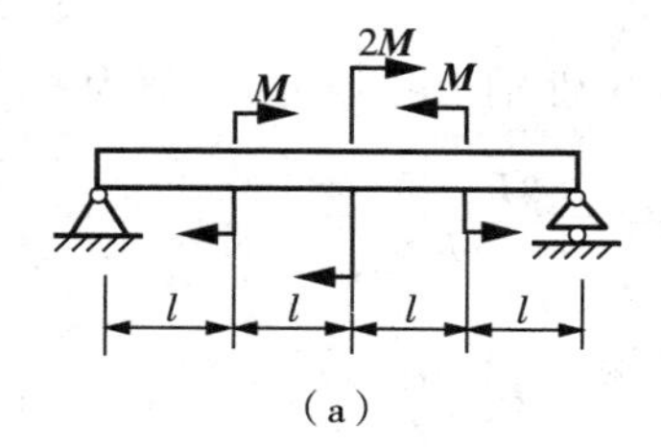

(a)

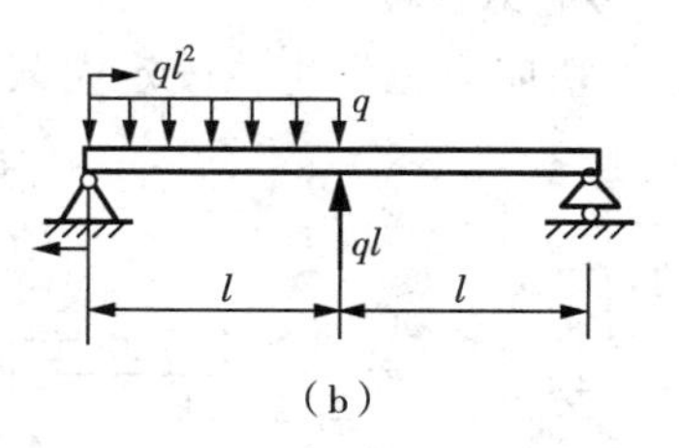

(b)

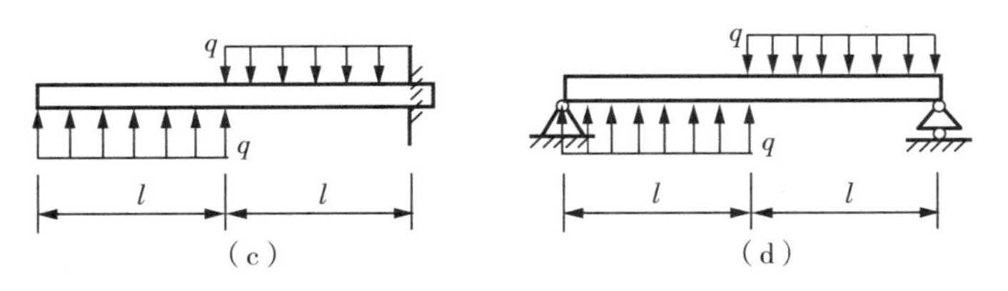


题 7-2 图

7-3　试作图示刚架的弯矩图,并确定 $|M|_{max}$。

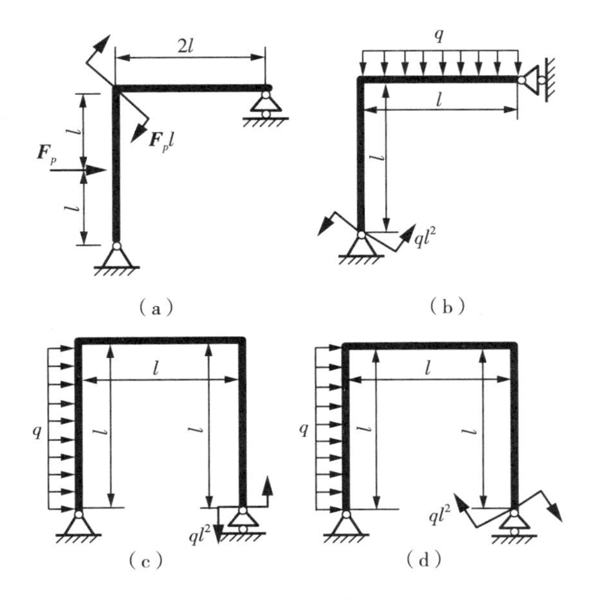


题 7-3 图

7-4　静定梁承受平面载荷,但无集中力偶作用,其剪力图如图所示。若已知 $A$ 端弯矩 $M(A)=0$,试确定梁上的载荷及梁的弯矩图,并指出梁在何处有约束,且为何种约束。

7-5　已知静定梁的剪力图和弯矩如图所示,试确定梁上的载荷及梁的支承。

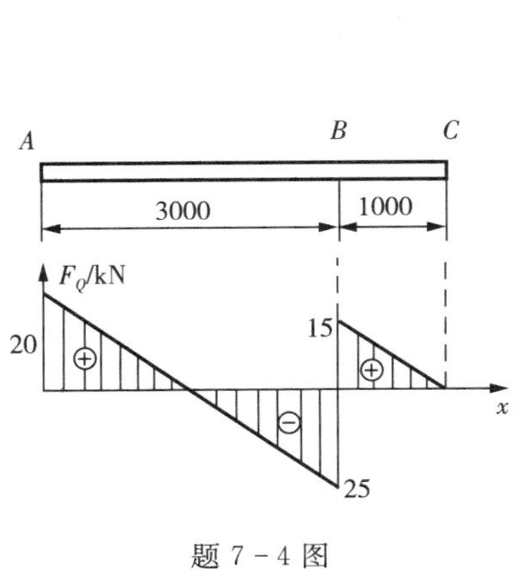


题 7-4 图

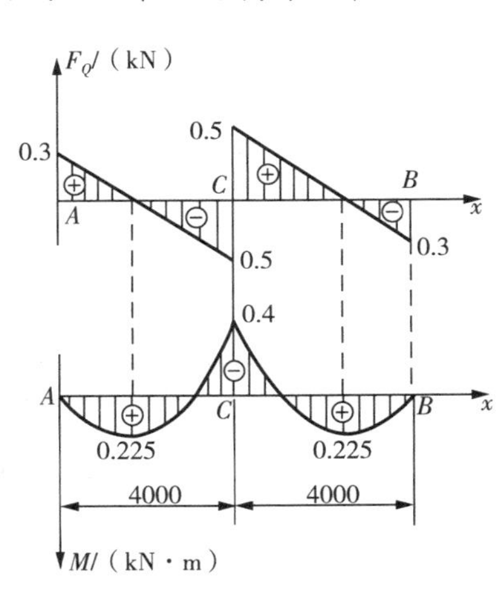


题 7-5 图

7-6 矩形截面梁，高120mm，宽60mm，绕水平形心轴纯弯曲。如梁最外层纤维中的正应变 $\varepsilon=7\times10^{-4}$，求该梁弯曲后的曲率半径。

7-7 直径 $d=3$mm的高强度钢丝，绕在直径 $D=600$mm的轮缘上，已知材料的弹性模量 $E=200$GPa，求钢丝绳横截面上的最大弯曲正应力。

7-8 悬臂钢梁($E=2.0\times10^5$MPa)具有(b)(c)两种截面形式，如图所示。试分别求出两种截面形式下梁的曲率半径，最大拉、压应力及其所在位置。

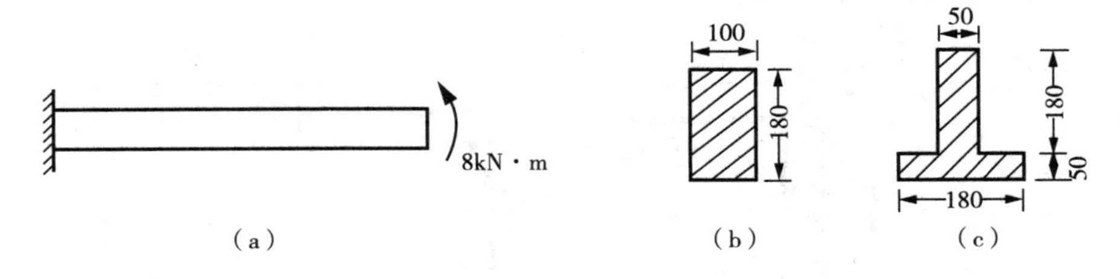


题7-8图

7-9 两种横截面梁如图示，其上均受绕水平中性轴转动的纯弯矩。若横截面上的最大正应力为40MPa，试问：(1) 当矩形截面挖去虚线内面积时，弯矩减小百分之几？(2) 工字形截面腹板和翼缘上，各承受总弯矩的百分之几？

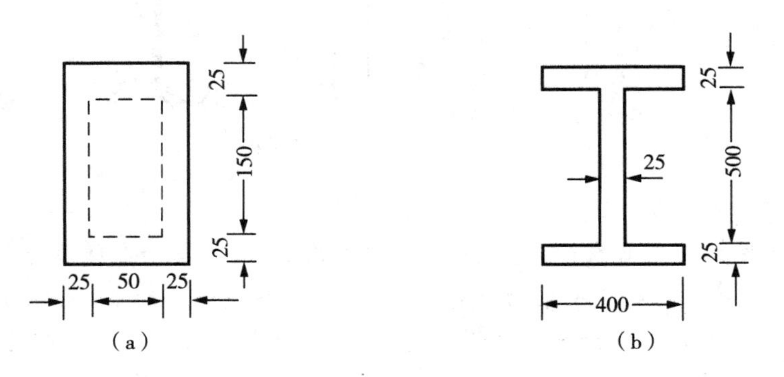


题7-9图

7-10 矩形截面梁受横力弯曲，截面中有一圆孔，求梁指定截面 $a-a$ 上 $A$ 点、$B$ 点处的正应力，及梁的最大拉应力 $\sigma_{t\max}$ 和最大压应力 $\sigma_{c\max}$。

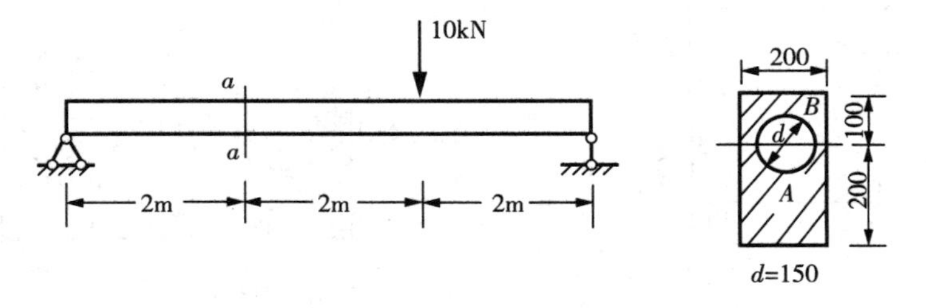


题7-10图

7-11　悬臂梁具有如下三种矩形截面形式：(a) 整体；(b) 两块上、下叠合；(c) 两块并排。试分别计算梁的最大正应力，并画出正应力沿截面高度的分布规律。

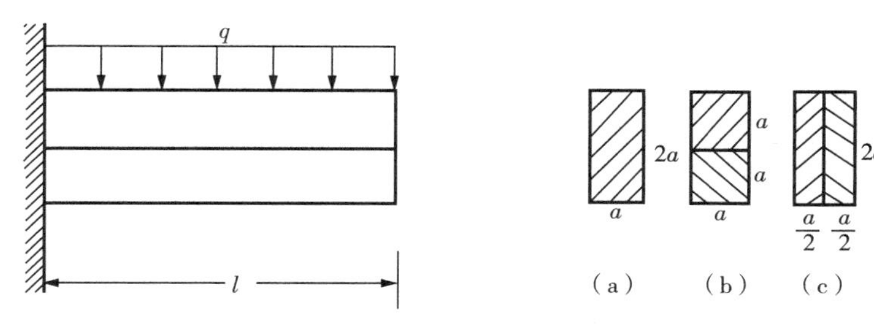


题7-11图

7-12　简支梁的截面为45a号工字钢，测得A、B两点间的伸长为0.012mm，设$E=200\text{GPa}$。问施加于梁上的力F多大？

7-13　静定梁由两个18b号槽钢背靠背组成一整体，如图所示。在梁的a-a截面上，剪力为18kN、弯矩为55kN·m，求b-b截面中性轴以下40mm处的正应力和切应力。

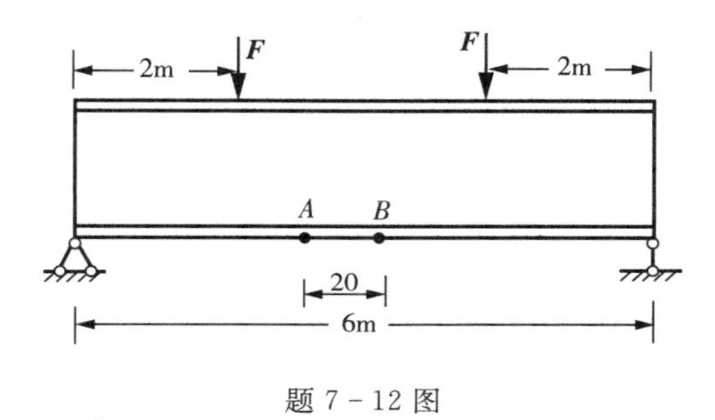


题7-12图

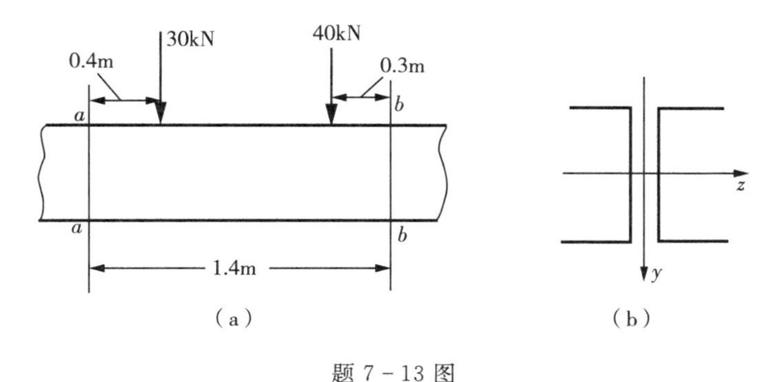


题7-13图

7-14　悬臂梁长6m，受$q=5\text{kN/m}$的均布荷载作用，截面为槽形截面，如图所示。求距固定端0.5m处的截面上，距梁顶面100mm处b-b线上的切应力及a-a线上的切应力。

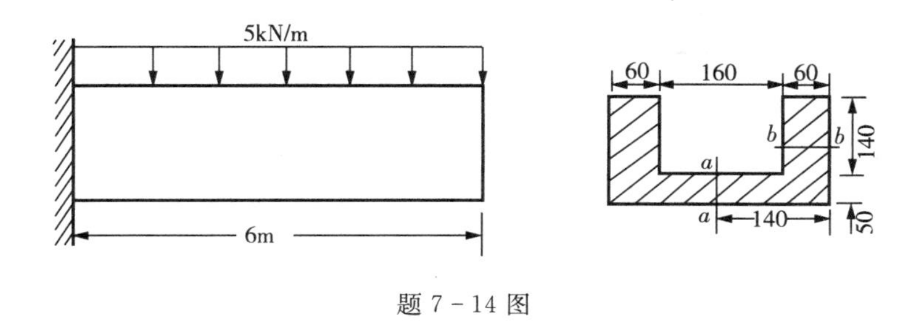


题7-14图

7-15　T形等截面直木梁，在其左右两边各黏结一条截面为50×50mm的木条，如图所示。若此梁危险截面上受有竖直向下的剪力 20kN,试求黏结层中的切应力。

7-16　图示梁的容许应力$[\sigma]=8.5\text{MPa}$,若单独作用 30kN 的荷载时,梁内的应力将超过容许应力,为使梁内应力不超过容许值,试求 $F$ 的最小值。

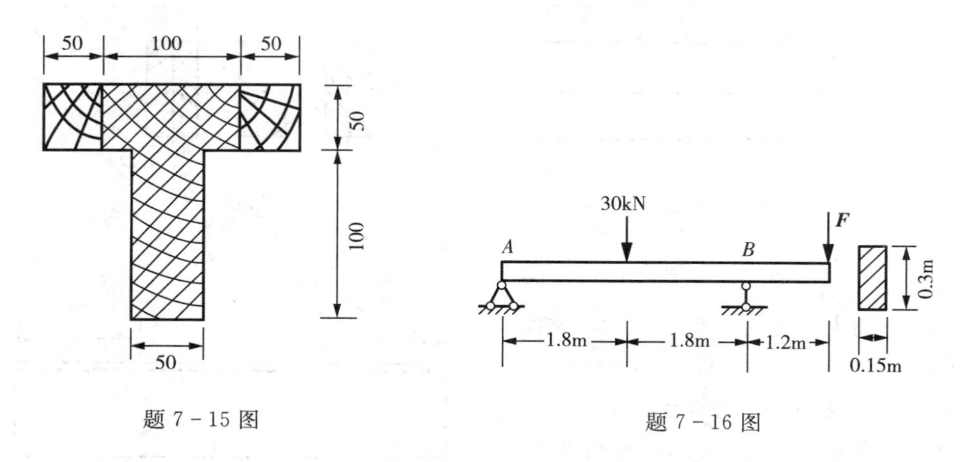


题 7-15 图　　　　题 7-16 图

7-17　图示铸铁梁,若$[\sigma_t]=30\text{MPa}$,$[\sigma_c]=60\text{MPa}$,已知 $I_z=764\times10^{-8}\text{m}^4$。试校核此梁的强度。

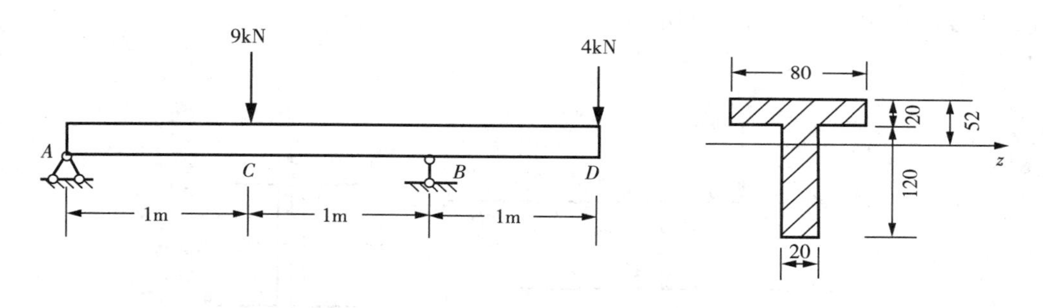


题 7-17 图

7-18　简支梁的矩形截面由圆柱形木料锯成。已知 $F=8\text{kN}$,$a=1.5\text{m}$,$[\sigma]=10\text{MPa}$。试确定弯曲截面系数为最大时的矩形截面的高宽比 $h/b$,以及锯成此梁所需要木料的最小直径 $d$。

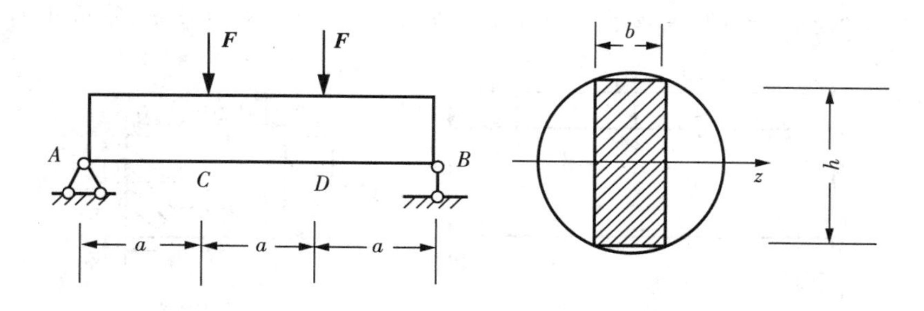


题 7-18 图

7-19　截面为 10 号工字钢的 $AB$ 梁，$B$ 点由 $d=20\text{mm}$ 的圆钢杆 $BC$ 支承，梁及杆的容许应力 $[\sigma]=160\text{MPa}$，试求容许均布荷载 $q$。

7-20　$AB$ 为叠合梁，由 $25\times100\text{mm}^2$ 木板若干层利用胶粘制成。如果木材容许应力 $[\sigma]=13\text{MPa}$，胶接处的容许切应力 $[\tau]=0.35\text{MPa}$。试确定叠合梁所需要的层数。（注：层数取偶数。）

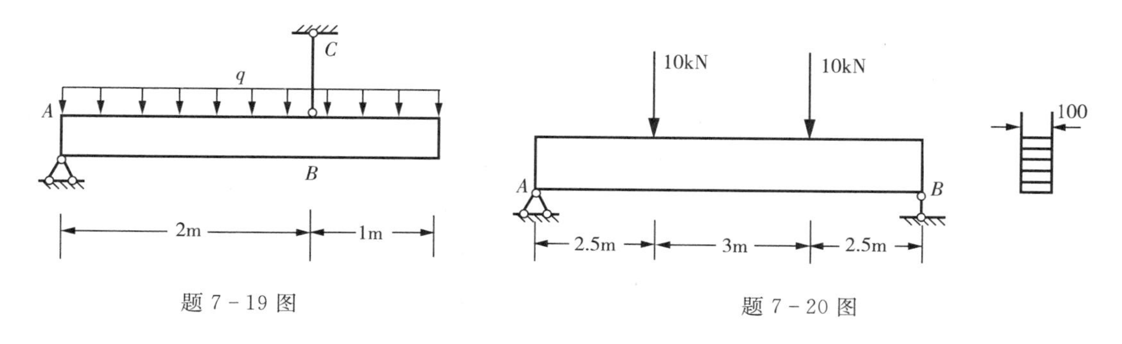


题 7-19 图　　题 7-20 图

# 第 8 章　工程梁的弯曲变形与刚度问题

在第 7 章中已经指出，当梁有一个纵向对称面(各横截面的纵向对称轴所组成的平面)，外力作用在该对称面内，梁的轴线将在此对称面内弯曲成一条平面曲线，这种弯曲称为平面弯曲，又称为对称弯曲。若平面弯曲梁的轴线是直线则成为平面直梁弯曲。这是工程中最简单、最常见的一种弯曲。本章主要分析直梁的平面弯曲变形。

## 8.1　工程梁弯曲变形分析

在平面正弯曲情况下，梁的轴线在主平面内弯成一条平面曲线。如将曲线放大，模型如图 8－1 所示的简支梁模型变形曲线(图中 $xAy$ 平面为形心主惯性平面)。此曲线称为梁的挠曲线。当材料在弹性范围时，挠曲线也称弹性曲线。一般情况下，挠曲线是一条光滑连续的曲线。

梁的变形通常采用两个位移量表示：挠度和转角。

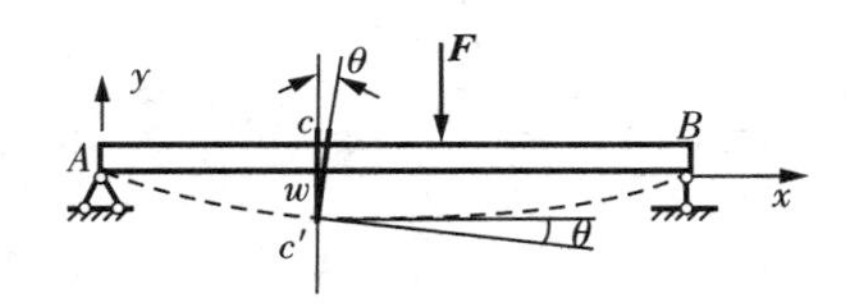

图 8－1　梁的挠度和转角模型

1) 梁的轴线挠度：在图 8－1 所示的坐标系中，梁的轴线上任一点 $C$(截面形心)在垂直于 $x$ 轴方向的位移 $CC'$，称为该点的挠度，用 $w$ 表示。实际上，轴线上任一点除有垂直于 $x$ 轴的位移外，还有 $x$ 轴方向的位移。但在小变形情况下，后者是二阶微量，可略去不计。

2) 梁的截面转角：根据平面假设，梁变形后，其任一横截面将绕中性轴转过一个角度，这一角度称为该截面的转角，用 $\theta$ 表示。此角度值等于挠曲线上点的切线与 $x$ 轴的夹角。

### 8.1.1　梁轴线挠度和梁截面转角的微分方程

由于挠曲线是一种平面曲线，在图 8－1 所示坐标系中，挠曲线方程可用式(8－1)表示：

$$w = f(x) \tag{8-1}$$

其中 $x$ 为梁轴线上任一点的坐标，$w$ 为该点的挠度，$f$ 代表光滑曲线方程。

由曲线微分几何知识知道，挠曲线上任一点的斜率为 $w' = \tan\theta$，在小变形情况下，$\tan\theta \approx \theta$，所以：

$$\theta = w' = \frac{\mathrm{d}f(x)}{\mathrm{d}x} \tag{8-2}$$

式(8－2)即梁挠曲线上任一点的斜率 $w'$ 就等于该处横截面的转角。本式又称为梁的转角方程。只要确定了梁挠曲线方程，梁上任一截面形心的挠度和任一横截面的转角均可确定。

梁的挠度和转角的正负号与所取坐标系有关。为了与前面规定的截面内力符号相适应，在通常习惯的坐标系中，如图 8－2 所示，得到 $y$ 轴正方向的挠度为正，$y$ 轴负方向的挠度为负；逆时针转的截面转角为正，顺时针转的截面转角为负。

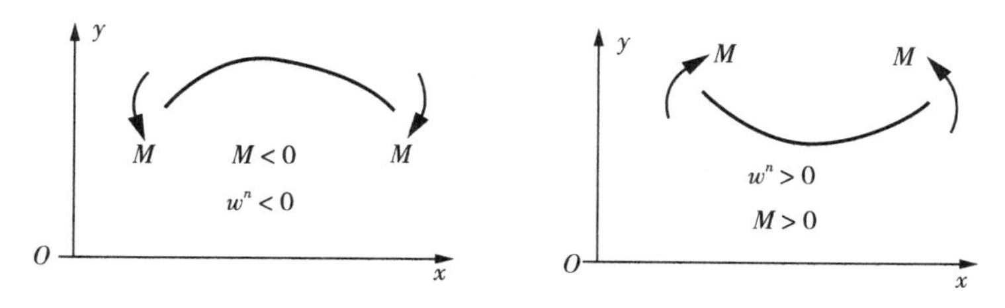


图 8－8　$M$ 与 $w''$ 的符号关系规定

在前面章节中，已经知道梁变形后的曲率与弯矩具有下面的关系式：

$$\frac{1}{\rho}=\frac{M(x)}{EI_z}$$

而曲线的曲率又可以采用下面的公式计算：

$$\frac{1}{\rho}=\frac{\pm w''}{[1+(w')^2]^{3/2}}$$

由于在小变形情况下，梁的挠度曲线是一种变化很平缓的曲线，因此 $w'$ 是一个很小的量，则 $w'^2 \ll 1$，可略去不计，所以上式简化为：

$$\frac{1}{\rho}\approx\pm w''$$

将上式代入到曲率与弯矩关系式后，得到：

$$w''=\pm\frac{M(x)}{EI_z}$$

上式中的正负号取决于坐标系的选择和弯矩的正负号规定。在本章所取的坐标系中，规定上凸的曲线 $w''$ 为负值，下凸的为正值，如图 8－2 所示。而按照前面弯矩正负号的规定，正弯矩对应着正的 $w''$，负弯矩对应着负的 $w''$，所以上式取：

$$w''=\frac{M(x)}{EI_z} \tag{8-3}$$

这就是梁的挠曲线的近似微分方程，它适用于小挠度梁。

对于 $EI_z$ 为常量的等直梁，式(8－3) 又写为：

$$EI_z w''=M(x) \tag{8-3}$$

式(8－3)、式(8－4) 是梁变形的微分方程。

通过上面的分析可以看出，梁的轴线挠度和截面转角与梁变形后的轴线曲率有关。在横力弯曲的情况下，轴线曲率既和梁的刚度相关，也和梁的剪力与弯矩有关。对于一般跨高比较大的梁，剪力对梁变形的影响很小，可以忽略，因此可以只考虑弯矩对梁变形的作用。

### 8.1.2　挠曲线微分方程积分方法

对于等直梁，如果截面弯矩已知后，可以对梁的轴线挠度微分方程直接积分计算梁的挠度方程和梁的转角。

将式(8－4)积分一次，得到：

$$EI_z \frac{\mathrm{d}w}{\mathrm{d}x} = EI_z\theta = \int M(x)\mathrm{d}x + C \tag{8-5}$$

再积分一次，得到：

$$EI_z w = \iint M(x)\mathrm{d}x + Cx + D \tag{8-6}$$

式(8－5)和(8－6)中的积分常数 $C$ 和 $D$，需要由梁支座处的已知位移条件(边界条件)来确定。例如，对图 8－4(a)所示的简支梁模型，已知的边界条件是左、右两支座处的挠度 $w_A$ 和 $w_B$ 均为零。对图8－4(b)所示的悬臂梁，边界条件是左支座处的挠度 $w_A$ 和转角 $\theta_A$ 均为零。这样两个边界条件就可以确定积分常数 $C$、$D$。

得到了梁的转角方程和挠度方程后，可以用它来计算任一横截面的转角和梁轴线上任一点的挠度。这种求梁变形的方法称为积分法。

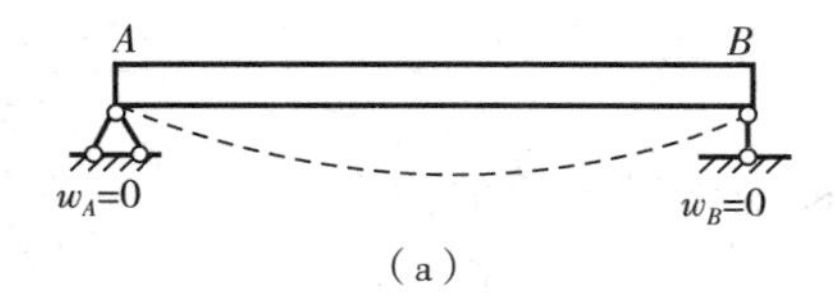


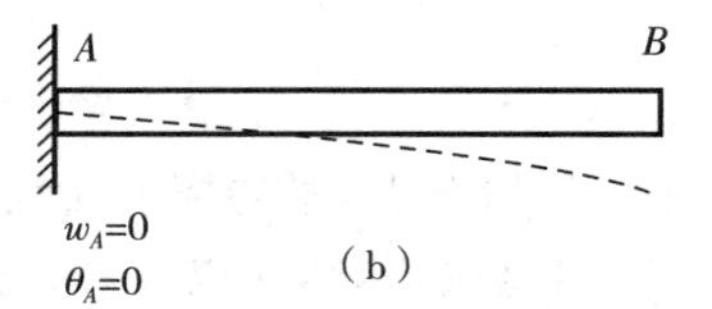


图 8－4　梁的变形边界条件模型

**例 8－1**　考虑一简支梁 $AB$，在 $D$ 点受集中力 $F$ 作用，模型如图 8－5 所示。试求梁的转角方程和挠度方程，并求最大挠度。设梁的弯曲刚度 $EI_z$ 为常值。

**解**：利用平衡条件求梁两端的支反力为：

$$F_{RA} = Fb/l, F_{RB} = Fa/l$$

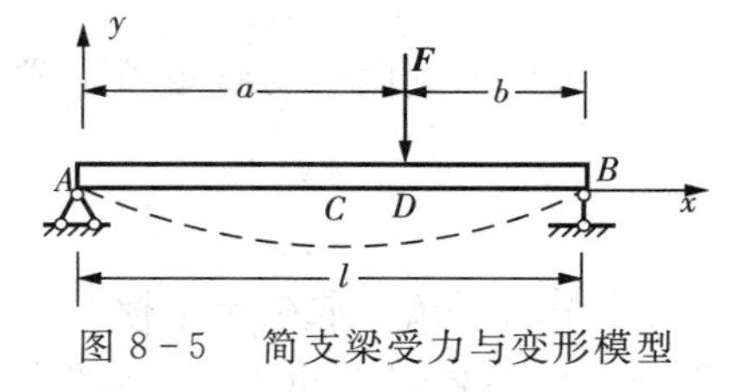


图 8－5　简支梁受力与变形模型

由于梁的中间有集中载荷，梁截面弯矩方程需要分段列出为：

$$M = \begin{cases} Fbx/l & 0 \leqslant x < a \\ Fbx/l - F(x-a) & a \leqslant x \leqslant l \end{cases}$$

由于弯矩方程为分段函数，显然，$AD$ 段和 $DB$ 段的挠曲线方程也是分段函数，需要分段积分计算。现将两段的弯矩方程分别代入式(8－5)、式(8－6)积分得：

$AD$ 段($0 \leqslant x < a$)：

$$EI_z\theta_1 = \int Fbx/l\mathrm{d}x + C_1 = \frac{Fb}{2l}x^2 + C_1$$

$$EI_z w_1 = \iint Fbx/l\mathrm{d}x + C_1 x + D_1 = \frac{Fb}{6l}x^3 + C_1 x + D_1$$

$DB$ 段($a \leqslant x \leqslant l$)：

$$EI_z\theta_2=\int[Fbx/l-F(x-a)]\mathrm{d}x+C_2=\frac{Fb}{2l}x^2-\frac{F}{2}(x-a)^2+C_1$$

$$EI_zw_2=\iint[Fbx/l-F(x-a)]\mathrm{d}x+C_2x+D_2$$

$$=\frac{Fb}{6l}x^3-\frac{F}{6}(x-a)^3+C_2x+D_2$$

上面各式中出现了4个积分常数，所以需要4个独立的条件来确定。

对于简支梁，两个端点的位移边界条件已知为：

$$w_1(0)=w_2(l)=0$$

还要再补充两个其他条件。由于梁的挠曲线是光滑连续的曲线，在集中力作用的$D$点（分段点）处，也应光滑连续的。因此，两段梁在$D$截面的转角和挠度应相等，即

$$\theta_1(a)=\theta_2(a),w_1(a)=w_2(a)$$

称这两个条件称为梁连续条件。

将上面4个条件分别代入转角和挠度相应方程，可以求出4个积分常数。

利用连续条件，得到$C_1=C_2$，$D_1=D_2$，

再利用边界条件，得到$D_1=D_2=0$，

$$C_1=C_2=\frac{-Fb}{6l}(l^2-b^2)$$

最后得到梁各段的转角方程和挠度方程为：

$AD$段($0\leqslant x<a$)：

$$EI_z\theta_1=\frac{Fb}{2l}x^2-\frac{Fb}{6l}(l^2-b^2)$$

$$EI_zw_1=\frac{Fb}{6l}x^3-\frac{Fb}{6l}(l^2-b^2)x$$

$DB$段($a\leqslant x\leqslant l$)：

$$EI_z\theta_2=\frac{Fb}{2l}x^2-\frac{F}{2}(x-a)^2-\frac{Fb}{6l}(l^2-b^2)$$

$$EI_zw_2=\frac{Fb}{6l}x^3-\frac{F}{6}(x-a)^3-\frac{Fb}{6l}(l^2-b^2)x$$

挠曲线形状放大后如图8-5虚线所示。

梁两个端点的转角为：

$$\theta_A=-\frac{Fb(l^2-b^2)}{6lEI_z}=-\frac{Fab(b+l)}{6lEI_z}$$

$$\theta_B=\frac{Fb}{2EI_z}l-\frac{F}{2EI_z}(l-a)^2-\frac{Fb}{6lEI_z}(l^2-b^2)$$

$$=\frac{Fab(a+l)}{6lEI_z}$$

当 $a>b$ 时，最大挠度发生在 $AD$ 段内，其位置可由 $\theta_1=w_1'=0$ 的条件决定。得到最大挠度的位置和数值为：

$$x_m=\sqrt{\frac{l^2-b^2}{3}}$$

$$w_{\max}=-\frac{Fb(l^2-b^2)\sqrt{(l^2-b^2)}}{9\sqrt{3}\,lEI_z}$$

此外，梁中点的挠度为($x=l/2$)：

$$w_C=\frac{Fb}{6lEI_z}\left(\frac{l}{2}\right)^3-\frac{Fb}{6lEI_z}(l^2-b^2)\frac{l}{2}=\frac{-Fb}{48EI_z}(3l^2-4b^2)$$

当力 $F$ 作用在梁的中点时，最大挠度发生在梁的中点，显然 $w_{\max}=w_C$。

**思考与讨论：**当 $a<b$ 时，最大挠度应该发生在 $DB$ 段内，其位置可由 $\theta_2=w_2'=0$ 的条件决定。最大挠度可以用类似上面的方法求出。如果选择不同的坐标系，梁的挠度方程形式会不会变化？最大的挠度值会不会变化？

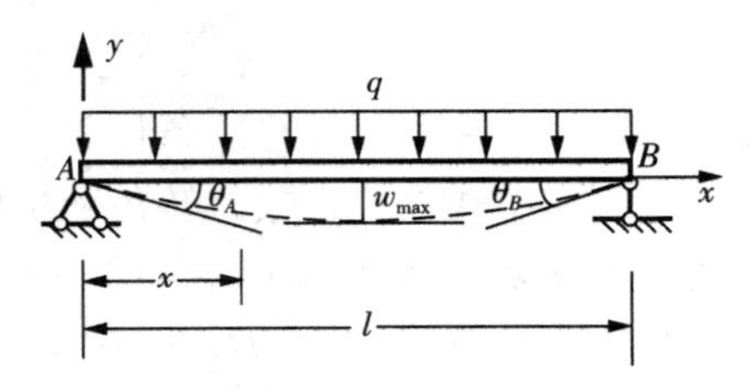


图 8-6 简支梁承受力与变形模型

**例 8-2** 考虑一简支梁承受均布荷载 $q$ 作用，模型如图 8-6 所示。试求梁的转角方程和挠度方程，并确定最大挠度和 $A$、$B$ 截面的转角。设梁的弯曲刚度 $EI_z$ 为常值。

**解：**选取坐标系如图 8-6 所示。由对称关系求得支座反力 $F_{Ay}=F_{By}=ql/2$。弯矩方程为：

$$M(x)=\frac{qlx}{2}-\frac{qx^2}{2}$$

代入式(8-4)并积分两次，

$$EI_z\theta=\int\left(\frac{qlx}{2}-\frac{qx^2}{2}\right)\mathrm{d}x+C$$

$$=\frac{ql}{4}x^2-\frac{q}{6}x^3+C$$

$$EI_zw=\iint\left(\frac{qlx}{2}-\frac{qx^2}{2}\right)\mathrm{d}x+Cx+D=\frac{ql}{12}x^3-\frac{q}{24}x^4+Cx+D$$

变形的边界条件为：在 $x=0$ 处，$w=0$；在 $x=l$ 处，$w=0$。代入上面两式，得：

$$D=0,C=-ql^3/24$$

最后得到梁的转角方程和挠度方程分别为：

$$\theta=\frac{q}{EI_z}\left(\frac{lx^2}{4}-\frac{x^3}{6}-\frac{l^3}{24}\right)$$

$$w=\frac{q}{EI_z}\left(\frac{lx^3}{12}-\frac{x^4}{24}-\frac{l^3x}{24}\right)$$

挠曲线形状放大后如图 8 - 6 中虚线所示。由挠曲线对称性可知，跨度中点的挠度最大。以 $x=l/2$ 代入挠曲线方程得到：

$$w(l/2)=\frac{-5ql^4}{384EI_z}$$

挠度为负值表明中点向下位移。

挠度的最大值也可以根据极值原理求出。最大挠度应该发生在 $w'=0$ 的位置，这样可求得最大挠度发生在 $x=l/2$ 的位置。

以 $x=0$ 和 $x=l$ 分别代入转角方程后，得到 $A$、$B$ 截面的转角为：

$$\theta_A=-\frac{ql^3}{24EI_z},\theta_B=\frac{ql^3}{24EI_z}$$

转角符号表面，$A$ 截面为顺时针转动，$B$ 截面为逆时针转动。

**思考与讨论：**梁的挠曲线形状与哪些因素有关？

## 8.2　梁变形的叠加计算法

在弹性范围内，大多数梁的弯曲问题中变形很小可以不考虑梁长度的变化，梁的变形和外加荷载成线性关系。这样，可采用叠加法计算梁的变形。

叠加法原理为：当梁上有多个荷载作用时产生的转角或挠度，等于各个荷载单独作用所产生的转角或挠度的叠加。

此外，叠加法还可应用于将某段梁上由荷载引起的挠度和转角和该段边界位移引起的转角或挠度相叠加的情况。

为了便于应用叠加法计算梁的转角或挠度，表 8 - 1 中列出了几种类型的梁在单一荷载作用下的转角或挠度。今后可以利用表中单一载荷下梁变形结果，叠加得到复杂载荷下梁的变形。

**表 8 - 1　简单荷载作用下梁的挠曲线方程、转角和挠度**

| | 梁上荷载及弯矩图 | 梁轴线挠曲线方程 | 关键点转角和挠度 |
|---|---|---|---|
| 1 | | $w(x)=\frac{-Fx^2}{6EI_z}(3a-x)$<br>$(0\leqslant x\leqslant a)$<br>$w(x)=\frac{-Fx^2}{6EI_z}(3x-a)$<br>$(a<x\leqslant l)$ | $\theta_B=\frac{-Fa^2}{2EI_z}$<br>$w_B=\frac{-Fa^2}{6EI_z}(3l-a)$ |
| 2 | | $w(x)=\frac{-qx^2}{24EI_z}(x^2-4lx+6l^2)$ | $\theta_B=\frac{-ql^3}{6EI_z},w_B=\frac{-ql^4}{8EI_z}$ |

（续表）

| | 梁上荷载及弯矩图 | 梁轴线挠曲线方程 | 关键点转角和挠度 |
|---|---|---|---|
| 3 | 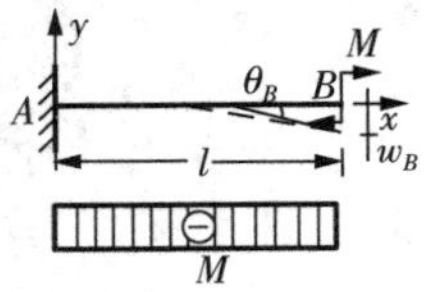 | $w(x)=\frac{-Mx^2}{2EI_z}$ | $\theta_B=\frac{-Ml}{EI_z},w_B=\frac{-Ml^2}{2EI_z}$ |
| 4 | 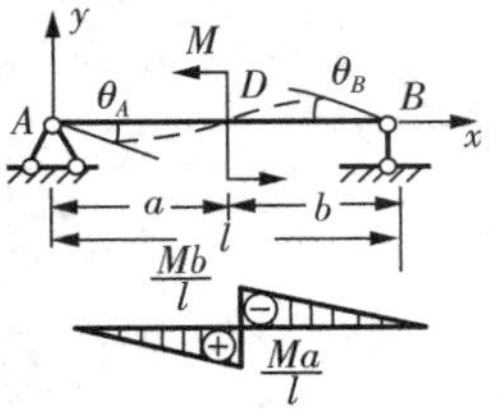 | $w(x)=\frac{-Mx}{6EI_zl}(l^2-3b^2-x^2)$<br>$(0\leqslant x\leqslant a)$<br>$w(x)=\frac{M}{6EI_zl}[x^2-3l(x-a)^2-(l^2-3b^2)x]\quad(a<x\leqslant l)$ | $\theta_A=\frac{-M}{6EI_zl}(l^2-3b^2)$<br>$\theta_B=\frac{-M}{6EI_zl}(l^2-3a^2)$<br>$w_D=\frac{-Ma}{6EI_zl}(l^2-a^2-3b^2)$ |
| 5 | 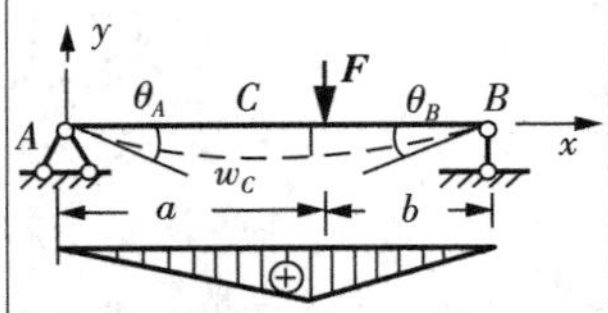 | $w(x)=\frac{-Fbx}{6EI_zl}[l^2-x^2-b^2]$<br>$(0\leqslant x\leqslant a)$<br>$w(x)=\frac{-Fb}{6EI_zl}[l(l-a)^3/b+(l^2-b^2)x-x^3]$<br>$(a<x\leqslant l)$ | $\theta_A=\frac{-Fab}{6EI_zl}(l+b)$<br>$\theta_B=\frac{Fab}{6EI_zl}(l+a)$<br>$w_C\left(\frac{l}{2}\right)=\frac{-Fb(3l^2-4b^2)}{48EI_z}$ |
| 6 | 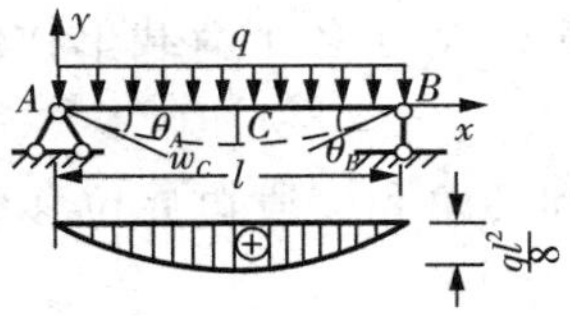 | $w(x)=\frac{-qx}{24EI_z}(l^3-2lx^2+x^3)$ | $\theta_A=\frac{-ql^3}{24EI_z},\theta_B=\frac{ql^3}{24EI_z},$<br>$w_{\max}\left(\frac{l}{2}\right)=\frac{-5ql^4}{384EI_z}$ |
| 7 | 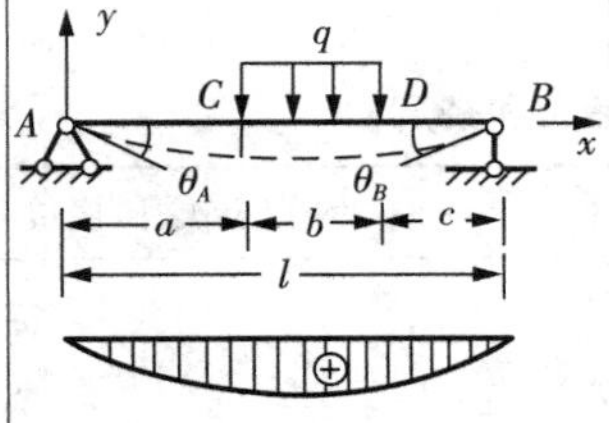 | $w(x)=\frac{-qbl^3}{48EI_zl}[8\frac{d}{l}(\frac{x}{l}-\frac{x^3}{l^3})-\frac{x}{l}(8\frac{d^3}{l^3}-2\frac{ab^2}{l^3}-\frac{b^3}{l^3}+2\frac{b^2}{l^2})](0\leqslant x\leqslant a)$<br>$w(x)=\frac{-qbl^3}{48EI_zl}[8\frac{d}{l}(\frac{x}{l}-\frac{x^3}{l^3})-\frac{x}{l}(8\frac{d^3}{l^3}-2\frac{ab^2}{l^3}-\frac{b^3}{l^3}+2\frac{b^2}{l^2}+2\frac{(x-a)^4}{bl^3}]$<br>$(a<x\leqslant a+b)$ | $\theta_A=\frac{-qbl^2}{24EI_zl}[4\frac{d}{l}(1-\frac{d^2}{l^2})+\frac{ab^2}{l^3}+\frac{b^3}{2l^3}-\frac{b^2}{l^2}],d=c+b/2$ |
| 8 | 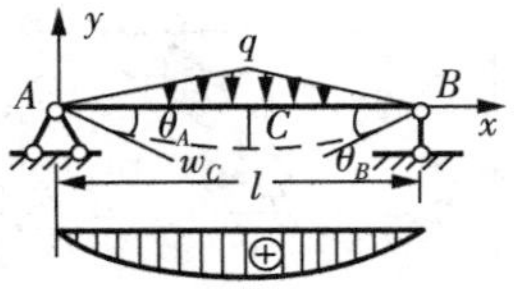 | $w(x)=\frac{-qx}{24EI_zl}\left(\frac{5}{8}l^4-x^2l^2+\frac{2}{5}x^4\right)$<br>$(0\leqslant x\leqslant l/2)$ | $\theta_A=-\theta_B=\frac{-5ql^3}{192EI_z}$<br>$w_{\max}\left(\frac{l}{2}\right)=\frac{-ql^4}{120EI_z}$ |

（续表）

| | 梁上荷载及弯矩图 | 梁轴线挠曲线方程 | 关键点转角和挠度 |
|---|---|---|---|
| 9 | 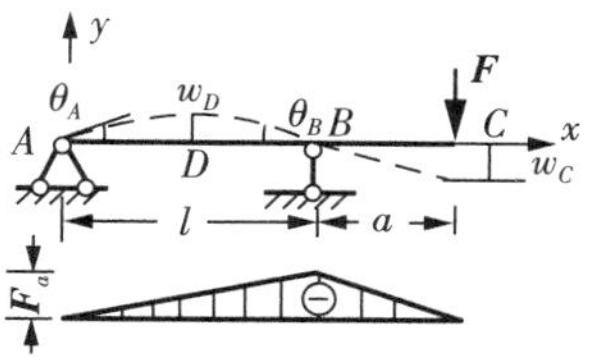 | $w(x)=\frac{Fax}{6EI_z}\left(l-\frac{x^2}{l}\right)(0\leqslant x\leqslant l)$<br>$w(x)=\frac{F(l-x)}{6EI_z l}[ax(l+x)-(l+a)(l-x)^2](l\leqslant x\leqslant l+a)$ | $\theta_A=\frac{Fal}{6EI_z},\theta_B=\frac{-Fal}{3EI_z}$<br>$\theta_C=\frac{-Fa(2l+3a)}{6EI_z}$<br>$w_C=\frac{-Fa^2}{3EI_z}(l+a)$,<br>$w_D\left(\frac{l}{2}\right)=\frac{Fal^2}{16EI_z}$ |
| 10 | 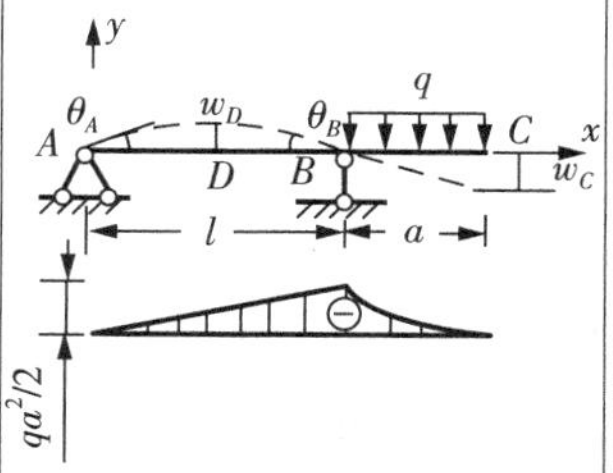 | $w(x)=\frac{qa^2x}{12EI_z}\left(l-\frac{x^2}{l}\right)(0\leqslant x\leqslant l)$<br>$w(x)=\frac{q(l-x)}{24EI_z}[2a^2(3x-l)+(x-l)^2(x-l-4a)]$<br>$(l\leqslant x\leqslant l+a)$ | $\theta_A=\frac{qa^2l}{12EI_z},\theta_B=\frac{-qa^2l}{6EI_z}$<br>$\theta_C=\frac{-qa^2(l+a)}{6EI_z}$<br>$w_C=\frac{-qa^3}{24EI_z}(4l+3a)$<br>$w_D\left(\frac{l}{2}\right)=\frac{qa^2l^2}{32EI_z}$ |

**例 8-3**　考虑一简支梁及其所受荷载，模型如图 8-7(a) 所示。试用叠加法求梁中点的挠度 $w_c$ 和梁左端截面的转角 $\theta_A$。设梁的弯曲刚度为常值。

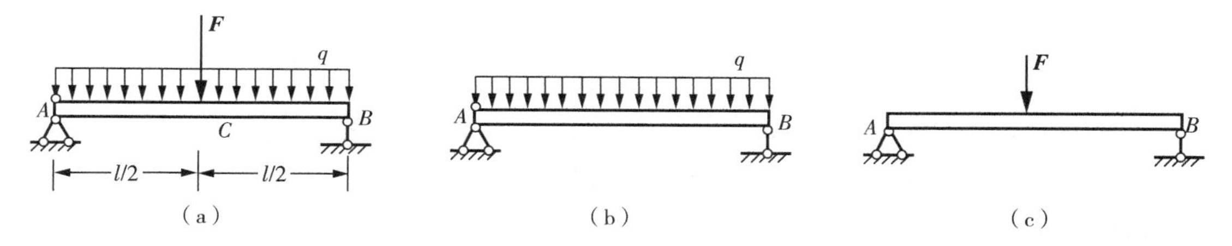


图 8-7　简支梁受力模型

**解**：将梁所受的载荷分解为分布载荷与集中载荷两种简单的载荷作用，如图 8-7(b)(c)。先分别求出集中荷载和均布荷载作用所引起的变形，然后叠加得两种荷载共同作用下所引起的变形。由表 8-1 得简支梁在分布载荷 $q$ 和集中载荷 $F$ 分别作用下的变形。

(1) 分布载荷 $q$ 作用下：

$$\theta_{A1}=\frac{-ql^3}{24EI_z}\quad \theta_{B1}=\frac{ql^3}{24EI_z}\quad w_{C1}\left(\frac{l}{2}\right)=\frac{-5ql^4}{384EI_z}$$

(2) 集中载荷 $F$ 作用下：

$$\theta_{A2}=\frac{-Fab}{6lEI_z}(l+b)\quad \theta_{B2}=\frac{Fab}{6lEI_z}(l+a)\quad w_{C2}\left(\frac{l}{2}\right)=\frac{-Fb(3l^2-4b^2)}{48EI_z}$$

叠加后得到梁左端点的总转角为：

$$\theta_A=\theta_{A1}+\theta_{A2}=-\left[\frac{ql^3}{24EI_z}+\frac{Fab}{6lEI_z}(l+b)\right]$$

梁右端点的总转角为：

$$\theta_B=\theta_{B1}+\theta_{B2}=\frac{ql^3}{24EI_z}+\frac{Fab}{6lEI_z}(l+a)$$

梁中点的总挠度为：

$$w_C\left(\frac{l}{2}\right)=w_{C1}\left(\frac{l}{2}\right)+w_{C2}\left(\frac{l}{2}\right)=-\left[\frac{5ql^4}{384EI_z}+\frac{Fb(3l^2-4b^2)}{48EI_z}\right]$$

# 8.3 梁的刚度校核与工程问题分析

## 8.3.1 梁的刚度校核理论

在有些工程问题中，例如，吊车臂梁可能会出现变形过大，行车时会产生较大的振动，使吊车行驶很不平稳；传动轴弯曲使支座轴承处转角过大，会使轴承产生不均匀磨损，缩短轴承的使用寿命；楼板的横梁出现变形过大，会使楼板上的灰粉开裂脱落等。在这些情况下，梁的强度虽然是足够的，但由于梁的变形过大梁仍然不能正常工作。因此，梁的变形需要限制在某一允许的范围内。这就是刚度校核控制。

类似于应力强度条件，可以建立梁的变形刚度控制条件为：

$$|w|_{\max}\leqslant[w] \tag{8-7}$$

$$|\theta|_{\max}\leqslant[\theta] \tag{8-8}$$

式中，$|w|_{\max}$为梁的最大挠度，$|\theta|_{\max}$是的截面最大转角。$[w]$和$[\theta]$为规定的结构容许挠度和转角，它们在设计手册中可查到。例如，

吊车梁：$[w]=l/600\sim l/500$

屋梁和楼板梁：$[w]=l/400\sim l/200$

钢闸门主梁：$[w]=l/750\sim l/500$

普通机床主轴：$[w]=l/10000\sim l/1000$

$[\theta]=(0.005\sim 0.001)\text{rad}$

利用式(8-7)和(8-8)对梁进行分析时，包括校核刚度、设计截面或求容许荷载。

**例 8-4** 考虑一简支梁受四个集中力作用，模型如图 8-8(a) 所示。$F_1=120\text{kN}$，$F_2=30\text{kN}$，$F_3=40\text{kN}$，$F_4=10\text{kN}$。该梁的横截面由两个槽钢组成。设钢的容许正应力$[\sigma]=170\text{MPa}$，容许切应力$[\tau]=100\text{MPa}$。梁材料的弹性模量$E=2.1\times10^5\ \text{MPa}$；梁的容许挠度$[w]=l/400$。试由强度条件和刚度条件选择槽钢型号。

**解：**(1) 计算支座反力

由平衡方程求得：

$$\begin{aligned}F_{Ay}&=(F_1\times l_1+F_2\times l_2+F_3\times l_3+F_4\times l_4)/l\\&=(120\times2+30\times1.6+40\times0.9+12\times0.6)/2.4\\&=138.1(\text{kN})\end{aligned}$$

$$F_{By}=F_1+F_2+F_3+F_4-F_{Ay}$$
$$=120+30+40+12-138.1=63.9(\text{kN})$$

(2) 画剪力图和弯矩图

梁的剪力图和弯矩图如图 8-8(b)(c) 所示。由图可知

$$F_{S\max}=138.1\ \text{kN},M_{\max}=62.4\ \text{kN}\cdot\text{m}$$

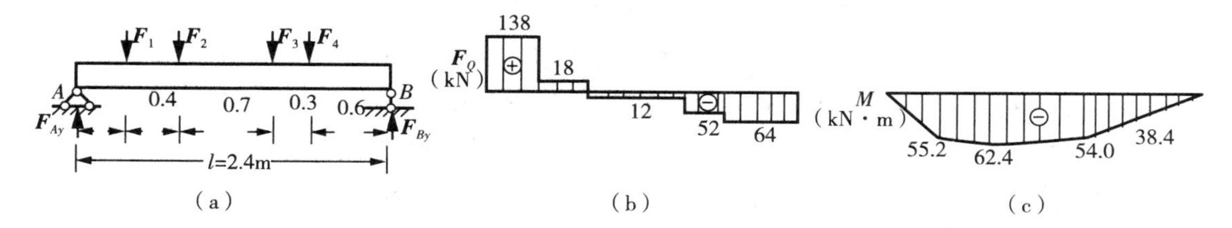


图 8-8　简支梁受力模型与剪力、弯矩图

(3) 由正应力强度条件初选择槽钢型号

由强度条件：

$$\sigma_{\max}=\frac{M_{\max}}{W}\leqslant[\sigma]$$

得到：

$$W\geqslant\frac{M_{\max}}{[\sigma]}=\frac{62.4\times10^3}{170\times10^6}=0.367\times10^{-3}(\text{m}^3)$$

根据材料手册，查型钢表，初选两个 20a 号槽钢，其 $W=0.178\times10^{-3}\times2=0.356\times10^{-3}(\text{mm}^3)$。

下面再对正应力强度进行校核。

梁的最大工作正应力为：

$$\sigma=\frac{M_{\max}}{W}=\frac{62.4\times10^3}{0.356\times10^{-3}}=175.28\times10^6$$

此值仅超过容许应力 3%，所以满足正应力强度要求。

(4) 校核切应力强度

由型钢表查得 20a 号槽钢的截面几何性质为：

$$h=200\text{mm},b=73\text{mm},b_1=7\text{mm},\delta=11\text{mm},I_z=1.78\times10^7\text{mm}^4$$

$$S_{z\max}=b\delta\left(\frac{h}{2}-\frac{\delta}{2}\right)+b_1\left(\frac{h}{2}-\delta\right)^2/2$$
$$=73\times11\times94.5+7\times89^2/2=1.036\times10^5\qquad(\text{mm}^3)$$

梁的最大工作切应力为：

$$\tau_{\max}=\frac{F_{S\max}S_{z\max}}{I_zb_1}=\frac{138\times10^3\times2\times1.036\times10^5}{1.78\times10^7\times2\times7\times2}=57.37(\text{MPa})$$

满足切应力强度要求。

(5) 校核刚度

取梁的容许$[w]=2400/400=6\text{mm}$。因为该梁的挠曲线上无拐点，故可用中点的挠度作为最大挠度。查表 6-1，应用叠加法，得到

$$w_C\left(\frac{l}{2}\right)=\sum_{i=1}^{4}\frac{-F_ib_i(3l^2-4b_i^{\ 2})}{48EI_z}=4.94\times10^{-3}(\text{mm})$$

比较知道，该梁满足刚度要求。故该梁可以选两个 20a 号槽钢。

通过上面介绍的求梁的变形的方法，其中积分法是基本的方法，而叠加法虽简便，但必须先找出单一荷载作用下的挠度和转角。通常这些挠度和转角都已经在手册中给出，如有表 8-1，可直接查用。求梁变形的方法还有很多，如能量法、奇异函数法等，在此不再介绍。

**思考与讨论：**在工程实际中，往往梁中间部位开有一小孔，模型如图 8-9。讨论它会影响梁的抗弯强度还是影响抗弯刚度。

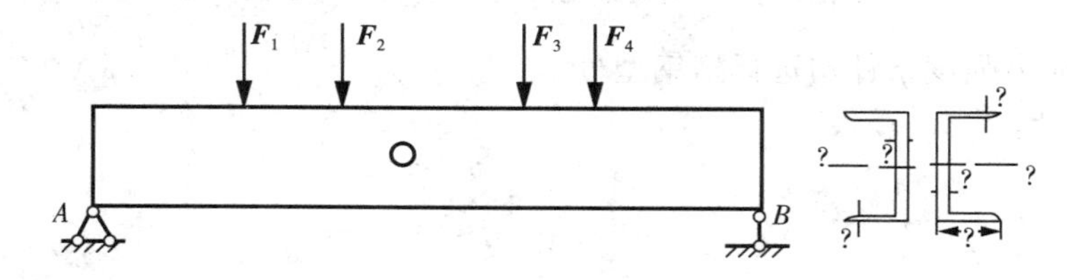


图 8-9 中间部位开有一小的孔梁模型

### 8.3.2 工程梁典型问题分析

为了更好理解和运用上面介绍的梁是力与变形理论和公式，下面通过例子的求解来说明实际工程中的问题分析方法。

**例 8-5** 镗铣机床主轴工作时可以简化为一种悬臂梁，如图 8-10 所示。在自由端受集中力 $F$ 作用，试求梁的转角方程和挠度方程，并求最大转角和最大挠度。假定梁的弯曲刚度 $EI_z$ 为常值。

(a) 卧式镗铣机床主轴部分

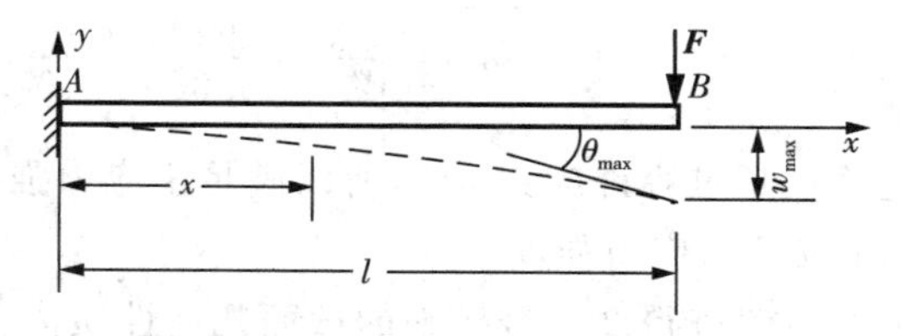


(b) 镗铣机床主轴受力模型

图 8-10 机床及主轴受力

**解：**取坐标系如图所示。梁的截面弯矩为负，弯矩方程为：

$$M=-F(l-x)$$

代入式(8-5)、式(8-6) 积分得：

$$EI_z\theta=-\int F(l-x)\text{d}x+C=\frac{F}{2}x^2-Flx+C$$

$$EI_z w = -\iint F(l-x)\mathrm{d}x + Cx + D = \frac{F}{6}x^3 - \frac{Fl}{2}x^2 + Cx + D$$

该梁的边界条件为：在 $x=0$ 处，$w=0$、$w'=\theta=0$。将边界条件代入上两式，得到 $C=0$ 和 $D=0$。

最后得到该梁的转角方程和挠度方程分别为：

$$EI_z\theta = \frac{F}{2}x^2 - Flx$$

$$EI_z w = \frac{F}{6}x^3 - \frac{Fl}{2}x^2$$

梁的挠曲线放大后的形状如图 8-10 中虚线所示。显然，挠度和转角的最大值均在自由端 $B$ 处，以 $x=l$ 代入上式，得到：

$$\theta_B = -\frac{F}{2EI_z}l^2,\ w_B = -\frac{Fl^3}{3EI_z}$$

$\theta_B$ 为负值，表明梁变形后 $B$ 截面顺时针转动；$w_B$ 为负值，表明 $B$ 点向下位移。

**思考与讨论：**悬臂梁若在自由端受一集中力偶 $M$ 作用，其挠曲线应为一圆弧，但用积分法计算出的挠曲线方程是一条抛物线方程，为什么？

**例 8-6**　已知长度为 $l$ 的等截面直梁的挠度方程：

$$w(x) = \frac{q_0 x}{360EIl}(3x^4 - 10l^2x^2 + 7l^4)$$

试求：1. 梁的中间截面上的弯矩，2. 最大弯矩（绝对值）；3. 分布载荷的变化规律；4. 梁的支承状况。

**解：**由 $w(x) = -\dfrac{q_0 x}{360EIl}(3x^4 - 10l^2x^2 + 7l^4)$

(1) $M(x) = EI\dfrac{d^2w}{\mathrm{d}x^2} = -\dfrac{q_0x^3}{6l} + \dfrac{q_0lx}{6}$

$$M\left(\frac{l}{2}\right) = -\frac{q_0\left(\frac{l}{2}\right)^3}{6l} + \frac{q_0l\left(\frac{l}{2}\right)}{6} = \frac{q_0l^2}{16}$$

(2) $F_Q(x) = \dfrac{\mathrm{d}M}{\mathrm{d}x} = -\dfrac{q_0x^2}{2l} + \dfrac{q_0l}{6}$

令 $F_Q=0$，$-\dfrac{q_0\bar{x}^2}{2l} + \dfrac{q_0l}{6} = 0$，$\bar{x} = \dfrac{\sqrt{3}}{3}l$

$M_{\max} = \left|M\left(\dfrac{\sqrt{3}}{3}l\right)\right| = \left|-\dfrac{q_0}{6l}\left(\dfrac{\sqrt{3}}{3}l\right)^3 + \dfrac{q_0l}{6}\left(\dfrac{\sqrt{3}}{3}l\right)\right| = \dfrac{\sqrt{3}q_0l^2}{27}$

(3) $q(x) = \dfrac{\mathrm{d}F_Q}{\mathrm{d}x} = -\dfrac{q_0}{l}x\,(\downarrow)$

(4) $M|_{x=0} = 0$，$M|_{x=l} = -\dfrac{q_0l^3}{6l} + \dfrac{q_0l\cdot l}{6} = 0$，所以两支座无集中力偶。

$$F_{RA}=F_Q\,|_{x=0}=0+\frac{q_0 l}{6}=\frac{q_0 l}{6}(\uparrow)$$

$$F_{RB}=F_Q\,|_{x=l}=-\frac{q_0 l^2}{2l}+\frac{q_0 l}{6}=-\frac{q_0 l}{3}(\uparrow)$$

最后得到载荷，支座如图 8－11。

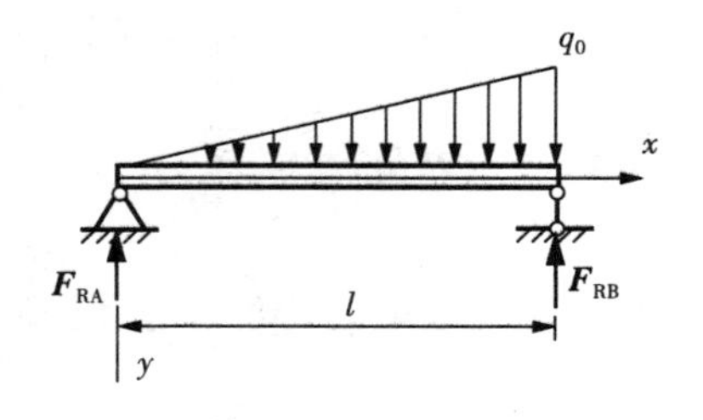

图 8－11 等截面简支直梁受力模型

**例 8－7** 考虑阶梯形悬臂梁在左端受集中力作用，模型如图 8－12(a) 所示。试求左端的挠度 $w_A$ 和转角 $\theta_A$。

**解**：先将梁分成两段梁 $BC$ 和 $AB$，分别如图 8－12(b)(c) 所示。首先，将 $B$ 截面可以看作是悬臂梁 $AB$ 的固定端，再发生转动和竖向位移。这样 $AB$ 段梁的变形包括两部分：悬臂梁 $AB$ 由 $F$ 力引起的变形；另一部分是一部分是由 $B$ 截面的转角和位移引起的刚体位移。因此，$A$ 点的挠度可由两部分挠度叠加求得。$B$ 截面的转角和挠度可由悬臂梁 $BC$ 上求得。

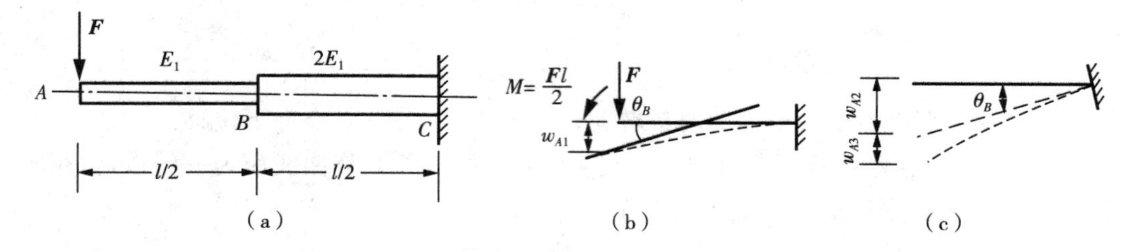

图 8－12 阶梯形悬臂梁受力模型

在 $BC$ 段悬臂梁上，将 $F$ 力向 $B$ 点简化，得到力 $F$ 和力偶矩 $M=Fl/2$。端点作用集中载荷和集中力偶矩情况下，由表 8－1 查出 $B$ 截面的转角和挠度分别为：

$$\theta_{BF}=\frac{F\,(l/2)^2}{2(2EI_z)}(\text{逆时针}),w_{BF}=\frac{-F\,(l/2)^3}{3(2EI_z)}(\text{向下})$$

$$\theta_{BM}=\frac{F\,(l/2)^2}{2EI_z}(\text{逆时针}),w_{BM}=\frac{-F\,(l/2)^3}{2(2EI_z)}(\text{向下})$$

在 $AB$ 段悬臂梁上，端点作用集中载荷，由表 8－1 查的 $A$ 截面的转角和挠度分别为：

$$\theta_{AF}=\frac{F\,(l/2)^2}{2EI_z}(\text{逆时针}),w_{AF}=\frac{-F\,(l/2)^3}{3EI_z}(\text{向下})$$

$B$ 截面的转角和挠度引起 $A$ 截面附加的转角和位移分别为：

$$\theta_{AB}=\theta_{BF}+\theta_{BM}=\frac{F\,(l/2)^2}{4EI_z}+\frac{F\,(l/2)^2}{2EI_z}=\frac{3F\,(l/2)^2}{4EI_z}(\text{逆时针})$$

$$w_{AB}=w_{BF}+w_{BM}-(\theta_{BF}+\theta_{BM})\,\frac{l}{2}$$

$$=\frac{-F\,(l/2)^3}{6EI_z}-\frac{F\,(l/2)^3}{4EI_z}-\frac{3F\,(l/2)^3}{4EI_z}=\frac{-7F\,(l/2)^3}{6EI_z}(\text{向下})$$

这样，$A$ 点的总的转角和位移分别为：

$$\theta_{AT}=\theta_{AF}+\theta_{AB}=\frac{F\,(l/2)^2}{2EI_z}+\frac{3F\,(l/2)^2}{4EI_z}=\frac{5Fl^2}{16EI_z}\text{（逆时针）}$$

$$w_{AT}=w_{AF}+w_{AB}$$

$$=\frac{-F\,(l/2)^3}{3EI_z}-\frac{7F\,(l/2)^3}{6EI_z}=-\frac{3Fl^3}{16EI_z}\text{（向下）}$$

**例 8-8**　如图 8-13(a) 所示叠加结构模型，由两根横截面均为正方形的所组成。受集中力作用。已知正方形边长 $a=51\text{mm}$，外力 $F_P=2.20\text{kN}$，材料弹性模量 $E=200\text{GPa}$。试用叠加法求点 $E$ 的挠度。

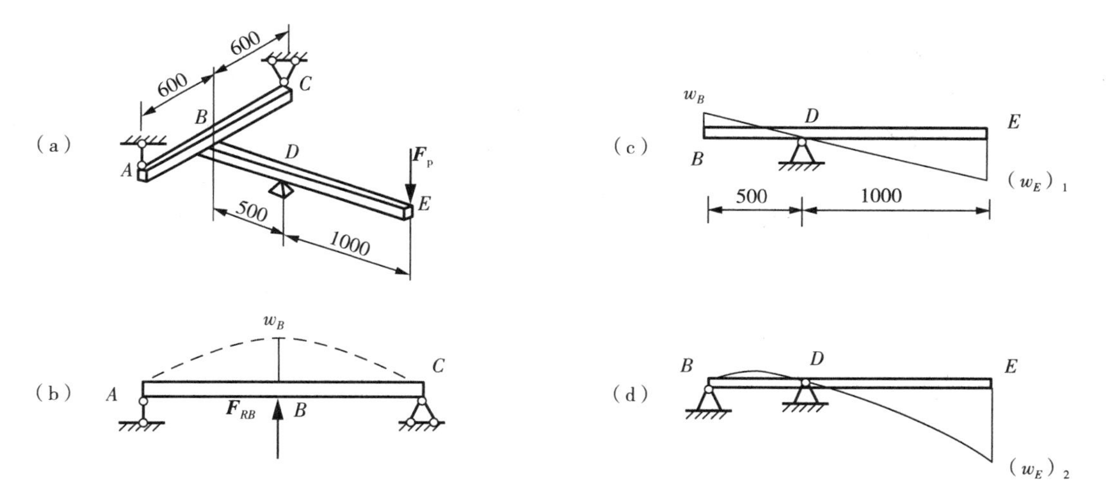


图 8-13　叠加梁受力模型与变形图

**解**：该结构变形可以分解为如图 8-13(b)(c) 两种简单梁的变形叠加。

由梁受力平衡条件得：$F_{RB}=\dfrac{F_P\cdot DE}{DB}=\dfrac{2.20\times1000}{500}=4.4(\text{kN})$

$$w_B\left(\frac{l}{2}\right)=\frac{F_{RB}l^3}{48EI_z}=\frac{4.4\times10^3\times(1.2)^3}{48\times200\times10^9\times\dfrac{(0.051)^4}{12}}=1.405\times10^{-3}(\text{m})$$

$$(w_E)_1=\frac{DE}{DB}w_B=\frac{1000}{500}\times1.405\times10^{-3}=2.81\times10^{-3}(\text{m})$$

$$(w_E)_2=\frac{F_Pa^2}{3EI_z}(l+a)=\frac{2.2\times10^3\times1.0^2}{3\times200\times10^9\times(0.051)^4/12}\times(0.5+1.0)$$

$$=9.756\times10^{-3}(\text{m})$$

$$w_E=(w_E)_1+(w_E)_2=12.57\times10^{-3}(\text{m})$$

# 8.4 提高梁承载能力的设计

梁构件除了必须满足强度要求外，有时还应考虑如何充分利用材料，使设计更为合理。即在一定的外力作用下，怎样使杆件的用料最少(几何尺寸最小)，或者说，在一定的用料情况下，如何提高杆件的承载能力。下面介绍一些从强度方面考虑可以采用的措施，以提高其承载能力。

## 8.4.1 选择合理的截面形式

根据梁的强度校核公式，将其转化为：

$$M_{\max} \leqslant W_z[\sigma]$$

可见梁所能承受的最大弯矩与弯曲截面系数成正比。所以在截面面积相同的情况下，$W_z$ 越大的截面形式越合理。例如矩形截面，在面积相同的条件下，增加高度可以增加 $W_z$ 的数值。但是梁的高宽比也不能太大，否则梁受力后会发生侧向失稳。

对各种不同形状的截面，可用截面的弯曲截面系数与面积的比 $W_z/A$ 的值来比较它们的合理性。下面比较圆形、矩形和工字形三种截面。为了便于比较，设三种截面的高度均为 $h$。

对圆形截面：

$$\frac{W_z}{A}=\frac{\pi D^3}{32}/\frac{\pi D^2}{4}=0.125D$$

对矩形截面：

$$\frac{W_z}{A}=\frac{bh^2}{12}/(bh)=0.083h$$

对工字钢：

$$\frac{W_z}{A}=(0.24\sim 0.27)h$$

由此可见，矩形截面比圆形截面合理，工字形截面比矩形截面合理。

从梁的横截面上正应力沿梁高的分布看，因为离中性轴越远的点处正应力越大，而在中性轴附近的点处正应力很小。为了充分利用材料，应尽可能将材料移至到离中性轴较远的位置。在上述三种截面中，工字形截面最好，圆形截面最差。

在选择截面形式时，还要考虑材料的性能。例如由塑性材料制成的梁，因拉伸和压缩的容许应力相同，宜采用中性轴为对称轴的截面。由脆性材料制成的梁，因容许拉应力远小于容许压应力，宜采用 T 字形或 $\pi$ 字形等中性轴为非对称轴的截面，并使最大拉应力发生在离中性轴较近的边缘上。

**例 8-9**. 工程中使用的一种外伸梁及其所受荷载，模型如图 8-14(a) 示。截面形状如图 8-14(c) 所示。若材料为铸铁，容许拉应力为 $[\sigma_t]=35\text{MPa}$，容许压应力为 $[\sigma_c]=150\text{MPa}$，试求容许载荷 $F$ 的值。

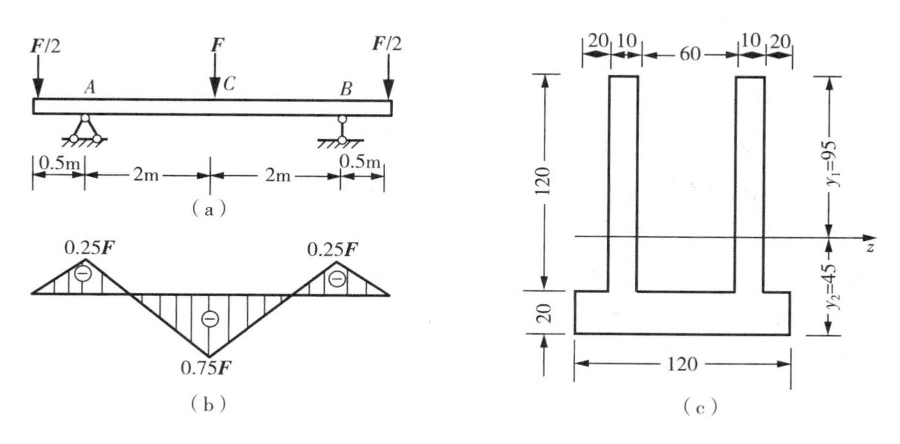


图 8-14　外伸梁及其所受荷载模型

**解**:(1) 确定截面的形心位置和惯性矩

由附录中给出的求截面的形心位置公式,可定出中性轴 $z$,如图 8-14(c) 所示。利用平行移轴方法可以求出惯性矩为:

$$I_z=\frac{0.12\times0.02^3}{12}+0.02\times0.12\times0.035^2+$$

$$2\left(\frac{0.01\times0.12^3}{12}+0.01\times0.12\times0.035^2\right)=8.84\times10^{-6}(\mathrm{m}^4)$$

(2) 判断危险截面和危险点

由弯矩图[图 8-14(b)]可见,$A$、$B$ 截面的最大负弯矩相等,数值上小于 $C$ 截面的最大正弯矩,似乎只有 $C$ 截面为危险截面。但因中性轴不是截面的对称轴,最大拉应力的点和最大压应力的点至中性轴的距离不等。因此,全梁的最大拉应力和最大压应力不一定都发生在最大弯矩的截面上,即 $A$、$B$ 和 $C$ 三个截面都可能是危险截面,这些截面上最大应力的点都可能是危险点。须分别计算以求得 $F$ 的容许值。

(3) 求 $F$ 的容许值

在 $C$ 截面的下边缘各点处产生最大拉应力需要满足:

$$\sigma_{t\max}=\frac{M_C y_1}{I_z}=\frac{0.75F\times45\times10^{-3}}{8.84\times10^{-6}}<[\sigma_t]=35\times10^6$$

由此解得:$F\leqslant9.17$ kN

上边缘各点处产生最大压应力需要满足:

$$|\sigma_c|_{\max}=\frac{M_C y_2}{I_z}=\frac{0.75F\times90\times10^{-3}}{8.84\times10^{-6}}\leqslant[\sigma_c]=150\times10^6$$

由此解得:$F\leqslant18.6$ kN

类似地,由 $A$(或 $B$) 截面的上边缘各点处产生最大压应力、下边缘各点处产生最大拉应力,解得:

$$F\leqslant13.03\text{kN 和 }F\leqslant117.87\text{kN}$$

综合以上结果，最终选择 $F$ 的容许值为：

$$[F]=9.17\ \text{kN}$$

### 8.4.2 采用变截面梁

梁的截面尺寸一般是整个梁做成等截面。显然，等截面梁并不经济，因为在其他弯矩较小处不需要这样大的截面。因此，为了节约材料和减轻重量，可采用变截面梁设计。最合理的变截面梁是等强度梁。所谓等强度梁，就是每个截面上的最大正应力都达到材料的容许应力的梁。

图 8-15(a) 所示的简支梁模型，按等强度梁进行设计。设截面为矩形，保持截面高度 $h$ 不变，宽度 $b$ 变化。由等强度条件：

$$\sigma_{\max}=\frac{m}{W_z}=\frac{Fx/2}{b(x)h^2/6}=[\sigma]$$

解得：

$$b(x)=\frac{3Fx}{h^2[\sigma]}$$

即截面的宽度 $b$ 与 $x$ 成正比，如图 8-15(b) 所示。

此外，需要保证梁是最小宽度，应由切应力强度条件设计梁的最小宽度 $b_{\min}$。由切应力强度条件：

$$\tau_{A\max}=\frac{F_A S_{\max}^*}{I_z b}=\frac{3F_A}{2bh}=[\tau]$$

得到最小宽度：

$$b_{\min}=\frac{3F}{4h[\tau]}$$

模型如图 8-15(c) 所示。变截面梁的截面几何参数计算，可以参考本章第 6 节介绍的内容。

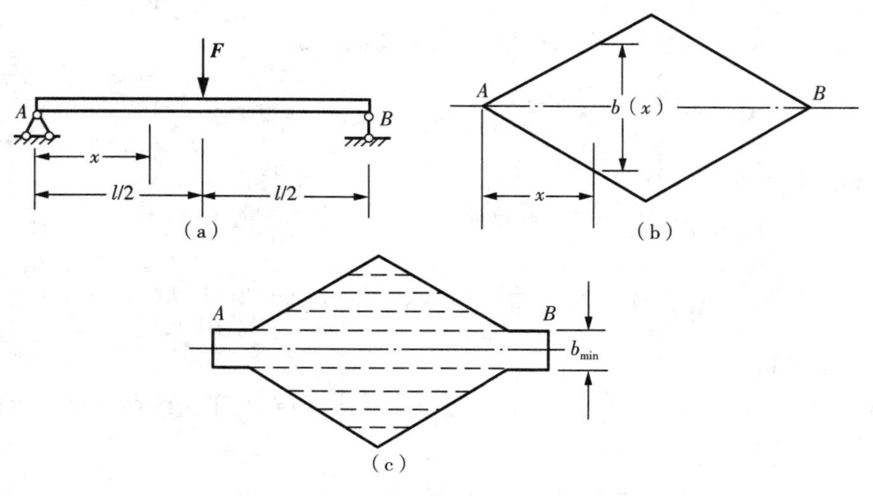


图 8-15 等强度梁模型

若将图 8-15(c) 所示的梁在虚线处切开成若干狭条，再将它们叠合在一起，就成为叠板梁，模型如图 8-16 所示。叠板梁在工程上经常使用，例如汽车的减振弹簧梁，如图 8-17 所示，它可以提高承载能力，减小汽车的振动。

（a）弹簧实物　（b）弹簧模型

图 8-16　叠板梁模型　　图 8-17　叠板弹簧梁

如果设图 8-15(a) 中简支梁模型的宽度不变，用同样的方法可以求得梁高 $h(x)$ 的变化。如，

$$\sigma_{\max}=\frac{M}{W_z}=\frac{Fx/2}{bh(x)^2/6}=[\sigma]$$

解得

$$h(x)=\sqrt{\frac{3Fx}{b[\sigma]}}$$

此外，需要保证梁是最小高度，应由切应力强度条件设计梁的最小宽度 $h_{\min}$。

$$h_{\min}=\frac{3F}{4b[\tau]}$$

得到的截面高度沿梁长变化的形状如图 8-18(a) 模型所示。有些吊车臂梁采用图 8-18(b) 所示的鱼腹梁，就是根据等强度梁的概念设计。

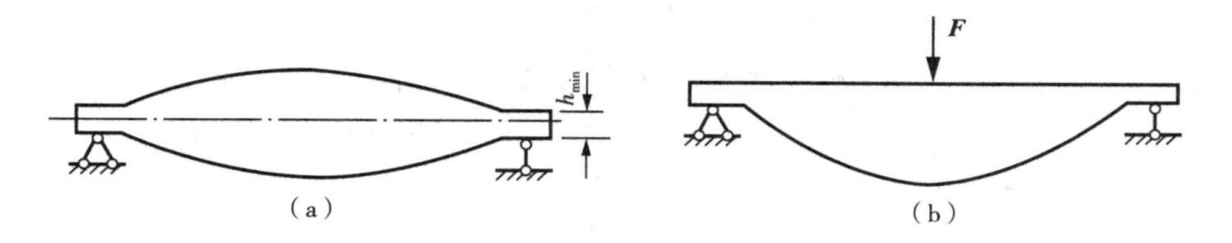


图 8-18　鱼腹梁模型

但是，这种等宽度、变高度的等强度梁不便于制造，工程上多使用截面逐段变化的变截面梁。例如图 8-19(a) 中的简支梁，主体采用工字钢。在梁的中间部分弯矩最大，所以在工字钢上加一至两块盖板，各段截面如图 8-19(b) 所示。

另外，大多数机器中的传动轴往往采用图 8-20 所示的阶梯形圆轴，也是考虑到梁的中间部分弯矩最大，中间的轴径选择最大，使其强度得到保证。

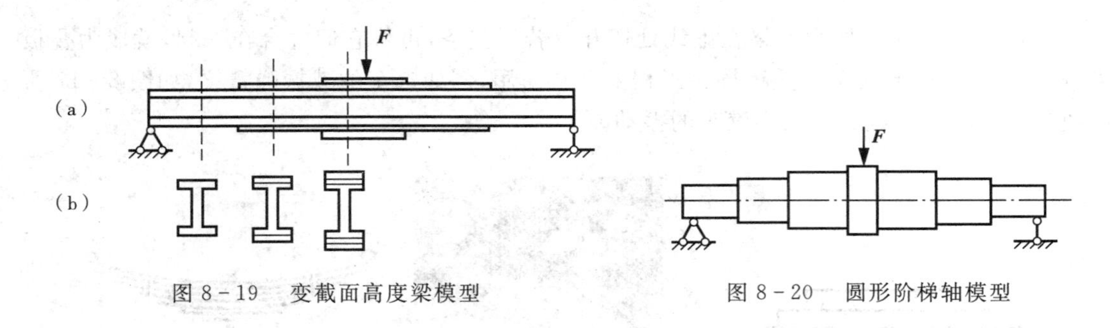


图 8-19 变截面高度梁模型　　图 8-20 圆形阶梯轴模型

### 8.4.3 改善梁的受力状况

梁的承载能力是由梁的材料、截面形状、支撑形式等因素所决定。因此，要提高梁的承载能力，就需要从这几方面加以考虑。达到减小梁截面内的应力，提高其强度；同时也使梁的变形减小，提高其刚度。具体方法如下。

一种方法是增大截面的惯性矩 $I_z$，即在截面积相同的条件下，使截面面积分布在离中性轴较远的地方如工字形截面、空心截面等，以增大截面的惯性矩。

再有，在条件许可的情况下，可以考虑采用弹性模量 $E$ 大的材料，例如钢梁就比铝梁的弹性模量 $E$ 大。但对于钢梁来说，用高强度钢代替普通低碳钢并不能减小梁的变形，因为二者弹性模量相差不多。

其次的方法是调整支座位置，减小跨长，模型如图 8-21(a)。或增加辅助梁，模型如图 8-21(b)，都可以减小梁的变形。增加梁的支座也可以减小梁的变形，并可减小梁的最大弯矩。例如在悬臂梁的自由端增加支座，模型如图 8-21(c)，可以减小梁的变形，并减小梁的最大弯矩。但增加支座后原来的静定梁就变成了超静定梁。

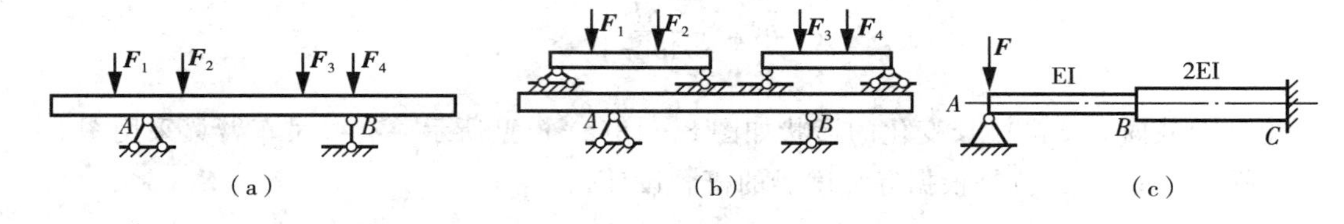


图 8-21 简支梁受力变化模型

由于梁的截面内力直接影响到截面应力，因此改善截面内力可以提高梁的承载能力。图 8-22(a) 所示的两端简支梁模型，受均布荷载作用时，各截面均产生正弯矩，最大弯矩为：

$$M_{\max}=\frac{ql^2}{8}$$

如果将两端支座分别向内移动，如图 8-22(b) 模型，则最大弯矩为：

$$M_{\max}=\frac{ql^2}{40}$$

它仅为两端简支梁的 1/5，这样设计截面的尺寸可以减小。合理地调整支座位置，还可以使梁中最大正弯矩和最大负弯矩的数值相等。

改善梁中的内力的方法很多。如图 8-23(a) 所示的模型简支梁 $AB$，在跨中受一集中荷载作用。若加一辅助梁 $CD$，如图 8-23(b) 模型所示，则简支梁的最大弯矩减小一半。

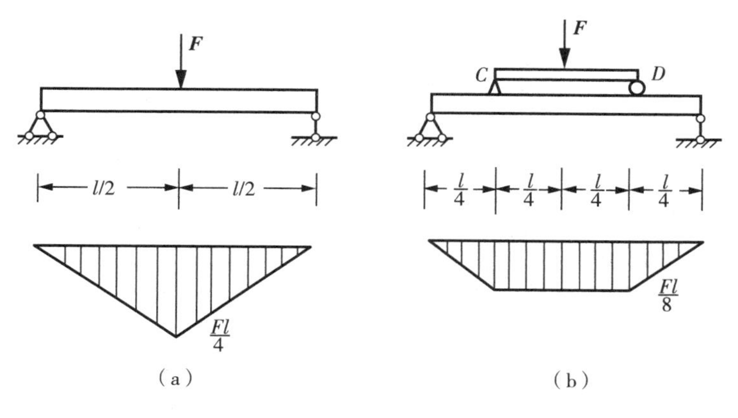


图 8-22　不同支座位置的简支梁模型

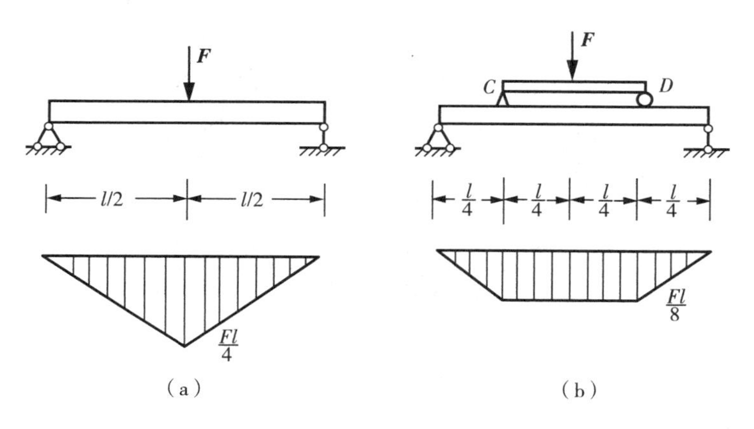


图 8-23　加设辅梁的简支梁模型

## 8.5* 工程超静定梁问题分析方法

工程中为了减小梁的应力和变形，常在梁上多增加一些约束，如图 8-24(a) 所示的多跨梁。在车床车削工件时，增加一个活动铰支座，如图 8-24(b) 所示。这时梁的支座反力多于平衡方程个数，不能通过静力平衡方程求解支座反力，这样梁就变成超静定结构。当梁所有支座反力均可由平衡方程求出时称为静定梁。

在超静定梁中，相对于维持梁的平衡来说，有多余约束或多余支座反力。多余支座反力的数目就是超静定次数。

求解超静定梁方法，除仍必需应用平衡方程外，还需根据多余约束对梁的变形或位移的特定限制，建立由变形或位移间的几何关系得到的几何方程，即变形协调条件。联合平衡方程和补充方程，方能解出全部座反力。

以图 8-25(a) 所示的超静定梁为例说明求解超静定梁的方法。首先将 $B$ 支座视为多余

（a）

（b）

8-24 超静定结构

**约束**，假想将其解除，得到一个悬臂梁，如图 8-25(b) 所示。这个悬臂梁是静定的，称为**基本静定梁**。再将梁上原来的荷载 $q$ 及支座反力 $F_{By}$ 作用在基本静定梁上，才能反映出梁原来的受力，如图 8-25(c) 所示。基本静定梁在 $B$ 点的挠度应和原超静定梁 $B$ 点的挠度一致，也就是基本静定梁在 $B$ 点的挠度应等于零。这就是原超静定梁的变形协调条件。

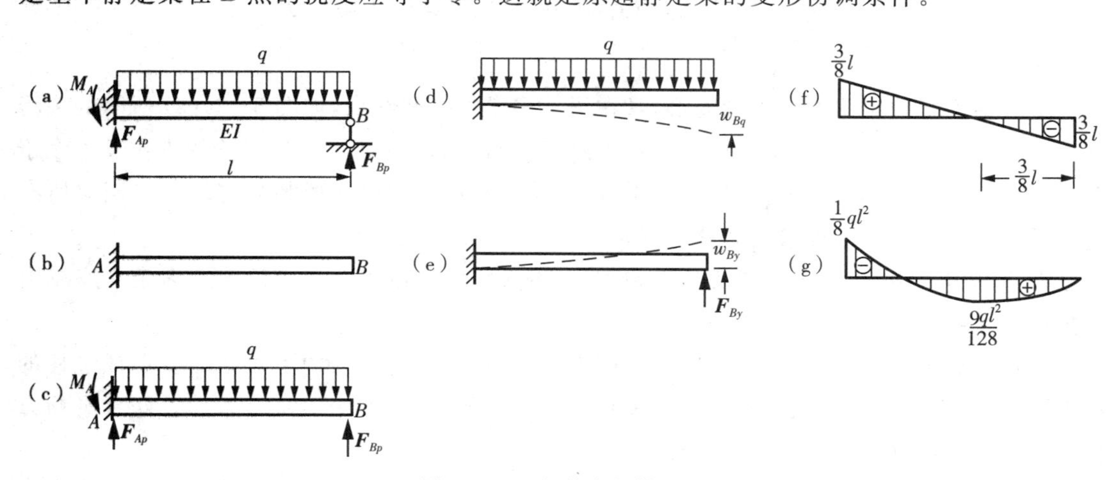


图 8-25 超静定梁模型图

由均布荷载 $q$ 引起基本静定梁上 $B$ 点的挠度为[图 8－25(d)]：

$$w_{Bq}=\frac{-ql^4}{8EI_z}\text{（向下）}$$

由反力 $F_{By}$ 引起基本静定梁上 $B$ 点的挠度为[图 8－25(e)]：

$$w_{BF}=\frac{F_{By}l^3}{3EI_z}\text{（向上）}$$

按叠加法，因此由变形协调条件得到变形几何协调方程为：

$$w_{Bq}+w_{BF}=\frac{-ql^4}{8EI_z}+\frac{F_{By}l^3}{3EI_z}=0$$

解得：

$$F_{By}=\frac{3ql}{8}$$

再由平衡方程可以求得支座 $A$ 的反力。梁的剪力和弯矩图如图 8－25(f)(g) 所示。

从以上的求解过程看到，求解超静定梁主要是如何选择基本静定梁，并找出相应的变形协调条件。对同一个超静定梁，可以选取不同的基本静定梁。例如图 8－25(a) 的超静定梁，也可将左端阻止转动的约束视为多余约束予以解除，得到的基本静定梁是简支梁。原来的超静定梁就相当于基本静定梁上作用均布荷载 $q$ 和多余支座反力矩 $M_A$。相应的变形协调条件是基本静定梁上 $A$ 截面的转角为零。此外，还可取左端阻止上、下移动的约束作为多余约束，同样可求解上述超静定梁。显然，选择悬臂梁作为基本静定梁比较容易求解。

上述解超静定梁的方法，是以多余约束力作为基本未知量，解除多余约束后的静定梁作为基本系，根据解除约束处的位移协调条件，以及力与位移间的物理关系建立补充方程，求出多余约束力。这一方法也称为力法。

**例 8－10**　车床加工工件时，工件一端固定夹住，另外一端顶住。如图 8－26 所示。试作工件梁的剪力图和弯矩图。

（a）车床加工现场

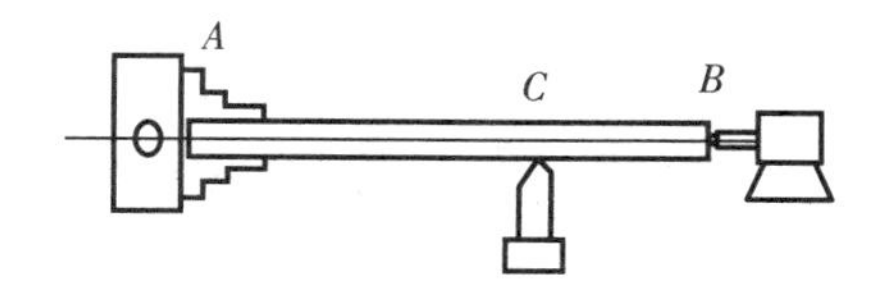


（b）车床主轴零件模型

图 8－26　车床加工工件及模型

**解**：工件的受力模型图如图 8－27(a)。在 $A$ 端处共有 3 个支座约束力，即 $F_{RAx}$、$F_{RAy}$、$M_A$，在 $B$ 端有 2 个约束力 $F_{RBx}$、$F_{RBy}$，所以是 2 次超静定。如果不考虑轴向变形，也就是不考虑水平约束力，则结构变成 1 次超静定。

以 $B$ 处的铰约束作为多余约束，选悬臂梁为基本静定梁[如图 8－27(b) 所示]。约束力 $FBy$ 为多余未知力。在基本静定梁 $AB$ 上作用有外力 $F$ 和 $F_{RBy}$，如图 8－27(b) 所示。

查表 8－1，悬臂梁由外力 $F$ 和 $F_{RBy}$ 引起 $B$ 点的挠度为：

$$(w_B)_1=\frac{Fa^2}{6EI_z}(3l-a)$$

$$(w_B)_2=\frac{-F_{RBy}l^2}{3EI_z}$$

由于约束，梁 $B$ 点总的挠度为零(变形协调条件)：

$$(w_B)_1+(w_B)_2=\frac{Fa^3}{6EI_z}-\frac{F_{RBy}l^3}{3EI_z}=0$$

由上式得到：

$$F_{RBy}=\frac{F}{2}(3\frac{a^2}{l^2}-\frac{a^3}{l^3})$$

求出 $B$ 点的约束力后，就可以得到工件梁的剪力图和弯矩图如图 8－27(c)(d) 所示。

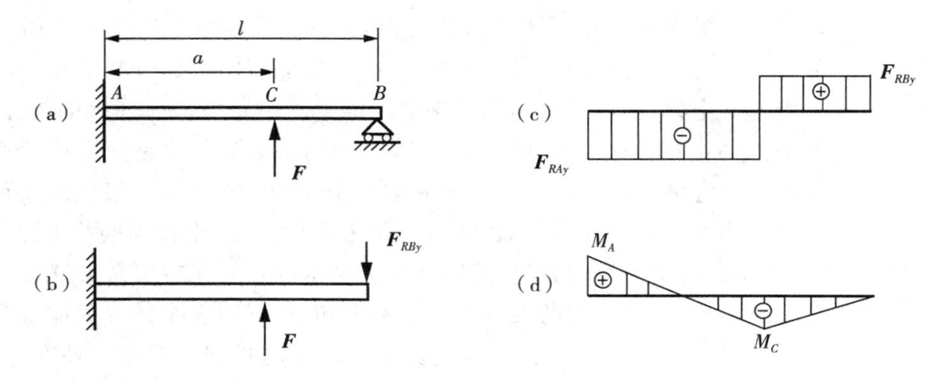


图 8－27 车床主轴受力模型

**例 8－11** 图 8－28(a) 所示为超静定结构模型图，若杆 1、2 的伸长量分别为 $\Delta l_1$ 和 $\Delta l_2$，且 $AB$ 为刚性梁，求解超静定问题的变形协调方程。

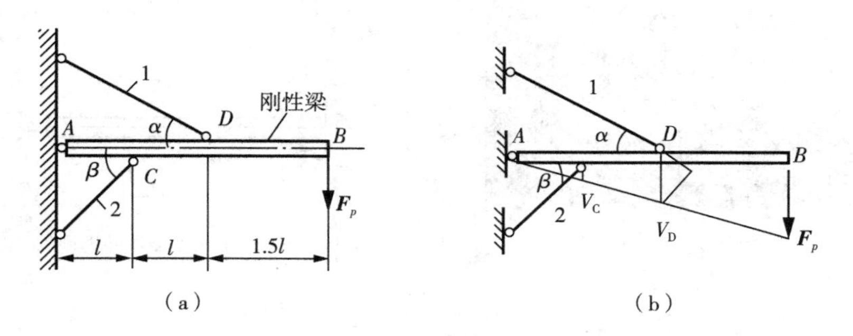


图 8－28 超静定结构受力模型

**解：**由几何关系[图 8－28(b)]，刚性梁 $C$、$D$ 点的水平刚性位移 $u_C=0$，$u_D=0$；竖直刚性位移为 $v_C$、$v_D$。则

$$1\text{ 杆变形}：v_D\sin\alpha=\Delta l_1(\text{伸长})$$

$$2\text{ 杆变形}:v_C\sin\beta=-\Delta l_2(\text{缩短})$$

$$\text{刚梁刚性关系}:2v_C=v_D$$

整理为：

$$\begin{cases}0\cdot v_C+v_D\sin\alpha-\Delta l_1=0\\ v_C\sin\beta+0\cdot v_D+\Delta l_2=0\\ 2v_C-v_D=0\end{cases}$$

上面齐次方程组非全零解应满足条件：

$$\begin{vmatrix}0&\sin\alpha&-\Delta l_1\\ \sin\beta&0&\Delta l_2\\ 2&-1&0\end{vmatrix}=0$$

展开得到变形协调方程：$\Delta l_1\sin\beta=-2\Delta l_2\sin\alpha$。

**例 8-12**　在图 8-29 的结构模型中，杆 $AC$ 为铝材 $A_a=200\text{mm}^2$，$E_a=70\text{GPa}$，$\alpha=26\times10^{-6}(1/℃)$，杆 $DB$ 为不锈钢，$A_s=80\text{mm}^2$，$E_s=190\text{GPa}$，$\alpha=18\times10^{-6}(1/℃)$。两杆间在室温 20℃ 下的间隙为 0.5mm，然后升温达 140℃。试求铝杆横截面上的正应力以及铝杆的最终长度。

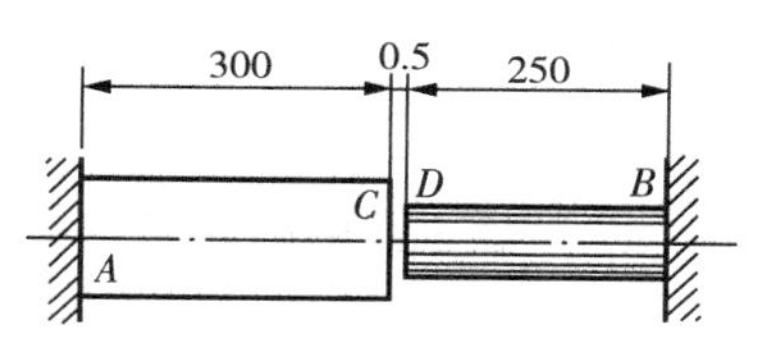


图 8-29　伸缩超静定结构模型

**解**：设铝杆中的内力为 $F_{Na}$，不锈钢杆的内力为 $F_{Ns}$；

由系统平衡方程：$F_{Na}=F_{Ns}$

结构协调方程：$u_s+u_a=0.5$

而两杆的变形量：

$$u_a=\frac{-F_{Na}l_a}{A_aE_a}+\alpha_a l_a(T-T_0)$$

$$=\frac{-F_{Na}\times300}{200\times70\times10^3}+26\times10^{-6}\times300\times120=0.936-2.14\times10^{-5}F_{Na}$$

$$u_s=\frac{-F_{Ns}l_s}{A_sE_s}+\alpha_s l_s(T-T_0)$$

$$=\frac{-F_{Ns}\times250}{80\times190\times10^3}+18\times10^{-6}\times250\times120=0.54-1.65\times10^{-5}F_{Ns}$$

代入协调方程得：

$$0.54-1.65\times10^{-5}F_{Na}+0.936-2.14\times10^{-5}F_{Na}=0.5$$

解得铝杆中的内力 $F_{Na}=25752\text{ N}$

铝杆横截面上的正应力：

$$\sigma_a = \frac{25752}{200 \times 10^{-6}} = 128.8(\text{MPa})$$

铝杆的变形为：

$$u_a = \frac{-F_{Na} l_a}{A_a E_a} + \alpha_a l_a (T - T_0)$$

$$= \frac{-25752 \times 300}{200 \times 70 \times 10^3} + 26 \times 10^{-6} \times 300 \times 120$$

$$= 0.936 - 2.14 \times 10^{-5} \times 25752 = 0.385(\text{mm})$$

铝杆的最终长度：

$$L_a = 300 + (0.936 - 2.14 \times 10^{-5} \times 25752) = 300.385(\text{mm})$$

## 8.6* 梁截面的几何参数计算

### 8.6.1 截面图形的面积矩和形心位置

1. 面积矩(静矩)

对于任意平面问题，其面积为 $A$。在设定的坐标系中(图 8-30)，类似于静力学中的力矩，定义物体的面积对坐标轴的面积矩为：

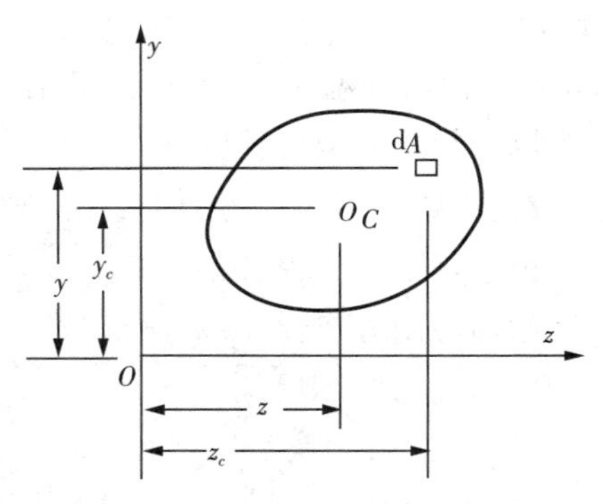

图 8-30 形心和面积矩

$$S_y = \int_A z \, \mathrm{d}A, S_z = \int_A y \, \mathrm{d}A$$

称 $S_y$ 为图形面积对 $y$ 轴的面积矩(也称为静矩)，$S_z$ 为图形面积对 $z$ 轴的面积矩。面积矩的大小不仅和平面图形的面积 $A$ 有关，还与平面图形的形状以及坐标轴的位置有关，即同一平面图形对于不同的坐标轴有不同的面积矩。面积矩可为正，可为负，也可为零。其量纲为 $L^3$，常用单位为 $m^3$ 或 $mm^3$。

2. 形心的坐标

根据积分的特性，将上面的面积矩改写为：

$$S_z = \int_A y \, \mathrm{d}A = y_C A, S_y = \int_A z \, \mathrm{d}A = z_C A$$

则称$(y_C, z_C)$为图形的形心的坐标。

$$y_C = \frac{S_z}{A}, z_C = \frac{S_y}{A}$$

由上式可见，若平面图形对某一轴的面积矩为零，则该轴必通过平面图形的形心。若某一轴过平面图形的形心，则平面图形对该轴的面积矩为零。过平面图形形心的轴称为形心轴。

平面图形的形心就是它们的几何中心。

3. 组合平面图形的面积矩和形心

当平面图形由若干个简单的图形(如矩形、圆形、三角形等)组合而成时,该平面图形称为组合平面图形。由于各简单图形的形心位置是已知的,则组合平面图形对某一轴的面积矩为:

$$S_z = \int_A y\,\mathrm{d}A = \sum_{j=1}^{n} y_{Cj} A_j \,, S_y = \int_A z\,\mathrm{d}A = \sum_{j=1}^{n} z_{Cj} A_j$$

式中 $A_i$ 和 $y_{Cj}$、$z_{Cj}$ 分别表示各简单图形的面积及其形心坐标。有了组合平面图形的面积矩,可以计算组合平面图形的形心:

$$y_C = \frac{S_z}{A} = \frac{\sum_{j=1}^{n} y_{Cj} A_j}{\sum_{j=1}^{n} A_j} \,, z_C = \frac{S_y}{A} = \frac{\sum_{j=1}^{n} z_{Cj} A_j}{\sum_{j=1}^{n} A_j}$$

### 8.6.2　截面图形惯性矩和惯性积计算

1. 惯性矩

对于任意平面,其面积为 $A$。在设定的坐标系中(图 8-31),类似于动力学中的转动惯量,定义物体的面积对坐标轴的惯性矩为:

$$I_z = \int_A y^2\,\mathrm{d}A \,, I_y = \int_A z^2\,\mathrm{d}A$$

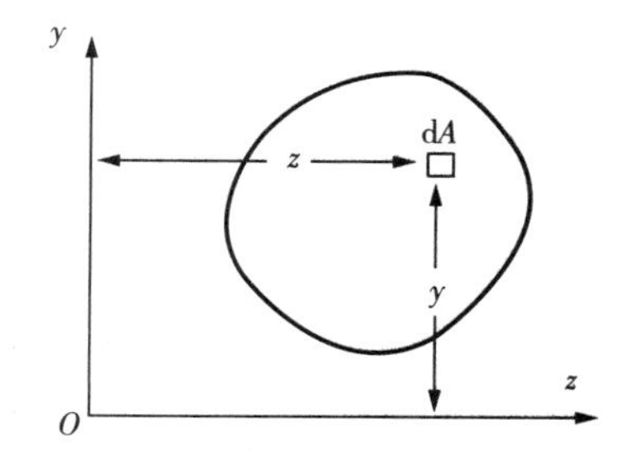

图 8-31　惯性矩与惯性积

由于 $y^2$ 和 $z^2$ 总是正值,所以 $I_y$ 和 $I_z$ 恒为正值。惯性矩的量纲为 $\mathrm{L}^4$,常用单位为 $\mathrm{m}^4$ 或 $\mathrm{mm}^4$。需要指出的是,转动惯量和惯性矩这两个量的含义是不同的,前者是质量对轴的二次矩而后者是面积对轴的二次矩。但二者又有相似之处,二者都不仅与质量或面积的大小有关,而且与质量或面积对轴的分布远近有关。

2. 惯性半径

根据积分的特性,将上面的惯性矩改写为:

$$I_z = \int_A y^2\,\mathrm{d}A = i_y^2 A \,, I_y = \int_A z^2\,\mathrm{d}A = i_z^2 A$$

在工程中,称 $i_y$ 和 $i_z$ 为惯性半径。它的量纲为 L,单位为 m 或 mm。显然,惯性半径虽与动力学中的回转半径有相似的数学表示形式,但含义并不相同。

3. 惯性积

定义图形对 $y$、$z$ 两个正交坐标轴的惯性积为:

$$I_{yz} = \int_A yz\,\mathrm{d}A$$

惯性积可为正值或负值,也可为零。其量纲为 $\mathrm{L}^4$,常用单位为 $\mathrm{m}^4$ 或 $\mathrm{mm}^4$。

若平面图形有一根对称轴,例如图 8-32 中的 $y$ 轴,则图形对包含该轴在内的任意一对正交坐标轴的惯性积恒等于零。因为在对称于 $y$ 轴处，各取一微面积 $\mathrm{d}A$，则它们的惯性积 $yz\mathrm{d}A$ 必定大小相等但正负号相反，故对整个平面图形求和后，惯性积必定为零。惯性积为零的一对轴，称为平面图形的主惯性轴，简称主轴。

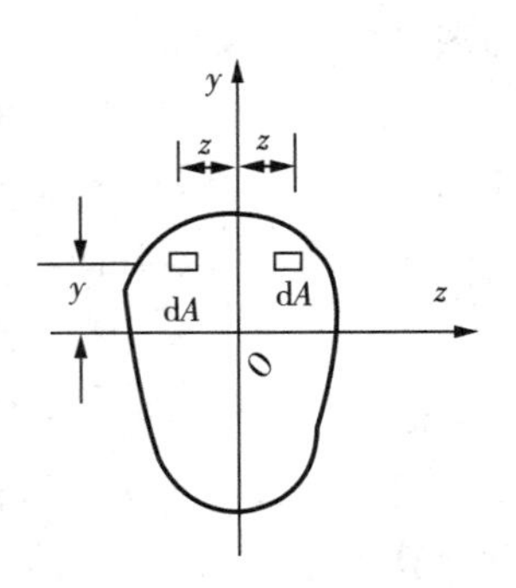


图 8-32　对称图形的惯性积

4. 极惯性矩

定义图形对两个正交坐标系原点的极惯性矩为：

$$I_p = \int_A r^2 \mathrm{d}A$$

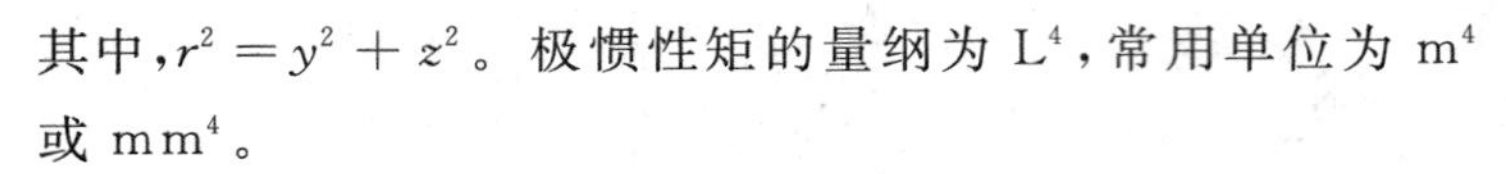

其中，$r^2 = y^2 + z^2$。极惯性矩的量纲为 $L^4$，常用单位为 $m^4$ 或 $mm^4$。

显然，$I_p = I_y + I_z$

5. 组合平面图形的惯性矩和惯性积

组合图形对某轴的惯性矩为：

$$I_z = \int_A y^2 \mathrm{d}A = \sum_{j=1}^{n} i_{yj}^2 A_j \text{，} I_y = \int_A z^2 \mathrm{d}A = \sum_{j=1}^{n} i_{zj}^2 A_j$$

$$I_{yz} = \int_A yz\mathrm{d}A = \sum_{j=1}^{n} \int_{A_j} yz\mathrm{d}A$$

$$I_p = \int_A r^2 \mathrm{d}A = \sum_{j=1}^{n} i_{pj}^2 A_j$$

式中 $A_1, A_2, \cdots, A_n$ 为组合图形中各简单图形的面积。上式表明，组合平面图形对某轴的惯性矩等于各简单图形对该轴的惯性矩之和。这一结论同样适用于惯性积的计算。

为了应用方便，表 8-2 给出了几种常用平面图形的几何性质计算式。

表 8-2　常用平面图形的几何性质计算公式

| 图形形状 | 面积($A$) | 主惯性矩($I_y$,$I_z$) | 惯性半径($i_y$,$i_z$) | 极惯性矩 $I_p$ |
|---|---|---|---|---|
| b, y, z, h, O | $\frac{bh}{2}$ | $I_y = \frac{b^3h}{36}$<br>$I_z = \frac{bh^3}{36}$ | $i_y = \frac{b}{2\sqrt{3}}$<br>$i_z = \frac{h}{2\sqrt{3}}$ | $I_p = \frac{bh}{36}(b^2 + h^2)$ |
| y, z, O, $\frac{b}{2}$, $\frac{b}{2}$, $\frac{b}{2}$, $\frac{b}{2}$ | $bh$ | $I_y = \frac{b^3h}{12}$<br>$I_z = \frac{bh^3}{12}$ | $i_y = \frac{b}{2\sqrt{3}}$<br>$i_z = \frac{h}{2\sqrt{3}}$ | $I_p = \frac{bh}{12}(b^2 + h^2)$ |

（续表）

| 图形形状 | 面积($A$) | 主惯性矩($I_y$,$I_z$) | 惯性半径($i_y$,$i_z$) | 极惯性矩 $I_p$ |
|---|---|---|---|---|
| 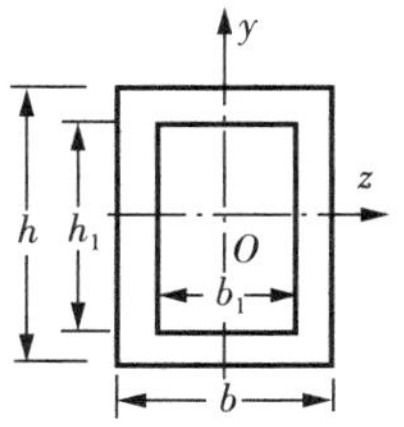  | $bh-b_1h_1$ | $I_y=\dfrac{b^3h-b_1{}^3h_1}{12}$<br>$I_z=\dfrac{bh^3-b_1h_1{}^3}{12}$ | $i_y=\sqrt{\dfrac{I_y}{A}}$<br>$i_z=\sqrt{\dfrac{I_z}{A}}$ | $I_p=I_y+I_z$ |
| 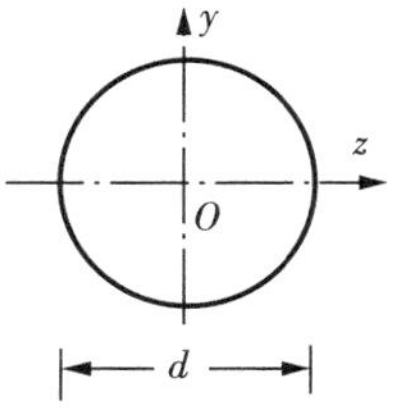  | $\dfrac{\pi d^2}{4}$ | $I_y=I_z=\dfrac{\pi d^4}{64}$ | $i_y=i_z=\dfrac{d}{4}$ | $I_P=\dfrac{\pi d^4}{32}$ |
| 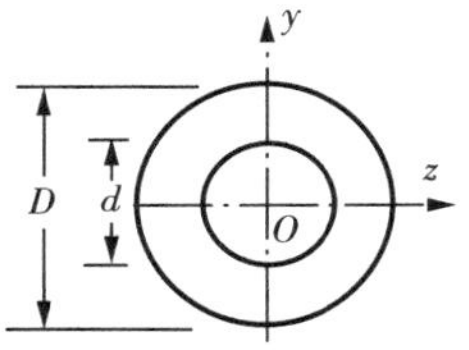  | $\dfrac{\pi(D^2-d^2)}{4}$ | $I_y=I_z=$<br>$\dfrac{\pi D^4}{64}\left(\dfrac{d}{D}\right)^4$ | $i_y=i_z=$<br>$\dfrac{D}{4}\sqrt{1+(\dfrac{d}{D})^2}$ | $I_P=$<br>$\dfrac{\pi D^4}{32}\left(\dfrac{d}{D}\right)^4$ |
| 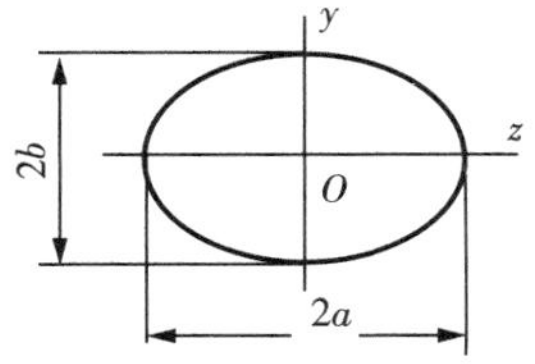  | $\pi ab$ | $I_y=\dfrac{\pi a^3b}{4}$<br>$I_z=\dfrac{\pi ab^3}{4}$ | $i_y=\dfrac{a}{2}$<br>$i_z=\dfrac{b}{2}$ | $I_p=\dfrac{\pi ab}{4}(a^2+b^2)$ |
| 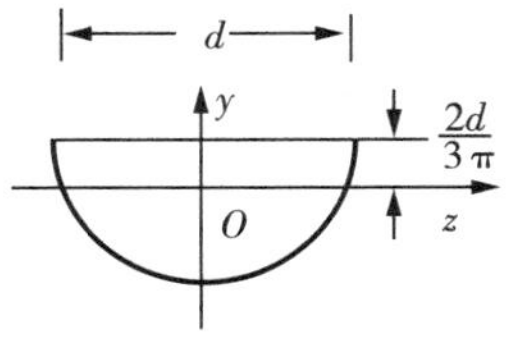  | $\dfrac{\pi d^2}{8}$ | $I_y=\dfrac{\pi d^4}{128}$<br>$I_z=\dfrac{\pi d^4}{128}-\dfrac{\pi d^2}{8}\times(\dfrac{2d}{3\pi})^2$ | $i_y=\sqrt{\dfrac{I_y}{A}}$<br>$i_z=\sqrt{\dfrac{I_z}{A}}$ | $I_p=I_y+I_z$ |
| 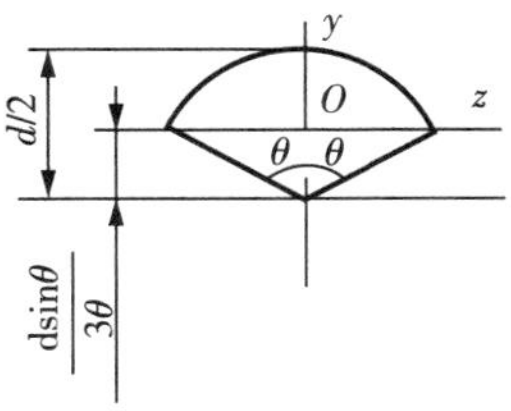  | $\dfrac{\theta d^2}{4}$ | $I_y=\dfrac{d^4}{64}(\theta-\sin\theta\cos\theta)$<br>$I_z=\dfrac{d4}{64}(\theta+\sin\theta\cos\theta$<br>$-\dfrac{16\sin^2\theta}{9\theta})$ | $i_y=\sqrt{\dfrac{I_y}{A}}$<br>$i_z=\sqrt{\dfrac{I_z}{A}}$ | $I_p=I_y+I_z$ |

### 8.6.3　截面惯性矩和惯性积的平行移轴

首先计算出对截面对过形心轴的惯性矩，再由积分平移公式得到惯性矩的平行移轴公式。对图 8－33 的坐标系，平面对过形心轴的惯性矩为：

$$I_{zC}=\int_A y_c{}^2\mathrm{d}A,I_{yC}=\int_A z_c{}^2\mathrm{d}A,I_{yCzC}=\int_A y_c z_c\mathrm{d}A,I_{pC}=\int_A r_c{}^2\mathrm{d}A$$

利用积分累加特性，平面对任意轴的惯性矩的平行移轴公式为：

$$I_z = \int_A y^2 \mathrm{d}A = I_{zC} + a^2 A$$

$$I_y = \int_A z^2 \mathrm{d}A = I_{yC} + b^2 A$$

$$I_{yz} = \int_A yz \mathrm{d}A = I_{yCzC} + abA$$

$$I_p = \int_A r^2 \mathrm{d}A = I_{pC} + (a^2 + b^2)A$$

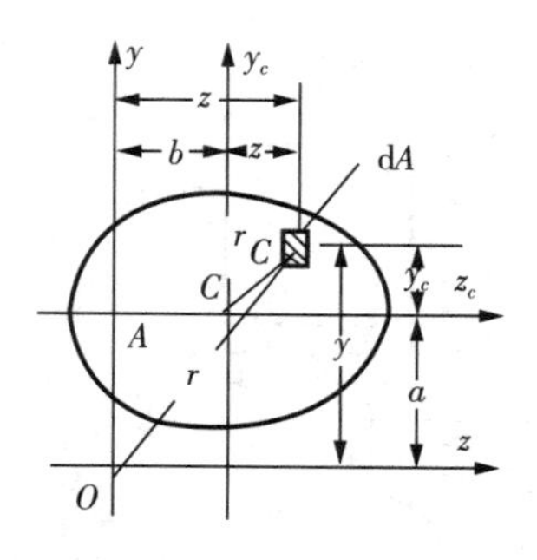


图 8-33 平行移轴

式中，$A$ 为图形面积，$a$、$b$ 为平移轴的距离。

上式表明，平面图形对任意轴的惯性矩，等于它对与该轴平行的形心轴的惯性矩，再加上该图形面积与上述两轴间距离平方的乘积。由于该乘积恒为正值，所以在一组互相平行的轴中，平面图形对形心轴的惯性矩最小。

利用平行移轴公式，可以由平面图形对形心轴的惯性矩求出该图形对任一与形心轴平行的轴的惯性矩。这在计算组合平面图形的惯性矩时经常用到。

例如，对图 8-34 的截面

$$I_z = \int_A y^2 \mathrm{d}A = \frac{bh^3}{12} - 2\left[\frac{\pi d^4}{64} + \left(\frac{d}{2}\right)^2 \frac{\pi d^2}{4}\right]$$

$$I_y = \int_A z^2 \mathrm{d}A = \frac{b^3 h}{12} - 2 \times \frac{\pi d^4}{64}$$

$$I_{yz} = \int_A yz \mathrm{d}A = 0$$

对图 8-35(a) 的截面，先计算单个槽形截面的惯性矩，再平移组合成为最后的截面惯性矩。

$$I_z = \int_A y^2 \mathrm{d}A = 2I_{zC}$$

$$I_y = \int_A z^2 \mathrm{d}A = 2[I_{yC} + (z_0 + a/2)^2 A]$$

$$I_{yz} = \int_A yz \mathrm{d}A = 0$$

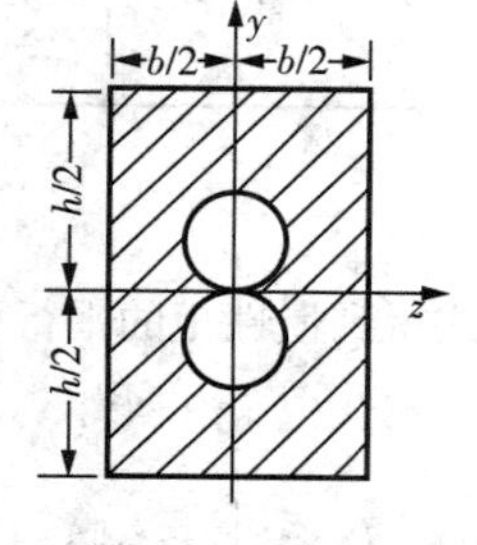


图 8-34 矩形带孔截面

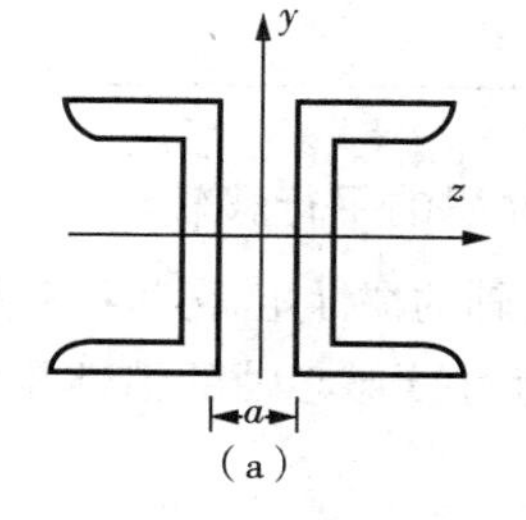


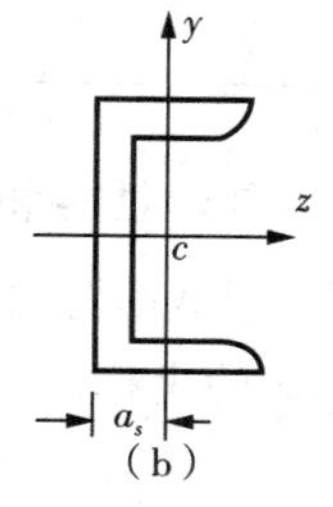


图 8-35 槽形截面

### 8.6.4　截面惯性矩和惯性积的转轴

如果已知平面对某坐标系($yOz$)的两个轴的惯性矩为(图 8-36)：

$$I_z=\int_A y^2\mathrm{d}A, I_y=\int_A z^2\mathrm{d}A, I_{yz}=\int_A yz\mathrm{d}A, I_p=\int_A r^2\mathrm{d}A$$

将该坐标系转动一个角度 $\alpha$，得到新坐标系($y'Oz'$)(图 8-36)，平面对新坐标系($y'Oz'$)的两个轴的惯性矩为：

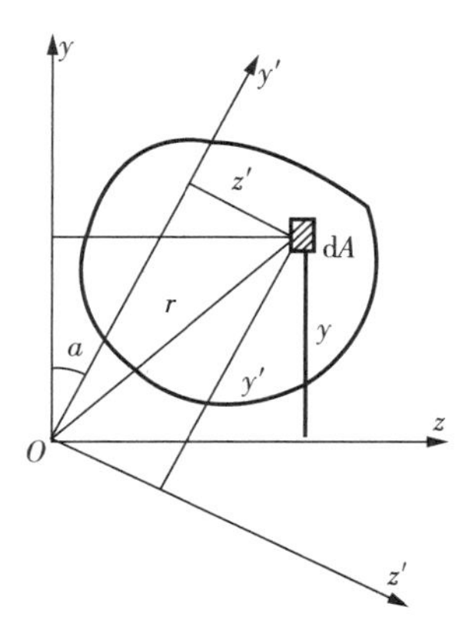


图 8-36　转轴

$$I_z'=\int_A y'^2\mathrm{d}A, I_y'=\int_A z'^2\mathrm{d}A, I_{y'z'}=\int_A y'z'\mathrm{d}A, I_p'=\int_A r'^2\mathrm{d}A$$

利用两个坐标系之间的关系为：

$$y'=y\cos\alpha+z\sin\alpha$$

$$z'=z\cos\alpha-y\sin\alpha$$

可以建立惯性矩的转轴公式为：

$$I_z'=\frac{I_y+I_z}{2}-\frac{I_y-I_z}{2}\cos2\alpha+I_{yz}\sin2\alpha$$

$$I_y'=\frac{I_y+I_z}{2}+\frac{I_y-I_z}{2}\cos2\alpha-I_{yz}\sin2\alpha$$

$$I_{y'z'}=\frac{I_y-I_z}{2}\sin2\alpha+I_{yz}\cos2\alpha$$

$$I_p'=I_p$$

上式表明，当坐标轴旋转时，平面图形对通过一点的任一对正交坐标轴的惯性矩之和为常量。

$$I_y'+I_z'=I_y+I_z=I_p$$

### 8.6.5　截面主轴和主惯性矩

由上面的转轴公式可以看出，当 $2\alpha$ 在 $0°\sim360°$ 变化时，$I_{y'z'}$ 有正、负的变化。因此，通过一点总可以找到一对轴，平面图形对该对轴的惯性积 $I_{y'z'}$ 为零，这一对轴称为主轴。当坐标系的原点和平面图形的形心重合时，这一对轴称为形心主轴。平面图形对主轴的惯性矩称为主惯性矩，对形心主轴的惯性矩称为形心主惯性矩。

下面确定主轴的位置。设 $\alpha_0$ 为主轴与原坐标轴的夹角，将 $\alpha=\alpha_0$ 代入惯性积公式并令

$$I_{y'z'}=\frac{I_y-I_z}{2}\sin2\alpha_0+I_{yz}\cos2\alpha_0=0$$

得到

$$\tan2\alpha_0=-\frac{2I_{yz}}{I_y-I_z}$$

由转轴公式还可看出，当 $2\alpha$ 在 $0°\sim360°$ 变化时，$I_y'$ 和 $I_z'$ 存在着极值。当 $\alpha=\alpha_0$，平面

图形对主轴的惯性矩具有极值。由于对通过同一点的正交轴的惯性矩之和为常量，所以，平面图形对一根主轴的惯性距是该图形对过该点的所有轴的惯性矩中的最大值，而对另一根主轴的惯性矩为最小值。

主惯性矩的大小为：

$$I_{z0}=\frac{I_y+I_z}{2}-\sqrt{(\frac{I_y-I_z}{2})^2+I_{yz}^2}$$

$$I_{y0}=\frac{I_y+I_z}{2}+\sqrt{(\frac{I_y-I_z}{2})^2+I_{yz}^2}$$

### 8.6.6 普通型材的截面参数

利用上面的截面参数计算公式可以计算截面几何参数，但这些参数目前已经计算出来，可以直接查材料手册得到。例如：

1）热轧普通槽钢参数（*GB/T* 706—2008）

2）热轧普通工字钢参数（*GB/T* 706—2008）

3）热轧等边角钢参数（*GB/T* 706—2008）

4）热轧不等边角钢参数（*GB/T* 706—2008）

## 习题 8

8－1 图示几种梁受不同的载荷作用，试分析梁的挠度曲线的形状。

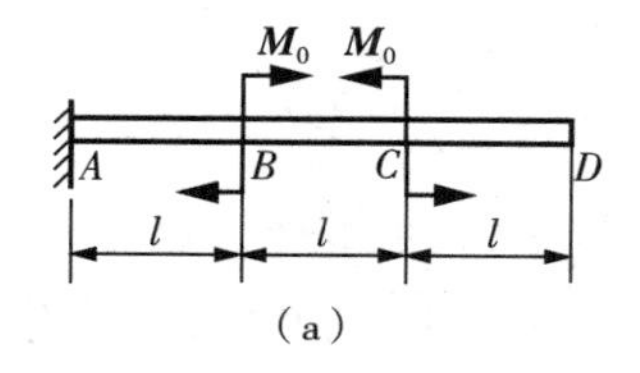


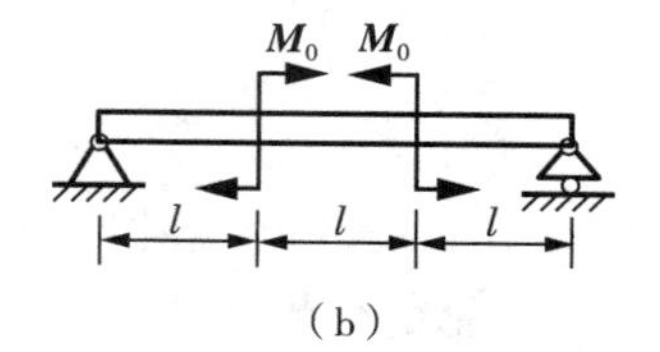


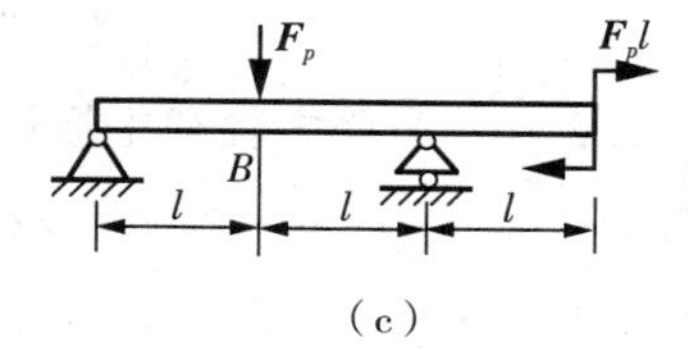


题 8－1 图

8－2 已知刚度为 $EI$ 的简支梁的挠度方程为

$$w(x)=\frac{q_0x}{24EI}(l^3-2lx^2+x^3)$$

试分析弯矩图的形状。

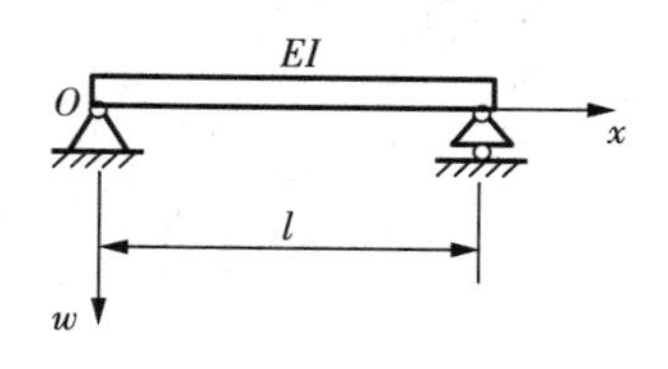


题 8－2 图

8－3 用积分法求下列各梁指定截面处的转角和挠度。设 $EI_z$ 为已知。在图(d)中的 $E=2.0\times10^{11}\,\text{Pa}$，$I_z=1.0\times10^4\ \text{cm}^4$。

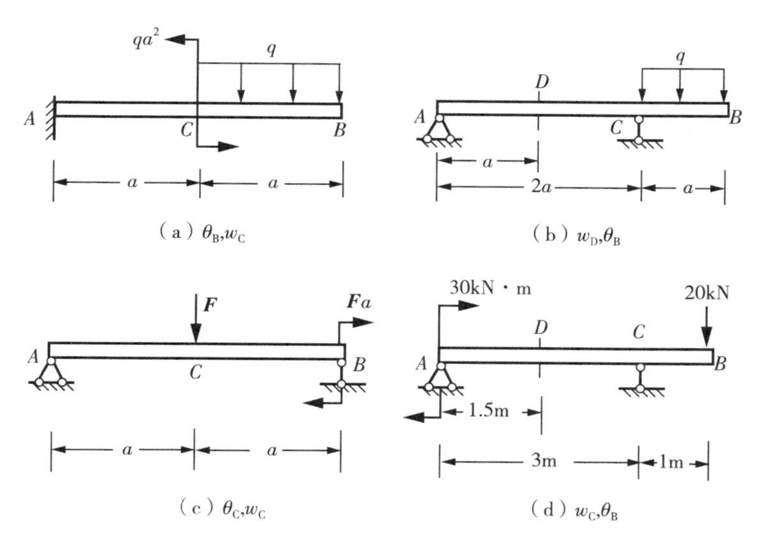


题 8-3 图

8-4　对于下列各梁，要求(1) 写出用积分法求梁变形时的边界条件和连续光滑条件。(2) 根据梁的弯矩图和支座条件，画出梁的挠曲线的大致形状。

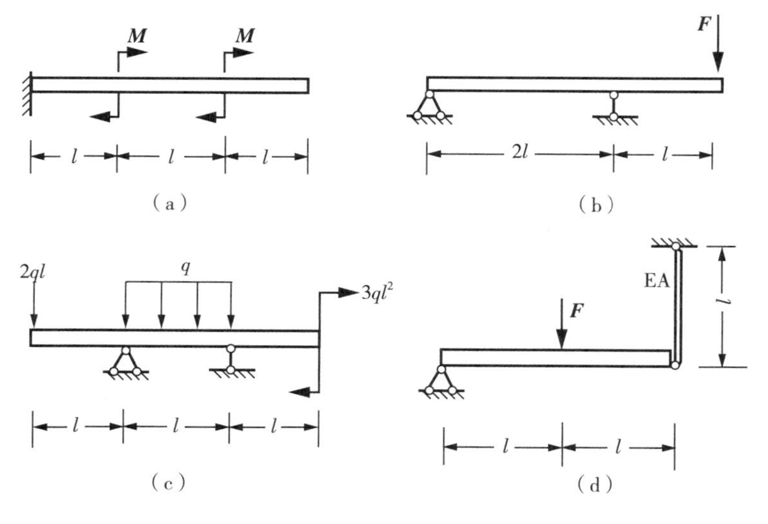


题 8-4 图

8-5　用叠加法求下列各梁指定截面上的转角和挠度。

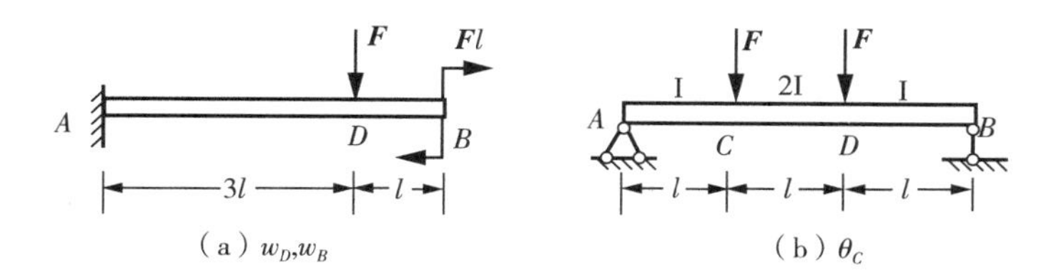

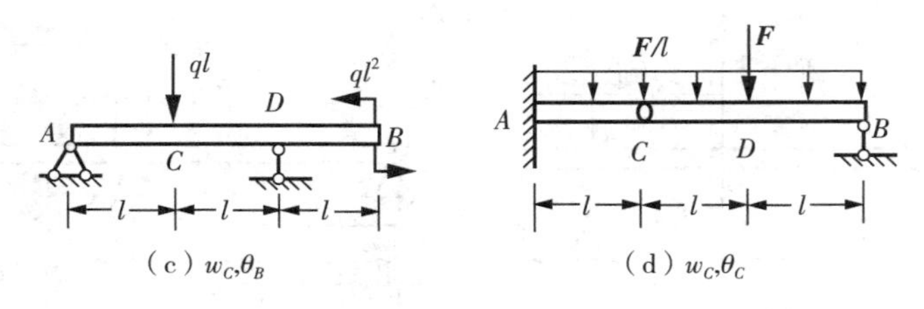


题 8-5 图

8-6　悬臂梁的截面为两个槽钢组成，容许应力$[\sigma]=160\text{MPa}$，容许挠度$[w]=l/400$，$E=200\text{GPa}$。试选择槽钢的型号。

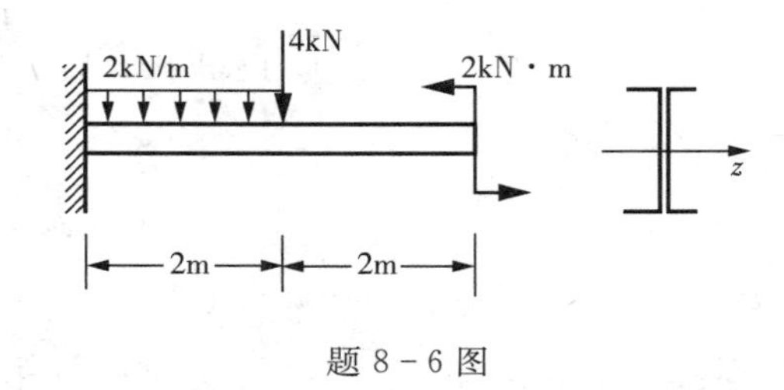


题 8-6 图

8-7　求各静不定梁的支座$B$的反力，并作剪力图和弯矩图。

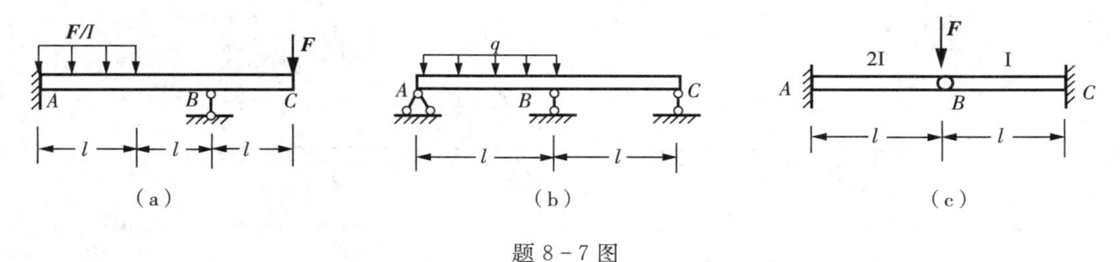


题 8-7 图

8-8　两梁相互垂直并在简支梁中点接触。设两梁材料相同，$AB$梁的截面惯性矩为$I_1$，$CD$梁的截面惯性矩为$I_2$，试求$AB$梁中点的挠度$w_c$。

8-9　结构受力简图如图所示，$D$、$E$二处为刚结点。各杆的弯曲刚度均为$EI$，且$F$、$l$、$EI$等均为已知。试用叠加法求加力点$C$处的挠度和支承$B$处的转角，并大致画出$AB$部分的挠度曲线形状。

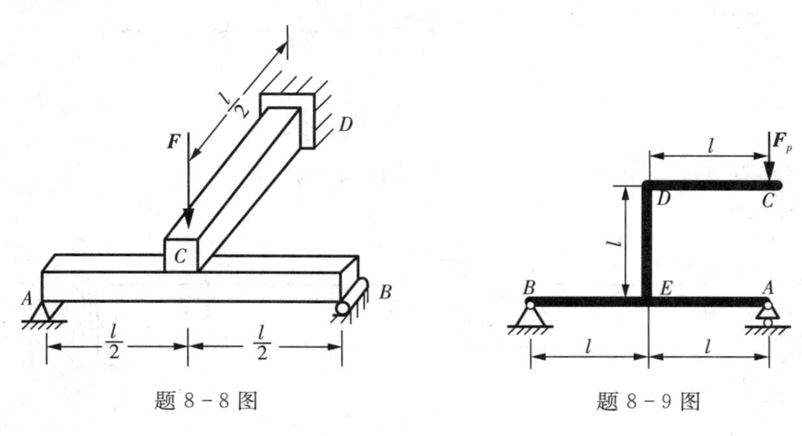


题 8-8 图　　题 8-9 图

8-10　简支梁承受间断性分布载荷，如图所示。试用函数表示其小挠度微分方程，并确定其中点挠度。

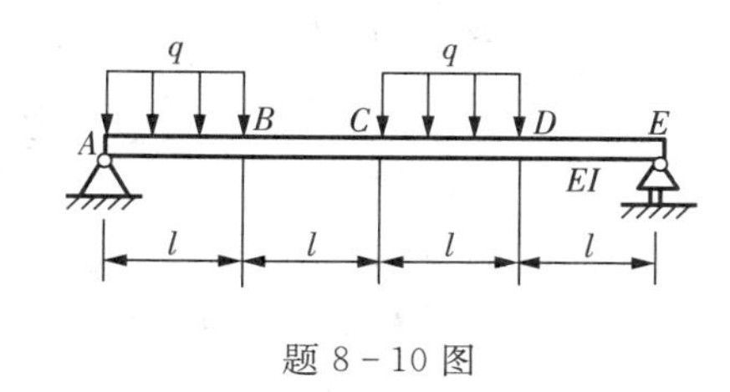

题8-10图

8-11　具有中间铰的梁受力如图所示。试画出挠度曲线的大致形状，并用函数表示其挠度曲线方程。

8-12　变截面悬臂梁受力如图所示。试用函数写出其挠度方程，并说明如何确定积分常数。

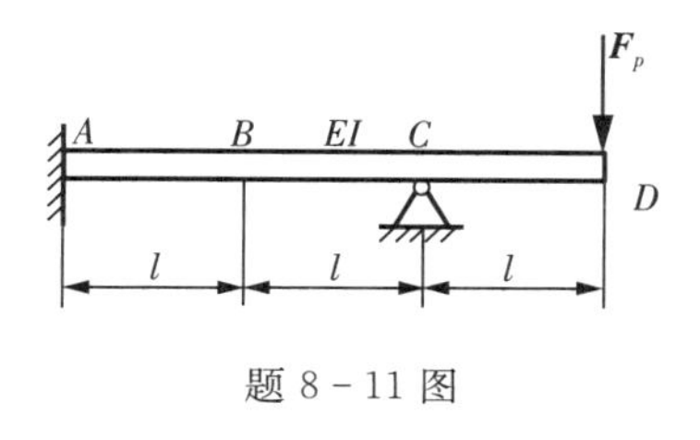

题8-11图

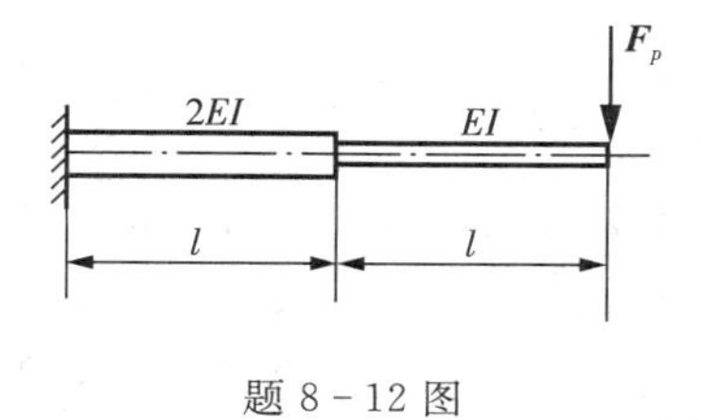

题8-12图

8-13　试用叠加法求下列各梁中截面 $A$ 的挠度和截面 $B$ 的转角。图中 $q$、$l$、$EI$ 等为已知。

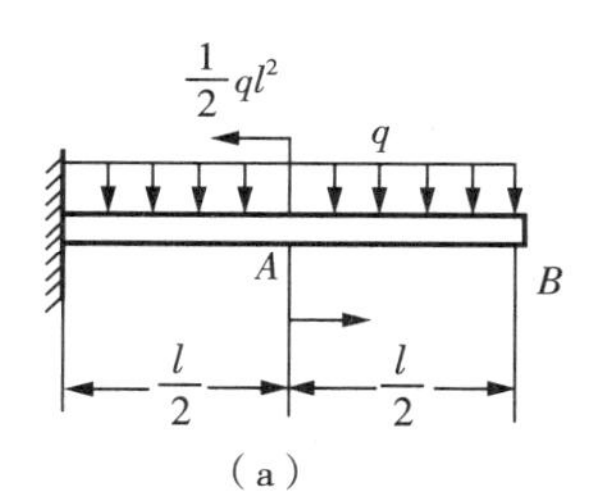

(a)

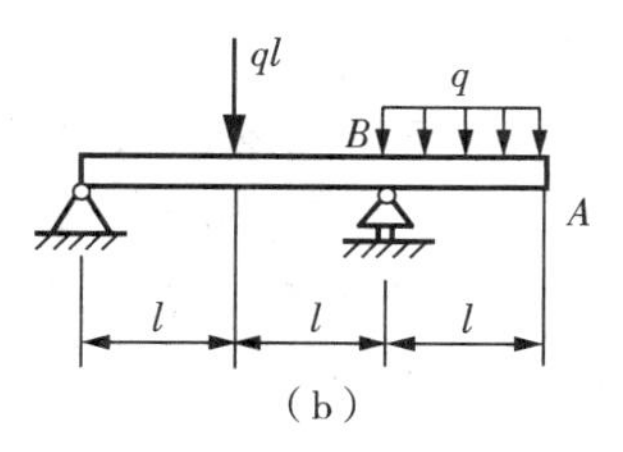

(b)

题8-13图

8-14　某结构的简图如图所示，其中 $ABC$ 为刚架，杆 $BC$ 上承受均布载荷 $q$，$B$ 处为刚结点，各杆的弯曲刚度均为 $EI$，$BD$ 为拉杆，拉压刚度为 $EA$。$q$、$l$、$EI$、$EA$ 等均为已知。用叠加法试求截面 $C$ 的铅垂位移。

8-15　结构受力与支承如图所示，各杆具有相同的 $EI$，$B$、$C$、$D$ 三处为刚结点。$F$、$l$、$EI$ 等均为已知。用叠加法试求 $E$ 处的水平位移（略去轴力影响）。

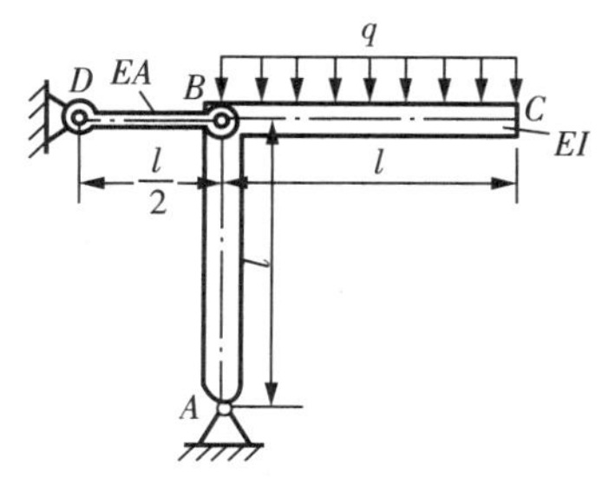

题8-14图

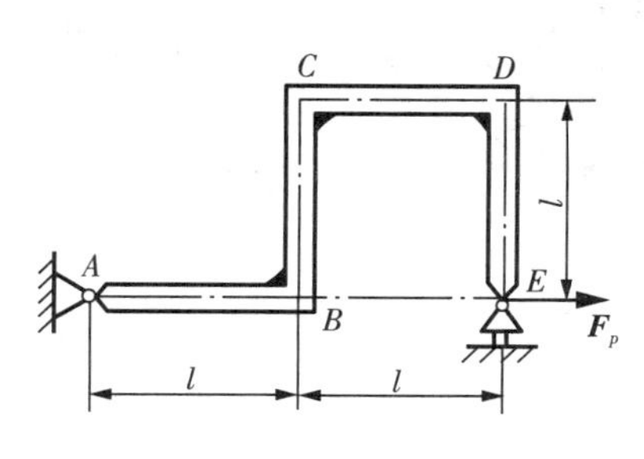

题8-15图

8-16　已知长度为 $l$ 的等截面直梁的挠度方程

$$w(x)=\frac{q_0x}{720EIl}(3x^4-10l^2x^2+7l^4)$$

试求:(1) 梁的中间截面上的弯矩;

(2) 最大弯矩(绝对值);

(3) 分布载荷的变化规律;

(4) 梁的支承状况。

8-17　已知长度为 $l$ 的等截面直梁的挠度方程为

$$w(x)=\frac{q_0x}{48EI}(2x^3-3lx^2+l^3)$$

试求:(1) 梁内绝对值最大的弯矩和剪力值;

(2) 端点 $x=0$ 和 $x=l$ 处的支承状况。

8-18　由铝板和钢芯组成的组合柱上端承载、下端固定,如图所示。载荷 $F_P=38\text{kN}$ 通过刚性板沿着柱的中心线方向施加。钢材 $Es=200\text{GPa}$,铝材 $Ea=70\text{GPa}$。试确定钢芯与铝板横截面上的正应力。

8-19　组合柱由钢和铸铁制成,其横截面面积宽为 $2b$、高为 $2b$ 的正方形,钢和铸铁各占一半($b\times 2b$)。载荷 $F_P$ 通过刚性板加到组合柱上。已知钢和铸铁的弹性模量分别为 $Es=196\text{GPa}$,$Ei=98.0\text{GPa}$。今欲使刚性板保持水平位置,试求加力点的位置。

8-20　钢杆 $BE$ 和 $CD$ 具有相同的直径 $d=16\text{mm}$,二者均可在刚性杆 $ABC$ 中自由滑动,且在端部都有螺距 $h=2.5\text{mm}$ 的单道螺纹,可用螺母将两杆与刚性杆 $ABC$ 连成一体。当螺母拧至使杆 $ABC$ 处于铅垂位置时,杆 $BE$ 和 $CD$ 中均未产生应力。已知弹性模量 $E=200\text{GPa}$。试求当螺母 $C$ 再拧紧一圈时,杆 $CD$ 横截面上的正应力以及刚体 $ABC$ 上点 $C$ 的位移。

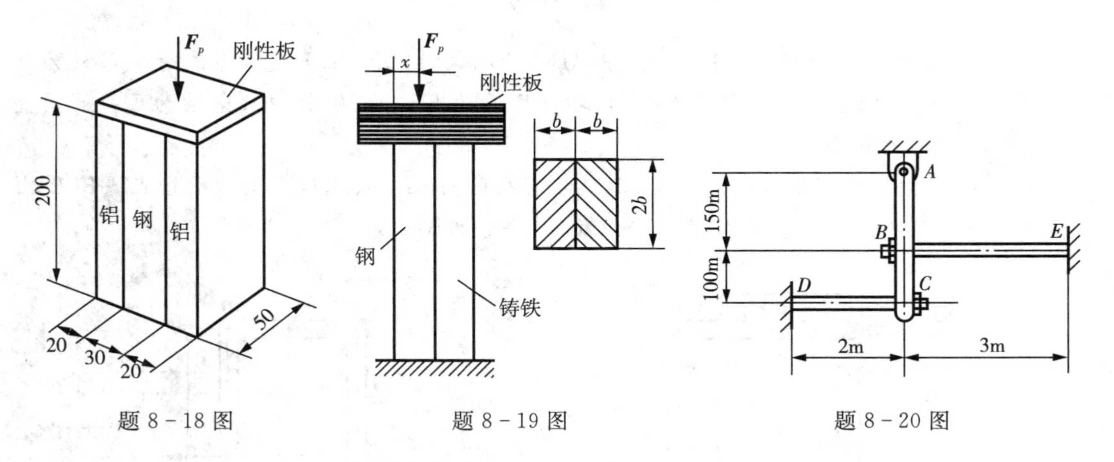


题 8-18 图　　题 8-19 图　　题 8-20 图

# 第三部分

## 材料力学之复杂变形问题分析

在劈波斩浪中开拓前进，在披荆斩棘中开辟天地，
在攻坚克难中创造业绩，用青春和汗水创造出
让世界刮目相看的新奇迹

我们有决心为青年跑出一个好成绩，
也期待现在的青年一代将来跑出更好的成绩

# 第 9 章　工程结构的强度理论与应力应变分析

## 9.1　基本概念

工程设计面临一个最重要的问题是要防止设计的产品出现意外的破坏。而大多数产品破坏与产品的受力产生的应力水平有关。本书在前面章节中介绍了构件单一拉压、扭转和平面弯曲下横截面上各点处的正应力或沿横截面方向的切应力，这统称为横截面方向的应力。除了横截面外，为了需要也可以有其他方向的截面。一般来说，受力构件中任一点处各个方向面上的应力情况是不相同的，一点处各方向面上的应力的集合，称为该点的应力状态。研究应力状态对全面了解受力构件的应力全貌，以及分析构件的强度和破坏机理都是必需的。例如图 9－1 所示，压力容器的不同部位的应力状态就是不同的，校核其强度十分重要。

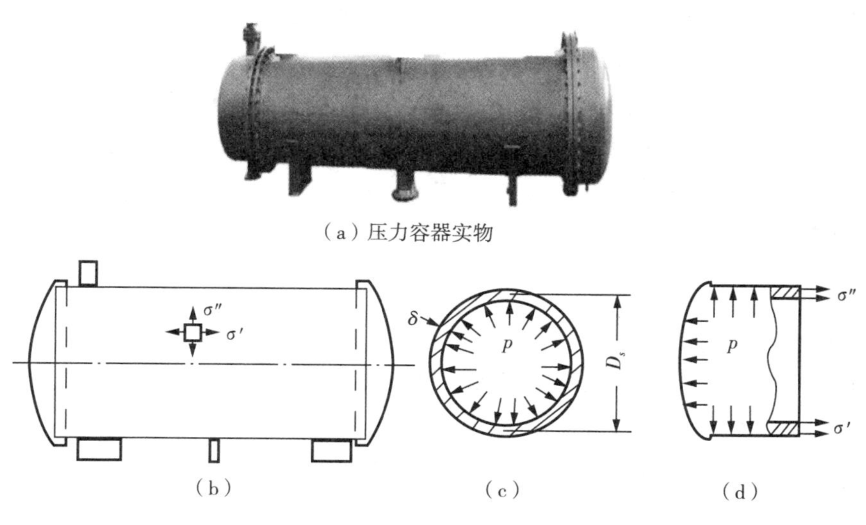


图 9－1　压力容器及其受力状态

在弹性力学中，为了研究构件中一点处的应力状态，围绕该点取一无限小的长方体(单元体)。因为单元体无限小，所以可认为其每个面上的应力都是均匀分布的，且相互平行的一对面上的应力大小相等、符号相同。如图 9－2 所示。

通过分析知道，在材料一点处各个方向中，一定存在三个互相垂直的方向面，其上只有正应力而没有切应力，这些方向的面称为主平面。主平面上的正应力称为主应力。一点处的三个主应力分别记为$\sigma_1$、$\sigma_2$和$\sigma_3$，其中规定，$\sigma_1$表示代数值最大的主应力，$\sigma_3$表示代数值最小的主应力。

当一点处的三个主应力中，只存在一个应力不为零，这种情况称为单向应力状态；若有两个应力不为零，称为二向应力状态；三个主应力都不为零的情况称三向应力状态。单向和二向应力状态合称为平面应力状态，三向应力状态称为空间应力状态。二向及三向应力状态又统称为复杂应力状态。

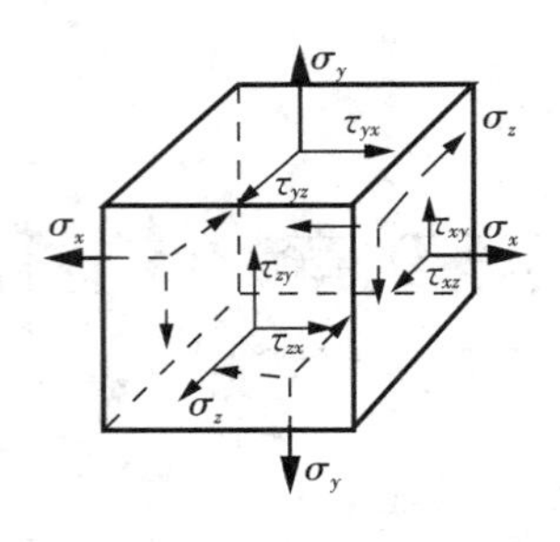


图 9-2　一点的应力状态

在工程实际中，平面应力状态问题是比较普遍的。空间应力状态问题也大量存在，但全面的分析较为复杂。本书主要介绍平面应力状态分析。下面分别从简单的应力状态到复杂的应力状态介绍它们的变化规律。

## 9.2　一般的应力应变关系及应变能

### 9.2.1　广义胡克定律

在前面章节中，已经介绍了单向应力状态的胡克定律。对于单向拉伸状态，应力与应变关系为：$\sigma=E\varepsilon$。同时在横向发生收缩：$\varepsilon'=-\nu\varepsilon$。

对于纯剪切状态，切应力与切应变的关系为：$\tau=G\gamma$。

而对于三向应力状态下应力和应变，它们具有 6 个独立的应力分量（$\sigma_x$　$\sigma_y$　$\sigma_z$　$\tau_{xy}$　$\tau_{yz}$　$\tau_{zx}$）和 6 个应变分量（$\varepsilon_x$　$\varepsilon_y$　$\varepsilon_z$　$\gamma_{xy}$　$\gamma_{yz}$　$\gamma_{zx}$）。

这 6 个应力与 6 个应变之间相互对应，正应力与正应变相互联系，切应力与切应变相互联系。为了比较方便地建立应力与应变之间的关系，假设材料是线弹性、各向同性和小变形情况。并把三向应力状态转化为 3 个独立的主应力状态。

在三个主应力作用下，单元体在每个主应力方向都要产生线应变。而在其他垂直的方向产生关联的应变，如：

$$\varepsilon_1{}'=\sigma_1/E,\varepsilon_1{}''=-\nu\sigma_2/E,\varepsilon_1{}'''=-\nu\sigma_3/E \tag{9-1}$$

这样，在相同方向上各应力产生的应变叠加得到总应变：

$$\varepsilon_1=\varepsilon_1{}'+\varepsilon_1{}''+\varepsilon_1{}'''=(\sigma_1-\nu\sigma_2-\nu\sigma_3)/E \tag{9-2}$$

同样，在其他方向上也有类似结果：

$$\begin{cases}\varepsilon_2=(\sigma_2-\nu\sigma_1-\nu\sigma_3)/E\\ \varepsilon_3=(\sigma_3-\nu\sigma_1-\nu\sigma_2)/E\end{cases} \tag{9-3}$$

上面的 3 个关系式称为主应变与主应力之间的广义胡克定律。

若单元体各面上不仅有正应力，还有切应力，即成为三向应力状态的一般情况。可以证明，在小变形条件下，切应力引起的线应变比起正应力引起的线应变是高阶微量，可以忽略。因此，线应变和正应力之间也存在类似的关系为：

$$\begin{cases}\varepsilon_x=[\sigma_x-\nu(\sigma_y+\sigma_z)]/E\\ \varepsilon_y=[\sigma_y-\nu(\sigma_x+\sigma_z)]/E\\ \varepsilon_z=[\sigma_z-\nu(\sigma_x+\sigma_y)]/E\end{cases}\tag{9-4}$$

切应变与切应力的关系为：

$$\gamma_{xy}=\tau_{xy}/G,\gamma_{yz}=\tau_{yz}/G,\gamma_{zx}=\tau_{zx}/G\tag{9-5}$$

式(9-4)和式(9-5)是一般应力状态下的应变-应力之间的广义胡克定律。它表明各向同性材料在弹性范围内应力和应变之间的线性本构关系。

在特殊情况下，如果应力状态是平面应变状态($\varepsilon_z=0$)，则广义胡克定律简化为：

$$\begin{aligned}&\varepsilon_x=[(1-\nu^2)\sigma_x-(\nu+\nu^2)\sigma_y]/E\\&\varepsilon_y=[(1-\nu^2)\sigma_y-(\nu+\nu^2)\sigma_x]/E\\&\sigma_z=\nu(\sigma_x+\sigma_y)\end{aligned}\tag{9-6}$$

广义胡克定律也可以表示为应力与应变之间的函数关系：

$$\begin{aligned}\sigma_x&=\frac{E}{(1+\nu)(1-2\nu)}[(1-\nu)\varepsilon_x+\nu\varepsilon_y+\nu\varepsilon_z]\\ \sigma_y&=\frac{E}{(1+\nu)(1-2\nu)}[\nu\varepsilon_x+(1-\nu)\varepsilon_y+\nu\varepsilon_z]\\ \sigma_z&=\frac{E}{(1+\nu)(1-2\nu)}[\nu\varepsilon_x+\nu\varepsilon_y+(1-\nu)\varepsilon_z]\end{aligned}\tag{9-7}$$

切应变与切应力的函数关系为：

$$\tau_{xy}=G\gamma_{xy},\tau_{yz}=G\gamma_{yz},\tau_{zx}=G\gamma_{zx}\tag{9-8}$$

同样，如果应力状态是平面应力状态($\sigma_z=0$)，则广义胡克定律为：

$$\begin{aligned}&\sigma_x=E\frac{\varepsilon_x+\nu\varepsilon_y}{1-\nu^2}\\&\sigma_y=E\frac{\varepsilon_y+\nu\varepsilon_x}{1-\nu^2}\\&\varepsilon_z=-\frac{\nu}{1-\nu}(\varepsilon_x+\varepsilon_y)\end{aligned}\tag{9-9}$$

广义胡克定律应用非常广泛，如，弹性力学中分析物体的应力和应变时，需用它作为物理方程；在实验应力分析中，根据某点处测出的应变，可以计算主应力或正应力、切应力。

### 9.2.2　体积应变

取单元体中，其边长为 $dx$、$dy$ 和 $dz$，如图 9-3 所示。在三个主应力作用下，边长将发生变化，其体积也发生改变。单元体原始的体积为 $V_0=dxdydz$。

受力变形后，单元体的体积为：

$$V=(1+\varepsilon_1)\mathrm{d}x\times(1+\varepsilon_2)\mathrm{d}y\times(1+\varepsilon_3)\mathrm{d}z \tag{9-10}$$

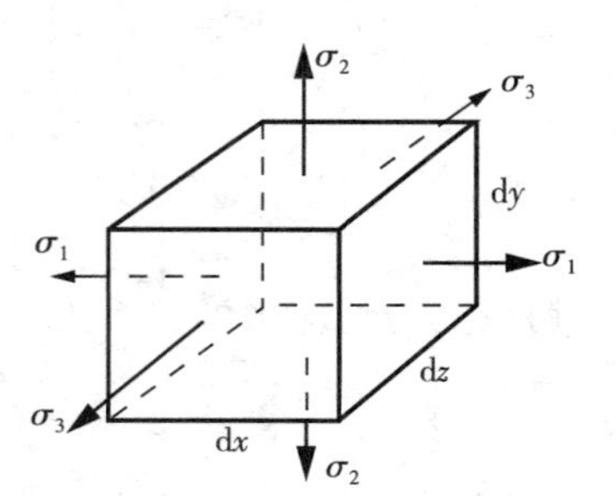


图 9-3　三向应力状态单元体

则单元体的体积改变为：

$$\Delta V=V-V_0=[(1+\varepsilon_1)(1+\varepsilon_2)(1+\varepsilon_3)-1]\mathrm{d}x\mathrm{d}y\mathrm{d}z \tag{9-11}$$

展开上式，并略去应变的高阶微量后，得：

$$\Delta V=(\varepsilon_1+\varepsilon_2+\varepsilon_3)\mathrm{d}x\mathrm{d}y\mathrm{d}z \tag{9-12}$$

定义单位体积的改变称为体积应变，用 $\theta$ 表示，则：

$$\varepsilon_v=\Delta V/V_0=\varepsilon_1+\varepsilon_2+\varepsilon_3 \tag{9-13}$$

利用式(9-7)，将体积应变采用主应力表达，得到：

$$\varepsilon_v=\frac{1-2\nu}{E}(\sigma_1+\sigma_2+\sigma_3) \tag{9-14}$$

由式(9-14)可见，体积应变和三个主应力之和成正比。如果三个主应力之和为零，则 $\theta$ 等于零，即体积不变。例如，在纯切应力状态下，

$$\sigma_1=\tau,\sigma_2=0,\sigma_3=-\tau,\sigma_1+\sigma_2+\sigma_3=0$$

这说明切应力不引起体积改变。

当单元体各面上既有正应力，又有切应力时，体积应变为：

$$\varepsilon_v=\frac{1-2\nu}{E}(\sigma_x+\sigma_y+\sigma_z) \tag{9-15}$$

如果物体内一点处的单元体上受到静水压力 $p$ 作用，即 $\sigma_1=\sigma_2=\sigma_3=-p$，则得：

$$\varepsilon_v=-\frac{3(1-2\nu)}{E}p=-\frac{p}{K} \tag{9-16}$$

式(9-16)中，$K$ 称为体积模量或压缩模量。

$$K=\frac{E}{3(1-2\nu)} \tag{9-17}$$

若记单元体平均应力为：

$$\sigma_m=\frac{1}{3}(\sigma_x+\sigma_y+\sigma_z)=\frac{1}{3}(\sigma_1+\sigma_2+\sigma_3) \tag{9-18}$$

则单元体的体积应变为：

$$\varepsilon_v=\frac{3(1-2\nu)}{E}\sigma_m=\sigma_m/K \tag{9-19}$$

式(9-19)说明，单元体的体积应变可以看着为是单元体平均应力所引起。

### 9.2.3 应变能密度

弹性体在外力作用下产生变形，外力作用点也同时产生位移，因此外力做功。按照功能原理，外力所做的功在数值上等于积蓄在弹性体内的应变能。当外力除去后，应变能又从弹性体内释放出来，弹性变形消失，这种应变能也称为弹性应变能。单位体积中的应变能称为应变能密度。

将具体的应力状态量带入应变能密度的计算式中，如单元体在单向应力状态下，第 2 章中已经给出应变能密度计算式为：

$$u_\varepsilon = \frac{1}{2}\sigma\varepsilon = \frac{E\varepsilon^2}{2} = \frac{\sigma^2}{2E}$$

对于三向主应力状态，在小变形弹性状态下，单元体的应变能密度为：

$$u_\varepsilon = \frac{1}{2}(\sigma_1\varepsilon_1 + \sigma_2\varepsilon_2 + \sigma_3\varepsilon_3) \tag{9-20}$$

利用胡克定律，将应变用应力表示后，得到主应力表示的应变能密度为：

$$u_\varepsilon = \frac{1}{2E}[\sigma_1^2 + \sigma_2^2 + \sigma_3^2 - 2\nu(\sigma_1\sigma_2 + \sigma_2\sigma_3 + \sigma_3\sigma_1)] \tag{9-21}$$

单元体的变形可以区分为体积变形和形状变形。对应的也有体积改变应变能密度和形状改变应变能密度。

可以证明，总应变能密度为：

$$u_\varepsilon = u_V + u_S \tag{9-22}$$

体积改变应变能密度是由平均应力所引起，将平均应力状态代入式(9－21)得到体积改变应变能密度为：

$$\begin{aligned} u_V &= \frac{1}{2E}[\sigma_m^2 + \sigma_m^2 + \sigma_m^2 - 2\nu(\sigma_m^2 + \sigma_m^2 + \sigma_m^2)] \\ &= \frac{3(1-2\nu)}{2E}\sigma_m^2 = \frac{1-2\nu}{6E}(\sigma_+ \sigma_2 + \sigma_3)^2 \end{aligned} \tag{9-23}$$

形状改变应变能密度是非平均应力所引起，从应力状态中去除平均应力，代入式(9－21)得到形状改变应变能密度为：

$$\begin{aligned} u_S = \frac{1}{2E}[&(\sigma_1-\sigma_m)^2 + (\sigma_2-\sigma_m)^2 + (\sigma_3-\sigma_m)^2 \\ &- 2\nu((\sigma_1-\sigma_m)(\sigma_2-\sigma_m) + (\sigma_2-\sigma_m)(\sigma_3-\sigma_m) + (\sigma_3-\sigma_m)(\sigma_1-\sigma_m))] \end{aligned}$$

化简后得到：

$$u_S = \frac{1+\nu}{6E}[(\sigma_1-\sigma_2)^2 + (\sigma_2-\sigma_3)^2 + (\sigma_3-\sigma_1)^2] \tag{9-24}$$

对于一般的三向应力状态，在小变形弹性状态下，单元体的应变能密度为：

$$u_\varepsilon = \frac{1}{2}(\sigma_x\varepsilon_x + \sigma_y\varepsilon_y + \sigma_z\varepsilon_z + \tau_{xy}\gamma_{xy} + \tau_{yz}\gamma_{yz} + \tau_{zx}\gamma_{zx}) \quad (9-25)$$

进一步,还可以表示为:

$$u_\varepsilon = \frac{1}{2E}[\sigma_x^2 + \sigma_y^2 + \sigma_z^2 - 2\nu(\sigma_x\sigma_y + \sigma_y\sigma_z + \sigma_z\sigma_x)] + \frac{1}{2G}(\tau_{xy}^2 + \tau_{yz}^2 + \tau_{zx}^2) \quad (9-26)$$

## 9.3 材料强度理论

### 9.3.1 简单应力状态下的强度校检

在简单应力状态下,材料强度理论认为,材料中的某种特征应力的大小,可以控制结构的破坏。大量的实验结果也证实了这种理论是可靠的。对于单向应力状态,这个特征应力就可简单地选择危险截面上的最大应力。对应的强度条件直接给出为:

$$\sigma_{max} \leqslant [\sigma] \text{ 或 } \tau_{max} \leqslant [\tau]$$

其中,$[\sigma]$ 为容许正应力,$[\tau]$ 为容许切应力,它们都可直接由试验所得的极限应力除以安全因数(常取 $2 \sim 3$) 得到。

对于本书前面几章中介绍的简单的应力状态,它们的应力状态计算和强度校核结果总结列于表 9-1 中。

**表 9-1 基本变形问题总结**

| 研究对象 | 受力模型 | 变形特点 | 截面内力 | 截面应力分布 | 应力计算公式 | 应变计算公式 | 变形计算公式 | 强度校核 | 刚度校核 |
|---|---|---|---|---|---|---|---|---|---|
| 拉压杆件 |  $F_N$ $F_N$ | 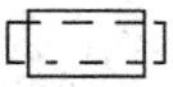 | 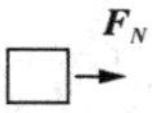 $F_N$ |  $\sigma$ | $\sigma = \frac{F_N}{A}$ | $\varepsilon = \frac{\Delta l}{l}$ | $\Delta l = \frac{Fl}{AE}$ | $\frac{(F_N)_{max}}{A} \leqslant [\sigma]$ | $\Delta_{max} \leqslant [\Delta]$ |
| 剪切构件 | 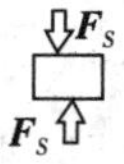 $F_S$ $F_S$ | 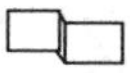 | 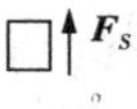 $F_S$ | 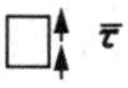 $\bar{\tau}$ | $\bar{\tau} = \frac{F_S}{A_S}$ | | | $\frac{F_S}{A_S} \leqslant [\tau]$ | |
| 挤压构件 |  $F_Q$ |  |  $F_Q$ |  $\tau$ $\bar{\sigma}$ | $\bar{\sigma} = \frac{F_Q}{A_Q}$ | | | $\frac{(F_Q)_{max}}{A} \leqslant [\sigma]$ | |
| 扭转圆轴 | 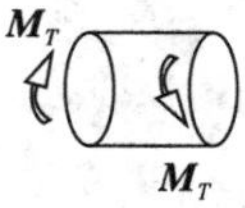 $M_T$ $M_T$ |  |  $M_T$ |  $\tau$ | $\tau_\rho = \frac{M_T\rho}{I_P}$ | $\gamma_\rho = \rho\frac{d\varphi}{dx}$ | $\varphi = \frac{M_Tl}{GI_P}$ | $\tau_{max} \leqslant [\tau]$ | $\varphi_{max} \leqslant [\varphi]$ |
| 正弯曲梁 | 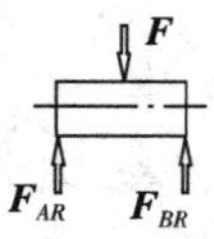 $F$ $F_{AR}$ $F_{BR}$ | 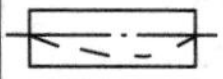 | 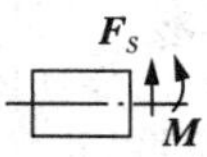 $F_S$ $M$ |  $\tau$ $\sigma$ | $\sigma(x,y) = \frac{M(x)y}{I_z(x)}$ $\tau = \frac{F_SS^*}{I_zb}$ | $\varepsilon = \frac{y}{\rho}$ | $EI_zw'' = M$ | $\frac{M_{max}}{W_z} \leqslant [\sigma]$ $\frac{F_{Smax}S_{max}^*}{I_zb} \leqslant [\tau]$ | $w_{max} \leqslant [w]$ |

### 9.3.2 复杂应力状态下的强度校核

对于复杂应力状态下的构件，要对危险截面点处应力状态进行当量化计算，需要将一般应力状态转化为主应力 $\sigma_1$、$\sigma_2$ 和 $\sigma_3$，然后再建立强度条件。而主应力 $\sigma_1$、$\sigma_2$ 和 $\sigma_3$ 可以有很多种的组合，这给选择特征应力来建立要强度条件带来麻烦。通过实验也难以确定各种不同主应力组合下的极限应力。

为了解决复杂应力状态下的强度计算问题，人们不再采用直接通过复杂应力状态的破坏试验建立强度条件的方法，而是致力于观察和分析材料破坏的规律，找出使材料破坏的共同原因，然后利用单向应力状态的试验结果来建立复杂应力状态下的强度条件。

17 世纪以来，人们通过大量的试验观察和分析，提出了各种关于破坏原因的假说，并由此建立了不同的强度破坏准则，形成了强度理论基础。

采用当量化的应力建立强度校核准则为

$$\sigma_{eg} \leqslant [\sigma] \tag{9-27}$$

材料的破坏形式通常有两种。一种是脆性断裂破坏，如铸铁拉伸最后是在横截面上被拉断；另一种是屈服破坏，如低碳钢拉伸和压缩以及低碳钢扭转时，试件出现屈服而破坏。因此，强度理论也大体可分为两类：一类是关于脆性断裂的强度理论；另一类是关于屈服破坏的强度理论。

下面将介绍在实际中应用较广的五种主要的强度理论。

### 9.3.3 脆性材料断裂的强度理论

Ⅰ. *最大拉应力强度理论(第一强度理论)*

最大拉应力强度理论认为，构件中最大拉应力超出极限是引起材料断裂破坏的原因。当构件内危险点处的最大拉应力达到极限值时，材料便发生脆性断裂破坏。这个极限值就是材料受单个轴向拉伸发生断裂破坏时的极限应力。在单个轴向拉伸试验中，测得材料的破坏极限 $\sigma_b$，此时 $\sigma_1=\sigma_b$，$\sigma_2=\sigma_3=0$。因此，材料的破坏条件为：

$$\sigma_{\max}=\sigma_1=\sigma_b$$

将 $\sigma_b$ 除以安全因数后，得到材料的容许拉应力[$\sigma$]，强度校核的准则为：

$$\sigma_1 \leqslant [\sigma] \tag{9-28}$$

通常认为英国学者兰金(W. J. Rankine)最早提出最大拉应力强度理论。实验表明，对于铸铁、砖、岩石、混凝土和陶瓷等脆性材料，在二向或三向受拉断裂时，此强度理论较为合适，而且因为计算简单应用较广。但是它没有考虑 $\sigma_2$ 和 $\sigma_3$ 两个主应力对破坏的影响，这是该理论的不足。

Ⅱ. *最大拉应变强度理论(第二强度理论)*

最大拉应变强度理论认为，构件中最大拉应变超出极限是引起材料断裂破坏的原因。当构件内危险点处的最大拉应变达到某一极限值时，材料便发生脆性断裂破坏。因此，破坏条件为：

$$\varepsilon_{\max}=\varepsilon_b \tag{9-29}$$

这个极限值是材料受单个轴向拉伸发生断裂破坏时的极限应变。在单个轴向拉伸试验中，测得材料的破坏极限 $\sigma_b$，此时 $\sigma_1=\sigma_b$，$\sigma_2=\sigma_3=0$。因此，

$$\varepsilon_b=\sigma_b/E$$

若材料直至破坏都处于弹性范围，则在复杂应力状态下，由广义胡克定律得到：

$$\varepsilon_{\max}=\varepsilon_1=[\sigma_1-\nu(\sigma_2+\sigma_3)]/E=\sigma_b/E \tag{9-30}$$

即

$$\sigma_1-\nu(\sigma_2+\sigma_3)=\sigma_b \tag{9-31}$$

将 $\sigma_b$ 除以安全因数后，得到容许拉应力$[\sigma]$，强度校核准则为：

$$\sigma_1-\nu(\sigma_2+\sigma_3)\leqslant[\sigma] \tag{9-32}$$

19 世纪中叶圣文南提出这一理论。它可以解释混凝土试件或石料试件受压时的破坏现象。例如第 2 章中介绍的混凝土试件，当试件端部无摩擦时，受压后将产生纵向裂缝而破坏，这可以认为是由于试件的横向应变超过了极限值的结果。此外，第二强度理论考虑了 $\sigma_2$ 和 $\sigma_3$ 对破坏的影响，似乎比第一强度理论合理，但没有得到多数材料的实验证实。

### 9.3.4 塑性材料屈服的强度理论

Ⅲ. 最大切应力强度理论（第三强度理论）

最大切应力强度理论认为，构件中最大切应力超出极限是引起材料屈服破坏的原因。当构件内危险点处的最大切应力达到某一极限值时，材料便发生屈服破坏。这个极限值是材料受单个轴向拉伸发生屈服时的切应力。因此，屈服条件为：

$$\tau_{\max}=\tau_s=\sigma_s/2 \tag{9-33}$$

在复杂应力状态下，利用最大切应力与主正应力的关系：

$$\tau_{\max}=\frac{\sigma_1-\sigma_3}{2} \tag{9-34}$$

得到屈服破坏条件：

$$\sigma_1-\sigma_3=\sigma_s$$

将 $\sigma_s$ 除以安全因数后，得到容许拉应力$[\sigma]$，强度校核准则为：

$$\sigma_1-\sigma_3\leqslant[\sigma] \tag{9-35}$$

1773 年库仑（C. A. Coulomb）首先针对剪断的情况提出该理论，后来屈雷斯卡（H. Tresca）将它引用到材料屈服的情况。故这一理论的屈服条件又称为屈雷斯卡屈服条件。

实验表明，这一强度理论可以解释塑性材料的屈服现象，例如低碳钢拉伸屈服时，沿着与轴线成 45° 方向出现滑移线的现象。同时这一强度理论计算简单，计算结果偏于安全，所以，在工程中广泛应用。但是，这一强度理论没有考虑中间主应力 $\sigma_2$ 对屈服破坏的影响。

Ⅳ. 形状改变应变能密度理论(第四强度理论)

形状改变应变能密度理论认为,材料的形状改变能密度超出极限是引起材料屈服破坏的原因。当构件内危险点处的形状改变能密度达到某一极限值时,材料便发生屈服破坏。这一极限值是材料受轴向拉伸发生屈服时的形状改变能密度。在单个轴向拉伸试验中测得材料的拉伸屈服极限 $\sigma_s$,此时 $\sigma_1=\sigma_s$,$\sigma_2=\sigma_3=0$,得到:

$$v_S=\frac{1+\nu}{3E}\sigma_s^2 \tag{9-36}$$

在复杂应力状态下,单元体形状改变能密度计算式:

$$v_S=\frac{1+\nu}{6E}[(\sigma_1-\sigma_2)^2+(\sigma_2-\sigma_3)^2+(\sigma_3-\sigma_1)^2] \tag{9-37}$$

因此,材料屈服破坏条件为:

$$\frac{1+\nu}{6E}[(\sigma_1-\sigma_2)^2+(\sigma_2-\sigma_3)^2+(\sigma_3-\sigma_1)^2]=\frac{1+\nu}{3E}\sigma_s^2 \tag{9-38}$$

再化简为:

$$\sqrt{\frac{1}{2}[(\sigma_1-\sigma_2)^2+(\sigma_2-\sigma_3)^2+(\sigma_3-\sigma_1)^2]}=\sigma_s \tag{9-39}$$

将 $\sigma_s$ 除以安全因数后,得到容许拉应力$[\sigma]$,强度校核准则为:

$$\sqrt{\frac{1}{2}[(\sigma_1-\sigma_2)^2+(\sigma_2-\sigma_3)^2+(\sigma_3-\sigma_1)^2]}\leqslant[\sigma] \tag{9-40}$$

一般认为,意大利学者贝尔特拉密(E. Beltrami) 首先提出形状改变能密度理论,波兰学者胡伯(M. T. Huber) 于 1904 年也提出了形状改变能密度理论,后来由德国的密赛斯(R. Von Mises) 作出进一步的发展。因此这一理论屈服条件又称为密赛斯屈服条件。

实验表明,这一强度理论可以较好地解释和判断材料的屈服。由于全面考虑了三个主应力的影响,所以比较合理。它预测的结果比最大切应力理论更符合实验结果。

### 9.3.5* 莫尔强度理论

在铸铁压缩试验中,试件会发生剪断破坏,但剪断面并不是最大切应力的作用面。这一现象表明,对于脆性材料仅用切应力作为判断材料剪断破坏的原因还不全面。1900 年,莫尔(O. Mohr) 提出了另一种强度理论。这一理论认为,材料发生剪断破坏的原因主要是切应力,但也和同一截面上的正应力有关。因为如材料沿某一截面有错动趋势时,该截面上将产生内摩擦力阻止这一错动。这一摩擦力的大小与该截面上的正应力有关。当构件在某截面上有压应力时,压应力越大,材料越不容易沿该截面产生错动;当截面上有拉应力时,则材料就容易沿该截面错动。因此,剪断并不一定发生在切应力最大的截面上。

在三向应力状态下,一点处的应力状态可用三个二向应力圆表示。如果不考虑 $\sigma_2$ 对破坏的影响,则一点处的最大切应力或较大的切应力可由 $\sigma_1$ 和 $\sigma_3$ 所作的应力圆决定。材料发生剪断破坏时,由 $\sigma_1$ 和 $\sigma_3$ 所作的应力圆称为极限应力圆。莫尔认为,根据 $\sigma_1$ 和 $\sigma_3$ 的不同比值,可作一系列极限应力圆,然后再作这一系列极限应力圆的包络线,如图 9-4 所示。某一材料的包络线便是其破坏的临界线。当构件内某点处的主应力为已知时，根据 $\sigma_1$ 和 $\sigma_3$ 所作的应力圆如在包络线以内，则该点不会发生剪断破坏；如所作的应力圆与包络线相切，表示该点刚处于剪断破坏状态，切点就对应于该点处的破坏面；如所作的应力圆已超出包络线，表示该点已发生剪断破坏。

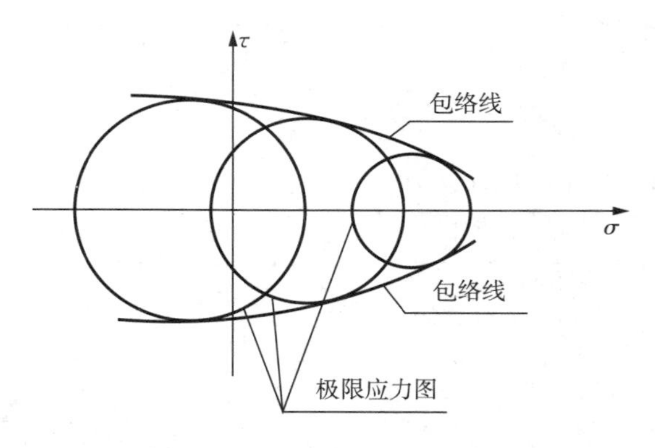


图 9-4 极限应力圆的包络线

但是要精确作出某一材料的极限应力圆包络线非常困难。工程上为了简化计算，往往只作出单向拉伸和单向压缩的极限应力圆，并以这两个圆的公切线作为简化的包络线。图 9-5 表示抗拉强度 $\sigma_{bt}$ 和抗压强度 $\sigma_{bc}$ 不相等的材料所作的极限应力圆和包络线。

为了导出用主应力表示的破坏条件，设构件内某点处刚处于剪断破坏状态，由该点处的主应力 $\sigma_1$ 和 $\sigma_3$ 作应力圆和包络线相切，如图 9-5 中的中间一个应力圆。作 $MKL$ 的平行线 $PNO_1$，由于 $\triangle O_1NO_3 \backsim \triangle O_1PO_2$，经过推导得到：

$$\sigma_1 - \frac{\sigma_{bt}}{\sigma_{bc}}\sigma_3 = \sigma_{bt} \tag{9-41}$$

这就是莫尔强度理论的破坏条件。将 $\sigma_{bt}$ 和 $\sigma_{bc}$ 除以安全因数后，得到材料的容许拉应力 $[\sigma_t]$ 和容许压应力 $[\sigma_c]$，建立强度校核准则为：

$$\sigma_1 - \frac{[\sigma_t]}{[\sigma_c]}\sigma_3 \leqslant [\sigma_t] \tag{9-42}$$

实验表明，莫尔强度理论适用于脆性材料的剪断破坏。例如铸铁试件受轴向压缩时，其剪断面和图 9-5 中的 $M$ 点对应，并不是与横截面成 45° 的截面。此外，该强度理论也可用于岩石、土壤等材料。对于抗拉强度和抗压强度相等的塑性材料，由于 $[\sigma_t]=[\sigma_c]$，此时，最大切应力理论是莫尔强度理论的特殊情况。因此，莫尔强度理论也适用于塑性材料的屈服。莫尔强度理论和最大切应力理论一样，也没有考虑 $\sigma_2$ 对破坏的影响。

### 9.3.6* 双剪切应力强度理论

在一点处的应力状态中，除了最大主剪切应力 $\tau_{13}$ 外，其他的主剪切应力也将影响材料的屈服。由于三个主剪切应力 $\tau_{13}$、$\tau_{23}$ 和 $\tau_{12}$ 中，如图 9-6 所示的应力圆，最大的主剪切应力的数值等于另外两个主剪切应力之和，这三个量中只有两个独立量。利用两个最大的剪切应力来建立强度准则就称为双剪切应力强度理论。

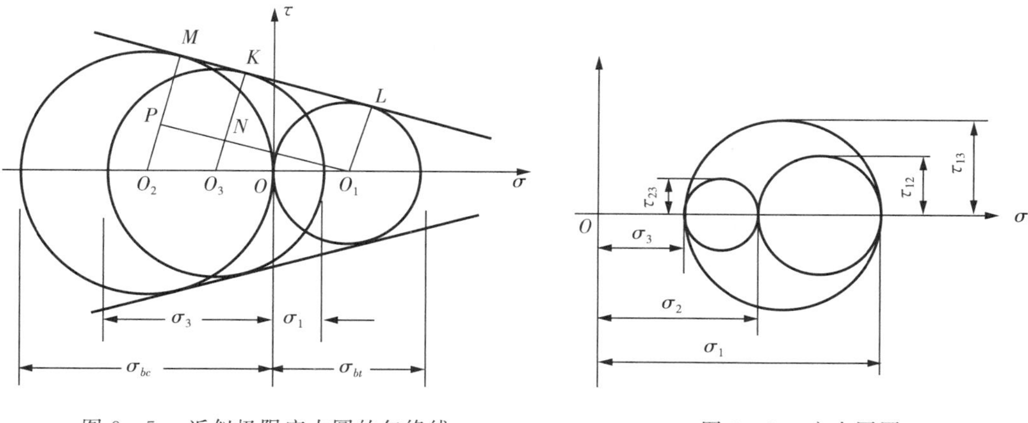


图 9-5　近似极限应力圆的包络线

图 9-6　应力圆图

双剪切应力强度理论认为，决定材料屈服的主要原因是两个较大的主剪切应力。也就是说，无论材料处于何种应力状态，只要两个较大主剪切应力之和（$\tau_{13}+\tau_{12}$）或（$\tau_{13}+\tau_{23}$）达到材料在单向拉伸屈服时的极限双剪切应力之和$(\tau_{13}+\tau_{12})^s$，材料就会发生屈服破坏。按此理论，材料的屈服破坏条件为：

$$\tau_{13}+\tau_{12}=(\tau_{13}+\tau_{12})^s \tag{9-43}$$

式(9-43)等号左边为材料在复杂应力状态下的双剪切应力：

$$\tau_{13}+\tau_{12}=\sigma_1-(\sigma_2+\sigma_3)/2 \tag{9-44}$$

等号右边为材料在单向拉伸屈服时相应的极限双剪切应力和，等于：

$$(\tau_{13}+\tau_{12})^s=[\sigma_1-(\sigma_2+\sigma_3)/2]^s=\sigma_s \tag{9-45}$$

经过化简得到以主应力形式表达的双剪切应力屈服条件为：

$$\begin{cases}\sigma_1-(\sigma_2+\sigma_3)/2=\sigma_s(\text{当 }\tau_{12}\geqslant\tau_{23}\text{ 时})\\(\sigma_1+\sigma_2)/2-\sigma_3=\sigma_s(\text{当 }\tau_{12}\leqslant\tau_{23}\text{ 时})\end{cases} \tag{9-46}$$

由此得相应的强度条件为：

$$\begin{cases}\sigma_1-(\sigma_2+\sigma_3)/2\leqslant[\sigma](\text{当 }\tau_{12}\geqslant\tau_{23}\text{ 时})\\(\sigma_1+\sigma_2)/2-\sigma_3\leqslant[\sigma](\text{当 }\tau_{12}\leqslant\tau_{23}\text{ 时})\end{cases} \tag{9-47}$$

对应的相当应力表达式为：

$$\begin{cases}\sigma_{rT}=\sigma_1-(\sigma_2+\sigma_3)/2(\text{当 }\tau_{12}\geqslant\tau_{23}\text{ 时})\\\sigma_{rT}=(\sigma_1+\sigma_2)/2-\sigma_3(\text{当 }\tau_{12}\leqslant\tau_{23}\text{ 时})\end{cases} \tag{9-48}$$

双剪切应力强度理论是我国学者俞茂宏教授在 1961 年提出的。双剪切应力强度理论与大多数金属材料的试验结果符合得较好。例如，对于铝合金材料，该理论在复杂应力状态下的结果比第四强度理论更为接近实际。俞茂宏教授在其后期的工作中，又将该理论进一步推广为广义双剪切强度理论。广义双剪切强度理论可适用于岩石及土壤等材料，并与试验结果吻合较好。有关双剪切应力强度理论的详细讨论及其应用，可参看有关论著。

## 9.4 典型工程强度问题分析

利用上面介绍的强度理论，可以对设计的结构进行强度校核，保证结构的安全性。下面通过例子说明校核过程。

**例 9-1** 对于某种岩石试样进行了一组三向受压破坏试验，得到其极限应力圆的包络线，如图 9-7 所示。而在工程建设中，该种岩基的两个危险点的应力情况已知为：

$$A\text{ 点}: \sigma_1 = \sigma_2 = -10\text{MPa} \quad \sigma_3 = -140\text{MPa}$$

$$B\text{ 点}: \sigma_1 = \sigma_2 = -120\text{MPa} \quad \sigma_3 = -200\text{MPa}$$

试用莫尔强度理论校核 $A$、$B$ 点的强度。

**解：**利用图 9-7 所示的包络线，再分别由 $A$、$B$ 点的主应力 $\sigma_1$ 和 $\sigma_3$ 作出两个应力圆，如图中虚线所示的圆。$A$ 点对应的应力圆为 $A$ 圆，$B$ 点对应的应力圆为 $B$ 圆。由图可见，$A$ 圆已超出包络线，故 $A$ 点已发生剪断破坏；$B$ 圆在包络线以内，故 $B$ 点不会发生剪断破坏。

**思考与讨论：**图 9-8 的单轴压缩的混凝土圆柱与在钢管内灌注混凝土并凝固后，在其上端施加均匀压力的混凝土圆柱，哪种情况下的强度大？为什么？

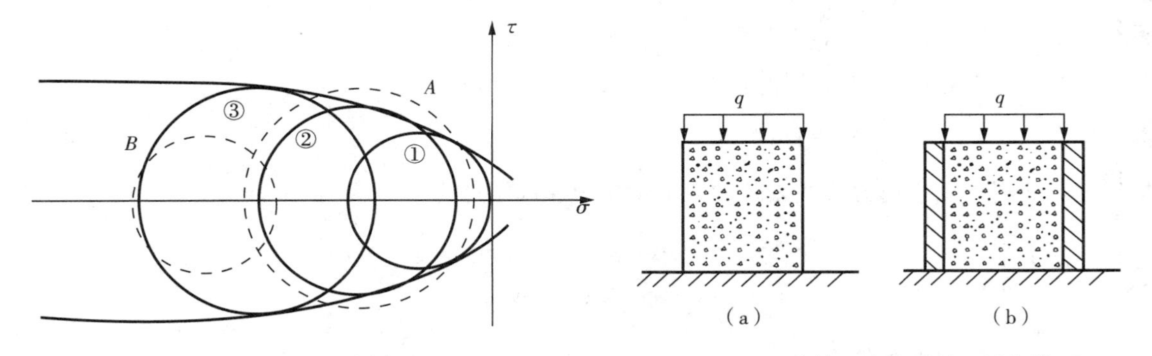


图 9-7 岩石试样应力圆　　图 9-8 单轴压缩的混凝土圆柱模型

从上面介绍的强度理论知道，有了强度准则就可对危险点处于复杂应力状态的杆件进行强度校核。但是在工程实际中，选用哪一个强度理论需要根据构件的材料种类型、受力情况、荷载的性质(静荷载还是动荷载)等因素决定。一般说来，在常温静载下，脆性材料多发生断裂破坏(包括拉断和剪断)，所以通常采用最大拉应力理论或莫尔强度理论，有时也采用最大拉应变理论。塑性材料多发生屈服破坏，所以通常采用最大切应力理论或形状改变能密度理论，前者偏于安全，后者偏于经济。

另一方面，材料的性能又受应力状态的影响。因此，即使同一种材料在不同的应力状态下，也不能采用同一种强度理论。

如低碳钢在单向拉伸时呈现屈服破坏，可用最大切应力理论或形状改变能密度理论。但在三向拉伸状态下低碳钢呈现脆性断裂破坏，就需要用最大拉应力理论或最大拉应变理论。

在单向拉伸状态下，对于脆性材料应采用最大拉应力理论。但在二向或三向应力状态下，且最大和最小主应力分别为拉应力和压应力的情况，则可采用最大拉应变理论或莫尔强度理论。

在三向压应力状态下，不论塑性材料还是脆性材料，通常都发生屈服破坏，故一般可用最大切应力理论或形状改变能密度理论。

总之，强度理论虽然在工程上得到广泛的应用，但至今所提出的强度理论都有不够完善的地方，还有许多需要研究的问题。一些新的强度理论，如我国学者俞茂宏提出的双切应力强度理论等。

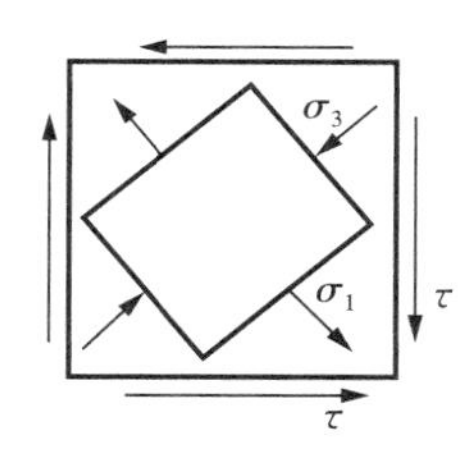


图 9-9　例 9-2 图

**例 9-2**　试用强度理论导出$[\tau]$和$[\sigma]$之间的关系式。

**解：**取一纯切应力状态的单元体，如图 9-9 所示。在该单元体中，主应力 $\sigma_1=\tau,\sigma_2=0,\sigma_3=-\tau$。首先用第四强度理论导出$[\tau]$与$[\sigma]$的关系式。将主应力代入式(9-40)，得：

$$\sqrt{\frac{1}{2}[(\sigma_1-\sigma_2)^2+(\sigma_2-\sigma_3)^2+(\sigma_3-\sigma_1)^2]}=\sqrt{\frac{1}{2}[\tau^2+\tau^2+4\tau^2]}=\sqrt{3}\tau\leqslant[\sigma]$$

将上式与纯切应力状态的强度条件相比较，即

$$[\tau]=[\sigma]/\sqrt{3}$$

同理，由其他的强度理论也可导出$[\tau]$和$[\sigma]$的关系为：

由第三强度理论：$[\tau]=0.5[\sigma]$

由第二强度理论：$[\tau]=[\sigma]/(1+\nu)$

由第一强度理论：$[\tau]=[\sigma]$

由于第一、第二强度理论适用于脆性材料，第三、第四强度理论适用于塑性材料，通常取$[\tau]$和$[\sigma]$的关系为：

塑性材料：$[\tau]=(0.5\sim0.6)[\sigma]$

脆性材料：$[\tau]=(0.8\sim1.0)[\sigma]$

**例 9-3**　工业生产中遇到的高压液罐充液后的罐体安全问题分析。

1. 安全问题无小事，生命财产大于天！图 9-10 展示的典型高压液罐安全问题。

图 9-10　高压液罐充液后的罐体安全

2. 高压罐的材料力学模型

已知高压罐的外直径$\boldsymbol{D}$=1000mm，壁厚$\boldsymbol{\delta}$=10mm，设内汽压力的压强$\boldsymbol{p}$=3.6MPa。假设材料的容许应力为$[\sigma]$=170MPa。模型如图 9-11 所示。

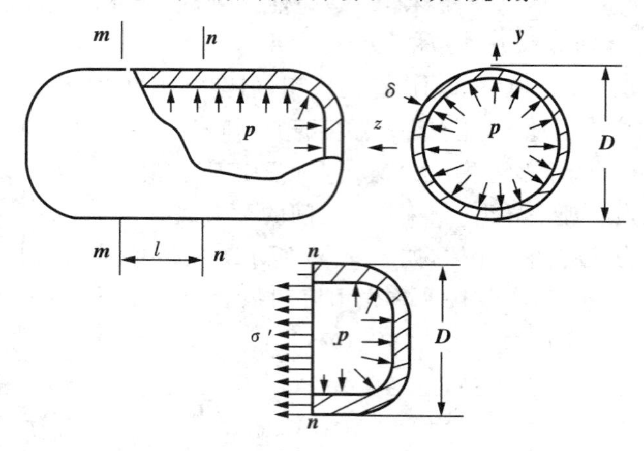


图 9-11 高压罐的材料力学模型

3. 高压罐材料中的应力计算

简化模型如图 9-12 所示，材料中的轴向应力用$\sigma'$表示；周向应力用$\sigma''$表示。

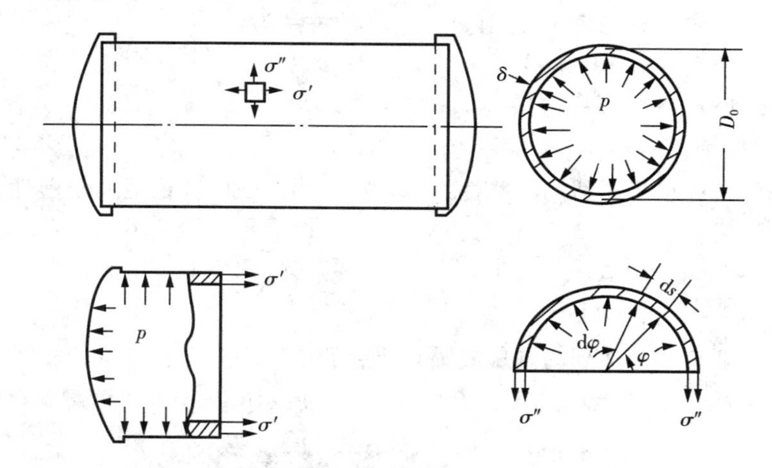


图 9-12 高压罐的材料应力

(1) 求轴向应力$\sigma'$

将锅炉沿横截面截开，留下左部分，如图 9-12 所示。由于蒸汽压力，环形截面上产生轴向应力$\sigma'$。因壁厚很小，可认为$\sigma'$沿壁厚均匀分布。

作用在锅炉端部环形面上的合力为：

$$F_N = p\pi\ (D-2\delta)^2/4$$

端部环形面的面积：

$$A = \pi[D^2 - (D - 2\delta)^2]/4$$

合力 $F_N$ 产生轴向应力为：

$$\sigma' = \frac{F_N}{A} = \frac{p\,(D - 2\delta)^2}{D^2 - (D - 2\delta)^2} = \frac{3.6 \times 10^6 \times (1 - 0.02)^2/4}{1^2 - (1 - 0.02)^2}$$

$$= 87.3 \times 10^6 (\text{Pa})$$

(2) 求周向应力 $\sigma''$

将锅炉壁沿纵向直径平面截开，留取上部分，并沿长度方向取一段长度为 $l$，如上图所示。在留取的部分上，除汽压力外，还有纵截面上的正应力 $\sigma''$。利用平 $y$ 方向力的衡关系：

$$F_Y = F_N$$

其中，

$$F_Y = \int_0^\pi pl\sin\varphi ds = \int_0^\pi \frac{pl(D - 2\delta)}{2}\sin\varphi d\varphi = pl(D - 2\delta)$$

$$F_N = 2l\delta\sigma''$$

得到：

$$\sigma'' = \frac{pl(D - 2\delta)}{2l\delta} = \frac{3.6 \times 10^6 \times (1 - 0.02)}{2 \times 0.01} = 176.4 \times 10^6 (\text{Pa})$$

(3) 内壁内面对应的压应力 $\sigma'''$

$$\sigma''' = -p = -3.6 \times 10^6 (\text{Pa})$$

4. 高压罐材料中的应力状态和强度校核

在筒壁内表面处取一单元体，该单元体上除了有 $\sigma'$ 和 $\sigma''$ 外，还有蒸汽压应力 $\sigma'''$ 作用，所以是三向应力状态。它们正好构成主应力状态。

主应力分别为：$\sigma_1 = \sigma'' = 176.4\text{MPa}$，$\sigma_2 = \sigma' = 87.3\text{MPa}$，$\sigma_3 = \sigma''' = -3.6\text{MPa}$。

利用第四强度理论，其当量应力为：

$$\sigma_{eq4} = \sqrt{\frac{1}{2}[(\sigma_1 - \sigma_2)^2 + (\sigma_2 - \sigma_3)^2 + (\sigma_3 - \sigma_1)^2]}$$

$$= \sqrt{\frac{1}{2}[(176.4 - 87.3)^2 + (87.3 + 3.6)^2 + (-3.6 - 176.4)^2]}$$

$$= 155.887 < [\sigma] = 170(\text{MPa})$$

显然，当量应力小于材料的容许应力，所以高压罐壁的强度是足够的。

**例 9-4** 中国航天工程的骄傲——嫦娥5号落月、挖掘月壤，工程圆满完成。分析嫦娥5号挖掘月壤过程中中遇到的材料力学问题。分为两个问题讨论如下。

1. 机械臂的挖掘工作中的强度问题(图 9-13)

2. 钻具钻杆钻探工作中的强度问题(图 9-14)

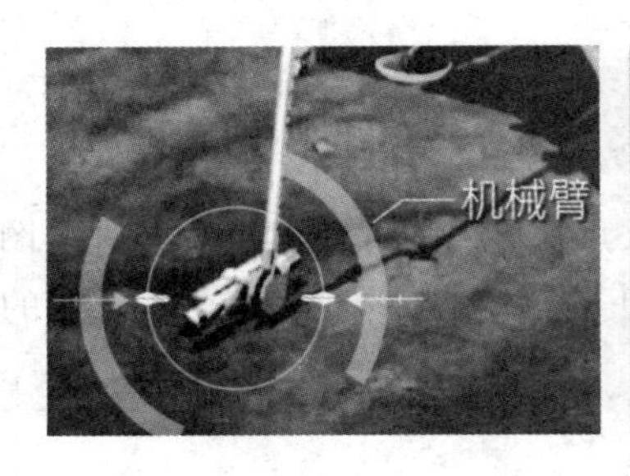


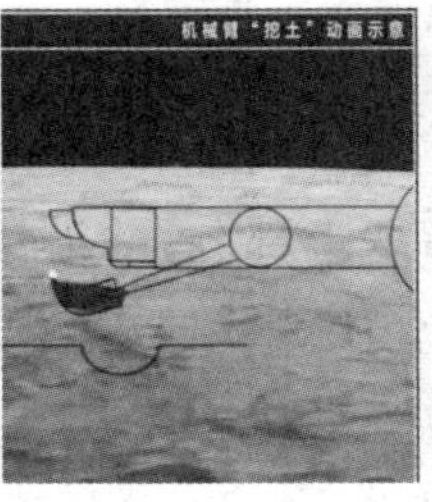

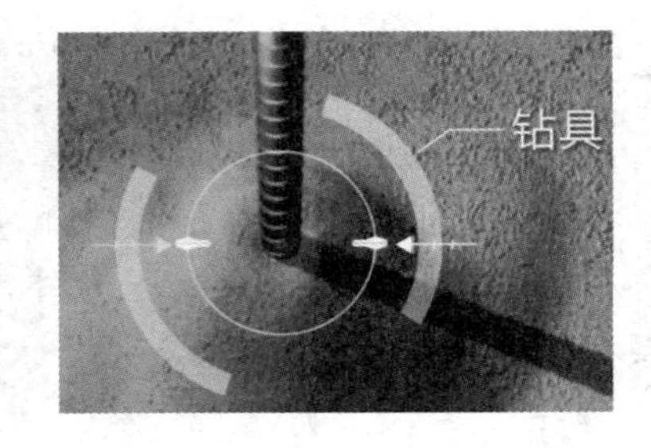


图 9-13 机械臂的挖掘工作　　图 9-14 钻具钻探工作

**解：**1. 嫦娥5号挖掘机械臂的强度设计问题，求解问题的过程如下。

(1) 机械臂挖掘过程中的受力简化图，假设臂长为 $\boldsymbol{L}$，挖掘力为 $\boldsymbol{F}_1$，$\boldsymbol{F}_2$(图 9-15)

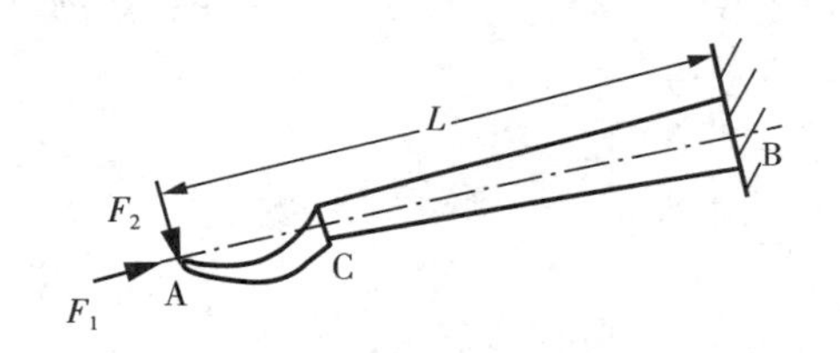


图 9-15 机械臂受力简化图

(2) 机械臂的受力分析——内力图，确定危险截面(图 9-16)

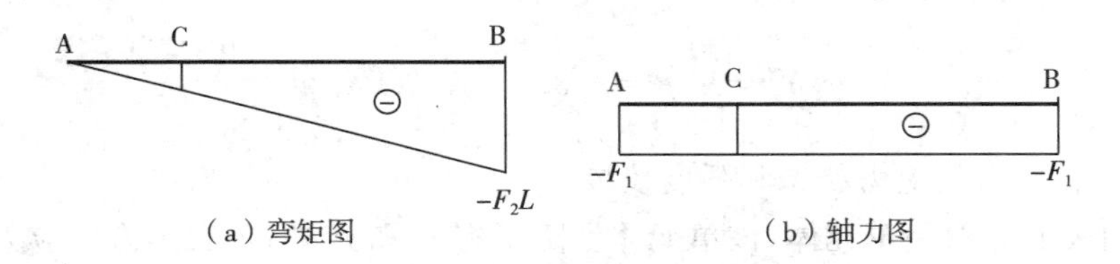


图 9-16 机械臂内力图

显然，危险截面在 $B$ 截面。

(3) 机械臂的受力分析——应力计算，危险截面上危险点应力

在危险截面 $B$ 处，弯矩引起的最大压应力：

$$\sigma' = -M_{\max}/W_z = -F_2L/W_z$$

在危险截面 $B$ 处，轴力引起的压应力：

$$\sigma'' = -F_1/A$$

在危险截面上危险点合应力的绝对值：

$$|\sigma|_{max}=|\sigma'+\sigma''|=F_2L/W+F_1/A$$

(4) 机械臂的强度设计 —— 确定臂的截面形状与尺寸

A) 选择高强度硬质合金材料，材料的许用应力为$[\sigma]$。则臂中的危险应力需要满足：

$$|\sigma|_{max}\leqslant[\sigma]$$

B) 为了机械臂便于安装固定，选择方形截面，边长为 $a$。则：

$$A=a^2,W_z=a^3/6$$

$$|\sigma|_{max}=|\sigma'+\sigma''|=6F_2L/a^3+F_1/a^2\leqslant[\sigma]$$

解上面的不等式方程可以确定出边长 $a$ 的最小值。

2. 嫦娥 5 号挖掘机钻具钻杆的强度设计问题，求解问题的过程如下。

(1) 钻杆工作过程中的受力简化图(图 9－17)

(2) 钻杆的受力分析 —— 内力图(图 9－18)

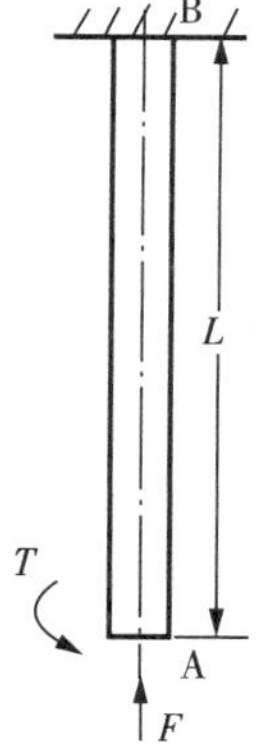


图 9－17　钻杆受力简化图

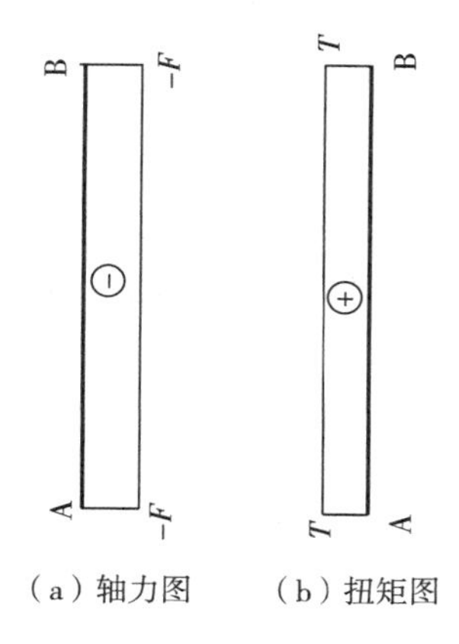


(a) 轴力图　(b) 扭矩图

图 9－18　钻杆内力图

显然，整个钻杆截面都是危险截面。

(3) 钻杆的受力分析 —— 应力计算

扭矩引起的最大剪应力：

$$\tau_{max}=T/W_P$$

轴力引起的压应力：

$$\sigma=-F_1/A$$

危险截面上危险点应力状态为：

$$(\sigma,\tau)=(-F/A,T/W_P)$$

(4) 钻杆的强度设计 —— 确定钻杆的截面尺寸

A. 选择高强度硬质合金材料，材料的许用应力为$[\sigma]$。则钻杆中的危险应力需要满足：(采用第三强度理论)

$$|\sigma_{eq3}|_{max}=\sqrt{\sigma_{max}^2+4\tau_{max}^2}\leqslant[\sigma]$$

B. 为了钻杆便于制造，选择圆形截面，直径为 $d$。则：

$$A=\pi d^2/4, W_P=\pi d^3/16$$

$$|\sigma_{eq3}|_{\max}=\sqrt{\sigma_{\max}^2+4\tau_{\max}^2}=\sqrt{[F/(\pi d^2/4)]^2+4[T/(\pi d^3/16)]^2}\leqslant[\sigma]$$

解上面的不等式方程可以确定出钻杆的最小直径 $d$ 值。

# 9.5 平面应力与平面应变状态分析

平面应力状态是空间应力状态的一种特殊的情况。下面分别介绍可能遇到的平面应力状态情况。

## 9.5.1 单一应力状态

### 1. 单向拉伸杆的应力状态

在第 2 章中介绍过受拉杆件的应力，如图 9-19(a) 所示。截面正应力为：

$$\sigma=\frac{F}{A} \tag{9-49}$$

在杆件截面内任一点处取一单元体，该单元体只在左右面上有拉应力 $\sigma$，如图 9-19(b) 所示。这种状态称为单向应力状态，它是最简单的平面应力状态。在任意 $\alpha$ 方向面上的正应力和切应力为：

$$\sigma_\alpha=\sigma\cos^2\alpha \tag{9-50}$$

$$\tau_\alpha=\sigma\cos\alpha\sin\alpha \tag{9-51}$$

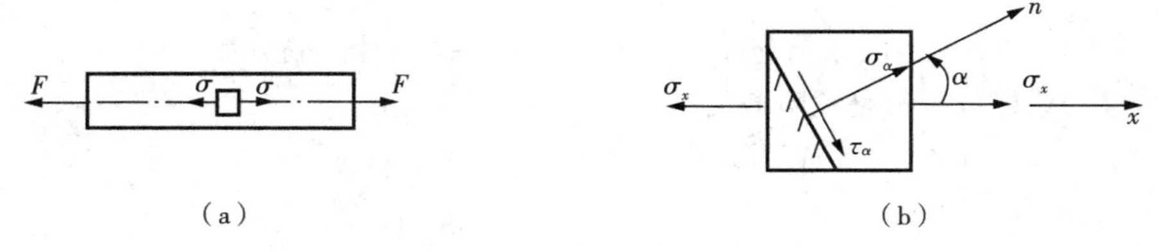


图 9-19 拉伸杆内一点的应力状态

显然，当 $\alpha=0°$ 时，$\sigma_0=\sigma_{\max}=\sigma$，$\tau_0=0$。即横截面为主平面。

当 $\alpha=45°$ 时，$\sigma_{45}=0$，$\tau_{45}=\sigma$。即该截面只有切应力，为纯剪切应力状态。

当 $\alpha=90°$ 时，$\sigma_{90}=0$，$\tau_{90}=0$。即该截面上没有应力，也是主平面。

### 2. 圆轴扭转的应力状态

前面章节已经介绍过圆轴扭应力，如图 9-20(a) 所示。截面切应力为：

$$\tau(x,\rho)=\frac{M_T\rho}{I_P} \tag{9-52}$$

在构件截面内任一点处取一单元体，该单元体只在左右、上下两对面上有数值相等的切应力 $\tau$，如图 9-20(b) 所示。该状态称为纯剪切应力状态。利用平衡条件，得到在任意 $\alpha$ 方

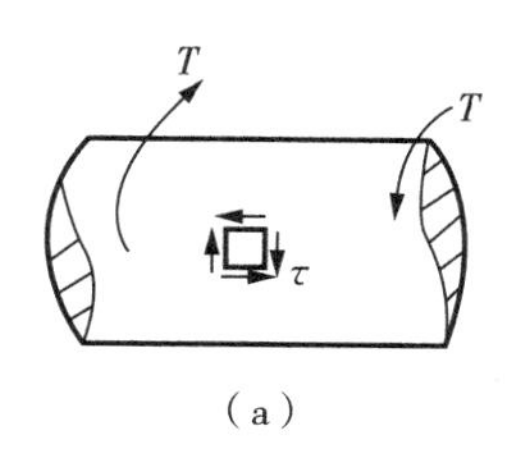

(a)

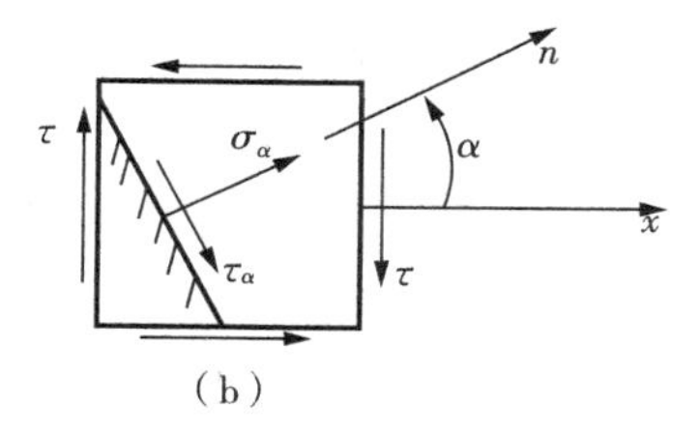

(b)

图 9-20　扭转圆轴内一点的应力状态

向面上的正应力和切应力为：

$$\sigma_{\alpha} = -\tau \sin 2\alpha \tag{9-53}$$

$$\tau_{\alpha} = \tau \cos 2\alpha \tag{9-54}$$

由式(9-53)可知，当 $\alpha < 90°$ 时，该面上的正应力是压应力。当 $\alpha = 0°$ 时，切应力最大，发生在横截面上，该截面上不存在正应力。非圆截面扭转杆的应力状态，也可类似地进行分析。

### 9.5.2　二应力状态解析

横力弯曲梁的应力状态是典型的二应力状态。

下面对简支梁中的应力状态作出分析。图 9-21(a) 的简支梁受到分布载荷作用模型图。第 5 章中已经介绍过横力弯曲梁的应力计算方法。截面上的正应力和切应力为：

$$\sigma(x,y) = \frac{M(x)y}{I_z(x)}, \tau(x,y) = \frac{F_S S^*}{I_z b} \tag{9-55}$$

在梁的任一横截面 $m-m$ 上，从梁顶部到梁底部各点处的应力状态并不相同。现在沿 $m-m$ 面的 $a$、$b$、$c$、$d$、$e$ 5 个点处分别取单元体，如图 9-21(b) 所示。

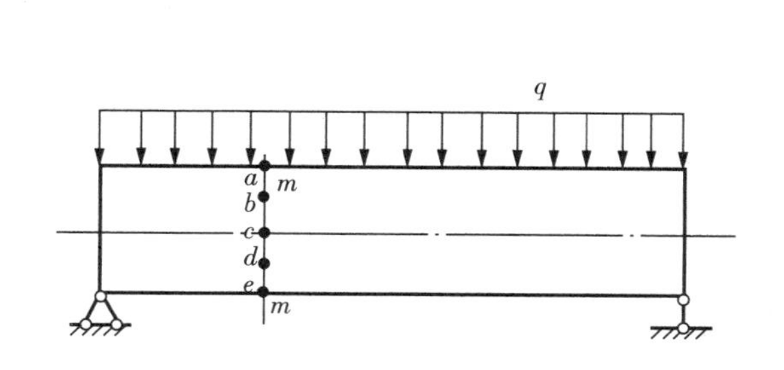

(a)

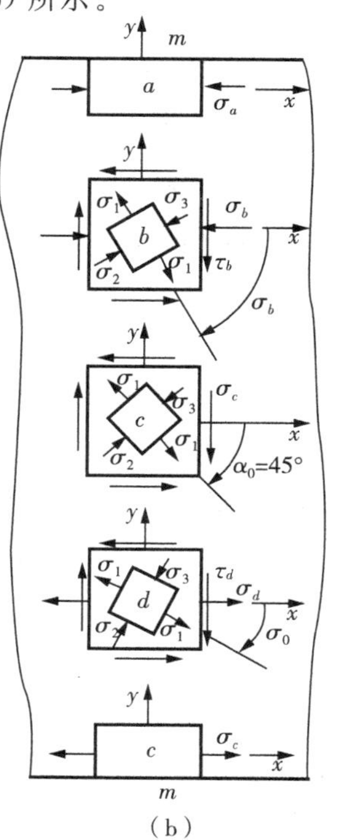

(b)

图 9-21　简支梁梁内各点的应力状态

在梁顶部点 $a$ 处的单元体，只有一对压应力；在梁底部点 $e$ 处的单元体，只有一对拉应力。它们均处于单向应力状态。

在中性层 $c$ 点处的单元体，只有两对切应力，处于纯剪切应力状态。

在梁中间点 $b$、$d$ 处的单元体，其应力包括正应力和切应力，为一般二向应力状态。

这些应力状态与单元的方向位置有关，转换单元方向，应力将随之改变。

### 9.5.3 平面应变状态

平面应变状态指构件中有一个方向上的应变为零的状态（如 $\varepsilon_z=0$）。此时，利用胡克定律

$$\varepsilon_z=[\sigma_z-\nu(\sigma_x+\sigma_y)]/E=0$$

可以得到

$$\sigma_z=\nu(\sigma_x+\sigma_y)$$

这样，构件中 $z$ 方向的应力可以用 $x$，$y$ 方向的应力来表示。相应的应力与应变关系转化为

$$\begin{cases}\varepsilon_x=[\sigma_x(1-\nu^2)-\nu^2\sigma_y]/E\\ \varepsilon_y=[\sigma_y(1-\nu^2)-\nu^2\sigma_x]/E\\ \varepsilon_z=0\end{cases} \tag{9-56}$$

而平面应力状态下的应力与应变关系为

$$\begin{cases}\varepsilon_x=(\sigma_x-\nu\sigma_y)/E\\ \varepsilon_y=(\sigma_y-\nu\sigma_x)/E\\ \varepsilon_z=-\nu(\sigma_x+\sigma_y)/E\end{cases} \tag{9-57}$$

平面应力与平面应变状态统称为平面问题。

### 9.5.4 一般的平面应力状态解析

在一般的二向应力状态构件中，取单元体如图 9－22(a) 所示，左、右两个方向面上作用有正应力 $\sigma_x$ 和切应力 $\tau_{xy}$；上、下两个方向面上作用有正应力 $\sigma_y$ 和切应力 $\tau_{yx}$；前、后两个方向面上没有应力。用平面图形表示该单元体，如图 9－22(b)。应力符号标记的一般规律如下。外法线和 $x$ 轴重合的方向面称为 $x$ 面，$x$ 面上的正应力和切应力均加脚标“$x$”，沿着 $y$ 方向的应力再标注“$y$”。外法线和 $y$ 轴重合的方向面称为 $y$ 面，$y$ 面上的正应力和切应力均加脚标“$y$”，沿着 $x$ 方向的应力再标注“$x$”。应力正负号的规定与本书前述一致。拉应力为正，压应力为负；顺时针转动的切应力为正，逆时针转动的切应力为负。由切应力互等定理知道，

$$\tau_{xy}=-\tau_{yx}$$

这些应力构成了一种应力状态。如果已知这些应力的大小，下面介绍如何求单元体任意方向面上的应力。

设 $ef$ 为单元体中任一方向面，其外法线和 $x$ 轴成 $\alpha$ 角，也称为 $\alpha$ 面，面积为 $\mathrm{d}A$，其法线为

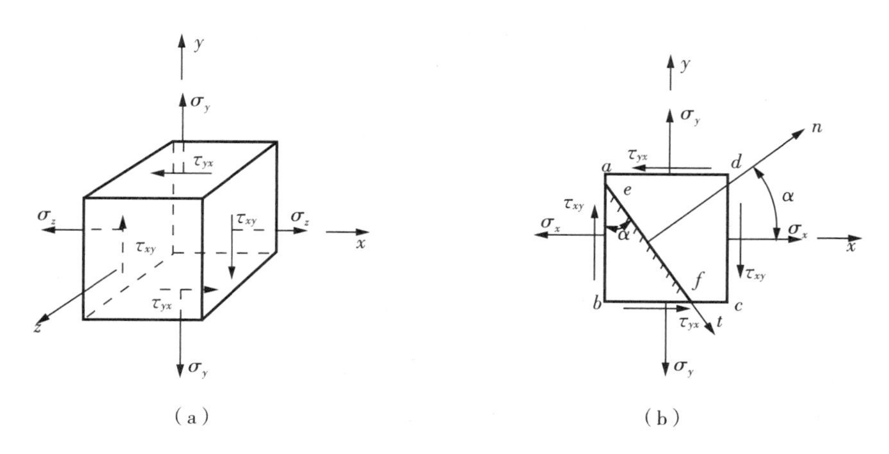


图 9-22　平面应力单元体状态

$n$ 轴，切线为 $t$ 轴，如图 9-22(b) 所示。$\alpha$ 角以逆时针旋转的为正，顺时针旋转的为负。

为了求该方向面上的应力，首先沿 $ef$ 面将单元体截开，取下部分进行研究。在 $ef$ 面上一般作用有正应力 $\sigma_\alpha$ 和切应力 $\tau_\alpha$。取 $n$ 轴和 $t$ 轴为投影轴，写出该部分的平衡方程为：

$$\begin{cases}\sigma_\alpha \mathrm{d}A + (\tau_{xy}\mathrm{d}A\cos\alpha)\sin\alpha - (\sigma_x \mathrm{d}A\cos\alpha)\cos\alpha + (\tau_{yx}\mathrm{d}A\sin\alpha)\cos\alpha - (\sigma_y \mathrm{d}A\sin\alpha)\sin\alpha = 0 \\ \tau_\alpha \mathrm{d}A - (\tau_{xy}\mathrm{d}A\cos\alpha)\cos\alpha - (\sigma_x \mathrm{d}A\cos\alpha)\sin\alpha + (\tau_{yx}\mathrm{d}A\sin\alpha)\sin\alpha + (\sigma_y \mathrm{d}A\sin\alpha)\cos\alpha = 0\end{cases}$$

化简上面的方程后得到：

$$\begin{aligned}\sigma_\alpha &= \sigma_x\cos^2\alpha + \sigma_y\sin^2\alpha - 2\tau_{xy}\cos\alpha\sin\alpha \\ &= \frac{\sigma_x + \sigma_y}{2} + \frac{\sigma_x - \sigma_y}{2}\cos 2\alpha - \tau_{xy}\sin 2\alpha \end{aligned} \tag{9-58}$$

$$\tau_\alpha = \frac{\sigma_x - \sigma_y}{2}\sin 2\alpha + \tau_{xy}\cos 2\alpha \tag{9-59}$$

式(9-58) 和式(9-59) 就是平面应力状态下求任意方向面上的正应力和切应力的公式。它是以 $2\alpha$ 为参变量的方程。

如果需求与 $ef$ 垂直的方向面上的应力，只要将式(9-58) 和式(9-59) 中的 $\alpha$ 用 $\alpha + 90°$ 代入，即可得到：

$$\sigma_{\alpha+90°} = \sigma_x\sin^2\alpha + \sigma_y\cos^2\alpha + 2\tau_{xy}\cos\alpha\sin\alpha = \frac{\sigma_x + \sigma_y}{2} - \frac{\sigma_x - \sigma_y}{2}\cos 2\alpha + \tau_{xy}\sin 2\alpha \tag{9-60}$$

$$\tau_{\alpha+90°} = -\frac{\sigma_x - \sigma_y}{2}\sin 2\alpha - \tau_{xy}\cos 2\alpha \tag{9-61}$$

显然 $\tau_\alpha + \tau_{\alpha+90^0} = 0$。

这表明任意两个互相垂直方向面上的切应力之和为零，这也就是切应力互等。

如果平面上没有切应力，则这样的平面就是主平面。主平面上的正应力称为主应力。

令式(9-59) 中 $\tau_\alpha = 0$ 得到主平面的位置

$$\tau_{\alpha}=\frac{\sigma_x-\sigma_y}{2}\sin2\alpha+\tau_{xy}\cos2\alpha=0$$

即

$$\tan2\alpha=-2\tau_{xy}/(\sigma_x-\sigma_y) \tag{9-62}$$

代入正应力计算式得主应力为：

$$\sigma_{1,2}=\frac{\sigma_x+\sigma_y}{2}\pm\sqrt{\left(\frac{\sigma_x-\sigma_y}{2}\right)^2+\tau_{xy}^2} \tag{9-63}$$

另一方面，两个主应力是该单元体中所有不同方向面上正应力中的极值。由正应力公式(9-58)求极值也可以导出主应力的计算公式。

由$\frac{d\sigma_{\alpha}}{d\alpha}=0$得主平面方向

$$\tan2\alpha=-2\tau_{xy}/(\sigma_x-\sigma_y) \tag{9-64}$$

## 9.6 * 平面应力状态图解

将式(9-58)、式(9-59)改写为：

$$\sigma_{\alpha}=\frac{\sigma_x+\sigma_y}{2}+\frac{\sigma_x-\sigma_y}{2}\cos2\alpha-\tau_{xy}\sin2\alpha$$

$$\tau_{\alpha}=\frac{\sigma_x-\sigma_y}{2}\sin2\alpha+\tau_{xy}\cos2\alpha$$

再两式两边分别平方后相加，消去参变量 $2\alpha$，得到：

$$\left(\sigma_{\alpha}-\frac{\sigma_x+\sigma_y}{2}\right)^2+\tau_{\alpha}^2=\left(\frac{\sigma_x-\sigma_y}{2}\right)^2+\tau_{xy}^2 \tag{9-65}$$

显然，式(9-65)对变量 $\sigma_{\alpha}$ 和 $\tau_{\alpha}$ 是一个圆方程。圆心为$(\frac{\sigma_x-\sigma_y}{2},0)$，半径为：

$$R=\sqrt{\left(\frac{\sigma_x-\sigma_y}{2}\right)^2+\tau_{xy}^2} \tag{9-66}$$

式(9-65)是由德国工程师莫尔(Mohr)于1895年提出的，故又称莫尔应力圆。若在直角坐标系中横轴为 $\sigma$ 轴，纵轴为 $\tau$ 轴，可以绘出应力圆的图形。

### 9.6.1 应力圆作法

设一单元体及各面上的应力如图9-23(a)所示。建立 $O\sigma\tau$ 坐标系，在 $\sigma$ 轴上按一定的比例量取 $OB_1=\sigma_x$，再在 $B_1$ 点量取纵坐标 $B_1D_1=\tau_{xy}$，得 $D_1$ 点。$D_1$ 点对应于 $x$ 面的应力。再量取 $OB_2=\sigma_y$，$B_2D_2=\tau_{yx}$，得 $D_2$ 点，$D_2$ 点对应于 $y$ 面应力。作直线联接 $D_1$ 和 $D_2$ 点，该直线与 $\sigma$ 轴相交于 $C$ 点，以 $C$ 点为圆心，$CD_1$ 为半径作圆。这个圆就表示单元体应力状态的应力圆,如图 9－23(b) 所示。

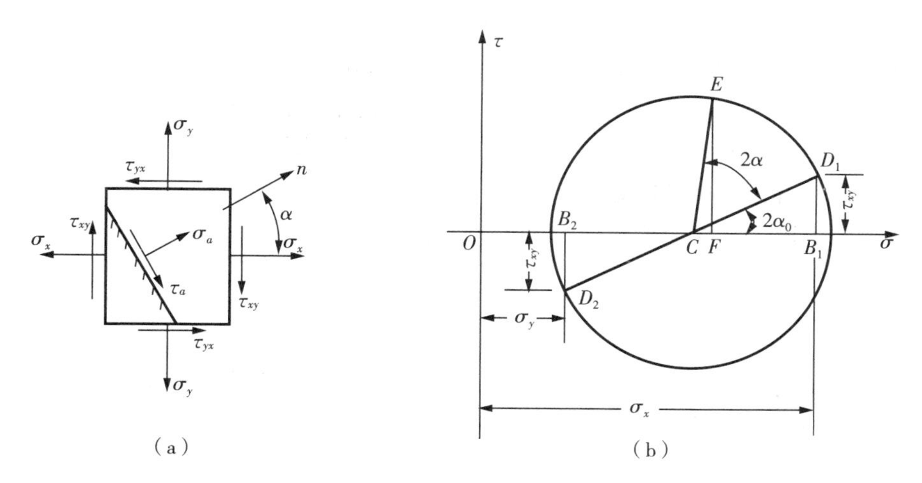


图 9－23　平面应力状态应力圆

利用应力圆可求得任意 $\alpha$ 方向面上的应力。在式(9－58)、式(9－59) 中,正应力和切应力都是 $2\alpha$ 角的函数。$\alpha$ 角是从 $x$ 面的外法线量起。以 $CD_1$ 为起始半径,按 $\alpha$ 的转动方向量取 $2\alpha$ 角,得到半径 $CE$。$E$ 点的横坐标和纵坐标就代表 $\alpha$ 方向面上的正应力和切应力。以上作图法的正确性可证明如下。

由图 9－23(b) 可知:

$$\begin{aligned}\sigma_E &= \overline{OC} + \overline{CE}\cos(2\alpha_0 + 2\alpha) = \overline{OC} + \overline{CD_1}\cos(2\alpha_0 + 2\alpha)\\ &= \overline{OC} + \overline{CD_1}\cos 2\alpha_0 \cos 2\alpha - \overline{CD_1}\sin 2\alpha_0 \sin 2\alpha\\ &= \frac{\sigma_x + \sigma_y}{2} + \frac{\sigma_x - \sigma_y}{2}\cos 2\alpha - \tau_{xy}\sin 2\alpha\end{aligned}$$

$$\begin{aligned}\tau_E &= \overline{CE}\sin(2\alpha_0 + 2\alpha) = \overline{CD_1}\sin(2\alpha_0 + 2\alpha)\\ &= \overline{CD_1}\sin 2\alpha_0 \cos 2\alpha + \overline{CD_1}\cos 2\alpha_0 \sin 2\alpha\\ &= \frac{\sigma_x - \sigma_y}{2}\sin 2\alpha + \tau_{xy}\cos 2\alpha\end{aligned}$$

上式与式(9－58)、式(9－59) 比较,可见 $\sigma_E = \sigma_\alpha$,$\tau_E = \tau_\alpha$。

利用上面的公式作应力圆时,需要注意几点:① 点面对应:应力圆周上的一点,对应于单元体中一个方向面。② 在应力圆上选择哪个半径作起始半径,需视单元体 $\alpha$ 角从哪个坐标轴量起。若 $\alpha$ 角自 $x$ 轴($x$ 面的外法线) 量起,则选 $CD_1$ 为起始半径;若 $\alpha$ 角自 $y$ 轴($y$ 面的外法线) 量起,则选 $CD_2$ 为起始半径。③ 两倍角对应:在单元体上,方向面的角度为 $\alpha$ 时,在应力圆上则自起始半径量 $2\alpha$ 角,并且它们的转向一致。④ 在作应力圆量取线段 $OB_1$,$OB_2$,$B_1D_1$ 和 $B_2D_2$ 时,需根据单元体上相应的应力正负,量取正坐标或负坐标。

### 9.6.2　主平面和主应力作图

前面已经指出,一点处对应的单元体中切应力等于零的方向面称为主平面,主平面上的正应力称为主应力。下面确定一点处的主平面和主应力。

图 9-24(a) 表示一平面应力状态单元体，相应的应力圆如图 9-24(b) 所示。由应力圆可见，$A_1$ 和 $A_2$ 点的纵坐标为零，这表明在单元体中与 $A_1$ 和 $A_2$ 点对应的面上切应力为零，这两个面就是主平面。主应力的大小分别为 $A_1$ 和 $A_2$ 和点对应的横坐标。

在图 9-24(b) 所示的应力圆上，以 $CD_1$ 为起始半径，顺时针旋转 $2\alpha_0$ 到 $OA_1$ 得到 $A_1$ 点。在单元体上，由 $x$ 轴顺时针旋转 $\alpha_0$ 角，就确定了 $\sigma_1$ 所在主平面的外法线，即 $\sigma_1$ 主平面的方向，也就确定了该主平面的位置。由应力圆可看出，$OA_1$ 与 $OA_2$ 相差 180°，因此 $\sigma_2$ 所在的主平面与 $\sigma_1$ 所在的主平面互相垂直。

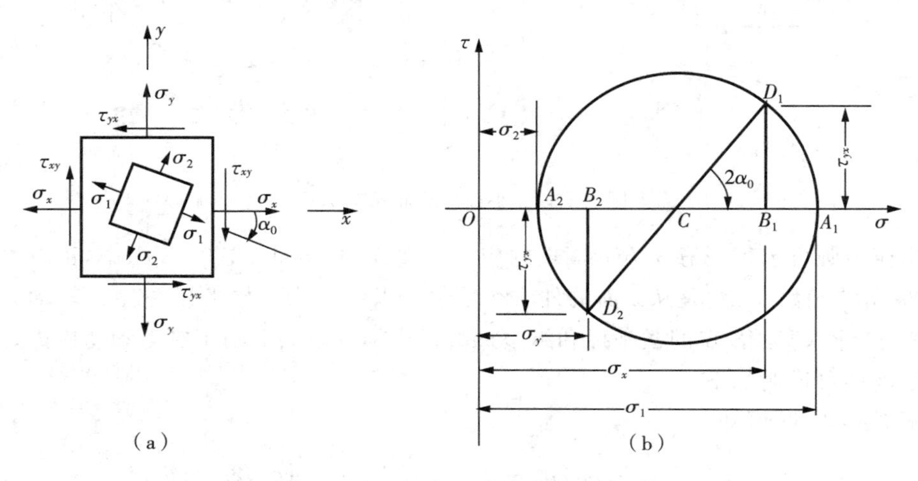


图 9-24 主平面、主应力及应力圆

利用作图法能够方便地求平面应力状态下的主应力、主平面和最大切应力。

由图 9-25(a) 可以看出，应力圆与 $\sigma$ 轴相交于 $A_1$、$A_2$ 两点，即最大正应力 $\sigma_1$ 和最小正应力 $\sigma_2$ 分别为：

$$\begin{aligned}\sigma_1=\sigma_{A1}=\overline{OA_1}=\overline{OC}+\overline{CA_1}=\frac{\sigma_x+\sigma_y}{2}+\sqrt{\left(\frac{\sigma_x-\sigma_y}{2}\right)^2+\tau_{xy}^2}\\ \sigma_2=\sigma_{A2}=\overline{OA_2}=\overline{OC}-\overline{CA_2}=\frac{\sigma_x+\sigma_y}{2}+\sqrt{\left(\frac{\sigma_x-\sigma_y}{2}\right)^2+\tau_{xy}^2}\end{aligned}\tag{9-67}$$

式中的 $CA_1=CA_2=R$。在图示情况下，最大正应力所在截面的方位角 $\alpha_0$ 可由图中几何关系确定

$$\tan(-2\alpha_0)=\frac{D_1B_1}{CB_1}$$

即

$$\tan 2\alpha_0=\frac{-2\tau_{xy}}{\sigma_x-\sigma_y}\tag{9-68}$$

在应力圆上，$A_1$、$A_2$ 两点位于应力圆上同一直径的两端，即最大正应力与最小正应力所在的截面互相垂直。实际上，在应力圆中，$D_1A_1$ 弧所对的圆心角为 $2\alpha_0$，由 $D_1$ 点作垂线交应

力圆上一点 $H$，连接 $HA_1$ 作射线 $HA_1T$，这时 $D_1A_1$ 弧上所对应的圆周角 $\angle D_1HA_1$ 应为同弧上圆心角 $\angle D_1CA_1(2\alpha_0)$ 的一半，即为 $\alpha_0$。所以可以很方便地以射线 $HA_1T$ 为一面作出最大正应力 $\sigma_1$ 和最小正应力 $\sigma_2$ 所对应的单元体，与该射线垂直的方向 $n$ 即为最大正应力 $\sigma_1$ 所在截面的法向，与该截面相垂直的另一对侧面即为最小正应力 $\sigma_2$ 所在的截面，如图 9-25(a) 射线 $HA_1T$ 上所示的主单元体。主单元体也可由图 9-25(b) 给出。

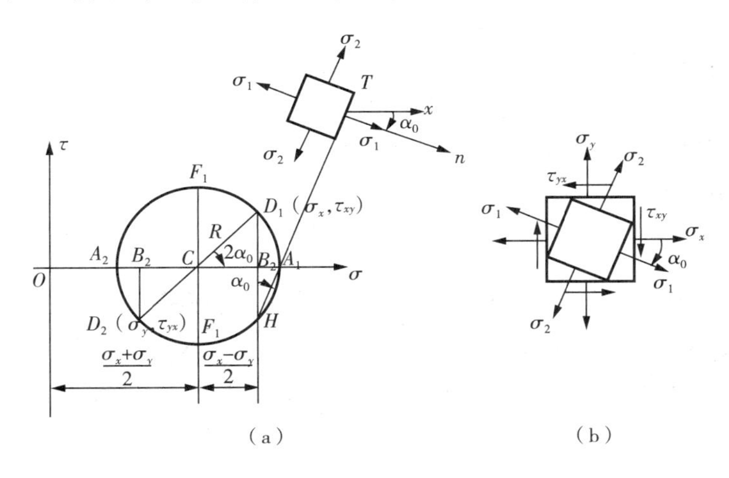


图 9-25　利用应力圆求主应力

从图 9-25(a) 中还可以看出，应力圆上存在 $F_1$、$F_2$ 两个切应力极值点，这表明，在平行于 $z$ 轴的各截面中，最大和最小切应力分别为：

$$\tau'_{\max}=\tau_{F_1}=R=\sqrt{\left(\frac{\sigma_x-\sigma_y}{2}\right)^2+\tau_{xy}^2} \tag{9-69}$$

$$\tau'_{\min}=\tau_{F_2}=-R=-\sqrt{\left(\frac{\sigma_x-\sigma_y}{2}\right)^2+\tau_{xy}^2} \tag{9-70}$$

显然它们所在的截面也相互垂直，$\tau'_{\max}$ 与 $\sigma_1$ 所在的截面的法向成 45° 角。

### 9.6.3　横力弯曲梁的主应力迹线

对于平面应力结构，可求出结构内任一点处的两个主应力大小及其方向。在工程结构的设计中，往往还需要知道结构内各点主应力方向的变化规律。例如钢筋混凝土结构，由于混凝土的抗拉能力很差，因此，设计时需知道结构内各点主拉应力方向的变化情况，以便配置钢筋。为了反映结构内各点的主应力方向，须绘制主应力轨迹线。

所谓主应力轨迹线，是两组正交的曲线；其中一组曲线是主拉应力轨迹线，在这些曲线上，每点的切线方向表示该点的主拉应力方向。另一组曲线是主压应力轨迹线，在这些曲线上，每点的切线方向表示该点的主压应力方向。下面以梁为例，说明如何绘制主应力轨迹线。

利用梁的应力状态分析方法，可求出梁内各点处的主应力方向。已知梁内各点处的主应力方向后，即可绘制出梁的主应力轨迹线如图 9-26(a) 所示。图中实线为主拉应力轨迹线，虚线为主压应力轨迹线。

梁的主应力轨迹线有如下特点：主拉应力轨迹线和主压应力轨迹线互相正交；所有的主应力轨迹线在中性层处与梁的轴线夹角为45°；在弯矩最大而剪力等于零的截面上，主应力轨迹线的切线是水平的；在梁的上、下边缘处，主应力轨迹线的切线与梁的上、下边界线平行或正交。

绘制主应力轨迹线时，可先将梁划分成若干细小的网格，计算出各节点处的主应力方向，再根据各点主应力的方向，即可描绘出主应力轨迹线。

主应力轨迹线在工程中是非常有用的。例如图9-26(a)的简支梁模型，可根据主拉应力迹线，在下部配置纵向钢筋和弯起钢筋，如图9-26(b)所示。图中绘制主应力轨迹线，可供选择廊道、管道和伸缩缝位置以及配置钢筋时参考。

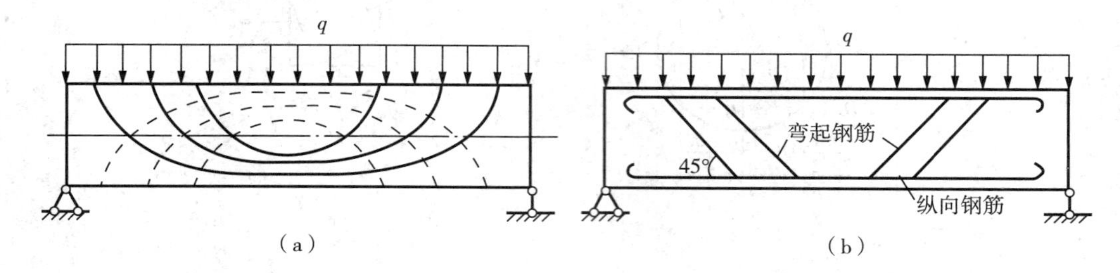


图9-26　简支梁的主应力轨迹线模型图

## 9.7＊　三向应力状态图解介绍

受力构件中一点处的三个方向的应力都不为零时，该点处于三向应力状态。三向应力状态是一种比较复杂的应力状态，这里采用图解的方法进行分析。为了简单起见，考虑单元体受三个主应力的作用，$\sigma_1 > \sigma_2 > \sigma_3$。本节仅研究三向应力状态中的主应力状态。

首先分析三类特殊方向面上的应力。在图9-27所示的三向主应力状态中：

(1) 垂直于$\sigma_3$主平面的方向面上的应力。截取一个5面体，如图9-27(b)所示。由该图可见，前后两个三角形面上，应力$\sigma_3$的合力自相平衡，不影响斜面上的应力。因此，斜面上的应力只由$\sigma_1$和$\sigma_2$决定。由$\sigma_1$和$\sigma_2$，可在$\sigma$-$\tau$直角坐标系中画出应力圆，如图9-27(c)中的$AE$圆。该圆上的各点对应于垂直于$\sigma_3$主平面的所有方向面，圆上各点的横坐标和纵坐标即表示对应方向面上的正应力和切应力。

(2) 垂直于$\sigma_2$主平面的方向面上的应力。类似地，这种面上的应力只由$\sigma_1$和$\sigma_3$决定。因此，由$\sigma_1$和$\sigma_3$画出应力圆，如图9-27(c)中的$AF$圆。根据这一应力圆上各点的坐标，就可求出该类方向面中各对应面上的应力。

(3) 垂直于$\sigma_1$主平面的方向面上的应力。同样地，这类方向面上的应力只由$\sigma_2$和$\sigma_3$决定。因此，由$\sigma_2$和$\sigma_3$，画出应力圆，如图9-27(c)中的$EF$圆。根据这一应力圆上各点的坐标，就可求出这类方向面中各对应面上的应力。

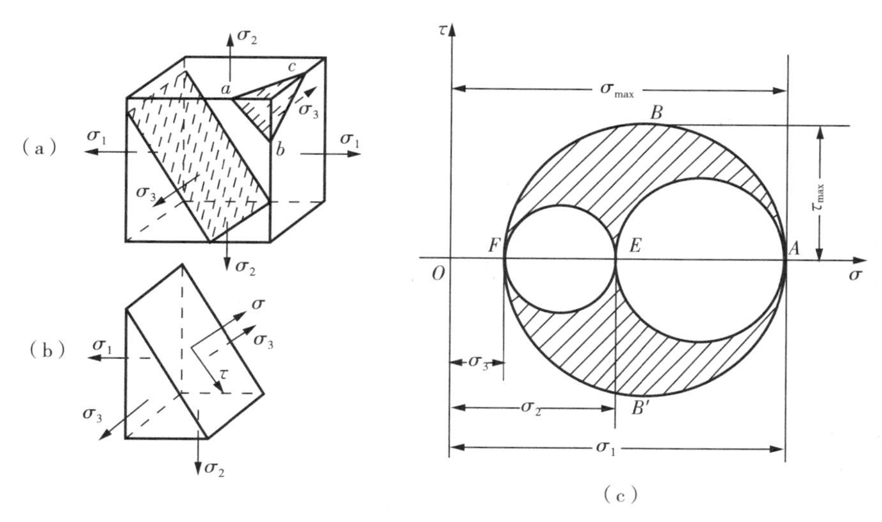


图 9-27　三向应力状态及其应力图

上述三个二向应力圆联合构成的形成的区域就是三向应力圆。进一步的研究可以证明，图 9-27(a) 所示单元体中，与三个主应力均不平行的任意方向面[如图 9-27(a) 中的 $abc$ 截面] 上的应力，可由图 9-27(c) 所示阴影面中各点的坐标决定。

设任意方向面 $abc$ 的法方向余弦为：$l$、$m$、$n$。利用单元体平衡条件，可以得到任意方向的面上的应力为：

$$p_x=\sigma_1 l,\quad p_y=\sigma_2 m,\quad p_z=\sigma_3 n \tag{9-71}$$

该面上的总应力为：

$$p=\sqrt{p_x^2+p_y^2+p_z^2}=\sqrt{(\sigma_1 l)^2+(\sigma_2 m)^2+(\sigma_3 n)^2} \tag{9-72}$$

将总应力再分解为法向正应力和切应力：

$$p^2=\sigma_n^2+\tau_n^2 \tag{9-73}$$

其中：

$$\sigma_n=p_x l+p_y m+p_z n=\sigma_1 l^2+\sigma_2 m^2+\sigma_3 n^2 \tag{9-74}$$

$$\tau_n=\sqrt{p^2-\sigma_n^2} \tag{9-75}$$

由上面的公式就可以计算任意方向的面法向正应力和切应力。

另一方面，由图 9-27(c) 的应力圆中可看到，最大正应力为 $\sigma_1$，最小正应力为 $\sigma_3$。而该点处的最大切应力是 $B$ 点的纵坐标，其值为：

$$\tau_{max}=\frac{\sigma_1-\sigma_3}{2} \tag{9-76}$$

此最大切应力作用在与 $\sigma_2$ 主平面垂直，并与 $\sigma_1$ 和 $\sigma_3$ 主平面成 45° 角。如图 9-28 所示。

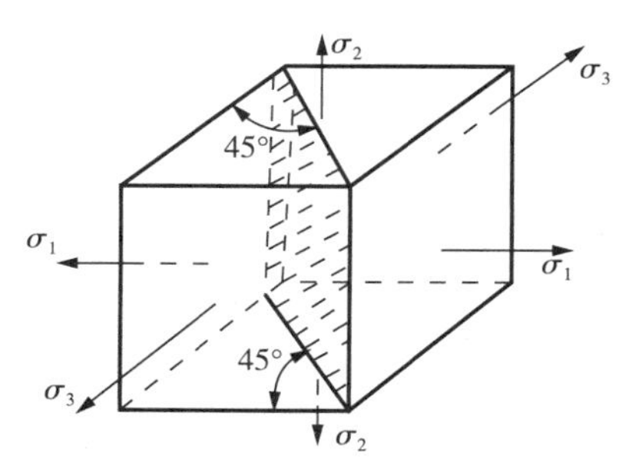


图 9-28　三向应力状态的最大切应力平面

# 9.8* 应力状态问题求解方法

利用应力状态的理论，能够求解结构中一点的
应力变化。

**例 9-5** 如图 9-29(a) 所示为工程梁中某单元体的应力状态，试用解析公式法和应力圆法确定 $\alpha_1 = 30°$ 和 $\alpha_2 = -40°$ 两方向面上应力。已知 $\sigma_x = -3\text{MPa}$，$\sigma_y = 60\text{MPa}$，$\tau_{xy} = -40\text{MPa}$。

**解**：(1) 解析法

由式(9-58) 和式(9-59)，代入数据得：

$$\sigma_{30°} = \frac{\sigma_x + \sigma_y}{2} + \frac{\sigma_x - \sigma_y}{2}\cos 2\alpha - \tau_{xy}\sin 2\alpha$$

$$= \frac{-30+60}{2} + \frac{-30-60}{2}\cos 60° + 40\sin 60°$$

$$= 27.141(\text{MPa})$$

$$\tau_{30°} = \frac{\sigma_x - \sigma_y}{2}\sin 2\alpha + \tau_{xy}\cos 2\alpha$$

$$= \frac{-30-60}{2}\sin 60° - 40\cos 60°$$

$$= -58.971(\text{MPa})$$

$$\sigma_{-40°} = \frac{-30+60}{2} + \frac{-30-60}{2}\cos(-80°) + 40\sin(-80°)$$

$$= -32.206(\text{MPa})$$

$$\tau_{-40°} = \frac{-30-60}{2}\sin(-80°) - 40\cos(-80°)$$

$$= 37.370(\text{MPa})$$

(2) 应力圆求解法

按照应力圆的作图方法，作出图如图 9-29(b) 所示。从图中量取 $E_1$ 点为 30° 面上的应力，量取 $E_2$ 点为 -40° 面上的应力。

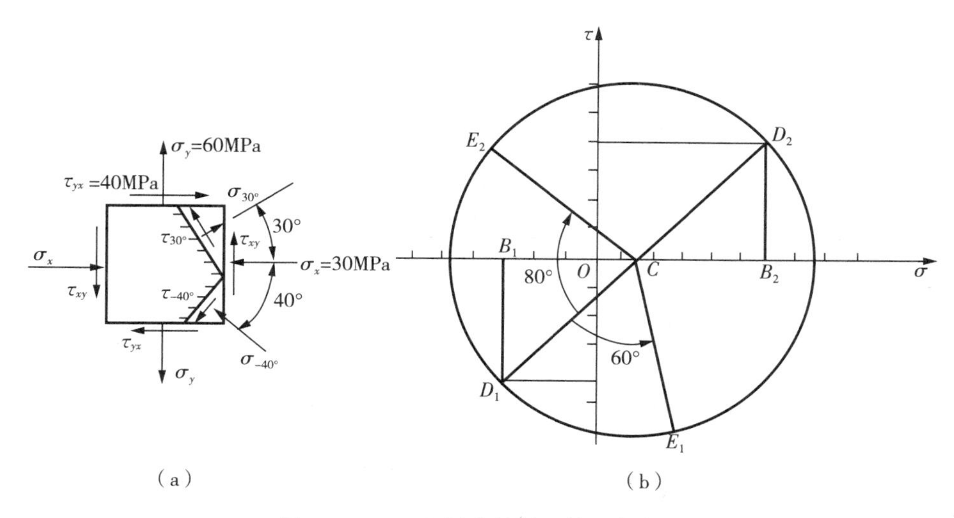


图 9－29　工程梁中某单元体的应力图

**例 9－6**　如图 9－30(a)所示的梁单元应力状态(应力单位为 MPa)。试用图解法求单元体的主应力和主平面。并求最大切应力。

**解**:(1)在$\sigma$-$\tau$平面内,选定比例尺。图 9－30(b)横坐标中每一小格代表 10MPa,$x$ 面应力坐标 $D_1(-40,-50)$ 和 $y$ 面应力坐标 $D_2(60,50)$ 为应力圆上直径的两端,作 $D_1D_2$ 直线与 $\sigma$ 轴交点 $C$ 即为圆心,以 $CD_1$ 为半径即可作出应力圆[图 9－30(b)]。

(2)应力圆上与 $\sigma$ 轴的两个交点 $A_1$、$A_2$,由图中几何关系可以得到:

$$\sigma_1=\sigma_{A1}=\overline{OA_1}=\overline{OC}+\overline{CA_1}=10+R=10+50\sqrt{2}=80.71(\text{MPa})$$

$$\sigma_3=\sigma_{A2}=\overline{OA_2}=\overline{OC}-\overline{CA_2}=10-R=10-50\sqrt{2}=-60.71(\text{MPa})$$

由 $D_1$ 点作垂线交应力圆上一点 $H$,连接 $HA_1$ 作射线 $HA_1T$ 即为主平面位置,由图中可以得到:

$$\angle D_1CA_1=2\alpha_0=180°-45°=135°$$

$$\alpha_0=\angle D_1HA_1=\angle D_1CA_1/2$$

即 $\alpha_0=67.5°$。

主单元体如图 9－30(b)射线 $HA_1T$ 上所示。

又由应力圆的最高点和最低点得:

最大切应力:$\tau'_{\max}=R=50\sqrt{2}\,\text{MPa}=70.71\text{MPa}$

最小切应力:$\tau'_{\min}=-R=-50\sqrt{2}\,\text{MPa}=-70.71\text{MPa}$

最大切应力 $\tau'_{\max}$ 与 $\sigma_1$ 之间的夹角为 45°。

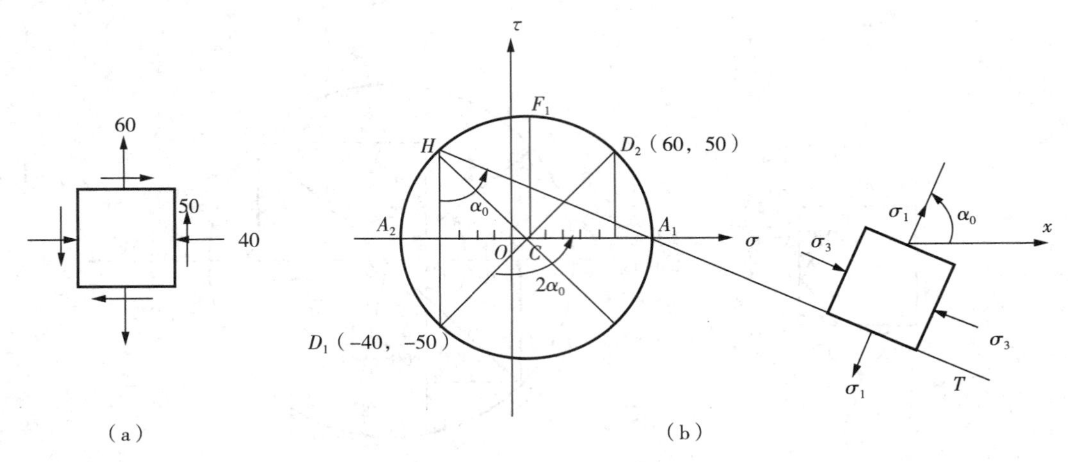


图 9-30　梁单元应力状态圆

**思考与讨论**：最大正应力所在面上的切应力一定为零，最大切应力所在面上的正应力是否也一定为零？下面图 9-31 中四个应力状态是否等价？

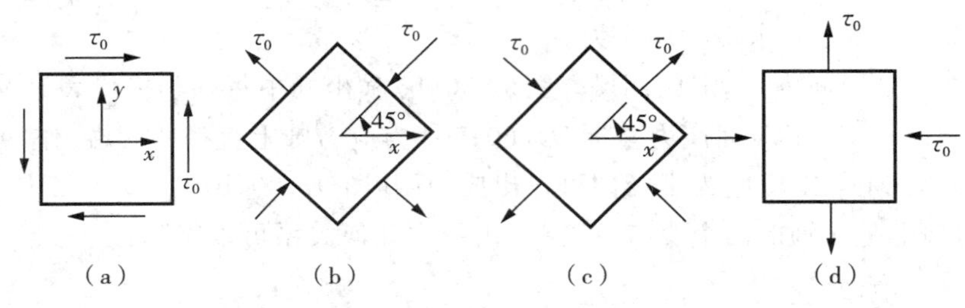


图 9-31　单元应力状态图

**例 9-7**　已知图 9-32 所示的焊接钢管的外径为 300mm，由厚度为 8mm 的钢带沿 20°角的螺旋线卷曲焊接而成。试求下列情形下焊缝上沿焊缝方向的切应力和垂直于焊缝方向的正应力。

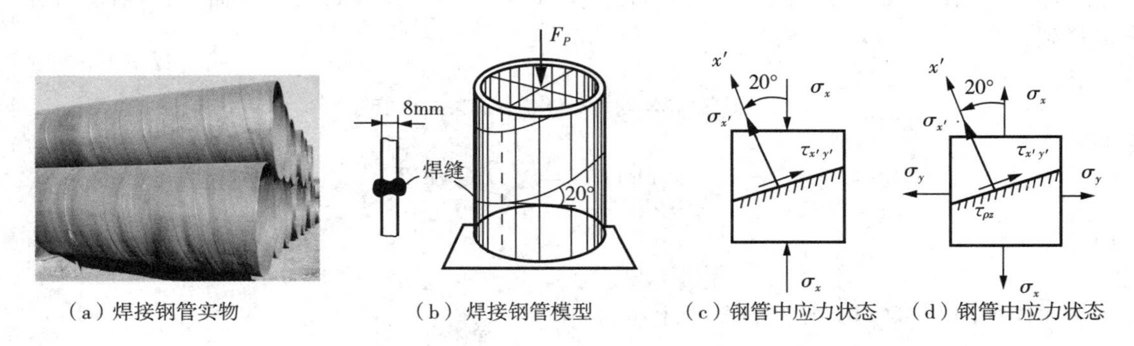


(a) 焊接钢管实物　(b) 焊接钢管模型　(c) 钢管中应力状态　(d) 钢管中应力状态

图 9-32　钢管及单元应力状态

1. 只承受轴向载荷 $F_P = 250\text{kN}$；
2. 只承受内压 $p = 5.0\text{MPa}$（两端封闭）；
3. 同时承受轴向载荷 $F_P = 250\text{kN}$ 和内压 $p = 5.0\text{MPa}$（两端封闭）。

**解**：(1) 钢管承受轴向压力 $F_P$，应力状态如图 9-32(c)，

$$\sigma_x = \frac{F_P}{\pi D\delta} = \frac{-250\times 10^3}{\pi\times(300-8)\times 8} = -34.07(\text{MPa})$$

$$\sigma_y = 0, \tau_{xy} = 0$$

$$\sigma_{x'} = \frac{\sigma_x+\sigma_y}{2} + \frac{\sigma_x-\sigma_y}{2}\cos 2\alpha - \tau_{xy}\sin 2\alpha$$

$$= \frac{-34.07}{2} + \frac{-34.07}{2}\cos(2\times 20°)$$

$$= -30.09(\text{MPa})$$

$$\tau_{x'y'} = \frac{\sigma_x-\sigma_y}{2}\sin 2\alpha + \tau_{xy}\cos 2\alpha$$

$$= \frac{-34.07}{2}\sin(2\times 20°)$$

$$= -10.95(\text{MPa})$$

(2) 钢管承受内压力 $p$，应力状态如图 9 - 32(d)，

$$\sigma_x = \frac{p\pi D^2/4}{\pi D\delta} = \frac{5\times(300-8)}{4\times 8} = 45.63(\text{MPa})$$

$$\sigma_y = \frac{pDl}{2l\delta} = \frac{5\times(300-8)}{2\times 8} = 91.25(\text{MPa})$$

$$\tau_{xy} = 0$$

$$\sigma_{x'} = \frac{45.63+91.25}{2} + \frac{45.63-91.25}{2}\cos(2\times 20°) = 50.97(\text{MPa})$$

$$\tau_{x'y'} = \frac{45.63-91.25}{2}\sin(2\times 20°) = -14.66(\text{MPa})$$

(3) 钢管同时承受轴向压力 $F_P$ 和内压力 $p$，应力状态是图 9 - 32(b) 和图 9 - 32(c) 的叠加，

$$\sigma_x = 45.63 - 34.07 = 11.56(\text{MPa})$$

$$\sigma_y = 91.25(\text{MPa})$$

$$\tau_{xy} = 0$$

$$\sigma_{x'} = \frac{11.56+91.25}{2} + \frac{11.56-91.25}{2}\cos(2\times 20°) = 20.88(\text{MPa})$$

$$\tau_{x'y'} = \frac{11.56-91.25}{2}\sin(2\times 20°) = -25.6(\text{MPa})$$

**例 9 - 8**　在一槽形钢块内放置一边长为 10mm 的立方铝块。铝块与槽壁间无空隙，如图 9-33(a) 所示。当铝块上受到合力为 $F=6\text{kN}$ 的均匀分布压力时，试求铝块内任一点处的应力。设铝块的泊松比为 $\nu=0.33$。

**解**:当不考虑表面摩擦时,铝块受到 $F$ 力压缩后,横截面上将产生均匀的压应力(主应力),用 $\sigma_y$ 表示。

$$\sigma_y = -F/A = -6\times10^3/0.1^2 = -6\times10^5(\mathrm{Pa})$$

同时,铝块的变形受到左、右两侧槽壁的限制,因此产生侧向压应力,用 $\sigma_x$ 表示。而铝块沿槽方向不受限制,不产生应力,即 $\sigma_z=0$。

因铝较软可假设槽钢为刚体,铝块沿左、右方向不可能变形,即 $\varepsilon_x=0$。所以

$$\varepsilon_x = (\sigma_x - \nu\sigma_y - \nu\sigma_z)/E = 0$$

$$\sigma_x = \nu\sigma_y = 0.33\times(-6\times10^5) = -1.98\times10^5(\mathrm{Pa})$$

铝块内任一点处单元体所受应力如图 9-33(b) 所示。

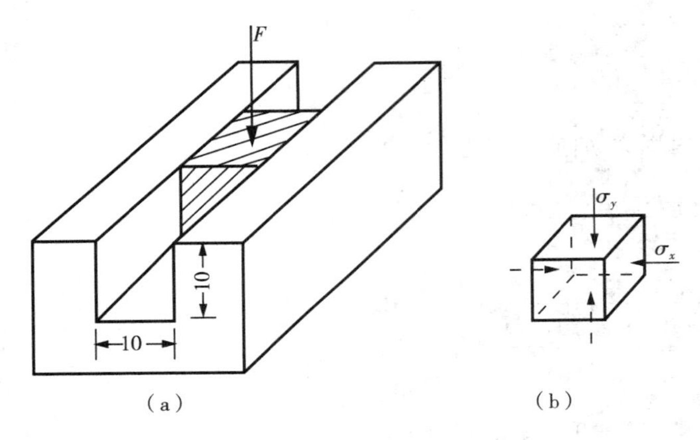


图 9-33 槽形钢块受力模型图

**思考与讨论**:冬天的自来水管会因管中的水结冰而冻裂,试分析水和水管各处于什么应力状态及冻裂的原因。

**例 9-9** 已知直径 $d=80\mathrm{mm}$ 的圆轴受外力偶 $T$ 作用,模型如图 9-34(a) 所示。若在圆轴表面沿与母线成 $-45°$ 方向测得正应变 $\varepsilon_{-45°}=260\mu\varepsilon$,求作用在圆轴上的外力偶 $T$ 的大小。已知材料弹性模量 $E=2.0\times10^5\mathrm{MPa}$,泊松比 $\nu=0.3$。

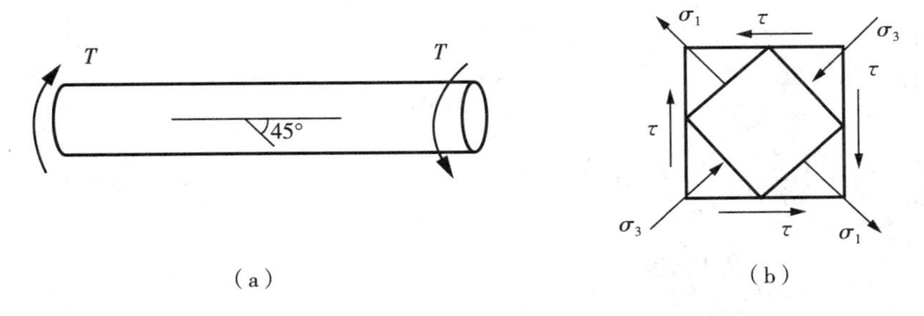


图 9-34 圆轴受外力作用模型及一点的应力状态图

**解**:在圆轴表面取一单元体进行分析[图 9-34(b)],该单元体处于纯切应力状态。作用在该单元体 $x$ 面和 $y$ 面上的切应力值为:

$$\tau=\frac{Td}{2I_P},\quad I_P=\frac{\pi d^4}{32}$$

单元体 $-45^\circ$ 和 $45^\circ$ 这两个相互正交的截面上只有正应力，相互正交的截面为主平面，且 $\sigma_{-45^\circ}=\sigma_1=\tau$，$\sigma_{45^\circ}=\sigma_3=-\tau$，$\sigma_2=0$。故由式(9-2)，得：

$$\varepsilon_1=(\sigma_1-\nu\sigma_3)/E=(\tau+\nu\tau)/E=\varepsilon_{-45^\circ}$$

化简得到：$\tau=E\varepsilon_{-45^\circ}/(1+\nu)$

将切应力代入可得圆轴上的外力偶：

$$T=\frac{2I_P\tau}{d}=\frac{2}{d}\,\frac{\pi d^4}{32}\,\frac{E\varepsilon_{-45^\circ}}{1+\nu}$$

$$=\frac{2}{80\times10^{-3}}\times\frac{3.1416\times(80\times10^{-3})^4}{32}\times\frac{2\times10^{11}\times260\times10^{-6}}{1+0.3}$$

$$=4.021\times10^3(\mathrm{N\cdot m})$$

**思考与讨论**：对于图 9-35 中承受轴向拉伸的锥形杆上的点 $A$，试用平衡概念分析下列四种应力状态是否正确。

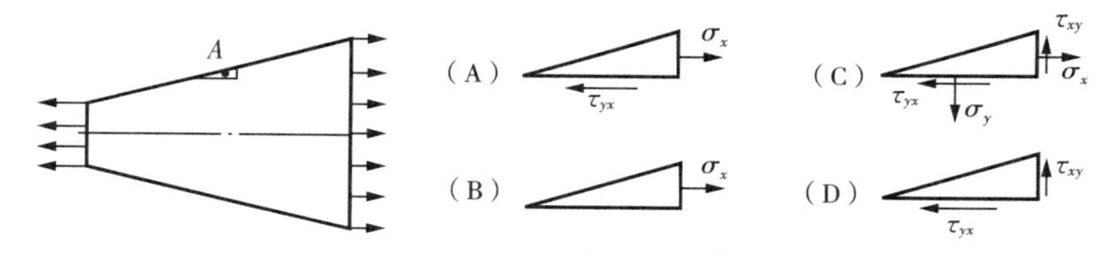


图 9-35　承受轴向拉伸的锥形杆上点的应力状态图

# 习题 9

9-1　受力物体内一点处的应力状态如图所示(单位：MPa)，试求单元体的体积改变能密度和形状改变能密度。设 $E=2.0\times10^5$ MPa，$\nu=0.3$。

9-2　压力容器筒横截面如图所示。在危险点处，$\sigma_t=60$MPa，$\sigma_r=-35$MPa，第三主应力垂直于纸面为拉应力，其大小为 40MPa，试按第三和第四强度论计算其当量化应力。

9-3　已知钢轨与火车车轮接触点处的正应力 $\sigma_1=-650$MPa，$\sigma_2=-700$MPa，$\sigma_3=-900$MPa。如钢轨的容许应力$[\sigma]$=250MPa，试用第三强度理论和第四强度理论校核该点的强度。

9-4　受内压力作用的容器，其圆筒部分任意一点 $A$ 处的应力状态如图(b)所示。当容器承受最大的内压力时，用应变计测得：$\varepsilon_x=1.88\times10^{-4}$，$\varepsilon_y=7.37\times10^{-4}$。已知钢材弹性模量 $E=2.1\times10^5$ MPa，横向变形系数 $v=0.3$，$[\sigma]$=170MPa。试用第三强度理论对 $A$ 点处作强度校核。

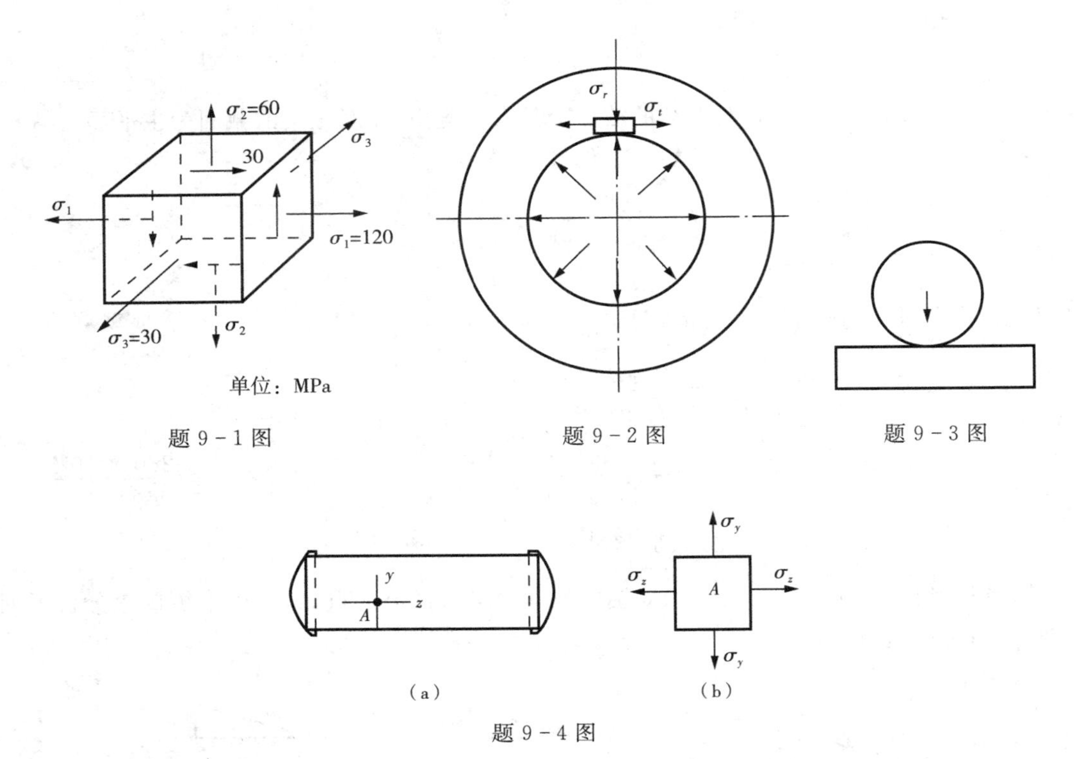


题 9－1 图

题 9－2 图

题 9－3 图

题 9－4 图

9－5　两端封闭的薄壁圆筒。若内压 $p=4\text{MPa}$，自重 $q=60\text{kN/m}$，圆筒平均直径 $D=1\text{m}$，壁厚 $\delta=30\text{mm}$，容许应力 $[\sigma]=120\text{MPa}$，试用第三强度理论校核圆筒的强度。

9－6　两种应力状态如图(a)(b) 所示。

(1) 试按第三强度理论分别计算其当量化应力(设 $|\sigma|>|\tau|$)；

(2) 直接根据形状改变能密度的概念判断何者较易发生屈服？并用第四强度理论进行校核。

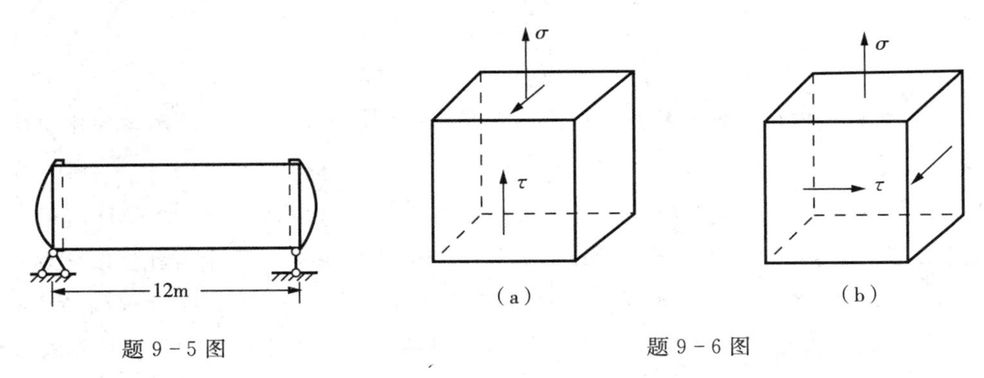


题 9－5 图

题 9－6 图

9－7　在一砖石结构中的某一点处，由作用力引起的应力状态如图所示。构成此结构的石料是层化的，而且顺着与 $A-A$ 平行的平面上承剪能力较弱。假定石头在任何方向上的容许拉应力都是 1.5MPa，容许压应力是 14MPa，平行于 $A-A$ 平面的容许切应力是 2.3MPa。试问该点是否安全？

9－8　简支钢板梁受荷载如图(a) 所示，它的截面尺寸见图(b)。已知钢材的容许应力

$[\sigma]=170\text{MPa}$，$[\tau]=100\text{MPa}$，试校核梁内的正应力强度和切应力强度，并按第四强度理论对截面上的 $a$ 点作强度校核。（注：通常在计算 $a$ 点处的应力时近似地按 $a'$ 点的位置计算。）

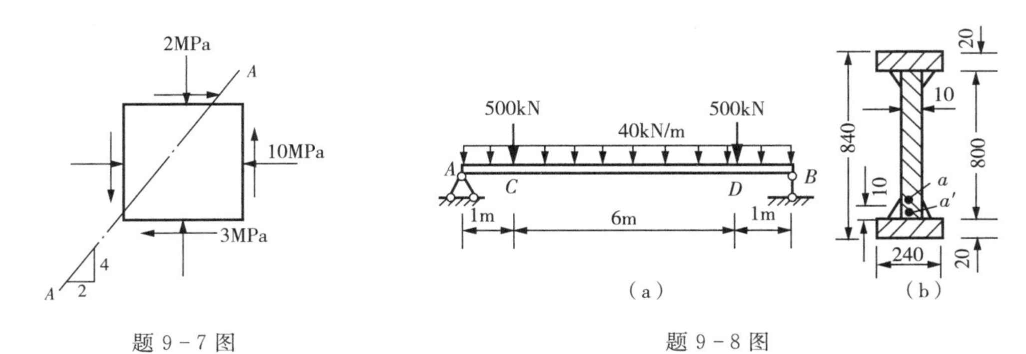


题 9-7 图　　　　题 9-8 图

9-9　某种铸铁的拉、压强度极限之比是 $\sigma_b/\sigma_{bc}=1/4$。用此种铸铁做单向压缩试验，如图所示。试按莫尔强度理论判断断裂面与试样轴线所成的角度 $\varphi$？

9-10　试确定梁中 $A$、$B$ 两点处的主应力大小和方向角，并绘出主应力单元体。

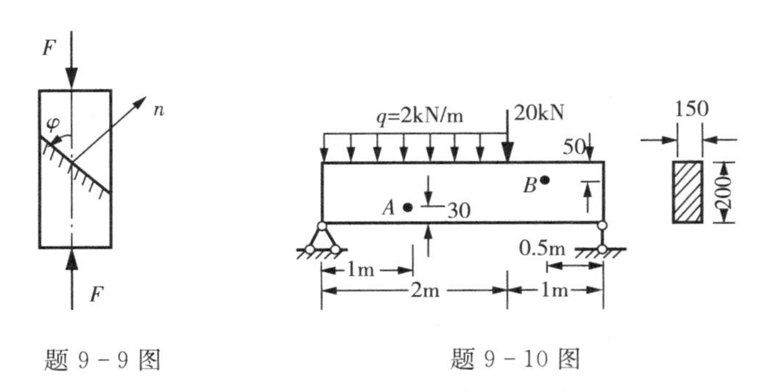


题 9-9 图　　　　题 9-10 图

9-11　各单元体上的应力如图所示。试用解析公式求指定方向面上的应力。

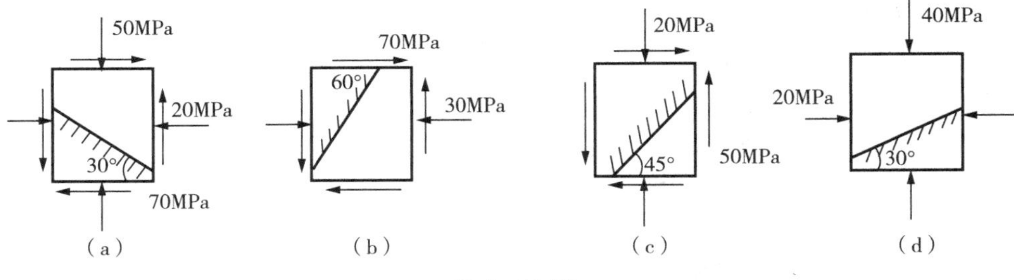


题 9-11 图

9-12　矩形截面木梁受力如图所示。木纹与梁轴成 20° 角，截面积为 $0.1\times0.5\text{m}^2$。试用解析公式法求截面 $a$-$a$ 上 $A$，$B$ 两点处木纹面上的应力。

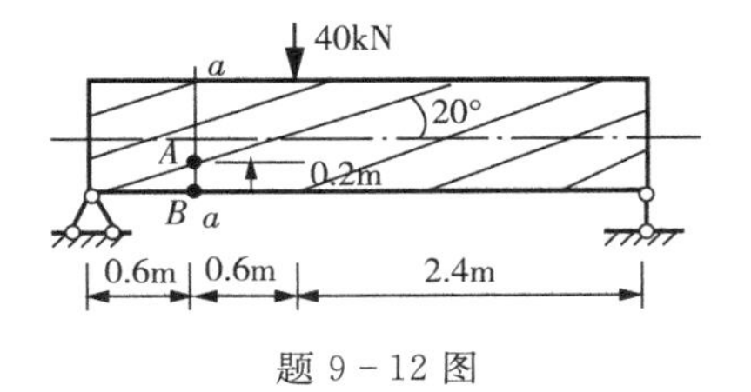


题 9-12 图

9-13　各单元体上的应力如图所示（单位：MPa）。试用应力圆法求各单元体的主应力大小和方向，再用解析公式法校核，并绘出主应力单元体。

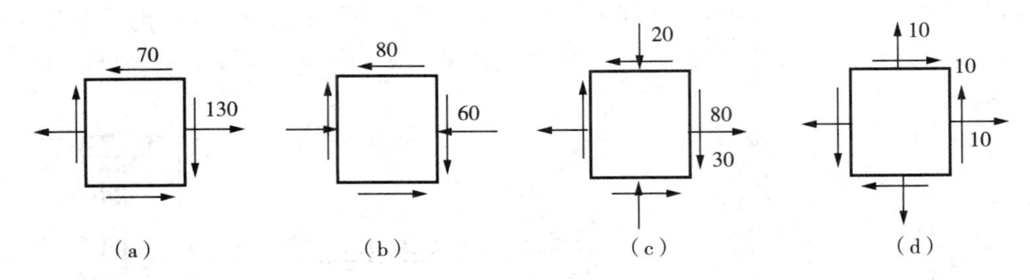


题 9－13 图

9－14　图示 $A$ 点处的最大切应力是 0.9MPa，试确定力 $F$ 的大小。

9－15　求图中两种单元体对应的主应力大小及方向。

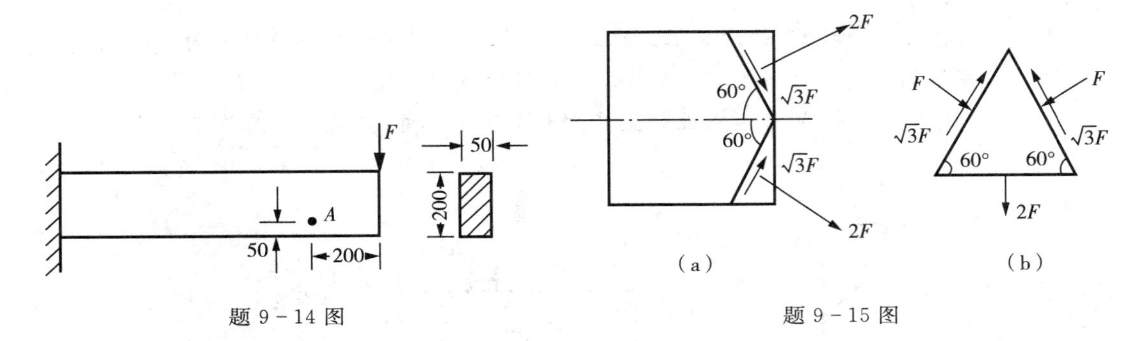


题 9－14 图　　　　题 9－15 图

9－16　在物体不受力的表面上取一单元体 $A$，已知该点的最大切应力为 3.5MPa，与表面垂直的斜面上作用着拉应力，而前后面上无应力。

(1) 计算 $A$ 点的 $\sigma_x$，$\sigma_y$ 及 $\tau_x$，并画在单元体上。

(2) 求 $A$ 点处的主应力大小和方向。

9－17　分析图示杆件 $A$ 点处横截面上及纵截面上有什么应力。（提示：在 $A$ 点处取出图示单元体，并考虑它的平衡）。

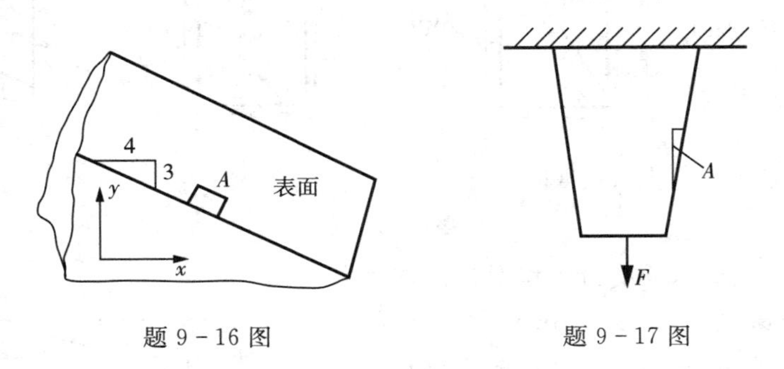


题 9－16 图　　　　题 9－17 图

9－18　在工字钢梁的中性层上一点 $K$ 处，沿与轴线成 45° 方向上贴有电阻片，测得正应变 $\varepsilon=-2.6\times10^{-5}$，设 $E=2.1\times10^{5}$MPa，$\nu=0.28$。试求梁上的荷载 $F$。

9－19　钢质圆杆直径 $D=20$mm。已知 $A$ 点处与水平线成 70° 方向上的正应变为 $4.1\times10^{-4}$。$E=2.1\times10^{11}$Pa，$\nu=0.28$，求荷载 $F$。

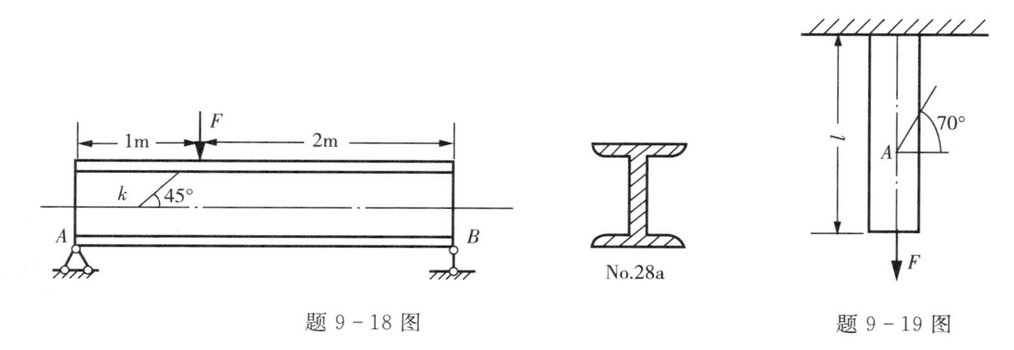


题 9－18 图　　　　题 9－19 图

9－20　用电阻应变仪测得受扭空心圆轴表面上某点处与母线成 45° 方向上的正应变 $\varepsilon=2.0\times10^{-4}$。已知 $E=2.0\times10^{11}\mathrm{Pa}$，$\nu=0.3$，试求 $T$ 的大小。

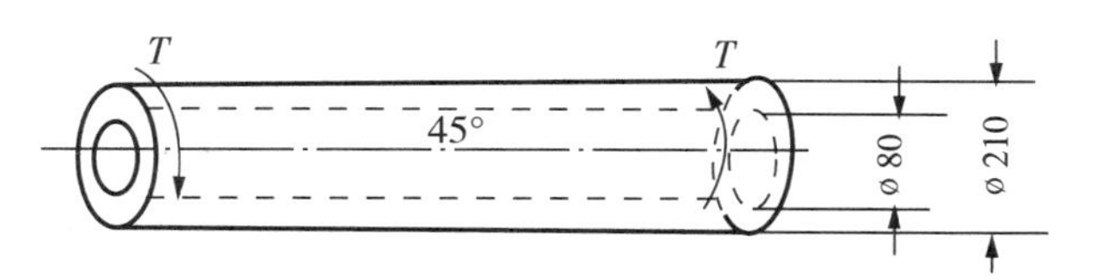


题 9－20 图

9－21　图示的薄壁圆筒，由厚度为 8mm 的钢板制成，平均直径 1m。已知钢板表面上点 $A$ 沿图示方向正应力为 60MPa。试求圆筒承受的内压 $p$。

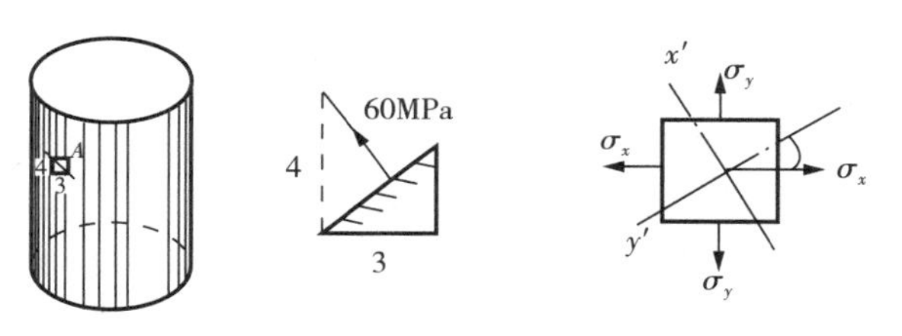


题 9－21 图

9－22　试确定图示应力状态中的最大正应力和最大切应力。图中应力的单位为 MPa。

9－23　结构中某一点处的应力状态如图所示。当 $\tau_{xy}=0$，$\sigma_x=200\mathrm{MPa}$，$\sigma_y=100\mathrm{MPa}$ 时，测得由 $\sigma_x$、$\sigma_y$ 引起的 $x$、$y$ 方向的正应变分别为 $\varepsilon_x=2.42\times10^{-3}$，$\varepsilon_y=0.49\times10^{-3}$。求结构材料的弹性模量 $E$ 和泊松比 $\nu$ 的数值。

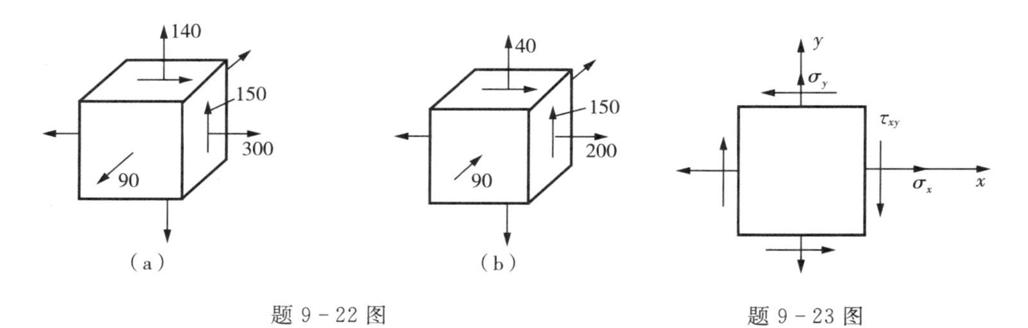


题 9－22 图　　　　题 9－23 图

# 第 10 章 工程结构的组合变形与强度设计

## 10.1 工程结构的组合变形特点

在工程结构中，有很多构件在外力作用下，会产生两种或两种以上的变形组合。例如图 10-1(a) 所示的厂房柱子，在偏心外力作用下将产生偏心压缩(压缩和弯曲)；图 10-1(b) 所示风力发电机组立柱，在自重和水平风力作用下，将产生压缩和弯曲；图 10-1(c) 所示的机械系统中的传动轴，在皮带拉力作用下，将产生弯曲和扭转，等等。这种同时发生两种或两种以上基本变形的构件称为组合变形构件。

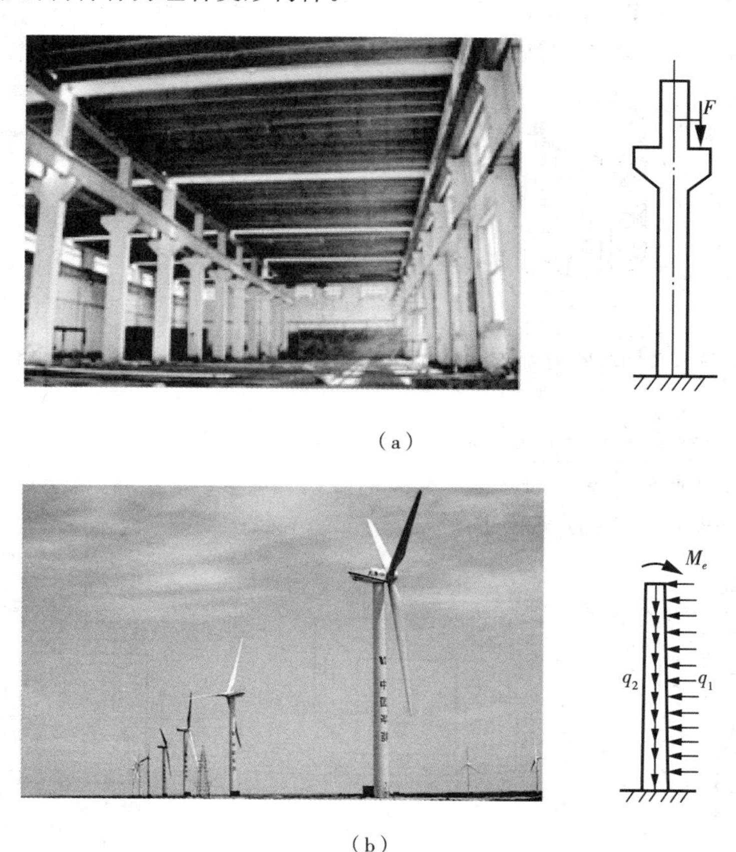


(a)

(b)

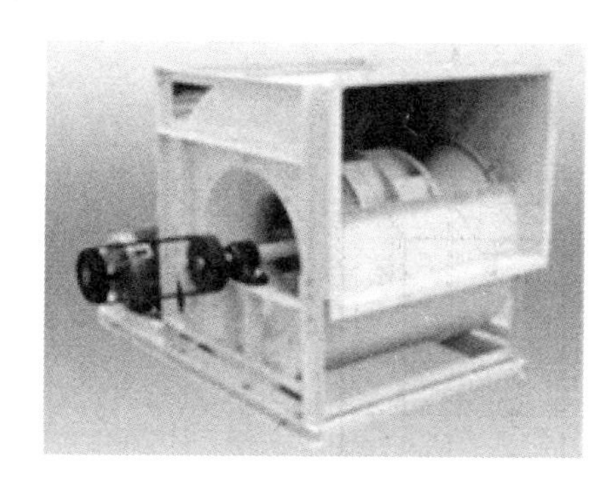

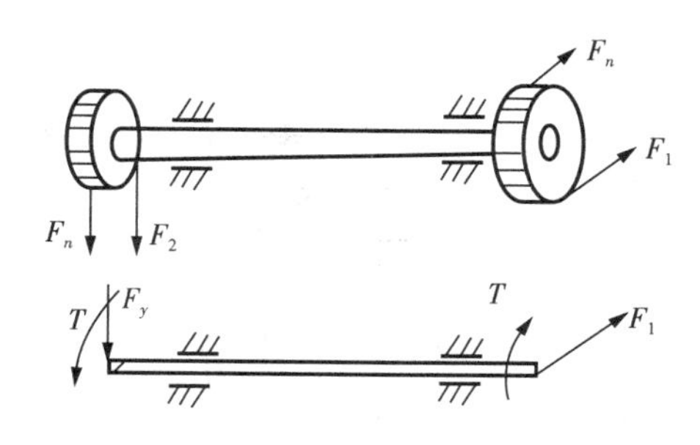


(c)

图 10-1　典型组合变形实例与简化模型

通常计算构件在组合变形下的应力和变形的方法是，在构件的材料处于弹性范围和在小变形的情况下，将作用在构件上的荷载分解或简化成几组荷载，构件在每组荷载下只产生一种基本变形，然后计算出每一种基本变形下的应力和变形，再由叠加原理得到构件在组合变形下的应力和变形。

前面各章节已经给出了单一的变形下的应力和强度计算方法。组合变形计算需要利用的叠加原理为：如果构件的载荷与引起的变形之间是线性关系，则作用在构件上组合载荷引起的组合变形等于各个单一载荷作用引起的变形的矢量叠加。本章主要介绍构件在拉伸(压缩)与弯曲组合、斜弯曲以及弯曲和扭转组合等变形下的应力和强度计算。

## 10.2　构件的偏心拉压变形分析

构件受到与其轴线平行但不与轴线重合的纵向外力作用时，构件将产生偏心拉压。构件受到偏心拉压的应力计算方法与上面的拉压弯曲组合计算类似。

例如，下端固定的矩形截面柱，具有 $xy$ 平面和 $xz$ 平面为两个形心主惯性平面，如图 10-2(a) 所示简化模型图。在柱的上端截面的 $A(y_F, z_F)$ 点，作用一平行于柱轴线的力 $F$。$A$ 点到截面形心 $C$ 的距离 $e$ 称为偏心距。

将力 $F$ 向中心 $C$ 点简化，再计算截面内力，得到通过柱轴线的压力 $F_N=-F$ 和力偶矩 $M=-F_e$。显然，偏心压缩(拉伸)转化为压缩(拉伸)和弯曲组合。

为了利用平面弯曲的计算方法，需要将弯矩分解到构件的纵向对称平面内。所以将力偶矩矢量沿 $y$ 轴和 $z$ 轴分解，分别得到作用于 $xz$ 平面内的力偶矩：

$$M_y=-F\times z_F \tag{10-1}$$

和作用于 $xy$ 平面内的力偶矩：

$$M_z=F\times y_F \tag{10-2}$$

这里，弯矩正负方向根据坐标系的方向来确定，如图 10-2(b) 所示。构件的各横截面上的内力也相应有三个力。构件将产生轴向压缩和在平面 $xz$ 及 $xy$ 平面内的两个平面弯曲(纯弯曲)。

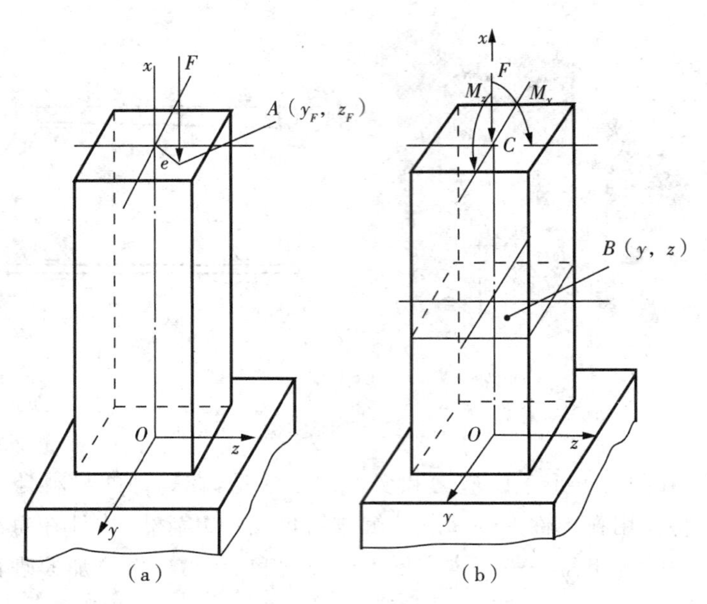


图 10 - 2　偏心压缩柱简化模型

考察任意横截面上任意点 $B(y,z)$ 处的应力。注意正应力的符号，拉应力为正，压应力为负。对应于上述三个内力，$B$ 点处的正应力分别为

1）受轴向力 $F$ 压缩，构件任一横截面上产生均匀的压应力：

$$\sigma^{(1)}=\frac{F_N}{A}=\frac{-F}{A} \tag{10-3}$$

应力的方向平行于构件的轴向。

2）受 $M_y$ 作用时，距固定端为 $x$ 的柱任意横截面上的弯曲正应力为：

$$\sigma^{(2)}(z)=\frac{M_y z}{I_y}=\frac{-F\times z_F\times z}{I_y} \tag{10-4}$$

应力的方向也是平行于构件的轴向。这是一种弯曲正应力分布。

3）受 $M_z$ 作用时，距固定端为 $x$ 的柱任意横截面上的弯曲正应力为：

$$\sigma^{(3)}(y)=\frac{M_z y}{I_z}=\frac{F\times y_F\times y}{I_z} \tag{10-5}$$

应力的方向平行于构件的轴向。这也是一种弯曲正应力分布。

上面三个应力方向都是沿着杆的轴向，在 $B$ 点都是压应力，由叠加法得 $B$ 点处的总应力为：

$$\begin{aligned}\sigma(y,z)&=\sigma^{(1)}+\sigma^{(2)}(z)+\sigma^{(3)}(y)=\frac{-F}{A}-\frac{F\times z_F\times z}{I_y}-\frac{F\times y_F\times y}{I_z}\\&=\frac{-F}{A}\left(1+\frac{z_F\times z}{i_y^2}+\frac{y_F\times y}{i_z^2}\right)\end{aligned} \tag{10-6}$$

式(10 - 6) 中，$i_y^2=I_y/A$，$i_z^2=I_z/A$，($i_y$、$i_z$ 称为当量半径)。

为了确定横截面上正应力的最大点，需确定截面的中性轴的位置。

设 $y_0$ 和 $z_0$ 为中性轴上任一点的坐标，由于在中性轴上正应力为零，将 $y_0$ 和 $z_0$ 代入式(10－6)后，得：

$$\sigma(y_0, z_0) = \frac{-F}{A}\left(1 + \frac{z_F \times z_0}{i_y^2} + \frac{y_F \times y_0}{i_z^2}\right) = 0$$

即

$$1 + \frac{z_F \times z_0}{i_y^2} + \frac{y_F \times y_0}{i_z^2} = 0 \tag{10-7}$$

式(10－7)就是中性轴方程。可以看出中性轴是一条直线，且$(y_0, z_0) \neq 0$，即不通过横截面形心。

分别令式(10－7)中的 $z_0 = 0$ 和 $y_0 = 0$，可以得到中性轴在 $y$ 轴和 $z$ 轴上的截距为：

$$a_y = -\frac{i_z^2}{y_F}, a_z = -\frac{i_y^2}{z_F} \tag{10-8}$$

式(10－8)中，负号表明中性轴的位置和外力作用点的位置分别在横截面形心的两侧。横截面上中性轴的位置及正应力分布如图 10－3 所示。中性轴一边的横截面上产生拉应力，另一边产生压应力。最大正应力发生在离中性轴最远的点处。对于有凸角的截面，最大正应力一定发生在角点处。角点 $D_1$ 产生最大压应力，角点 $D_2$ 产生最大拉应力。

对于构件具有 $yz$ 纵向对称平面的截面，可不必求中性轴的位置，根据变形情况确定产生最大拉应力和最大压应力的角点。对于构件没有 $yz$ 纵向对称平面的截面，当中性轴位置确定后，作两条直线与中性轴平行并切于截面周边的点，切点 $D_1$ 和 $D_2$ 即为产生最大压应力和最大拉应力的点，如图 10－4 所示。

构件受偏心压缩(拉伸)组合变形下截面的应力也是一种单向应力，它的强度条件以最大正应力进行校核

$$|\sigma|_{max} = |\sigma^{(1)} + \sigma^{(2)} + \sigma^{(3)}|_{max} \leqslant [\sigma] \tag{10-9}$$

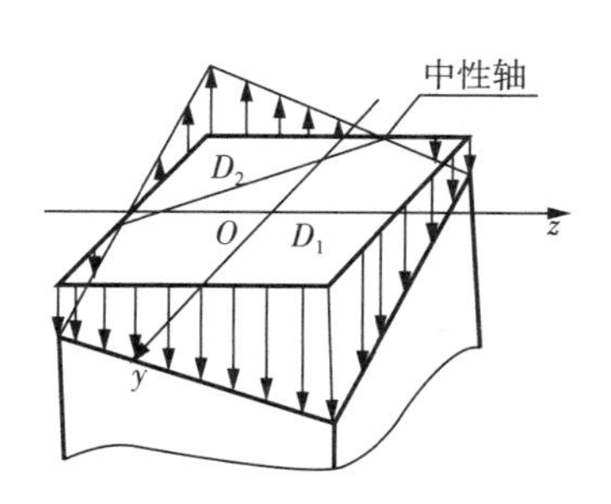


图 10－3　有凸角截面的中性轴与应力分布模型

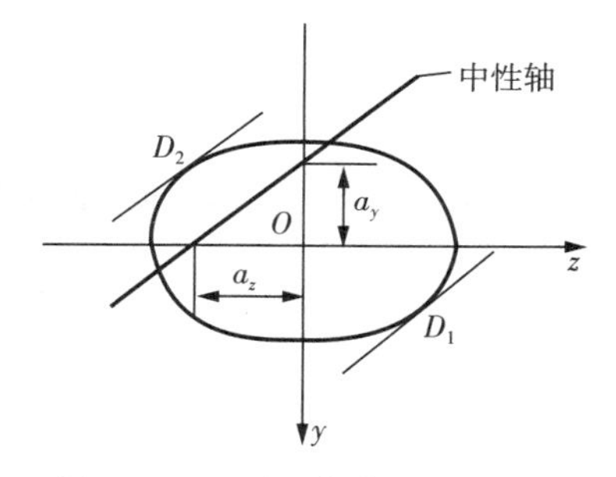


图 10－4　无凸角截面的中性轴

## 10.3　构件拉伸(压缩)与横力弯曲组合变形分析

构件受轴向力和横向力共同作用时，将产生拉伸(压缩)和横力弯曲组合变形。如果构件的弯曲刚度很大，所产生的弯曲变形很小，这时由轴向力所引起的附加弯矩很小，可以略

去不计。因此，可分别计算由轴向力引起的拉压正应力和由横向力引起的弯曲正应力。然后用叠加法求得两种荷载共同作用引起的正应力。

如图 10－5(a) 所示的构件简化模型图，受轴向拉力及均布荷载作用。下面介绍这种拉伸(压缩) 和弯曲组合变形下的正应力及强度计算方法。

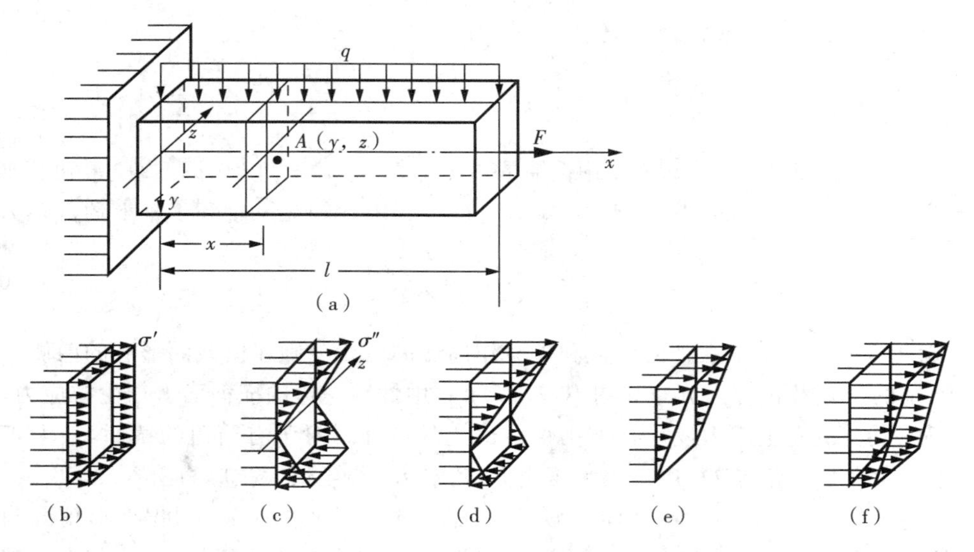


图 10－5 拉伸与弯曲组合变形构件简化模型

(1) 受轴向力 $F$ 拉伸时，构件任一横截面上产生均匀的正应力为：

$$\sigma^{(1)}=\frac{F_N}{A}=\frac{F}{A}$$

应力的方向平行于构件的轴向[图 10－5(b)]。

(2) 构件受均布横向荷载作用时，距固定端为 $x$ 的任意横截面上的弯曲正应力为：

$$\sigma^{(2)}(x,y)=\frac{My}{I_z}=\frac{q(l-x)^2y}{2I_z}$$

正应力的方向也是平行于构件的轴向。由于横力弯曲，在距离中心轴不同位置处，存在拉应力或压应力[图 10－5(c)]。

上面两种载荷引起的正应力方向是同向的，可以直接叠加得到总应力为：

$$\sigma(x,y)=\sigma^{(1)}+\sigma^{(2)}=\frac{F}{A}+\frac{My}{I_z} \tag{10-10}$$

这个总应力的分布随截面上的点 $A(y,z)$ 不同而不同。如图 10－5(d)(e)(f)。

显然，固定端截面为危险截面。由应力分布图可见，该横截面的上、下边缘处各点可能是危险点。这些点处的应力为：

$$\sigma\left(0,\pm\frac{h}{2}\right)=\frac{F}{A}\pm\frac{M_{\max}}{W_Z}=\frac{F}{A}\pm\frac{ql^2}{2W_Z} \tag{10-11}$$

当 $\sigma^{(1)}<\sigma^{(2)}_{\max}$ 时，横截面上的应力分布如图 10－5(d) 所示，上边缘的最大拉应力数值大

于下边缘的最大压应力数值。横截面的中性轴在截面内。

当 $\sigma^{(1)}=\sigma_{\max}^{(2)}$ 时，横截面上的应力分布如图 10-5(e) 所示，下边缘各点处的应力为零，上边缘各点处的拉应力最大。横截面的中性轴在截面边缘。

当 $\sigma^{(1)}>\sigma_{\max}^{(2)}$ 时，该横截面上的应力分布如图 10-5(f) 所示，上边缘各点处的拉应力最大。横截面的中性轴在截面外。

由于横力的作用，在截面上也有切应力，由前面介绍的结果知道，对于矩形截面切应力为：

$$\tau=\frac{F_S S^*}{I_z b}=\frac{6ql}{bh^3}\left(\frac{h^2}{4}-y^2\right)$$

显然，切应力的分布是二次曲线，在截面上下边缘各点处切应力为零，在截面中间部位切应力最大。在截面上下边缘处应力出现最大拉、压应力。一般情况下最大拉应力绝对值要大于最大切应力绝对值。因此，构件在拉伸(压缩) 和弯曲组合变形下的强度条件，可以采用与简单拉压应力一样以最大正应力进行校核。

$$\sigma_{maax}=\left|\frac{F_N}{A}+\frac{M_{\max}}{W_z}\right|_{\max}\leqslant[\sigma] \tag{10-12}$$

## 10.4　构件弯曲与扭转组合变形分析

工程中常见的另外一种组合变形是弯曲与扭转的组合。例如图 10-1(c) 所示的机械传动轴简化模型，它是典型的弯曲与扭转的组合实例。下面以图 10-6(a) 所示的钢制直角曲拐中的圆杆 $AB$ 弯曲与扭转的组合变形为例进行分析计算。

首先，将作用在 $C$ 点的外力 $F$ 向 $AB$ 杆右端截面的形心 $B$ 简化，得到一横向力 $F$ 及扭矩 $T=Fa$，如图 10-6(b) 所示。力 $F$ 使 $AB$ 杆弯曲，扭矩 $T$ 使 $AB$ 杆扭转，故 $AB$ 杆同时产生弯曲和扭转两种变形。

$AB$ 杆的弯矩方程为：$M_z=F(l-x)$

$AB$ 杆的扭矩方程为：$M_x=Fa$

$AB$ 杆的弯矩图和扭矩图如图 10-6(c)(d) 所示。由内力图可见，固定端截面是危险截面。

最大弯矩值为：$M_z=Fl$

最大扭矩值为：$M_x=Fa$

在固定端截面上，最大弯曲正应力为：

$$\sigma_{\max}=\frac{M_z}{W_z}=\frac{Fl}{W_z} \tag{10-13}$$

式(10-13) 中，$W_z$ 为截面绕 $z$ 轴的抗弯系数。

最大扭转切应力为：

$$\tau_{\max}=\frac{M_x}{W_P}=\frac{Fa}{W_P} \tag{10-14}$$

式(10－14)中,$W_p$ 为截面绕中心的抗扭系数。

弯曲正应力和扭转切应力的分布分别如图 10－6(e)(f)所示。从应力分布图可见,横截面的上、下两点 $C_1$ 和 $C_2$ 是危险点。在该点处取出一单元体,其各面上的应力如图 10－6(g)所示。由于该单元体处于一般二向应力状态,需用强度理论来进行分析。

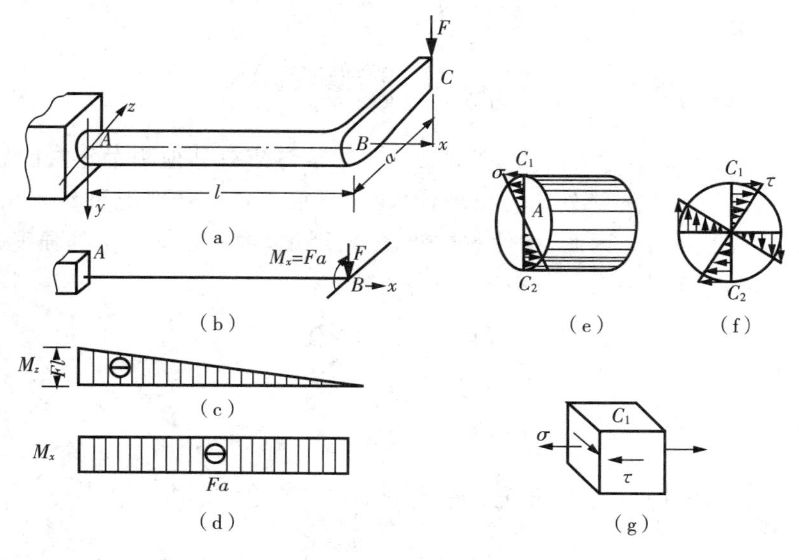


图 10－6 弯扭组合变形杆简化模型及受力与应力

首先需要将一般的应力状态转化到主应力状态。根据平面应力分析结果,材料危险点处的主应力为($\sigma_2=0$):

$$\sigma_{1,3}=\frac{\sigma_x+\sigma_y}{2}\pm\sqrt{\left(\frac{\sigma_x-\sigma_y}{2}\right)^2+\tau_{xy}^2}=\frac{\sigma}{2}\pm\frac{1}{2}\sqrt{\sigma^2+4\tau^2} \tag{10-15}$$

由上章介绍的强度理论,如果按照第三强度理论的校核准则为:

$$\sigma_1-\sigma_3=\sqrt{\sigma^2+4\tau^2}=\sqrt{\left(\frac{M_z}{W_z}\right)^2+4\left(\frac{M_x}{W_P}\right)^2}\leqslant[\sigma] \tag{10-16}$$

如果按照第四强度理论的校核准则为:

$$\begin{aligned}&\sqrt{\frac{1}{2}[(\sigma_1-\sigma_2)^2+(\sigma_2-\sigma_3)^2+(\sigma_3-\sigma_1)^2]}=\sqrt{\sigma^2+3\tau^2}\\&=\sqrt{\left(\frac{M_z}{W_z}\right)^2+3\left(\frac{M_x}{W_P}\right)^2}\leqslant[\sigma]\end{aligned} \tag{10-17}$$

式(10－16)和式(10－17)是构件弯曲与扭转组合强度校核理论的重要公式。

当构件是圆杆时,同时产生弯曲、扭转变形时,上述计算公式成为:

第三强度理论的校核准则为($W_p=2W_z$):

$$\frac{1}{W_z}\sqrt{M_z^2+M_x^2}\leqslant[\sigma] \tag{10-18}$$

第四强度理论的校核准则为：

$$\frac{1}{W_z}\sqrt{M_z^2+\frac{3}{4}M_x^2}\leqslant[\sigma] \tag{10-19}$$

考虑构件是圆杆时，同时产生拉伸(压缩)和扭转两种变形时，上述分析方法仍然适用，只是弯曲正应力需用拉伸(压缩)时的正应力代替。在这种情况下，危险截面上的周边各点均为危险点。

对非圆截面杆同时产生弯曲和扭转变形，甚至还有拉伸(压缩)变形时，仍可用上述方法分析。但扭转切应力须用非圆截面杆扭转的切应力公式计算，并且需要仔细判断危险点的位置。

## 10.5　工程梁斜弯曲变形分析

分析梁弯曲问题时，假定梁具有纵向对称平面，外力作用在纵向对称平面内，梁变形后轴线位于外力作用的平面内，此种弯曲称为平面弯曲，如图10-7(a)所示。对于不具有纵向对称平面的梁，或任意的力作用，将不会发生平面弯曲。

当外力作用使梁发生平面弯曲的点称为截面弯曲中心。只有当外力作用在通过弯曲中心且与形心主惯性平面平行的平面内时，梁才能发生平面弯曲，如图10-7(b)所示。

工程中有些梁(不论梁是否具有纵向对称平面)，外力虽然经过弯曲中心(或形心)，但其作用面与形心主惯性平面既不重合，也不平行，如图10-7(c)(d)所示，这种弯曲称为斜弯曲。

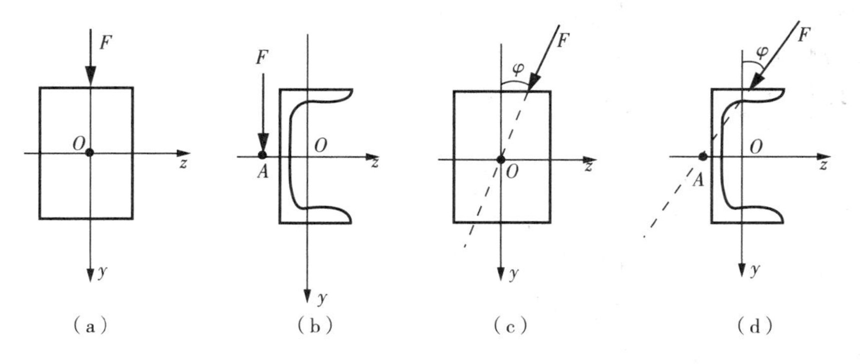


图10-7　平面弯曲与斜弯曲模型

为了便于计算这种斜弯曲的应力和变形，需要将弯矩分解到主惯性平面内。下面以图10-8所示矩形截面悬臂梁为例，分析具有两个相互垂直的对称面的梁在斜弯曲情况下的应力计算方法。

### 10.5.1　斜弯曲变形

图10-8所示悬臂梁，在$F_y$和$F_z$分别作用下，自由端截面的形心$C$点在$xy$平面和$xz$平

面内的挠度分别为：

$$w_{Cy}=\frac{Fl^3\cos\varphi}{3EI_z},w_{Cz}=\frac{-Fl^3\sin\varphi}{3EI_y} \tag{10-20}$$

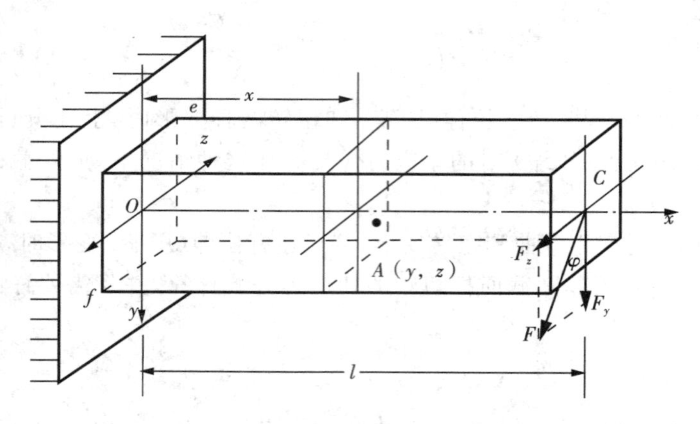


图 10-8 悬臂斜弯曲梁受力简化模型

由于两个挠度变形方向相互垂直，故得 $C$ 点的总挠度为：

$$w_C=\sqrt{w_{Cy}^2+w_{Cz}^2}=\frac{Fl^3}{3E}\sqrt{\frac{\sin^2\varphi}{I_y^2}+\frac{\cos^2\varphi}{I_z^2}} \tag{10-21}$$

设总挠度方向与 $y$ 轴夹角为 $\beta$，如图 10-9，则：

$$\tan\beta=\frac{w_{Cz}}{w_{Cy}}=\frac{-I_z}{I_y}\tan\varphi \tag{10-22}$$

由于矩形截面 $I_y\neq I_z$，因此，$C$ 点的总挠度方向和力 $F$ 作用方向不重合，如图 10-9 所示。$C$ 点挠度方向垂直于中性轴，这是斜弯曲的又一特征。

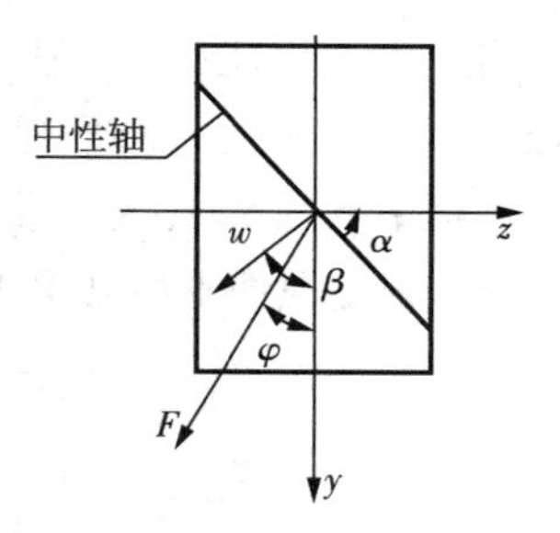


图 10-9 斜弯曲梁的变形特点

但是对圆形和正方形等截面，$\varphi=\beta\hat{a}$，即挠度方向和 $F$ 力作用方向重合。

以上介绍了矩形截面梁的斜弯曲问题的分析方法。如果截面是非矩形的，但构件在通过弯曲中心的互相垂直的两个主惯性平面内分别有横向力作用而发生双向弯曲时，分析的方法完全相同。

### 10.5.2 梁结构的斜弯曲应力

1. 结构中的正应力

图 10-8 所示的悬臂梁简化模型，设力 $F$ 作用在梁自由端截面的形心处，并与竖向形心主轴夹角为 $\varphi$。将 $F$ 力沿两形心主惯性轴分解，得：

$$F_y=F\cos\varphi,F_z=-F\sin\varphi$$

梁在 $F_y$ 和 $F_z$ 单独作用下，将分别在 $xy$ 平面和 $xz$ 平面内产生平面弯曲。因此，这里的斜弯曲是要将两个相互正交的平面弯曲的组合起来。

在距固定端为 $x$ 处的梁横截面上，由 $F_y$ 和 $F_z$ 引起的弯矩为：

$$M_y = F_z(l-x) = F(l-x)\sin\varphi$$

$$M_z = F_y(l-x) = F(l-x)\cos\varphi$$

弯矩的符号按照坐标系的方向逆时针为正确定。

为了分析横截面上正应力及其分布规律，考察 $x$ 截面上任一点 $A(y,z)$ 处的正应力。由 $M_y$ 和 $M_z$ 在 $A$ 点处引起的正应力分别为：

$$\sigma^{(1)}(x,z) = \frac{M_y z}{I_y} = \frac{F(l-x)z\sin\varphi}{I_y}$$

$$\sigma^{(2)}(x,y) = \frac{-M_z y}{I_z} = \frac{-F(l-x)y\cos\varphi}{I_z}$$

显然，$\sigma^{(1)}$ 和 $\sigma^{(2)}$ 分别沿宽度和高度线性分布，正应力的正负号由梁的变形情况确定比较方便。在上面的问题中，$F_z$ 的作用引起横截面上竖向形心主轴 $y$ 以右的各点处产生拉应力，以左的各点处产生压应力；$F_y$ 的作用使得横截面上水平形心主轴 $z$ 以上的各点处产生拉应力，以下的各点处产生压应力。所以 $A$ 点处由 $F_y$ 和 $F_z$ 引起的分别为压应力和拉应力。

由于两个正应力的方向均是沿着轴线方向，可以直接叠加得 $A$ 点处的合成正应力为：

$$\sigma(x,y,z) = \sigma^{(1)} + \sigma^{(2)} = \frac{M_{yz}}{I_y} - \frac{M_{zy}}{I_z} \tag{10-23}$$

2. 结构的中性轴与最大正应力

在横截面上的正应力是 $y$ 和 $z$ 的线性函数。因此，为了确定最大正应力，首先要确定中性轴的位置。离开中性轴最远的点正应力会最大。设中性轴上任一点的坐标为 $y_0$ 和 $z_0$。因中性轴上各点处的正应力为零，所以将 $y_0$ 和 $z_0$ 代入式(10－23)后，可得：

$$\sigma(x,y_0,z_0) = \frac{M_y z_0}{I_y} - \frac{M_z y_0}{I_z} = \frac{F(l-x)z_0\sin\varphi}{I_y} - \frac{F(l-x)y_0\cos\varphi}{I_z} = 0$$

即

$$\frac{z_0\sin\varphi}{I_y} - \frac{y_0\cos\varphi}{I_z} = 0 \tag{10-24}$$

这就是中性轴需要满足的方程。它是一条通过横截面形心的直线。设中性轴与 $z$ 轴之间的夹角为 $\alpha$，则由式(10－24)得到：

$$\tan\alpha = \frac{y_0}{z_0} = \frac{I_z}{I_y}\tan\varphi \tag{10-25}$$

式(10－25)表明，中性轴和外力作用线在相邻的象限内，如图 10－10(a)所示。

由式(10-25)可见，对于像矩形这类的截面，$I_y \neq I_z$，所以，$\alpha \neq \varphi$。即中性轴与外力 $F$ 作用方向不垂直。这是产生斜弯曲一个重要特征。

但是对圆形和正方形等截面，由于任意一对形心轴都是主轴，且截面对任一形心轴的惯性矩都相等，所以 $\varphi = \alpha$，即中性轴与力 $F$ 作用方向垂直。它表明对这类截面，通过截面形心的横向力，不管作用在什么方向，梁都产生平面弯曲，而不可能发生斜弯曲。

横截面上中性轴的位置确定以后，即可画出横截面上的正应力分布图。斜弯曲梁的正应力分布，如图 10－10(b) 所示。由应力分布图可见，在中性轴一边的横截面上各点处产生拉应力，在中性轴另一边的横截面上各点处产生压应力。横截面上的最大正应力发生在离中性轴最远的点。对于有凸角的截面，应力分布图可见图 10－10(b)。角点 $b$ 产生最大拉应力，角点 $d$ 产生最大压应力，它们分别为：

$$\begin{cases}\sigma_{\max}\left(x,-\dfrac{h}{2},\dfrac{b}{2}\right)=\dfrac{F(l-x)b\sin\varphi}{2I_y}+\dfrac{F(l-x)h\cos\varphi}{2I_z} & (10-26)\\[2ex] \sigma_{\min}\left(x,\dfrac{h}{2},-\dfrac{b}{2}\right)=-\dfrac{F(l-x)b\sin\varphi}{2I_y}-\dfrac{F(l-x)h\cos\varphi}{2I_z} & (10-27)\end{cases}$$

实际上，对于有凸角的截面，例如，矩形、工字形截面，斜弯曲是两个平面弯曲组合，最大正应力显然产生在角点上。根据变形情况，即可确定产生最大拉应力和最大压应力的点。

对于没有凸角的截面，可用作图法确定产生最大正应力的点。如图 10－11 所示的椭圆形截面，当确定了中性轴位置后，作平行于中性轴并切于截面周边的两条直线，切点 $D_1$ 和 $D_2$ 即为产生最大正应力的点。

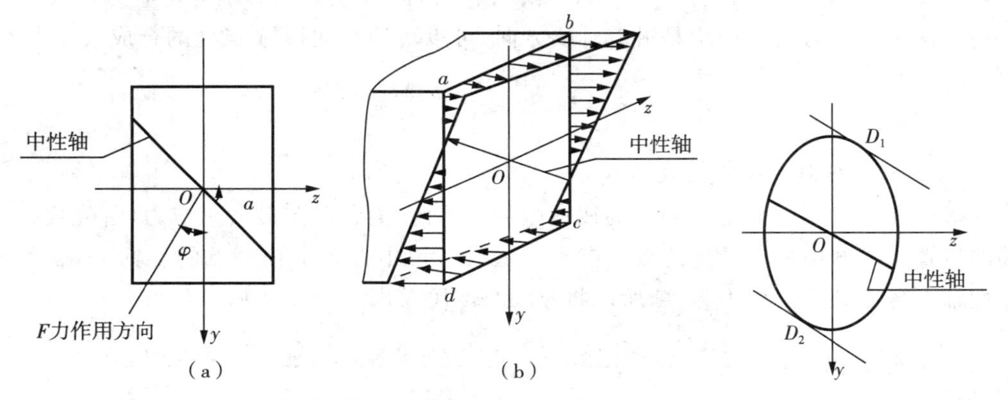


图 10－10 有凸角截面的中性轴与应力分布模型

图 10－11 无凸角截面的中性轴

3. 结构中的切应力

对于力 $F$ 作用引起梁截面的切应力，也是将力 $F$ 沿两形心主惯性轴分解，再利用第 5 章中介绍的切应力公式进行计算。例如，对矩形截面梁：

$$\begin{cases}\tau_y=\dfrac{F_{Sy}S^*}{I_zb}=\dfrac{6F\cos\varphi}{bh^3}\left(\dfrac{h^2}{4}-y^2\right) & (10-28)\\[2ex] \tau_z=\dfrac{F_{Sz}S^*}{I_zb}=\dfrac{-6F\sin\varphi}{hb^3}\left(\dfrac{b^2}{4}-z^2\right) & (10-29)\end{cases}$$

这两个切应力的方向相互垂直。

## 10.6＊ 组合变形构件的强度校核及稳健可靠性设计

工程中经常遇到构件的组合变形设计问题，涉及的问题可能是计算组合变形中的最大应力，判断是否超出材料的许用极限。也可能是在给定条件下设计构件的尺寸。不论是哪种问题，首先需要分析和计算构件中的最危险的应力状态，再选择合适的强度理论进行判断。

### 10.6.1 强度校核问题

对于危险点处于复杂应力状态情况，首先确定结构的主应力状态，再选用合适的强度理论，按该强度理论的相当应力建立强度条件进行计算。在上章中介绍了五种强度理论的校核条件，它们可以写成统一的形式，即

$$\sigma_{eq} \leqslant [\sigma] \tag{10-30}$$

式中 $\sigma_{eq}$ 称相当量化应力。公式(10－27) 具体为：

第一强度理论：

$$\sigma_{eq1} = \sigma_1 \tag{10-31}$$

第二强度理论：

$$\sigma_{eq2} = \sigma_1 - \nu(\sigma_2 - \sigma_3) \tag{10-32}$$

第三强度理论：

$$\sigma_{eq3} = \sigma_1 - \sigma_3 \tag{10-33}$$

第四强度理论：

$$\sigma_{eq4} = \sqrt{\frac{1}{2}[(\sigma_1 - \sigma_2)^2 + (\sigma_2 - \sigma_3)^2 + (\sigma_3 - \sigma_1)^2]} \tag{10-34}$$

莫尔强度理论：

$$\sigma_{eq5} = \sigma_1 - \frac{[\sigma_t]}{[\sigma_c]}\sigma_3 \tag{10-35}$$

如果危险截面上的最大应力是单向应力状态，则上面 5 种强度理论的相当应力是一致的。因此，前面介绍的组合变形中，拉伸(压缩) 与横力弯曲组合、偏心拉压、梁斜弯曲等几种组合变形的强度校核可采用一样的当量化应力。

1. 拉伸(压缩) 与横力弯曲组合危险截面上的最大应力校核

$$\sigma_{eq} = \left|\frac{F_N}{A} + \frac{M_{max}}{W_z}\right|_{max} \leqslant [\sigma] \tag{10-36}$$

2. 偏心拉压危险截面上的最大应力校核

$$\begin{aligned}\sigma_{eq} &= |\sigma^{(1)} + \sigma^{(2)}(z) + \sigma^{(3)}(y)|_{max} = \left|\frac{-F}{A} - \frac{F \times z_F \times z}{I_y} - \frac{F \times y_F \times y}{I_z}\right|_{max} \\ &= \left|\frac{F}{A}(1 + \frac{z_F \times z}{i_y^2} + \frac{y_F \times y}{i_z^2})\right|_{max} \leqslant [\sigma]\end{aligned} \tag{10-37}$$

3. 梁斜弯曲危险截面上的最大应力校核

$$\sigma_{eq} = |\sigma' + \sigma''|_{max} = \left|\frac{M_y z}{I_y} - \frac{M_z y}{I_z}\right|_{max} \leqslant [\sigma] \tag{10-38}$$

但是，对弯曲与扭转组合，不同的强度理论有不同的相当应力。

4. 圆截面的弯曲与扭转组合危险截面($W_P=2W_z$，弯矩为 $M_z$，扭矩为 $M_T$)

第一强度理论校核：

$$\sigma_{eq1}=\frac{\sigma}{2}+\frac{1}{2}\sqrt{\sigma^2+4\tau^2}=\frac{1}{2W_z}[M_z+\sqrt{(M_z)^2+(M_T)^2}]\leqslant[\sigma] \quad (10-39)$$

第二强度理论校核：

$$\sigma_{eq2}=\frac{(1+\nu)\sigma}{2}+\frac{(1+\nu)}{2}\sqrt{\sigma^2+4\tau^2}=\frac{(1+\nu)}{2W_z}[M_z+\sqrt{(M_z)^2+(M_T)^2}]\leqslant[\sigma] \quad (10-40)$$

第三强度理论校核：

$$\sigma_{eq3}=\sqrt{\sigma^2+4\tau^2}=\frac{1}{W_z}\sqrt{(M_z)^2+(M_T)^2}\leqslant[\sigma] \quad (10-41)$$

第四强度理论校核：

$$\sigma_{eq4}=\sqrt{\sigma^2+3\tau^2}=\frac{1}{W_z}\sqrt{(M_z)^2+0.75\,(M_T)^2}\leqslant[\sigma] \quad (10-42)$$

莫尔强度理论校核：

$$\begin{aligned}\sigma_{eq5}&=\frac{(1+[\sigma_t]/[\sigma_c])}{2}(\sigma+\sqrt{\sigma^2+4\tau^2})\\&=\frac{(1+[\sigma_t]/[\sigma_c])}{2W_z}[M_z+\sqrt{(M_z)^2+(M_T)^2}]\leqslant[\sigma]\end{aligned} \quad (10-43)$$

### 10.6.2 构件稳健可靠性设计问题

当已经知道材料的许用应力和结构承受的最大载荷时，要确定结构最小的危险截面尺寸。这就是强度设计问题。在实际工作中，要求零件的受力满足强度寿命条件，而零件的强度寿命需要满足寿命参数估计要求。而一般情况下材料的强度寿命具有随机因素，应该利用随机变量的可靠性分析方法，才能合理进行零件的设计。下面介绍材料满足强度条件的可靠性设计理论(参见文献[5、6、16])。

1. 强度条件的可靠性设计理论

假设零件材料的受力(引起内力 $\boldsymbol{F}$ 和应力 $\sigma$)是满足正态分布的随机变量，材料的许用强度应力 $[\sigma]$ 也是满足正态分布的随机变量。根据正态分布的随机概率密度函数：

$$f(x)=\frac{1}{\sqrt{2\pi}\,s}\exp\left[\frac{-(x-u)^2}{2s^2}\right],\quad(-\infty<x<+\infty) \quad (10-44)$$

式(10-44)中，$s$：为随机变量 $x$ 的均方差，$u$：随机变量 $x$ 的均值。显然，只要随机变量的均方差和均值确定后，随机变量的规律就确定下来了。

对于多个相同分布的随机变量，它们的随机概率密度函数分别为：

$$f(x_1)=\frac{1}{\sqrt{2\pi}\,s_1}\exp\left[\frac{-(x_1-u_1)^2}{2s_1{}^2}\right],\quad(-\infty<x_1<+\infty)\tag{10-45}$$

$$f(x_2)=\frac{1}{\sqrt{2\pi}\,s_2}\exp\left[\frac{-(x_2-u_2)^2}{2s_2{}^2}\right],\quad(-\infty<x_2<+\infty)\tag{10-46}$$

则它们之间随机过程运算结果如表 10 - 1 所示。

**表 10 - 1　正态分布变量的随机过程运算**

| 随机变量 $x_1$、$x_2$ 的运算量 $z$ | 随机变量 $z$ 的均值 $u_z$ | 随机变量 $z$ 的均方差 $s_z$ |
|---|---|---|
| $z=ax_1$(这里 $a$ 为常数,下同) | $u_z=au_1$ | $s_z=as_1$ |
| $z=a+x_1$ | $u_z=a+u_1$ | $s_z=s_1$ |
| $z=x_1\pm x_2$ | $u_z=u_1\pm u_2$ | $s_z=\sqrt{s_1^2+s_2^2}$ |
| $z=x_1.x_2$ | $u_z=u_1.u_2$ | $s_z=\sqrt{u_2^2s_1^2+u_1^2s_2^2}$ |
| $z=x_1/x_2$ | $u_z=u_1/u_2$ | $s_z=\sqrt{u_2^2s_1^2+u_1^2s_2^2}/u_2^2$ |
| $z=x_1{}^n$ | $u_z=u_1{}^n$ | $s_z=nu_1^{n-1}s_1$ |

将随机过程运算规律应用到强度校核时,设应力 $\sigma$ 的分布函数为:

$$f(\sigma)=\frac{1}{\sqrt{2\pi}\,s_\sigma}\exp\left[\frac{-(\sigma-u_\sigma)^2}{2s_\sigma{}^2}\right],\quad(-\infty<\sigma<+\infty)\tag{10-47}$$

许用应力强度$[\sigma]$的分布函数:

$$f([\sigma])=\frac{1}{\sqrt{2\pi}\,s_{[\sigma]}}\exp\left[\frac{-([\sigma]-u_{[\sigma]})^2}{2s_{[\sigma]}{}^2}\right],\quad(-\infty<[\sigma]<+\infty)\tag{10-48}$$

而 $\sigma$ 与$[\sigma]$两者之间的差 $z=[\sigma]-\sigma$ 的概率就是结构的可靠度,即

$$R=P(z>0)=\int_0^\infty f(z)dz=\frac{1}{\sqrt{2\pi}\,s_z}\int_0^\infty\exp\left[\frac{-(z-u_z)^2}{2s_z{}^2}\right]dz\tag{10-49}$$

若令 $t=(z-u_z)/s_z$,则上式简化为:

$$R=\frac{1}{\sqrt{2\pi}}\int_{-\infty}^{a}\exp[-t^2/2]\,dt\tag{10-50}$$

式(10 - 50)中,$a=(u_{[\sigma]}-u_\sigma)/\sqrt{s_{[\sigma]}^2+s_\sigma^2}$

显然,可靠度 $R$ 与联结系数 $a$ 直接有关。表 10 - 2 给出典型的系数 $a$ 的可靠度值。

**表 10 - 2　系数 a 与可靠度 R 之间的典型数值**

| $a$ | 0.000 | 1.288 | 1.645 | 2.326 | 2.576 | 3.091 | 3.716 | 4.256 | 5.199 | 5.997 |
|---|---|---|---|---|---|---|---|---|---|---|
| $R$ | 0.50 | 0.90 | 0.95 | 0.99 | 0.995 | 0.999 | 0.9999 | 0.99999 | 0.9999999 | 0.999999999 |

当确定了设计可靠度 $R$ 后,则可以确定结构的可靠性尺寸。

例如，铆钉承受到的拉力 **F** 的均值 $u_F=25kN$，均方差 $s_F=300N$。铆钉材料的屈服强度的均值 $u_{[\sigma]}=800MPa$，其均方差 $s_{[\sigma]}=32MPa$。当可靠度取 $R=0.999$ 时，确定铆钉杆的半径 $r$ 的均值 $u_r$。

(1) 确定铆钉杆面积的均值和均方差值

设铆钉半径的均方差值与均值之间符合 $s_r=0.005u_r$，

铆钉杆的截面积：$A=\pi r^2$，则：

截面积的均值：$u_A=\pi {u_r}^2=\pi {u_r}^2(\mathrm{mm}^2)$

截面积的均方差：$s_A=2\pi u_r s_r=2\pi u_r(0.005u_r)=0.01\pi {u_r}^2(\mathrm{mm}^2)$

(2) 确定铆钉的应力均值和均方差值。

由拉压的应力计算公式：$\sigma=F/A$，则

$$u_\sigma=\frac{u_F}{u_A}=\frac{25\times10^3}{\pi u_r^2}=7957.7/u_r^2(\mathrm{N/mm^2})$$

$$s_\sigma=\frac{1}{{u_A}^2}\sqrt{u_F^2 s_A^2+u_A^2 s_F^2}$$

$$=\frac{1}{(\pi u_r^2)^2}\sqrt{(25\times10^3)^2\ (0.01\pi u_r^2)^2+(\pi u_r^2)^2\ (300)^2}$$

$$=124.3/u_d^2(\mathrm{N/mm^2})$$

(3) 当 $R=0.999$ 时，$a=3.091$，而 $a=(u_{[\sigma]}-u_\sigma)/\sqrt{s_{[\sigma]}^2+s_\sigma^2}$，所以：

$$3.091=\frac{800\times10^6-7957.7N/u_r^2}{\sqrt{(32\times10^6)^2+(124.3N/u_r^2)^2}}$$

由上式可解得杆的半径 **r** 的均值为 $u_r=3.36(\mathrm{mm})$。

2. 零件力学参数化稳健设计的数学模型

一般零件的几何设计参数主要包括其一系列特征几何尺寸，记为：

$$X=\{x_1,x_2,x_3,\cdots\}$$

其中，$x_1,x_2,x_3,\cdots$ 为零件设计相关尺寸。

零件受到的外载荷及内部载荷一般有：

$$Y=\{F_a,F_r,F_m,Q_i,Q_e,Q_f,\cdots\}$$

其中，$F_a,F_r,F_m$，为受到的外载荷，$Q_i,Q_e,Q_f$ 为零件截面内部力。

零件的材料参数包括：

$$Z=\{E,\nu,[\sigma],\cdots\}$$

其中，$E,\nu$ 为材料弹性常数，$[\sigma]$ 为材料强度许用应力。

另外，零件已知的外形尺寸参数有：

$$A=\{a_1,a_2,a_3,\cdots\}$$

其中，$a_1,a_2,a_3,\cdots$ 为已知尺寸量。

而零件的变形、应力、应变等力学参数一般有，

$$W=\{\delta,\sigma,\varepsilon,\cdots\}$$

因此，对整个零件设计来说，可以建立下面泛函关系式：

$$W=[SJ]\{A,X,Y,Z\}^{T} \tag{10-51}$$

式(10-51)中，左边的量为零件力学参数，右边是零件已知外形尺寸和待设计的尺寸参数、载荷、材料常数等。

$[SJ]$ 是设计过程中的一种泛函矩阵关系。上标 $T$ 表示矩阵转置运算。

当对参数作出某些要求(或限制)时，则可以对结构参数进行规划设计。体现一种力学参数化稳健设计思想。需要确定零件最小尺寸时，可以采用数学方法表达为：

$$X=[SJ]_{\min}^{-1}\{[W]\}^{T} \tag{10-52}$$

需要确定零件最大承受载荷时，可以采用数学方法表达为：

$$Y=[SJ]_{\max}^{-1}\{[W]\}^{T} \tag{10-53}$$

式(10-53)中，$[SJ]_{\min}^{-1}$，$[SJ]_{\max}^{-1}$ 表示泛函矩阵逆向稳健优化运算。这些过程需要利用程序在计算机上完成。

## 10.7　典型组合变形强度问题分析

为了理解和运用上面介绍的理论和公式，下面通过例子的求解来说明实际工程中的问题分析方法。

**例 10-1**　工程中采用的托架，如图 10-12(a) 所示。受荷载 $F=45\text{kN}$ 作用，简化模型如图 10-12(b) 所示。设材料的容许应力$[\sigma]=160\text{MPa}$。若 $AC$ 杆为圆钢，试选择其直径尺寸。若 $AC$ 杆为工字钢，再选择其代号。

**解**：取 $AC$ 杆进行分析，其受力情况如图 10-12(c) 所示。由其平衡方程

$$F_B\cdot 3\sin30^\circ-F\cdot 4=0$$

求得

$$F_B=\frac{F\cdot 4}{3\sin30^\circ}=\frac{45\times10^3\times4}{3\times0.5}=120\times10^3(\text{N})$$

在 $AB$ 段，杆受到的轴向力：

$$F_N=F_B\cos30^\circ=120\times10^3\cos30^\circ=103.923\times10^3(\text{N})$$

$AB$ 段内受到拉伸应力 $\sigma^{(1)}=\dfrac{F_N}{A}=\dfrac{103.823\times10^3}{\pi d^2/4}$，

$AC$ 杆受到的截面弯矩：

$$M=\begin{cases}-Fx=-45x\times10^3 & 0\leqslant x\leqslant 1\\ -F+F_B(x-1)\sin30^\circ=-45\times10^3+60(x-1)\times10^3 & 1<x\leqslant 4\end{cases}$$

$AC$ 段在横向力作用下发生弯曲，弯曲正应力为：

$$\sigma^{(2)}=\frac{M}{W_z}$$

在两种外力共同作用下，$AB$ 段杆的变形是拉伸和弯曲的组合变形。$AB$ 杆的轴力图如图 10-12(d)，$AC$ 杆的弯矩图如图 10-12(e) 所示。由内力图可见，$B$ 点左侧的横截面是危险截面。该横截面的上边缘各点处的拉应力最大是危险点。

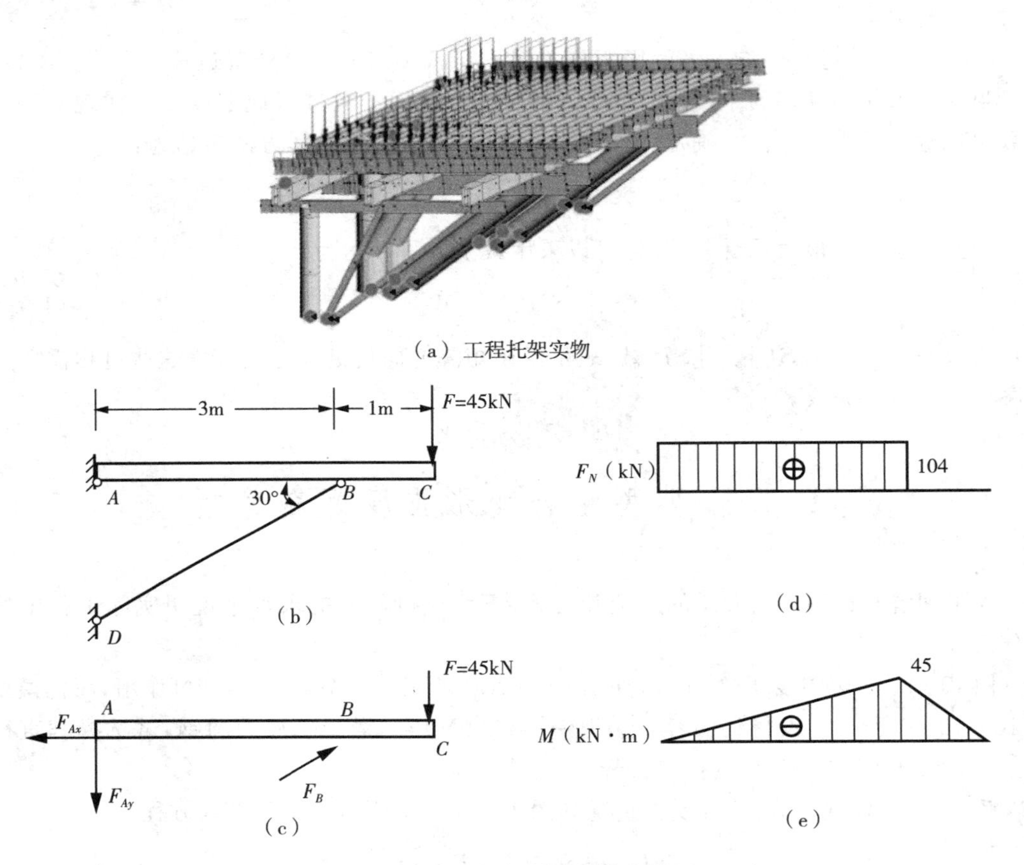


图 10-12 托架梁及受力简化模型

如果 $AC$ 杆为圆钢，校核强度条件为：

$$\sigma_{\max}=\frac{F_N}{A}+\frac{M_{\max}}{W_z}=\frac{103.823\times10^3}{\pi d^2/4}+\frac{45\times10^3}{\pi d^3/32}\leqslant[\sigma]=160\times10^6(\mathrm{Pa})$$

利用解 3 次方程的方法可以求出最小的圆钢直径，这里取 $d=145\mathrm{mm}$。

如果 $AC$ 杆为工字钢，校核强度条件为：

$$\sigma_{\max}=\frac{F_N}{A}+\frac{M_{\max}}{W_z}=\frac{103.823\times10^3}{A}+\frac{45\times10^3}{W_z}\leqslant[\sigma]=160\times10^6(\mathrm{Pa})$$

上式中，因为 $A$ 和 $W_z$ 都是未知量，无法选择工字钢型号。通常可以先只考虑弯曲，求出 $W_z$ 后，选择 $W_z$ 略大一些的工字钢，再考虑轴力与弯矩共同作用进行强度校核。

在只考虑弯曲正应力强度条件下，

$$\sigma_{\max}=\frac{M_{\max}}{W_z}=\frac{45\times10^3}{W_z}\leqslant[\sigma]=160\times10^6(\text{Pa})$$

求出

$$W_z\geqslant\frac{45\times10^3}{160\times10^6}=0.281\times10^{-3}(\text{m}^3)$$

由附录中的型钢表，首选 22a 号工字钢，$W_z=309\text{cm}^3$，$A=42.128\text{cm}^2$。

再考虑轴力与弯矩共同作用下，截面最大拉应力为：

$$\sigma_{\max}=\frac{F_N}{A}+\frac{M_{\max}}{W_z}=\frac{103.823\times10^3}{42.128\times10^{-4}}+\frac{45\times10^3}{309\times10^{-6}}=170.276\times10^6>[\sigma]$$

可见 22a 号工字钢截面还不够大。重新选择 22b 号工字钢，$W_z=325\text{cm}^3$，$A=46.528\text{cm}^2$。

再计算截面最大拉应力：

$$\sigma_{\max}=\frac{F_N}{A}+\frac{M_{\max}}{W_z}=\frac{103.823\times10^3}{46.528\times10^{-4}}+\frac{45\times10^3}{325\times10^{-6}}=160.776\times10^6$$

计算的最大拉应力超过容许应力，但超过不到 5%，工程上认为能满足强度要求。因此，最后选择 22b 号工字钢。

**思考与讨论**：组合变形产生的应力状态与单一变形产生的复杂应力状态有什么不同。

**例 10-2**　如图 10-13(a) 所示悬臂梁简化模型，其上表面承受均匀分布的切向力作用，其集度为 $p$。若已知 $p$、$h$、$l$，试导出轴力 $F_N$、弯矩 $M$ 与均匀分布切向力 $p$ 之间的平衡微分方程。确定截面最大应力。

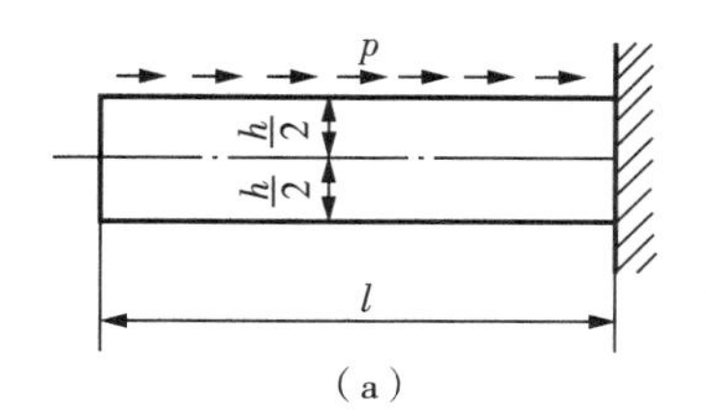


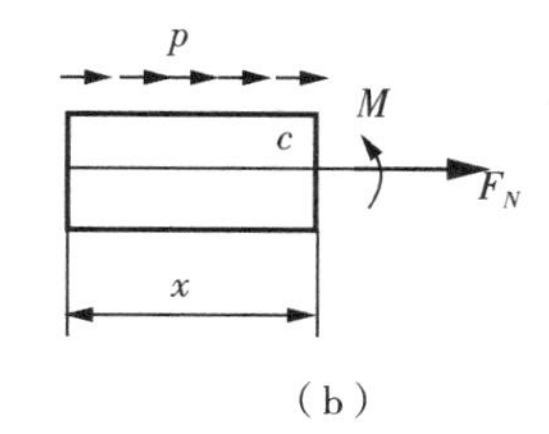


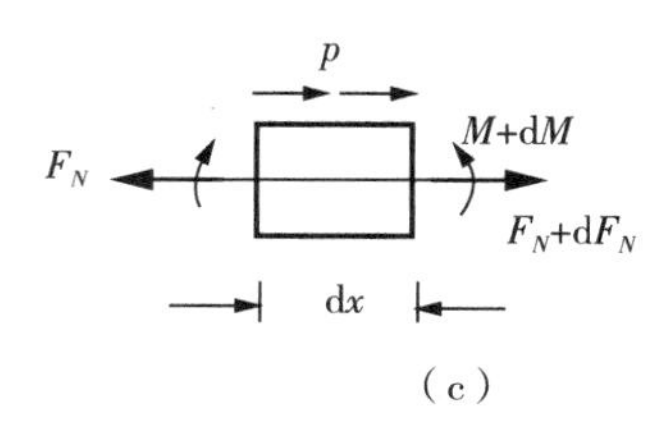


图 10-13　悬臂梁受力简化模型

**解**：首先确定截面内力。

方法 1：以自由端为 $x$ 坐标原点，受力如图 10-13(b)。由

$$\sum F_x=0,px+F_N=0,F_N=-px\text{，则}\frac{\mathrm{d}F_N}{\mathrm{d}x}=-p$$

$$\sum M_C=0,M-px\cdot\frac{h}{2}=0,M=\frac{1}{2}phx\text{，则}\frac{\mathrm{d}M}{\mathrm{d}x}=\frac{ph}{2}$$

方法 2：取 $\mathrm{d}x$ 段受力如图 10-13(c)。由

$$\sum F_x=0,F_N+\mathrm{d}F_N+p\mathrm{d}x-F_N=0\text{，则}\frac{\mathrm{d}F_N}{\mathrm{d}x}=-p$$

$$\sum M_C=0,M+\mathrm{d}M-M-p\mathrm{d}x\cdot\frac{h}{2}=0\text{，则}\frac{\mathrm{d}M}{\mathrm{d}x}=\frac{ph}{2}$$

有了截面内力，可以判断最危险的截面。轴力是均布压应力，最危险截面应力发生在梁的固定端截面的压应力。弯矩也在固定端上出现最大值。因此，整个截面最危险点的应力是固定端截面边界上的最大压应力。

$$\sigma_{\min}=\frac{F_{N\max}}{A}-\frac{M_{\max}}{W_z}=\frac{-pl}{A}-\frac{phl}{2W_z}$$

**例 10-3** 开槽悬臂梁一端固定的杆，中部开有一槽，简化模型如图 10-14(a) 所示。试求杆件截面最大正应力。

**解：**显然在切槽处杆的横截面最小，是危险截面，如图 10-14(b) 所示。对于该截面，力 $F$ 是偏心拉力。现将 $F$ 力向该截面的形心 $C$ 简化，得到截面上的轴力和弯矩为：

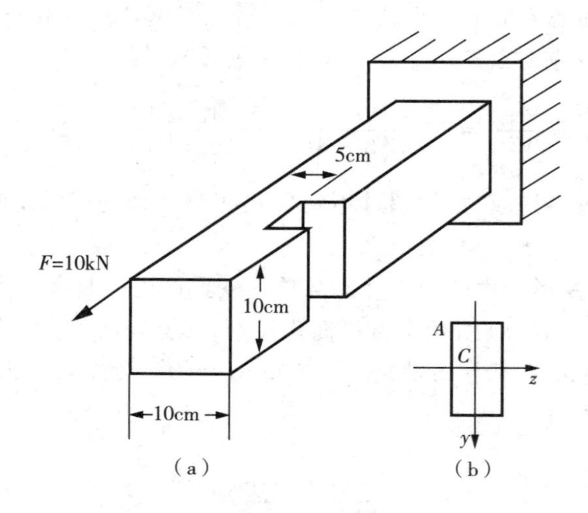


图 10-14 开槽悬臂梁受力简化模型

$$F_N=F=10^4\,(\mathrm{N})$$

$$M_y=F\times z_F=10^4\times 2.5\times 10^{-2}=2.5\times 10^2\,(\mathrm{N\cdot m})$$

$$M_z=F\times y_F=10^4\times 5\times 10^{-2}=5\times 10^2\,(\mathrm{N\cdot m})$$

在最小截面上，$A$ 点处的 3 个内力产生最大拉应力，该点为危险点。

$$\sigma_{\max}=\sigma^{(1)}+\sigma^{(2)}(z)+\sigma^{(3)}(y)=\frac{F}{A}+\frac{F\times z_F}{W_y}+\frac{F\times y_F}{W_z}$$

$$=\frac{F}{bh}+\frac{M_y}{hb^2/6}+\frac{M_z}{bh^2/6}$$

$$=\frac{10^4}{0.05\times 0.1}+\frac{2.5\times 10^2}{0.1\times 0.05^2/6}+\frac{5\times 10^2}{0.05\times 0.1^2/6}=14\times 10^6\,(\mathrm{Pa})$$

通过这个例子知道，截面被开槽削弱后，应力分布将发生很大的变化。

**思考与讨论：**1. 在这个例子中，如果力 $F$ 作用在另外的对角点上，应力如何变化。如果

力 $F$ 作用在端面的中心点上，应力又如何变化？

2. 偏心拉伸（压缩）与拉伸（压缩）与弯曲组合变形有何区别和联系？

**例 10-4**　一钻床如图 10-15(a) 所示，简化模型如图 10-15(b) 所示。在零件上钻孔时，钻床所受荷载 $F=25\text{kN}$。力 $F$ 与钻床立柱 $AB$ 的轴线的距离 $e=0.5\text{m}$，立柱为铸铁方杆，容许拉应力 $[\sigma_t]=35\text{MPa}$，试确定立柱所需的尺寸。

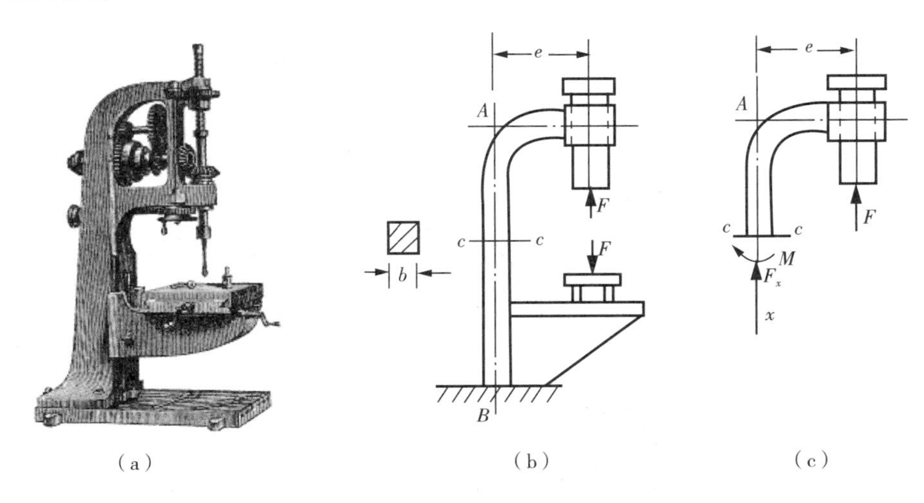


图 10-15　钻床悬臂梁及受力简化模型

**解：**对于立柱 $AB$ 来说，$F$ 是偏心拉力，将使立柱产生偏心拉伸。在截面 $c-c$ 处将立柱截开，取上部进行研究，如图 10-15(c) 所示。由上部的平衡方程，求得立柱 $c-c$ 截面上的轴力和弯矩为：

$$F_N = F = 25 \times 10^3 (\text{N})$$

$$M = F \times e = 25 \times 10^3 \times 0.5 = 12.5 \times 10^3$$

由弯矩的作用方向知道，立柱 $AB$ 右侧边缘点是危险点，产生的拉应力最大。

$$\sigma_{\max} = \frac{F}{A} + \frac{M}{W_z} = \frac{25 \times 10^3}{b^2} + \frac{12.5 \times 10^3}{b^3/6} \leqslant [\sigma_t] = 35 \times 10^6$$

利用解方程方法可以选择最小的立柱尺寸，这里取 $b=130\text{mm}$。

**思考与讨论：**如果立柱是空心圆形截面，如何选择截面直径。

**例 10-5**　图 10-16(a) 中所示为人腿骨，承受纵向载荷的受力简化模型如图 10-16(b)。

1. 假定实心骨骼为圆截面，确定截面 $B-B$ 上的应力分布；

2. 假定骨骼中心部分（其直径为骨骼外径的一半）由海绵状骨质所组成，且忽略海绵状承受应力的能力，确定截面 $B-B$ 上的应力分布；

3. 确定 1、2 两种情况下，骨骼在截面 $B-B$ 上最大压应力之比。

**解：**1. 考虑实心圆截面骨骼，其截面上的应力由拉压应力弯曲应力合成，如图 10-16(c) 所示。

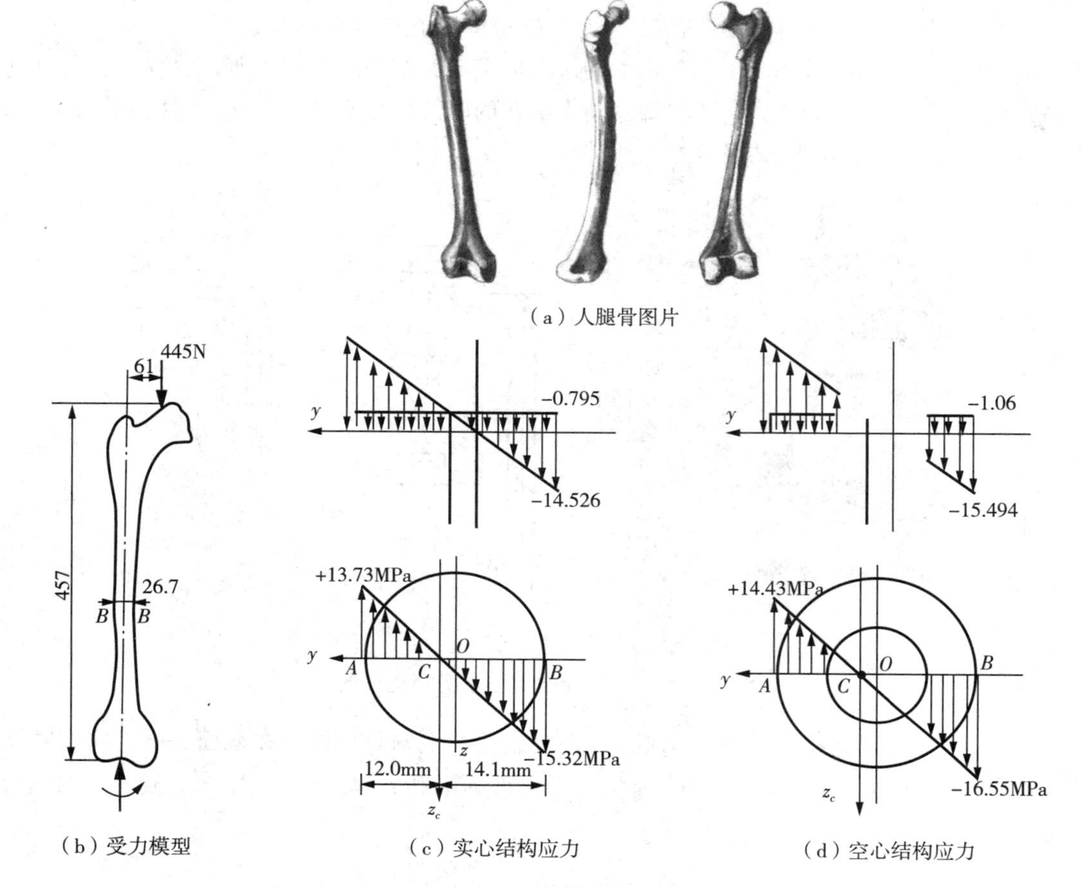


图 10-16 人腿骨受力简化模型

$$\text{压应力}: \sigma_{N1}=-\frac{F_{Nx}}{A_1}=\frac{445\times10^6}{\dfrac{\pi\times26.7^2}{4}}=-0.795(\text{MPa})$$

$$\text{弯曲应力}: \sigma_{M\max}=\frac{M_z}{W_{z1}}=\frac{445\times61\times10^{-3}}{\dfrac{\pi\times26.7^3}{32}\times10^{-9}}=14.526(\text{MPa})$$

合成后最大正应力：$\sigma_{\max}^{+}=14.526-0.795=13.73(\text{MPa})$(拉应力)

合成后最小负应力：$\sigma_{\min}^{-}=-14.526-0.795=-15.32(\text{MPa})$(压应力)

沿 $y$ 方向应力分布如图 10-16(c) 所示，中性轴为 $z_c$。

2. 考虑空心圆截面骨骼，应力合成如图 10-16(d) 所示。

$$\text{压应力}: \sigma_{N2}=\frac{F_{Nx}}{A_2}=-\frac{445\times10^6}{\pi[(26.7^2-(26.7/2)^2]/4}=-1.06(\text{MPa})$$

$$\text{弯曲应力}: \sigma_{M2\max}=\frac{M_z}{W_{z2}}=\frac{M_z}{W_{z1}\left[1-\left(\dfrac{1}{2}\right)^4\right]}=14.526\times\frac{16}{15}=15.494(\text{MPa})$$

$$合成后最大正应力:\sigma_{max}^{+}=15.494-1.06=14.43(MPa)(拉应力)$$

$$合成后最小负应力:\sigma_{min}^{-}=-15.494-1.06=-16.55(MPa)(压应力)$$

$z_C$ 为中性轴，沿 $y$ 轴应力分布如图 10－16(d)。

3. 空心与实心骨骼在截面 $B-B$ 处最大压应力之比为：

$$\frac{(\sigma_{min}^{-})_2}{(\sigma_{min}^{-})_1}=\frac{-16.55}{-15.32}=1.08$$

**例 10－6**　传统的房顶架[如图 10－17(a)]上的桁条可简化为两端铰支的简支梁，简化模型如图 10－17(b)(c) 所示。梁的跨度 $l=5$m，屋面荷载可简化为均布荷载 $q=1$kN/m，屋面与水平面的夹角 $\varphi=25°$。桁条的截面为 $h=30$cm，$b=15$cm 的矩形，如图 10－17(d) 所示。设桁条材料的容许拉应力为$[\sigma_1]=20$MPa，容许压应力为$[\sigma_2]=16$MPa，试校核其强度。

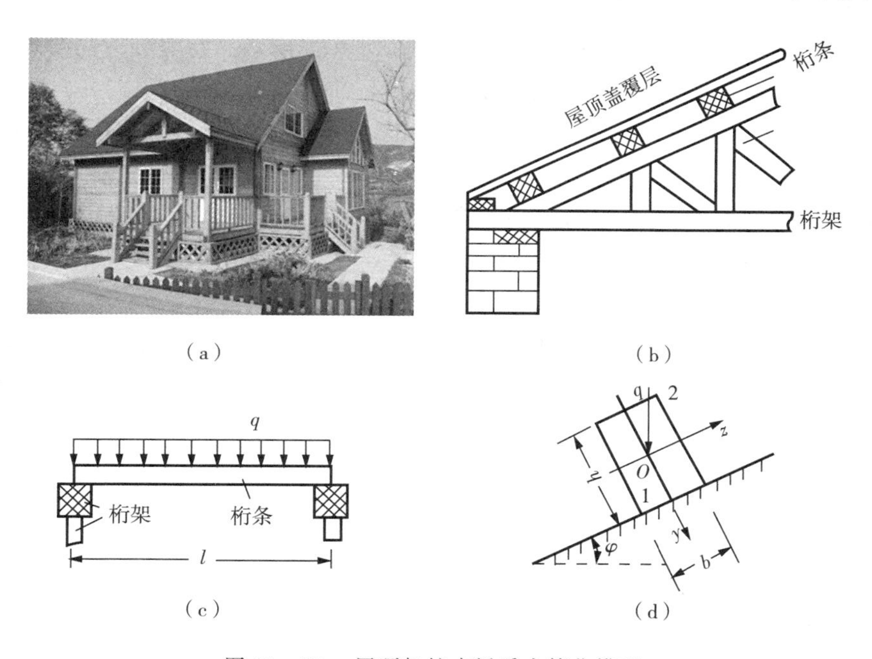


图 10－17　屋顶架铰支梁受力简化模型

**解**：将均布荷载 $q$ 沿梁截面 $y$ 轴和 $z$ 轴分解为：

$$q_y=q\cos\varphi=1\times10^3\times\cos25°=0.906\times10^3(N/m)$$

$$q_z=-q\sin\varphi=-1\times10^3\times\sin25°=-0.423\times10^3(N/m)$$

它们分别使梁在 $xy$ 平面和 $xz$ 平面内产生平面弯曲。显然，危险截面是梁跨中点的截面。这一截面上的 1 点和 2 点是危险点[图 10－17(c)]，它们分别产生最大拉应力和最大压应力，且数值相等。由于木材的容许拉应力和容许压应力不同，需要分别校核 1 点和 2 点。

1 点处由分布载荷引起的最大拉应力为：

$$\sigma_{1\max} = |\sigma' + \sigma''|_{\max} = \left|\frac{M_{y\max}}{W_y}\right| + \left|\frac{M_{z\max}}{W_z}\right| = \left|\frac{q_z l^2/2}{b^2 h/6}\right| + \left|\frac{q_y l^2/2}{bh^2/6}\right|$$

$$= \frac{0.423 \times 10^3 \times 5^2/2}{0.15^2 \times 0.30/6} + \frac{0.906 \times 10^3 \times 5^2/2}{0.15 \times .30^2/6} = 9.733 \times 10^6 < [\sigma_1]$$

2 点处由分布载荷引起的最大压应力绝对值为：

$$\sigma_{2\max} = |\sigma' + \sigma''|_{\max} = \left|\frac{-M_{y\max}}{W_y}\right| + \left|\frac{-M_{\max z}}{W_z}\right| = \left|\frac{-q_z l^2/2}{b^2 h/6}\right| + \left|\frac{-q_y l^2/2}{bh^2/6}\right|$$

$$= \frac{0.423 \times 10^3 \times 5^2/2}{0.15^2 \times 0.30/6} + \frac{0.906 \times 10^3 \times 5^2/2}{0.15 \times .30^2/6} = 9.733 \times 10^6 < [\sigma_2]$$

因此，桁条强度满足要求。

**例 10－7** 悬臂梁采用 25a 号工字钢，如图 10－18(a) 所示。在竖直方向受均布荷载 $q=5\text{kN/m}$ 作用，在自由端受水平集中力 $F=2\text{kN}$ 作用。简化模型如图 10－18(b) 所示。已知截面的几何性质为：$I_z=5023.54\text{cm}^4$，$W_z=401.9\text{cm}^3$，$I_y=280.0\text{cm}^4$，$W_y=48.28\text{cm}^3$。材料的弹性模量 $E=2\times10^5\text{MPa}$。试求：

(1) 梁的最大拉应力和最大压应力；

(2) 固定端截面和 $l/2$ 截面上的中性轴位置；

(3) 自由端的挠度。

**解：**(1) 均布荷载 $q$ 使梁在 $xy$ 平面内弯曲，集中力 $F$ 使梁在 $xz$ 平面内弯曲，本问题为双向弯曲问题。两种荷载均使固定端截面产生最大弯矩，所以固定端截面是危险截面。

最大弯矩为：

$$M_{z\max} = ql^2/2 = 5\times10^3 \times 2^2/2 = 10\times10^3(\text{N}\cdot\text{m})$$

$$M_{y\max} = Fl = 2\times10^3 \times 2 = 4\times10^3(\text{N}\cdot\text{m})$$

由变形情况可知，在该截面上的 1 点处产生最大拉应力，2 点处产生最大压应力，且两点处应力的数值相等。

$$\sigma_{\max}(1) = |\sigma_{\min}(2)| = |\sigma' + \sigma''|_{\max} = \left|\frac{M_{y\max}}{W_y}\right| + \left|\frac{M_{z\max}}{W_z}\right|$$

$$= \left|\frac{4\times10^3}{48.28\times10^{-6}}\right| + \left|\frac{10\times10^3}{401.9\times10^{-6}}\right|$$

$$= 107.732\times10^6(\text{Pa})$$

(2) 首先列出任一横截面上第一象限内任一点处的应力表达式，即

$$\sigma(x,y,z) = \frac{M_y z}{I_y} - \frac{M_z y}{I_z} = \frac{F(l-x)z}{I_y} - \frac{q(l-x)^2 y}{2I_z}$$

令中性轴上各点的坐标为 $y_0$ 和 $z_0$，则：

$$\sigma(x,y_0,z_0)=\frac{F(l-x)z_0}{I_y}-\frac{q(l-x)^2y_0}{2I_z}=0$$

设中性轴与 $z$ 轴的夹角为 $\alpha$，如图 10－18(c)，则由上式得：

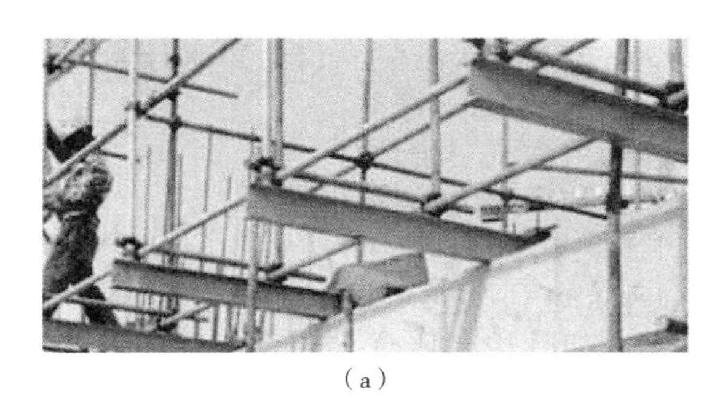

(a)

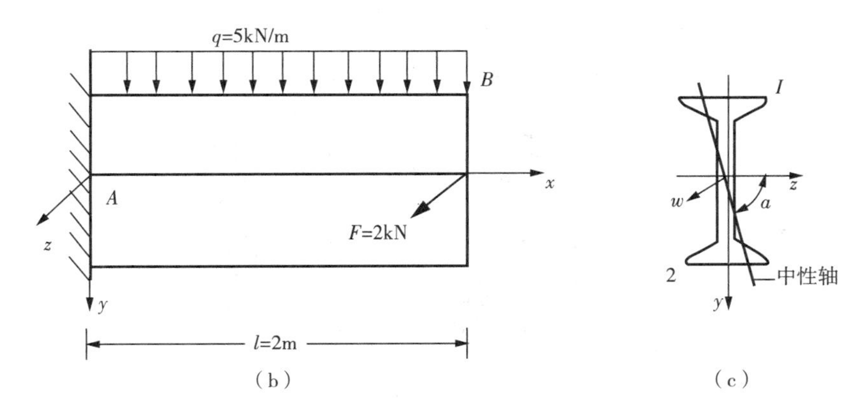


(b)　(c)

图 10－18　悬臂梁及受力简化模型

$$\tan\alpha=\frac{y_0}{z_0}=\frac{2I_zF}{I_yq(l-x)}$$

由上式可见，因不同截面上 $M_y$、$M_z$ 不是常量，不同截面上的中性轴与 $z$ 轴的夹角随不同截面位置而变化。

当 $x=l/2$ 时，$\tan\alpha_{1/2}=\frac{4I_zF}{I_yql}=\frac{4\times 5023.54\times 10^{-8}\times 2\times 10^3}{280\times 10^{-8}\times 5\times 10^3\times 2}=14.353$

$$\alpha_{1/2}=86.0°$$

当 $x=0$ 时，　$\tan\alpha_0=\frac{2I_zF}{I_yql}=\frac{2\times 5023.54\times 10^{-8}\times 2\times 10^3}{280\times 10^{-8}\times 5\times 10^3\times 2}=7.176$

$$\alpha_0=82.0°$$

(3) 自由端的总挠度等于自由端在 $xy$ 平面内和 $xz$ 平面内的挠度的矢量和。

$$w_{Bz}=\frac{-Fl^3}{3EI_y}=-\frac{2\times 10^3\times 2^3}{3\times 2\times 10^{11}\times 280\times 10^{-8}}=-9.524\times 10^{-3}(\mathrm{m})$$

$$w_{By}=\frac{ql^4}{8EI_z}=\frac{5\times10^3\times2^4}{8\times2\times10^{11}\times5023.54\times10^{-8}}=0.9953\times10^{-3}(\mathrm{m})$$

总挠度为：

$$w_B=\sqrt{w_{By}^2+w_{Bz}^2}=\sqrt{\left(\frac{ql^4}{8EI_z}\right)^2+\left(\frac{Fl^3}{3EI_y}\right)^2}$$

$$=\sqrt{(0.995\times10^{-3})^2+(9.524\times10^{-3})^2}=9.576\times10^{-3}(\mathrm{m})$$

**思考与讨论**：等截面梁在斜弯曲时的挠曲线是一条平面曲线，还是一条空间曲线？各截面中性轴位置是否相同？而双向弯曲时挠曲线与各截面中性轴位置又是如何变化？

**例 10－8** 某锅炉的容器如图 10－19(a)，平均直径 $D=1000\mathrm{mm}$，壁厚 $\delta=10\mathrm{mm}$，简化模型如图 10－19(b) 所示。锅炉材料为低碳钢，容许应力 $[\sigma]=170\mathrm{MPa}$。设锅炉内蒸汽压力的压强 $p=3.6\mathrm{MPa}$，试用第四强度理论校核锅炉壁的强度。

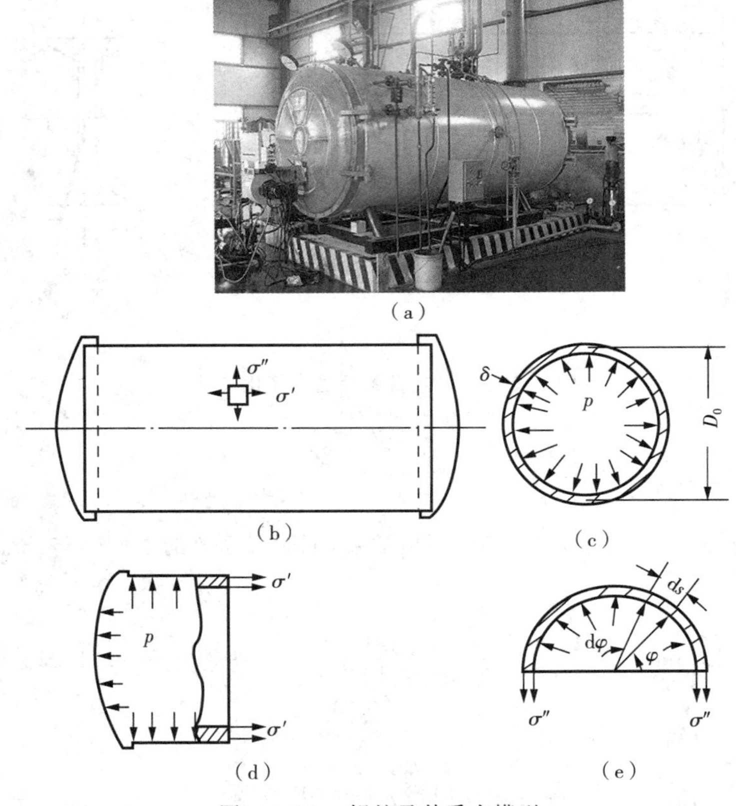


图 10－19　锅炉及其受力模型

**解**：(1) 锅炉壁的应力分析

由于蒸汽压力对锅炉端部的作用，锅炉壁端横截面上要产生轴向应力，用 $\sigma'$ 表示；蒸汽压力使锅炉壁均匀扩张，壁的切线方向要产生周向应力，用 $\sigma''$ 表示。现分析这两种应力。

先求轴向应力 $\sigma'$。为了求出轴向应力 $\sigma'$，将锅炉沿横截面截开，留下左部分，如图 10－19(d) 所示。由于蒸汽压力，环形截面上产生轴向应力 $\sigma'$。因壁厚很小，可认为 $\sigma'$ 沿壁厚均匀分布。作用在锅炉端部的合力为：

$$F_N = p\pi (D-\delta)^2/4$$

该合力产生轴向应力为：

$$\sigma' = \frac{F_N}{A} = \frac{p\pi (D-\delta)^2/4}{\pi D\delta} = \frac{3.6\times 10^6 \times (1-0.01)^2/4}{1\times 0.01} = 88.209\times 10^6(\text{Pa})$$

为了求出周向应力 $\sigma''$，将锅炉壁沿纵向直径平面截开，留取上部分，并沿长度方向取一段单位长度，如图 10-19(e) 所示。在留取的部分上，除蒸汽压力外，还有纵截面上的正应力 $\sigma''$。由平衡方程：

$$\sigma'' 2\delta = \int_0^{\pi} p\sin\varphi \mathrm{d}s = \int_0^{\pi} \frac{p(D-\delta)}{2}\sin\varphi \mathrm{d}\varphi = p(D-\delta)$$

得到

$$\sigma'' = \frac{p(D-\delta)}{2\delta} = \frac{3.6\times 10^6 \times (1-0.01)}{2\times 0.01} = 178.2\times 10^6(\text{Pa})$$

在锅炉的筒壁内表面处取一单元体[图 10-19(a)]，该单元体上除了有 $\sigma'$ 和 $\sigma''$ 外，还有蒸汽压力作用，所以是三向应力状态。但是，蒸汽压力的大小远小于 $\sigma'$ 和 $\sigma''$ 的大小，通常不予考虑，而认为锅炉筒壁上任一点处是二向应力状态。主应力 $\sigma_1 = \sigma'' = 178.2\text{MPa}$，$\sigma_2 = \sigma' = 88.209\text{MPa}$，$\sigma_3 = 0$。

(2) 强度校核

由第四强度理论，当量化应力为：

$$\sigma_{eq4} = \sqrt{\frac{1}{2}[(\sigma_1-\sigma_2)^2 + (\sigma_2-\sigma_3)^2 + (\sigma_3-\sigma_1)^2]}$$

$$= \sqrt{\frac{1}{2}[(178.2-88.209)^2 + (88.209)^2 + (178.2)^2]} = 154.328 \quad (\text{MPa})$$

显然，当量化应力小于材料的容许应力，所以锅炉壁的强度是足够的。

**例 10-9**　架桥机的横梁采用工字钢简支梁及所受荷载如图 10-20(a) 所示，其模型简化如图 10-20(a) 所示。已知材料的容许应力$[\sigma]=170\text{MPa}$，$[\tau]=100\text{MPa}$。试由第 3 强度理论计算，选择工字钢的型号。

**解**：首先作出梁的剪力图和弯矩图，如图 10-20(c)(d) 所示。由于梁截面上有不同的应力状态，需要进行几种应力状态下的强度校核。

(1) 单项正应力强度设计

由弯矩图可见，$CD$ 梁段内各横截面为纯弯曲，弯矩相等且为最大值，$M\max = 84\text{kN}\cdot\text{m}$。所以该段梁上各横截面均为危险截面。该段梁截面上主要是单向正应力状态，最大正应力在工字截面下边。

$$\sigma_1 = \sigma_{\max} = \frac{M_{\max}}{W_z} = \frac{84\times 10^3}{W_z}$$

(a) 架桥机的横梁实物图

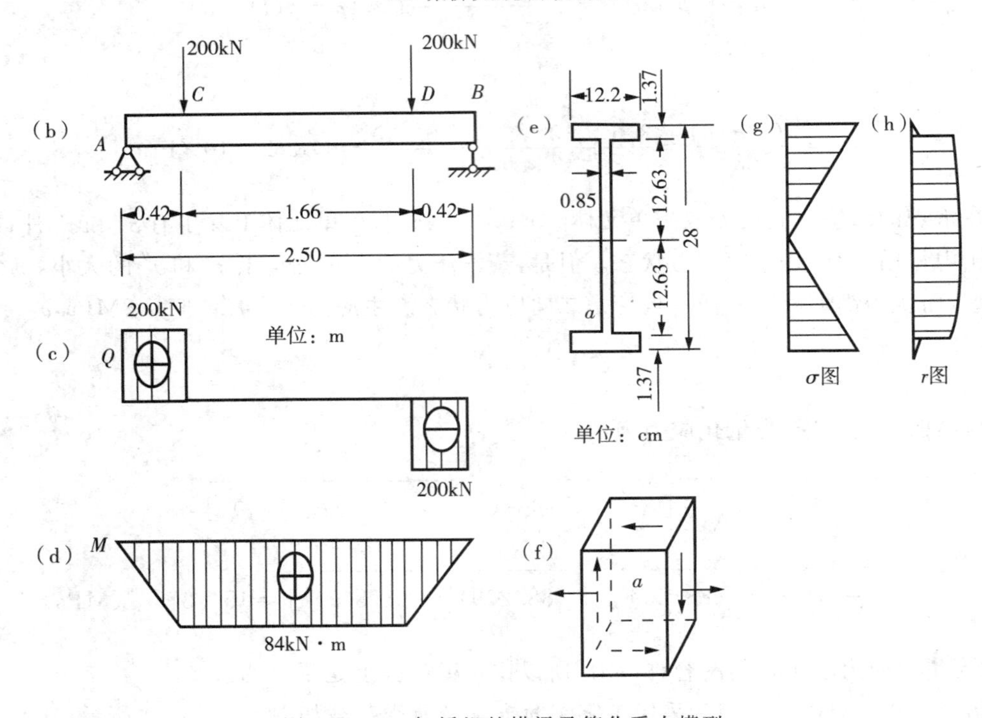


图 10-20　架桥机的横梁及简化受力模型

$$\sigma_2 = \sigma_3 = 0$$

由第三强度理论的相当应力：

$$\sigma_{eq3} = \sigma_1 - \sigma_3 = \frac{M_{\max}}{W_z} \leqslant [\sigma]$$

得到工字钢梁所需的弯曲截面系数为：

$$W_z \geqslant \frac{M_{\max}}{[\sigma]} = \frac{84 \times 10^3}{170 \times 10^6} = 0.4941 \times 10^{-3}(\text{m}^3) = 494.1(\text{cm}^3)$$

查附录中的型钢表，可选用 28a 号工字钢，其 $W_z = 508.15\text{cm}^3$，$I_z = 7114.14\text{cm}^4$。

(2) 单项切应力强度校核

在 $AC$ 段梁和 $DB$ 段梁内各横截面上存在剪力，最大剪力 $F_{Smax}=200\text{kN}$。引起的最大切应力为：

$$\tau_{max}=\frac{F_{Smax}S^*}{I_z b}$$

由上面 28a 号工字钢，查附录型钢表知道，$I_z/S^*=24.62\text{cm}$，腹板宽度 $b=0.85\text{cm}$。代入上式计算得：

$$\tau_{max}=\frac{F_{Smax}S^*}{I_z b}=\frac{200\times10^3}{24.62\times10^{-2}\times0.85\times10^{-2}}=95.57\times10^6(\text{Pa})$$

所以，最大切应力小于材料许用切应力。可见 28a 号工字钢可以满足切应力强度要求。

(3) 多项主应力强度校核

从剪力图和弯矩图可见，$C$ 点附近横截面上和 $D$ 点附近的横截面上，同时存在最大剪力和最大弯矩。这两个横截面上的应力分布图[图 10-20(g)]的特点是，在工字钢腹板和翼缘的交界点处同时存在正应力和切应力，两者的数值都较大。这些点也可能是危险点，也需要作强度校核。

由于这些点处于二向应力状态，需要求出主应力，再代入强度理论条件进行校核。下面对 $C$ 点左横截面腹板与下翼缘的交界点处，即图 10-20(e) 中的 $a$ 点作强度校核。由于该梁采用低碳钢材料，因此可用第三或第四强度理论校核强度。

从 $a$ 点处取出一单元体，如图 10-20(f) 所示。$a$ 点处单元体上的正应力和切应力可由简化的截面尺寸[图 10-20(e)]计算。由 28a 号工字钢的数据，分别求得：

$$\sigma=\frac{M_{max}y_0}{I_z}=\frac{84\times10^3\times12.63\times10^{-2}}{7114.14\times10^{-8}}=149.128\times10^6(\text{Pa})$$

$$\tau=\frac{F_{Smax}S_0^*}{I_z b}=\frac{200\times10^3\times12.2\times1.37\times13.31\times10^{-6}}{7114.14\times10^{-8}\times0.85\times10^{-2}}=73.578\times10^6(\text{Pa})$$

如果按照第三强度理论的校核条件，当量化应力为：

$$\sigma_{eq3}=\sqrt{\sigma^2+4\tau^2}=10^6\sqrt{149.128^2+4\times73.578^2}$$

$$=209.508\times10^6(\text{Pa})$$

如果按照第四强度理论的校核条件，当量化应力为：

$$\sigma_{eq4}=\sqrt{\sigma^2+3\tau^2}$$

$$=10^6\sqrt{149.128^2+3\times73.578^2}=196.164\times10^6(\text{Pa})$$

显然它们都超出了材料的许用应力。可见 28a 号工字钢不能满足主应力强度要求，需加大截面，重新选择工字钢。改选 32a 号工字钢，再作 $a$ 点处的正应力和切应力计算(建议读者自行完成)。计算结果表明，32a 号工字钢能满足主应力强度要求。

上面的过程说明，为了全面校核梁的强度，除了分别需要作正应力和切应力强度计算外，有时还需要作联合主应力强度校核。

一般地说，在下列情况下需作联合主应力强度校核：

① 弯矩和剪力都是最大值或者接近最大值的横截面；

② 梁的横截面宽度有突然变化的点处，例如工字形和槽形截面翼缘和腹板的交界点处。但是，对于型钢，由于在腹板和翼缘的交界点处做成圆弧状，因而增加了该处的横截面宽度，所以，主应力强度是足够的。只有对那些由三块钢板焊接起来的工字钢梁或槽形钢梁才需作联合主应力强度校核。

**例 10－10** 已知钢质轮轴的轴的平均直径 $d=8\text{cm}$，其上装有直径 $D=1\text{m}$，重为 5kN 的两个皮带轮，模型简化如图 10－21(b) 所示。已知 $A$ 处轮上的皮带拉力为水平方向，$C$ 处轮上的皮带拉力为竖直方向。钢的许用应力 $[\sigma]=160\text{MPa}$，试校核轴的强度。

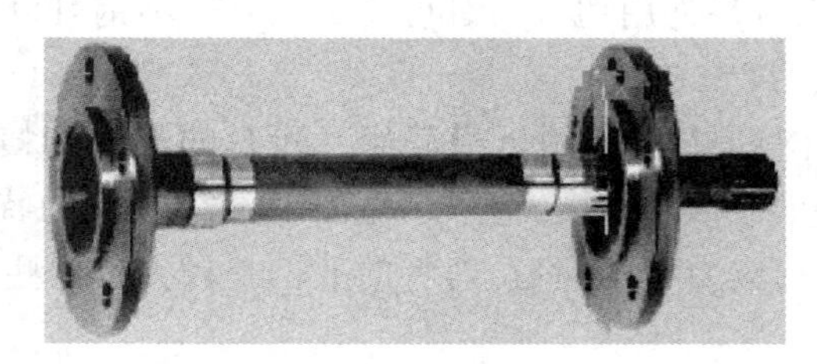

(a) 轮轴实物

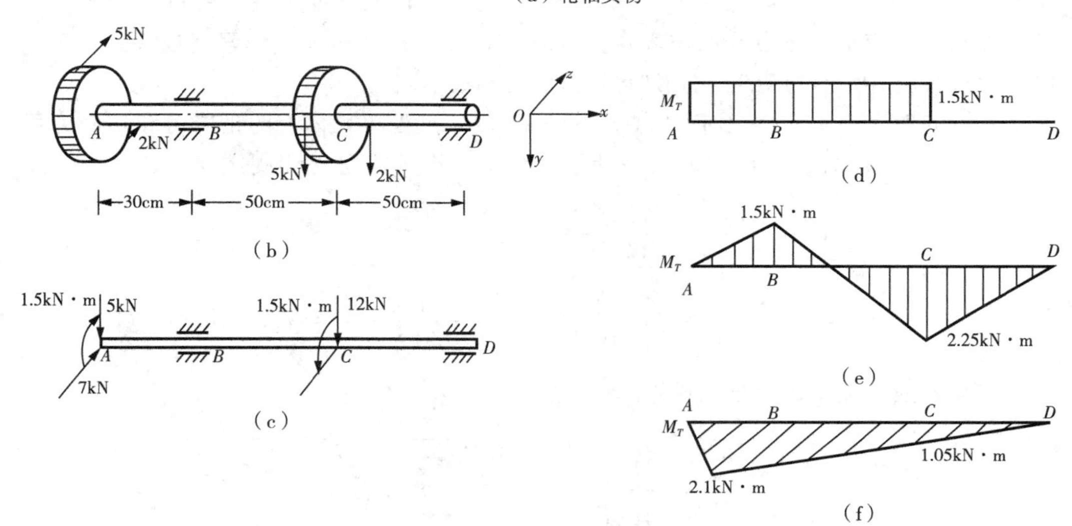


图 10－21 钢质轮轴及受力简化模型

**解**：将皮带拉力向轮心简化得到作用在轮轴上的集中力和力偶。此外，轮轴还受到轮重作用。简化后的外力如图 10－21(c) 所示。

$$M_T=5\times0.5-2\times0.5=1.5(\text{kN}\cdot\text{m})$$

在力偶作用下，圆轴的 $AC$ 段内产生扭转，扭矩图如图 10－21(d) 所示。

扭矩产生的截面最大切应力为：

$$\tau_{\max}=\frac{M_T}{W_P}=\frac{1.5}{W_P}$$

在横向力作用下，圆轴在 $xy$ 和 $xz$ 平面内分别产生弯曲，两个平面内的弯矩图如图10-21(e)(f)所示。因为轴的横截面是圆形，不会发生斜弯曲，所以应将两个平面内的弯矩合成而得到横截面上的总弯矩。

由弯矩图可见，可能危险的截面是 $B$ 截面和 $C$ 截面。

在 $B$ 点，

$$M_{zB} = 5 \times 0.3 = 1.5(\text{kN} \cdot \text{m})$$

$$M_{yB} = 7 \times 0.3 = 2.1(\text{kN} \cdot \text{m})$$

$$M_{WB} = \sqrt{M_{yB}^2 + M_{zB}^2} = \sqrt{2.1^2 + 1.5^2} = 2.58(\text{kN} \cdot \text{m})$$

在 $C$ 点，

$$M_{zC} = (12 \times 0.5 - 5 \times 0.3) \times 0.5 = 2.25(\text{kN} \cdot \text{m})$$

$$M_{yC} = 7 \times 0.3 \times 0.5 = 1.05(\text{kN} \cdot \text{m})$$

$$M_{WC} = \sqrt{M_{yC}^2 + M_{zC}^2} = \sqrt{1.05^2 + 2.25^2} = 2.48(\text{kN} \cdot \text{m})$$

显然，$B$ 截面弯矩大，而 $B$、$C$ 截面的扭矩一样，因此，只需要校核 $B$ 截面即可。

将 $B$ 截面上的弯矩和扭矩值代入式(10-41)，得到第三强度理论的当量化应力为(圆截面)：

$$\sigma_{eq3} = \frac{1}{W_z}\sqrt{(M_{WB})^2 + (M_T)^2}$$

$$= \frac{1}{\pi(8 \times 10^{-2})^3/32}\sqrt{(2.58 \times 10^3)^2 + (1.5 \times 10^3)^2}$$

$$= 59.372 \times 10^6(\text{Pa})$$

将 $B$ 截面上的弯矩和扭矩值代入式(10-42)，得到第四强度理论的相当应力为：

$$\sigma_{eq4} = \frac{1}{W_z}\sqrt{(M_{WB})^2 + 0.75(M_T)^2}$$

$$= \frac{1}{\pi(8 \times 10^{-2})^3/32}\sqrt{(2.58 \times 10^3)^2 + 0.75 \times (1.5 \times 10^3)^2}$$

$$= 57.466 \times 10^6(\text{Pa})$$

上面的相当应力数值都小于钢的容许应力，所以圆轴是安全的。

## 习题 10

10-1　图示传动轴传递功率 $P=7.5\text{kW}$，轴的转速 $n=200\text{r/min}$。齿轮 $A$ 上的啮合力 $F_R$ 与水平切线夹角20°，皮带轮 $B$ 上作用皮带拉力 $F_{S1}$ 和 $F_{S2}$，二者均沿着水平方向，且 $F_{S1}=$

$2F_{S2}$。(设轮 $B$ 的重量分别为 $F_Q=0$ 和 $F_Q=1800\text{N}$ 两种情况)。

1) 画出轴的受力简图;2) 画出轴的全部内力图。

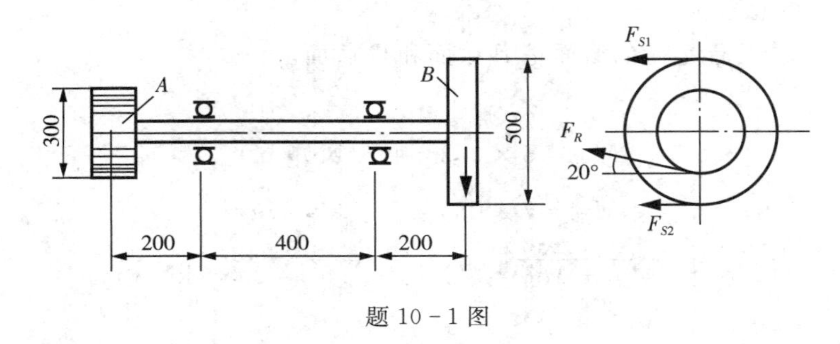


题 10-1 图

10-2　传动轴结构如图所示,其中的 $A$ 为斜齿轮,三方向的啮合力分别为 $F_a=650\text{N}$, $F_\tau=650\text{N}$, $F_r=1730\text{N}$,方向如图所示。若已知 $D=50\text{mm}$, $l=100\text{mm}$。试画出:

1) 轴的受力简图;2) 轴的全部内力图。

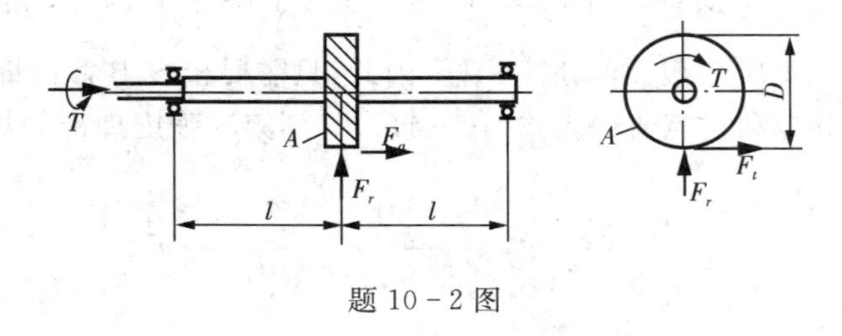


题 10-2 图

10-3　简支梁截面为工字型,受力 $F$ 与 $y$ 轴的夹角为 5°。若 $F=65\text{kN}$, $l=4\text{m}$,已知容许应力 $[\sigma]=160\text{MPa}$,容许挠度 $[\delta]=l/500$,材料弹性模量 $E=2.0\times10^5\text{MPa}$,试选择工字钢的型号。

10-4　梁的上表面承受均匀分布的切向力作用,其集度为 $\bar{p}$。梁的尺寸如图所示。若已知 $\bar{p}$、$h$、$l$,梁的轴力图和弯矩图,并确定 $|F_{Nx}|_{max}$ 和 $|M|_{max}$。

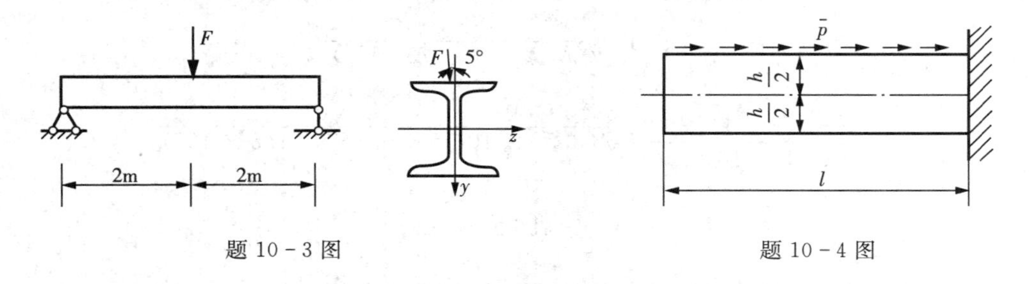


题 10-3 图　　　　题 10-4 图

10-5　试求图(a)(b) 中所示的二杆横截面上最大正应力的比值。

10-6　桥墩受力如图所示,试确定下列载荷作用下图示截面 $ABC$ 上 $A$、$B$ 两点的正应力:

1) 在点 1、2、3 处均有 40kN 的压缩载荷;

2) 仅在 1、2 两点处各承受 40kN 的压缩载荷;

3) 仅在点 1 或点 3 处承受 40kN 的压缩载荷。

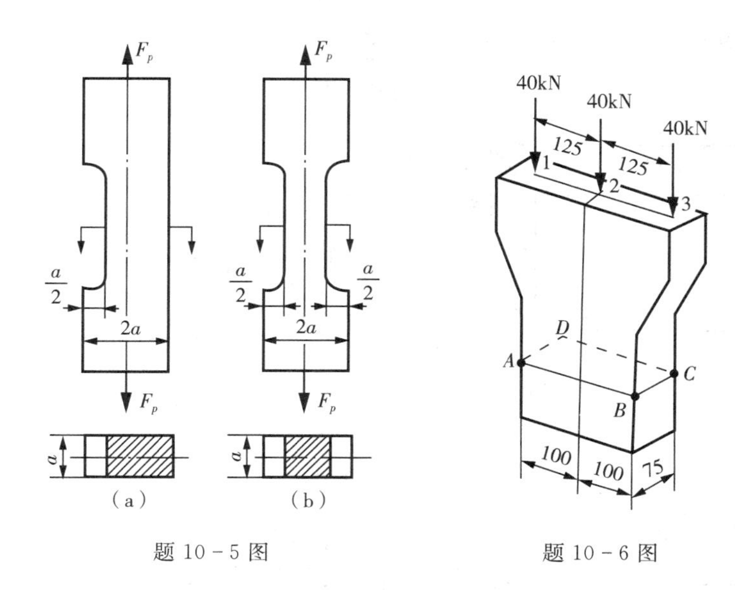


题10-5图　　题10-6图

10-7　图示矩形截面杆在自由端承受位于纵向对称面内的纵向载荷$F_P$，已知$F_P=60kN$。试求：

1）横截面上点$A$的正应力取最小值时的截面高度$h$；

2）在上述$h$值下点$A$的正应力值。

10-8　矩形截面悬臂梁受力如图所示，其中力$F_P$的作用线通过截面形心。试：

1）已知$F_P$、$b$、$h$、$l$和$\beta$，求图中虚线所示截面上点$a$的正应力；

2）求使点$a$处正应力为零时的角度$\beta$值。

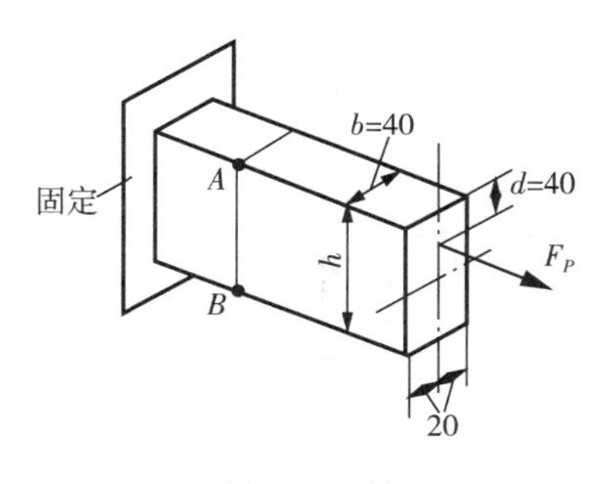


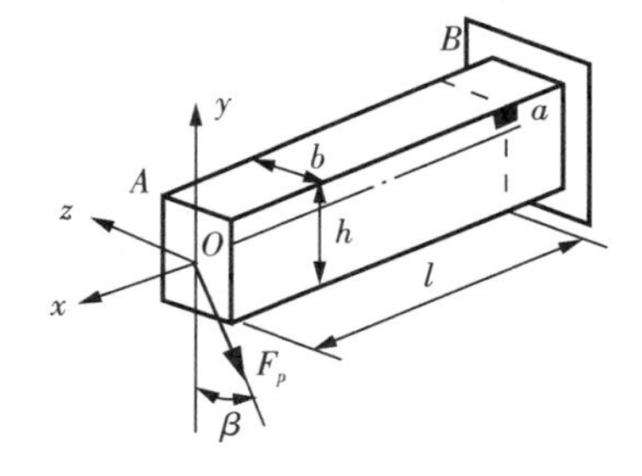


题10-7图　　题10-8图

10-9　悬臂梁截面为正方形，边长为$a$，材料的$E$、$v$为已知，选择中间截面前侧边的上、下两点$A$、$B$，在该两点沿轴线方向贴电阻片，当梁在$F$、$M$共同作用时，测得两点的应变值分别为$\varepsilon_A$、$\varepsilon_B$。设试求$F$和$M$的大小。

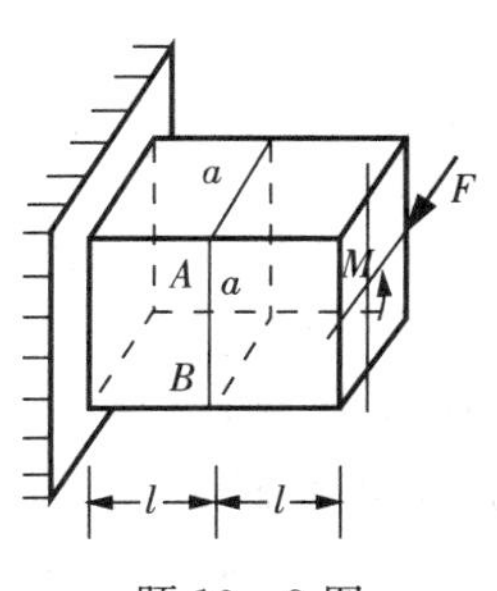


题10-9图

10-10　悬臂梁长度$l=1m$，分别受有水平力$F_1$和竖直力$F_2$的作用。若$F_1=800N$，$F_2=1600N$，试求以下两种情况下梁内最大正应力并指出其作用位置。

（1）截面为矩形宽$b=90mm$，高$h=180mm$，如图(a)所示。

(2) 圆截面直径 $d=130\text{mm}$，如图(b)所示。

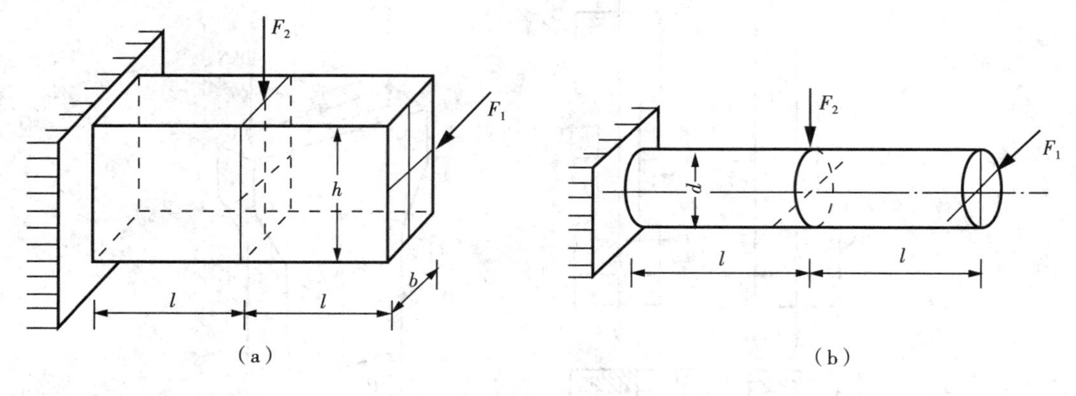


题 10-10 图

10-11　楼梯的扶手梁 $AB$，长度 $l=4\text{m}$，截面为矩形 $h\times b=0.2\times0.1\text{m}^2$，载荷为 $q=2\text{kN/m}$。试作此梁的轴力图和弯矩图；并求梁横截面上的最大拉应力和最大压应力。

10-12　圆锥形烟囱高 $H=30\text{m}$，底截面的外径 $d_1=3\text{m}$，空心圆柱内径 $d_2=2\text{m}$，自重 $W_1=2000\text{kN}$，受风力载荷 $q=1\text{kN/m}$ 的作用。试求：

(1) 烟囱底截面上的最大压应力。

(2) 若烟囱的基础埋深 $h=4\text{m}$，基础自重 $W_2=1000\text{kN}$，土壤的容许压应力 $[\sigma]=0.3\text{MPa}$，求圆形基础的直径 $D$ 应为多大？

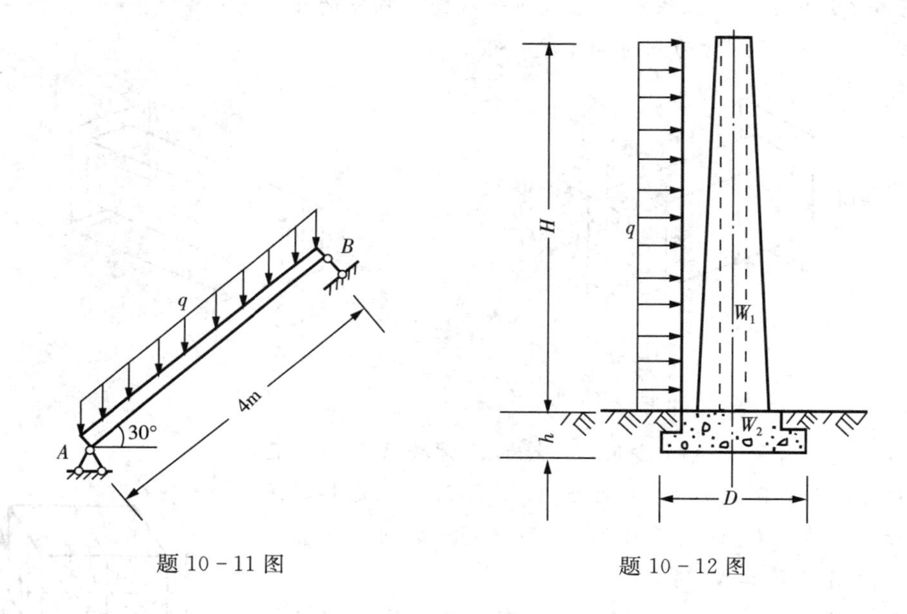


题 10-11 图　　题 10-12 图

10-13　厂房的边柱受屋顶传来的荷载 $F_1=120\text{kN}$ 及吊车传来的荷载 $F_2=100\text{kN}$ 作用，柱子的自重 $W=77\text{kN}$，求柱底截面上的正应力分布图。

10-14　两种混凝土坝右边一侧受水压力作用，如图所示。设混凝土的材料密度是 $2.4\times10^3\text{kg/m}^3$。试求当混凝土不出现拉应力时所需的宽度 $b$。

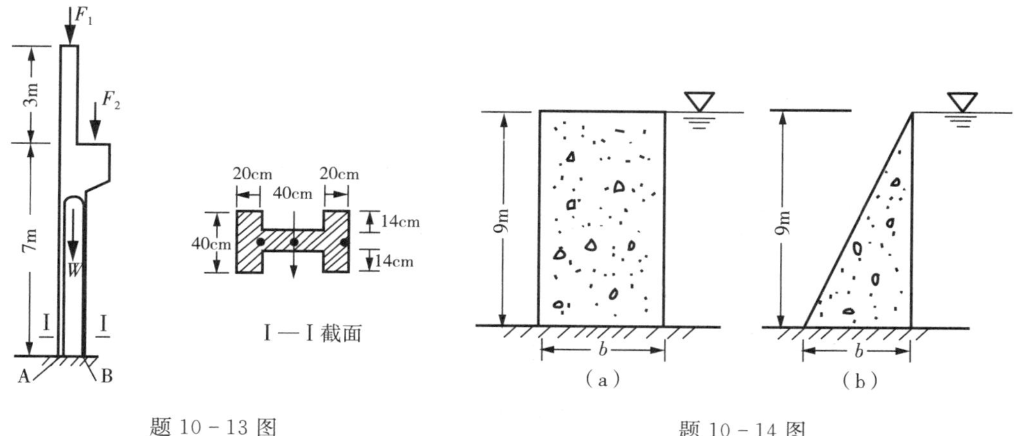


题 10-13 图　　　　题 10-14 图

10-15　短柱承载如图所示，测得 $A$ 点的纵向正应变 $\varepsilon_A=500\times10^{-6}$，设 $E=1.0\times10^4\mathrm{MPa}$。试求力 $F$ 的大小。

10-16　由工字形型钢制成的钢架，横截面积 $A=3232\mathrm{mm}^2$，截面弯曲系数 $W_z=232\times10^3\mathrm{mm}^3$，在图示 $F$ 作用下，测得 $A$,$B$ 两点应变分别为 $\varepsilon_A=200\times10^{-6}$，$\varepsilon_B=-600\times10^{-6}$，材料弹性模量 $E=200\mathrm{GPa}$。问荷载 $F$ 与距离 $a$ 各为多大？

10-17　水平面内的等截面直角曲拐，截面为圆形，受到垂直向下的均布荷载 $q$ 作用。已知：$l=800\mathrm{mm}$，$d=40\mathrm{mm}$，$q=1\mathrm{kN/m}$，$[\sigma]=170\mathrm{MPa}$。试按第三强度理论校核曲拐强度。

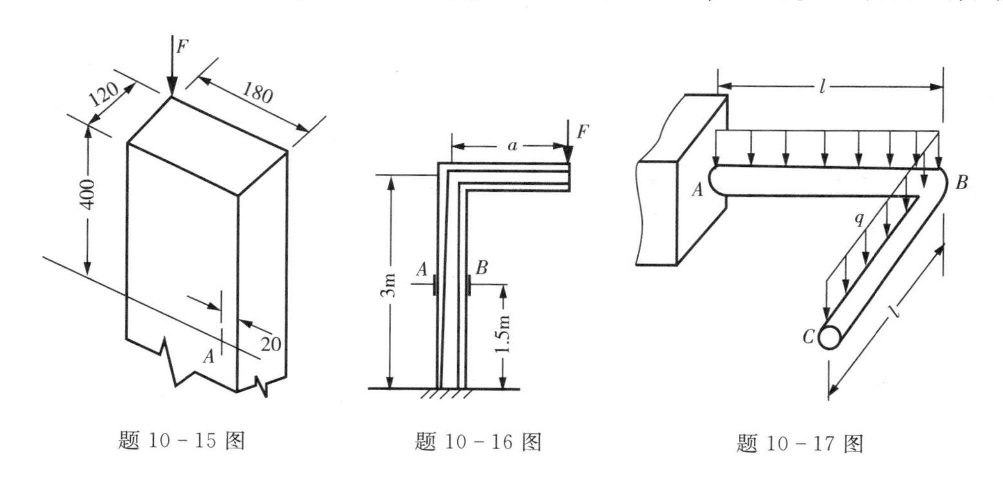


题 10-15 图　　　　题 10-16 图　　　　题 10-17 图

10-18　圆截面杆受荷载 $F_1$，$F_2$ 和 $T$ 作用，试按第三强度理论校核杆的强度。已知：$F_1=0.7\mathrm{kN}$，$F_2=150\mathrm{kN}$，$T=1.2\mathrm{kN\cdot m}$，$[\sigma]=170\mathrm{MPa}$，$d=50\mathrm{mm}$，$l=900\mathrm{mm}$。

10-19　圆轴受力如图所示。直径 $d=100\mathrm{mm}$，容许应力 $[\sigma]=170\mathrm{MPa}$。(1) 绘出 $A$、$B$、$C$、$D$ 四点处单元体上的应力；(2) 用第四强度理论对危险点进行强度校核。

10-20　矩形截面杆截面上存在着轴力、扭矩和两个形心主惯性平面内的弯矩，如图所示。已知 $h=100\mathrm{mm}$，$b=40\mathrm{mm}$，容许应力 $[\sigma]=80\mathrm{MPa}$，试指出危险点，并画出危险点的应力状态，并按第四强度理论进行强度校核。

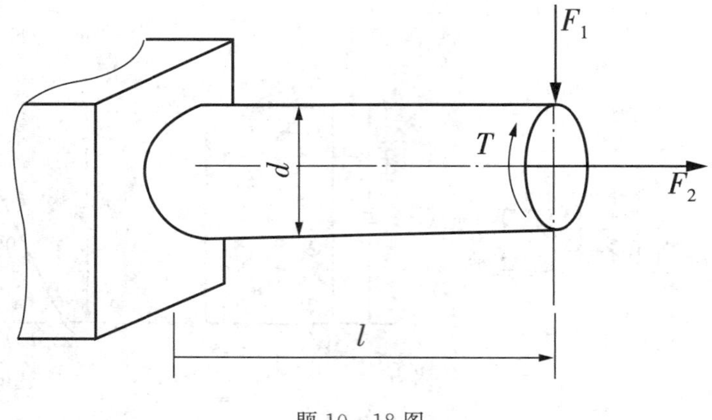


题 10－18 图

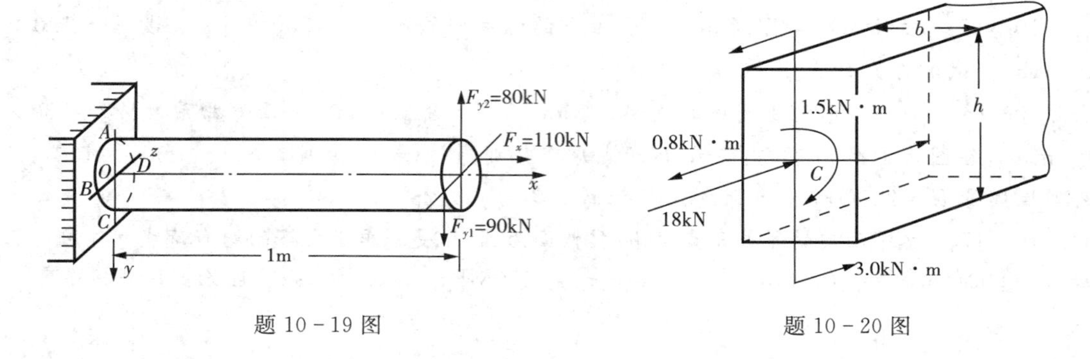


题 10－19 图　　　　题 10－20 图

10－21　交通信号灯柱上受力如图所示。灯柱为管形截面，其外径 $D=200\text{mm}$，内径 $d=180\text{mm}$。若已知截面 $A$ 以上灯柱的重为 4kN。试求横截面上点 $H$ 和 $K$ 处的正应力。

10－22　普通热轧工字钢(No. 25a) 制成的立柱受力如图所示。试求图示横截面上 $a$、$b$、$c$、$d$ 四点处的正应力。

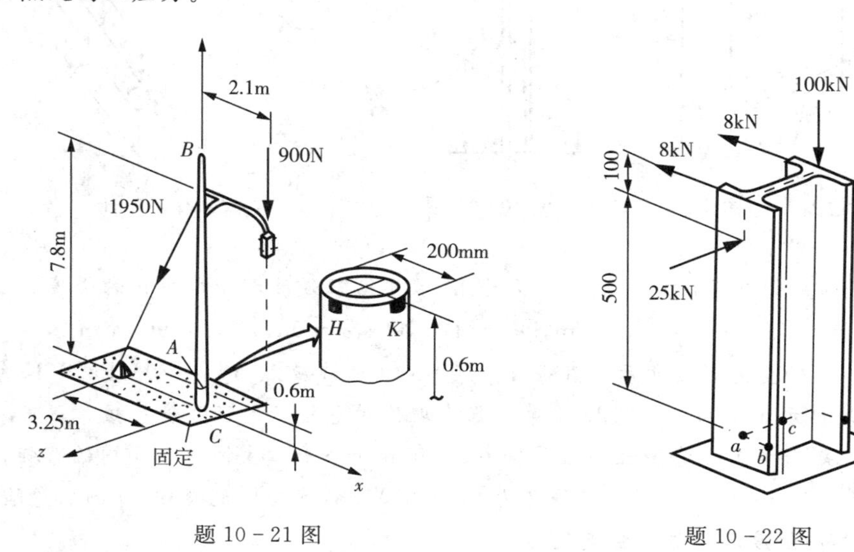


题 10－21 图　　　　题 10－22 图

10－23　矩形截面梁跨度 $l=4\text{m}$,荷载及截面尺寸如图所示。设材料的容许应力$[\sigma]=10\text{MPa}$,试校核该梁的强度。

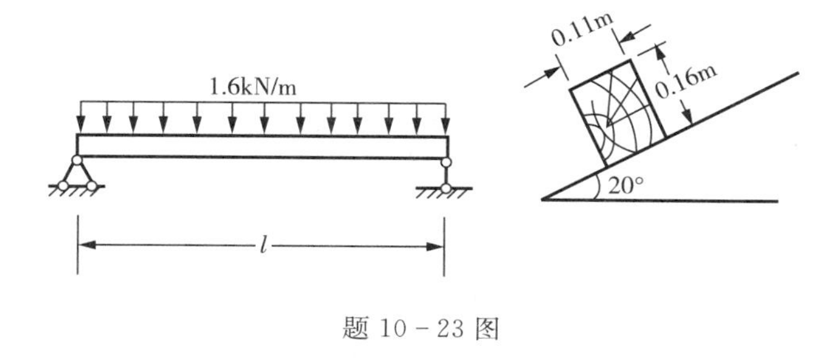


题 10－23 图

# 第四部分

## 材料力学之专题分析

青年是社会上最富活力、最具创造性的群体
理应走在创新创造前列

青年是引风气之先的社会力量
一个民族的文明素养很大程度上
体现在青年一代的道德水准和精神风貌上

# 第 11 章　工程压杆的稳定性问题

## 11.1　工程压杆实例与问题特点

当柱状构件承受压力时称为压杆。工程实际中,使用压杆的场合很多,如图 11-1(a) 所示的高桥柱,图 11-1(b) 所示的大厅高柱子,图 11-1(c) 所示的汽车千斤顶,图 11-1(d) 所示为螺杆挤压机,等等。这些细长的压杆在设计和使用中需要特别注意它们的特殊破坏形式。

(a)　(b)　(c)　(d)

图 11-1　典型压杆实例

一般地,研究直杆受压时,主要考虑其强度破坏的问题,即当横截面上的应力达到材料的极限应力时杆发生破坏。这对于粗而短的杆而言,这种破坏分析是正确的。但对于细长的杆($l/d > 10$),情况要复杂很多。细长杆的破坏并不一定是由于强度不够,而可能是由于荷载增大到一定数值后，不能保持其原有的位置平衡形式，从而发生屈曲失稳破坏。

压杆的稳定性是工程中非常重要的问题。国内外已经发生过多次因结构失稳造成重大的人员伤亡和财产损失。图 11－2 就是国内发生的多起典型的房屋结构倒塌事故。

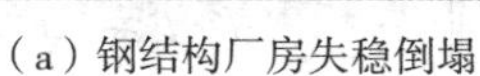

(a) 钢结构厂房失稳倒塌

(b) 在建火电厂水塔失稳倒塌

图 11－2　严重的结构失稳倒塌事故现场

压杆的平衡是稳定的还是不稳定的，取决于压力 $F$ 的大小。压杆从稳定平衡过渡到不稳定平衡时，轴向压力值称为临界力或临界荷载，用 $F_{cr}$ 表示。显然，如 $F < F_{cr}$，压杆将保持稳定，如 $F \geqslant F_{cr}$，压杆将失稳。因此，分析稳定性问题的关键是求压杆的临界力。

稳定性问题不仅在压杆中存在，在其他一些构件，如一些薄壁构件中也存在。图 11－3 表示了几种不同的薄壁构件简化模型失稳的情况。图 11－3(a) 表示一薄壁圆环因受外压力过大而失稳，图 11－3(b) 表示一薄壁拱受过大的分布压力而失稳，图 11－3(c) 表示一薄而高的悬臂梁因受力过大而发生侧向失稳。

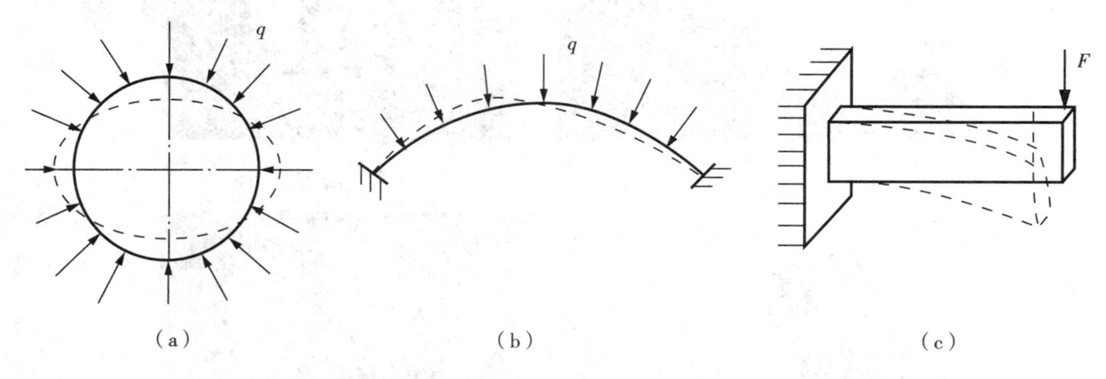


(a)　(b)　(c)

图 11－3　构件失稳简化模型

本章主要介绍细长压杆失稳问题的分析方法。

研究压杆破坏的方法通常是建立压杆的轴线模型，如图 11－4(a) 为两端球铰支座的细长压杆简化模型。当轴向压力 $F$ 较小时，杆在 $F$ 作用下将保持其原有的直线平衡形式。若在侧向出现干扰力作用，使其微弯曲如图 11－4(b) 所示。当干扰力撤除后，杆仍能回复到原来的直线形式处于平衡状态，如图 11－4(c) 所示，则杆是稳定的。但当压力超过某一数值时，作用侧向干扰力使压杆微弯，在干扰力撤除后，杆不能回复到原来的直线形式，并在一个曲线形态下平衡，如图 11－4(d) 所示。这时杆原有的直线平衡形式是不稳定的，这种丧失原有平衡形式的现象称为丧失稳定性，简称失稳。

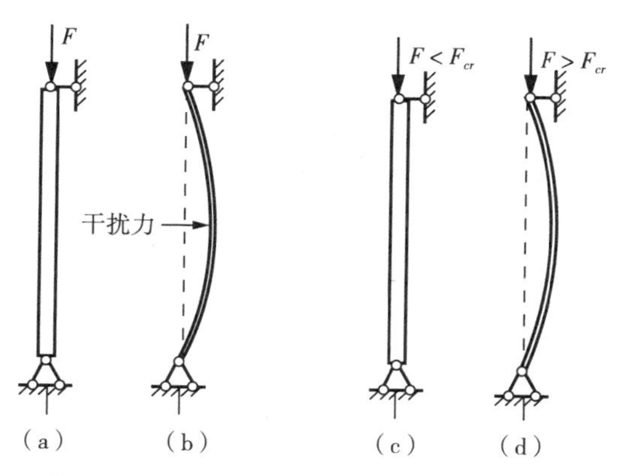


图 11-4　压杆稳定平衡与不稳定平衡模型

# 11.2　压杆的临界压力分析

细长压杆的轴向压力大于临界力 $F_{cr}$ 时，在侧向干扰力作用下，杆将从直线平衡状态转变为弯曲状态，并在弯曲状态下保持临界平衡。应用挠度微分方程以及压杆端部的约束条件，即可确定压杆的临界力。

### 11.2.1　两端球铰支座压杆

取两端为球形铰支座的细长压杆简化模型，如图 11-5 所示。取图示坐标系，并假设压杆在临界力 $F_{cr}$ 作用下，在 $xy$ 面内处于弯曲状态。在离左端入处，杆截面上的弯矩 $M(x)=-Fw$。利用前面直杆的挠曲线的近似挠度微分方程：

图 11-5　两端铰支细长压杆受压简化模型

$$\frac{d^2w}{dx^2}=\frac{M(x)}{EI}=-\frac{Fw}{EI} \tag{11-1}$$

式(11-1)中，$w$ 为杆轴线上任一点处的挠度。令 $k^2=F/EI$，则上式变为：

$$\frac{d^2w}{dx^2}+k^2w=0 \tag{11-2}$$

这是标准的二阶齐次常微分方程，其通解为：

$$w=A\sin kx+B\cos kx \tag{11-3}$$

式(11-2)中，$A$、$B$ 和 $k$ 为待定常数，可由杆的边界条件确定。由于杆是两端铰支，边界为：

$$x=0 \text{ 和 } x=l \text{ 处}, w=0$$

将边界条件代入式(11-1)，得：

$$B=0, A\sin kl=0$$

显然，要使上面的二阶齐次常微分方程有非平凡解，必须有：

$$\sin kl = 0$$

因此，

$$kl = n\pi \quad (n = 0, 1, 2, \cdots)$$

将 $k$ 的表达式代入得到：

$$F = \left(\frac{n\pi}{l}\right)^2 EI \tag{11-4}$$

式(11-4)是压杆的临界力的理论计算式。由于$n$可以取一系列整数值，所以，上式不是一个值。但杆失稳首先发生的最小临界力为($n=1$)：

$$F_{cr} = \left(\frac{\pi}{l}\right)^2 EI \tag{11-5}$$

式(11-5)是两端铰支细长压杆的临界力计算公式。它由瑞士科学家欧拉(L. Euler)于1774年首先导出的，因此又称为欧拉公式。

由上式可知，细长压杆的临界力 $F_{cr}$，与杆的抗弯刚度 $EI$ 成正比，与杆的长度平方成反比。同时，还与杆端的约束情况有关。显然，临界力越大，压杆的稳定性越好，即越不容易失稳。由式(11-1)得失稳压杆的挠曲线方程为：

$$w = A\sin\frac{\pi}{l}x \tag{11-6}$$

可见该挠曲线为一半波正弦曲线。式中 $A$ 为待定常数，当 $x=l/2$，得到压杆中点的挠度与 $A$ 的关系 $A=w_C$。但是，压杆中点的挠度并不能直接确定，出现这种情况的原因在于挠曲线是通过近似挠度微分方程得到的结果。

在近似挠度微分方程条件下，临界力 $F_{cr}$ 与杆的中点的挠度之间的关系如图11-6中的折线 $OAB$ 所示。当 $F<F_{cr}$ 时，杆没有发生挠曲，$w_C=0$，压杆处于直线平衡状态。而当 $F>F_{cr}$ 时，$w_C$ 不确定，压杆处于曲线平衡状态。

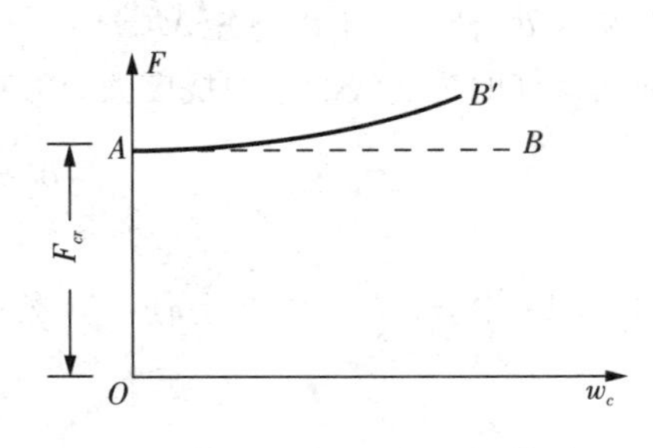

图11-6　$F$ 与 $w$ 之间的关系

要解决这种不确定的问题，需要采用精确的非线性挠曲线微分方程，它能得到 $w$ 与 $F$ 的关系如图11-6中的曲线 $OAB'$ 所示。它表明，当 $F>F_{cr}$ 时，$w_C$ 增加很快，有确定的数值。

再由式(11-2)得压杆失稳的挠曲线方程另外的形式：

$$w = w_C \sin\sqrt{\frac{F_{cr}}{EI}}x \tag{11-7}$$

需要强调的是，压杆只可能在最小刚度平面内失稳。在上面推导临界力公式时，假定杆已在 $xy$ 面内失稳而弯曲，但实际上杆的失稳方向与杆端约束情况有关。所谓最小刚度平面就是截面形心主惯性矩 $I_{\min}$ 为最小的纵向平面。因此，两端铰支细长压杆的临界力计算公式应该写成：

$$F_{cr}=\left(\frac{\pi}{l}\right)^2 EI_{\min} \tag{11-8}$$

### 11.2.2　不同约束形式的压杆

对于其他形式的杆端约束情况下的细长压杆的临界力计算可以采用上面类似的方法导出。例如，对一端固定一端无转动滑移支座的细长压杆（见图 11－7 简化模型），它的挠曲线近似微分方程如下

$$\frac{d^2w}{dx^2}=\frac{M}{EI}=-\frac{Fw}{EI}+\frac{M_e}{EI}$$

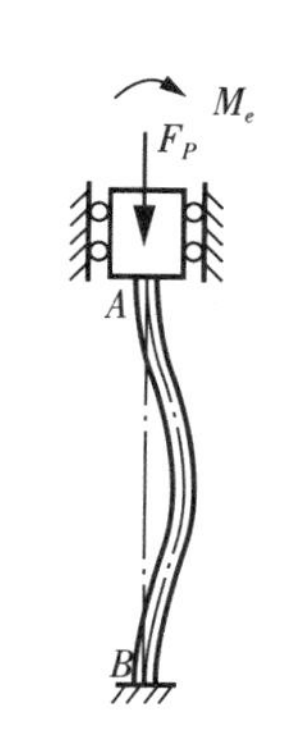


图 11－7　一端支座固定，一端支座无转角可沿力线滑移的细长压杆模型

上式中，$M_e$ 为固端弯矩。与前面的求解方法一样，上面的方程转化为标准的常微分方程：

$$\frac{d^2w}{dx^2}+k^2w=\frac{M_e}{EI} \tag{11-9}$$

这是二阶非齐次常微分方程，其全解为：

$$w=A\sin kx+B\cos kx+M_e/F \tag{11-10}$$

式（11－11）中，$A$、$B$ 和 $k$ 为待定常数，可由杆的边界条件确定。由于杆是一端固定一端无转动移支座，其边界为：

$$x=0 \text{ 和 } x=l \text{ 处}, w=w'=0$$

将界条件代入全解方程，得：

$$B+M_e/F=0, Ak=0$$

$$A\sin kl+B\cos kl+M_e/F=0$$

$$Ak\cos kl-Bk\sin kl=0$$

由上面的条件可以简化为：

$$A=0, \cos kl-1=0, \sin kl=0$$

显然，满足上面的条件除 $kl=0$ 外，最小的解是 $kl=2\pi$。这样得到：

$$F_{cr}=\left(\frac{2\pi}{l}\right)^2 EI_{\min}=\left(\frac{\pi}{0.5l}\right)^2 EI_{\min} \tag{11-11}$$

式（11－12）是一端固定一端无转动移支座的细长压杆的临界力计算公式。

对于其他约束条件下的细长压杆的临界力也可以类似推导，但是求解过程比较繁杂。如果采用类比的方法则更容易得到各种约束条件下临界力计算公式。即将杆弯曲后的挠曲线形状与两端铰支细长压杆弯曲后的挠曲线形状类比，得到相当临界力计算公式。

由图 11－8(a) 和(b) 简化模型可以看出，一端固定支座，一端自由的细长压杆的挠曲线，与两倍于其长度的两端铰支细长压杆的挠曲线相同。因此，如果二杆的弯曲刚度相同，则其临界力也相同。因此，将两端铰支细长压杆临界荷载公式（11－8）中的 $l$ 用 $2l$ 代换，即得到一端固定一端自由细长压杆的临界力公式为：

$$F_{cr}=\left(\frac{\pi}{2l}\right)^2 EI_{\min} \tag{11-12}$$

再由图 11-8(c) 简化模型，一端固定支座，一端铰支座的细长压杆的挠曲线只有一个反弯点，其位置大约在距铰支端0.7$l$处，这段长为0.7$l$的一段杆的挠曲线与两端铰支细长压杆的挠曲线相同。所以，只需以 0.7$l$ 代换式(11-8) 中的 $l$，即可得一端固定一端铰支的细长压杆的临界力公式为：

$$F_{cr}=\left(\frac{\pi}{0.7l}\right)^2 EI_{\min} \tag{11-13}$$

由图 11-8(d) 简化模型，一端固定支座，一端支座无转动但可沿力线滑移的细长压杆的挠曲线具有对称性，在上、下 4$l$ 处的两点为反弯点，该两点处横截面上的弯矩为零。而中间长为 $l/2$ 的一段挠曲线与两端铰支细长压杆的挠曲线相同。只需以 $l/2$ 代换式(11-8) 中的 $l$，可得一端固定一端滑移支座的细长压杆的临界力公式为：

$$F_{cr}=\left(\frac{\pi}{0.5l}\right)^2 EI_{\min} \tag{11-14}$$

由图 11-8(e) 简化模型，一端固定支座，一端支座无转动但可沿侧向滑移的细长压杆的挠曲线，在距离下固定端 $l/2$ 处的点为反弯点，该两点处横截面上的弯矩为零。而长为 2$l$ 的一段挠曲线，与两端铰支细长压杆的挠曲线相同。因此，只需以 $2xl/2$ 代换式(11—8) 中的 $l$，可得一端固定一端侧向滑移支座的细长压杆的临界力公式为

$$F_{cr}=\left(\frac{\pi}{l}\right)^2 EI_{\min} \tag{11-15}$$

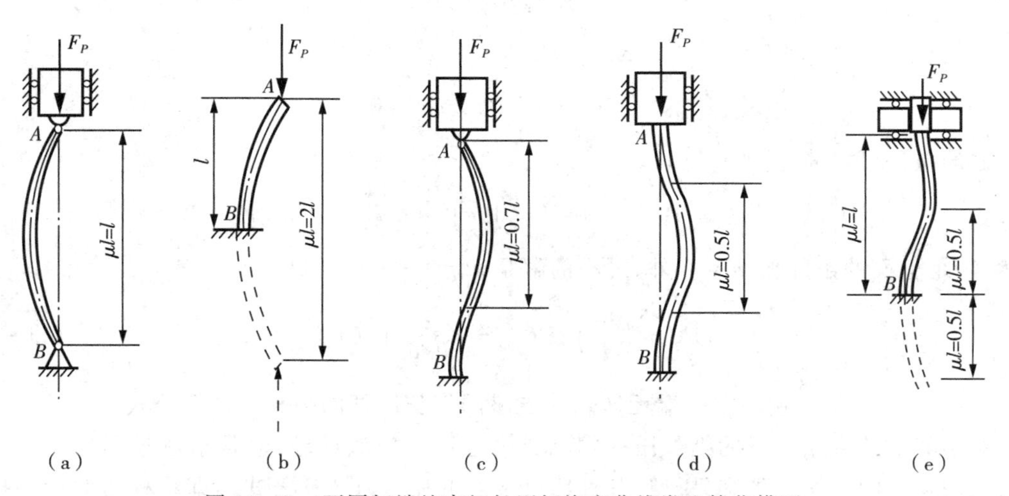


图 11-8 不同杆端约束细长压杆挠度曲线类比简化模型

综合上述 5 种细长压杆的临界力公式，可以写成统一的形式，即

$$F_{cr}=\left(\frac{\pi}{\mu l}\right)^2 EI_{\min} \tag{11-16}$$

式(11-16) 称为广义欧拉公式，其中，$l$ 为杆长度，$\mu$ 称为长度系数，其值由杆端约束情况决

定，见表 11－1。

**表 11－1　细长压杆长度系数值**

| 图号 | 压杆的约束情况 | 长度系数 $\mu$ 值 |
|---|---|---|
| 图 11－8(a) | 两端球铰支座 | 1.0 |
| 图 11－8(b) | 一端固定支座，一端自由 | 2.0 |
| 图 11－8(c) | 一端固定支座，一端铰支座 | 0.7 |
| 图 11－8(d) | 一端固定支座，一端支座无转动但可沿力线滑移 | 0.5 |
| 图 11－8(e) | 一端固定支座，一端支座无转动但可沿侧向滑移 | 1.0 |

# 11.3　压杆失稳判据修正

利用细长压杆临界力 $F_{cr}$ 的公式分析时，需要注意下面的问题。

(1) 压杆横截面的 $I_y \neq I_z$。如图 11－9 所示，则该杆的临界力应分别按两个方向各取不同的 $\mu$ 值和 $I$ 值计算，并取二者中较小者为失稳临界力。

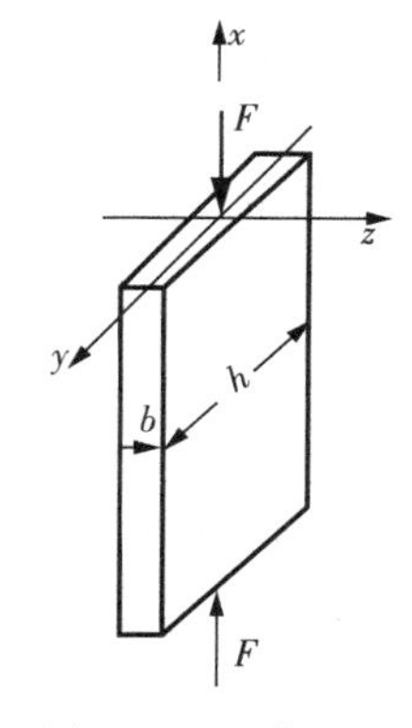

图 11－9　截面内不同刚度的方向

(2) 在推导上述各细长压杆的临界力公式时，压杆都是理想状态的，即均质的直杆，受轴向压力作用。而实际工程中的压杆不可避免地存在材料不均匀、有微小的初曲率及压力微小的偏心等现象。因此在压力小于临界力时，杆就可能发生弯曲。随着压力的增大，弯曲迅速增加，以至压力在未达到临界力杆就发生弯折破坏。因此，由式(11－16) 所计算得到的临界力仅是理论值，实际压杆承载能力应该考虑安全因数。

(3) 实际工程中的压杆约束还可能是弹性支座或介于铰支和固定端之间的非理想情况。因此，要根据具体情况选取适当的长度系数 $\mu$ 值，再按式(11－16) 计算其临界压力。

1. 临界应力与柔度

当压杆在临界力 $F_{cr}$ 作用下，仍处于直线平衡状态时，横截面上的正应力称为临界应力 $\sigma_{cr}$。由式(11－16)，得到细长压杆的临界应力为：

$$\sigma_{cr} = \frac{F_{cr}}{A} = \left(\frac{\pi}{\mu l}\right)^2 \frac{EI_{\min}}{A} \tag{11-17}$$

若令

$$\lambda = \mu l / i, \quad i^2 = I_{\min} / A \tag{11-18}$$

则式(11－17) 简化为：

$$\sigma_{cr} = \left(\frac{\pi}{\mu l}\right)^2 \frac{Ei^2 A}{A} = \left(\frac{\pi}{\mu l / i}\right)^2 E = \left(\frac{\pi}{\lambda}\right)^2 E \tag{11-19}$$

通常，称 $\lambda$ 为压杆的柔度或细长比。柔度是无量纲量，它综合反映了压杆的几何尺寸和杆端约束的影响。如 $\lambda$ 越大，则杆越细长，其 $\sigma_{cr}$ 越小，因而其 $F_{cr}$ 也越小，杆越容易失稳。

2. 欧拉公式的适用范围

在推导欧拉公式(11－16)的过程中，利用了挠曲线的小挠度微分方程。该微分方程只有在材料处于弹性状态下才成立。因此，欧拉公式的适用条件为：

$$\sigma_{cr}=\left(\frac{\pi}{\lambda}\right)^2 E\leqslant\sigma_p \tag{11-20}$$

或

$$\lambda\geqslant\pi\sqrt{\frac{E}{\sigma_p}}=\lambda_p \tag{11-21}$$

式(11－21)表明，只有当压杆的柔度 $\lambda$ 不小于某一特定值 $\lambda_p$ 时，才能用欧拉公式计算其临界压力和临界应力。而满足这一条件的压杆称为细长杆或大柔度杆。

由于 $\lambda_p$ 与材料的比例极限和弹性模量有关，因而不同材料压杆的 $\lambda_p$ 是不相同的。例如 Q235 钢 $\sigma_p=200$MPa，$E=206$GPa，代入式(11－21)后得 $\lambda_p=100$。同样可以求出，松木压杆 $\lambda_p=110$，灰口铸铁压杆的 $\lambda_p=80$。

3. 非弹性失稳压杆的临界力

对于短粗的压杆，这时压杆的柔度 $\lambda<\lambda_p$。大量试验表明，压杆失稳时的临界应力 $\sigma_{cr}$ 大于比例极限 $\sigma_p$。这类压杆的失稳称为非弹性失稳。其临界力和临界应力不能用欧拉公式计算。

对于这种非弹性失稳的压杆(如千斤顶螺杆、内燃机曲轴连杆等)，工程中一般采用以试验结果为依据的经验公式来计算压杆的临界应力 $\sigma_{cr}$，

$$\sigma_{cr}=a-b\lambda \tag{11-22}$$

式(11－22)中，$a$、$b$ 为系数，它们与材料有关。表 11－2 给出几种典型材料的实验结果。

**表 11－2 $a$、$b$ 系数**

| 材料 | $a$/MPa | $b$/MPa |
|---|---|---|
| Q235 钢($\sigma_s=235$MPa，$\sigma_b>372$MPa) | 304 | 1.12 |
| 优质碳钢($\sigma_s=306$MPa，$\sigma_b>471$MPa) | 461 | 2.568 |
| 硅碳钢($\sigma_s=353$MPa，$\sigma_b>510$MPa | 578 | 3.744 |
| 铬钼钢 | 9807 | 5.296 |
| 铸铁 | 332.2 | 1.454 |
| 强铝 | 373 | 2.15 |
| 松木 | 28.7 | 0.19 |

在应用上式的同时，要考虑材料的弹性极限必须满足：

$$\sigma_{cr}=a-b\lambda\leqslant\sigma_s \tag{11-23}$$

因此，建立第 2 个柔度限制条件为：

$$\lambda_p > \lambda > \lambda_s = \frac{a - \sigma_s}{b} \tag{11-24}$$

柔度在此范围内的压杆称为中柔度杆或中长杆，而 $\sigma_{cr} \geqslant \sigma_s$，即 $\lambda \leqslant \lambda_s$ 的压杆称为小柔度杆或短杆。短杆的破坏是强度破坏。

综上所述，临界压力或临界应力的计算可按柔度分为三类：

(1)$\lambda \geqslant \lambda_p$ 的大柔度杆，即细长杆。用公式(11-19)计算临界应力。

(2)$\lambda_p > \lambda > \lambda_s$ 的中柔度杆，即中长杆，用直线公式(11-23)计算临界应力。

(3)$\lambda \leqslant \lambda_s$ 的小柔度杆，即短杆，按照强度破坏计算。

因此，在压杆的稳定性计算中，应首先按式(11-18)计算其柔度值，再按上述分类选用合适的公式计算其临界应力和临界力。为了清楚地表明各类压杆的临界应力和柔度之间的关系，可绘制临界应力总图，如图 11-10 所示。

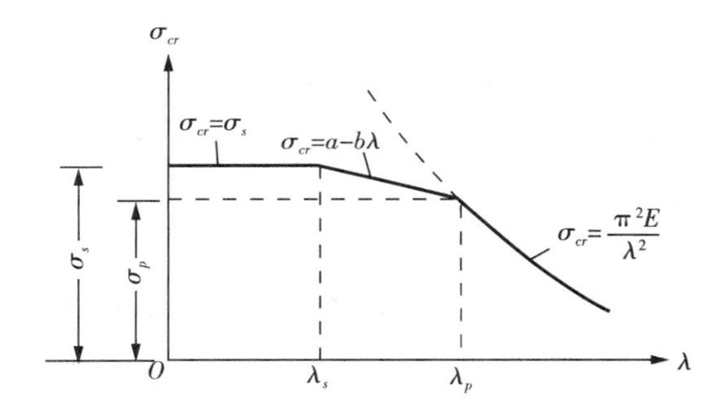


图 11-10　钢材料压杆的临界应力曲线

## 11.4　压杆稳定性的校核方法

为防止压杆失稳，压杆所受的轴向压力 $F$ 必需小于临界力 $F_{cr}$，或压杆的压应力 $\sigma$ 必需小于临界应力 $\sigma_{cr}$。对工程上实际压杆，由于存在着种种不利因素，还需有一定的安全储备，所以要有足够的稳定安全因数 $n_{st}$。于是，压杆的稳定条件为：

$$F_c \leqslant [F_{st}], \quad \sigma_c \leqslant [\sigma_{st}] \tag{11-25}$$

以上二式中的$[F_{st}]$和$[\sigma_{st}]$分别称为稳定容许压力和稳定容许应力。它们分别等于临界力和临界应力除以稳定安全因数。

$$[F_{st}] = F_{cr}/n_{st}, \quad [\sigma_{st}] = \sigma_{cr}/n_{st} \tag{11-26}$$

对于稳定安全因数 $n_{st}$ 的选取，一方面要考虑在选取强度安全因数时的那些因素外，还要考虑影响压杆失稳所特有的不利因素，如压杆不可避免地存在初曲率、材料不均匀、荷载的偏心等。这些不利因素，对稳定的影响比对强度的影响大。因而，通常稳定安全因数的数值要比强度安全因数大。例如，钢材压杆 $n_{st} = 1.8 \sim 3.0$，铸铁 $n_{st} = 5.0 \sim 5.5$，木材 $n_{st} =$

2.8～3.2。而且，当压杆的柔度越大（即越细长）时，这些不利因素的影响越大，稳定安全系数也应取得越大。对于压杆，都要以稳定安全因数作为其安全储备进行稳定计算，而不必作强度校核。

另外，工程上的压杆由于构造或其他方面的原因，有时截面会受到局部削弱，如杆中有小孔或槽等。当这种削弱不严重时，对压杆整体稳定性的影响很小，在稳定计算中可不予考虑。但对这些削弱了的局部截面，则应作强度校核。

压杆稳定计算的内容与强度计算相类似，包括校核稳定性、设计截面和求容许荷载三个方面。压杆稳定分析通常有两种方法。

1. 安全因数法

压杆的临界力为 $F_{cr}$。当压杆受力为 $F$ 时，它实际具有的安全因数为 $n=F_{cr}/F$。按式(11-13)、式(11-14)，则应满足下述条件：

$$n \geqslant n_{st} \tag{11-27}$$

式(11-27)是用安全因数表示的稳定条件。它表明，只有当压杆实际具有的安全因数不小于规定的稳定安全因数时，压杆才能正常工作。用这种方法进行压杆稳定计算时，必须计算压杆的临界力，而且应给出规定的稳定安全因数。而为了计算 $F_{cr}$，应首先计算压杆的柔度，再按不同的范围选用合适的公式计算。

2. 折减因数法

在很多情况下，材料的稳定容许应力不容易得到。这时，将式(11-25)中的稳定容许应力表示为 $[\sigma_{st}]=\varphi[\sigma]$，其中 $[\sigma]$ 为强度容许应力，$\varphi$ 称为稳定因数或折减因数。因此，式(11-25)的稳定条件可以改写为如下形式：

$$\sigma_c \leqslant \varphi[\sigma] \tag{11-28}$$

由于 $\sigma_{cr}<\sigma_s$ 而 $n_{st}>n$，故 $\varphi$ 值小于1而大于0。

在结构设计规范中，考虑常用构件的截面形式、尺寸和加工条件等因素，已经将压杆的稳定因数 $\varphi$ 与柔度 $\lambda$ 之间的关系归并为不同材料的三类不同截面，分别给出其值。用这种方法进行稳定计算时，不需要计算临界力或临界应力，也不需要稳定安全因数。因为 $\lambda$-$\varphi$ 表的编制中，已考虑了稳定安全因数的影响。表11-3给出部分 $\lambda$-$\varphi$ 值。计算需要更多是数值时请参看结构设计规范。

**表11-3 压杆的 $\lambda$-$\varphi$ 值**

| | $\varphi$ | | | | |
|---|---|---|---|---|---|
| | Q235钢 | | 16Mn钢 | | 铸铁 |
| $\lambda=\mu l/i$ | $a$ 类截面 | $b$ 类截面 | $a$ 类截面 | $b$ 类截面 | |
| 0 | 1.000 | 1.000 | 1.000 | 1.000 | 1.000 |
| 10 | 0.995 | 0.992 | 0.993 | 0.989 | 0.97 |
| 20 | 0.981 | 0.970 | 0.973 | 0.956 | 0.91 |
| 30 | 0.963 | 0.936 | 0.950 | 0.913 | 0.81 |

（续表）

| | φ | | | | |
|---|---|---|---|---|---|
| | Q235 钢 | | 16Mn 钢 | | 铸铁 |
| 40 | 0.941 | 0.899 | 0.920 | 0.863 | 0.69 |
| 50 | 0.916 | 0.856 | 0.881 | 0.804 | 0.57 |
| 60 | 0.883 | 0.807 | 0.825 | 0.734 | 0.44 |
| 70 | 0.839 | 0.751 | 0.751 | 0.656 | 0.34 |
| 80 | 0.783 | 0.688 | 0.661 | 0.575 | 0.26 |
| 90 | 0.714 | 0.621 | 0.570 | 0.499 | 0.20 |
| 100 | 0.638 | 0.555 | 0.487 | 0.431 | 0.16 |
| 110 | 0.563 | 0.493 | 0.416 | 0.373 | |
| 120 | 0.494 | 0.437 | 0.358 | 0.324 | |
| 130 | 0.434 | 0.387 | 0.310 | 0.283 | |
| 140 | 0.383 | 0.345 | 0.271 | 0.249 | |
| 150 | 0.339 | 0.303 | 0.239 | 0.221 | |
| 160 | 0.302 | 0.276 | 0.212 | 0.197 | |
| 170 | 0.270 | 0.249 | 0.189 | 0.176 | |
| 180 | 0.243 | 0.225 | 0.169 | 0.159 | |
| 190 | 0.220 | 0.204 | 0.153 | 0.144 | |
| 200 | 0.199 | 0.186 | 0.138 | 0.131 | |

* $a$ 类截面、$b$ 类截面指型材的截面类型，见附录。

## 11.5　提高压杆稳定性的措施

压杆的临界压力取决于压杆的长度、截面形状和尺寸、杆端约束以及材料的弹性模量等因素。因此，为提高压杆稳定性，应从这些方面采取适当的措施。

1. 减小杆长和增强杆端约束

压杆的稳定性随杆长的增加而降低，因此，应尽可能减小杆的长度。例如，可以在压杆中间设置中间支承。此外，增强杆端约束，即减小长度系数 $\mu$ 值。也可以提高压杆的稳定性。例如，在支座处焊接或铆接支撑钢板以增强支座的刚性从而减小 $\mu$ 值。

2. 合理选择材料

细长压杆的临界压力 $F_{cr}$ 与材料的弹性模量 $E$ 成正比。因此，选用 $E$ 大的材料可以提高压杆的稳定性。但是如压杆由钢材制成，因各种钢材的 $E$ 值大致相同，所以选用优质钢或低碳钢对细长压杆稳定性并无多大区别。而对中长杆，其临界应力 $\sigma_{cr}$ 总是超过材料的比例极

限 $\sigma_p$，因此，对这类压杆采用高强度材料会提高稳定性。

3. 选择合理的截面形式

当压杆两端约束在各个方向均相同时，若截面的两个主形心惯性矩不相等，压杆将在 $I_{min}$ 的纵向平面内失稳。因此，当截面面积不变时，应改变截面形状，使其两个形心主惯性矩相等，即 $I_y=I_z$。这样就有 $\lambda_y=\lambda_z$，压杆在各个方向具有相同的稳定性。这种截面形状较为合理。例如，在截面面积相同的情况下，正方形截面就比矩形截面合理。

在截面的两个形心主惯性矩相等的前提下，应保持截面面积不变，而增大 $I$ 值。例如，将实心圆截面改为面积相等的空心圆截面就较合理；例如，由 4 根相同的角钢组成的截面，如图 11-11(a) 所示的布置就比图 11-11(b) 的合理。

当压杆由角钢、槽钢等型钢组合而成时，必须保证其整体稳定性。例如，用两根相同槽钢按图 11-12 所示的方式放置，再调整间距 $h$，使 $I_y=I_z$。工程上常用型钢组成薄壁截面，比用实心截面合理。

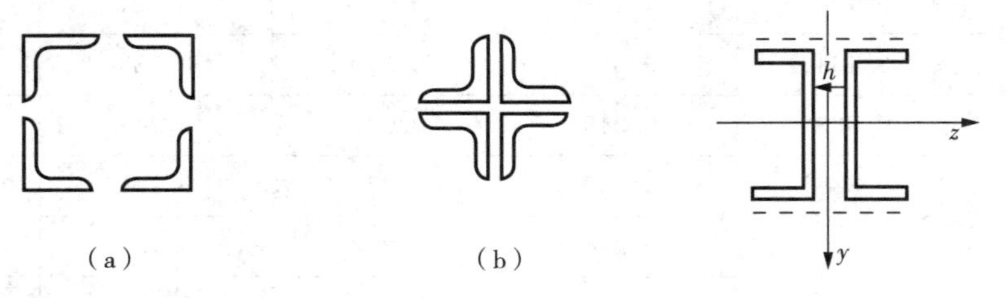


图 11-11　不同的等边角钢截面安排　　图 11-12　槽钢截面安排

当压杆在两个形心主惯性平面内的杆端约束不同时，如柱形铰，则其合理截面的形式是使 $I_y\neq I_z$，以保证 $\lambda_y=\lambda_z$。这样，压杆在两个方向才具有相同的稳定性。

再如，工程上常用加缀条的方法以保证组合压杆的整体稳定性，如图 11-13 所示。两水平缀条间的一段称为分支，它也是压杆。如其长度 $a$ 过大，也会因该分支失稳而导致整体失效。因此，应使每个分支和整体具有相同的稳定性才是合理的。分支长度 $a$ 通常由此条件确定。在计算分支的 $\lambda$ 时，两端一般按铰支考虑。

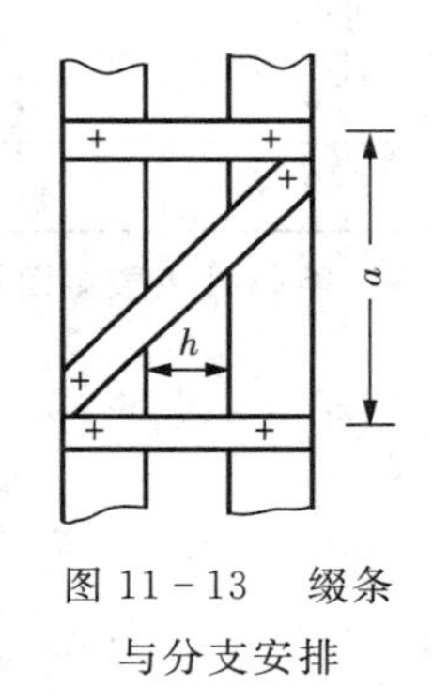


图 11-13　缀条与分支安排

## 11.6　工程压杆典型问题分析

为了理解和运用上面介绍的压杆理论和公式，下面通过例子的求解来说明实际工程中的问题分析方法。

**例 11-1**　火车站屋顶中的压杆构件[如图 11-14(a)]，压杆两端为柱形铰(如图 11-14 的模型图)。已知压杆截面为 10 号工字钢，长 $l=2\text{m}$，材料为 Q235 钢，$\sigma_s=235\text{MPa}$，$E=206\text{GPa}$，$\sigma_p=200\text{MPa}$。判断压杆可能在什么方向上失稳。

（a）火车站屋顶压杆构件

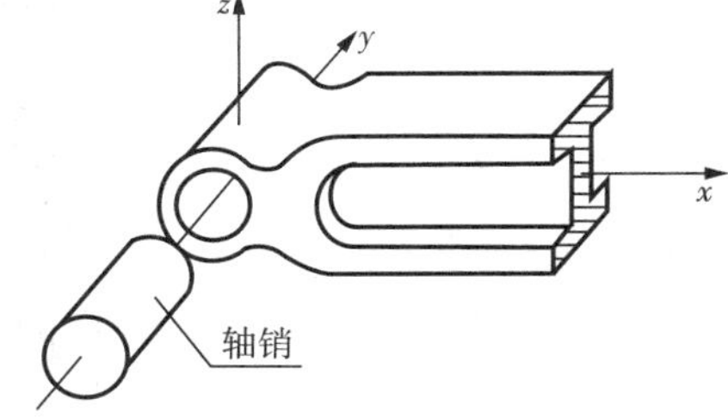


（b）压杆端的柱形铰模型

图 11－14　柱形铰端压杆例子

**解：**当杆端约束情况在各个方向不相同时，例如图 11－14 所示的柱形铰。在 $xz$ 面内，杆端可绕轴销自由转动，相当于铰支。而在 $xy$ 面内，杆端约束相当于固定端。计算这种杆端约束的压杆在 $xz$ 或 $xy$ 面内失稳时，其长度系数 $\mu$ 应取不同的值。

在 $xz$ 面内，压杆两端可视为铰支，取 $\mu=1$。查附录中型钢表，10 号工字钢 $I_y=245\text{cm}^4$。

在 $xy$ 面内，压杆两端可视为固定端，取 $\mu=0.5$。查附录中的型钢表，10 号工字钢 $I_z=33\text{cm}^4$。代入式(11－16)得：

$$F_{cr1}=\left(\frac{\pi}{\mu l}\right)^2 EI_y=\left(\frac{\pi}{2}\right)^2\times 206\times 10^9\times 245\times 10^{-8}=1.245\times 10^6(\text{N})$$

$$F_{cr2}=\left(\frac{\pi}{\mu l}\right)^2 EI_z=\left(\frac{\pi}{0.5\times 2}\right)^2\times 206\times 10^9\times 33\times 10^{-8}=0.671\times 10^6(\text{N})$$

由于 $F_{cr2}<F_{cr1}$，所以，该压杆将在 $xy$ 面内失稳。

**例 11－2**　自卸汽车液压压杆[如图 11－15(a)]，杆两端为球铰，压杆模型图如图 11－15(b) 所示。已知压杆材料为 45 钢，其比例极限 $\sigma_p=280\text{MPa}$，弹性极限 $\sigma_s=350\text{MPa}$，弹性模量 $E=210\text{GPa}$。若压杆截面为：(1) 空心圆截面，$D=130\text{mm}$，$d=30\text{mm}$；(2) 矩形截面，$h=120\text{mm}$，$b=90\text{mm}$；(3) 正方形截面，$h=b=104\text{mm}$。试比较三者的临界荷载大小。

**解：**(1) 空心圆截面[图 11－15(c)]

压杆两端为球铰，取 $\mu=1$。截面的最小惯性半径 $I_{\min}$ 及其他参数为：

$$I_{\min}=\frac{\pi D^4}{64}\left[1-\left(\frac{d}{D}\right)^4\right]=\frac{\pi\times 0.13^4}{64}\left[1-\left(\frac{0.03}{0.13}\right)^4\right]=13.98\times 10^{-6}(\text{m}^4)$$

$$i=\sqrt{\frac{I_{\min}}{A}}=\sqrt{\frac{\pi D^4}{64}\left[1-\left(\frac{d}{D}\right)^4\right]\Big/\frac{\pi D^2}{4}\left[1-\left(\frac{d}{D}\right)^2\right]}$$

$$=\sqrt{\frac{D^2}{16}\left[1+\left(\frac{d}{D}\right)^2\right]}=\sqrt{\frac{0.13^2}{16}\left[1+\left(\frac{0.03}{0.13}\right)^2\right]}=0.033(\text{m})$$

$$\lambda_p=\pi\sqrt{\frac{E}{\sigma_p}}=\pi\sqrt{\frac{210\times 10^9}{280\times 10^6}}=86.036$$

压杆的柔度为：

$$\lambda=\mu l/i=3/0.033\approx 90$$

可见$\lambda > \lambda_p$,该压杆为细长杆。临界压力用欧拉公式(11-16)计算,得

$$F_{cr} = \left(\frac{\pi}{\mu l}\right)^2 EI_{\min} = \left(\frac{\pi}{3}\right)^2 \times 210 \times 10^9 \times 13.98 \times 10^{-6} = 3.219 \times 10^6 (\text{N})$$

(2) 矩形截面[图 11-15(d)]

压杆两端为球铰,取$\mu = 1$。截面的最小惯性半径$I_{\min}$及其他参数为:

$$I_{\min} = b^3 h/12 = 0.09^3 \times 0.12/12 = 7.29 \times 10^{-6} (\text{m}^4)$$

$$i = \sqrt{\frac{I_{\min}}{A}} = \sqrt{\frac{b^3 h/12}{bh}} = \sqrt{\frac{0.09^2}{12}} = 0.026(\text{m})$$

压杆的柔度为:

$$\lambda = \mu l / i = 3/0.026 \approx 115.385$$

可见$\lambda > \lambda_p$,该压杆为细长杆。临界压力用欧拉公式(11-16)计算,得:

$$F_{cr} = \left(\frac{\pi}{\mu l}\right)^2 EI_{\min} = \left(\frac{\pi}{3}\right)^2 \times 210 \times 10^9 \times 7.29 \times 10^{-6} = 1.678 \times 10^6 (\text{N})$$

(3) 正方形截面[图 11-15(e)]

截面的最小惯性半径$I_{\min}$及其他参数为:

$$I_{\min} = h^4/12 = 0.104^4/12 = 9.75 \times 10^{-6} (\text{m}^4)$$

$$i = \sqrt{\frac{I_{\min}}{A}} = \sqrt{\frac{h^4/12}{h^2}} = \sqrt{\frac{0.104^2}{12}} = 0.03(\text{m})$$

压杆的柔度为:

$$\lambda = \mu l / i = 3/0.03 = 100$$

可见$\lambda > \lambda_p$,该压杆为细长杆。临界压力用欧拉公式计算,得:

$$F_{cr} = \left(\frac{\pi}{\mu l}\right)^2 EI_{\min} = \left(\frac{\pi}{3}\right)^2 \times 210 \times 10^9 \times 9.75 \times 10^{-6} = 2.245 \times 10^6 (\text{N})$$

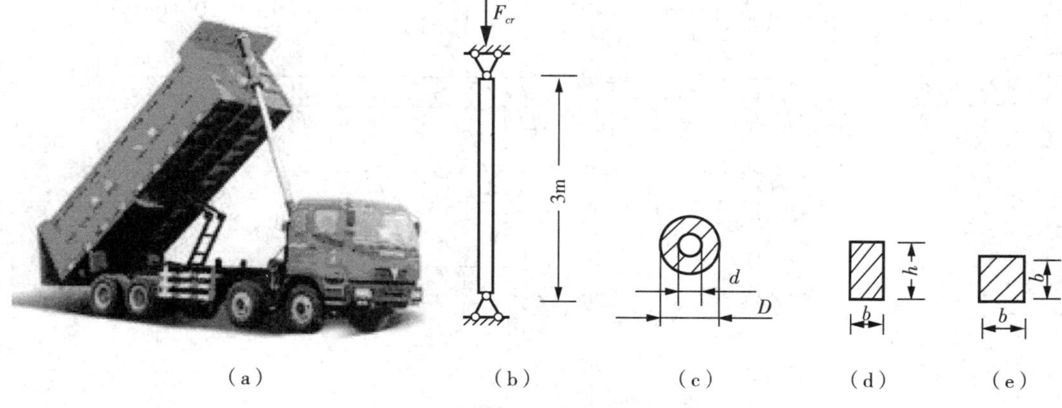


图 11-15 自卸汽车液压压杆与受力简化模型

上述 3 种截面中，空心圆截面压杆的临界荷载较大，不容易失稳。

**思考与讨论**：1. 两端为球形铰支的压杆，当横截面如图示各种不同形状时(图 11－16)，试问压杆会在哪个平面内失去稳定(即失去稳定时压杆的截面绕哪一根形心轴转动)？若用欧拉公式计算中柔度杆的临界力，则会导致什么后果？

2. 圆截面细长压杆其他条件不变，若直径增大一倍时，其临界力有何变化？若长度增加一倍时，其临界力有何变化？

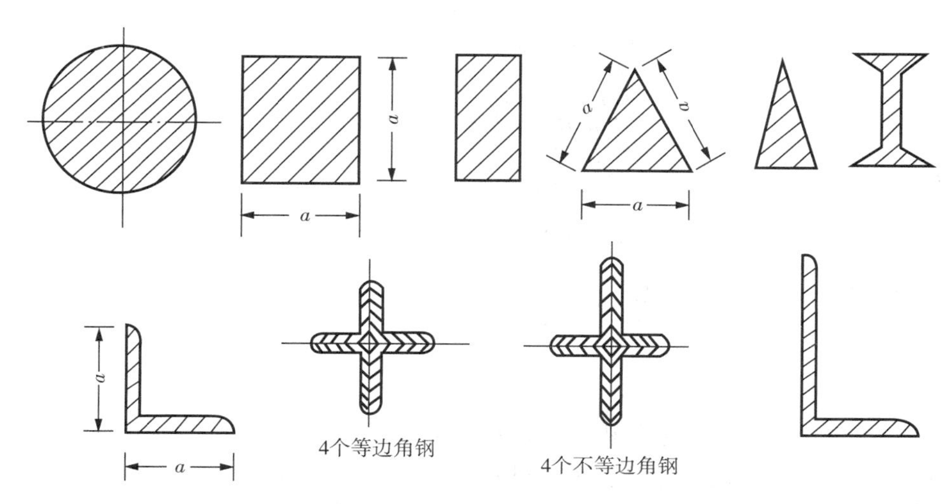


图 11－16　不同形状的横截面

**例 11－3**　丝杆千斤顶如图 11－17(a) 所示，受压模型如图 11－17(b)。由 Q235 钢制成的千斤顶。其丝杠长 $l=800\text{mm}$，上端自由，下端可视为固定。丝杠的有效直径 $d=40\text{mm}$，材料的弹性模量 $E=2.1\times10^5\text{MPa}$，$\sigma_p=200\text{MPa}$。若该丝杠的稳定安全因数 $n_{st}=3.0$。求该千斤顶的最大承载力。

**解**：先求出丝杠的临界力 $F_{cr}$，再由规定的稳定安全因数求得千斤顶的最大承载力。丝杠为一端自由，一端固定，取 $\mu=2$。丝杠截面的惯性半径和其他参数为：

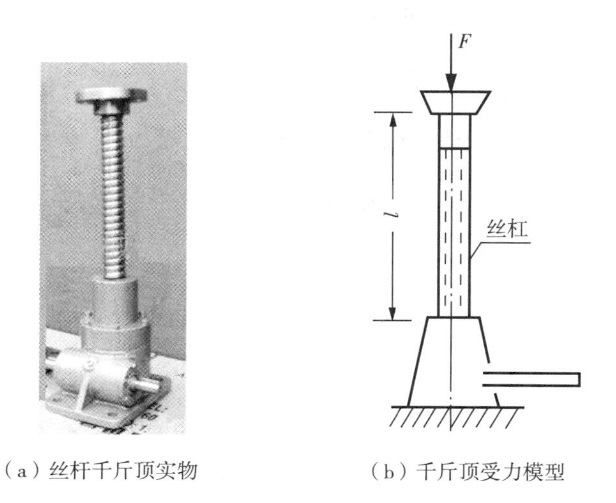


(a) 丝杆千斤顶实物　　(b) 千斤顶受力模型

图 11－17　千斤顶压杆例子

$$i=\sqrt{\frac{I_z}{A}}=\sqrt{\frac{\pi d^4/64}{\pi d^2/4}}=\frac{0.04}{4}=0.01(\text{m})$$

$$\lambda=\frac{\mu l}{i}=\frac{2\times 0.8}{0.01}=160$$

$$\lambda_p=\pi\sqrt{\frac{E}{\sigma_p}}=\pi\sqrt{\frac{2.1\times 10^{11}}{200\times 10^6}}=101.8$$

显然，这是一种细长大柔度杆，采用公式(11-19)计算临界应力为：

$$\sigma_{cr}=\left(\frac{\pi}{\lambda}\right)^2E=\left(\frac{\pi}{160}\right)^2\times 2.1\times 10^{11}=80.962\times 10^6(\text{Pa})$$

细长压杆的临界压力为：

$$F_{cr}=\sigma_{cr}A=80.962\times 10^6\times\pi\times 0.04^2/4=101.74\times 10^3(\text{N})$$

所以，丝杠的容许荷载为：

$$[F_{st}]=F_{cr}/n_{st}=101.74\times 10^3/3=33.913\times 10^3(\text{N})$$

此即千斤顶的最大承载力。

**例 11-4** 大型厂房的钢柱[图 11-18(a)]由两根 16 号槽钢靠背组成，钢柱横截面见图 11-18(b)，截面类型为 $b$ 类。钢柱长 7m，材料为 Q235 钢。钢柱的两端用螺栓通过联接板与其他构件联接，截面上有 4 个直径为 30mm 的螺栓孔。根据钢柱两端约束情况，取 $\mu=1.3$。该钢柱承受 270kN 的轴向压力，材料的容许压应力$[\sigma]=170$MPa。

(1) 要求两个方向上的 $I$ 值相同，求两槽钢的间距 $h$。

(2) 校核钢柱的强度。

(3) 采用折减因数法校核钢柱的稳定性。

**解：**(1) 确定两槽钢的间距 $h$。

假定钢柱两端约束在各方向均相同，因此，最合理的设计应使 $I_y=I_z$，从而使钢柱在各方向有相同的稳定性。利用这个条件确定两槽钢的间距。

单根 16 号槽钢的截面几何性质，可查附录中的型钢表得：$A=25.16\text{cm}^2$，$I_z=935\text{cm}^4$，$I_{y0}=83.4\text{cm}^4$，$z_0=1.75$cm，$\delta=10$mm。

按惯性矩的平行移轴公式，钢柱截面对 $y$ 轴的惯性矩为：

$$I_y=I_{y0}+(z_0+h/2)^2A$$

由 $I_y=I_z$ 条件得到：

$$h=2\left(\sqrt{\frac{I_z-I_{y0}}{A}}-z_0\right)=2\times\left(\sqrt{\frac{935-83.4}{25.162}}-1.75\right)=8.135(\text{cm})$$

(2) 校核钢柱的强度

对螺栓孔削弱的截面进行强度校核。该截面上的工作应力为：

$$\sigma=\frac{F}{2(A-2\delta d)}=\frac{270\times 10^3}{2\times(25.162\times 10^{-4}-2\times 0.01\times 0.03)}=70.452\times 10^6(\text{MPa})$$

可见 $\sigma < [\sigma]$，削弱的截面仍有足够的强度。

(3) 校核钢柱的稳定性

钢柱两端附近截面虽有螺栓孔削弱，但属于局部削弱，不影响整体的稳定性。整个钢柱截面的 $i$ 和 $\lambda$ 分别为：

$$i = \sqrt{\frac{I_z}{A}} = \sqrt{\frac{935}{25.162}} = 6.1(\text{cm})$$

$$\lambda = \frac{\mu l}{i} = \frac{1.3 \times 7}{0.061} = 149.18$$

采用折减因数法，查表 11-3，得到 $\varphi = 0.303$。计算许用压力为：

$$[\sigma_{st}] = \varphi[\sigma] = 0.303 \times 170 \times 10^6 = 51.51 \times 10^6 (\text{Pa})$$

压杆的工作压应力为：

$$\sigma_c = \frac{F}{2A} = \frac{270 \times 10^3}{2 \times 25.162 \times 10^{-4}} = 53.652 \times 10^6 (\text{MPa})$$

可见，$\sigma_c$ 虽大于 $[\sigma_{st}]$，但不超过 5%，可认为满足稳定性要求。

**思考与讨论：**如果采用角钢制作压杆，如图 11-19 所示，可能的失稳的方向是什么？

(a) 大型厂房钢柱现场

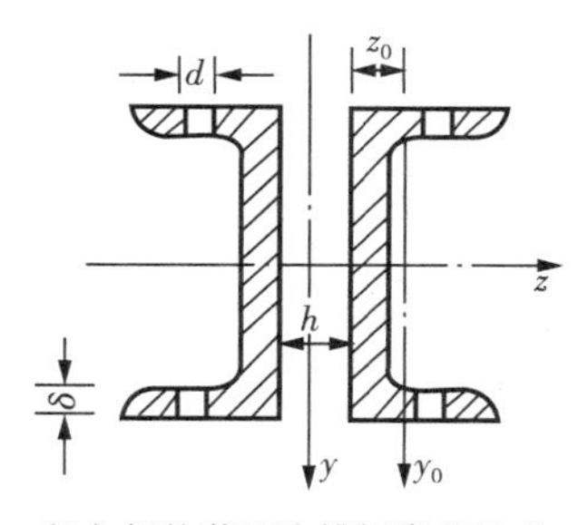


(b) 钢柱截面为槽钢靠背组成

图 11-18　厂房钢柱及截面例子

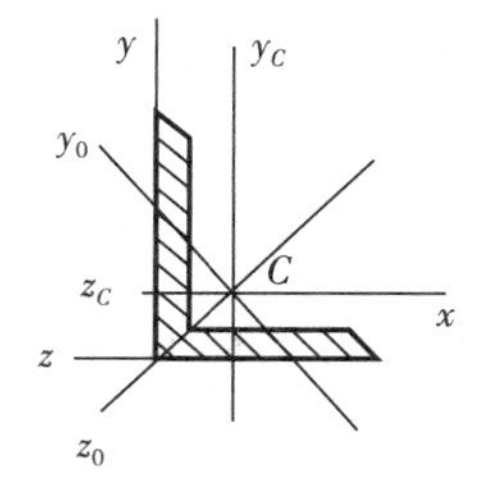


图 11-19　角钢截面例子

## 11.7* 工程构件的纵横弯曲分析

当压杆除了受压力 $F$ 作用外，还受横向力 $Q$ 作用，这时杆就成为纵横弯曲问题，如图 11-20 所示的简化模型。这时杆的横向变形比较大，必须加以考虑。它与组合变形中的压弯组合的分析不同之处就是在组合变形中横向变形很小而不考虑。

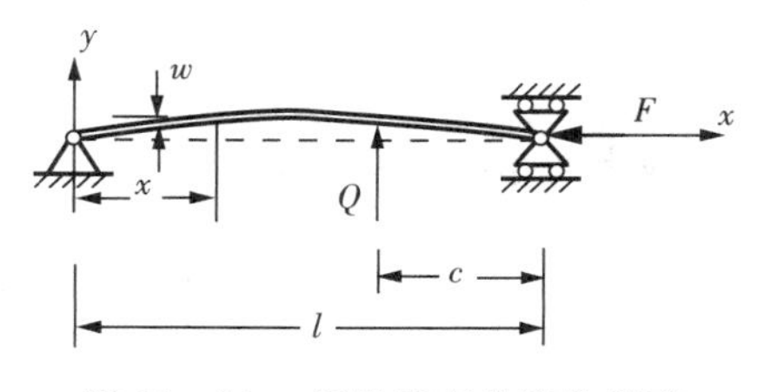


图 11-20　杆纵横弯曲简化模型

与压杆的分析方法相似，得到挠曲线近似微分方程如下：

$$\frac{\mathrm{d}^2 w}{\mathrm{d}x^2}=\frac{M(x)}{EI_z}=\frac{Qcx}{EI_z l}-\frac{Fw}{EI_z} \quad (0\leqslant x\leqslant l-c)$$

$$\frac{\mathrm{d}^2 w}{\mathrm{d}x^2}=\frac{M(x)}{EI_z}=\frac{Q(l-c)(l-x)}{EI_z l}-\frac{Fw}{EI_z} \quad (l-c< x\leqslant l)$$

式中，$w$ 为杆轴线上任一点处的挠度。令 $k^2=F/EI_z$，则上式变为：

$$\frac{\mathrm{d}^2 w}{\mathrm{d}x^2}+k^2 w=\frac{Qcx}{EI_z l}$$

$$\frac{\mathrm{d}^2 w}{\mathrm{d}x^2}+k^2 w=\frac{Q(l-c)(l-x)}{EI_z l}$$

它们是二阶非齐次常微分方程，其通解为：

$$w=A\sin kx+B\cos kx+\frac{Qcx}{Fl} \quad (0\leqslant x\leqslant l-c)$$

$$w=C\sin kx+D\cos kx+\frac{Q(l-c)(l-x)}{Fl} \quad (l-c< x\leqslant l)$$

式中，$A,B,C,D$ 为待定常数，可由杆的边界条件确定。由于杆是两端铰支，边界为：

$$x=0 \text{ 和 } x=l \text{ 处}, w=0$$

将界条件代入，得：

$$B=0, C\sin kl+D\cos kl=0$$

再利用杆的挠度曲线在 $Q$ 作用点处的连续和光滑条件可以得到：

$$A=\frac{-Q\sin kc}{Fk\sin kl}, D=\frac{Q\sin k(l-c)}{Fk\tan kl}$$

最后得到杆的挠度曲线方程为：

$$\begin{cases} w=\dfrac{-Q\sin kc}{Fk\sin kl}\sin kx+\dfrac{Qcx}{Fl} & (0\leqslant x\leqslant l-c) \\ w=\dfrac{-Q\sin k(l-c)}{Fk\sin kl}\sin k(l-x)+\dfrac{Q(l-c)(l-x)}{Fl} & (l-c< x\leqslant l) \end{cases} \tag{11-29}$$

特别，当 $Q$ 作用在杆的中点时，$c=l/2$，这时中点的挠度最大为：

$$w_{\max}=\frac{-Q}{Fk}\tan\frac{kl}{2}+\frac{Ql}{4F} \tag{11-30}$$

中点的截面弯矩也最大为：

$$M_{\max}=EI_z\frac{\mathrm{d}^2 w}{\mathrm{d}x^2}=\frac{EI_z Qk}{2F}\tan\frac{kl}{2} \tag{11-31}$$

进一步分析知道，当 $F=\pi^2 EI_z/l^2$ 时，即压杆处于临界状态压力，则这时 $kl/2=\pi/2$。代入上面杆的挠度和截面弯矩都变成无穷大值，表明这时杆已经失稳。

# 习题 11

11－1　两根细长压杆其材料、杆端约束、杆长、横截面面积均相同，仅截面形状不同(如图)，其临界力比值为多少？

11－2　两根直径均为 $d$ 的压杆，要使两杆的临界力相等，则两杆的长度有什么关系？试分别就大柔度杆和中长杆两种情况进行讨论。

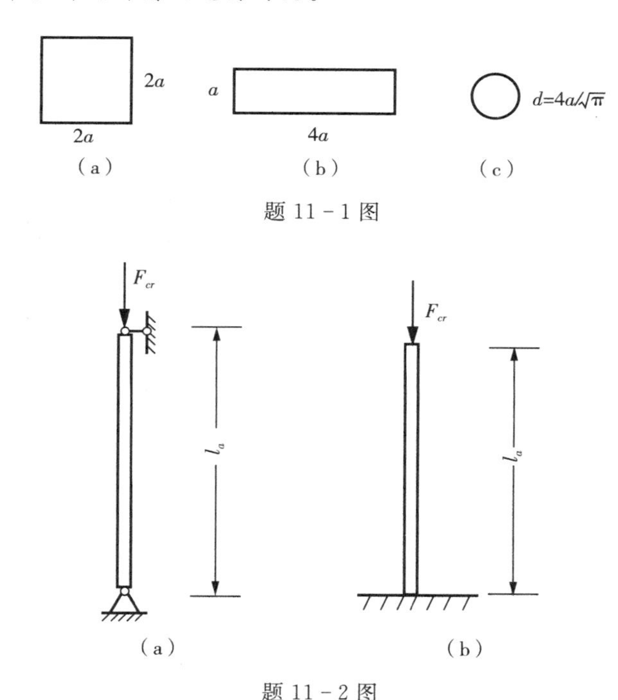


题 11－1 图

题 11－2 图

11－3　简单桁架由 1、2 两杆组成的两种形式，分析它们的承载能力是否相同？

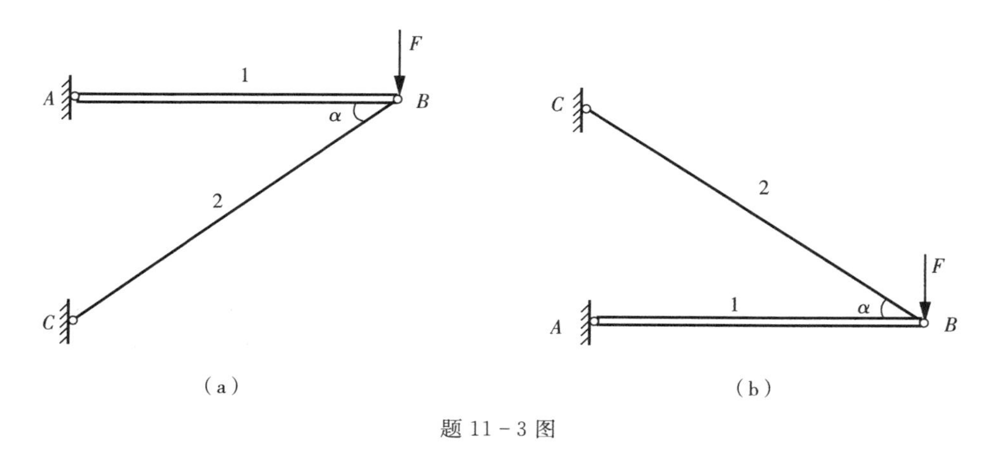


题 11－3 图

11－4　两根直径为 $d$ 的立柱，上、下端分别与强劲的顶、底块刚性连接，如图所示。试根据杆端的约束条件，分析在总压力 $F$ 作用下，立柱微弯时可能的几种挠曲线形状。

11－5　对于不同约束的杆，杆材料和截面均相同，分析哪一根杆能承受的压力最大，哪一根最小？（图(e) 所示杆在中间支承处不能转动）

11－6　两端铰支的木柱，截面为 $150\times150\mathrm{mm}^2$ 的正方形，长度 $L=4.0\mathrm{m}$，设容许压应力$[\sigma]=11\mathrm{MPa}$，求木柱的最大安全压力。

11－7　压杆的截面为矩形，$h=60\mathrm{mm}$，$b=40\mathrm{mm}$，杆长 $l=2.0\mathrm{m}$，材料为 Q235 钢，$E=2.1\times10^5\mathrm{MPa}$。两端约束为：在正视图(a)的平面内相当于铰支；在俯视图(b)的平面内为弹性固定，采用 $\mu=0.8$。试求此杆的临界力 $F_{cr}$。

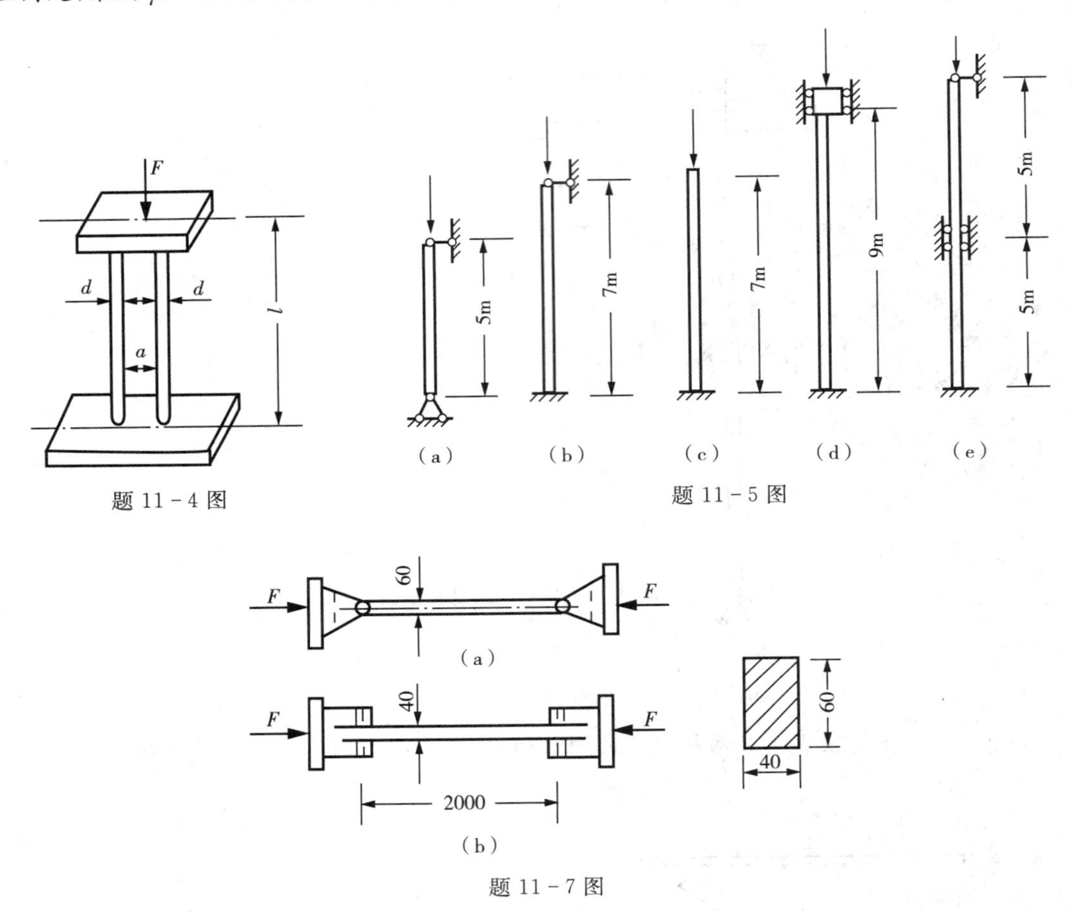


题 11－4 图　　题 11－5 图

题 11－7 图

11－8　两端铰支压杆，材料为 Q235 钢，具有图示 4 种横截面形状，截面面积均为 $4.0\times10^3\mathrm{mm}^2$，空心圆截面中 $d_2=0.7d_1$。试求它们的临界力值。

11－9　两个杆铰接支撑，材料为 Q235 钢杆。$AB$ 杆为一端固定，另一端铰支的圆截面杆，直径 $d=70\mathrm{mm}$；$BC$ 杆为两端铰支的正方形截面杆，边长 $a=70\mathrm{mm}$，$AB$ 和 $BC$ 两杆可各自独立发生弯曲，互不影响。已知 $l=2.5\mathrm{m}$，稳定安全因数 $n_{st}=2.5$。$E=2.1\times10^5\mathrm{MPa}$。试求此结构的最大安全荷载 $F$。

11－10　由 5 根圆杆组成的正方形结构。$a=1\mathrm{m}$，各结点均为铰接，杆的直径均为 $d=35\mathrm{mm}$，截面类型为 $a$ 类。材料均为 Q235 钢，$[\sigma]=170\mathrm{MPa}$，试求此时的容许荷载 $F$。若力 $F$ 的方向改为向外，容许荷载 $F$ 又应为多少？

11－11　在双杆支撑结构中，两根杆的横截面均为 $50\times50\text{mm}^2$，材料的 $E=70\times10^3\text{MPa}$，试用欧拉公式确定结构失稳时的 $F$ 值。

11－12　简单托架的撑杆 $AB$ 为圆截面杉木杆，直径 $d=200\text{mm}$。$A$、$B$ 两处为球形铰，材料的容许压应力 $[\sigma]=11\text{MPa}$。试求托架的容许荷载 $[q]$。

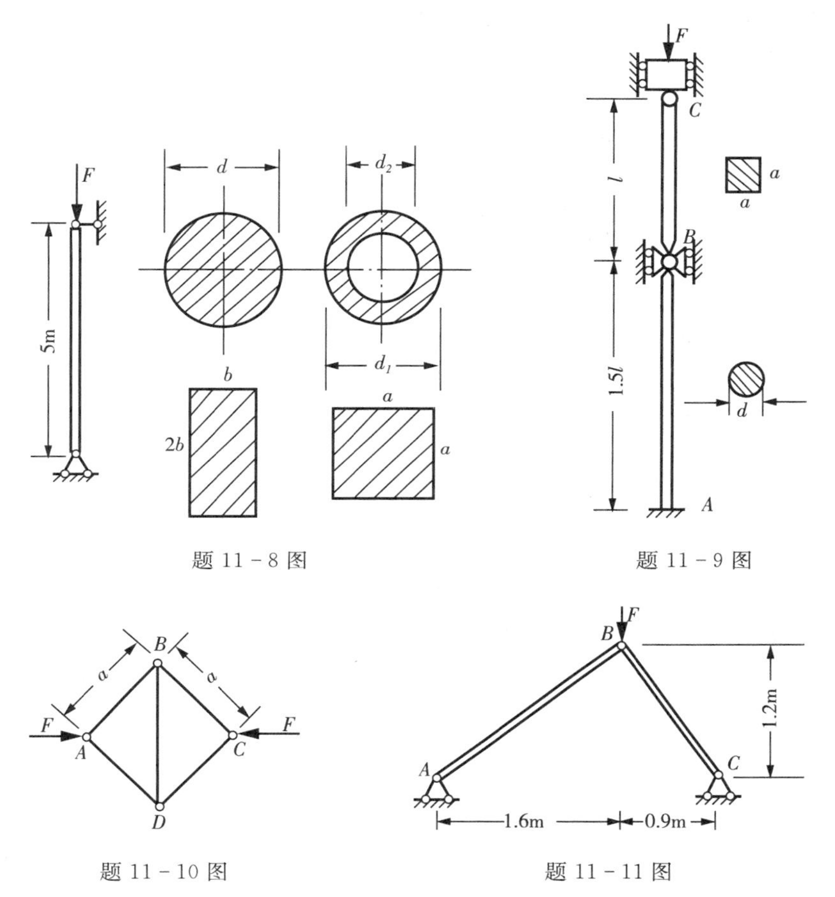


题 11－8 图

题 11－9 图

题 11－10 图

题 11－11 图

11－13　托架中 $AB$ 杆的直径 $d=40\text{mm}$，两端可视为铰支，材料为 Q235 钢。$\sigma_p=200\text{MPa}$，$E=200\text{GPa}$。若为中长杆，经验公式 $\sigma_{cr}=a-b\lambda$ 中的 $a=304\text{MPa}$，$b=1.12\text{MPa}$。

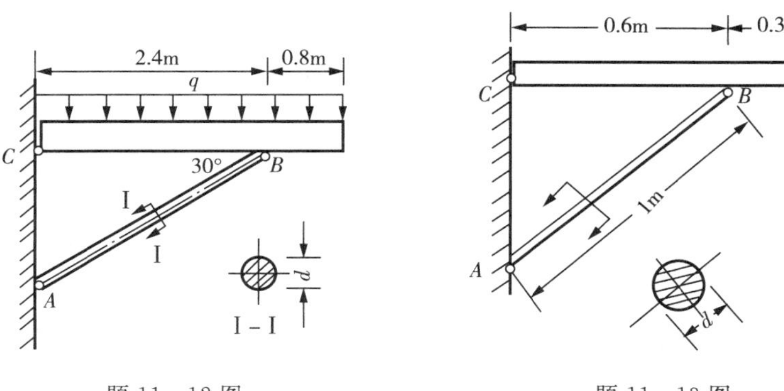


题 11－12 图

题 11－13 图

(1) 试求托架的临界荷载 $F_{cr}$。

(2) 若已知工作荷载 $F=70$kN，并要求 $AB$ 杆的稳定安全因数 $n_{st}=2$，试问托架是否安全？

11-14 一支柱系由4根75mm×75mm×6mm(见图)的角钢所组成。截面类型为 $b$ 类。支柱的两端为铰支，柱长 $L=6$m，$a=210$mm，压力为450kN。若材料为Q235钢，容许应力$[\sigma]=170$MPa。试校核支柱的稳定性。

11-15 钢结构中钢梁 $AB$ 为20b号工字钢，立柱 $CD$ 为两根63mm×63mm×5mm角钢制成一体的杆。立柱截面类型为 $b$ 类，均布荷载集度 $q=39$kN/m，梁及柱的材料均为Q235钢，$[\sigma]=170$MPa，$E=2.1\times105$MPa。试验算梁和柱是否安全。

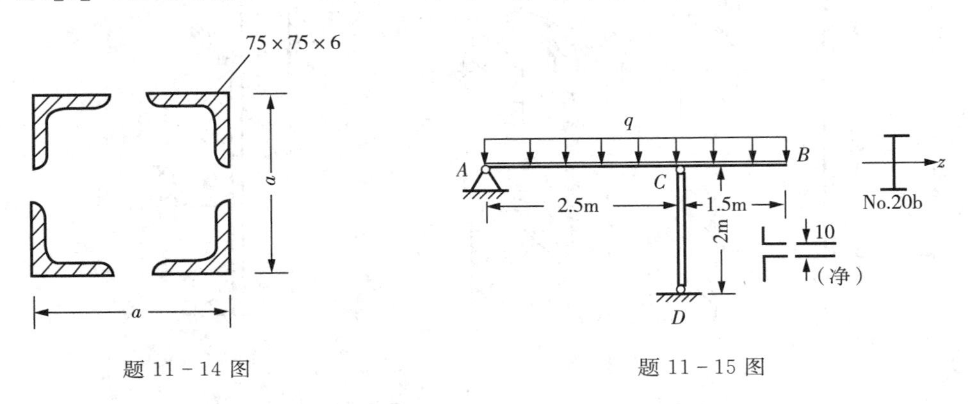


题11-14图 题11-15图

11-16 梁杆结构的材料均为Q235钢。$AB$ 梁为16号工字钢，$BC$ 杆为 $d=60$mm的圆杆。已知 $E=200$GPa，$\sigma_p=200$MPa，$\sigma_s=235$MPa，强度安全因数 $n=2$，稳定安全因数 $n_{st}=3$，试求容许荷载值$[F]$。

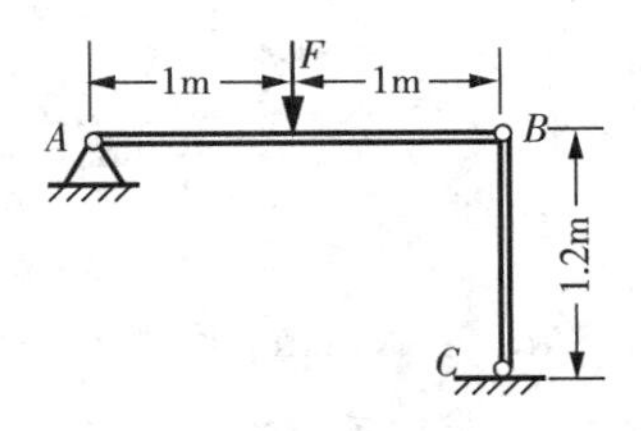


题11-16图

# 第12章　工程结构的动载荷与交变应力问题

## 12.1　工程中动载荷实例与特点

在工程实际中，有很多构件会受到的载荷式一种动载荷的作用。所谓动载荷，是指载荷随时间作较大变化的载荷，构件会作加速运动或转动而产生惯性力。例如，风镐工作时的冲击载荷[图12-1(a)]；冲击钻工作时的冲击载荷[图12-1(b)]；夯实机工作时的冲击载荷[图12-1(c)]；起重机加速吊升重物时，吊索受到重物惯性力的作用[图12-1(d)]；汽锤打桩时桩受到冲击载荷[图12-1(e)]；等等。

而与动载荷相对的是所谓静载荷是指载荷由零开始缓慢地增加到最终值，以后就不再变动的载荷。在加载的过程中，构件内各质点的加速度很小，可以忽略不计。

(a)　(b)　(c)

(d)　(e)

图12-1　典型动载荷与冲击载荷例子

构件由于动载荷所引起的变形和应力称为动变形和动应力。构件在动载荷作用下同样有强度、刚度和稳定性问题。实验结果表明，材料在静载荷作用下服从胡克定律，在动载荷作用下，只要动应力不超过材料的比例极限，胡克定律仍然适用。

若构件内的应力随时间作周期性的变化,则称为交变应力。塑性材料的构件长期在交变应力作用下往往会发生脆性断裂,虽然其最大工作应力远低于材料的屈服极限,且无明显的塑性变形,这种破坏被称为疲劳破坏。因此,在交变应力作用下的构件应校核疲劳强度。

本章将讨论构件作匀加速直线运动或匀速转动以及冲击作用下的动载荷问题,建立动载荷应力作用下构件的强度校核方法和交变应力作用下构件的疲劳强度校核方法。

## 12.2 动载荷作用下应力计算

在理论力学中,构件作匀加速直线运动时,内部各质点均具有相同的加速度。构件作匀速转动时,内部各质点均具有向心加速度。相应的构件上要产生惯性力。根据动静法(达朗贝尔原理),将惯性力施加到构件上,然后按静载荷问题来进行分析和计算。

### 12.2.1 构件作匀加速直线运动问题

例如,桥式起重机以匀加速度 $a$ 吊起一重量为 $Q$ 的物体,如图 12-2(a) 所示。若钢索横截面面积为 $A$,材料密度为 $\rho$,分析计算钢索横截面上的动应力。简化模型如图 12-2(b) 所示。

首先计算钢索任一横截面上的内力。应用截面法取出如图 12-2(c) 所示的部分钢索和吊物作为研究对象。其上作用的力有:吊物自重 $Q$、长为 $x$ 的一段钢索的自重、吊物和该段钢索的惯性力以及截面上的动内力 $F_{Nd}$。

建立如图 12-2(c) 所示的坐标系。由于钢索的自重是匀布的轴向力,其集度为 $q_0 = \rho g A$($g$ 为重力加速度),长为 $x$ 的一段钢索的自重为:

$$P = q_0 x = \rho g A x\text{(向下)} \tag{12-1}$$

一段钢索的惯性力为:

$$G_S = P a/g = \rho a A x\text{(向下)} \tag{12-2}$$

钢索总载荷集度为:

$$q = \rho g A + \rho a A = q_0\left(1 + \frac{a}{g}\right) \tag{12-3}$$

吊物的惯性力为:

$$G_W = Qa/g\text{(向下)} \tag{12-4}$$

根据达朗贝尔原理(动静法),一段钢索的平衡条件为:

$$F_{Nd} - Q - P - G_W - G_S = 0 \tag{12-5}$$

这样,钢索截面上的内力为:

$$F_{Nd} = Q + \rho g A x + Qa/g + \rho a A x = \left(1 + \frac{a}{g}\right)(Q + \rho g A x) \tag{12-6}$$

又,钢索截面上的静态内力 $F_{Nst} = Q + \rho g A x$。因此式(12-6)可写成:

$$F_{Nd}=\left(1+\frac{a}{g}\right)F_{Nst}=K_dF_{Nst} \tag{12-7}$$

式(12-7)中,$K_d=(1+a/g)$称为动荷系数。上式说明,钢索横截面上的动内力等于该截面上的静态内力乘以动荷系数。

钢索截面上的动应力为:

$$\sigma_d=\frac{F_{Nd}}{A}=\left(1+\frac{a}{g}\right)\frac{F_{Nst}}{A}=\left(1+\frac{a}{g}\right)\left(\frac{Q}{A}+\rho gx\right)=K_d\sigma_{st} \tag{12-8}$$

式(12-8)中,$\sigma_{st}=Q/A+\rho gx$为静态应力。可见,钢索横截面上的动应力等于该截面上的静态应力乘以动荷系数。

(a) 桥式起重机

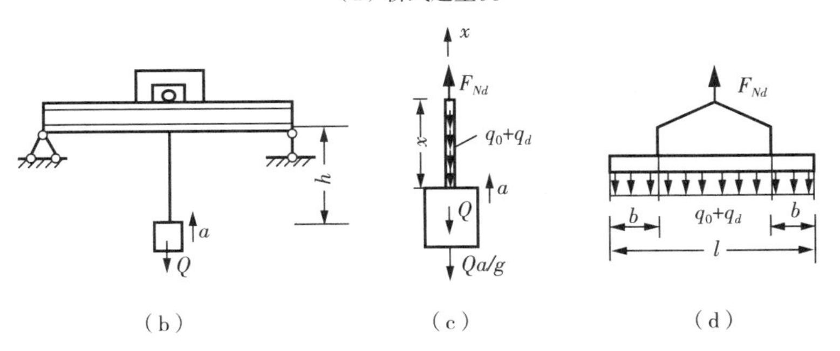


(b)　(c)　(d)

图 12-2　车间起重机现场与引起的动应力模型

由式(12-6)可知,钢索的最大动内力的截面在钢索的上端,它是危险截面。该截面的动应力也最大。由式(12-8),得:

$$\sigma_{d\max}=K_d\left(\frac{Q}{A}+\rho gh\right) \tag{12-9}$$

计算出最大动应力后,就可按如下的强度条件进行钢索的强度计算:

$$\sigma_{d\max}=K_d\left(\frac{Q}{A}+\rho gh\right)\leqslant[\sigma] \tag{12-10}$$

式(12-10)中$[\sigma]$仍采用静载荷情况的容许应力值。

如果将上面的起重机吊起的重物$Q$换成质量相同,长度为$l$的梁,如图 12-2(d)。在上述提升过程中,分析梁中的动应力。

首先计算梁受到的分布载荷集度，

$$q=\frac{Q}{l}+\frac{Qa}{gl}=\frac{Q}{l}\left(1+\frac{a}{g}\right)=q_0\left(1+\frac{a}{g}\right) \tag{12-11}$$

式(12－11)中，$q_0=Q/l$。在这种分布载荷集度和提升力共同作用下，梁中点的弯矩为：

$$\begin{aligned}M_d&=\frac{F}{2}\left(\frac{l}{2}-b\right)-\frac{q}{2}\left(\frac{l}{2}\right)^2=\frac{ql}{2}\left(\frac{l}{2}-b\right)-\frac{q}{2}\left(\frac{l}{2}\right)^2\\&=\frac{Q}{2}\left(\frac{l}{4}-b\right)\left(1+\frac{a}{g}\right)\end{aligned} \tag{12-12}$$

梁中点最大动应力为：

$$\sigma_{d\max}=\frac{M_d}{W}=\frac{Q}{2W}\left(\frac{l}{4}-b\right)\left(1+\frac{a}{g}\right)=\sigma_{st\max}\left(1+\frac{a}{g}\right)=K_d\sigma_{st\max} \tag{12-13}$$

式(12－13)中，$\sigma_{st\max}=\frac{Q}{2W}\left(\frac{l}{4}-b\right)$是梁中点最大静态应力。

从上面各分析结果可以看出，动态下的各种力与变形的计算，可以在静态结果基础上乘以动荷系数而得到。因此，求解动载荷问题的关键是求出动荷系数。

### 12.2.2 构件作匀速转动问题

再分析以匀速转动的圆环上的动应力。圆环的平均直径为 $D$，圆环的厚度为 $\delta$，简化模型如图12－3(a)所示。设圆环以角速度 $\omega$ 绕圆心 $O$ 匀速转动。圆环的横截面面积为 $A$，材料的密度为 $\rho$。圆环匀速转动时各质点只有向心加速度。由于壁厚 $\delta$ 远小于圆环平均直径 $D$，可认为圆环沿径向各点的向心加速度与圆环中线上各点处的向心加速度相等

$$a_n=D\omega^2/2\text{（方向向内）} \tag{12-14}$$

环上将有匀布的离心惯性力，其单位长度的集度为：

$$q_d=\rho Aa_n=\rho AD\omega^2/2\text{（方向向外）} \tag{12-15}$$

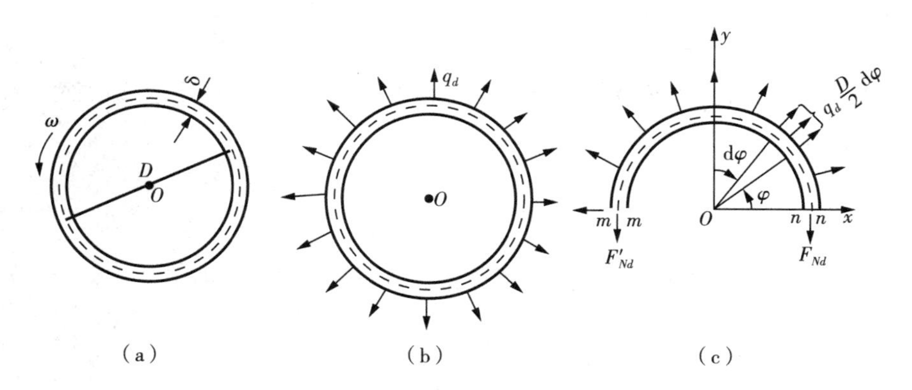


图 12－3 匀速转动飞轮简化模型

为了求圆环截面上的应力，将圆环沿直径面截开，取一半部分进行研究。其上的外力如图12－3(c)所示。由平衡方程得到：

$$2F_{Nd}=\int_0^{\pi}q_d\sin\varphi\frac{D}{2}\mathrm{d}\varphi=q_dD \tag{12-16}$$

将 $q_d$ 代入上式得到截面 $m-m$ 和 $n-n$ 上的内力为：

$$F_{Nd}=\frac{q_dD}{2}=\frac{\rho AD^2}{4}\omega^2 \tag{12-17}$$

圆环横截面上的动应力为：

$$\sigma_d=\frac{F_{Nd}}{A}=\frac{\rho D^2}{4}\omega^2=\rho V^2 \tag{12-18}$$

式中，$V=D\omega/2$ 为圆环中线的线速度。圆环的强度条件为：

$$\sigma_d=\rho V^2\leqslant[\sigma] \tag{12-19}$$

显然，圆环的截面应力与其截面积无关。因此，增大圆环截面积不能提高其强度。

### 12.2.3　构件受冲击问题

运动物体碰到静止的物体上时，在相互接触的极短时间内，运动物体的速度急剧下降，从而使静止的物体受到很大的冲击作用力。工程中的落锤打桩、汽锤锻造和飞轮突然制动等都是冲击现象。冲击中的运动物体称为冲击物，静止的物体称为被冲击物。在冲击过程中，冲击物将获得很大的加速度，从而产生很大的惯性力作用在被冲击物上，在被冲击物中产生很大的冲击应力和变形。

由于冲击物的速度在极短时间内发生很大变化，所以加速度不容易确定，因此，很难按加速度惯性力的方法（动静法）进行计算。工程上一般采用偏于安全的能量方法对冲击瞬间的最大应力和变形进行近似的分析计算。这种方法基于如下假设：

(1) 忽略被冲击构件的质量。

(2) 在冲击过程中被冲击构件的材料仍服从胡克定律。

(3) 冲击时冲击物本身不发生变形，即当作刚体冲击后不发生回弹。

下面将分析垂直冲击和水平冲击两种情况下的应力和变形计算。

1. 垂直冲击问题

设一重为 $Q$ 的物体，从高度 $h$ 处自由下落到杆的顶端，使杆受到竖向冲击而发生压缩变形，简化模型如图 12-4(a) 所示。这就是垂直冲击问题，它的冲击方向与自身重力方向一致。下面分析计算构件中的冲击变形和应力。

冲击物落到被冲击构件顶端即将与之接触时，具有速度 $v$。当其与构件接触后，两者贴合在一起运动，速度迅速减小，最后降到零。与此同时，被冲击构件的变形也达到最大值 $\Delta_d$。构件因此受到冲击载荷 $F_d$ 作用并产生冲击应力 $\sigma_d$。

如果在冲击过程中不计其他能量的损耗，按能量守恒原理，冲击物在冲击前后所减少的动能 $T$ 和位能 $U$ 应与被冲击构件所获得的应变能 $U_{\varepsilon d}$ 相等，即

$$\Delta T+\Delta U=U_{\varepsilon d} \tag{12-20}$$

冲击物即将与杆的顶端接触时（即冲击前）具有动能 $T_0$，接触后（即冲击后）速度降为零，动能为零。故冲击前后，冲击物减少的动能为：

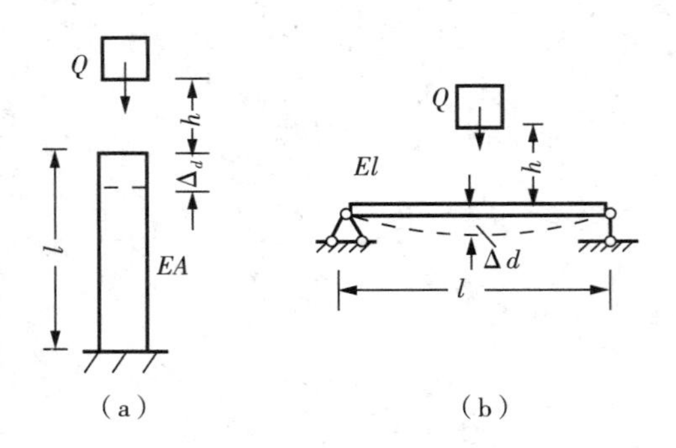


图 12-4 垂直冲击简化模型

$$\Delta T = T_0 \tag{12-21}$$

若以冲击接触前位置作为位能零点，则冲击物减少的位能为：

$$\Delta U = Q\Delta_d \tag{12-22}$$

由于冲击过程中，被冲击构件的材料在弹性范围内仍服从胡克定律，获得的冲击载荷力 $F_d$ 与冲击作用点的最大变形值 $\Delta d$ 之间呈线性关系。被冲击构件所获得的应变能为：

$$U_{\varepsilon d} = \frac{1}{2} F_d \Delta_d \tag{12-23}$$

并且，冲击载荷 $F_d$ 与静载荷 $Q$ 引起的变形、应力之间成比例关系：

$$\frac{F_d}{Q} = \frac{\Delta_d}{\Delta_{st}} = \frac{\sigma_d}{\sigma_{st}} \tag{12-24}$$

将上述各关系式代入到能量守恒方程式(12-20)中，简化为：

$$\Delta_d^2 - 2\Delta_{st}\Delta_d - 2T_0\Delta_{st}/Q = 0 \tag{12-25}$$

求解上述方程得到：

$$\Delta_d = \Delta_{st}\left(1 + \sqrt{1 + \frac{2T_0}{Q\Delta_{st}}}\right) \tag{12-26}$$

若令

$$K_d = 1 + \sqrt{1 + \frac{2T_0}{Q\Delta_{st}}} \tag{12-27}$$

称为冲击动荷系数。则冲击作用点的最大动态变形为：

$$\Delta_d = K_d \Delta_{st} \tag{12-28}$$

式(12-27)中的 $\Delta_{st}$ 是将冲击物重量 $Q$ 当作静载荷作用于被冲击构件冲击点处，在构件冲击点处沿冲击方向所产生的与静载荷类型相对应的静变形。

这样，建立了动态变形与静变形之间的简单关系。对于其他动态量与静态量之间也存在类似关系。动荷系数 $K_d$ 乘以静载荷 $Q$ 就可得到冲击动载荷。动荷系数 $K_d$ 乘以静载荷引起的静应力 $\sigma_{st}$ 得到冲击应力 $\sigma_d$。

$$F_d = K_d Q, \quad \sigma_d = K_d \sigma_{st} \tag{12-29}$$

具体到图 12-4(a) 所示的杆件，

$$\Delta_{st} = \frac{Ql}{EA}, \quad \sigma_{st} = \frac{Q}{A} \tag{12-30}$$

上面计算冲击应力和冲击变形的方法并不局限于图 12-4(a) 所示的受压杆件，同样适用于受垂直冲击的其他构件。例如，图 12-4(b) 所示的梁受到垂直冲击时也可以采用同样的方法计算动载荷、动变形和动应力。这时，

$$\Delta_{st} = \frac{Ql^3}{48EI}, \quad \sigma_{st} = \frac{Ql}{4W} \tag{12-31}$$

冲击问题具体计算的关键是计算冲击动荷系数。针对图 12-4 的冲击问题，物体从高度 $h$ 处自由落下，重物冲击前具有的动能为：

$$T_0 = \frac{Q}{2g}v^2 = Qh \tag{12-32}$$

式(12-32) 代入式(12-27) 得垂直冲击动荷系数：

$$K_d = 1 + \sqrt{1 + \frac{2h}{\Delta_{st}}} \tag{12-33}$$

由 $K_d$ 的计算公式，分析下面几种特殊情况下的冲击动荷系数。

(1) 突加载荷。这时 $h=0$，则 $K_d=2$。它表明构件的动应力和动变形都是静载荷作用下的两倍。

(2) 当载荷下落的高度 $h \geqslant \Delta_{st}$ 时，动荷系数近似为：

$$K_d = 1 + \sqrt{1 + \frac{2h}{\Delta_{st}}} \approx 1 + \sqrt{3} = 2.732$$

(3) 若已知冲击物下落刚接触被冲击构件时的速度为 $v$，

$$K_d = 1 + \sqrt{1 + \frac{v^2}{g\Delta_{st}}} \tag{12-34}$$

2. 水平冲击问题

水平冲击是指冲击物的重力与冲击力不在一个方向上，简化模型如图 12-5(a) 所示。重为 $Q$ 物体水平冲击到竖杆的 $A$ 点，使杆发生弯曲。对水平冲击问题仍采用竖向冲击时的三点假设。也是采用能量守恒原理进行分析。冲击物即将接触到 $A$ 点时的速度为 $v$，与被冲击构件接触后便一起运动，速度迅速降到零。与此同时，被冲击构件受到的冲击载荷 $F_d$，产生的冲击变形 $\Delta_d$ 达到最大值，如图 12-5(b) 所示。

冲击前后冲击物减少的动能为：

$$\Delta T = T_0 = \frac{Qv^2}{2g} \tag{12-35}$$

由于水平冲击，冲击前后冲击物的位能无变化，即 $\Delta U = 0$。在冲击过程中，被冲击构件的材

料在弹性范围内服从胡克定律，被冲击构件所获得的应变能为

$$U_{\varepsilon d}=\frac{1}{2}F_d\Delta_d \tag{12-36}$$

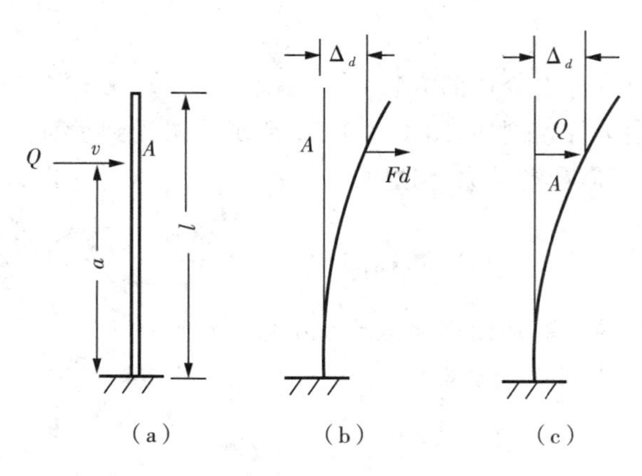


图 12－5　水平冲击简化模型

并且，冲击载荷 $F_d$ 与静载荷 $Q$ 引起的变形、应力之间也成比例关系：

$$\frac{F_d}{Q}=\frac{\Delta_d}{\Delta_{st}}=\frac{\sigma_d}{\sigma_{st}} \tag{12-37}$$

将上述各关系式代入到能量守恒方程，简化为：

$$\Delta_d^2=\frac{2T_0}{Q}\Delta_{st} \tag{12-38}$$

求解上述方程得到：

$$\Delta_d=\Delta_{st}\sqrt{\frac{2T_0}{Q\Delta_{st}}}=\Delta_{st}\sqrt{\frac{v^2}{g\Delta_{st}}} \tag{12-39}$$

若令

$$K_d=\sqrt{\frac{v^2}{g\Delta_{st}}} \tag{12-40}$$

称为水平冲击动荷系数。则冲击作用点的最大动态变形为：

$$\Delta_d=K_d\Delta_{st} \tag{12-41}$$

式(12－41)中，$\Delta_{st}$ 是构件在冲击点处沿冲击方向的静变形(即挠度)。即将冲击物重量 $Q$ 作为静载荷，水平作用于被冲击构件上冲击点处引起的变形，如图 12－5(c) 所示。

与垂直冲击的情况相似，求得了动荷系数 $K_d$ 后，可求得冲击应力 $\sigma_d$ 和冲击变形 $\Delta_d$。

无论是竖向冲击或水平冲击，在求得被冲击构件中的最大动应力后，均可按下述强度条件进行强度计算：

$$\sigma_{d\max}\leqslant[\sigma] \tag{12-42}$$

### 12.2.4　提高构件抗冲能力的措施

在工程实际中,多的情况下需要采取适当的缓冲措施以减小冲击的影响。有时又要利用冲击的效应,如打桩、金属冲压成型加工等。

一般地,在不增加静应力的情况下,减小动荷系数 $K_d$,可以减小冲击应力。从以上各 $K_d$ 的计算公式可见,加大冲击点沿冲击方向的静位移 $\Delta_{st}$,就可有效地减小 $K_d$ 值。因此,被冲击构件采用弹性模量低而变形大的材料制作;或在被冲击构件上冲击点处垫以容易变形的缓冲附件,如橡胶或软塑料垫层、弹簧等,都可以使 $\Delta_{st}$ 值大大提高。例如汽车大梁和底盘轴间安装钢板弹簧,就是为了提高 $\Delta_{st}$ 而采取的缓冲措施。

衡量材料抗冲击能力的力学指标是冲击韧性。在受冲击构件的设计中,它是一个重要的材料力学性能指标。

材料的冲击韧性是由冲击试验测得的。图 12－6 所示是冲击试验机,图 12－7 所示为实验机模型图。将标准试件[12－7(c)]置于冲击试验机机架上,并使 U 形切槽位于受拉的一侧,简化模型如图 12－7(b) 所示。试验机的摆锤从一定高度沿圆弧线自由落下将试件冲断,则试件所吸收的能量就等于摆锤所作的功 $W$。将 $W$ 除以试件切槽处的最小横截面面积 $A$,就得到冲击韧性为:

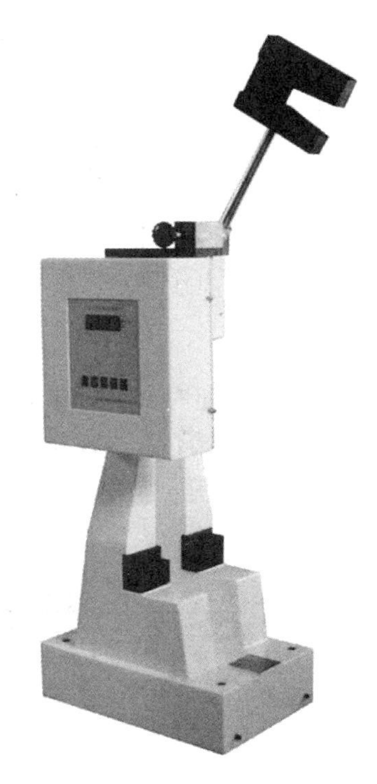

图 12－6　冲击试验机

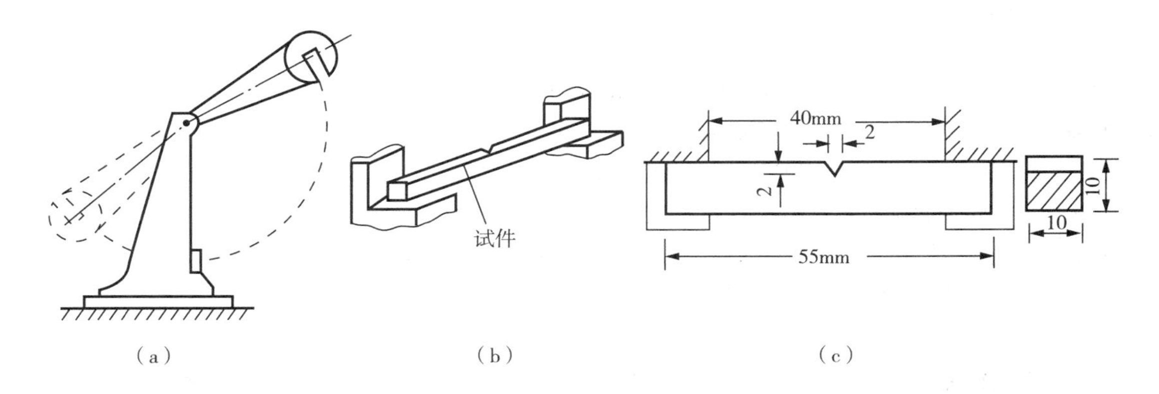


图 12－7　冲击试验模型

$$\alpha_k = \frac{W}{A} \tag{12-43}$$

冲击韧性的单位为 $N \cdot m/m^2$,或 $J/m^2$。

冲击韧性越大,表示材料的抗冲击能力越好。塑性材料的冲击韧性比脆性材料大。因此，塑性材料的抗冲击能力优于脆性材料。

## 12.3 交变载荷作用下应力与疲劳分析

### 12.3.1 交变应力与疲劳破坏概念

工程中常见到如图 12-8(a) 所示的梁上安装有电动机简化模型。由于电动机转动不平稳，梁受到干扰力作用。

$$F_N = F_H \sin\omega t \tag{12-44}$$

显然，干扰力是随时间作周期性变化，因而梁中截面应力也随时间作周期性变化，应力变化如图 12-8(b) 所示。这种应力随时间变化的曲线称为应力谱。

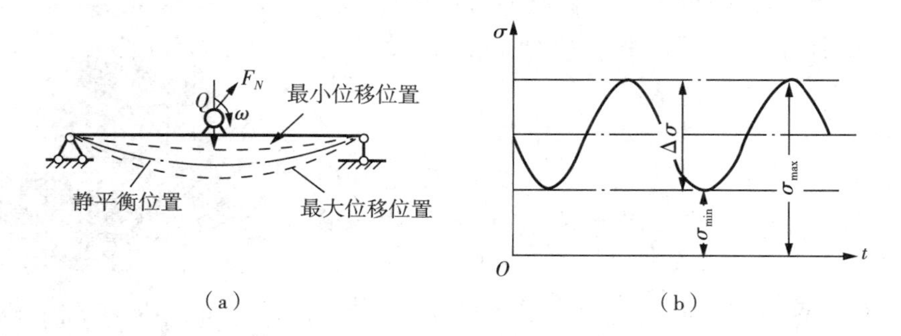


图 12-8 载荷随时间作周期性变化的应力变化

此外，还有一些构件，虽然所受的载荷并没有变化，但由于构件本身在转动，因而构件内各点处的应力也随时间作周期性的变化。如图 12-9(a) 所示的火车轮轴简化模型，承受车厢传来的荷载 $F$ 作用，力 $F$ 并不随时间变化，轴的弯矩图如图 12-9(b) 所示。由于轴在转动，轴横截面上除圆心以外的各点处的正应力都随时间作周期性的变化。如，截面边缘上的某点 $i$[图 12-9(c)]，当 $i$ 点转至位置 1 时，正处于中性轴上，$\sigma=0$；当 $i$ 点转至位置 2 时，$\sigma=\sigma_{max}$；当 $i$ 点转至位置 3 时，又在中性轴上，$\sigma=0$；当 $i$ 点转至位置 4 时，$\sigma=\sigma_{min}$。可见，轴每转一周，$i$ 点处的正应力经过了一个应力循环，其应力变化如图 12-9(d) 所示。

在上述两类情况下，构件中都将产生随时间作周期性交替变化的应力。这种应力称为对称交变应力。

再有机械系统的齿轮啮合，简化模型如图 12-10(a)。在啮合齿面上的力随着时间不断变化。齿轮每转动一周，齿进入啮合一次，齿面上的应力变化如图 12-10(b) 所示。这种应力称为脉动交变应力。

大量工程构件的破坏现象表明，构件在交变应力作用下的破坏形式与静荷载作用不同。在交变应力作用下，即使应力低于材料的屈服极限(或强度极限)，但构件经过长期重复作用之后，构件也往往会突然断裂。对于由塑性很好的材料制成的构件，也往往在没有发生明显塑性变形的情况下突然断裂。这种破坏称为疲劳破坏。

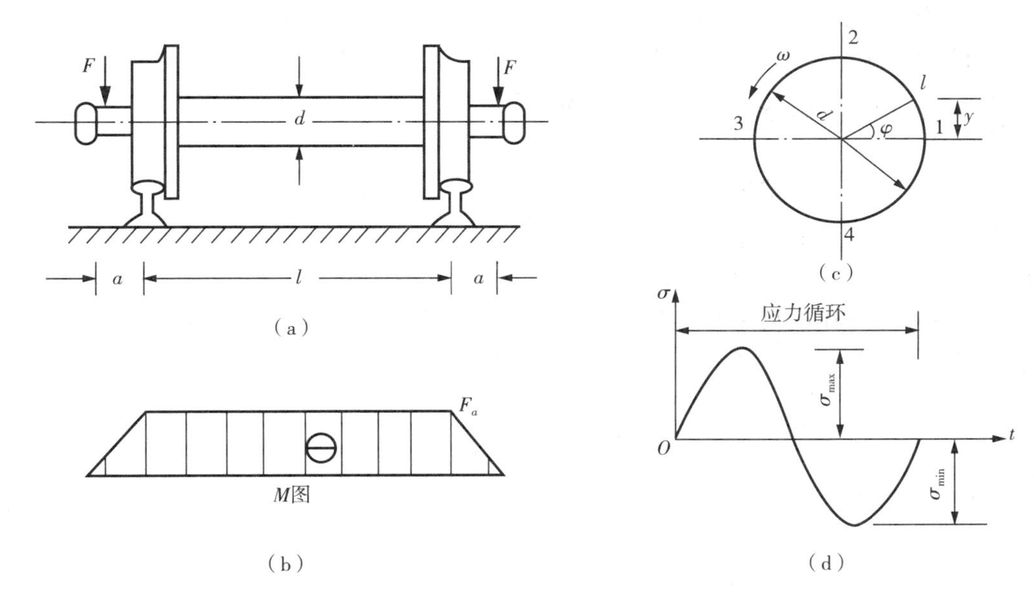


图 12-9　火车轮轴构件简化模型的应力变化

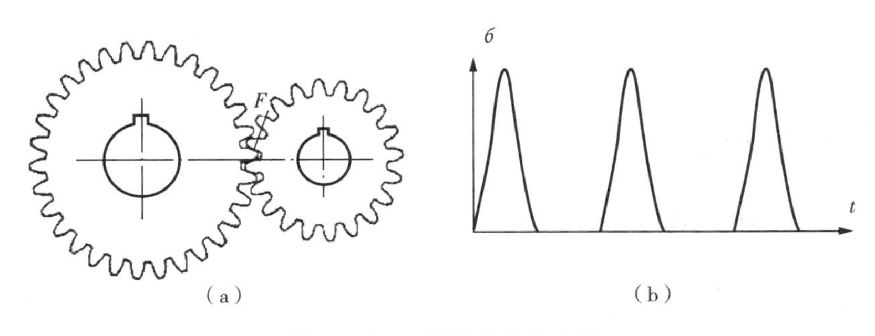


图 12-10　齿轮啮合应力谱

引起疲劳破坏的原因是，由于构件中不可避免地存在着材料不均匀、夹杂物等缺陷。在交变应力长期反复作用下，这些缺陷部位将产生细微的裂纹。在这些细微裂纹的尖端，不仅应力状态复杂，而且有严重的应力集中。反复作用的交变应力又导致细微裂纹扩展成宏观裂纹。在裂纹扩展的过程中，裂纹两边的材料时而分离时而压合，或反复地相互错动，起到了类似“研磨”的作用，从而使这个区域十分光滑。

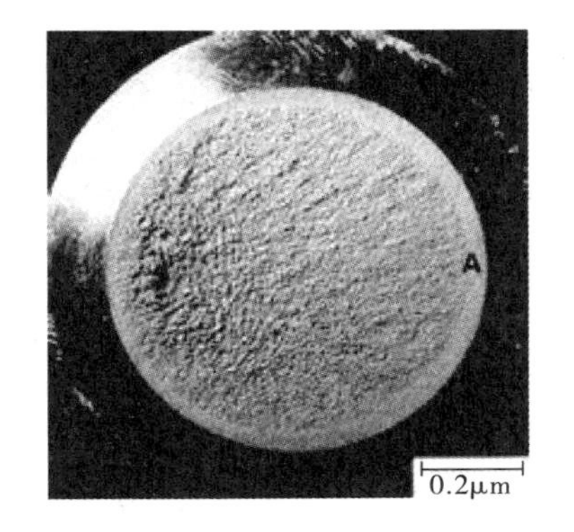


图 12-11　疲劳破坏断口

随着裂纹的不断扩展，构件的有效截面逐渐减小。当截面削弱到一定程度时，在偶然的振动或冲击下，构件就会沿此截面突然断裂。可见，构件的疲劳破坏实质上是由于材料的缺陷而引起细微裂纹，进而扩展成宏观裂纹，裂纹不断扩展后，最后发生脆性断裂的过程。

图 12-11 所示的是金属构件的疲劳断口，分为光滑区和粗糙区。光滑区 $A$ 实际上就是裂纹扩展区，是

经过长期“研磨”所致，而粗糙区是最后发生脆性断裂的那部分剩余截面。

构件的疲劳破坏是在没有明显预兆的情况下突然发生的，因此，往往会造成严重的事故。所以，了解和掌握交变应力的分析方法，并对交变应力作用下的构件进行疲劳计算，是十分必要的。

### 12.3.2 交变应力的特性

从交变应力变化规律[图 12-8(b) 和图 12-9(d)]可见，构件中某一点的交变应力在其最大值 $\sigma_{max}$ 和最小值 $\sigma_{min}$ 之间作周期性变化。应力每重复变化一次，称为一个应力循环。重复的次数称为循环次数。应力循环中最小应力与最大应力之比，称为交变应力的循环特征，用 $r$ 表示为：

$$r=\frac{\sigma_{min}}{\sigma_{max}} \tag{12-45}$$

最大应力和最小应力的平均值为：

$$\sigma_m=\frac{1}{2}(\sigma_{min}+\sigma_{max}) \tag{12-46}$$

最大应力和最小应力差值表示交变应力的变化程度，称为交变应力的应力幅。

$$\sigma_a=\frac{1}{2}(\sigma_{max}-\sigma_{min}) \tag{12-47}$$

图 12-12 表示出上面各应力值。

各种交变应力的特征可用上述参量来表示(如图 12-13 所示)。

当 $r=-1$ 时，称为对称循环。此时，应力平均值 $\sigma_m=0$，应力幅值 $\sigma_a=\sigma_{max}$，见图12-13(a)。

当 $r=1$ 时，称为静应力，即 $\sigma_{min}=\sigma_{max}$，此时，$\sigma_m=\sigma_{max}$，$\sigma_a=0$。因此，静应力可看作是交变应力的一种特例，见图 12-13(b)。

当 $r=0$ 时，称为脉冲循环，此时，$\sigma_{min}=0$，$\sigma_m=\sigma_{max}/2$，$\sigma_a=\sigma_{max}/2$，见图 12-13(b)。

除对称循环($r=-1$) 以外的交变应力，统称为非对称循环交变应力，见图 12-13(d)。

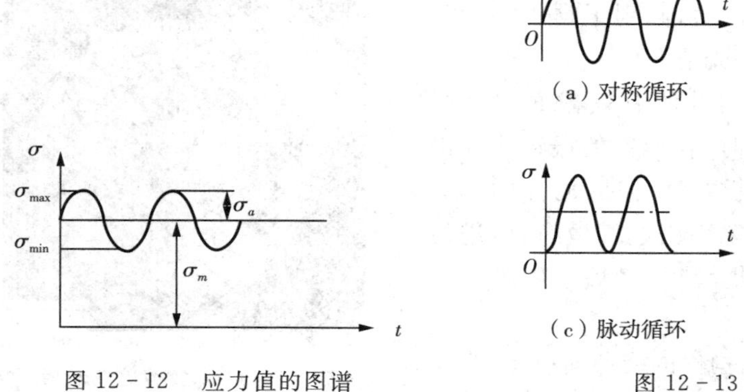


图 12-12 应力值的图谱

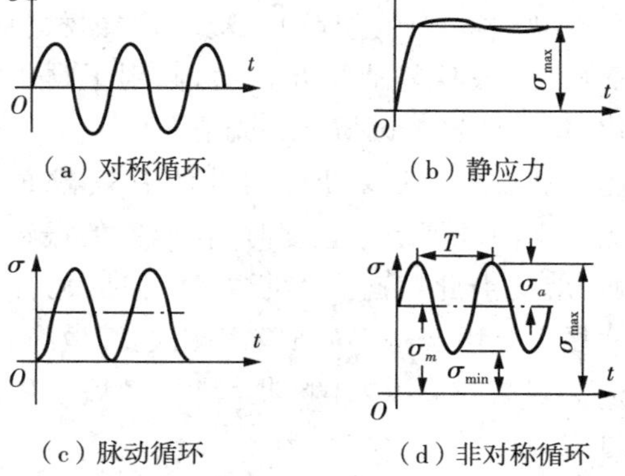

图 12-13 交变循环特性

### 12.3.3　工程构件的疲劳持久极限

构件在交变应力作用下，即使其最大工作应力小于屈服极限(或强度极限)，也可能发生疲劳破坏。因此，材料的静态强度指标不能用来说明构件在交变应力作用下的强度。材料在交变应用力作用下是否发生破坏，不仅与最大应力 $\sigma_{max}$ 有关，还与循环特征 $r$ 和循环次数 $N$ 有关。循环次数又称为疲劳寿命。

试验表明，在一定的循环特征 $r$ 下，$\sigma_{max}$ 越大，到达破坏时的循环次数 $N$ 就越小，即寿命越短。反之，如 $\sigma_{max}$ 越小，则到达破坏时的循环次数 $N$ 就越大，即寿命越长。当 $\sigma_{max}$ 减小到某一限值时，虽经"无限多次"应力循环，材料仍不发生疲劳破坏，这个应力限值就称为材料的持久极限或疲劳极限，以 $\sigma_r$ 表示。

同一种材料在不同循环特征下的疲劳极限 $\sigma_r$ 是不相同的，对称循环下的疲劳极限 $\sigma_{-1}$ 是衡量材料疲劳强度的一个基本指标。不同材料的 $\sigma_{-1}$ 是不相同的。

材料的疲劳极限可由疲劳试验来测定，如材料在弯曲对称循环下的疲劳极限，可按国家标准以旋转弯曲疲劳试验来测定。图12-14(a)为弯曲疲劳试验机。图12-14(b)为试样所受到的力和弯矩。

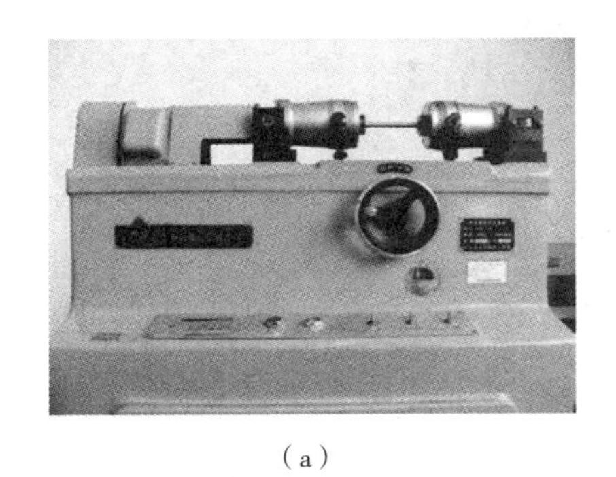

(a)

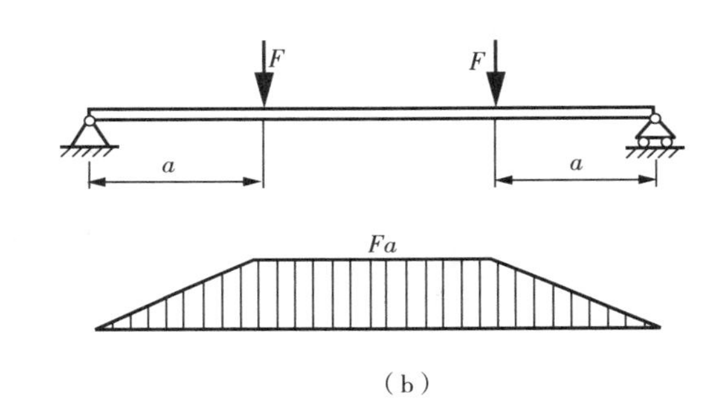


(b)

图12-14　纯弯曲疲劳试验

1. 对称循环下的疲劳曲线

取一组标准光滑小试件，使试件在试验机上发生对称纯弯曲循环，且每根试件危险点承受不同的最大应力(称为应力水平)，直至疲劳破坏，即可得到每根试件的疲劳寿命。然后在以 $\sigma_{max}$ 为纵坐标，疲劳寿命 $N$ 为横坐标的坐标系内，定出每根试件 $\sigma_{max}$ 与 $N$ 的相应点，从而描出一条应力与疲劳寿命关系曲线，即 $S-N$ 曲线，称为疲劳曲线。图12-15为某种钢材在弯曲对称循环下的疲劳曲线。

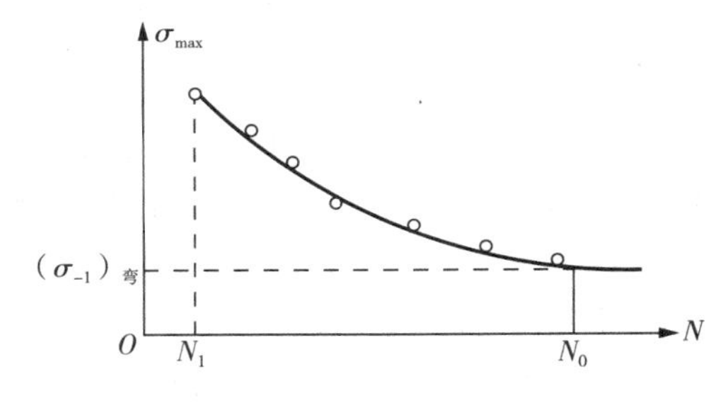


图12-15　对称循环疲劳曲线

由疲劳曲线可见，试件达到疲劳破坏时的循环次数将随最大应力的减小而增大，当最大应力降至某一值时，$S-N$ 曲线趋于水平，从而可作出一条 $S-N$ 曲线的水平渐近线。对应的应力值就表示材料经过无限多次应力循环而不发生疲劳破坏的疲劳持久极限($\sigma_{-1}$)。

实验表明，钢材和铸铁等黑色金属材料，$S-N$ 曲线都有趋于水平的特点，即经过很大的循环次数 $N_0$ 而不发生疲劳破坏，$N_0$ 称为循环基数。通常，钢材料 $N_0=10^7$ 次，某些有色金属材料 $N_0=10^8$ 次。

如果构件受到拉压交变应力作用，上面的试验方法也适用。如果构件受到扭转交变切应力的作用，只需将正应力 $\sigma$ 改为切应力 $\tau$ 即可。

2. 非对称循环下的疲劳曲线

在非对称循环交变应力作用下，用 $\sigma_r$ 表示疲劳持久极限。下标 $r$ 代表循环特征。利用试验也可以获得非对称循环下的疲劳曲线，如图 12－16。但需要很长时间才可以得到结果。

通常，采用 $\sigma_m$ 与 $\sigma_a$ 坐标系曲线来分析各种交变循环下的应力状态，如图 12－17。由 $\sigma_m$ 与 $\sigma_a$ 在坐标系中确定一个对应的 $P$ 点。若把该点的纵横坐标相加，就是该点所代表的应力循环的最大应力。离原点越远，纵横坐标之和越大，应力循环的 $\sigma_{\max}$ 也越大。只要 $\sigma_{\max}$ 不超过同一 $r$ 下的持久极限 $\sigma_r$，就不会出现疲劳失效。将疲劳持久极限 $\sigma_r$ 点连成曲线即为持久极限曲线。在曲线上的应力表示材料已经发生了疲劳破坏，在曲线区域内的应力状态材料不会发生疲劳破坏。

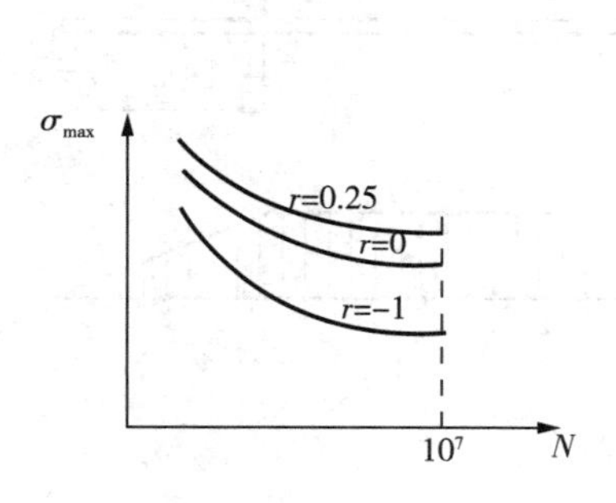


图 12－16　非对称循环疲劳曲线

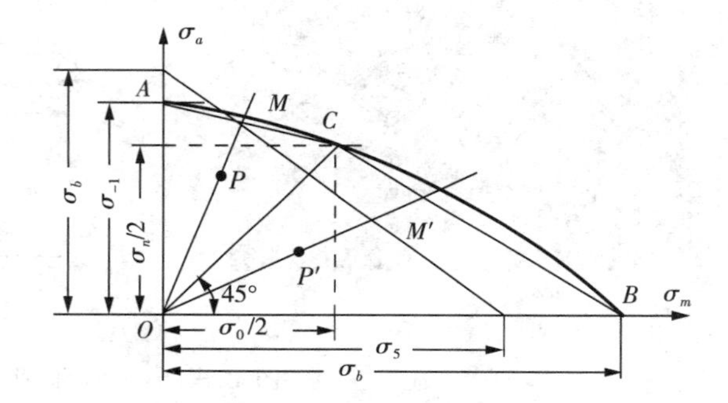


图 12－17　非对称循环下的疲劳曲线

如，在 $P$ 点上，应力为 $\sigma_m$ 与 $\sigma_a$，它到原点的连线与 $\sigma_m$ 轴的夹角为 $\alpha$，则：

$$\tan\alpha=\frac{\sigma_a}{\sigma_m}=\frac{\sigma_{\max}-\sigma_{\min}}{\sigma_{\max}+\sigma_{\min}}=\frac{1-r}{1+r} \tag{12-48}$$

$$\sigma_a+\sigma_m=\sigma_{\max} \tag{12-49}$$

显然，一个循环特征 $r$ 对应一个 $\alpha$ 角。也就是说，在 $OP$ 射线上代表同一种循环交变应力状态。$OP$ 线与曲线的交点就是该特征循环下的疲劳持久极限 $\sigma_r$。例如，$r=0$，对应 $\alpha=45°$ 这是脉动循环；$r=1$，对应 $\alpha=0°$ 这是静态循环；$r=-1$，对应 $\alpha=90°$，这是对称循环。

由于需要较多的试验数据才能得到持久极限曲线，在实际计算中通常采用简化的持久极限曲线。最常用的简化方法是由对称循环，脉动循环和静载荷，取得 $A$、$C$、$B$ 三点。这样得到任意循环状态的疲劳持久极限为

$AC$ 段直线：

$$曲线纵坐标：\sigma_{ra}=\sigma_{-1}-\psi_{\sigma}\sigma_{rm},\quad \psi_{\sigma}=\frac{\sigma_{-1}-\sigma_0/2}{\sigma_0/2} \tag{12-50}$$

$CB$ 段直线：

$$曲线纵坐标：\sigma_{ra}=\sigma_0/2-\varphi_{\sigma}\sigma_{rm},\quad \varphi_{\sigma}=\frac{\sigma_0/2}{\sigma_s-\sigma_0/2} \tag{12-51}$$

上面式中的系数 $\psi$、$\varphi$ 与材料有关。对拉压或弯曲应力循环，碳钢 $\psi_{\sigma}=0.1\sim0.2$，$\varphi_{\sigma}=0.6\sim1$；合金钢 $\psi_{\sigma}=0.2\sim0.3$，$\varphi_{\sigma}=0.6\sim1$。

对扭转应力循环，也可以采用相似的简化计算。

$AC$ 段直线：

$$曲线纵坐标：\tau_{ra}=\tau_{-1}-\psi_{\tau}\tau_{rm},\quad \psi_{\tau}=\frac{\tau_{-1}-\tau_0/2}{\tau_0/2} \tag{12-52}$$

$CB$ 段直线：

$$曲线纵坐标：\tau_{ra}=\tau_0/2-\varphi_{\tau}\tau_{rm},\quad \varphi_{\tau}=\frac{\tau_0/2}{\tau_b-\tau_0/2} \tag{12-53}$$

其中，碳钢 $\psi_{\tau}=0.05\sim0.1$，$\varphi_{\tau}=0.5\sim0.7$；合金钢 $\psi_{\tau}=0.1\sim0.15$，$\varphi_{\tau}=0.5\sim0.7$。

在计算出正应力循环的 $\sigma_{rm}$ 与 $\sigma_{ra}$ 后，疲劳持久极限为：

$$\sigma_r=\sigma_{rm}+\sigma_{ra} \tag{12-54}$$

或计算出切应力循环 $\tau_{rm}$ 与 $\tau_{ra}$ 后，疲劳持久极限为：

$$\tau_r=\tau_{rm}+\tau_{ra} \tag{12-55}$$

### 12.3.4　影响疲劳持久极限的因素

由疲劳试验测得的是材料在特定条件下的疲劳持久极限，但实际构件的疲劳极限不仅与材料有关，还受到构件形状、尺寸大小、表面加工质量和工作环境等因素的影响。下面给出这些影响因素的分析结果。

(1) 构件外形影响。构件外形突然变化会引起应力集中，从而要影响疲劳持久极限。在对称循环下，采用有效应力集中影响因数来反映该影响。

$$K_{\sigma}=\frac{\sigma_{-1}}{(\sigma_{-1})_k}\quad 或\quad K_{\tau}=\frac{\tau_{-1}}{(\tau_{-1})_k} \tag{12-56}$$

其中，$\sigma_{-1}$、$\tau_{-1}$ 代表理想试件的疲劳持久极限，$(\sigma_{-1})_k$、$(\tau_{-1})_k$ 代表有应力集中试样的疲劳持久极限。显然，有效应力集影响因数都是大于 1 的值。工程中为了方便应用，已经将有效应力集中影响因数制成了图表(图 12 - 18)，直接查找就可以了。

(2) 构件尺寸影响。由于实验采用的是光滑小尺寸试样得到疲劳持久极限，实际的构件尺寸各式各样，它们的疲劳持久极限是不同的。试验表明，截面尺寸越大疲劳持久极限越低。原因是大尺寸试样包含的缺陷越多。在对称循环下，采用尺寸影响因数来反映该影响。

$$\varepsilon_{\sigma}=\frac{(\sigma_{-1})_d}{\sigma_{-1}}\quad 或\quad \varepsilon_{\tau}=\frac{(\tau_{-1})_d}{\tau_{-1}} \tag{12-57}$$

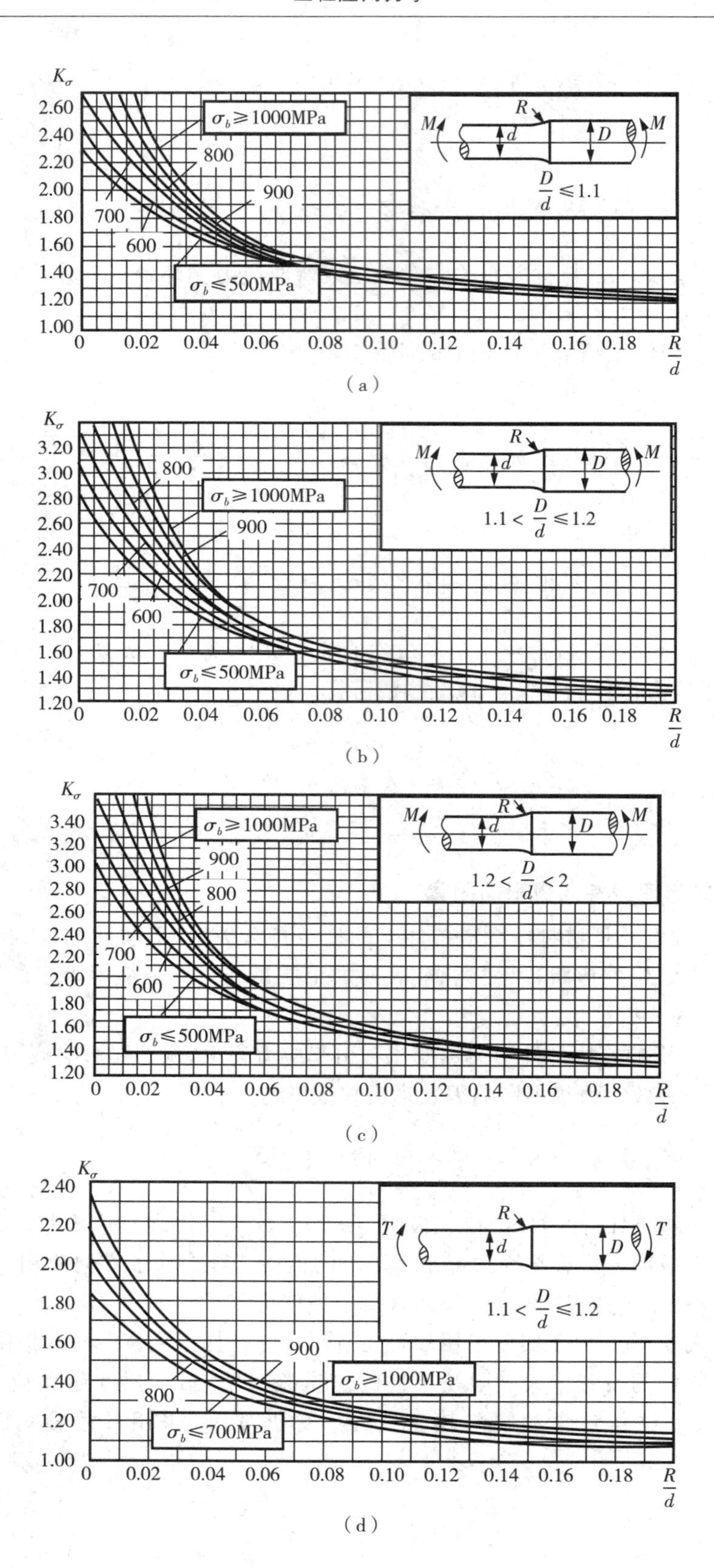

$K_\sigma$
$\sigma_b \geqslant 1000$MPa
800
900
700
600
$\sigma_b \leqslant 500$MPa
$\frac{D}{d} \leqslant 1.1$
$\frac{R}{d}$
(a)
$1.1 < \frac{D}{d} \leqslant 1.2$
(b)
$1.2 < \frac{D}{d} < 2$
(c)
$\sigma_b \leqslant 700$MPa
$1.1 < \frac{D}{d} \leqslant 1.2$
(d)

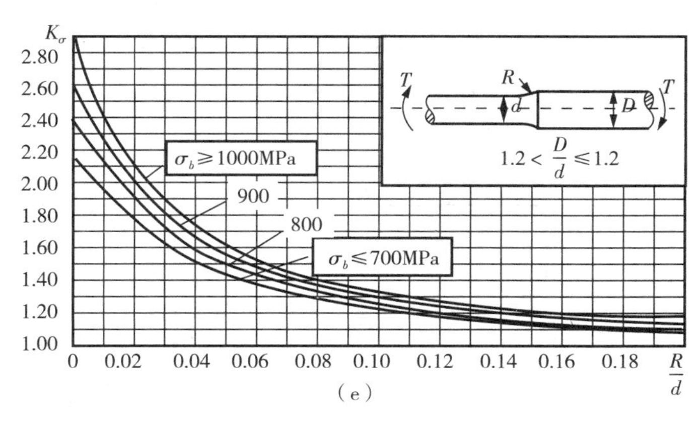


图 12-18　影响系数曲线

由于大尺寸试样的疲劳持久极限低，所以，上面的尺寸影响因数是小于 1 的。尺寸影响因数也已经形成图表(表 12-1)，可直接查询。

(3) 构件表面质量影响。构件表面加工方法不同，得到的表面质量也不同。表面上的应力分布也不同。试验中采用的是光滑小尺寸试样，与实际的构件有差别。因此，实际试样的疲劳持久极限也有不同。在对称循环下，采用表面质量影响因数来反映该影响。

$$\beta = \frac{(\sigma_{-1})_\beta}{\sigma_{-1}} \quad 或 \quad \beta = \frac{(\tau_{-1})_\beta}{\tau_{-1}} \tag{12-58}$$

上面的表面质量影响因数也是小于 1 的。表面质量影响因数也有图表可以查询。表 12-2 和表 12-3 列出的影响系数值仅供参考。

**表 12-1　构件尺寸影响系数**

| 直径 $d$(mm) | $\varepsilon_\sigma$ | | 各种钢 $\varepsilon_\tau$ |
|---|---|---|---|
| | 碳钢 | 合金钢 | |
| 20 ~ 30 | 0.91 | 0.83 | 0.89 |
| 30 ~ 40 | 0.88 | 0.77 | 0.81 |
| 40 ~ 50 | 0.84 | 0.73 | 0.78 |
| 50 ~ 60 | 0.81 | 0.70 | 0.76 |
| 60 ~ 70 | 0.78 | 0.68 | 0.74 |
| 70 ~ 80 | 0.75 | 0.66 | 0.73 |
| 80 ~ 100 | 0.73 | 0.64 | 0.72 |
| 100 ~ 120 | 0.70 | 0.62 | 0.70 |
| 120 ~ 150 | 0.68 | 0.60 | 0.68 |
| 150 ~ 500 | 0.60 | 0.54 | 0.60 |

**表 12-2　不同加工表面粗糙度的 $\beta$ 因素值**

| 加工方法 | 表面粗糙度 $R_a$($\mu$m) | $\sigma_b$(MPa) | | |
|---|---|---|---|---|
| | | 400 | 800 | 1200 |
| 未加工表面 | | 0.75 | 0.65 | 0.45 |
| 粗车表面 | 25 ~ 6.3 | 0.85 | 0.80 | 0.65 |

（续表）

| 加工方法 | 表面粗糙度 $R_a$（$\mu$m） | $\sigma_b$（MPa） | | |
|---|---|---|---|---|
| | | 400 | 800 | 1200 |
| 精车表面 | 3.2～0.8 | 0.95 | 0.90 | 0.80 |
| 磨削表面 | 0.4～0.2 | 1.00 | 1.00 | 1.00 |

**表 12－3 不同强化表面的 $\beta$ 因素值 ***

| 强化方法 | 内部强度 $\sigma_b$（MPa） | 光轴 | 低应力集中轴 $K_\sigma \leqslant 1.5$ | 高应力集中轴 $K_\sigma > 1.5$ |
|---|---|---|---|---|
| 高频淬火 | 600～800 | 1.5～1.7 | 1.6～1.7 | 2.4～2.8 |
| | 800～1000 | 1.3～1.5 | | |
| 氮化 | 900～1200 | 1.1～1.25 | 1.5～1.7 | 1.7～2.1 |
| 渗碳 | 400～600 | 1.8～2.0 | 3 | |
| | 700～800 | 1.4～1.5 | 2.5 | |
| | 1000～1200 | 1.2～1.3 | 2 | |
| 喷丸硬化 | 600～1500 | 1.1～1.25 | 1.5～1.6 | 1.7～2.1 |
| 研压硬化 | 600～1500 | 1.1～1.3 | 1.3～1.5 | 1.6～2.0 |

* 表中列出数值供参考，准确的数值可查有关手册。

除了上面列出的因素外，实际中还有其他因素，如温度影响、使用介质的影响，等等。如果需要也可以仿照上面的方法建立影响因数。

（4）实际的对称循环疲劳持久极限。考虑到各种影响因数后，对称循环的实际的疲劳持久极限需要修正为：

$$\sigma_{-1}^{s} = \frac{\beta \varepsilon_{\sigma}}{K_{\sigma}} \sigma_{-1}$$

或

$$\tau_{-1}^{s} = \frac{\beta \varepsilon_{\tau}}{K_{\tau}} \tau_{-1} \qquad (12-59)$$

其中，$\sigma_{-1}$、$\tau_{-1}$ 是标准的光滑小试样的疲劳持久极限。

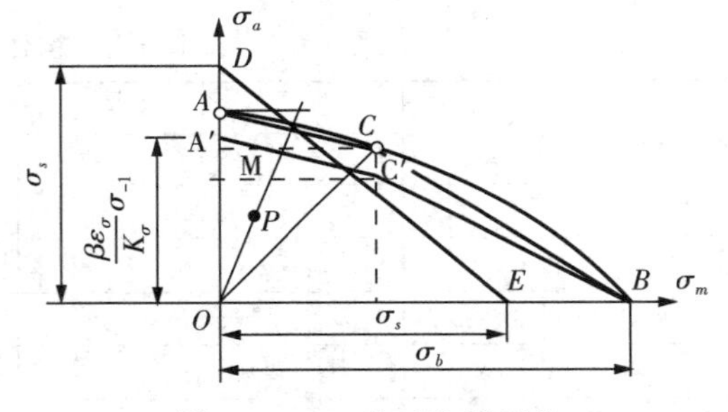


图 12－19 非对称循环的实际的疲劳曲线修正

（5）非对称循环实际的疲劳持久极限。对于非对称循环实际的疲劳持久极限比较复杂，采用简化方法进行修正。其结果如图 12－19 所示。经过推导可以得到：

$A'C'$ 段直线：

$$\sigma_{ra}^{s} = \frac{\beta \varepsilon_{\sigma}}{K_{\sigma}} (\sigma_{-1} - \psi_{\sigma} \sigma_{rm}) \qquad (12-60)$$

$C'B$ 段直线：

$$\sigma_{ra}^{s} = \frac{\beta \varepsilon_{\sigma}}{K_{\sigma}} (\sigma_{0}/2 - \varphi_{\sigma} \sigma_{rm}) \qquad (12-61)$$

总的疲劳持久极限应力水平为：

$$\sigma_r^s = \sigma_{ra}^s + \sigma_{rm} \tag{12-62}$$

## 12.4　工程构件疲劳强度校核方法

在上面介绍的疲劳持久极限基础上，工程中的构件疲劳校核方法是采用安全系数法。以对称循环疲劳计算为例，通常是在材料疲劳极限 $\sigma_{-1}$ 的基础上，考虑应力集中、构件尺寸、表面加工质量等因素的影响，求得构件的实际疲劳极限。构件的安全系数 $n_\sigma$ 等于疲劳极限除以构件的最大应力。

### 12.4.1　简单的交变应力状态

简单的交变应力包括单一应力的对称交变和非对称交变应力状态。项目给出两种交变应力的安全系数计算方法。

理想条件下的对称循环下疲劳强度校核条件为：

$$\sigma_{\max} \leqslant [\sigma_{-1}] = \frac{\sigma_{-1}}{n}，或\ \tau_{\max} \leqslant [\tau_{-1}] = \frac{\tau_{-1}}{n} \tag{12-63}$$

或者其安全系数为：

$$n_\tau = \frac{\tau_{-1}}{\tau_{\max}} \geqslant n，或 \quad n_\tau = \frac{\tau_{-1}}{\tau_{\max}} \geqslant n \tag{12-64}$$

式(12－64) 中，$n$ 为许用安全系数。

如果考虑实际的影响因素，则对称循环下正应力的疲劳强度校核条件为：

$$n_\sigma = \frac{\sigma_{-1}^s}{\sigma_{\max}} = \frac{\sigma_{-1}}{\sigma_{\max}} \cdot \frac{\beta\varepsilon_\sigma}{K_\sigma} \tag{12-65}$$

或者剪切应力的安全系数为：

$$n_\tau = \frac{\tau_{-1}^s}{\tau_{\max}} = \frac{\tau_{-1}}{\tau_{\max}} \cdot \frac{\beta\varepsilon_\tau}{K_\tau} \tag{12-66}$$

如果是非对称循环，则正应力的疲劳强度校核条件可以导出为：

$$n_\sigma = \frac{\sigma_r}{\sigma_{\max}} = \frac{\sigma_{-1}}{\dfrac{K_\sigma}{\beta\varepsilon_\sigma}\sigma_a + \psi_\sigma \sigma_m} \geqslant n \tag{12-67}$$

或者剪切应力的安全系数为：

$$n_\tau = \frac{\tau_r}{\tau_{\max}} = \frac{\tau_{-1}}{\dfrac{K_\tau}{\beta\varepsilon_\tau}\tau_a + \psi_\tau \tau_m} \geqslant n \tag{12-68}$$

另外，除了满足疲劳强度条件外，同时最大应力也必须满足屈服强度要求：

$$\sigma_{\max} \leqslant \sigma_s \tag{12-69}$$

因此，构件的应力必须在图 12－19 中的直线 $DE$ 以下。

上面的疲劳强度校核方法主要应用在机械行业中的机械零部件设计时的疲劳强度计算。(深入的理论参考有关设计手册)

### 12.4.2 弯扭组合交变应力状态

对于弯扭组合同步对称循环交变应力状态，同时存在正应力和切应力。试验表明，理想试样的持久极限中的弯曲正应力 $\sigma_{rb}$ 和扭转切应力 $\tau_{rt}$ 满足：

$$\left(\frac{\sigma_{rb}}{\sigma_{-1}}\right)^2+\left(\frac{\tau_{rt}}{\tau_{-1}}\right)^2=1 \tag{12-70}$$

如果考虑到各种影响因素和非对称循环交变应力状态，则式(12－70) 改写为：

$$\left[\frac{(\sigma_b)_d}{\beta\varepsilon_\sigma\sigma_{-1}/K_\sigma}\right]^2+\left[\frac{(\tau_t)_d}{\beta\varepsilon_\tau\tau_{-1}/K_\tau}\right]^2=1$$

式(12－71) 中，$(\sigma_b)_d=\beta\varepsilon_\sigma\sigma_{-1}/K_\sigma$，$(\tau_t)_d=\beta\varepsilon_\tau\tau_{-1}/K_\tau$

如果构件的弯扭组合最大工作应力为 $\sigma_{\max}$ 和 $\tau_{\max}$，建立校核条件为：

$$\left[\frac{n\sigma_{\max}}{\beta\varepsilon_\sigma\sigma_{-1}/K_\sigma}\right]^2+\left[\frac{n\tau_{\max}}{\beta\varepsilon_\tau\tau_{-1}/K_\tau}\right]^2\leqslant 1 \tag{12-71}$$

式中，$n$ 是规定的安全系数。

考虑疲劳持久极限，在对称循环交变应力下：

$$\frac{1}{n_\sigma}=\frac{\sigma_{\max}}{\beta\varepsilon_\sigma\sigma_{-1}/K_\sigma},\frac{1}{n_\tau}=\frac{\tau_{\max}}{\beta\varepsilon_\tau\tau_{-1}/K_\tau} \tag{12-72}$$

则安全系数为条件改写为：

$$\left(\frac{n}{n_\sigma}\right)^2+\left(\frac{n}{n_\tau}\right)^2\leqslant 1$$

最后，简化弯扭组合循环的安全系数条件为：

$$\frac{n_\sigma n_\tau}{\sqrt{{n_\sigma}^2+{n_\tau}^2}}\geqslant n \tag{12-73}$$

其中，称 $n_\sigma$ 是单一弯曲对称循环下的安全因数，$n_\tau$ 是单一扭转对称循环下的安全因数。

### 12.4.3 变幅交变应力状态

在每个循环之中，其幅值和平均值都是恒定的，称这种交变应力为等幅交变应力。但实际中会出现变幅交变应力。例如，汽车长时间在不平的道路上行驶，汽车轴上就会出现变幅交变应力。它对构件的影响比较复杂。这里介绍一种统计积累损伤的方法。

统计积累损伤方法认为，当应力水平高出构件的持久极限时，每一种应力循环都会对构件产生损伤，损伤累积到一定的程度将引起构件疲劳失效。

设变幅交变应力中有 $\sigma_i(i=1,2,3,\cdots)$ 个应力超出构件的持久极限，对应的应力水平下寿命为 $N_i$。每循环一次，产生的损伤概率为 $1/N_i$。经过 $n_i$ 次循环后造成的损伤为 $n_i/N_i$。因此，总的损伤概率为：

$$\Omega=\sum_{i=1}^{L} n_i/N_i \tag{12-74}$$

当 $\Omega=1$ 时，构件就发生失效了。

实际的情况比较复杂，试验的数据并不都等于 1，会出现离散情况。有兴趣的读者可以参看有关资料。

### 12.4.4　焊接结构交变应力状态

由于钢结构的焊接工艺得到广泛应用。而焊缝附近往往存在着残余应力，钢结构的疲劳裂纹多从焊缝处产生和发展，因而在疲劳计算中应考虑焊接残余应力的影响。在此情况下，就不能按传统的疲劳强度条件进行疲劳计算。钢结构设计规范中规定，承受动应力载荷重复作用的钢结构构件（如吊车梁、吊车桁架、工作平台梁等）及其联接部位，当应力变化的循环次数 $N$ 等于或大于 $10^5$ 次时，应进行疲劳校核（参考有关设计规范）。

对常幅（所有应力循环内的应力幅保持常量）疲劳校核，按下式计算：

$$\Delta\sigma \leqslant [\Delta\sigma] \tag{12-75}$$

对焊接部位，应力幅 $\Delta\sigma=\sigma_{\max}-\sigma_{\min}$；对非焊接部位，应力幅采用折算应力幅，即 $\Delta\sigma=\sigma_{\max}-0.7\sigma_{\min}$。其中，$\sigma_{\max}$、$\sigma_{\min}$ 按结构的工作状态计算。

常幅疲劳的容许应力幅，按下式计算：

$$[\Delta\sigma]=\frac{C^{-1/\alpha}}{N} \tag{12-76}$$

式中，$N$ 为交变应力循环次数，$C$、$\alpha$ 是与构件和联接的类别及其受力情况有关的参数，见表 12-4。

在应力循环中不出现拉应力的部位，可不作疲劳计算。

**表 12-4　参数 C，α**

| 类别 | 1 | 2 | 3 | 4 | 5 | 6 | 7 | 8 |
|---|---|---|---|---|---|---|---|---|
| $C/1012$ | 1940 | 861 | 3.26 | 2.18 | 1.47 | 0.96 | 0.65 | 0.41 |
| $\alpha$ | 4 | 4 | 3 | 3 | 3 | 3 | 3 | 3 |

为了提高构件的抗疲劳极限，要减少上面提到的影响因素。主要包括：

1）减少构件中的应力集中。也就是在交变受力的构件中不要有过多的结构突变。如果一定要有结构变化，应该采用光滑过渡。不要出现过多的孔、槽等，因为这些结构容易产生应力集中。

2）降低构件表面粗糙度。表面粗糙度大对持久极限影响十分明显，会降低持久极限。

3）提高构件表层强度。采用表面处理技术，可以提高构件表面强度，疲劳强度也会得到提高。

# 12.5 工程结构动应力典型问题分析

为理解和运用上面介绍的动载荷理论和公式，下面通过例子的求解来说明实际工程中的问题分析方法。

**例 12-1** 分析机械系统中经常使用的轴与飞轮系统(图 12-20)。轴的一端装有质量很大的飞轮，另外一端装有刹车机构。轴的直径为 $d=100\text{mm}$，飞轮的转动惯量 $I_x=0.6\text{kN}\cdot\text{m}\cdot\text{s}^2$，转速为 $n=200\text{r/min}$。要求在10秒内将飞轮均匀减速停止转动。1) 计算轮均匀减速引起轴内的最大动剪应力；2) 计算工作时飞轮中最大径向应力和轴向应力；3) 计算工作时飞轮的直径变化。

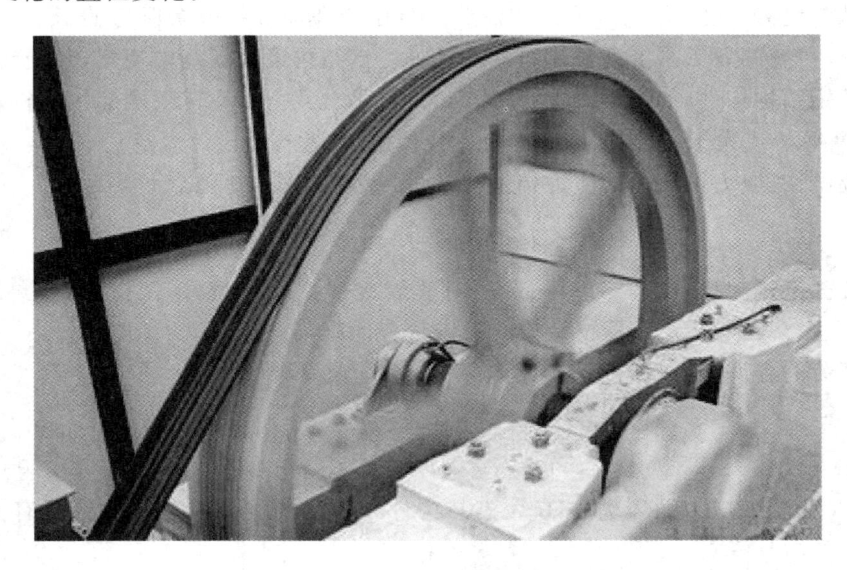

图 12-20 飞轮系统例子

**解**：1) 首先计算飞轮的减加速度引起的轴的扭转剪应力。飞轮的减加速度为：

$$\alpha=\frac{0-\omega_0}{t}=\frac{-2\pi n/60}{10}=\frac{-2\pi\times 200}{600}=-2.094(\text{r/s}^2)$$

按照动静法，飞轮的惯性扭矩：

$$M_d=-I_x\alpha=0.6\times 10^3\times 2.094=1.256\times 10^3(\text{Nm})$$

这个惯性扭矩作用在轴上，引起轴的最大剪应力为：

$$\tau_{\max}=\frac{M_d}{W_p}=\frac{-I_x\alpha}{\pi d^3/16}=\frac{1.256\times 10^3}{\pi(100\times 10^{-3})^3/16}=6.4\times 10^6$$

2) 计算飞轮转速为 $\omega$ 时轮缘区域径向应力和周向应力

假定在飞轮轮缘区域的厚度不变，为 $\delta$。在飞轮轮缘区域中取单元体，如图 12-21。由

单元体的平衡条件,可以得到:

$$(\sigma_r + \mathrm{d}\sigma_r) r\mathrm{d}\varphi\delta - \sigma_r r\mathrm{d}\varphi\delta + \rho r\omega^2 r\mathrm{d}\varphi\mathrm{d}r\delta = 0$$

化简后得到:

$$\frac{\mathrm{d}\sigma_r}{\mathrm{d}r} = -\rho r\omega^2$$

对上式积分:

$$\int_r^R \mathrm{d}\sigma_r = -\int_r^R \rho r\omega^2 \mathrm{d}r$$

即

$$\sigma_r(R) - \sigma_r(r) = -\frac{\rho\omega^2}{2}(R^2 - r^2)$$

由于在轮缘的外边界上没有应力,$\sigma_r(R) = 0$,所以轮缘区域中径向应力分布为:

$$\sigma_r(r) = \frac{\rho\omega^2}{2}(R^2 - r^2)$$

上式说明,距离中心越近,径向应力越大。

在轮缘上取微小圆环,如图 12-21。由半个圆环的平衡条件:

$$\int_0^{\pi}(\sigma_r + \mathrm{d}\sigma_r) r\mathrm{d}\varphi\delta\sin\varphi - \int_0^{\pi}\sigma_r r\mathrm{d}\varphi\delta\sin\varphi + \int_0^{\pi}\rho r\omega^2 r\mathrm{d}\varphi\mathrm{d}r\delta\sin\varphi - 2\mathrm{d}r\delta\sigma_\theta = 0$$

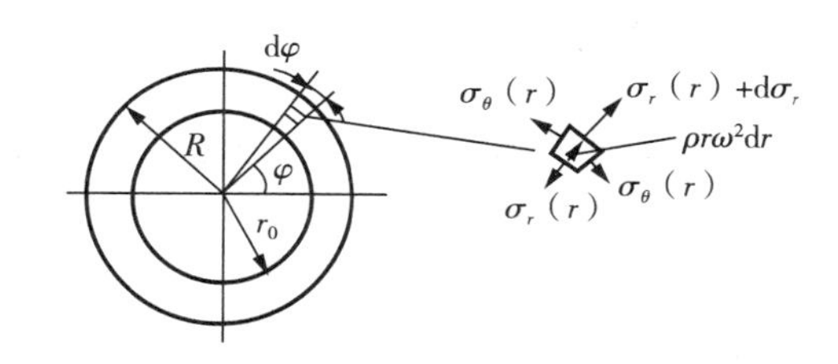


图 12-21　飞轮中一点的应力状态

积分后化简得到横截面上的周向应力为:

$$\sigma_\theta(r) = r\frac{\mathrm{d}\sigma_r}{\mathrm{d}r} + \rho r^2\omega^2 = 0$$

即轮缘周向应力不存在。

3) 计算飞轮转速为 $\omega$ 时轮缘区域中直径变化

由飞轮轮缘区域中的单元体的径向应变为:

$$\varepsilon_r(r) = \frac{\mathrm{d}u}{\mathrm{d}r}$$

再利用胡克定律:

$$\varepsilon_r = \frac{1}{E}(\sigma_r - \nu\sigma_\theta) = \frac{\rho\omega^2}{E}\left(\frac{R^2 - r^2}{2}\right)$$

积分得到轮缘的半径变化:

$$u=\int \varepsilon_r \mathrm{d}r=\int_{r_0}^{R}\frac{\rho\omega^2}{E}\left(\frac{R^2-r^2}{2}\right)\mathrm{d}r$$

$$=\frac{\rho\omega^2}{E}\left[\frac{R^2}{2}(R-r_0)-\frac{1}{6}(R^3-r_0^3)\right]=\frac{\rho\omega^2}{E}\left(\frac{R^3}{3}-\frac{R^2 r_0}{2}+\frac{r_0^3}{6}\right)$$

**思考与讨论:**在上述减速过程,飞轮的直径的变化是多少。工程上,为保证飞轮的安全必须控制飞轮的转速 $n$,即限制轮缘的线速度 $V$。确定轮缘容许的最大线速度即临界速度。

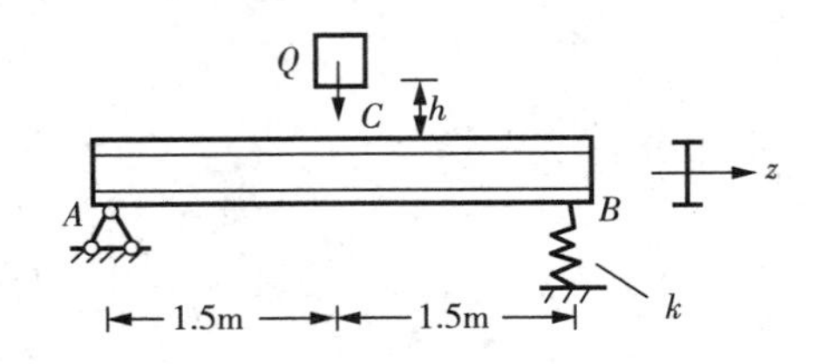


图 12-22 简化工字钢梁简支受动载荷作用模型

**例 12-2** 已知一种工字钢梁简支简化模型如图 12-22 所示,右端为弹簧支撑,弹簧常数 $k=0.16\text{kN/mm}$。重量为 $Q=5\text{kN}$ 的物体自高 $h=350\text{mm}$ 处自由落下,冲击在梁跨中点 $C$。梁材料的 $[\sigma]=300\text{MPa}$,$E=2.1\times10^5\text{MPa}$,工字钢梁型号为 16 号。试校核梁的强度。

**解:**首先计算 $\Delta_{st}$。将 $Q$ 作为静载荷作用在 $C$ 点。由型钢表查得梁截面的 $I_z=1130\text{cm}^4$,$W_z=141\text{cm}^3$。

由简支梁的中点作用静载荷 $Q$,计算静态变形为:

$$\Delta_{Cst}=\frac{Ql^3}{48EI_z}=\frac{5\times10^3\times3^3}{48\times2.1\times10^{11}\times1130\times10^{-8}}=1.185\times10^{-3}(\text{m})=1.185(\text{mm})$$

又由于 $B$ 点存在弹簧,其静态压缩变形为:

$$\delta_{Bst}=\frac{Q}{2k}=\frac{5\times10^3}{2\times0.16\times10^3}=15.625(\text{mm})$$

$B$ 点的变形引起 $C$ 点的位移为:

$$\delta_{Cst}=\frac{\Delta_{Bst}}{2}=7.812(\text{mm})$$

所以,$C$ 点总静态位移为:

$$\Delta_{st}=\Delta_{Cst}+\delta_{Cst}=8.997(\text{mm})$$

将上面的计算结果代入到式(12-33),得动荷系数为:

$$K_d=1+\sqrt{1+\frac{2h}{\Delta_{st}}}=1+\sqrt{1+\frac{2\times350}{8.997}}=9.877$$

由于梁的危险截面为跨中 $C$ 截面,危险点为该截面上、下边缘处各点。$C$ 截面的静态弯矩为:

$$M_C=\frac{Ql}{4}=\frac{5\times10^3\times3}{4}=3.75\times10^3(\text{N}\cdot\text{m})$$

危险点处的静应力为:

$$\sigma_{\max}=\frac{M_C}{W_z}=\frac{3.75\times10^3}{141\times10^{-6}}=26.596\times10^6(\text{Pa})$$

所以，梁的最大冲击动应力为：

$$\sigma_{d\max}=K_d\sigma_{st}=9.877\times 26.596\times 10^6=262.686\times 10^6(\text{Pa})$$

显然，$\sigma_{d\max}<[\sigma]$，所以梁是安全的。

**思考与讨论：**图 12－23 所示的三种冲击模型情况中，重 $W$ 的冲击物分别从上方、下方和水平方向冲击相同的简支梁中点，冲击物接触时的速度均为 $v$，三种情况梁内最大正应力是否相同？

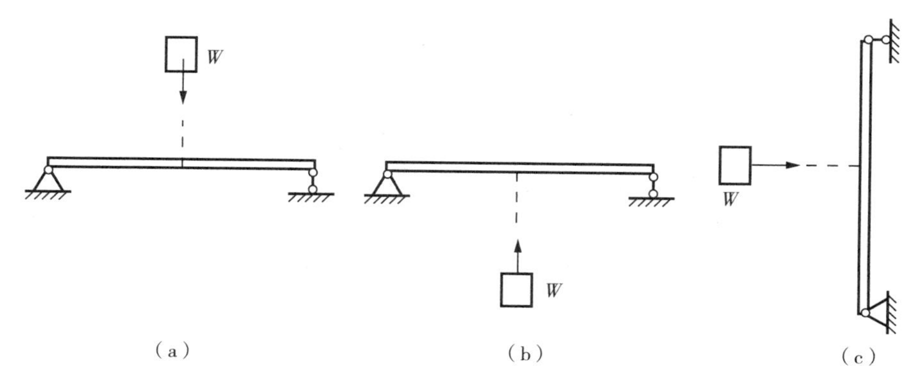


图 12－23　简支梁中点受冲击模型

**例 12－3**　若发动机连杆头螺钉工作时最大拉力 $F_{\max}=58.3\text{kN}$，最小拉力 $F_{\min}=55.8\text{kN}$，螺纹内径为 $d=11.5\text{mm}$。试求 $\sigma_m$，$\sigma_a$ 和 $r$。

**解：**

$$\sigma_{\max}=\frac{F_{\max}}{A}=\frac{58.3\times 10^3}{\pi\times 0.0115^2/4}=561.284\times 10^6(\text{Pa})$$

$$\sigma_{\min}=\frac{F_{\min}}{A}=\frac{55.8\times 10^3}{\pi\times 0.0115^2/4}=537.216\times 10^6(\text{Pa})$$

$$\sigma_m=\frac{1}{2}(\sigma_{\max}+\sigma_{\min})=\frac{1}{2}(561.284+537.216)\times 10^6=549.25\times 10^6(\text{Pa})$$

$$\sigma_a=\frac{1}{2}(\sigma_{\max}-\sigma_{\min})=\frac{1}{2}(561.284-537.216)\times 10^6=12.034\times 10^6(\text{Pa})$$

$$r=\frac{\sigma_{\min}}{\sigma_{\max}}=\frac{537.216}{561.284}=0.957$$

**思考与讨论：**圆轴在跨中作用有集中力 $F$，如图 12－24。试分析以下几种情况下轴的交变应力的循环名称。

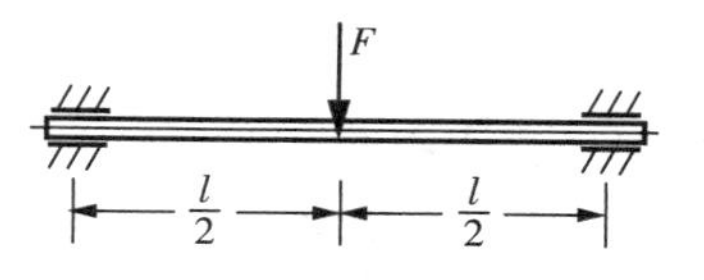


图 12－24　圆轴中作用有集中力的例子

(1) 荷载 $F$ 不随时间变化，而圆轴以等角速度 $\omega$ 旋转；

(2) 圆轴不旋转，而 $F=F_0+F_H\sin\omega t$ 作周期性变化

(其中 $F_0$ 和 $F_H$ 为常量)；

(3) 圆轴不旋转，而荷载在 $0 \sim F$ 随时间作周期性变化；

(4) 圆轴不旋转，荷载 $F$ 也不变；

(5) 圆轴不旋转，荷载 $F$ 大小也不变，其作用点位置沿跨中截面的圆周作连续移动，$F$ 的方向始终指向圆心。

**例 12-4** 如图 12-25(a) 所示的旋转碳钢阶梯轴上作用一不变的力偶 $M=0.8\text{kN}\cdot\text{m}$，轴表面经过精车，$\sigma_b=600\text{MPa}$，$\sigma_{-1}=250\text{MPa}$，规定 $n=1.9$。图 12-25(b) 所示为受力模型。试校核轴的强度。

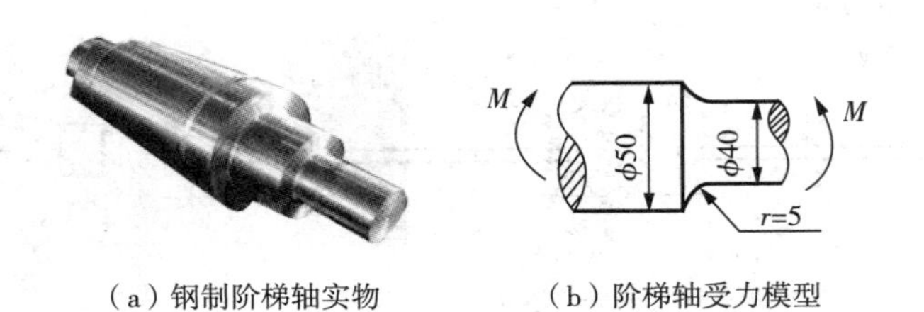


(a) 钢制阶梯轴实物　　(b) 阶梯轴受力模型

图 12-25　旋转碳钢阶梯轴受力例子

**解**：(1) 确定危险点应力及循环特征：

$$\sigma_{\max}=\frac{M}{W}=-\sigma_{\min}=\frac{800}{\pi\times 0.05^3/32}=65.19(\text{MPa})$$

$$r=\frac{\sigma_{\min}}{\sigma_{\max}}=-1$$

这是对称交变循环。

(2) 查图表求各影响因数，计算构件持久限。

由

$$\frac{D}{d}=1.4,\quad \frac{r}{d}=0.15,\quad \sigma_b=600\text{MPa}$$

查图得 $K_\sigma=1.4$，$\varepsilon_\sigma=0.79$。

由轴表面经过精车，查表 12-2 得 $\beta=0.94$。

(3) 强度校核

$$n_\sigma=\frac{\beta\varepsilon_\sigma}{K_\sigma\sigma_{\max}}\sigma_{-1}=\frac{0.94\times 0.79}{1.4\times 65.19}\times 250=2.034>n$$

所以该轴是安全的。

**例 12-5** 如图 12-26 所示圆轴上有一个沿直径的贯穿圆孔，不对称交变弯矩为 $M_{\max}=5M_{\min}=512\text{N}\cdot\text{m}$。材料为合金钢，$\sigma_b=950\text{MPa}$，$\sigma_s=540\text{MPa}$，$\sigma_{-1}=430\text{MPa}$，$\psi_\sigma=0.2$。圆杆表面经磨削加工。若规定安全因数 $n=2$，$n_s=1.5$，试校核此杆的强度。

（a）圆轴贯穿孔实物

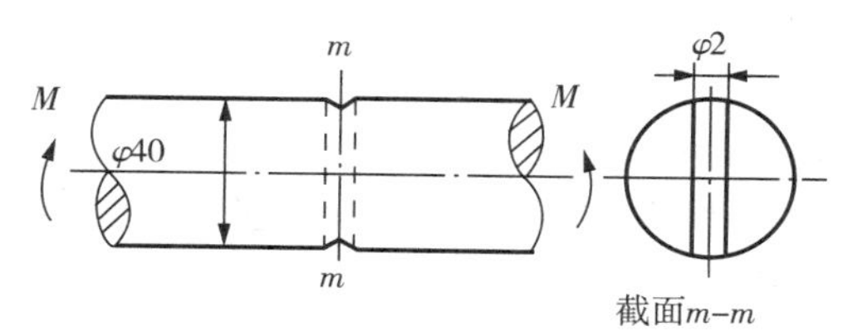


（b）圆轴贯穿圆孔受力模型

图 12-26　贯穿孔圆轴受力例子

**解：**（1）计算圆轴的工作应力

$$W=\frac{\pi d^3}{32}=\frac{\pi\times0.04^3}{32}=6.283\times10^{-6}(\mathrm{m}^3)$$

$$\sigma_{\max}=\frac{M}{W}=\frac{512}{6.283\times10^{-6}}=81.49\times10^6(\mathrm{Pa})$$

$$\sigma_{\min}=\frac{\sigma_{\max}}{5}=16.298\times10^6(\mathrm{Pa})$$

$$r=\frac{\sigma_{\min}}{\sigma_{\max}}=\frac{1}{5}=0.2$$

$$\sigma_m=\frac{\sigma_{\max}+\sigma_{\min}}{2}=\frac{81.49\times10^6+16.298\times10^6}{2}=48.894\times10^6(\mathrm{Pa})$$

$$\sigma_a=\frac{\sigma_{\max}-\sigma_{\min}}{2}=\frac{81.49\times10^6-16.298\times10^6}{2}=32.596\times10^6(\mathrm{Pa})$$

（2）确定修正因数 $K_\sigma$、$\varepsilon_\sigma$、$\beta$

按照圆轴的尺寸，$\frac{d_0}{d}=\frac{2}{40}=0.05$，$\sigma_b=950\mathrm{MPa}$，

查得 $K_\sigma=2.18$，$\varepsilon_\sigma=0.77$，

表面经磨削加工的圆轴，查得 $\beta=1$。

（3）疲劳强度校核

$$n_\sigma=\frac{\sigma_r}{\sigma_{\max}}=\frac{\sigma_{-1}}{\frac{K_\sigma}{\beta\varepsilon_\sigma}\sigma_a+\psi_\sigma\sigma_m}$$

$$=\frac{430}{2.18\times32.596/0.77+0.2\times48.894}=4.213\geqslant n$$

所以疲劳强度是足够的。

（4）静强度校核

因为 $r=0.2>0$，所以需要校核静强度。

最大工作应力对屈服极限的工作安全因数为：

$$n=\frac{\sigma_s}{\sigma_{\max}}=\frac{540}{81.49}=6.626>n_s$$

所以静强度也是满足的。

**例 12-6** 大型阶梯轴[如图 12-27(a)],其局部受力简化模型如图 12-27(b)所示。材料为合金钢,$\sigma_b=900\text{MPa}$,$\sigma_{-1}=410\text{MPa}$,$\tau_{-1}=240\text{MPa}$。作用于轴上的弯矩 $M$ 在 $-1200\text{N}\cdot\text{m}$ 到 $+1200\text{N}\cdot\text{m}$ 之间变化,扭矩 $T$ 在 0 到 $1600\text{N}\cdot\text{m}$ 之间变化。若规定安全因数 $n=2$,试校核轴的疲劳强度。

(a) 大型阶梯轴实物

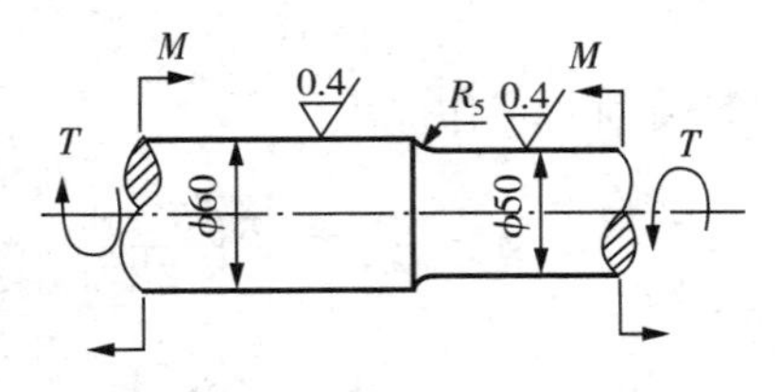


(b) 阶梯轴局部受力模型

图 12-27 大型阶梯轴及受力简化模型例子

**解:**(1) 计算轴的工作应力

抗弯曲系数:

$$W_z=\frac{\pi d^3}{32}=\frac{\pi\times 0.05^3}{32}=12.272\times 10^{-6}(\text{m}^3)$$

弯曲最大正应力:

$$\sigma_{\max}=\frac{M}{W_z}=-\sigma_{\min}=\frac{1200}{12.272\times 10^{-6}}=97.783\times 10^6(\text{Pa})$$

$$r_\sigma=\frac{\sigma_{\min}}{\sigma_{\max}}=-1$$

$$\sigma_m=0,\quad \sigma_a=\frac{\sigma_{\max}-\sigma_{\min}}{2}=97.783\times 10^6(\text{Pa})$$

抗扭转系数:

$$W_p=\frac{\pi d^3}{16}=\frac{\pi\times 0.05^3}{16}=24.544\times 10^{-6}$$

扭转最大切应力:

$$\tau_{\max}=\frac{T}{W_p}=\frac{1600}{24.544\times 10^{-6}}=65.189\times 10^6(\text{Pa}),\tau_{\min}=0$$

$$r_\tau=\frac{\tau_{\min}}{\tau_{\max}}=0$$

$$\tau_m=\frac{\tau_{\max}+\tau_{\min}}{2}=32.595\times 10^6(\text{Pa})$$

$$\tau_a=\frac{\tau_{\max}-\tau_{\min}}{2}=32.595\times 10^6(\text{Pa})$$

(2) 确定各种修正因数

由于名义应力 $\sigma_{max}$ 是按照轴直径等于 50mm 计算的，所以尺寸因数也应按照轴直径等于 50mm 来确定。

$$\frac{D}{d}=\frac{60}{50}=1.2,\quad \frac{R}{d}=\frac{5}{50}=0.1,\quad \sigma_b=900\text{MPa}$$

查图表得到 $K_\sigma=1.55$，$K_\tau=1.24$，$\varepsilon_\sigma=0.73$，$\varepsilon_\tau=0.78$。

表面粗糙度为 0.4 时，取 $\beta=1$，对合金钢取 $\psi_\tau=0.1$。

(3) 计算弯曲工作安全因数 $n_\sigma$ 和扭转工作安全因数 $n_\tau$

$$n_\sigma=\frac{\sigma_{-1}}{K_\sigma\sigma_a/(\beta\varepsilon_\sigma)+\psi_\sigma\sigma_m}=\frac{410\times10^6}{1.55\times97.783\times10^6/(1\times0.73)}=1.975$$

$$n_\tau=\frac{\tau_{-1}}{K_\tau\tau_a/(\beta\varepsilon_\tau)+\psi_\tau\tau_m}$$

$$=\frac{240\times10^6}{1.24\times32.595\times10^6/(1\times0.78)+0.1\times32.595\times10^6}=4.357$$

最后，按照弯扭组合交变应力循环的强度条件式(12-73)，

$$\frac{n_\sigma n_\tau}{\sqrt{n_\sigma^2+n_\tau^2}}=\frac{1.975\times4.357}{\sqrt{1.975^2+4.357^2}}=1.8<n$$

因此，核轴的疲劳安全系数不足。

**例 12-7**　大型焊接箱形钢梁如图 12-28(a) 所示，其简化模型如图 12-28(b)(c) 所示。在跨中截面受到 $F_{min}=10\text{kN}$ 和 $F_{max}=100\text{kN}$ 的常幅交变载荷作用。该梁由手工焊接而成，属第 4 类构件。要求此梁在服役期内能经受 $N=2\times106$ 次交变受力。试校核其疲劳强度。

**解**：(1) 计算梁跨中截面危险点处的应力幅。截面对 $z$ 轴的惯性矩：

$$I_z=\frac{0.190\times0.211^3}{12}-\frac{0.170\times0.175^3}{12}=72.813\times10^{-6}(\text{m}^4)$$

梁跨中间截面下翼缘底边上各点处的正应力相等，且为该截面上的最大拉应力。

在 $F_{min}=10\text{kN}$ 作用下：

$$\sigma_{min}=\frac{M_{min}y_{max}}{I_z}=\frac{5\times10^3\times0.815\times0.1055}{72.813\times10^{-6}}=5.904\times10^6(\text{Pa})$$

当梁跨中间载荷增加到 $F_{max}=100\text{kN}$ 时，

$$\sigma_{max}=\frac{M_{max}y_{max}}{I_z}=\frac{50\times10^3\times0.815\times0.1055}{72.813\times10^{-6}}=59.043\times10^6(\text{Pa})$$

梁下翼缘底边上 $a$ 点的应力差为：

$$\Delta\sigma=(\sigma_{max}-\sigma_{min})=53.139\times10^6(\text{Pa})$$

(2) 确定容许应力差[$\Delta\sigma$]并校核危险点的疲劳强度。

因该焊接钢梁属第 4 类构件，由表 12-4 查得　$C=2.18\times1012$，$\alpha=3$。

$$[\Delta\sigma]=\frac{C^{1/\alpha}}{N}=\frac{(2.18\times10^{12})^{1/3}}{2\times10^{6}}=6.483\times10^{-3}$$

将工作应力幅与容许应力幅比较：显然 $\Delta\sigma<[\Delta\sigma]$。因此，该焊接钢梁在服役期限内，能满足疲劳强度要求。

（a）焊接箱形钢梁

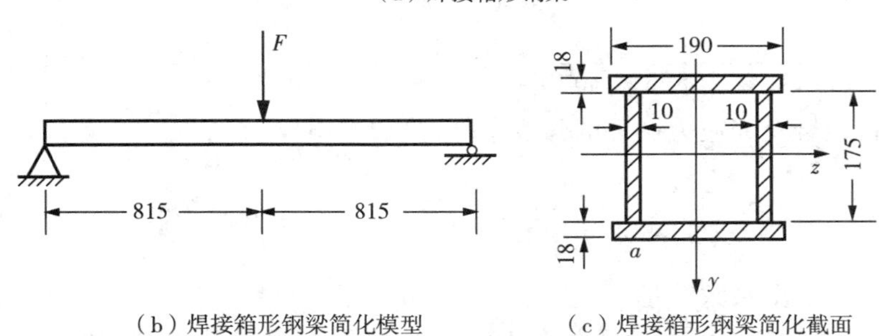


（b）焊接箱形钢梁简化模型 （c）焊接箱形钢梁简化截面

图 12-28 大型焊接箱形钢梁及受力简化模型

# 习题 12

12-1 已知一自重 $W_1=20\text{kN}$ 的起重机装在两根 22b 号工字钢的大梁上，起吊重为 $W_2=40\text{kN}$ 的物体。若重物在第一秒内以等加速度 $a=2.5\text{m/s}^2$ 上升。钢索直径 $d=20\text{mm}$，钢索和梁的材料相同，$[\sigma]=160\text{MPa}$。试校核钢索与梁的强度（不计钢索和梁的质量）。

12-2 用两根吊索以向上的匀加速平行地起吊一根 18 号工字钢梁。加速度 $a=10\text{m/s}^2$，工字钢梁的长度 $l=2\text{m}$，吊索的横截面面积 $A=60\text{mm}^2$，若只考虑工字钢梁的质量，而不计吊索的质量，试计算工字钢梁内的最大动应力和吊索的动应力。

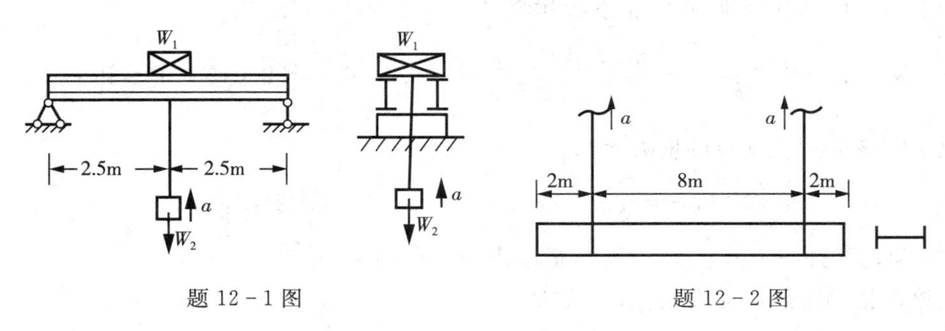


题 12-1 图 题 12-2 图

12-3　机车车轮以 $n=400$ 转/分的转速旋转。平行杆 $AB$ 的横截面为矩形，$h=60\text{mm}$，$b=30\text{mm}$，$l=2\text{m}$，$r=250\text{mm}$，材料的密度为 $7.8\times10^3\text{kg/m}^3$。试确定平行杆最危险位置和杆内最大正应力。

12-4　已知杆以角速度 $\omega$ 绕铅直轴在水平面内转动。杆长 $l$，杆的横截面面积为 $A$，重量为 $Q_1$，弹性模量为 $E$；另有一重量为 $Q$ 的重物连接在杆的端点。试求杆的伸长。

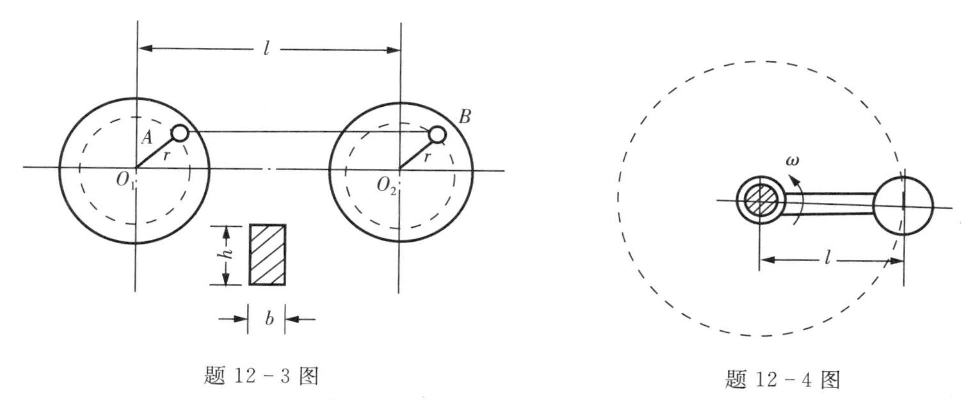


题 12-3 图　　题 12-4 图

12-5　已知钢杆的下端有一固定圆盘，盘上放置弹簧。弹簧在 1kN 的静荷作用下缩短 0.625mm。钢杆的直径 $d=40\text{mm}$，$l=4\text{m}$，容许应力 $[\sigma]=120\text{MPa}$，$E=200\text{GPa}$。若有重为 15kN 的重物自由落下，求其容许高度 $h$。若没有弹簧则容许高度 $h$ 将等于多大？

12-6　冲击物 $Q=500\text{kN}$，以速度 $v=0.35\text{m/s}$ 的速度水平冲击图示简支梁中点 $C$，梁的弯曲截面系数 $W=1.0\times10^7\text{mm}^3$，惯性矩 $I=5.0\times10^9\text{mm}^4$，弹性模量 $E=200\text{GPa}$。试求梁内最大动应力。

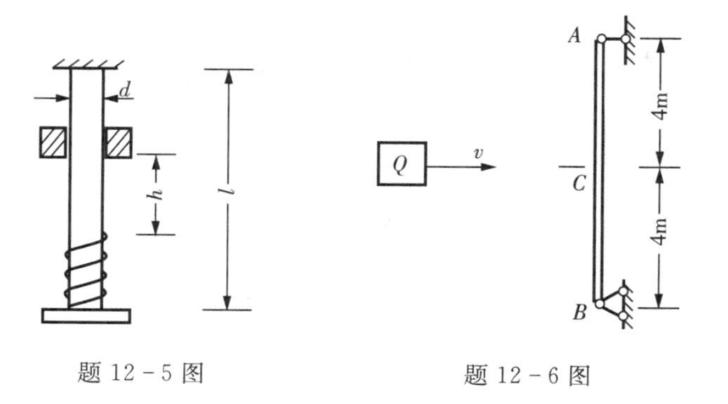


题 12-5 图　　题 12-6 图

12-7　外伸梁 $ABC$ 在 $C$ 点上方有一重物 $Q=700\text{N}$ 从高度 $h=300\text{mm}$ 处自由下落。若梁材料的弹性模量 $E=1.0\times10^4\text{MPa}$，试求梁中最大正应力。

12-8　图示 4 种交变应力，试求其最大应力 $\sigma_{max}$，最小应力 $\sigma_{min}$，循环特征 $r$ 和应力幅 $\Delta\sigma$。

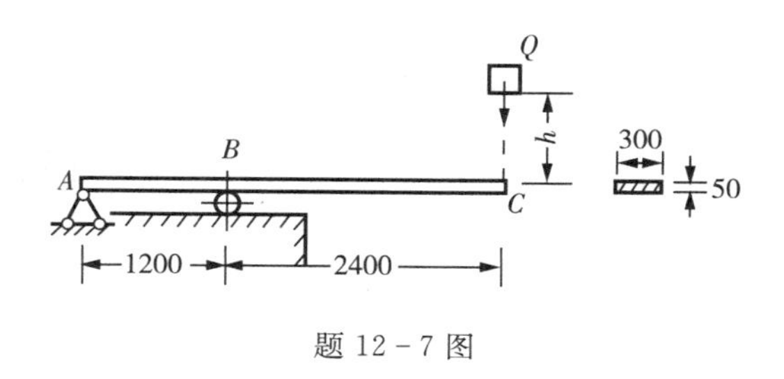


题 12-7 图

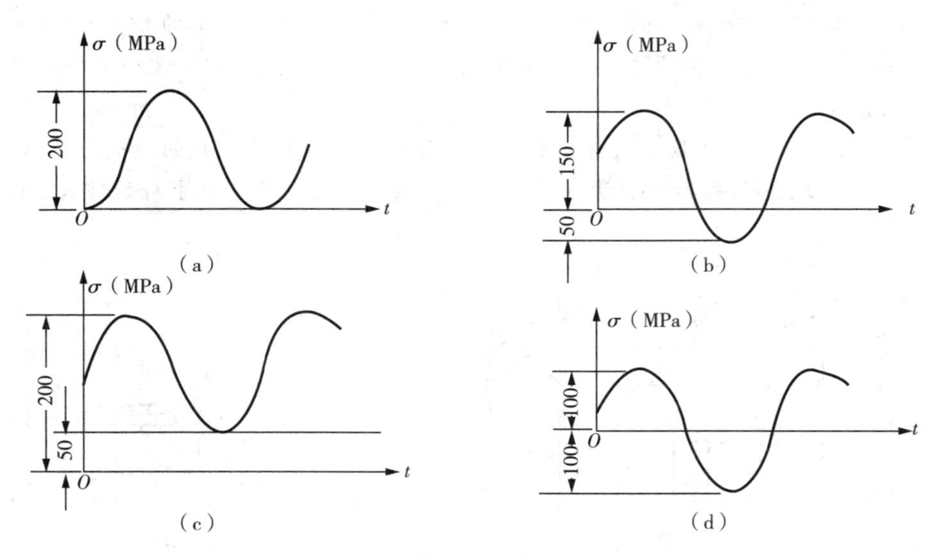


题 12－8 图

12－9　车轴受力如图，试求车轴 $n$－$n$ 截面周边上任一点交变应力中的 $\sigma_{max}$，$\sigma_{min}$，循环特征 $r$ 和应力幅 $\Delta\sigma$。

12－10　吊车梁由22a号工字钢制成，并在中段焊上两块截面为120mm×10mm，长为2.5m的加强钢板，吊车每次起吊50kN的重物。若不考虑吊车及梁的自重，该梁所承受的交变荷载可简化为 $F_{max}=50KN$、$F_{min}=0$ 的常幅交变荷载。若此吊车梁在服役期内，能经受 $2\times10^6$ 次交变荷载作用，试校核梁的疲劳强度。

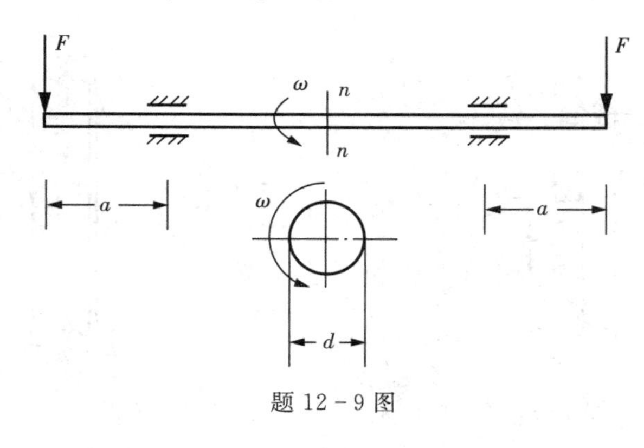


题 12－9 图

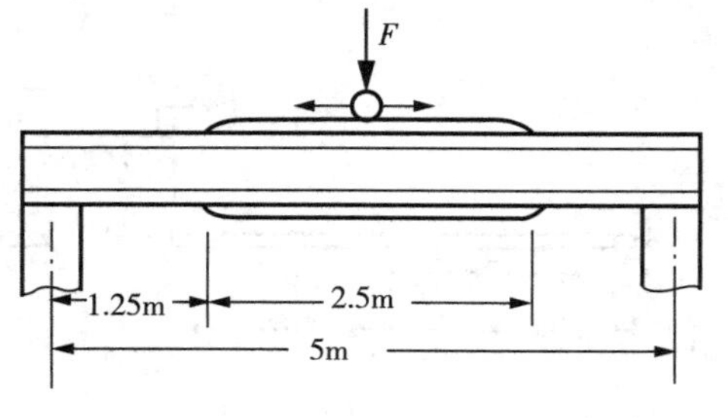


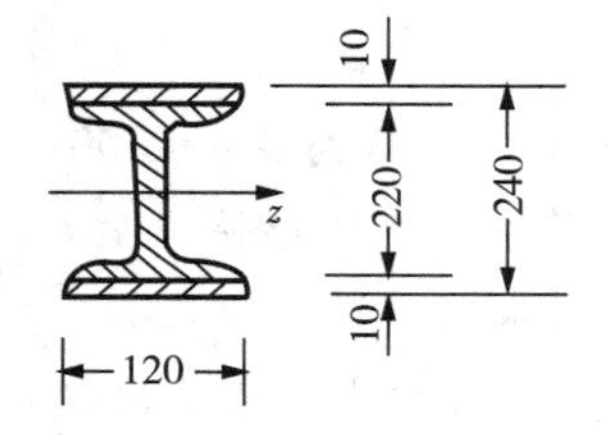


题 12－10 图

# 第 13 章 *　工程结构的能量分析法

本章主要介绍材料力学研究的杆系构件的能量分析方法。首先利用应变能和外力功相等的基本原理，建立多种能量法理论，应用能量法计算复杂杆系的位移或变形。最后再介绍能量法在超静定结构位移求解中的应用。

## 13.1　能量法的基本概念

在材料力学中，构件在单一变形和组合变形下位移和应力的计算方法中，采用的公式主要有力的平衡方程，应力与应变之间的胡克定律和变形协调关系等。在结构不太复杂的情况下，这种方法是比较容易获得结果。但是，对组合变形下的复杂构件（如多杆系、桁架、刚架、拱等结构）、复杂载荷作用以及超静定结构，用这种方法计算某一点或某截面的位移就变得十分复杂。

由于弹性体作用外力后会产生变形，外力在变形中做功。这个功又以弹性应变能（变形能）的形式保存在物体中。在不考虑能量损失的情况下，外力的功等于应变能，而且是可逆的，外力移除应变能就消失，这就是功能原理。利用这个原理建立起来的一系列定理，成为能量分析方法。在前面讨论冲击的问题时就已经采用了能量分析方法。

能量法是利用数学分析的工具来求解弹性体的力与变形。这种方法可以计算弹性体的位移、变形和内力。能量法的应用范围非常广泛，它可以用来研究与弹性体变形有关的许多问题。除了能够求解弹性体作用外力产生变形，还可以求解因温度变化引起的构件变形以及支座位移和制造误差引起的构件变形。

工程力学中已经区分了外力、内力和应力的概念。这里再强调变形、位移和应变的不同。变形是指外力引起结构的改变，而位移是指构件上的质点的移动，它可以是构件变形所引起，也可以是刚体的移动。也就是说，位移是变形和刚体移动的总和。应变是单位长度上的变形量，刚体位移不产生应变。

外力做功分为变力做功和常力做功。在材料力学中，力在其引起的变形上做功是变力做功，而力在刚性位移上做功就是常力做功。

在线弹性情况下它们的计算方法可统一写为：

$$W=\int_{\Delta l}F_t\mathrm{d}(\Delta l_t)=\eta F\Delta l \qquad (13-1)$$

式（13－1）中，力在其引起的变形上做功时，$\eta=1/2$；力在刚性位移上做功时，$\eta=1$。

构件内力引起的应变能是在整个结构上的变形能总和。例如

$$U_\varepsilon=\int_V u_\varepsilon\mathrm{d}V \qquad (13-2)$$

其中,单向正应力的应变能密度为:

$$u_\varepsilon=\int_{\Delta l}\sigma_t\mathrm{d}(\varepsilon_t)=\int_{\Delta l}E\varepsilon_t\mathrm{d}(\varepsilon_t)=\frac{E}{2}(\varepsilon)^2=\frac{1}{2}\sigma\varepsilon \tag{13-3}$$

单向切应力的应变能密度为:

$$u_\varepsilon=\int_{\Delta l}\tau_t\mathrm{d}(\gamma_t)=\int_{\Delta l}G\gamma_t\mathrm{d}(\gamma_t)=\frac{E}{2}(\gamma)^2=\frac{1}{2}\tau\gamma \tag{13-4}$$

在没有能量损失的情况下,外力做功等于弹性体内的应变能。弹性体外力做功和应变能与物体的受力变形形式有关。为了后面应用方便,下面将介绍基本的杆件的外力做功和应变能的计算。

## 13.2 构件基本变形状态下外力的功与应变能

构件的基本变形包括:杆件的拉压变形、轴的扭转变形、梁的弯曲变形。

### 13.2.1 拉(压)杆的轴力做功与应变能

如图 13-1(a) 所示,受轴向拉伸(压缩)的直杆,构件受力模型如图 13-1(b) 所示,力由零逐渐增加到最后的数值 $F$,杆也随之不断伸长,杆的伸长 $\Delta l$ 等于加力点沿加力方向的位移。当材料处于弹性范围时,拉力和伸长呈线性关系,$F-\Delta l$ 图为直线,如图 13-1(c) 所示。外力所做的功为:

$$W=\int_{\Delta l}F_t\mathrm{d}(\Delta l_t)=\int_{\Delta l}k\Delta l_t\mathrm{d}(\Delta l_t)=\frac{k}{2}(\Delta l)^2=\frac{1}{2}F\Delta l \tag{13-5}$$

杆内的总应变能为:

$$U_\varepsilon=\int_{\Delta l}u_\varepsilon\mathrm{d}V=\frac{1}{2}\sigma\cdot\varepsilon Al=\frac{F_N^2l}{2EA} \tag{13-6}$$

如果轴力沿轴线是变化的,则总应变能为:

$$U_\varepsilon=\int_l\frac{F_N^2(x)\mathrm{d}x}{2EA} \tag{13-7}$$

(a) 工地使用的拉杆与压杆

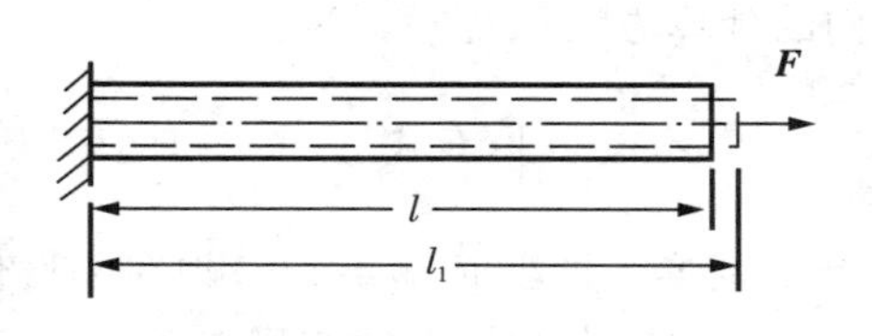

(b) 拉(压)杆受力模型

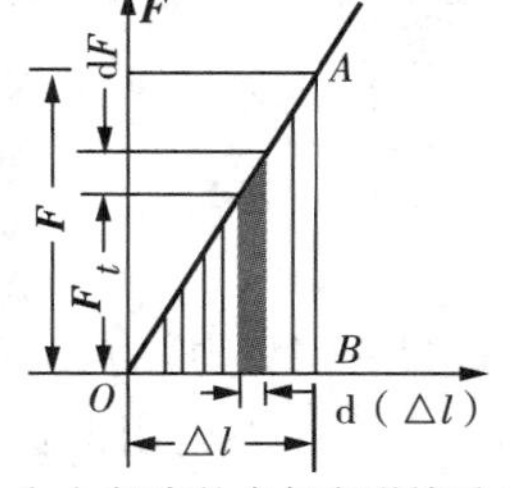

(c) 杆内的力与变形关系

图 13-1 拉杆受力及 $F-\Delta l$ 之间的关系

### 13.2.2 扭转轴的扭矩做功与应变能

圆轴(杆)端在外扭矩 $T$ 作用下[如图 13-2(a)],轴端的扭转角为 $\varphi$。当材料在弹性范围时,扭转角和外扭矩成正比,如图 13-2(c) 所示。外扭矩所做的功为:

$$W=\frac{1}{2}T\varphi \tag{13-8}$$

另一方面,已知轴的扭转变形为:

$$\varphi=\frac{Tl}{GI_p}$$

所以,轴内的总应变能为:

$$U_\varepsilon=W=\frac{T^2l}{2GI_p} \tag{13-9}$$

如果扭矩沿轴线是变化的,则总应变能为:

$$U_\varepsilon=\int_l \frac{T^2(x)\mathrm{d}x}{2GI_p} \tag{13-10}$$

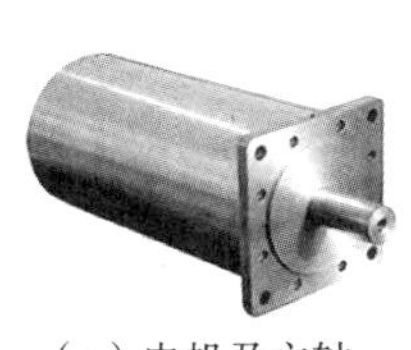
(a) 电机及主轴

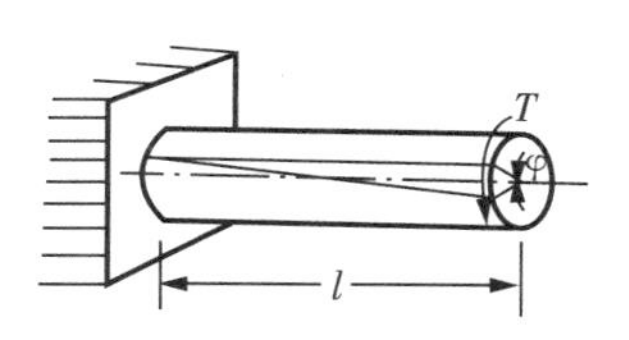

(b) 主轴扭转受力模型

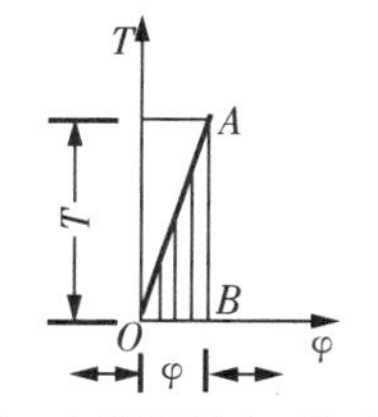

(c) 扭矩$T$与轴的转角$\phi$关系

图 13-2 圆轴扭转图

### 13.2.3 弯曲梁的弯矩做功与应变能

架桥梁机的现场[如图 13-3(a)]可以简化为简支梁在两端受外力偶矩 $M_e$ 作用后产生纯弯曲梁[如图 13-3(b)]。梁弯曲后轴线上各点处的曲率半径 $\rho$ 相同,即梁弯曲后的轴线为一圆弧。两端面的相对转角为 $\theta$,如图 13-3(b) 所示。梁截面的变形模型如图 13-3(c) 所示。

(a) 架设桥梁的现场图

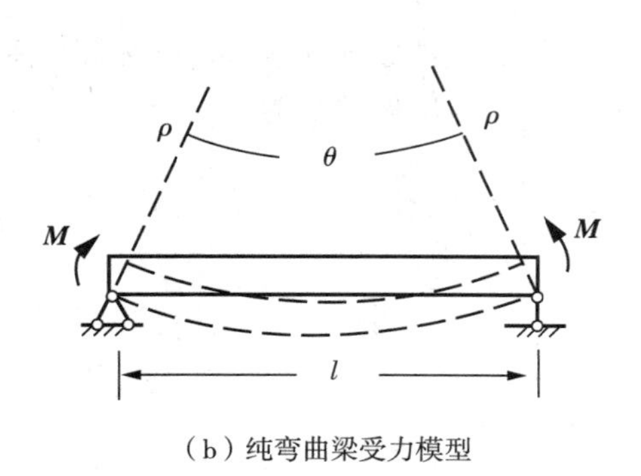


(b) 纯弯曲梁受力模型

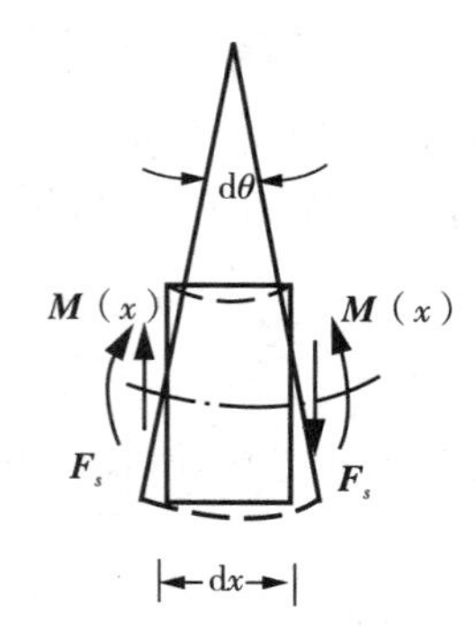


(c) 梁截面的变形模型

图 13-3 纯弯曲梁

当材料在弹性范围时,转角和外力偶矩成正比。外力矩所做的功为:

$$W=\frac{1}{2}M_e\theta \tag{13-11}$$

而已知纯弯曲梁的变形为:$\theta=\dfrac{Ml}{EI_z}$

所以,梁内的总应变能为:

$$U_\varepsilon=\frac{M^2 l}{2EI_z} \tag{13-12}$$

如果梁在横力弯曲时[如图 13-4(a)],横截面上一般既有弯矩,又有剪力[如图 13-4(b)],而且弯矩和剪力均为截面位置 $x$ 的函数。在梁上取一微长度 $dx$ 的梁,如图 13-4(b)所示。梁截面的变形模型如图 13-4(c) 所示。

(a) 横力弯曲梁

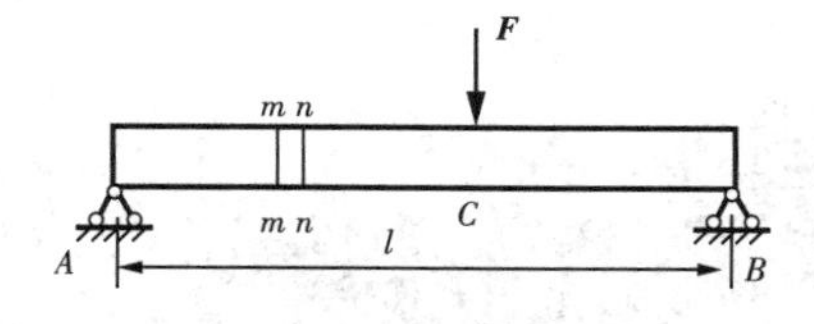


(b) 横力弯曲梁受力模型

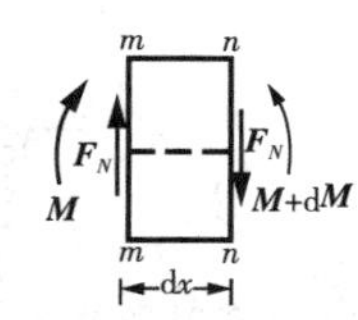


(c) 梁截面的变形模型

图 13-4 横力弯曲

梁由弯矩 $M(x)$ 引起的应变能为:

$$U_{\varepsilon M}=\int_V \frac{\sigma^2}{2E}\mathrm{d}V=\int_l\int_A \frac{M^2(x)y^2}{2EI_z^{\ 2}}\mathrm{d}A\mathrm{d}x$$

$$=\int_l \frac{M^2(x)}{2EI_z^{\ 2}}\mathrm{d}x\int_A y^2\mathrm{d}A=\int_l \frac{M^2(x)}{2EI_z}\mathrm{d}x \tag{13-13}$$

为了计算截面剪力 $F_s(x)$ 引起的应变能，须考虑切应力在横截面上的分布规律。梁由剪力 $F_s(x)$ 引起的应变能为：

$$U_{\varepsilon F}=\int_V \frac{\tau^2}{2G}\mathrm{d}V=\int_l\int_A \frac{F_s^{\ 2}(x)S_z^{*\ 2}(y)}{2GI_z^{\ 2}b^2}\mathrm{d}A\mathrm{d}x$$

$$=\int_l \frac{F_s^{\ 2}(x)}{2G}\mathrm{d}x\int_A \frac{S_z^{*\ 2}(y)}{I_z^{\ 2}b^2}\mathrm{d}A \tag{13-14}$$

引入无量纲系数：

$$K=A\int_A \frac{S_z^{*\ 2}(y)}{I_z^{\ 2}b^2}\mathrm{d}A \tag{13-15}$$

则剪力引起的应变能公式(13-14)变为：

$$U_{\varepsilon F}=K\int_l \frac{F_s^{\ 2}(x)}{2GA}\mathrm{d}x$$

全梁总应变能为：

$$U_\varepsilon=U_{\varepsilon M}+U_{\varepsilon F}=\int_l \frac{M^2(x)}{2EI_z}\mathrm{d}x+K\int_l \frac{F_s^{\ 2}(x)}{2GA}\mathrm{d}x \tag{13-16}$$

在上面的计算式中，可以证明，弯矩引起的应变能比剪力引起的应变能要大得多。以高为 $h$，宽为 $b$ 的矩形截面为例，在简支梁中点作用力 $F$，由式(13-15)及式(13-16)计算得到：

$$K=A\int_A \frac{S_z^{*\ 2}(y)}{I_z^{\ 2}b^2}\mathrm{d}A=\frac{36}{h^5}\int_{-h/2}^{h/2}\left(\frac{h^2}{4}-y^2\right)^2\mathrm{d}y=\frac{6}{5}$$

$$U_\varepsilon=U_{\varepsilon M}+U_{\varepsilon F}=\frac{F^2l^3}{96EI_z}+\frac{KF^2l}{8GA}$$

$$\lambda=\frac{U_{\varepsilon F}}{U_{\varepsilon M}}=\frac{KF^2l}{8GA}\Big/\frac{F^2l^3}{96EI_z}=\frac{12KEI_z}{GAl^2}=\frac{12}{5}(1+\nu)\left(\frac{h}{l}\right)^2$$

对于不同形状的截面，$K$ 系数会不同。如圆形截面，$K=10/9$；薄壁圆管，$K=2$；对工字形和箱形截面，$K=A/Af$（$A$ 为总面积、$Af$ 为腹板部分的面积）。

一般情况下，材料的泊松比 $\nu=0.3$，如果取 $h/l=1/5$，则 $\lambda=0.125$；如果取 $h/l=1/10$，则 $\lambda=0.0312$。可见剪力引起的应变能要比弯矩引起的应变能小得多。因此，为了方便起见，本章中略去剪力引起的应变能。

**例 13-1** 如图 13-5(a) 所示的简化梁模型，在中点受集中力 $F$ 作用，左端受集中力偶矩 $M$ 作用，试计算梁的总应变能。

**解：**由第 6 章知道，在中点集中力 $F$ 和左端集中力偶矩 $M$ 共同作用下，梁中点 $C$ 沿力的方向产生的位移为：

$$\Delta_C=\frac{Fl^3}{48EI_z}+\frac{Ml^2}{16EI_z}$$

同样，它们引起梁左端 $A$ 的转角为：

$$\theta_A=\frac{Fl^2}{16EI_z}+\frac{Ml}{3EI_z}$$

让集中力 $F$ 和集中力偶矩 $M$ 同时按比例由零逐渐增加到最终值，则梁的外力做功为：

$$W_T=\frac{1}{2}F\Delta_C+\frac{1}{2}M\theta_A=\frac{F^2l^3}{96EI_z}+\frac{FMl^2}{16EI_z}+\frac{M^2l}{6EI_z}$$

下面改变加载方式，若先加集中力 $F$，再加集中力偶矩 $M$，如图 13－5(b)(c) 所示。这时，由集中力 $F$ 所做的功为：

$$W_F=\frac{1}{2}F\Delta_C(\mathrm{F})=\frac{F^2l^3}{96EI_z}$$

而在力偶矩 $M$ 作用下，会引起的转角 $\theta_A(M)$，也会引起中点位移 $\Delta_C(M)$。因此，除了 $M$ 在由自身引起的转角 $\theta_A(M)$ 上做功外，力 $F$ 在由 $M$ 引起的位移 $\Delta_C(M)$ 上也要做功。由于在 $M$ 作用过程中力 $F$ 保持不变，这部分功为常力功。这个过程中的外力做功为：

$$W_{MF}=\frac{1}{2}M\theta_A(M)+F\Delta_C(M)=\frac{M^2l}{6EI_z}+\frac{FMl^2}{16EI_z}$$

所以，梁的总功在数值上就等于：

$$W_T=W_F+W_{MF}=\frac{F^2l^3}{96EI_z}+\frac{FMl^2}{16EI_z}+\frac{M^2l}{6EI_z}$$

由上式可见，两种加载次序所得的弯曲功相等。这就说明应变能的大小是由各外力的变形的最终值决定的，与各外力作用的先后次序无关。

但是，在这个例子中，如是果梁在集中力 $F$ 和集中力偶 $M$ 分别单独作用于梁上的功之和为：

$$W=W_F+W_M=\frac{F^2l}{96EI_z}+\frac{FMl^2}{16EI_z}\neq W_T$$

它并不等于梁总的功(应变能)。因此，特别强调功的计算不能采用简单叠加法。这是因为功与外力之间是非线性关系。

若利用式(13－13) 直接计算梁的弯曲总应变能为：

$$\begin{aligned}V_\varepsilon&=\int_l\frac{M^2(x)}{2EI_z}\mathrm{d}x\\&=\int_0^{l/2}\frac{[M+(F/2-M/l)x]^2}{2EI_z}\mathrm{d}x+\int_{l/2}^{l}\frac{[(F/2+M/l)(l-x)]^2}{2EI_z}\mathrm{d}x\\&=\frac{F^2l^3}{96EI_z}+\frac{FMl^2}{16EI_z}+\frac{M^2l}{6EI_z}\end{aligned}$$

上面得到的总应变能结果与总功相等。

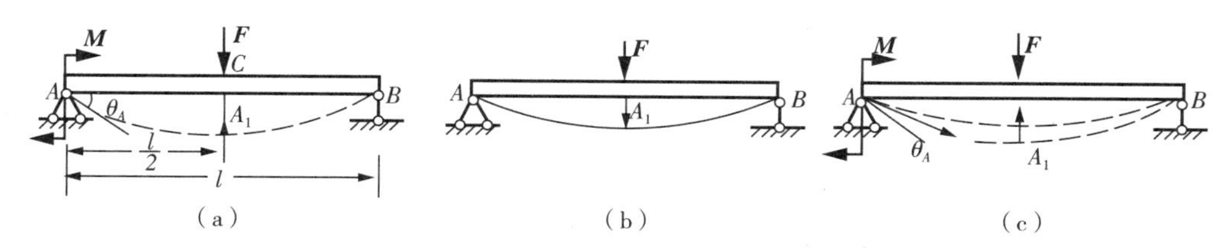


图 13-5 简支梁受力简化模型图

**思考与讨论:**图 13-6 所列的简化模型杆件应变能的计算是否正确?

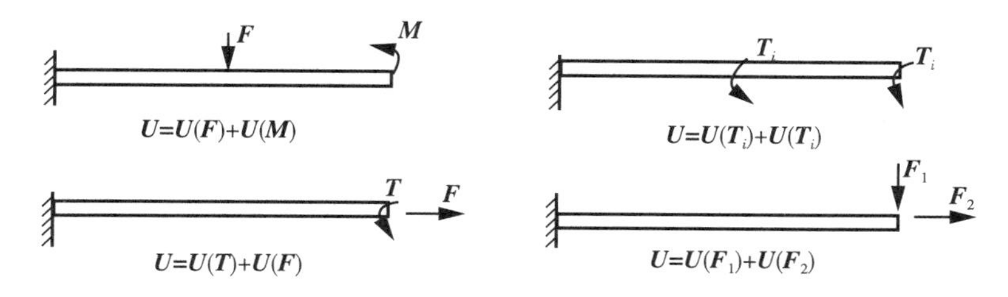


图 13-6 杆件简化模型

## 13.3 结构的能量法原理

从上面的构件应变能计算表达式知道,杆件的应变能都是内力的二次函数。这个结果可以推广到一般情况。

### 13.3.1 外力做功的普遍表达式

设弹性构件上受到外力 $F_1, F_2, \cdots, F_i, \cdots, F_n$ 联合作用,各外力是按同一比例逐渐由零增至最终值。各外力作用点沿外力作用方向的变形为 $\Delta_1, \Delta_2, \cdots, \Delta_i, \cdots, \Delta_n$。如图 13-7 所示的简化模型。因而,外力做的功为:

$$W = \sum_{i=1}^{n} \frac{1}{2} F_i \Delta_i \tag{13-17}$$

在小变形条件下,弹性体的变形与外力呈线性关系,$F_i = K_i \Delta_i$,所以,

$$W = \sum_{i=1}^{n} \frac{1}{2} K_i \Delta_i^2 = \sum_{i=1}^{n} \frac{1}{2} F_i^2 / K_i \tag{13-18}$$

显然,外力的功可以表达为变形的二次函数,也可以表达为力的二次函数。

构件的应变能在数值上等于各外力所做的功:

$$U_\varepsilon = \int_V \frac{1}{2} \sigma \cdot \varepsilon \mathrm{d}V = W = \sum_{i=1}^{n} \frac{1}{2} F_i \Delta_i \tag{13-19}$$

上式中的 $F_i$ 称为广义力,它既可代表集中力,也可代表集中力矩。$\Delta_i$ 称为广义位移,它代表与广义力相对应的变形(位移或转角)。因为广义力和广义位移呈线性关系,所以应变

能是广义力或广义变形的二次函数。应变能的大小由各外力的最终值决定，与各外力作用的先后次序无关。

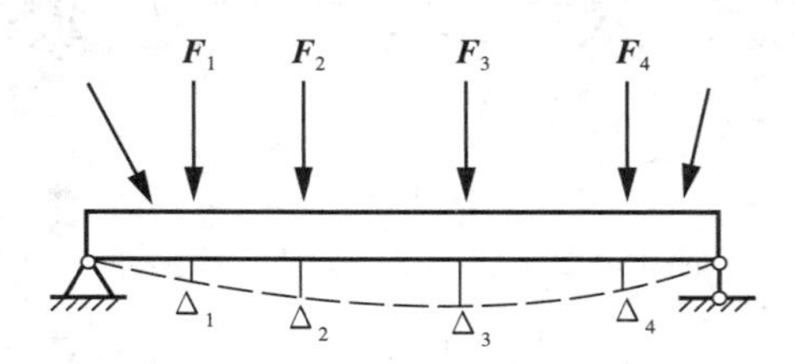


图 13－7　弹性构件外力与位移简化模型图

对于材料力学中构件组合变形应变能的一般情况，构件截面上存在轴力 $F_N(x)$，弯矩 $M(x)$、剪力 $F_S(x)$ 和扭矩 $T(x)$ 等几种内力。每种内力只在与其本身相应的位移上做功。

在构件上取一微长度 $\mathrm{d}x$ 的梁，组合变形构件的总应变能（功）等于与各种内力相应的应变能（功）之和：

$$U_\varepsilon = \sum_i \int_{l_i} \frac{F_{Ni}^2(x)}{2EA_i}\mathrm{d}x + \sum_i \int_{l_i} \frac{T_i{}^2(x)}{2GI_{pi}}\mathrm{d}x + \sum_i \int_{l_i} \frac{M_i{}^2(x)}{2EI_{zi}}\mathrm{d}x \tag{13-20}$$

式（13－20）中，第 1 项代表轴力应变能，第 2 项对应扭矩应变能，第 3 项为弯曲应变能。

### 13.3.2　功的互等定理

由外力做功的特性知道，变力做功与常力做功的结果是不同的。力 $F$ 在由力矩 $M$ 引起的位移上做功是一种常力做功，同样力矩 $M$ 在由力 $F$ 引起的转角上做功也是常力做功，而且它们的数值相等。这一结果可以推广到一般情况。

设弹性构件上分别作用两组广义力处于平衡状态，第 1 组力 $P_1,P_2,\cdots,P_i,\cdots,P_m$ 作用引起的广义变形为 $u_1,u_2,\cdots,u_i,\cdots$、$u_m$。另外一组广义力 $Q_1,Q_2,\cdots,Q_i,\cdots,Q_n$ 作用弹性构件上的广义变形为 $v_1,v_2,\cdots,v_i,\cdots,v_n$。第 1 组力在第 2 组力的作用点及沿其方向上引起的位移为 $v'_1,v'_2,\cdots$、$v'_i,\cdots,v'_n$。第 2 组力在第 1 组力的作用点及沿其方向上引起的位移为 $u''_1,u''_2,\cdots,u''_i,\cdots,u''_m$。

若先加第 1 组载荷，再加第 2 组载荷，构件上外力所做功为：

$$W_T = \sum_{i=1}^{m} \frac{1}{2}\boldsymbol{P}_i \cdot \boldsymbol{u}_i + \sum_{j=1}^{n} \frac{1}{2}\boldsymbol{Q}_j \cdot \boldsymbol{v}_j + \sum_{i=1}^{m}\boldsymbol{P}_i \cdot \boldsymbol{u}_i'' \tag{13-21}$$

式（13－21）中采用了矢量点积表示力在位移上做功。

反过来，若先加第 2 组载荷，再加第 1 组载荷，构件上外力所做功为：

$$W_T = \sum_{j=}^{n} \frac{1}{2}\boldsymbol{Q}_j \cdot \boldsymbol{v}_j + \sum_{i=1}^{m} \frac{1}{2}\boldsymbol{P}_i \cdot \boldsymbol{u}_i + \sum_{j=1}^{n}\boldsymbol{Q}_j \cdot \boldsymbol{v}_j' \tag{13-22}$$

由于总功的大小与加载顺序无关，上面得到的两组功的数值应该相等。这样则得出：

$$\sum_{i=1}^{m}\boldsymbol{P}_i \cdot \boldsymbol{u}_i'' = \sum_{j=1}^{n}\boldsymbol{Q}_j \cdot \boldsymbol{v}_j' \tag{13-23}$$

上式表达的就是功的互等定理。即第1组力在第2组力引起的位移上所做的功等于第2组力在第1组力引起的位移上所做的功。

需要说明的是，这两组力是独立作用在构件上，能够形成构件平衡状态。

### 13.3.3 卡氏定理

设弹性构件上受到广义力 $F_1,F_2,\cdots,F_i,\cdots,F_n$ 联合作用，各外力是按同一比例逐渐由零增至最终值。各外力作用点沿外力作用方向的广义变形为 $\Delta_1,\Delta_2,\cdots,\Delta_i,\cdots,\Delta_n$。在小变形条件下，构件的应变能在数值上等于各外力所做的功：

$$U_\varepsilon(F_1,F_2,\cdots F_n)=W=\sum_{i=1}^{n}\frac{1}{2}F_i\Delta_i \tag{13-24}$$

现在假设 $F_i$ 发生微小的改变 $\mathrm{d}F_i$，而其余的广义力不变。引起的应变能改变为

$$U_\varepsilon(\cdots,F_i+\mathrm{d}F_i,\cdots)=U_\varepsilon(\cdots,F_i,\cdots)+\frac{\partial U_\varepsilon}{\partial F_i}\mathrm{d}F_i+\cdots \tag{13-25}$$

若将 $\mathrm{d}F_i$ 当作第2组力先加到构件上，则系统的应变能为：

$$U_\varepsilon(\cdots,F_i+\mathrm{d}F_i,\cdots)=U_\varepsilon(\cdots,F_i,\cdots)+\Delta_i\mathrm{d}F_i+\frac{1}{2}\mathrm{d}F_i\mathrm{d}\delta_i \tag{13-26}$$

由于应变能的大小与加载次序无关，这两个应变能应该相等，在略去高阶小量 $\mathrm{d}F_i\mathrm{d}\delta_i/2$ 后得到：

$$\Delta_i=\frac{\partial U_\varepsilon}{\partial F_i} \tag{13-27}$$

式(13-27)代表弹性体的应变能对作用于其上的某一广义力求偏导数，等于该广义力相应的方向上的位移。这个结果称为卡氏(A·Castigliano)第二定理。

具体到一般的组合构件，包括了各种内力的情况下，由前面的应变能计算式可以得到：

$$\Delta_i=\sum_i\int_{l_i}\frac{F_{Ni}(x)}{EA_i}\frac{\partial F_{Ni}}{\partial F_i}\mathrm{d}x+\sum_i\int_{l_i}\frac{T_i(x)}{GI_{pi}}\frac{\partial T_i}{\partial F_i}\mathrm{d}x+\sum_i\int_{l_i}\frac{M_i(x)}{EI_{zi}}\frac{\partial M_i}{\partial F_i}\mathrm{d}x \tag{13-28}$$

从说明的计算公式可知，利用卡氏定理求解结构某点的变形时，在该点上必须有相对应的载荷作用。如果该点没有载荷，可以先假设一个载荷作用其上，再求系统总的应变能对该载荷的导数。最后令假设的载荷值为零点就得到要求的位移。

**例 13-2** 工程中采用的桁架，简化模型如图13-8所示。已知1号杆横截面面积为 $A_1=90\mathrm{mm}^2$，2号杆横截面面积 $A_2=150\mathrm{mm}^2$，两杆的材料相同，$E=2.0\times10^5\mathrm{MPa}$；外力 $F=15\mathrm{kN}$。求节点 $B$ 的竖向位移。

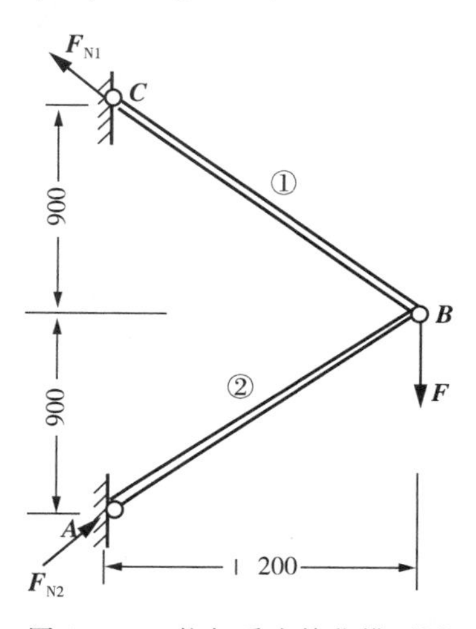

图 13-8 桁架受力简化模型图

**解**：桁架中的两杆分别受到轴向拉伸和压缩。图中，$l=1.2\mathrm{m}$，$h=1.8\mathrm{m}$。1号杆、2号杆的长度 $l_1=l_2=1.5\mathrm{m}$，两杆中的轴力为：

$$F_{N1}=\frac{F\times l}{h\times l/l_1}=\frac{F\times 1.2}{1.8\times 1.2/1.5}=0.833F(\text{拉力})$$

$$F_{N2}=\frac{-F\times l}{h\times l/l_2}=\frac{-F\times 1.2}{1.8\times 1.2/1.5}=-0.833F(\text{压力})$$

桁架的总应变能按式(13－20)计算为：

$$U_\varepsilon=\sum_i\int_{l_i}\frac{F_{Ni}^2(x)}{2EA_i}\mathrm{d}x=\frac{(F_{N1})^2l_1}{2EA_1}+\frac{(F_{N2})^2l_2}{2EA_2}=\frac{(0.833)^2\times F^2}{2E}(\frac{l_1}{A_1}+\frac{l_2}{A_2})$$

由于力 $F$ 与 $B$ 点的竖直位移一致，直接利用式(13－27)得：

$$\Delta_B=\frac{\partial U_\varepsilon}{\partial F}=\frac{(0.833)^2\times F}{E}(\frac{l_1}{A_1}+\frac{l_2}{A_2})$$

代入具体数据计算得 $B$ 点的竖直位移为：

$$\Delta_B=\frac{0.833^2\times 15\times 10^3}{2\times 10^{11}}\left(\frac{1.5}{90\times 10^{-6}}+\frac{1.5}{150\times 10^{-6}}\right)=0.139\times 10^{-2}(\mathrm{m})$$

上面得到的位移为正值说明位移方向和 $F$ 力方向一致。

### 13.3.4 虚位移原理

利用卡氏定理求解结构位移问题时，可以在结构上假设一个虚拟外力 $F_0$，来求解虚力作用处的真实位移。类似地，也可以假设虚位移，真实的外力在虚位移上做功得到虚功，从而得到虚位移原理。不论是假设虚力还是假设虚位移得到虚功的方法统称为虚功原理。

首先定义虚位移为：满足结构约束条件的假想的可能位移。需要强调的是，虚位移必须满足结构约束条件，它是假定的合理的结构位移。或者说它是一种可能的位移，与外力没有直接关系。如图 13－9 所示的简化模型。

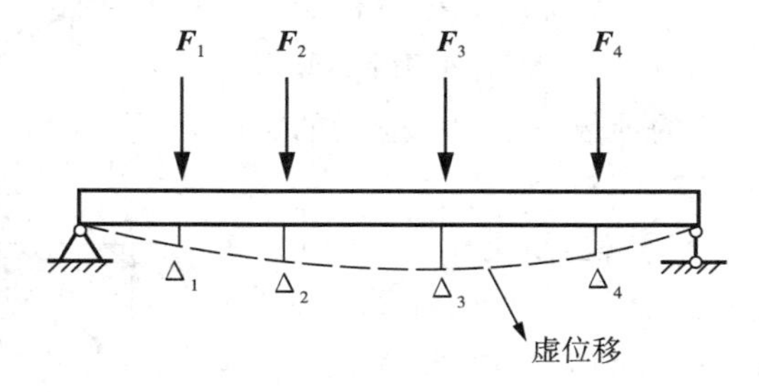


图 13－9 一般结构受力模型图

虚位移也要引起结构虚应变，因此，在构件中产生虚应变能。若以 $F_1,F_2,\cdots,F_i,\cdots F_n$ 表示结构上真实的外力，以 $\delta_1^*,\delta_2^*,\cdots,\delta_i^*,\cdots,\delta_n^*$ 为对应位置处沿力方向的虚位移，则外力在虚位移上所做的虚功为：

$$W^* = \sum_{i=1}^{n} F_i \delta_i^* \tag{13-29}$$

如果结构上的外力是平衡力系，而虚位移是构件的刚体位移，则由理论力学中的虚位移原理知道，外力所做的虚功为零。如果虚位移是构件的变形位移，则虚功会转化为虚应变能。

对于一般组合变形杆件，外力引起的构件的截面内力为：轴力 $F_N$、弯矩 $M$、扭矩 $T$。在杆件上取一微长度 $dx$ 的梁，沿力方向的虚位移引起的虚变形为 $d(\Delta l)^*$、$d\theta^*$、$d\varphi^*$。

系统总应变能为：

$$U_\varepsilon^* = \sum_i \int_{l_i} F_{Ni} d(\Delta l)^* + \sum_i \int_{l_i} M_i d\theta^* + \sum_i \int_{l_i} T_i d\varphi^* \tag{13-30}$$

虚功原理描述为：在虚位移中，外力所做的虚功等于内力在相应的虚变形上应变能，即

$$W^* = U_\varepsilon^* \tag{13-31}$$

上面这种虚功原理又称为虚位移原理。因为它是假设了虚位移而导出的结果。

虚功原理还可以引出多种其他形式的功能原理。如，虚力原理、虚余能原理等。

### 13.3.5 莫尔积分法

莫尔积分法也称为单位载荷法。利用虚功原理很容易导出另一个重要方法 —— 单位载荷法。

1. 单位载荷法

若以 $F_1, F_2, \cdots, F_i, \cdots, F_n$ 表示构件上真实的外力，以 $\Delta_1, \Delta_2, \cdots, \Delta_i, \cdots, \Delta_n$ 为真实的外力引起的真实位移。

设在 $\Delta_i$ 方向上作用一单位虚力，它引起的构件的截面内力为：轴力 $\overline{F}_N$、弯矩 $\overline{M}$、扭矩 $\overline{T}$。单位虚力在真实位移上做的功为：

$$\overline{W} = 1 \times \Delta_i$$

另一方面，虚力引起的构件的虚应变能为：

$$\begin{aligned} \overline{U}_\varepsilon &= \sum_i \int_{l_i} \overline{F}_{Ni} d(\Delta l) + \sum_i \int_{l_i} \overline{M}_i d\theta + \sum_i \int_{l_i} \overline{T}_i d\varphi \\ &= \sum_i \int_{l_i} \frac{\overline{F}_N \times F_{Ni}(x)}{EA_i} dx + \sum_i \int_{l_i} \frac{\overline{M}_i \times M_i(x)}{EI_{zi}} dx + \sum_i \int_{l_i} \frac{\overline{T}_i \times T_i(x)}{GI_{pi}} dx \end{aligned} \tag{13-32}$$

由虚功原理 $\overline{W} = \overline{U}_\varepsilon$，得到：

$$\Delta_i = \sum_i \int_{l_i} \frac{\overline{F}_{Ni} \times F_{Ni}(x)}{EA_i} dx + \sum_i \int_{l_i} \frac{\overline{M}_i \times M_i(x)}{EI_{zi}} dx + \sum_i \int_{l_i} \frac{\overline{T}_i \times T_i(x)}{GI_{pi}} dx \quad (13-33)$$

上面这种虚功原理又称为虚力原理，也称为单位载荷法。它是马克斯威尔(J. C. Maxwell)在1864年提出的，莫尔于1874年将它应用到实际计算中，故又称马克斯威尔-莫尔方法。

在这个方法中，因为假设了单位虚外力，它引起的截面虚内力必须满足系统平衡条件。当由式(13-33)得到的位移如果是正值，说明单位虚力的方向与所求的位移方向一致，否则就是相反的。

单位载荷法最大方便之处在于，如果要求构件任意位置、任意方向上的位移 $\Delta_i$，只要将单位虚力取成与位移相一致的方向并加到该点上即可以了。如果要求两点之间的相对变形，只有在这两点上加相对单位载荷，然后采用单位载荷法求解。

单位载荷方法的解题步骤为：

1) 首先求出真实载荷作用下系统中各构件的内力；

2) 再求单位载荷作用引起系统中各构件的内力；

3) 将内力代入式(13-33)进行积分计算，得到要求的位移。

2. 积分图乘计算

在上面功的计算公式中，需要计算沿构件计算两种截面内力乘积的定积分。如果直接将积分公式逐项积分，显然这个过程比较烦琐。这种数学计算可以采用一些技巧。由定积分的特性知道，可以采用面积定理来计算。就是将两个内力图中的一个图对应的面积计算出来后，再乘上该图的形心处对应另外一个内力图的值即可。

例如，假设在单位力作用下，$\overline{M}_i(x)$ 是一条直线，则可以表示为：

$$\overline{M}_i(x) = x\tan\alpha$$

$$\int_{l_i} \frac{\overline{M}_i(x) \times M_i(x)}{EI_{zi}} dx = \int_{l_i} \frac{x\tan\alpha \times M_i(x)}{EI_{zi}} dx$$

$$= \frac{\tan\alpha}{EI_{zi}} \int_{l_i} x M_i(x) dx = \frac{\tan\alpha}{EI_{zi}} x_c A_{M_i} = \frac{\overline{M}_i(x_c) \times A_{M_i}}{EI_{zi}} \quad (13-34)$$

其中，$A_{M_i}$ 是 $M_i$ 图对应的面积，$x_c$ 是图 $M_i$ 的形心点坐标，$\overline{M}_i(x_c)$ 是力矩 $M_i$ 在 $x_c$ 点处的值。这种方法称为图乘法。

这样，式(13-33)的计算过程可以变为：

$$\Delta_i = \sum_i \frac{\overline{F}_{Ni}(x_{c1}) \times A_{F_{Ni}}}{EA_i} + \sum_i \frac{\overline{M}_i(x_{c2}) \times A_{M_i}}{EI_{zi}} + \sum_i \frac{\overline{T}_i(x_{c3}) \times A_{T_i}}{GI_{pi}} \quad (13-35)$$

为了方便计算，表13-1给出了常见的内力图的面积和其形心坐标。

需要说明的是，利用图乘方法时，两个内力图中必须有一个图形是直线图形，且用直线图形的弯矩乘上非直线弯矩图形的面积。另外，两个弯矩图同号时，图乘为正值，否则图乘为负值。

**表 13-1 常见内力图面积和形心坐标**

| 图形名称 | 内力图形 | 图形面积 $A$ | 形心坐标 $x_c$ | $l-x_c$ |
|---|---|---|---|---|
| 直角三角形 |  | $\frac{hl}{2}$ | $\frac{l}{3}$ | $\frac{2l}{3}$ |
| 一般三角形 |  | $\frac{hl}{2}$ | $\frac{l+a}{3}$ | $\frac{l+b}{3}$ |
| 一般梯形 |  | $\frac{(h_1+h_2)l}{2}$ | $\frac{(h_1+2h_2)l}{3(h_1+h_2)}$ | $\frac{(2h_1+h_2)l}{3(h_1+h_2)}$ |
| 对称抛物线 |  | $\frac{2hl}{3}$ | $\frac{l}{2}$ | $\frac{l}{2}$ |
| 上凸半抛物线 |  | $\frac{2hl}{3}$ | $\frac{5l}{8}$ | $\frac{3l}{8}$ |
| 下凸半抛物线 |  | $\frac{hl}{3}$ | $\frac{l}{4}$ | $\frac{3l}{4}$ |

## 13.4 超静定结构能量分析法

通常超静定结构的求解方法是列出系统的平衡方程，再结合结构变形协调方程，联立求解方程得到超静定结构的力和变形。利用能量方法也能求出超静定结构的变形。在很多只需要求结构变形的场合，能量法更显得方便。

超静定结构形式多种多样，可以分为内力超静定[如图 13-10(a)]和约束超静定[如图 13-10(b)]以及混合超静定[如图 13-10(c)]。

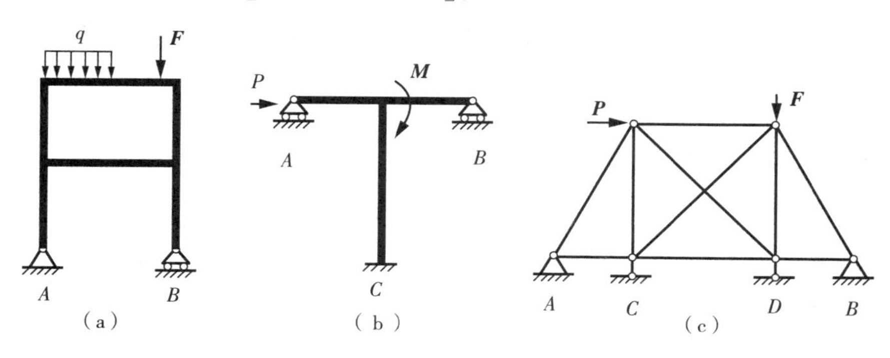

(a) (b) (c)

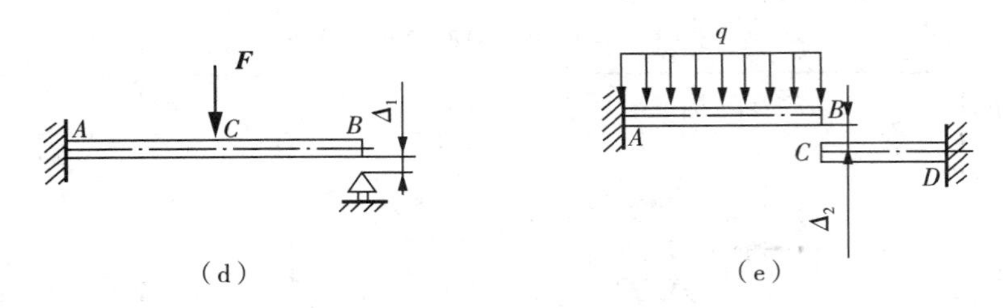


图 13－10 超静定结构简化模型

利用能量原理求解超静定结构的主要步骤是：

1) 首先将超静定结构转化为等价的合理的静定结构。这时需要解除多余约束，加上约束力；等价的静定结构可以是多种模式，但一定要便于求解。图 13－11 就是对应图 13－10 的超静定结构合理的静定结构。显然，图 13－11(a) 为 3 次超静定，图 13－11(b) 为 2 次超静定，13－11(c) 为 3 次超静定。

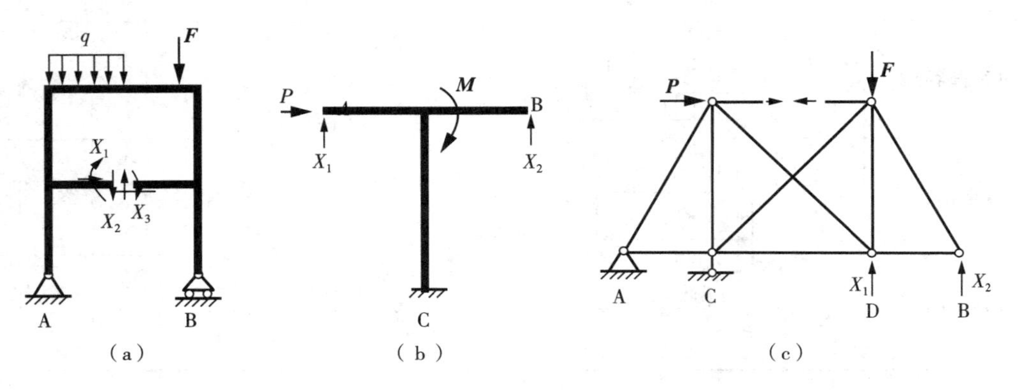


图 13－11 超静定结构例子

2) 利用能量原理求解约束位置处的位移，再由位移协调条件建立方程；对于 $n$ 次超静定结构，具有 $n$ 个未知的力，利用单位载荷法一定可以列出 $n$ 个位移协调方程。如，

$$\begin{aligned}&\delta_{11}X_1+\delta_{12}X_2+\cdots+\delta_{1n}X_n+\Delta_{1F}=\Delta_1\\&\delta_{21}X_1+\delta_{22}X_2+\cdots+\delta_{2n}X_n+\Delta_{2F}=\Delta_2\\&\cdots\\&\delta_{n1}X_1+\delta_{n2}X_2+\cdots+\delta_{nn}X_n+\Delta_{nF}=\Delta_n\end{aligned}\tag{13-36}$$

式中，$X_i(i=1,2,\cdots,n)$ 为未知的约束力，$\Delta_i(i=1,2,\cdots,n)$ 为 $X_i$ 位置处的已知约束位移。

$\delta_{ij}$ 为变形影响系数，它与力和结构形式有关，可以由能量原理中的公式求出。例如，对弯曲梁结构，利用单位载荷得到结构变形系数为：

$$\delta_{ij}=\int_l\frac{\overline{M}_i(x)\overline{M}_j(x)}{EI_z}\mathrm{d}x\tag{13-37}$$

$\Delta_{iF}$ 是外载荷引起的 $X_i$ 位置的位移。例如，对弯曲梁结构，由单位载荷弯矩和外载荷弯矩得到位移为：

$$\Delta_{iF}=\int_l \frac{\overline{M}_i(x)M_F(x)}{EI_z}\mathrm{d}x \qquad (13-38)$$

方程式(13-36)又称为力法方程。

3)联立求解位移协调方程以及力的平衡方程得到结构中的约束力。

4)最后求出结构的变形等参数。

**例13-3** 简化的模型桁架如图13-12所示。已知1号、2号杆横截面面积相同为$A_1=A_2=90\text{mm}^2$,3号杆横截面面积$A_3=150\text{mm}^2$,杆的材料相同,$E=2.0\times10^5\text{MPa}$;外力$F=20\text{kN}$。利用虚功原理求节点$B$的水平位移。

**解**:这是一个超静定的问题。桁架各杆中只有轴向力,它们之间有下面的关系:

$$F_{N1}=F_{N2}$$

由于$B$点铰接,$B$点的位移协调方程为:

$$\Delta l_1=\Delta l_2=\Delta l_3\cos\alpha$$

利用上面关系,杆内力之间也有关系:

$$F_{N1}=F_{N2}=\frac{EA_1}{l_1}\Delta l_1=\frac{EA_1}{l_3}\Delta l_3\cos^2\alpha=\frac{A_1}{A_3}F_{N3}\cos^2\alpha$$

假设$B$点有一个虚位移$\delta^*$(水平方向)。则各杆的虚位移为:

$$\delta_{l1}^*=\delta_{l2}^*=\delta^*\cos\alpha,\delta_{l3}^*=\delta^*$$

杆系的虚应变能为:

$$\begin{aligned}U_\varepsilon^*&=F_{N1}\delta_{l1}^*+F_{N2}\delta_{l2}^*+F_{N3}\delta_{l3}^*\\&=F_{N1}\delta^*\cos\alpha+F_{N2}\delta^*\cos\alpha+F_{N3}\delta^*\\&=(2\frac{A_1}{A_3}\cos^3\alpha+1)F_{N3}\delta^*\end{aligned}$$

外力所做虚功为:

$$W^*=F\delta^*$$

由虚功原理$W^*=U_\varepsilon^*$得到:

$$F_{N3}=\frac{F}{\left(1+2\dfrac{A_1}{A_3}\cos^3\alpha\right)}$$

代入具体数据计算得到:

$$F_{N3}=\frac{20\times10^3}{\left[1+2\times\dfrac{90}{150}(1.2/\sqrt{0.9^2+1.2^2})^3\right]}=12.388\times10^3(\text{N})$$

$B$点水平位移:

$$\Delta_B=\Delta l_3=\frac{F_{N3}l_3}{EA_3}=\frac{12.388\times10^3\times1.2}{2\times10^{11}\times150\times10^{-6}}=0.495\times10^{-3}(\text{m})$$

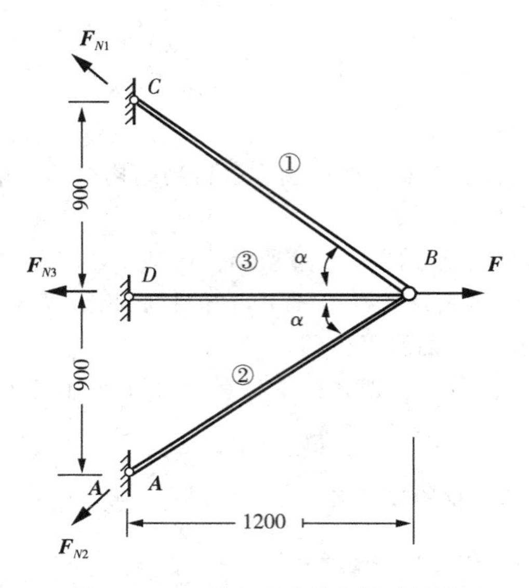


图 13-12 桁架受力简化模型例子

**例 13-4** 如同图 13-13 所示刚架简化模型图，求其约束力和 $C$ 点的转角。

**解：**从图上可以看出，该刚架的结构是对称结构，但载荷是反对称的。仔细分析可以发现，在 $C$ 点截面上只能有转角，没有位移，因此相当于是一种铰接点，如图 13-13(b)。因此在 $C$ 点只存在反对称的内力，即截面剪切力。切开 $C$ 点，以 $X_1$ 为未知剪力。取图 13-13(c) 作为基本静定结构。其上有 1 个多余约束反力，所以这是 1 次超静定问题。

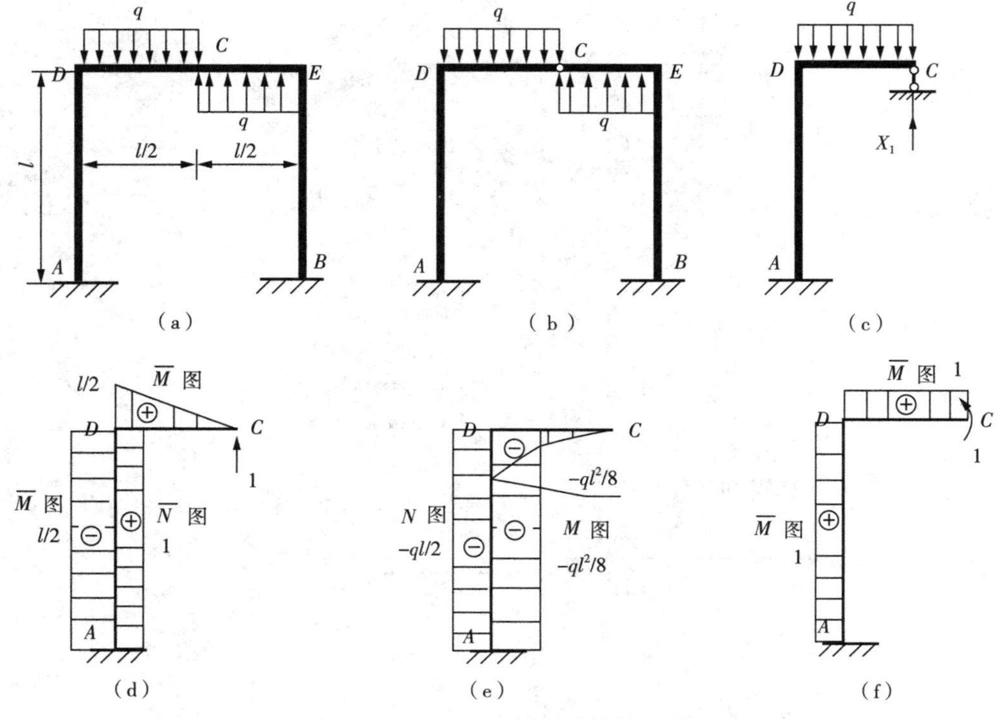


图 13-13 刚架受力简化模型例子

采用莫尔法(力法)方程:

$$\delta_{11}X_1+\Delta_{1F}=0$$

在基本静定结构 $C$ 点上加单位力,并得到单位力弯矩图和轴力图如图 13-13(d)。

$$\delta_{11}=\int_0^l\frac{\overline{N}\cdot\overline{N}}{EA}\mathrm{d}x+\int_0^{l/2}\frac{\overline{M}\cdot\overline{M}}{EI_z}\mathrm{d}x+\int_0^l\frac{\overline{M}\cdot\overline{M}}{EI_z}\mathrm{d}x$$

$$=\int_0^l\frac{1^2}{EA}\mathrm{d}x+\int_0^{l/2}\frac{x^2}{EI_z}\mathrm{d}x+\int_0^l\frac{(l/2)^2}{EI_z}\mathrm{d}x=\frac{l}{EA}+\frac{7l^3}{24EI_z}$$

在基本静定结构上外力的弯矩图和轴力图如图 13-13(e)。

$$\Delta_{1F}=\int_0^l\frac{\overline{N}\cdot N(F)}{EA}\mathrm{d}x+\int_0^{l/2}\frac{\overline{M}\cdot M(F)}{EI_z}\mathrm{d}x+\int_0^l\frac{\overline{M}\cdot M(F)}{EI_z}\mathrm{d}x$$

$$=\int_0^l\frac{1\times(-ql/2)}{EA}\mathrm{d}x+\int_0^{l/2}\frac{x\times(-qx^2/2)}{EI_z}\mathrm{d}x+\int_0^l\frac{(l/2)\times(-ql^2/8)}{EI_z}\mathrm{d}x$$

$$=\frac{-ql^2}{2EA}-\frac{9ql^4}{128EI_z}$$

代入力法方程后得到:

$$X_1=\frac{-\Delta_{1F}}{\delta_{11}}=\left(\frac{ql}{2EA}+\frac{9ql^3}{128EI_z}\right)\Big/\left(\frac{1}{EA}+\frac{7l^2}{24EI_z}\right)$$

为了求 $C$ 点的转角,在 $C$ 点加单位力矩,它引起的弯矩如图 13-13(f)。利用图乘公式(13-31)得到:

$$\theta_C=\int_0^{l/2}\frac{\overline{M}_M\cdot M(F,X_1)}{EI_z}\mathrm{d}x+\int_0^l\frac{\overline{M}_M\cdot M(F,X_1)}{EI_z}\mathrm{d}x$$

$$=\int_0^{l/2}\frac{1\times(X_1x-qx^2/2)}{EI_z}\mathrm{d}x+\int_0^l\frac{1\times(X_1l/2-ql^2/8)}{EI_z}\mathrm{d}x$$

$$=\frac{5l^2X_1}{8EI_z}-\frac{7ql^3}{48EI_z}$$

从上面的例子可以看出,利用结构的对称性可以使求解的问题简化很多。

## 13.5 典型工程问题能量法分析

为理解和运用上面介绍的能量方法的理论和公式,下面通过例子的求解来说明实际工程中的问题分析方法。

**例 13-5** 工程中使用的机架受力,如图 13-14(a) 所示。悬臂梁的简化受力模型如图 13-14(b) 所示。利用单位载荷法求 $A$ 点处的竖直位移和转角。设梁的抗弯刚度 $EI_z$ 为已知。

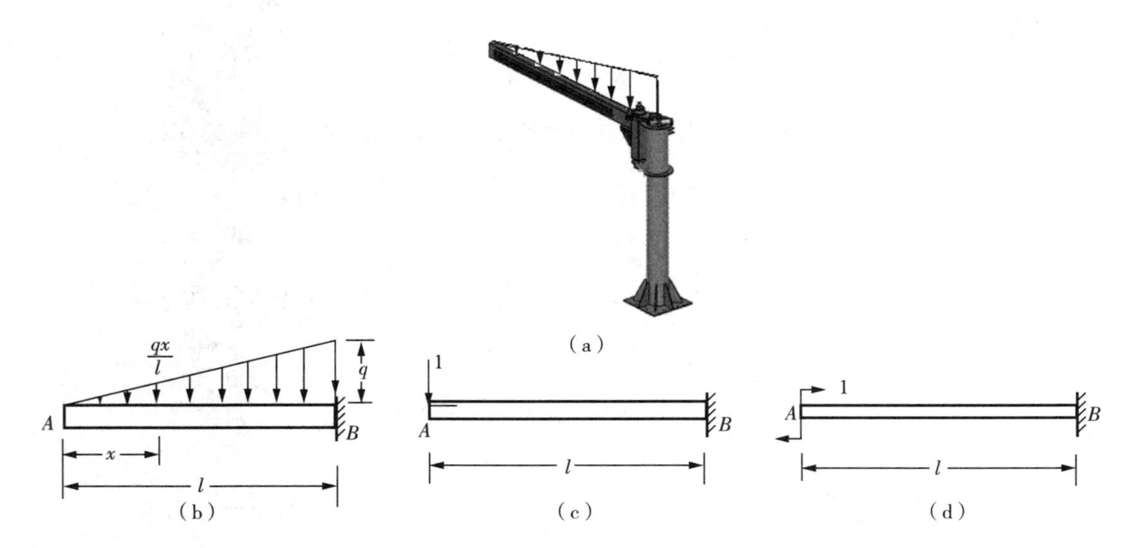


图 13-14 悬臂梁受力简化模型分析

**解：**这个问题中的构件截面中只有弯矩（不考虑剪力）。首先求出荷载引起的弯矩方程为（按照弯矩符合规定）：

$$M(x)=\frac{-qx^2}{2l}\frac{2x}{3}=\frac{-qx^3}{3l}$$

求 $A$ 点垂直方向位移时，在 $A$ 点加一垂直方向单位力，如图 13-14(c)。由单位力引起的弯矩方程为 $\overline{M}(x)=-x$。

利用式(13-33) 求得 $A$ 点的垂直方向直位移为：

$$\Delta_A=\sum_i\int_{l_i}\frac{\overline{M}_i\times M_i(x)}{EI_{zi}}\mathrm{d}x=\int_0^l\frac{x\times qx^3/(3l)}{EI_z}\mathrm{d}x=\frac{ql^4}{15EI_z}$$

上面得出正的位移值，说明加上的单位力的方向与位移方向是一致的。

再求 $A$ 截面的转角，需要在 $A$ 点处加一单位力偶，如图 13-14(d) 所示。由单位力偶引起的弯矩方程为 $\overline{M}(x)=1$。

再利用式(13-33) 求得 $A$ 点截面的转角为：

$$\theta_A=\sum_i\int_{l_i}\frac{\overline{M}_i\times M_i(x)}{EI_{zi}}\mathrm{d}x=\int_0^l\frac{1\times[-qx^3/(3l)]}{EI_z}\mathrm{d}x=\frac{-ql^3}{12EI_z}$$

上面得出负的转角值，说明加上的单位力偶的方向与转角方向相反。

**例 13-6** 圆截面直角门把手受力如图 13-15(a) 所示。其简化模型如图 13-15(b) 所示。$C$ 点作用力 $F$。曲拐梁各段 $EI_z$ 和 $GI_p$ 均为常数。求 $B$ 点、$C$ 点的铅垂位移。

**解：**由于 $B$ 点没有作用力，不能直接用卡氏定理求解。可以假设在 $B$ 点有一个铅垂力 $F_0$ 作用。在 $F$ 和 $F_0$ 共同作用下，各构件截面内力有：

$BC$ 杆截面上有弯矩

$$M_{BC}=Fx$$

$AB$ 杆截面上有弯矩

$$M_{AB}=(F+F_0)x$$

$AB$ 杆截面上有扭矩

$$T_{AB}=Fa$$

系统的总应变能为：

$$\begin{aligned}U_\varepsilon&=\sum_i\int_{l_i}\frac{M_i^2(x)}{2EI_{zi}}\mathrm{d}x+\sum_i\int_{l_i}\frac{T_i^2(x)}{2GI_{pi}}\mathrm{d}x\\&=\int_{l_{BC}}\frac{(Fx)^2}{2EI_z}\mathrm{d}x+\int_{l_{AB}}\frac{(F+F_0)^2x^2}{2EI_z}\mathrm{d}x+\int_{l_{AB}}\frac{(Fa)^2}{2GI_p}\mathrm{d}x\\&=\frac{F^2a^3}{6EI_z}+\frac{(F+F_0)^2l^3}{6EI_z}+\frac{(Fa)^2l}{2GI_p}\end{aligned}$$

求 $B$ 点的铅垂位移（沿 $F_0$ 方向），利用卡氏定理：

$$\Delta_B=\frac{\partial U_\varepsilon}{\partial F_0}=\frac{(F+F_0)l^3}{3EI_z}$$

在真实的构件上并没有 $F_0$，所以，上式中令 $F_0=0$，得到 $B$ 点的垂直位移为：

$$\Delta_B=\frac{Fl^3}{3EI_z}$$

再求 $C$ 点的铅垂位移（沿 $F$ 方向），直接利用卡氏定理：

$$\Delta_C=\frac{\partial U_\varepsilon}{\partial F}=\frac{Fa^3}{3EI_z}+\frac{(F+F_0)l^3}{3EI_z}+\frac{Fa^2l}{GI_p}$$

上式中令 $F_0=0$，得到 $C$ 点的垂直位移为：

$$\Delta_C=\frac{\partial U_\varepsilon}{\partial F}=\frac{F(a^3+l^3)}{3EI_z}+\frac{Fa^2l}{GI_p}$$

在上面的计算中，没有计及剪力的影响。

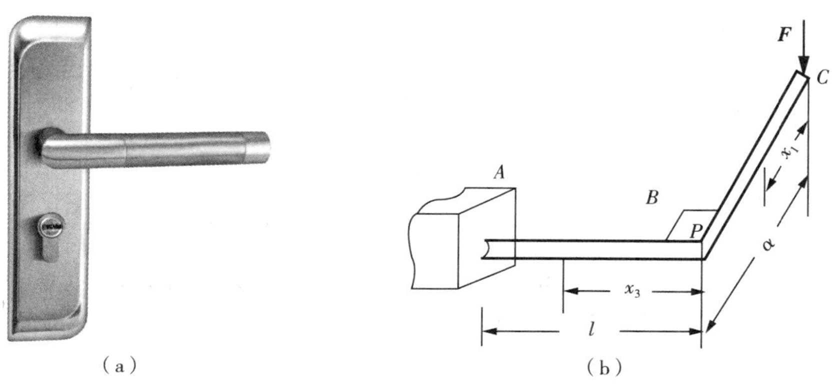


图 13-15 门把手受力简化模型例子

**例 13-7** 车床上加工的工件被尾顶针夹紧，如图 13-16(a) 所示。车削时的车刀对工件的作用力为 $F$。试利用功的互等定理求顶针的支座力和工件 $C$ 点的位移。

**解：**车床工件加工的简化模型，如图 13-16(b) 所示。将车刀对工件的作用力 $F$ 和顶针的夹紧力 $F_{RB}$ 作为第 1 组力，它们作用在工件上构成平衡状态[如图 13-16(c)]。在 $B$ 点设想一个向下单位力作为第 2 组力，它独立作用在工件上构成另外的平衡状态。第 2 组力在第 1 组力作用点 $B$、$C$ 点产生的力方向下的位移为[如图 13-16(d)]：

$$v'_B = \frac{l^3}{3EI_z}, \quad v'_C = \frac{a^2(3l-a)}{6EI_z}$$

第 1 组力在第 2 组力作用点 $B$ 点产生的力方向上的位移为 $u''_B = 0$。这是因为，$B$ 点实际被约束不能产生位移。根据功的互等定理：

$$F_{RB}v_B' + Fv_C' = \frac{F_{RB}l^3}{3EI_z} - \frac{Fa^2(3l-a)}{6EI_z} = 1 \times u_B' = 0$$

解上面的方程得：

$$F_{RB} = \frac{Fa^2(3l-a)}{2l^3}$$

$C$ 点的位移为：

$$\Delta_C = \Delta_{CF} + \Delta_{CF_{RB}} = \frac{Fa^3}{3EI_z} + \frac{F_{RB}a^2(3l-a)}{6EI_z}$$

(a) 车床上加工构件

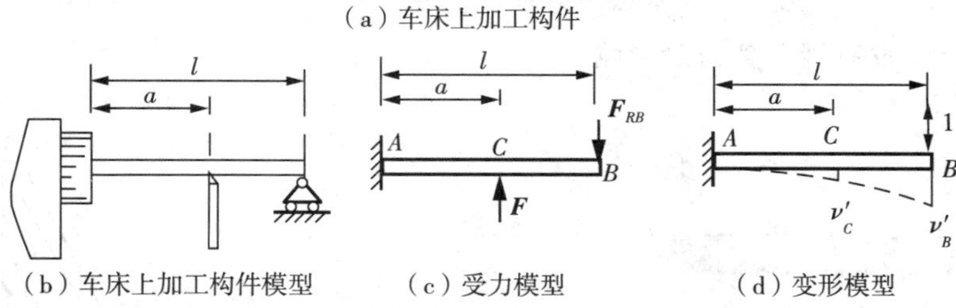


(b) 车床上加工构件模型　(c) 受力模型　(d) 变形模型

图 13-16　工件夹紧受力例子

**例 13-8** 斜拉桥梁的受力简化模型如图 13-17(a) 所示，已知模型图 13-17(b) 所示结构中 $BD$ 杆和 $AC$ 杆的横截面面积分别为 $A_1 = 5\text{cm}^2$，$A_2 = 50\text{cm}^2$，$AC$ 杆的惯性矩 $I_z = 6 \times 10^{-5}\text{m}^4$。各杆的材料相同，$E = 7 \times 10^4\text{MPa}$。求 $C$ 点的垂直和水平位移。

**解：**首先求出由荷载引起的各杆内力。由平衡方程

$$F_{N\cdot DB}2\sin\alpha - F\times 6 = 0$$

$DB$ 杆中轴力：

$$F_{N\cdot DB}=\frac{F\times 6}{2\sin\alpha}=\frac{2\times 10^3\times 6}{2\times 3/\sqrt{3^2+4^2}}=10^4(\mathrm{N})$$

$AB$ 杆中轴力：

$$F_{Rx\cdot A}=F_{N\cdot DB}\cos\alpha=10^4\times 4/\sqrt{3^2+4^2}=8\times 10^3(\mathrm{N})$$

$AB$ 杆中弯矩：

$$M_{AB}(x)=F_{N\cdot DB}(x-4)\sin\alpha - Fx=(4x-24)\times 10^3(\mathrm{N\cdot m})$$

$BC$ 杆中弯矩：

$$M_{BC}(x)=-Fx=-2x\times 10^3(\mathrm{N\cdot m})$$

各杆的内力图如图 13-17(c)(d)。

为了求 $C$ 点的垂直位移，需要在 $C$ 点沿垂直方向加一单位力，它引起各杆内力为：

$DB$ 杆中轴力：

$$\overline{F}_{N\cdot DB}=\frac{\overline{F}\times 6}{2\sin\alpha}=\frac{1\times 6}{2\times 3/\sqrt{3^2+4^2}}=5$$

$AB$ 杆中轴力：

$$\overline{F}_{Rx\cdot A}=\overline{F}_{N\cdot DB}\cos\alpha=5\times 4/\sqrt{3^2+4^2}=4$$

$AB$ 杆中弯矩：

$$\overline{M}_{AB}(x)=\overline{F}_{N\cdot DB}(x-4)\sin\alpha-\overline{F}x=2x-12$$

$BC$ 杆中弯矩：

$$\overline{M}_{BC}(x)=-\overline{F}x=-x$$

单位载荷引起各杆的内力图如图 13-17(e)(f)。

利用图乘公式(13-31) 得到：

$$\begin{aligned}\Delta_C&=\frac{5\times 2.5\times 10\times 10^3}{7\times 10^{10}\times 5\times 10^{-4}}+\frac{4\times 2\times 8\times 10^3}{7\times 10^{10}\times 50\times 10^{-4}}\\&\quad+\frac{(16\times 10^3/3)\times 4\times 2/2}{7\times 10^{10}\times 6\times 10^{-5}}+\frac{(32\times 10^3/3)\times 4\times 4/2}{7\times 10^{10}\times 6\times 10^{-5}}\\&=29.151\times 10^{-3}(\mathrm{m})\end{aligned}$$

(a) 斜拉桥梁

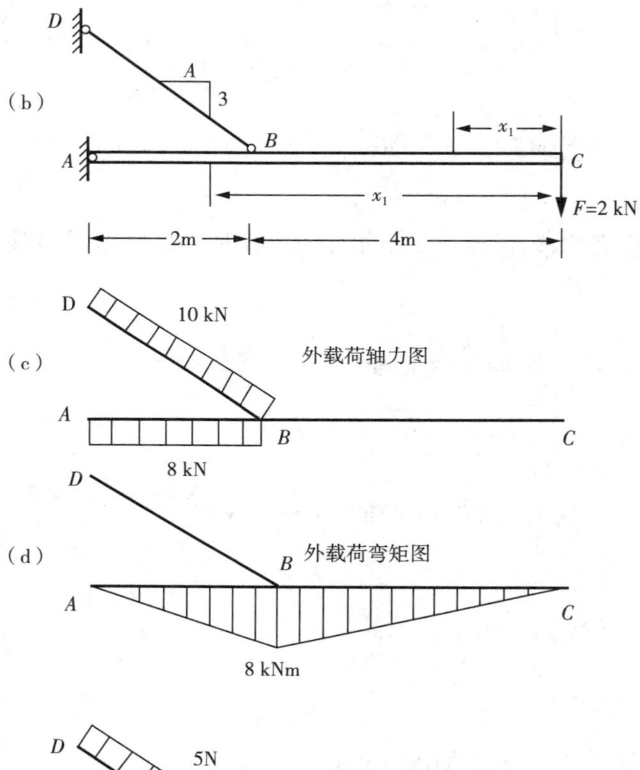


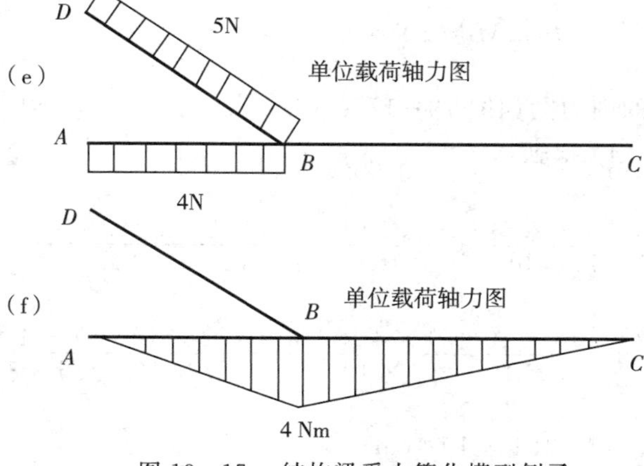


图 13-17 结构梁受力简化模型例子

**例 13-9** 石油轴油管道和工厂输汽管道结构，如图 13-18(a)(b) 所示。它们的受力在对称条件下可以简化为杆弯成半径为 $R$ 的半圆形的曲梁，一端固定，一端作用集中力，如图 13-18(c) 所示的模型。试计算梁的应变能，再计算梁自由端点沿力方向上的位移。

**解**：在模型中沿曲梁半径方向截开梁，截面的位置由 $\varphi$ 角确定。在截面上作用有：

$$\text{弯矩}：M = FR\sin\varphi$$

$$\text{扭矩}：T = FR(1-\cos\varphi)$$

对于曲梁，当截面尺寸永远小于曲率半径时，可以近似采用直梁公式计算。

取微小段 $Rd\varphi$ 曲梁，其应变能为：

$$dU_\varepsilon = \frac{M^2 Rd\varphi}{2EI_z} + \frac{T^2 Rd\varphi}{2GI_p} = \frac{F^2R^3\sin\varphi d\varphi}{2EI_z} + \frac{F^2R^3\ (1-\cos\varphi)^2 d\varphi}{2GI_p}$$

整个曲梁的应变能为：

$$U_\varepsilon = \int dU_\varepsilon = \int_0^\pi \frac{F^2R^3\sin\varphi d\varphi}{2EI_z} + \int_0^\pi \frac{F^2R^3\ (1-\cos\varphi)^2 d\varphi}{2GI_p}$$

$$= \frac{\pi F^2R^3}{4EI_z} + \frac{3\pi F^2R^3}{4GI_p}$$

设梁自由端点沿力方向上的位移为 $\delta_A$，则外力 $F$ 做功为：

$$W = \frac{1}{2}F\delta_A$$

由 $W = U_\varepsilon$，得到：

$$\delta_A = \frac{\pi FR^3}{2EI_z} + \frac{3\pi FR^3}{2GI_p}$$

(a) 石油输油管结构

(b) 工厂输汽管道结构

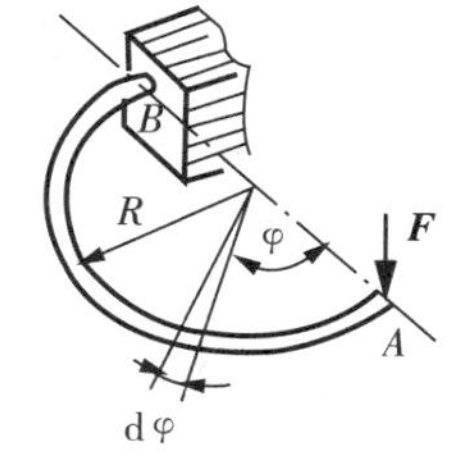

(c) 半圆形的曲梁受力模型图

图 13-18 半圆形的曲梁例子及受力模型

**例 13-10** 如图 13-19(a) 的简化模型梁在加载之前,$B$ 与 $C$ 之间存在间隙 $\Delta_1=1.2\text{mm}$。梁 $AB$ 和 $CD$ 横截面尺寸相同,材料相同,弹性模量 $E=210\text{GPa}$,$q=50\text{kN/m}$。试求 $A$、$D$ 端的支座反力。

**解:**取图 13-19(b) 所示的梁为基本静定结构。$B$ 与 $C$ 接触后的力为 $X_1$。有 1 个多余约束反力,所以这是 1 次超静定问题。

采用力法的方程为:

$$\delta_{11}X_1+\Delta_{1F}=-\Delta_1$$

在基本静定结构上外力的弯矩图如图 13-19(c)。

$$\Delta_{1F}=\int_0^{l1}\frac{\overline{M}\cdot M(F)}{EI_z}\mathrm{d}x=\int_0^{l1}\frac{x\times(-qx^2/2)}{EI_z}\mathrm{d}x=-\frac{ql_1^4}{8EI_z}$$

在基本静定结构 $B$ 与 $C$ 点上加单位力,并得到单位力弯矩图如图 13-19(d)。

$$\delta_{11}=\int_0^{l}\frac{\overline{M}\cdot\overline{M}}{EI_z}\mathrm{d}x=\int_0^{l1}\frac{x^2}{EI_z}\mathrm{d}x+\int_0^{l2}\frac{x^2}{EI_z}\mathrm{d}x=\frac{l_1^3}{3EI_z}+\frac{l_2^3}{3EI_z}$$

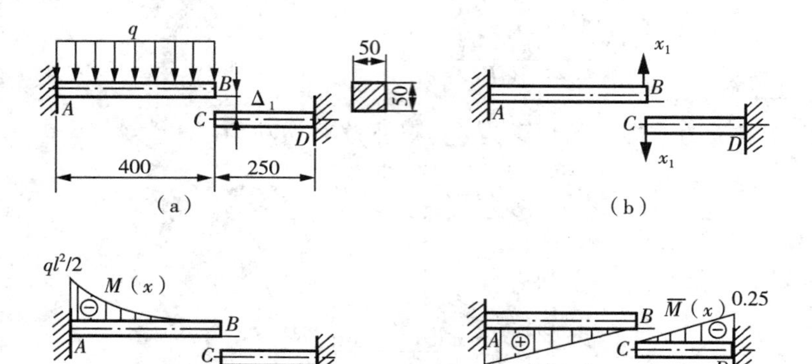


图 13-19 超静定梁受力简化模型例子

代入力法方程后得到:

$$X_1=\frac{-\Delta_1-\Delta_{1F}}{\delta_{11}}=\left(-\Delta_1+\frac{ql_1^4}{8EI_z}\right)/\left(\frac{l_1^3}{3EI_z}+\frac{l_2^3}{3EI_z}\right)$$

$$=\left(-3EI_z\Delta_1+\frac{3ql_1{}^4}{8}\right)/(l_1^3+l_2^3)$$

再代入具体数据计算:

$$I_z=\frac{bh^3}{12}=\frac{50\times50^3}{12}=5.208\times10^5(\text{mm}^4)$$

$$X_1=\left(-3EI_z\Delta_1+\frac{3ql_1^4}{8}\right)/(l_1^3+l_2^3)$$

$$=\left(-3\times210\times10^3\times5.208\times10^5\times1.2+\frac{3\times50\times400^4}{8}\right)/(400^3+250^3)$$

$$=1.084\times10^{3}(\mathrm{N})$$

$CD$ 梁：$F_{RD}=X_1=1.084\mathrm{kN}(\uparrow)$，$M_D=1.084\times250=271(\mathrm{N\cdot m})$(顺)

$AB$ 梁：$F_{RA}=50\times400\times10^{-3}-1.084=18.916(\mathrm{kN})(\uparrow)$

$$M_A=1.084\times400-\frac{1}{2}\times50\times400^2\times10^{-3}=-3566(\mathrm{N\cdot m})$$

**例 13-11** 如图 13-20(a) 所示桁架简化模型的材料和截面都相同，计算桁架各杆内力。

**解**：分析可见，该桁架的支座约束是静定的。利用平衡方程求出约束力为：

$$F_{RxA}=-F_D\ ,\quad F_{RyA}=-F_C\ ,\quad F_{RyB}=F_C+F_D$$

通过桁架的内力分析知道，出现 1 个桁架内力为超静定力。取图 13-20(b) 为基本静定结构。由于桁架中只有轴力，所以，该问题是 1 次超静定。

由于桁架中杆较多，为了方便，将杆件编号为 1～6 号。切开 3 号杆，内力用 $X_1$ 表示。

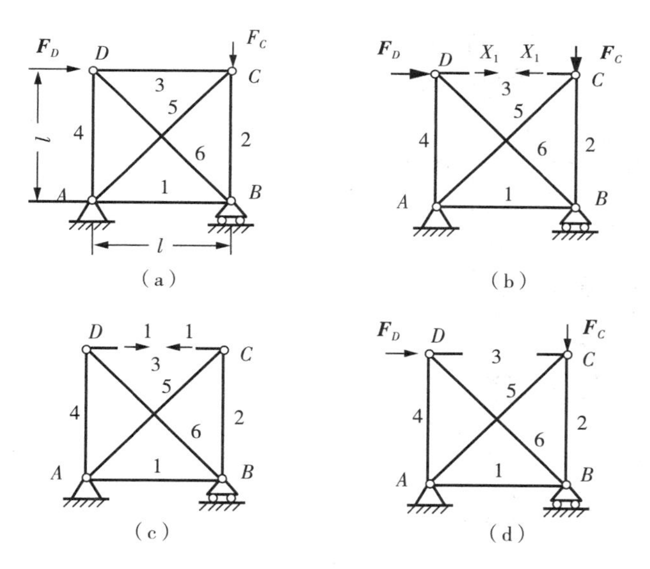


图 13-20 超静定桁架受力简化模型例子

采用力法的方程：

$$\delta_{11}X_1+\Delta_{1F}=0$$

为了计算上面方程的各系数，采用列表的方法，给出各杆的内力等计算量如表 13-2 所示。从表中可以得出：

$$\delta_{11}=\sum_{i=1}^{6}\frac{\overline{F}_{Ni}\cdot\overline{F}_{Ni}l_i}{EA}=\frac{4l}{EA}(\sqrt{2}+1)$$

$$\Delta_{1F}=\sum_{i=1}^{6}\frac{\overline{F}_{Ni}\cdot F_{Ni}l_i}{EA}=\frac{2F_Dl}{EA}(\sqrt{2}+1)-\frac{F_Cl}{EA}$$

表 13-2 力法系数

| 杆件编号 | $\overline{F}_{Ni}$ | $F_{Ni}$ | $l_i$ | $\overline{F}_{Ni}\cdot\overline{F}_{Ni}l_i$ | $\overline{F}_{Ni}\cdot F_{Ni}l_i$ | $F_{Ni}^T=F_{Ni}+\overline{F}_{Ni}X_1$ |
|---|---|---|---|---|---|---|
| 1 | 1 | $F_D$ | $l$ | $l$ | $F_Dl$ | $F_D+X_1$ |
| 2 | 1 | $-F_C$ | $l$ | $l$ | $-F_Cl$ | $-F_C+X_1$ |
| 3 | 1 | 0 | $l$ | $l$ | 0 | $X_1$ |
| 4 | 1 | $F_D$ | $l$ | $l$ | $F_Dl$ | $F_D+X_1$ |
| 5 | $-\sqrt{2}$ | 0 | $\sqrt{2}l$ | $2\sqrt{2}l$ | 0 | $-\sqrt{2}X_1$ |
| 6 | $-\sqrt{2}$ | $-\sqrt{2}F_D$ | $\sqrt{2}l$ | $2\sqrt{2}l$ | $2\sqrt{2}F_Dl$ | $-\sqrt{2}F_D-\sqrt{2}X_1$ |
| $\sum_{i=1}^{6}$ | | | | $4\sqrt{2}l+4l$ | $2F_Dl(1+\sqrt{2})-F_Cl$ | |

所以：

$$X_1=\frac{-\Delta_{1F}}{\delta_{11}}=\frac{-F_D}{2}+\frac{F_C}{4\sqrt{2}+4}$$

桁架各杆的内力按照下面式子计算：

$$F_{Ni}^T=F_{Ni}+\overline{F}_{Ni}X_1$$

结果见表 13-2 中最后一列。

# 习题 13

13-1 梁 $AB$，在 $C$、$D$ 处受集中力 $F_C$ 和 $F_D$ 的作用，试按以下三种加载情况，计算其应变能。$EI$ 已知。

(1) 先在 $C$ 处由零逐渐加载到 $F_C$，然后再在 $D$ 处由零逐渐加载到 $F_D$；

(2) 先在 $D$ 处由零逐渐加载到 $F_D$，然后再在 $C$ 处由零逐渐加载到 $F_C$；

(3) 在 $C$、$D$ 两处同时从零开始按同一比例逐渐加载到 $F_C$ 和 $F_D$ 值。

13-2 求梁 $ABC$ 的应变能。$EI_z$ 已知。

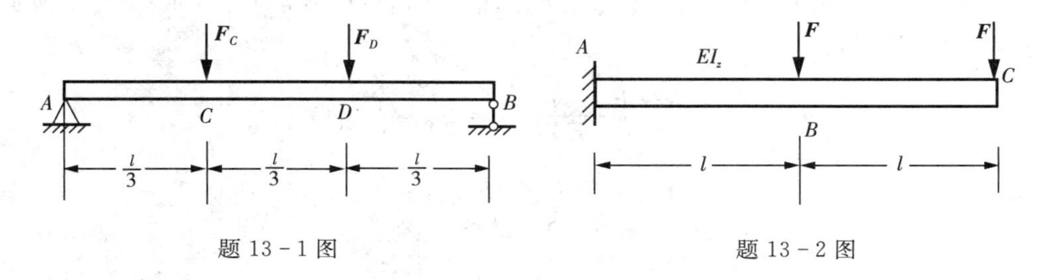


题 13-1 图　　题 13-2 图

13－3 计算图示各杆的应变能。设 $EA$，$EI_z$，$GI_p$ 均已知。

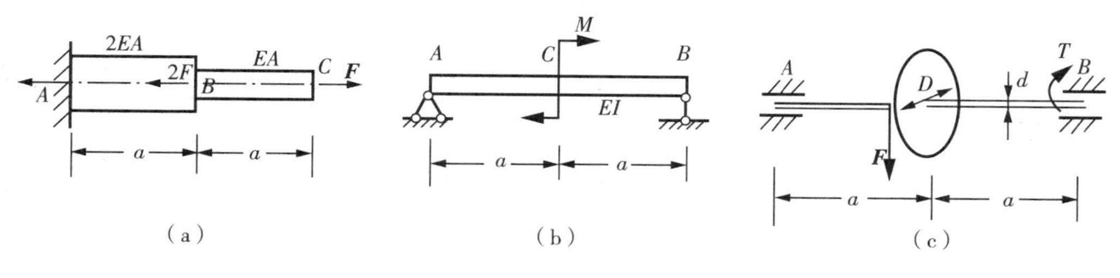


题 13－3 图

13－4 用卡氏定理求下列各梁中点 $C$ 截面的垂直位移和转角。设梁的 $EI_z$ 为已知。

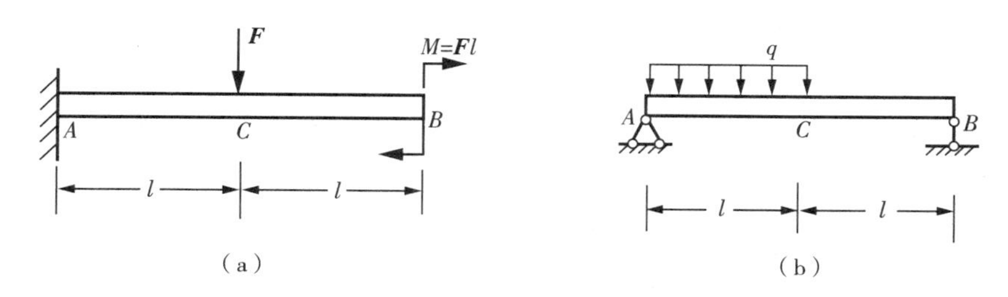


题 13－4 图

13－5 用卡氏定理求下列结构中 $C$ 点的竖直位移。设各杆的材料、横截面积均相同并已知。

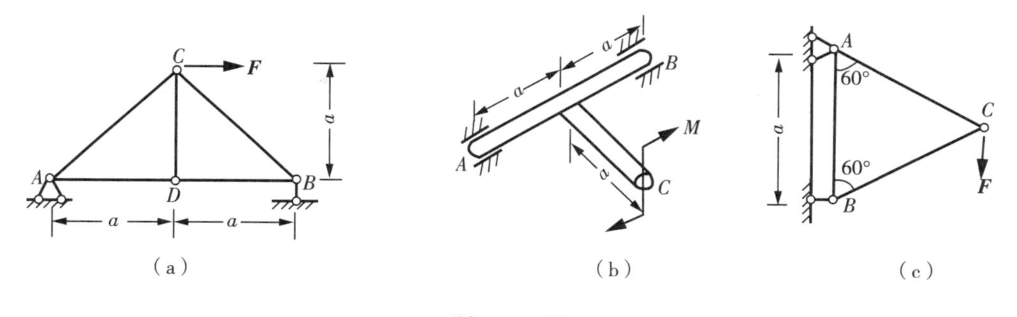


题 13－5 图

13－6 用单位载荷法求下列各梁 $C$ 截面的竖直位移和 $A$ 截面的转角。

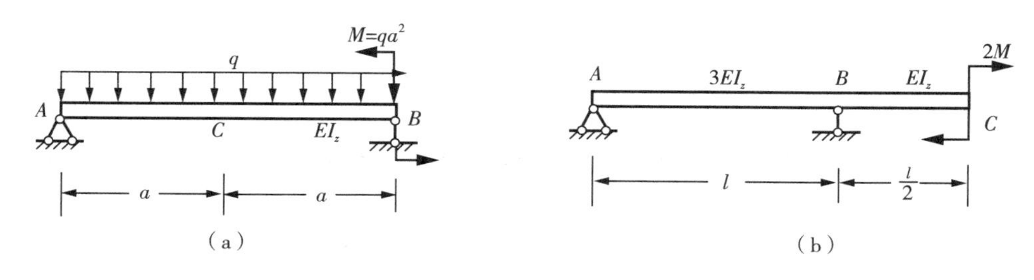


题 13－6 图

13－7　用单位载荷法求下列各梁指定点处的位移。$EI_z$ 已知。

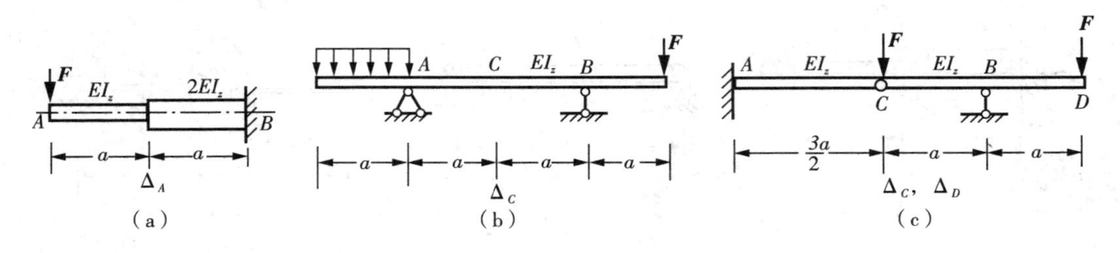


题 13－7 图

13－8　已知静定梁的剪力图和弯矩图，如图所示，试确定梁上的载荷及梁的支承。求梁中点的垂直位移和转角($EI_z$ 已知)。

13－9　桁架结构受力如图示，其上所有杆的横截面均为 20mm × 50mm 的矩形，$E=200\text{GPa}$。试求 A、C、E 点的水平位移，再求杆 CE 和杆 DE 的横截面上的正应力。

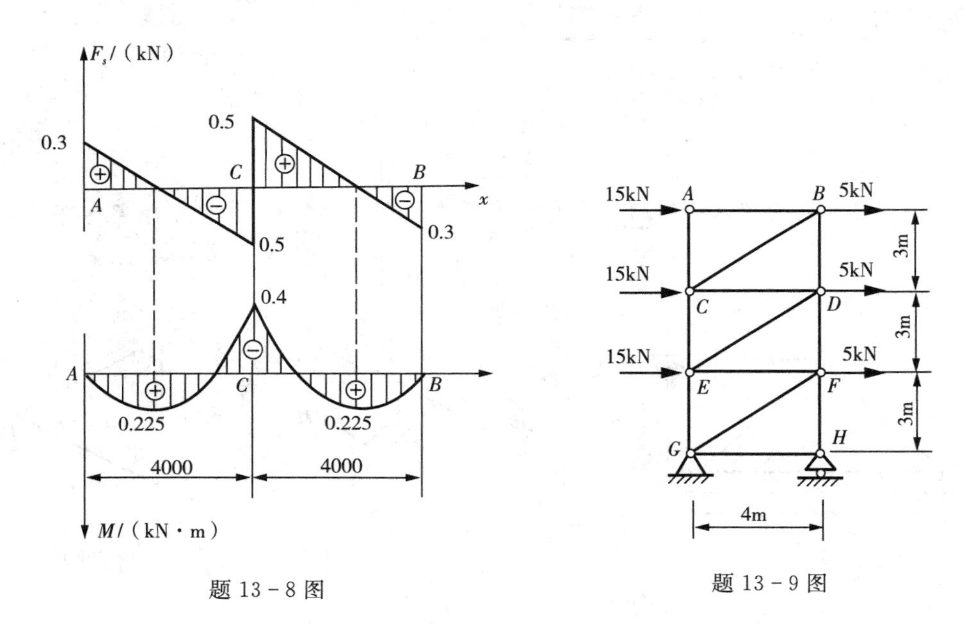


题 13－8 图　　　　题 13－9 图

13－10　图示铜芯与铝壳组成的复合材料杆，轴向拉伸载荷 $F_P$ 通过两端的刚性板加在杆上。

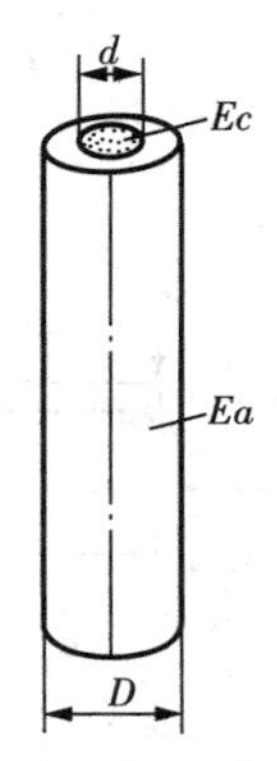


题 13－10 图

1) 写出杆横截面上的正应力与 $F_P$、$d$、$D$、$Ec$、$Ea$ 的关系式，并建立位移表达式；

2) 若已知 $d=25\text{mm}$，$D=60\text{mm}$；铜和铝的单性模量分别为 $Ec=105\text{GPa}$ 和 $Ea=70\text{GPa}$，$F_P=171\text{kN}$。试求铜芯与铝壳横截面上的正应力。

13－11　试求下列各梁中截面 A 的挠度和截面 B 的转角。图中 q、l、EI 等为已知。

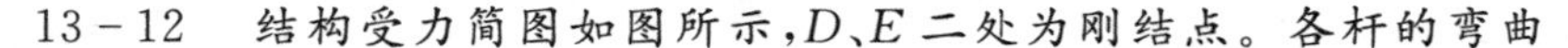

13－12　结构受力简图如图所示，D、E 二处为刚结点。各杆的弯曲

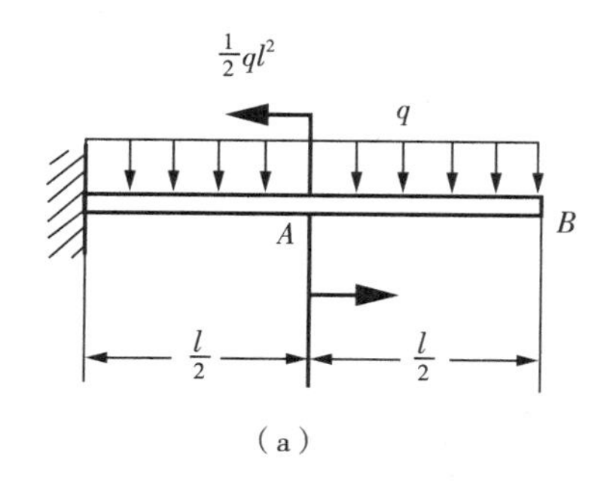


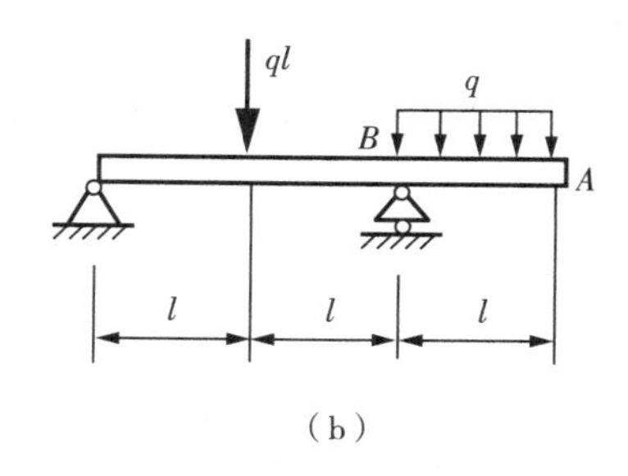


题 13－11 图

刚度均为 $EI$，且 $F_p$、$l$、$EI$ 等均为已知。试用叠加法求加力点 $C$ 处的挠度和支承 $B$ 处的转角，并大致画出 $AB$ 部分的挠度曲线形状。

13－13　结构受力与支承如图所示，各杆具有相同的 $EI$，$B$、$C$、$D$ 三处为刚结点。$F_p$、$l$、$EI$ 等均为已知。试求 $E$ 处的水平位移(略去轴力影响)。

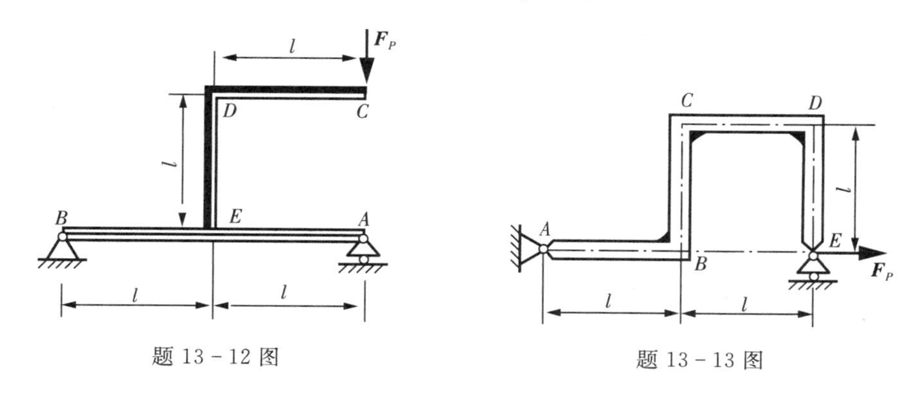


题 13－12 图　　　　题 13－13 图

13－14　图中所示的梁，$B$ 端与支承之间在加载前存在一间隙 $\delta_0$，已知 $E=200\text{GPa}$，梁有截面高 100mm、宽 50mm。若要求支反力 $F_{By}=10\text{kN}$(方向向上)，试求 $\delta_0$。

13－15　图示梁 $AB$ 和 $CD$ 横截面尺寸相同，梁在加载之前，$B$ 与 $C$ 之间存在间隙 $\delta_0=1.2\text{mm}$。两梁的材料相同，弹性模量 $E=10^5\text{GPa}$，$q=30\text{kN/m}$。试求 $A$、$D$ 端的支座反力。

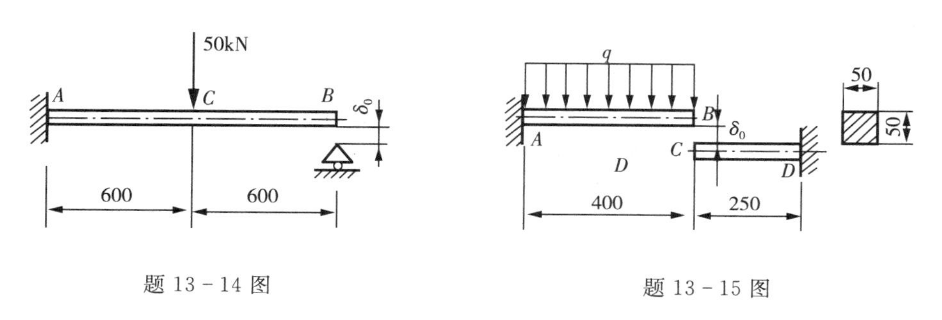


题 13－14 图　　　　题 13－15 图

13－16　梁 $AB$ 和 $BC$ 在 $B$ 处用铰链连接，$A$、$C$ 两端固定，两梁的弯曲刚度均为 $EI$，受力及各部分尺寸均示于图中。$FP=40\mathrm{kN}$，$q=20\mathrm{kN/m}$。试画出梁的剪力图和弯矩图。

13－17　轴 $AB$ 和 $CD$ 在 $B$ 处用法兰连接，在 $A$、$D$ 二处为固定约束，受力及尺寸如图所示，材料的 $G=80\mathrm{GPa}$。试求轴 $AB$ 和 $CD$ 中的最大切应力和最大拉应力。

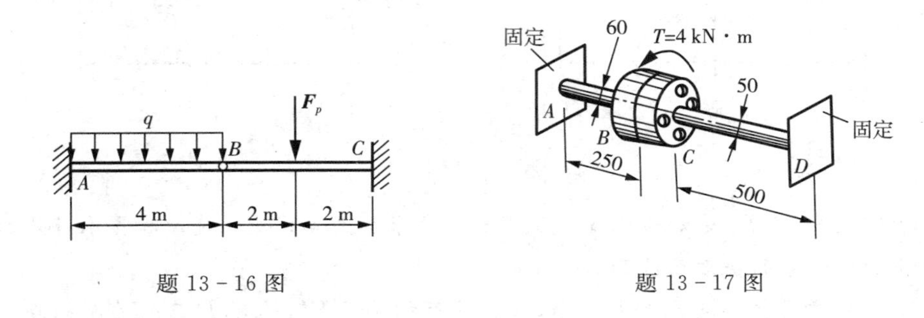


题 13－16 图　　题 13－17 图

13－18　具有微小初曲率的悬臂梁，如图所示，梁的 $EI$ 为已知。若欲使载荷 $\boldsymbol{F}_P$ 沿梁移动时，加力点始终保持相同的高度，试求梁预先应弯成怎样的曲线。（提示：可近似应用直梁的公式计算微弯梁的挠度）

13－19　重为 $\boldsymbol{W}$ 的直梁放置在水平刚性平面上，受力后未提起部分仍与平面密合，梁的 $EI$ 为已知。试求提起部分的长度 $a$。（提示：应用截面 $A$ 处的变形条件）

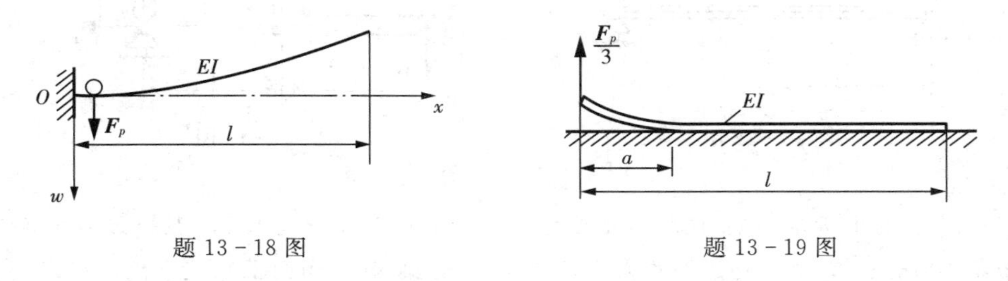


题 13－18 图　　题 13－19 图

13－20　从圆木中锯成的矩形截面梁，受力及尺寸如图所示。试求下列两种情形下 $h$ 与 $b$ 的比值：

1）横截面上的最大正应力尽可能小；

2）曲率半径尽可能大。

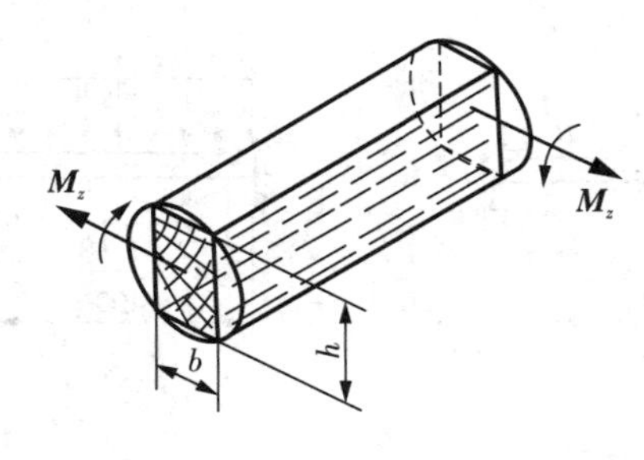


题 13－20 图

# 第 14 章 * 工程力学典型复杂问题

本章主要介绍工程力学中一些比较典型问题的专门分析方法。

## 14.1 连续梁的受力与变形

大多数工程场合使用的梁都是采用多支撑方法来提高梁的承载能力，或者提高梁的刚性。例如，房屋中的承载大梁[如图 14-1(a)]，除了两端的支撑外，中间还有多个支点；铁轨由多个枕木支撑[如图 14-1(b)]；连续桥梁的结构[如图 14-1(c)]，等等。这样的构件通常称为连续支撑梁，简称为连续梁。连续梁的力学分析模型如图 14-2 所示。显然，连续梁最大的特征是梁是一个整体结构，它是一种超静定系统。

分析连续梁最常用的方法是采用求解超静定结构的力法。选择连续梁的基本静定系如图 14-3 所示。在每个支座的地方将梁假想断开，以铰接代替原来的结构。为了与原结构保持一致，在铰的两边加上弯矩 $M$，以保证连续梁的转动角度与原来结构协调一致。这样在连续梁中间每个铰接处就出现一个超静定约束弯矩。

设连续梁有 $n$ 跨，则梁中间具有 $n-1$ 个支座，简化为 $n-1$ 个超静定约束弯矩。因此，连续梁就是 $n-1$ 次超静定的系统。求解时需要建立 $n-1$ 个方程。

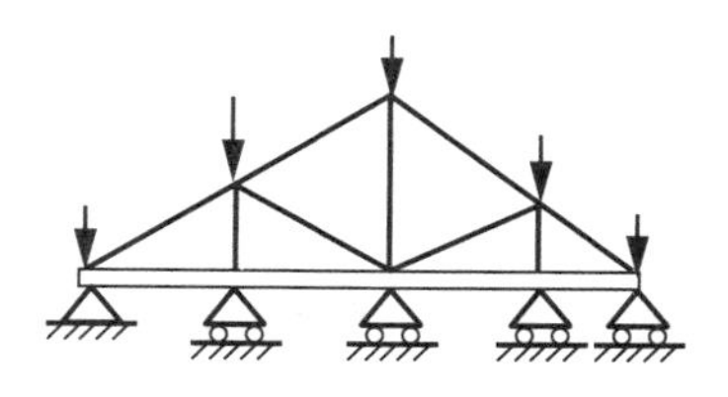

(a) 多柱支撑的房屋梁结构及受力简化模型

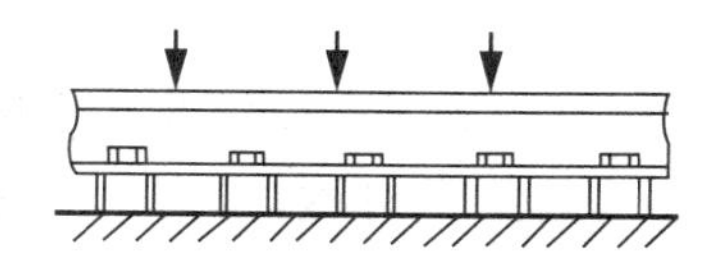

(b) 铁轨与枕木及受力简化模型

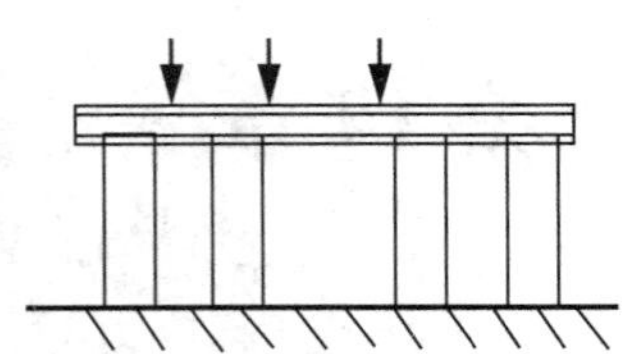

（c）连续桥梁及受力简化模型

图 14－1　典型连续梁实例与受力模型

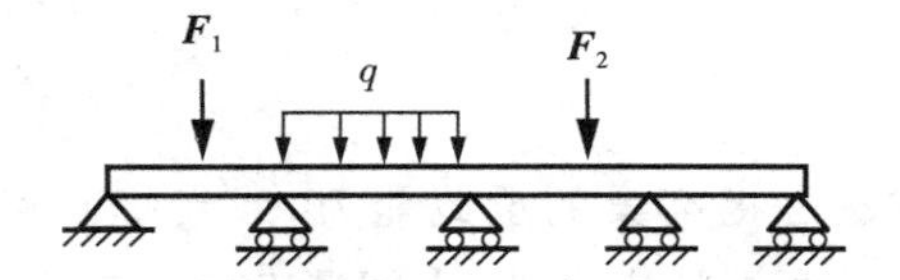


图 14－2　连续梁力学模型

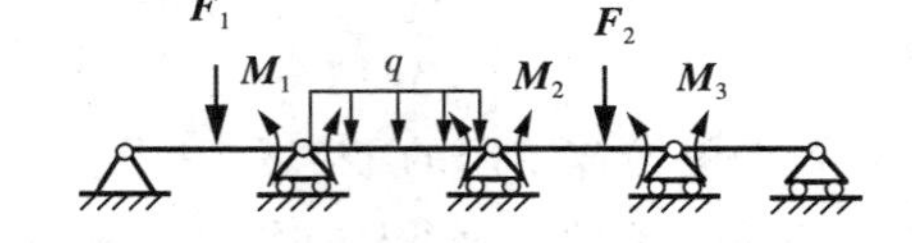


图 14－3　连续梁静定模型

从连续梁中取出任意相邻两跨梁，其支座编号为 $j-1$、$j$，$j+1$，如图 14－4(a) 所示。它们都是简支梁，其上作用有端部弯矩和外载荷。

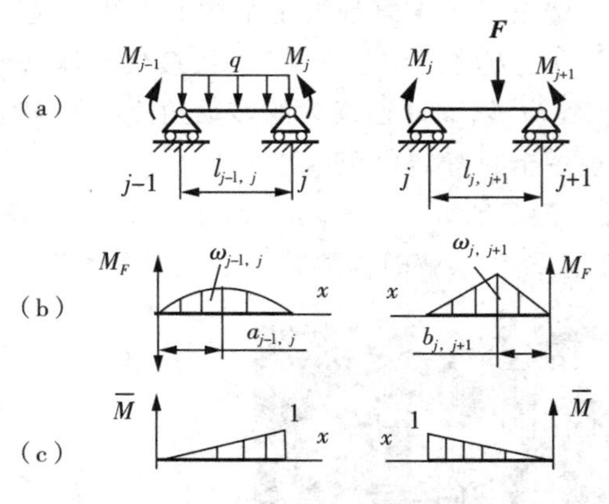


图 14－4　相邻两跨连续梁模型

下面来分析它们的变形。由前面章节中介绍的梁变形叠加计算方法，可以得到简支梁端点($j$ 点) 的转角：

$$\theta_j^{\,j-1,j}=\frac{M_{j-1}}{6EI_z}l_{j-1,j}+\frac{M_j}{3EI_z}l_{j-1,j}+\theta_{jF}^{j-1,j} \tag{14-1}$$

$$\theta_j^{\,j,j+1}=3\,\frac{-M_j}{6EI_z}l_{j,j+1}-\frac{M_{j+1}}{6EI_z}l_{j,j+1}+\theta_{jF}^{j,j+1} \tag{14-2}$$

式中，$M_{j-1}$，$M_j$，$M_{j+1}$ 为 3 个铰接点上的弯矩；$l_{j-1,j}$，$l_{j,j+1}$ 为两个跨梁的长度；$EI_z$ 为梁的截面抗弯模量；$\theta_{jF}^{j-1,j}$，$\theta_{jF}^{j,j+1}$ 为外载荷引起 $j$ 点的转角。这里各种力引起的端点转角统一按照逆时针转角为正的符号规定。

由于 $j$ 点的转角的连续性，它必须满足协调条件为：

$$\theta_j^{\ j-1,j} = \theta_j^{\ j,j+1}$$

将转角公式代入，得到下面的方程：

$$\frac{M_{j-1}}{6EI_z}l_{j-1,j} + \frac{M_j}{3EI_z}(l_{j-1,j} + l_{j,j+1}) + \frac{M_{j+1}}{6EI_z}l_{j,j+1} = -\theta_{jF}^{j-1,j} + \theta_{jF}^{j,j+1} \tag{14-3}$$

式(14－3)中右边外载荷引起的铰接点的转角，可以利用单位载荷图乘法[如图 14－4(b)(c)]确定为：

$$\theta_{jF}^{\ j-1,j} = \int_{l_{j-1,j}} \frac{M_F x\,\mathrm{d}x}{EI_z l_{j-1,j}} = \frac{a_{j-1,j}\omega_{j-1,j}}{EI_z l_{j-1,j}} \tag{14-4}$$

$$\theta_{jF}^{\ j,j+1} = \int_{l_{j,j+1}} \frac{-M_F x\,\mathrm{d}x}{EI_z l_{j,j+1}} = \frac{-b_{j,j+1}\omega_{j,j+1}}{EI_z l_{j,j+1}} \tag{14-5}$$

上面各式中，$\omega_{j-1,j}$ 为 $j-1,j$ 跨上载荷弯矩图的面积；$a_{j-1,j}$ 为载荷弯矩图的形心到该跨左端点的距离；$\omega_{j,j+1}$ 为 $j,j+1$ 跨上载荷弯矩图的面积；$b_{j,j+1}$ 为载荷弯矩图的形心到该跨右端点的距离。

这样，可以将上面的方程进一步简化为：

$$M_{j-1}l_{j-1,j} + 2M_j(l_{j-1,j} + l_{j,j+1}) + M_{j+1}l_{j,j+1} = \frac{-6a_{j-1,j}\omega_{j-1,j}}{l_{j-1,j}} - \frac{6b_{j,j+1}\omega_{j,j+1}}{l_{j,j+1}} \tag{14-6}$$

从上面的方程可以看出，它只包括了 $M_{j-1}, M_j, M_{j+1}$ 三个未知的节点弯矩。所以，又称为三弯矩方程。

对连续梁的每个中间支座都可以列出这样的方程。得到 $n-1$ 个方程，方程组的个数与未知的节点弯矩个数一致。可以唯一地决定出未知弯矩。

求出节点弯矩后，进一步可以求出每一跨的支座反力、截面内力以及梁的变形。

**例 14－1** 连续跨桥梁(如图 14－5)，其受外载简化模型如图 14－6(a)所示。求支座弯矩，并求梁截面内力。

图 14－5 连续跨桥梁

**解**：这是一个 3 跨连续梁，有 2 个中间支座，因此，有 2 个节点弯矩未知量。$j=1,2$。选取的静定基梁如图 14－6(b)。

外载荷引起的弯矩图如图 14－6(c)(不包括外端弯距)，它们的弯矩图面积分别为：

$$\omega_{0,1} = \frac{1}{2} \times 48 \times 6 = 144(\mathrm{kN \cdot m^2})$$

$$\omega_{1,2} = \frac{2}{3} \times 7.5 \times 5 = 25(\mathrm{kN \cdot m^2})$$

$$\omega_{2,3} = \frac{1}{2} \times 30 \times 4 = 60(\mathrm{kN \cdot m^2})$$

载荷弯矩图的形心位置：

$$a_{0,1}=\frac{6+2}{3}=2.667(\mathrm{m})$$

$$a_{1,2}=b_{1,2}=\frac{5}{2}=2.5(\mathrm{m})$$

$$b_{2,3}=\frac{4+1}{3}=1.667(\mathrm{m})$$

代入式(14-36)得到：

$$M_0\times 6+2M_1\times(6+5)+M_2\times 5=\frac{-6\times 2.667\times 144}{6}-\frac{6\times 2.5\times 25}{5}$$

$$M_1\times 5+2M_2\times(5+4)+M_3\times 4=\frac{-6\times 2.5\times 25}{5}-\frac{6\times 1.667\times 60}{4}$$

整理化简，并引入连续梁最外端的已知弯矩：

$$M_0=-4(\mathrm{kN\cdot m})$$

$$M_3=0(\mathrm{kN\cdot m})$$

得到整个连续梁系统方程组：

$$22M_1+5M_2=-435$$

$$5M_1+18M_2=-225$$

最后解得：

$$M_1=-18.07(\mathrm{kN\cdot m})$$

$$M_2=-7.49(\mathrm{kN\cdot m})$$

求出节点弯矩后，梁截面内力可以按照每跨静定简支梁来求解。结果如图14-6(d)(e)。

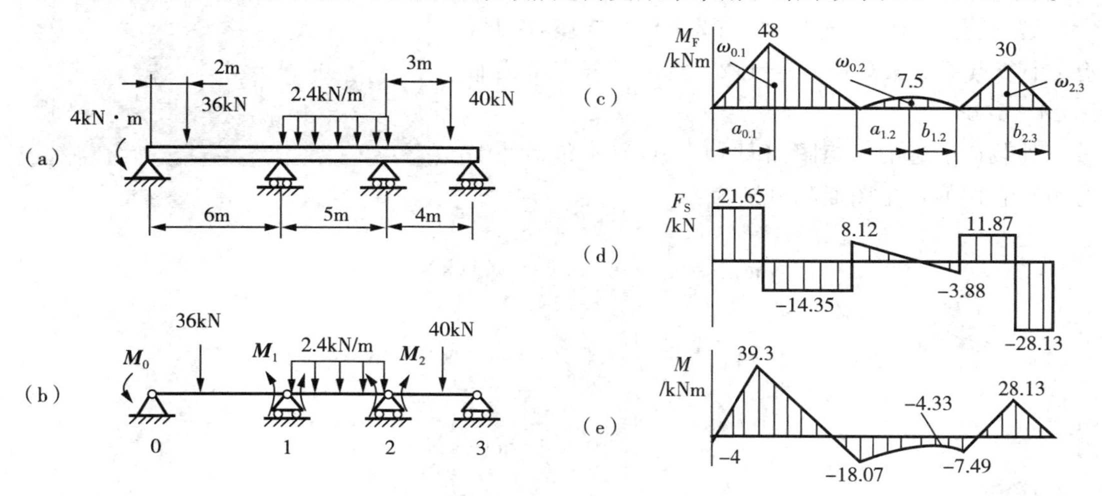


图14-6 连续梁受外力简化模型及内力图例子

## 14.2 组合变形梁的截面核心

在前面章节中，已经分析过组合变形，其中压弯组合变形时，截面上的应力出现压应力和拉应力不对称分布，截面中性轴偏向一边。在某些情况下，截面中只会出现一种压应力或只有一种拉应力。这时，对有些材料受力很有利。

例如，混凝土、砖、石等，其抗拉强度很小。因此，由这类材料制成的构件，更适合承受压力。当它们用于承受压弯组合或偏心压力时，要求杆的横截面上不出现拉应力。

为了满足这一要求，偏心外压力必须作用在横截面形心周围的某一区域内，才能使截面中只出现压应力。这时性轴与横截面周边相切或在横截面以外，这一区域称为截面核心。

在前面章节中讨论偏心压缩时，中性轴在横截面的两个形心主轴上的截距为：

$$a_y = -\frac{i_z^{\ 2}}{y_F},\quad a_z = -\frac{i_y^{\ 2}}{z_F} \tag{14-7}$$

式中，$i_y^{\ 2} = I_y/A$，$i_z^{\ 2} = I_z/A$（$i_y$、$i_z$ 称为当量半径）。

当压力作用点的坐标 $y_F$ 和 $z_F$ 离横截面形心越近时，中性轴离横截面形心越远。压力作用点离横截面形心越远时，中性轴离横截面形心越近。随着压力作用点位置的变化，中性轴可能在横截面以内，或与横截面周边相切，或在横截面以外。在后两种情况下，横截面上就只产生压应力。

图 14－7 为任意形状的截面。为了确定截面核心的边界，首先应确定截面的形心主轴 $y$ 和 $z$。然后，先作直线 ① 与周边相切，将它看作中性轴。由该直线在形心主轴上的截距 $a_{y1}$ 和 $a_{z1}$，利用式(14－7) 求出外力作用点的坐标为：

$$y_{F1} = -\frac{i_z^{\ 2}}{a_{y1}},\quad z_{F1} = -\frac{i_y^{\ 2}}{a_{z1}} \tag{14-8}$$

由此可得到一个压力作用点(1 点)。

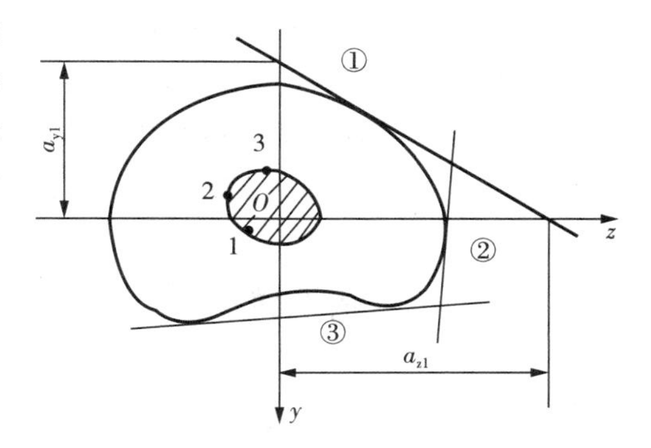

图 14－7 截面核心模型

再分别以切线 ②③ 等作为中性轴，用相同的方法可得到 2,3 等点。连接这些点，得到一条闭合曲线，它就是截面核心的边界。边界以内的区域就是截面核心，如图 14－7 中的阴影部分。

需注意的是切线 ③ 为截面边界一个凹段的公切线，在此凹段内，不应再作切线，否则截面上将出现拉应力区。因此，有凹段边界截面的截面核心，仍应为凸边界。

**例 14－2** 试确定图 14－8 所示矩形截面的截面核心。

**解：**矩形截面的对称轴 $y$ 和 $z$ 是截面形心主轴。由

$$i_y^{\ 2} = \frac{I_y}{A} = \frac{b^3h}{12}/(bh) = \frac{b^2}{12},\quad i_z^{\ 2} = \frac{I_z}{A} = \frac{bh^3}{12}/(bh) = \frac{h^2}{12}$$

先将与 $AB$ 边重合的直线作为中性轴 ①，它在 $y$ 和 $z$ 轴上的截距分别为：

$$a_{y1}=\infty,\quad a_{z1}=-b/2$$

由式(14－8)，得到与之对应的 1 点的坐标为：

$$y_{F1}=-\frac{i_z^{\ 2}}{a_{y1}}=-\frac{h^2}{12}/\infty=0,\quad z_{F1}=-\frac{i_y^{\ 2}}{a_{z1}}=-\frac{b^2}{12}/\frac{-b}{2}=\frac{b}{6}$$

同理可求得，当中性轴 ② 与 $BC$ 边重合时，与之对应的 2 点的坐标为：

$$y_{F2}=-\frac{i_z^{\ 2}}{a_{y2}}=-\frac{h^2}{12}/\frac{h}{2}=-\frac{h}{6},\quad z_{F2}=-\frac{i_y^{\ 2}}{a_{z2}}=-\frac{b^2}{12}/\infty=0$$

中性轴 ③ 与 $CD$ 边重合时，与之对应的 3 点的坐标为：

$$y_{F3}=-\frac{i_z^{\ 2}}{a_{y3}}=-\frac{h^2}{12}/\infty=0,\quad z_{F3}=-\frac{i_y^{\ 2}}{a_{z3}}=-\frac{b^2}{12}/\frac{b}{2}=-\frac{b}{6}$$

中性轴 ④ 与 $DA$ 边重合时，与之对应的 4 点的坐标为：

$$y_{F4}=-\frac{i_z^{\ 2}}{a_{y4}}=-\frac{h^2}{12}/\frac{-h}{2}=\frac{h}{6},\quad z_{F4}=-\frac{i_y^{\ 2}}{a_{z4}}=-\frac{b^2}{12}/\infty=0$$

确定了截面核心边界上的 4 个点后，还要确定这 4 个点之间截面核心边界的形状。为了解决这一问题，现研究中性轴从与一个周边相切，转到与另一个周边相切时，外力作用点的位置变化的情况。例如，当外力作用点由 1 点沿截面核心边界移动到 2 点的过程中，与外力作用点对应的一系列中性轴将绕 $B$ 点旋转，$B$ 点是这一系列中性轴共有的点。因此，将 $B$ 点的坐标 $y_B$ 和 $z_B$ 代入应力计算公式：

$$\sigma(y_0,z_0)=\frac{-F}{A}\left(1+\frac{z_F\times z_0}{i_y^{\ 2}}+\frac{y_F\times y_0}{i_z^{\ 2}}\right)=0$$

得到：

$$1+\frac{z_F\times z_B}{i_y^{\ 2}}+\frac{y_F\times y_B}{i_z^{\ 2}}=0$$

上面方程中只有外力作用点的坐标 $y_F$ 和 $z_F$ 是变量，所以这是一个直线方程。它表明，当中性轴绕 $B$ 点旋转时，外力作用点沿直线移动。因此，联接 1 点和 2 点的直线，就是截面核心的边界。同理，2 点、3 点和 4 点之间也分别是直线。最后得到矩形截面的截面核心是一个菱形，其对角线的长度分别是 $h/3$ 和 $b/3$。

由此例可以看出，对于矩形截面杆，当压力作用在对称轴上，并在“中间三分点”以内时，截面上只产生压应力。这一结果在土建工程中被经常用到。

如果截面是圆形截面，用同样的方法可以确定其截面核心也是一个小圆，如图 14－9 所示。

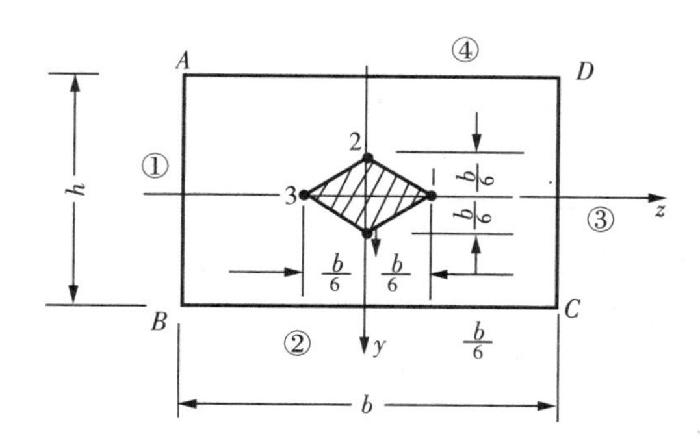

图 14-8 矩形截面的截面核心

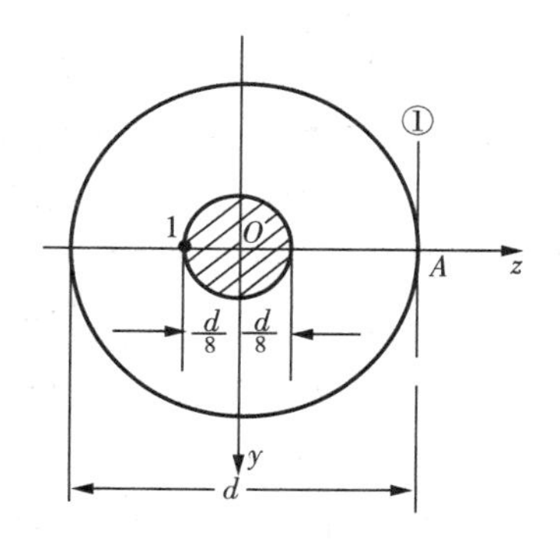


图 14-9 圆形截面的截面核心

# 14.3 非对称截面梁弯曲

当梁具有一个纵向对称面，外力作用在此面内，梁会产生平面弯曲。如果梁没有纵向对称面，一般的外力作用就不会发生平面弯曲了，这就是非对称截面梁弯曲。但是，如果外力作用在适当的位置上，则仍然会发生平面弯曲，这是本节所介绍的问题。

## 14.3.1 平面弯曲的外力满足的条件

设梁的横截面为非对称形状，如图 14-10 所示。取一对过形心的正交轴 $y$ 和 $z$，下面研究梁发生平面弯曲时，$y$ 和 $z$ 轴需要满足什么条件。

实验表明，对于非对称截面纯弯曲梁，仍可采用平面假设。设 $z$ 轴为中性轴，假定横截面上任一点的正应力公式仍可用：

$$\sigma = E\frac{y}{\rho} \tag{14-9}$$

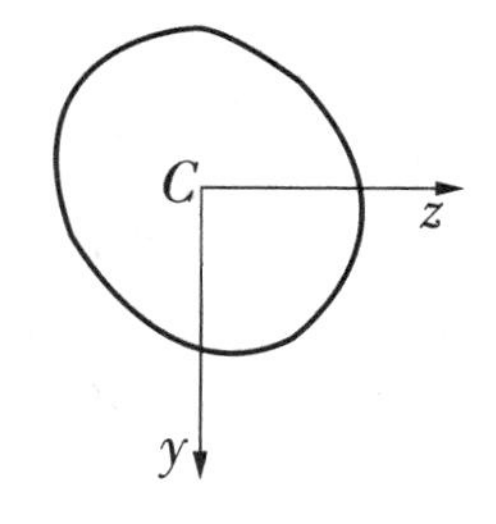


图 14-10 非对称截面

由于截面没有轴向力，所以，

$$F_N = \int_A \sigma \mathrm{d}A = \int_A E\frac{y}{\rho}\mathrm{d}A = 0 \tag{14-10}$$

这表明，横截面对中性轴(即 $z$ 轴)的面积一次矩(静矩)等于零。由几何学知识知道，满足这一条件时意味中性轴 $z$ 必须过横截面的形心。

当梁受到平行于 $y$ 轴的外力作用时，外力对 $y$ 轴的矩方为零。

由截面力对 $y$ 轴力矩

$$M_y = \int_A z\sigma \mathrm{d}A = \int_A E\frac{zy}{\rho}\mathrm{d}A = 0 \tag{14-11}$$

这表明横截面对该两轴的惯性积为零($y$，$z$ 轴为形心主轴)。横截面上只存在 $M_z$。

由以上分析可知，非对称截面梁发生平面弯曲时，外力作用的平面必须平行于形心主惯性平面(即各截面形心主轴所组成的平面)。此时，梁的轴线在形心主惯性平面内弯成一条平面曲线。横截面上通过形心的主轴即为中性轴。横截面上的应力仍按对称截面梁公式计算。

### 14.3.2 开口薄壁截面的弯曲中心

以上的分析解决了非对称截面梁发生平面弯曲时的外力作用方向。当梁为纯弯曲时，横截面上只有正应力没有切应力，所以外力作用在任一平行于形心主惯性平面的平面内时，梁只发生平面弯曲。但对于横力弯曲，由于截面上除有正应力外还有切应力。在这种情况下，只有当横向外力作用在平行于形心主惯性平面的某一特定平面内，梁才只产生平面弯曲，否则梁还会扭转。下面以开口薄壁截面梁为例进行分析。

如图 14-11(a) 所示一槽形截面梁，无纵向对称面。根据实验，若外力 $F$ 作用在形心主惯性平面（$xCy$ 平面）内，则梁除弯曲外还会扭转。若外力作用在距形心主惯性平面为 $e$ 的平行平面内时，则梁只产生平面弯曲[如图 14-11(b)]。下面分析这一现象的原因。

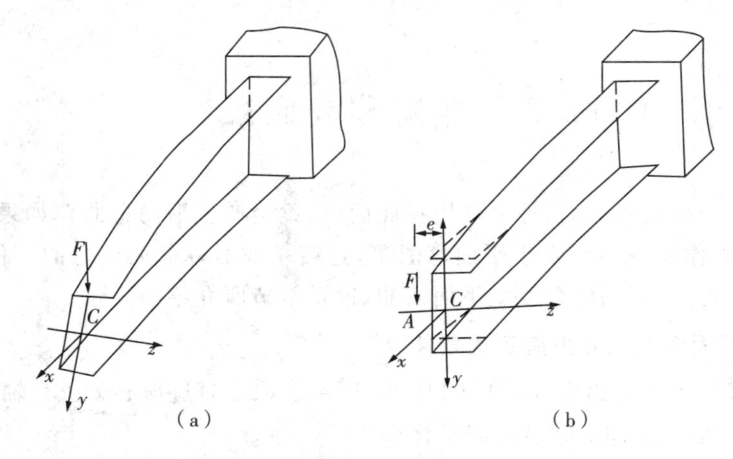


图 14-11 槽形截面梁的平面弯曲简化模型

将图 14-11(a) 的悬臂梁在任意横截面处截开，取前面一段梁研究，并如图 14-12(a) 放置。采用分析工字形截面梁切应力的方法，可以确定槽形截面的腹板上和翼缘上的切应力方向，它们形成切应力流。切应力的分布如图 14-12(b) 所示。（见前面章节中腹板上的切应力和翼缘上的水平切应力计算方法）

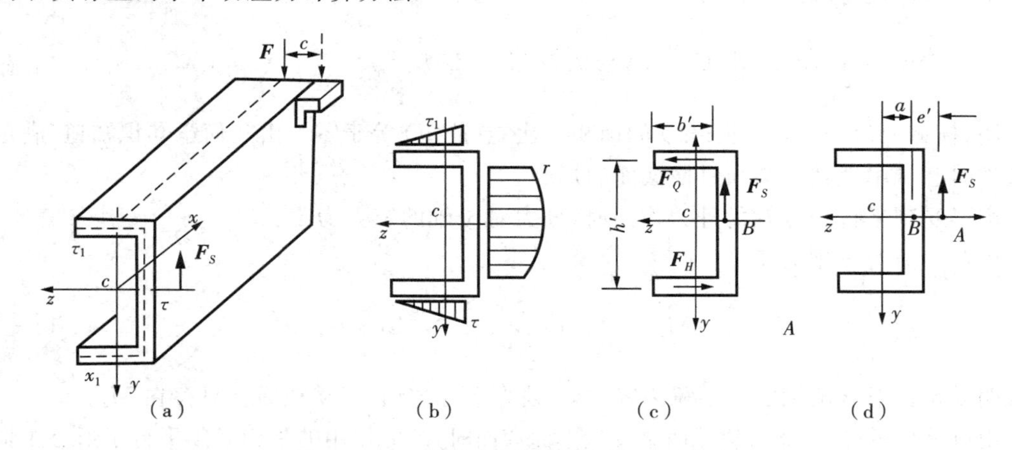


图 14-12 槽形截面梁横截面切应力分布

由腹板上的切应力合成的剪力等于 $F_s$，上、下翼缘的水平切应力分别合成两个水平剪力

$F_H$，它构成力偶矩，如图 14-12(c) 所示。它们共同作用会使截面发生扭曲。为了使截面不发生扭曲，需要将力 $F_S$ 的作用点移到距 $B$ 点为 $e'$ 的位置，这样在截面上的合力矩为零。合力 $F_S$ 的位置如图 14-12(d) 所示[同时在图 14-12(a) 中已经画出]。

由图 14-12(a) 看到，该段梁在外力 $F$ 和剪力 $F_S$ 的作用下，除弯曲外还要扭转。为了使梁只发生平面弯曲而不发生扭转，可以将外力 $F$ 向右平移一段距离 $e=a+e'$，使外力 $F$ 和剪力 $F_S$ 在同一平面内，且平行于梁的形心主惯性平面。

如果外力 $F$ 作用在水平形心主惯性平面($xoz$ 平面)内，则因 $z$ 轴为对称轴，横截面上的剪力 $F_S$ 与 $z$ 轴重合，这时梁只产生平面弯曲。

当梁在两个正交的形心主惯性平面内分别产生平面弯曲时，横截面上产生的相应两个剪力作用线的交点称为弯曲中心(或剪切中心)。图 14-12(d) 中的 $A$ 点，就是槽形截面的弯曲中心。

综合以上分析，可得出如下结论：当外力的作用线平行于形心主轴并通过横截面的弯曲中心时，梁只产生平面弯曲。这就是梁产生平面弯曲的一般条件。

如横截面有两根对称轴，则两根对称轴的交点即为弯曲中心，即弯曲中心和截面的形心重合；如横截面只有一根对称轴，则弯曲中心必在此对称轴上。上述槽形截面即属于这种情况。

常用开口薄壁截面弯曲中心 $A$ 的大致位置如图 14-13 所示。图中 $y$、$z$ 轴为截面的形心主轴。开口薄壁截面杆在工程中广泛使用，在扭转时会产生很大的扭转切应力和扭转角。因此，在用作受弯杆件时，要尽量使外力通过横截面的弯曲中心。

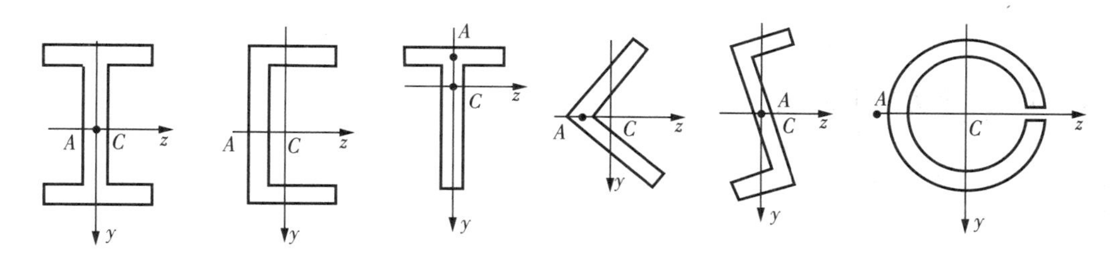


图 14-13 开口薄壁截面弯曲中心

### 14.3.3 非对称弯曲的截面应力

在纯弯曲的情况下，在梁截面形心建立坐标系，梁的轴线为 $x$ 轴，$y$、$z$ 轴过截面形心，但不一定为主惯性轴。简化模型如图 14-14 所示。在截面弯矩 $M_z$ 作用下，类似于第 5 章中的分析方法，可以得出梁截面中的各力学量。

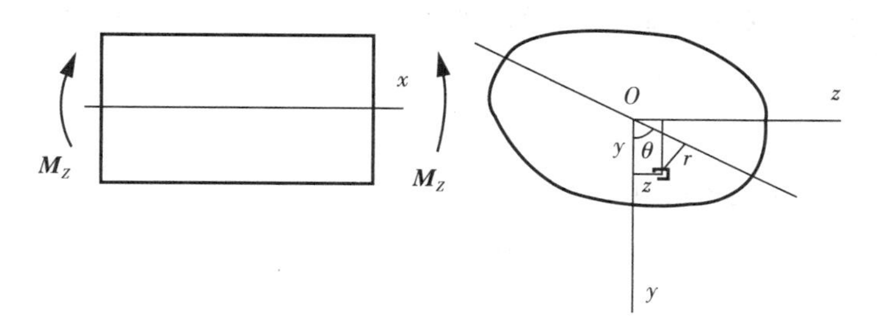


图 14-14 非对称弯曲简化模型

1）线应变

梁截面中距离中性轴为 $r$ 处的线应变为：

$$\varepsilon=\frac{r}{\rho} \tag{14-12}$$

2）应力与应变关系

利用胡克定律得到：

$$\sigma=E\varepsilon=E\frac{r}{\rho} \tag{14-13}$$

3）正应力公式

利用截面应力合成与平衡条件得到：

$$F_N=\int_A\sigma\,\mathrm{d}A=0 \tag{14-14}$$

$$M_y=-\int_A z\sigma\,\mathrm{d}A=0 \tag{14-15}$$

$$M_z=\int_A y\sigma\,\mathrm{d}A \tag{14-16}$$

将主惯性轴向 $yz$ 坐标系投影得：

$$r=y\sin\theta-z\cos\theta \tag{14-17}$$

代入到力矩平衡方程中：

$$M_y=-\int_A z\sigma\,\mathrm{d}A=-\int_A\frac{E}{\rho}z(y\sin\theta-z\cos\theta)\,\mathrm{d}A=\frac{E}{\rho}(I_{yz}\sin\theta-I_y\cos\theta)=0 \tag{14-18}$$

$$M_z=\int_A y\sigma\,\mathrm{d}A=\int_A\frac{E}{\rho}y(y\sin\theta-z\cos\theta)\,\mathrm{d}A=\frac{E}{\rho}(I_z\sin\theta-I_{yz}\cos\theta) \tag{14-19}$$

其中，

$$I_y=\int_A z^2\,\mathrm{d}A,\ I_z=\int_A y^2\,\mathrm{d}A,\ I_{yz}=\int_A yz\,\mathrm{d}A$$

这样，可以解得到截面中性轴与 $y$ 轴之间角度位置计算的公式为：

$$\tan\theta=\frac{I_y}{I_{yz}} \tag{14-20}$$

进一步可以导出正应力的计算公式为：

$$\sigma=\frac{M_z(yI_y-zI_{yz})}{I_yI_z-I_{yz}^2} \tag{14-21}$$

在特别情况下，如果 $x$、$y$ 为主惯性轴，则 $I_{yz}=0$。这时，正应力为：

$$\sigma=\frac{M_z y}{I_z}$$

中性轴与 $y$ 轴角度位置为 $\theta=90°$(即为 $z$ 轴)。

如果截面上同时存在弯矩 $M_z$、$M_y$ 作用,也可以采用相同的分析方法,叠加得到正应力为(应力符号按照弯矩作用的结果确定):

$$\sigma=\frac{M_z(yI_y-zI_{yz})}{I_yI_z-I_{yz}^2}-\frac{M_y(zI_z-yI_{yz})}{I_yI_z-I_{yz}^2} \tag{14-22}$$

由正应力为零的位置可以得到中性轴与 $y$ 轴之间角度满足的条件为:

$$\tan\theta=\frac{z_0}{y_0}=\frac{M_zI_y+M_yI_{yz}}{M_yI_z+M_zI_{yz}} \tag{14-23}$$

在特别情况下,如果 $x$、$y$ 为主惯性轴,这时正应力为:

$$\sigma=\frac{M_z y}{I_z}-\frac{M_y z}{I_y} \tag{14-24}$$

中性轴与 $y$ 轴之间角度位置为:

$$\tan\theta=\frac{z_0}{y_0}=\frac{M_zI_y}{M_yI_z} \tag{14-25}$$

上面的结果是从纯弯曲条件下得出的。如果梁弯曲为横力弯曲,则由前面的分析知道,外力必须通过弯曲中心和在主惯性轴平面内才会产生平面弯曲。这时可以直接采用上面介绍的公式计算正应力。切应力计算比较复杂。

如果外力不通过弯曲中心,截面将发生扭转。如果这种扭转很小可以忽略不计时,也可以采用上面的公式近似计算正应力。否则需要按照弯扭组合情况计算。

**例 14-3** 截面为 Z 字形状的简支梁简化模型如图 14-15 所示。梁中点作用载荷 $F=6\text{kN}$,梁长度 $l=4\text{m}$,

$$I_y=1.98\times10^{-6}\text{m}^4, I_z=10.97\times10^{-6}\text{m}^4, I_{yz}=3.38\times10^{-6}\text{m}^4$$

试求该梁最大弯矩截面上的弯曲正应力。

**解:**该梁最大弯矩在梁的中点

$$M_z=\frac{Fl}{4}=\frac{6\times10^3\times4}{4}=6\times10^3(\text{N}\cdot\text{m})$$

中性轴与 $y$ 轴之间的角度位置

$$\tan\theta=\frac{I_y}{I_{yz}}=\frac{1.98\times10^{-6}}{3.38\times10^{-6}}=0.586, \theta=30.36°$$

在梁中间截面上,$A$、$B$、$C$、$D$ 四点离中性轴最远。它们的各正应力如下:

$$\sigma_A = -\sigma_C = \frac{M_z(yI_y - zI_{yz})}{I_y I_z - I_{yz}^2}$$

$$= \frac{6\times10^3\times(69\times10^{-3}\times1.98\times10^{-6} - 64.5\times10^{-3}\times3.38\times10^{-6})}{1.98\times10^{-6}\times10.97\times10^{-6} - (3.38\times10^{-6})^2}$$

$$= -47.4\times10^6(\text{Pa})$$

$$\sigma_B = -\sigma_D = \frac{M_z(yI_y - zI_{yz})}{I_y I_z - I_{yz}^2}$$

$$= \frac{6\times10^3\times(80\times10^{-3}\times1.98\times10^{-6} + 5.5\times10^{-3}\times3.38\times10^{-6})}{1.98\times10^{-6}\times10.97\times10^{-6} - (3.38\times10^{-6})^2}$$

$$= 103\times10^6(\text{Pa})$$

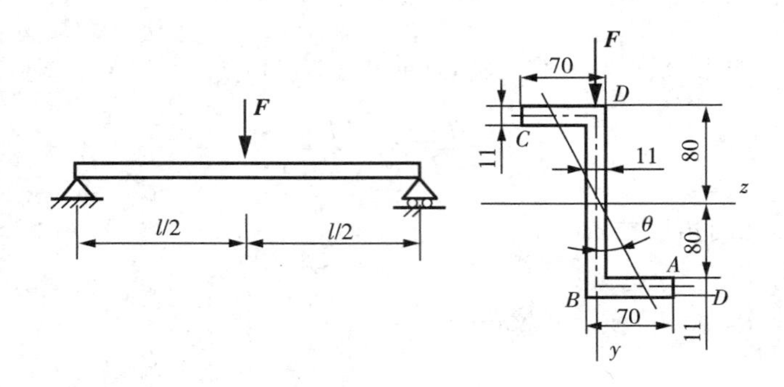


图 14-15 简支梁简化模型例子

### 14.3.4 开口薄壁梁截面应力

对于开口薄壁截面梁，由于截面不对称，弯曲也成为非对称弯曲。在弯曲变形很小的情况下，外力平行于截面形心主惯性轴，作用在截面弯曲中心上。如图 14-16 所示。开口薄壁截面的正应力可以采用$\sigma = E\dfrac{y}{\rho}$计算。再利用截面力的平衡条件，可以得出正应力与截面弯矩的关系为：

$$\sigma = \frac{M_z y}{I_z}$$

为了计算开口薄壁截面的切应力，可以利用截面上切应力互等关系和开口薄壁微元体的平衡条件导出：

$$\tau = \frac{F_{Sy} S_z^*}{I_z \delta} \tag{14-26}$$

式(14-26)中，$F_{Sy}$ 为截面上平行于 $y$ 轴的剪力，$S_z^* = \int_{A_P} y\,\mathrm{d}A$ 是部分截面对 $z$ 轴的一次静矩，如图 14-16 所示。

（a）开口薄壁截面梁

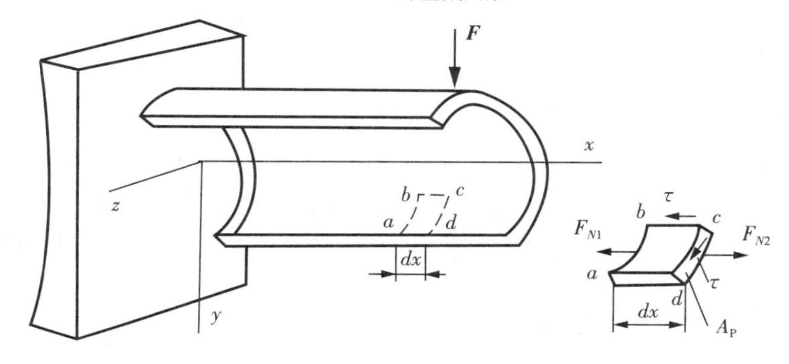


（b）开口薄壁截面悬臂梁受力模型　　（c）薄壁内切应力模型

图 14－15　开口薄壁截面悬臂梁例子

**例 14－4**　部分圆弧薄壁截面梁模型如图 14－17 所示，截面上的剪力为 $F_{Sy}$，弯矩为 $M_e$。剪力通过弯曲中心。试求截面的弯曲中心和截面应力。

**解：**取图示坐标系。由于截面对称于 $z$ 轴，$y$、$z$ 轴为截面主惯性轴。首先计算：

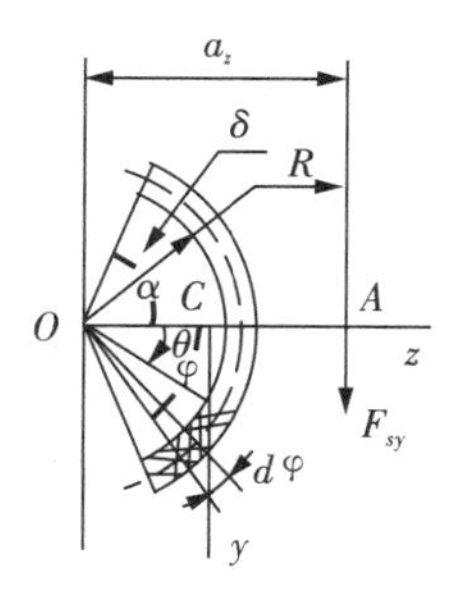


图 14－17　部分圆弧薄壁截面

$$S_z^* = \int_{Ap} y\mathrm{d}A = \int_{\theta}^{\alpha} R\sin\varphi \cdot \delta \cdot R\mathrm{d}\varphi = R^2\delta(\cos\theta - \cos\alpha)\text{（}\theta\text{ 为变量）}$$

$$I_z = \int_A y^2\mathrm{d}A = \int_{-\alpha}^{\alpha}(R\sin\varphi)^2 \cdot \delta \cdot R\mathrm{d}\varphi = R^3\delta(\alpha - \sin\alpha\cos\alpha)$$

代入正应力公式得到：

$$\sigma = \frac{M_z y}{I_z} = \frac{M_z y}{R^3\delta(\alpha - \sin\alpha\cos\alpha)}$$

代入切应力公式得到：

$$\tau = \frac{F_{Sy}S_y^*}{I_z\delta} = \frac{F_{Sy}(\cos\theta - \cos\alpha)}{R\delta(\alpha - \sin\alpha\cos\alpha)}$$

以圆心为力矩中心，取切应力的合力矩为：

$$F_{Sy}a_z = \int_A \tau R\,\mathrm{d}A = \int_{-\alpha}^{\alpha}\frac{F_{Sy}(\cos\theta - \cos\alpha)}{R\delta(\alpha - \sin\alpha\cos\alpha)}R\delta R\,\mathrm{d}\theta$$

积分并化简上式，得到弯曲中心位置为：

$$a_z = 2R\frac{\sin\alpha - \alpha\cos\alpha}{\alpha - \sin\alpha\cos\alpha}$$

# 14.4 平面曲梁的弯曲

如果梁的轴线是一条曲线就称这种梁为曲梁。如果梁还具有纵向对称面，梁的轴线在一个平面内，这种梁为平面曲梁。如，拱梁、活塞环、链环等。当载荷作用在纵向平面内时，曲梁发生平面弯曲。

## 14.4.1 曲梁的变形

一般情况下，曲梁截面中会同时存在弯矩、剪力和轴力。利用能量原理中的图乘法比较方便地求解平面曲梁的问题。以圆环作用直径方向的拉力为例，分析曲梁的变形。

**例 14-5** 直径为 $D$ 的圆环受到对径拉伸模型如图 14-18(a)。求直径 $AB$ 的变化(不考虑轴向变形影响)。

**解:**考虑到结构的对称性，截面 $C$、$D$ 处只有轴力和弯矩。并且由平衡条件知道，轴力 $F_N = F/2$，如图 14-18(b)。截面 $A$、$B$ 处没有转角。因此可以取四分之一圆环结构作为静定结构(静定基)进行分析，如图 14-18(c)。截面轴力可以求得为：

$$F_N = F/2$$

这样系统就变成只有1个未知力矩，系统为1次超静定。切开 $D$ 点，以 $X_1$ 为未知力矩。

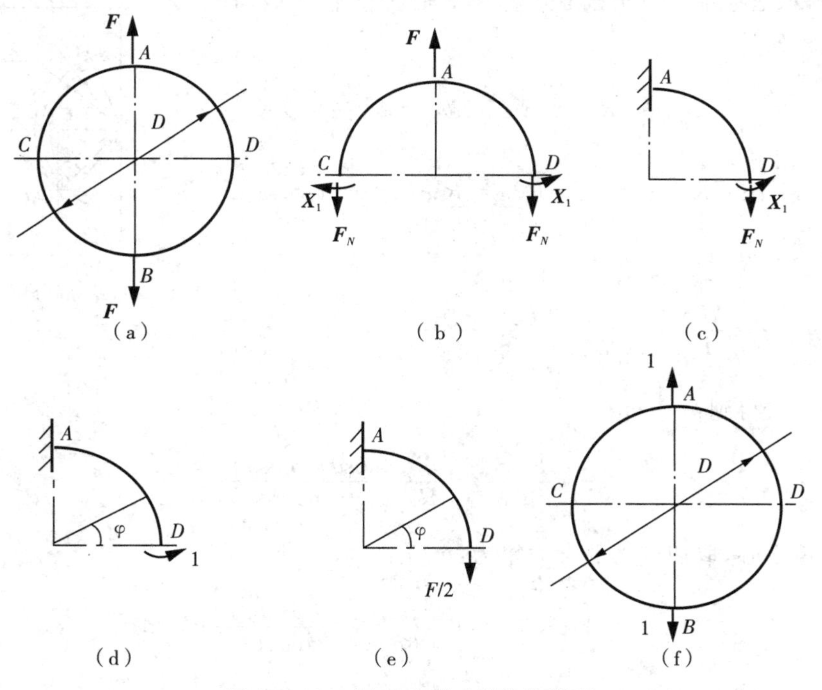


图 14-18 圆环受到对径拉伸模型

建立静定基的力法方程为：

$$\delta_{11}X_1+\Delta_{1F}=0$$

为了计算上面式中各系数，在静定结构上加上单位力矩载荷，它引起四分之一圆环的弯矩为 $\overline{M}=-1$[如图 14－19(d) 所示]。

外载荷引起的弯矩为[如图 14－19(e) 所示]：

$$M_F(\varphi)=\frac{Fd}{4}(1-\cos\varphi)$$

这样，

$$\delta_{11}=\int_0^{\pi/2}\frac{\overline{M}\cdot\overline{M}}{EI_z}\frac{D\mathrm{d}\varphi}{2}=\int_0^{\pi/2}\frac{(-1)^2}{EI_z}\frac{D\mathrm{d}\varphi}{2}=\frac{\pi D}{4EI_z}$$

$$\Delta_{1F}=\int_0^{\pi/2}\frac{\overline{M}\cdot M(\varphi)}{EI_z}\frac{D\mathrm{d}\varphi}{2}=\int_0^{\pi/2}\frac{(-1)\times FD(1-\cos\varphi)}{4EI_z}\frac{D\mathrm{d}\varphi}{2}\frac{-FD^2}{8EI_Z}\left(\frac{\pi}{2}-1\right)$$

将上面结果代入力法方程后(不考虑轴向变形影响)，解得：

$$X_1=\frac{-\Delta_{1F}}{\delta_{11}}=\frac{FD}{2}\left(\frac{1}{2}-\frac{1}{\pi}\right)$$

最后，圆环中的全部弯矩就是 $F_N$ 引起的弯矩和 $X_1$ 引起的弯矩之和：

$$M(\varphi)=M_F(\varphi)-X_1=\frac{Fd}{4}(1-\cos\varphi)-\frac{FD}{2}\left(\frac{1}{2}-\frac{1}{\pi}\right)$$

$$=\frac{FD}{2}(\frac{1}{\pi}-\frac{\cos\varphi}{2})$$

为了求 $AB$ 直径的相对变形，利用单位载荷方法，在 $A$、$B$ 处加上一对单位力，如图 14－18(f)。这对单位力引起的弯矩为：

$$\overline{M}(\varphi)=\frac{D}{2}\left(\frac{1}{\pi}-\frac{\cos\varphi}{2}\right)$$

利用图乘积分公式得到圆环直径的变形为：

$$\Delta_{AB}=4\int_0^{\pi/2}\frac{\overline{M}(\varphi)\cdot M(\varphi)}{EI_z}\frac{D\mathrm{d}\varphi}{2}=\frac{FD^3}{8}\left(\frac{\pi}{4}-\frac{2}{\pi}\right)$$

在上例选择基本结构时，由于结构的对称性，可以只考虑四分之一的环，也可以采用如图 14－19(c) 的基本结构。

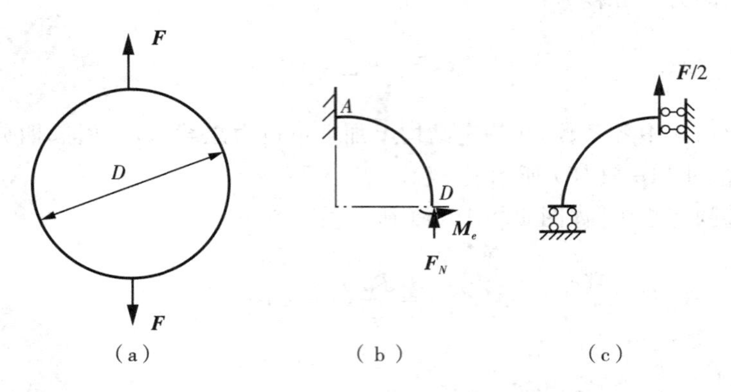


图 14－19　圆环受拉力简化模型

### 14.4.2　曲梁的应力

这里考虑曲梁在纯弯矩作用下的应力计算问题。与直梁的应力计算公式推导方法类似,假定曲梁截面也存在平面变形假设。首先分析曲梁的轴线(曲线)的变形和应变,再计算应力。

取如图 14－20 所示的微元体分析。

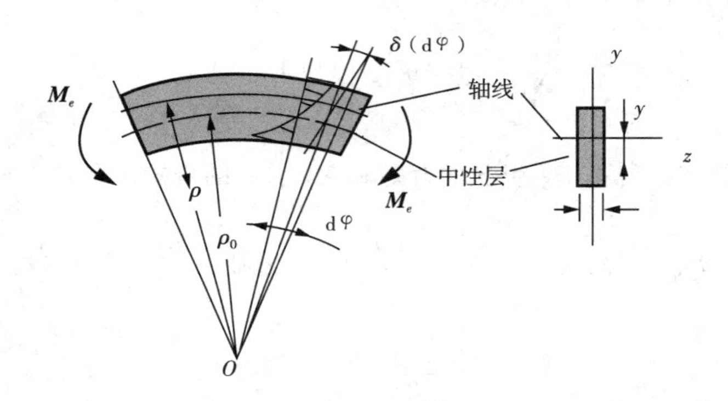


图 14－20　曲梁变形简化模型

1) 曲梁的轴线应变为:

$$\varepsilon=\frac{\widehat{A_2B_2}}{\widehat{A_1A_2}}=\frac{y\delta(\mathrm{d}\varphi)}{\rho(\mathrm{d}\varphi)} \tag{14-27}$$

其中,$\rho$ 为该轴线的曲率半径,$y$ 为该轴线距离中性轴的距离。

2) 曲梁的轴线应力为:

$$\sigma=E\varepsilon=E\,\frac{y}{\rho}\,\frac{\delta(\mathrm{d}\varphi)}{\mathrm{d}\varphi} \tag{14-28}$$

3) 截面力的平衡

由截面力的平衡关系可以导出截面法向应力为:

$$\sigma = \frac{y}{\rho}\frac{M_e}{S} \tag{14-29}$$

其中,$M_e$ 为截面弯矩,

$$S = \int_A \frac{y^2}{\rho}\mathrm{d}A \tag{14-30}$$

截面中性轴的位置,利用截面上的应力合力满足平衡为零的条件

$$\int_A \sigma\,\mathrm{d}A = E\frac{\delta(\mathrm{d}\varphi)}{\mathrm{d}\varphi}\int_A \frac{y}{\rho}\mathrm{d}A = 0 \tag{14-31}$$

得到:

$$\int_A \frac{y}{\rho}\mathrm{d}A = \int_A \frac{\rho - \rho_0}{\rho}\mathrm{d}A = A - \rho_0\int_A \frac{1}{\rho}\mathrm{d}A = 0 \tag{14-32}$$

所以:

$$\rho_0 = \frac{A}{\int_A \frac{1}{\rho}\mathrm{d}A} \tag{14-33}$$

因此,截面应力也可以表示为:

$$\sigma = \frac{y}{\rho_0 + y} \times \frac{M_e}{\int_A \frac{y^2}{\rho_0 + y}\mathrm{d}A} = \frac{y}{1 + y/\rho_0} \times \frac{M_e}{\int_A \frac{y^2}{1 + y/\rho_0}\mathrm{d}A} \tag{14-34}$$

4) 中性轴的曲率半径计算公式

显然,中性轴的曲率半径与截面形状有关。在如图 14-21 所示的几种截面中,中性轴的曲率半径计算公式如下。

A) 矩形截面[如图 14-21(a) 所示]

$$\rho_0 = \frac{h}{\ln\frac{R_1}{R_2}} \tag{14-35}$$

B) 梯形截面[如图 14-21(b) 所示]

$$\rho_0 = \frac{(b_1 + b_2)h/2}{\frac{b_2R_1 - b_1R_2}{h}\ln\frac{R_1}{R_2} - b_2 + b_1} \tag{14-36}$$

C) 圆截面[如图 14-21(c) 所示]

$$\rho_0 = \frac{d^2}{4(2R_0 - 4\sqrt{4{R_0}^2 - d^2})} \tag{14-37}$$

D) 椭圆截面[如图 14-21(d) 所示]

$$\rho_0 = \frac{ab}{\frac{2b}{h}(R_0 - 4\sqrt{R_0{}^2 - h^2})} \tag{14-38}$$

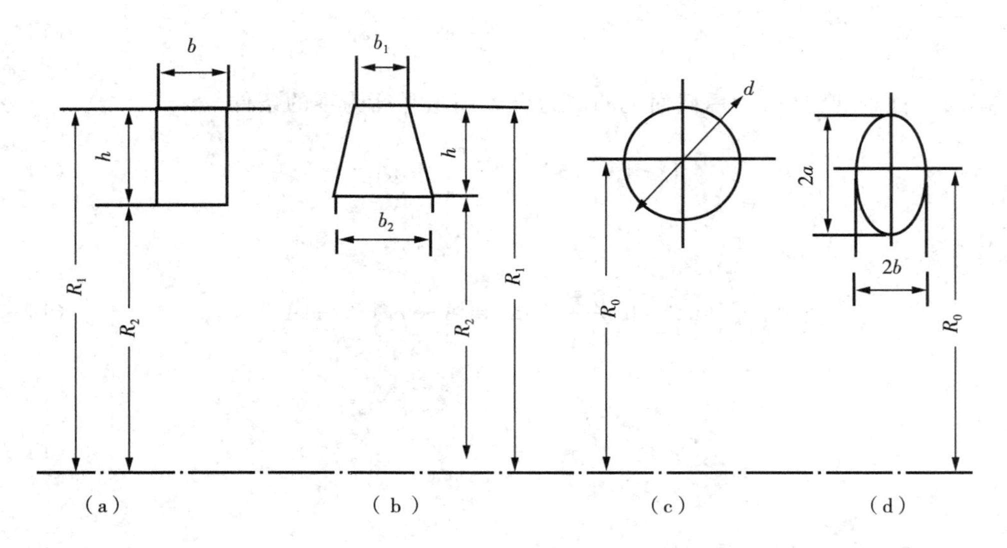


图 14-21 梁的典型截面

如果截面是由几个基本形状的截面组合而成，则：

$$\rho_0 = \frac{\sum_{i=1}^{m} A_i}{\sum_{i=1}^{m} \int_{A_i} \frac{1}{\rho} \mathrm{d}A} \tag{14-39}$$

如果截面是不规则的形状，则采用近似数值计算方法

$$\rho_0 = \frac{\sum_{i=1}^{m} \Delta A_i}{\sum_{i=1}^{m} \frac{\Delta A_i}{\rho_i}} \tag{14-40}$$

**例 14-6** 工字形状的截面，如图 14-22(a) 所示，T 字形状的截面，如图 14-22(b) 所示。求它们截面中性轴的曲率半径。

**解：**工字形状的截面由 3 块矩形截面组成，所以

$$\rho_0 = \frac{b_1 h_1 + b_2 h_2 + b_3 h_3}{b_1 \ln \frac{R_1}{R_2} + b_2 \ln \frac{R_2}{R_3} + b_3 \ln \frac{R_3}{R_4}}$$

T 字形状的截面由 2 块矩形组成，所以

$$\rho_0 = \frac{b_2 h_2 + b_3 h_3}{b_2 \ln \frac{R_2}{R_3} + b_3 \ln \frac{R_3}{R_4}}$$

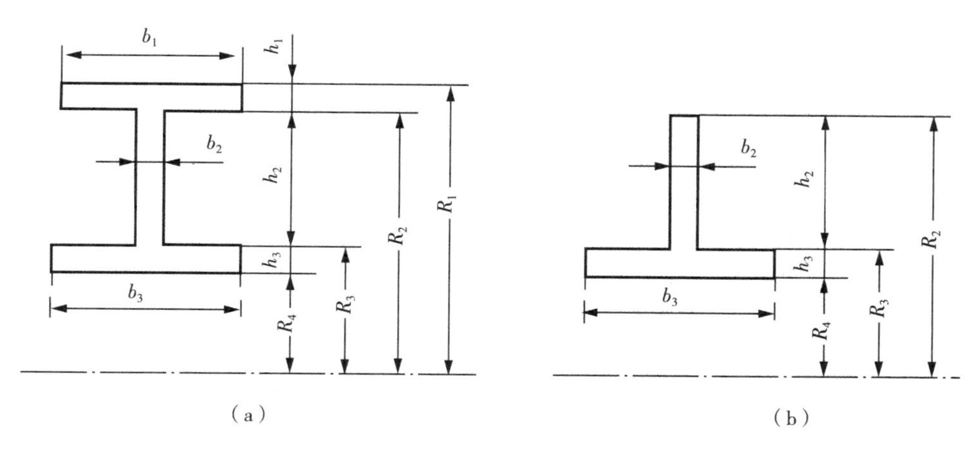


图 14－22 工字形状与 T 字形状截面例子

## 14.5 梁的强迫振动

工程中有一类动载荷会使结构产生振动响应。它对结构的变形、强度和疲劳等方面破坏有很大的影响。下面介绍这种动载荷引起的梁系统运动。

### 14.5.1 受正弦波激励梁的强迫振动

工程中的大跨度桥梁，在外载荷作用下，可能会发生各种形式的振动，图 14－23($a$) 所示的桥梁就出现了扭振情况。为了简化分析起见，将梁系统的一种横向激励振动简化为简支梁上有一台电机，电机重量为 $P$，电机的转子以 $\omega$ 角速度转动，转子存在质量偏心，引起垂直方向的离心力为：

$$F_C = F_d \sin\omega t \tag{14-41}$$

由于电机重量 $P$ 的作用，简支梁上产生的静态挠度为：

$$\Delta_{st} = \frac{Pl^3}{48EI_z} = \frac{P}{k} \tag{14-42}$$

其中，$k = 48EI_z / l^3$。

(a) 桥梁的扭振现象

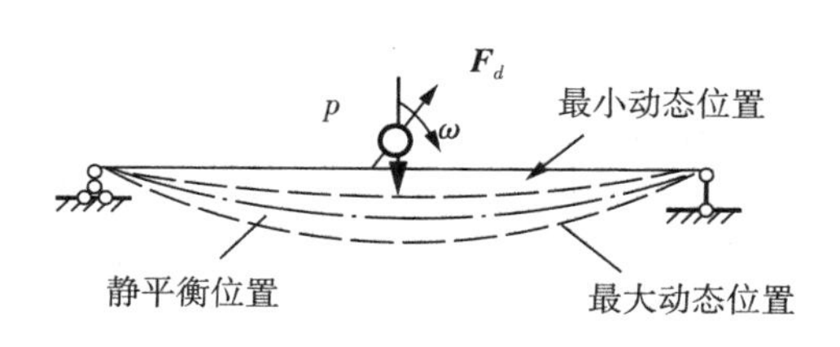


(b) 系统简化模型

图 14－23 简支梁与偏心转动系统模型

电机以 $\omega$ 角速度转动后，引起梁增加的动态挠度为 $\Delta_d$。不考虑梁的自身质量，利用达朗伯原理，梁上作用的所有力包括：

转子质量偏心离心力 $F_d\sin\omega t$（又称为强迫力）

电机与梁系统质量惯性力 $-P\ddot{\Delta}_d/g$

梁的弹性恢复力 $-k(\Delta_{st}+\Delta_d)$

梁的阻尼力 $-c\dot{\Delta}_d$

电机重力 $P$

上面这些力需要满足平衡力系条件：

$$\frac{-P}{g}\ddot{\Delta}_d-c\dot{\Delta}_d-k(\Delta_{st}+\Delta_d)+F_d\sin\omega t+P=0 \tag{14-43}$$

式(14－43)简化后得：

$$\ddot{\Delta}_d+\frac{gc}{P}\dot{\Delta}_d+\frac{gk}{P}\Delta_d=\frac{gF_d}{P}\sin\omega t \tag{14-44}$$

式(14－44)是二阶微分方程，描述的系统简称为二阶系统。在工程实践中，对典型二阶系统进行分析，研究其计算方法，具有较大的实际意义。为了方便，这里设 $\zeta=\frac{gc}{2P\omega_n}$ 为阻尼比系数，$\omega_n=\sqrt{\frac{gk}{P}}$ 为系统固有频率。

则系统方程变为：

$$\ddot{\Delta}_d+2\zeta\omega_n\dot{\Delta}_d+\omega_n^2\Delta_d=\frac{gF_d}{P}\sin\omega t \tag{14-45}$$

这是标准的二阶非齐次微分方程。下面给出多种条件下方程的解。

根据高等数学中求二阶非齐次微分方程的方法，对式(14－45)求解得到不同条件下的系统结果如下。

1. 欠阻尼系统($0<\zeta<1$)

由于 $0<\zeta<1$，则系统的响应为：

$$\Delta_d(t)=\beta\frac{gF_d}{P\omega_n^2}\sin(\omega t+\varphi)-\frac{1}{\sqrt{1-\zeta^2}}e^{-\zeta\omega_n t}\sin(\omega_d t+\psi) \tag{14-46}$$

式(14－46)中，$\beta=\frac{1}{\sqrt{[1-(\omega/\omega_n)^2]^2+4\zeta^2(\omega/\omega_n)^2}}$ 称为放大系数，

$\varphi=\arctan\frac{2\zeta}{1-(\omega/\omega_n)^2}$ 称为相位差。

$\omega_d=\omega_n\sqrt{1-\zeta^2}$，$\psi=\arctan\frac{\sqrt{1-\zeta^2}}{\zeta}$。

分析上式知道，这种响应由两部分组成，第一项为稳态分量；第二项为瞬态分量，它是一

个幅值按指数规律衰减的正弦振荡，振荡角频率为 $\omega_d$。经过一段时间后，系统的稳态响应为：

$$\bar{\Delta}_d(t)=\beta\frac{gF_d}{P\omega_n^2}\sin(\omega t+\varphi)=\beta\frac{F_d}{k}\sin(\omega t+\varphi) \tag{14-47}$$

它与系统强迫力有关，又被称为系统强迫响应。由图 14－23 简支梁偏心转动系统可以看出，梁的中点最大最小挠度为：

$$\Delta_{C\max}=\Delta_{st}+\bar{\Delta}_{d\max}=\frac{P}{k}+\beta\frac{F_d}{k} \tag{14-48}$$

$$\Delta_{C\min}=\Delta_{st}+\bar{\Delta}_{d\min}=\frac{P}{k}-\beta\frac{F_d}{k} \tag{14-49}$$

进一步变换为：

$$\frac{\Delta_{C\max}}{\Delta_{st}}=1+\beta\frac{F_d}{P} \tag{14-50}$$

$$\frac{\Delta_{C\min}}{\Delta_{st}}=1-\beta\frac{F_d}{P} \tag{14-51}$$

上式表明，在强迫振动条件下，梁的最大、最小挠度与静态挠度成比例关系。

定义最大、最小动载荷系数为：

$$K_{d\max}=1+\beta\frac{F_d}{P} \tag{14-52}$$

$$K_{d\min}=1-\beta\frac{F_d}{P} \tag{14-53}$$

则

$$\Delta_{C\max}=K_{d\max}\Delta_{st} \tag{14-54}$$

$$\Delta_{C\min}=K_{d\min}\Delta_{st} \tag{14-55}$$

由动载荷系数特性知道，在弹性范围内，梁对应的最大、最小应力也保持上述关系：

$$\sigma_{d\max}=K_{d\max}\sigma_{st} \tag{14-56}$$

$$\sigma_{d\min}=K_{d\min}\sigma_{st} \tag{14-57}$$

这样，梁在振动状态下的应力将在最大、最小应力之间变化，它是一种交变应力状态。

通过上面的分析可以看出，梁的挠度、应力等都与放大系数 $\beta$ 有关。$\beta$ 的变化规律如图 14－24。

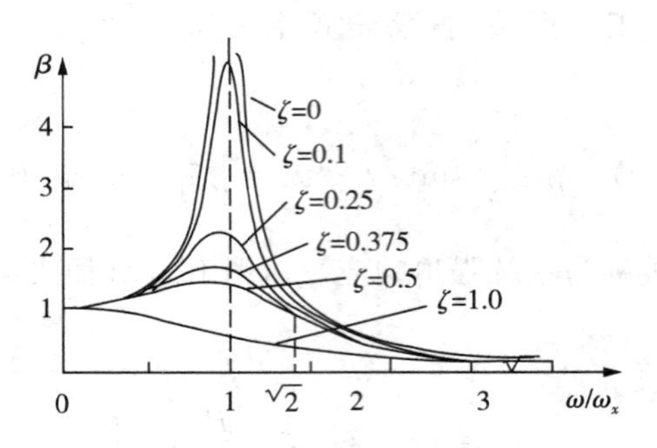


图 14-24 放大系数变化规律

2. 临界阻尼情况($\zeta=1$)

当 $\zeta=1$ 时,二阶系统的响应为:

$$\Delta_d(t)=\beta\frac{gF_d}{P\omega_n^2}\sin(\omega t+\varphi)-\mathrm{e}^{-\omega_n t}(\omega_n t+1) \tag{14-58}$$

它表明二阶临界阻尼系统的响应也由两部分组成,第一项为稳态分量;第二项为动态分量,它是一个按指数规律衰减函数。

3. 过阻尼情况($\zeta>1$)

当 $\zeta>1$ 时,二阶系统的响应为:

$$\Delta_d(t)=\beta\frac{gF_d}{P\omega_n^2}\sin(\omega t+\varphi)-\frac{1}{2\sqrt{\zeta^2-1}}\left[\frac{\mathrm{e}^{-(\zeta-\sqrt{\zeta^2-1})\omega_n^2 t}}{\zeta-\sqrt{\zeta^2-1}}-\frac{\mathrm{e}^{-(\zeta+\sqrt{\zeta^2-1})\omega_n^2 t}}{\zeta+\sqrt{\zeta^2-1}}\right] \tag{14-59}$$

式(14-59)表明,系统响应含有两个单调衰减的指数项函数动态项。

4. 无阻尼情况($\zeta=0$)

当 $\zeta=0$ 时,二阶系统的输出响应为:

$$\Delta_d(t)=\beta\frac{gF_d}{P\omega_n^2}\sin(\omega t+\varphi)-\cos(\omega_n t) \tag{14-60}$$

式(14-60)表明,系统为不衰减的振荡,系统属不稳定系统。

综上所述,可以看出,在不同阻尼比 $\zeta$ 时,二阶系统的动态响应有很大区别。当 $\zeta=0$ 时,系统不能正常工作,而当 $\zeta>1$ 时,系统动态响应又衰减得太慢,所以,对二阶系统来说,欠阻尼情况($0<\zeta<1$)是最有意义的。

### 14.5.2 受冲击激励梁的强迫振动

与简支梁偏心转动系统类似,可以建立梁冲击运动微分方程。考虑如图 14-25 所示的简支梁上受重物冲击后,系统的运动微分方程为:

$$\ddot{\Delta}_d+2\zeta\omega_n\dot{\Delta}_d+\omega_n^2\Delta_d=\delta(t) \tag{14-61}$$

式(14-61)中,$\delta(t)$ 为单位脉冲函数。上式是标准的二阶非齐次微分方程。

根据二阶非齐次微分方程的方法，得到不同条件下的系统结果如下。

A) 当 $0<\zeta<1$（欠阻尼）时，梁的响应表达式如：

$$\Delta_d(t)=(\omega_n/\sqrt{1-\zeta^2})e^{-\zeta\omega_n t}\sin(\omega_d t),\quad \omega_d=\omega_n\sqrt{1-\zeta^2} \tag{14-62}$$

系统响应为衰减振荡，如图 14-26 所示（$0<\zeta<1$）。系统稳态响应为：$\Delta_d(\infty)=0$。

(a) 梁上冲击振动机

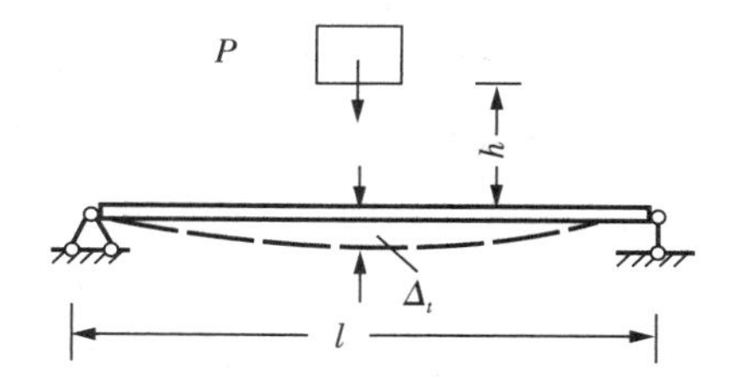


(b) 梁冲击振动简化模型

图 14-25 简支梁与冲击振动系统模型

B) 当 $\zeta=0$（零阻尼）时，系统响应为等幅振荡，见图 14-26（$\zeta=0$）。

$$\Delta_d(t)=\omega_n\sin(\omega_n t) \tag{14-63}$$

C) 当 $\zeta=1$（临界阻尼）时，系统响应为指数衰减，见图 14-26（$\zeta=1$）。系统响应为：

$$\Delta_d(t)=\omega_n{}^2 te^{-\omega_n t} \tag{14-64}$$

稳态响应为 $\Delta_d(\infty)=0$。

D) 当 $\zeta>1$（过阻尼）时，系统响应为指数衰减，见图 14-26（$\zeta>1$）。系统响应为：

$$\Delta_d(t)=(\omega_n/\sqrt{\zeta^2-1})e^{-\zeta\omega_n t}\sinh(\bar{\omega}_d t),\quad \bar{\omega}_d=\omega_n\sqrt{\zeta^2-1} \tag{14-65}$$

稳态响应为 $\Delta_d(\infty)=0$。

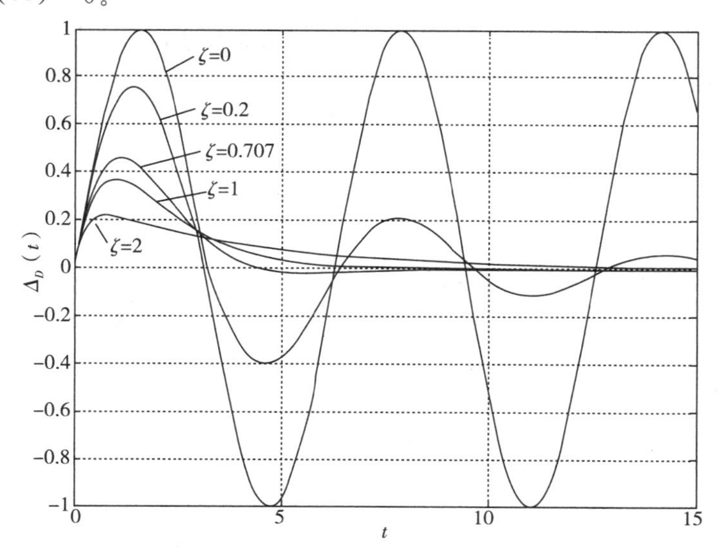


图 14-26 几种阻尼二阶系数脉冲响应曲线，其中取 $\omega_n=1$

# 14.6 非圆截面杆的扭转

工程上常遇到一些非圆截面杆(如杆的横截面形状有矩形、工字形、槽形等)杆的扭转问题。试验表明,这些非圆截面杆扭转后横截面一般不再保持为平面,而要发生翘曲。截面发生翘曲是由于杆扭转后横截面上各点沿杆轴方向产生了不同位移造成的。由于截面翘曲,因此根据平面假设建立起来的圆杆扭转公式,在非圆截面杆扭转中不再适用。

非圆截面杆扭转时,若截面翘曲不受约束(例如两端自由的直杆),则各截面翘曲程度相同,这时杆的横截面上只有切应力而没有正应力,这种扭转称为自由扭转。若杆端存在约束或杆的各截面上扭矩不同,这时,横截面的翘曲受到限制,因而各截面上翘曲程度不同。这时,杆的横截面上除有切应力外,还伴随着产生正应力,这种扭转称为约束扭转。由约束扭转产生的正应力,在实体截面杆中很小,可不予考虑,但在薄壁截面杆中却不能忽略。本节介绍矩形截面杆和薄壁截面杆的自由扭转问题。

## 14.6.1 矩形截面杆的扭转

矩形截面杆扭转时,变形放大后的情况如图 14-27(a) 所示。由于截面翘曲,分析杆中的应力和变形比较复杂。这里介绍弹性力学中所得到的主要结果。

(1) 应力分布

矩形截面杆扭转时,横截面上的切应力分布不再均匀,图 14-27(b) 给出沿截面周边、对角线及对称轴上的应力分布。由图可见,横截面周边上各点处的切应力必须平行于周边。这个结果可由切应力互等定理及杆表面无应力的情况来证明。

如图 14-27(c) 所示的横截面上,在周边上任一点 $A$ 处取一单元体,在单元体上若有任意方向的切应力,则必可分解成平行于周边的切应力 $\tau$ 和垂直于周边的切应力 $\tau'$。由切应力互等定理可知,当 $\tau'$ 存在时,则单元体的左侧面上也必有 $\tau'$。但左侧面是杆的外表面是自由面,其上没有切应力,由此可知,$\tau'=0$。因此,$A$ 点只有平行于周边的切应力 $\tau$。

用同样的方法可以证明凸角处无切应力存在。这样,边中点处的切应力是整个横截面上的最大切应力。

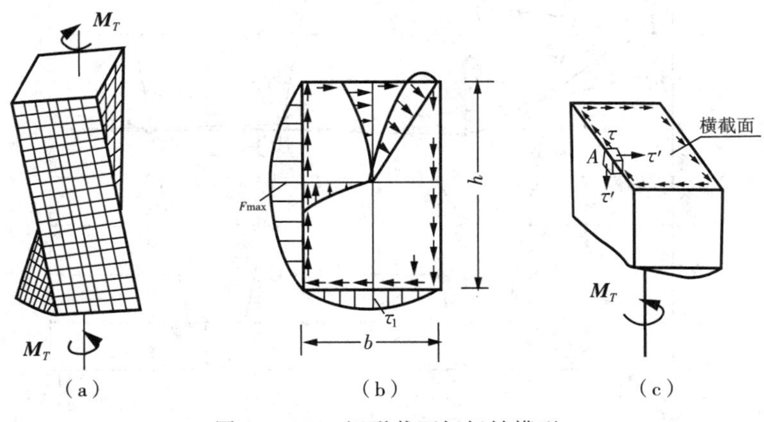


图 14-27 矩形截面杆扭转模型

(2) 切应力和单位长度扭转角的计算

由于矩形截面扭转时,边缘上各点的切应力形成与边界线相切,横截面切应力不再均匀,由弹性力学方法可以得到关键点上的切应力。

长边中点最大切应力:

$$\begin{cases} \tau_{1\max} = M_T / W_p \\ W_p = \alpha h b^2 \end{cases} \tag{14-66}$$

式(14-66)中,$M_T$ 为截面上的扭矩,$b$ 为矩形截面的宽度,$h$ 为矩形截面的高度。

短边中点的切应力,

$$\tau_{2\max} = \eta \tau_{1\max} \tag{14-67}$$

矩形截面杆单位长度杆的扭转角

$$\theta = \frac{\varphi}{l} = \frac{M_T}{GI_p}, I_p = \beta h b^3 \tag{14-68}$$

上面各式中,$\alpha$,$\beta$ 和 $\eta$ 的数值见表 14-1。

**表 14-1 矩形截面杆自由扭转的系数 $\alpha$,$\beta$ 和 $\eta$**

| $h/b$ | 1.0 | 1.2 | 1.5 | 2.0 | 2.5 | 3.0 | 4.0 | 6.0 | 8.0 | 10.0 |
|---|---|---|---|---|---|---|---|---|---|---|
| $\alpha$ | 0.208 | 0.219 | 0.231 | 0.246 | 0.258 | 0.267 | 0.282 | 0.299 | 0.307 | 0.313 |
| $\beta$ | 0.141 | 0.166 | 0.196 | 0.229 | 0.249 | 0.263 | 0.281 | 0.299 | 0.307 | 0.313 |
| $\eta$ | 1.00 | 0.930 | 0.858 | 0.796 | 0.767 | 0.753 | 0.745 | 0.743 | 0.743 | 0.743 |

当 $h/b > 10$ 时,截面成为狭长矩形截面,这时取 $\alpha = \beta = 1/3$,$\eta = 0.74$。截面上长边的切应力分布趋于均匀。

**例 14-7** 已知狭长矩形截面杆(如图 14-28 所示),截面为 50mm × 550mm,长度为 2000mm。两端承受扭矩 40kN·m。材料剪切模量 $G = 80\text{GPa}$,许用切应力 $[\tau] = 100\text{MPa}$,许用单位长度扭转角 $[\theta] = 2°/\text{m}$。试校核杆的强度和刚度。

**解** 由于 $c = h/b = 550/50 = 11 > 10$,所以,取 $\alpha = \beta = 1/3$,$\eta = 0.74$。

(1) 强度校核

$$W_p = \alpha h b^2 = 0.55 \times 0.05^2 / 3 = 0.4583 \times 10^{-3} (\text{m}^3)$$

长边中点的最大切应力:

$$\tau_{1\max} = M_T / W_p = 40 \times 10^3 / (0.4583 \times 10^{-3}) = 87.279 \times 10^6 < [\tau]$$

短边中点最大切应力:

$$\tau_{2\max} = \eta \tau_{1\max} = 0.74 \times 87.279 \times 10^6 = 64.586 \times 10^6 < [\tau]$$

(2) 刚度校核

$$I_p = \beta h b^3 = 0.55 \times 0.05^3 / 3 = 0.0229 \times 10^{-3} (\mathrm{m}^3)$$

单位长度杆的扭转角

$$\theta = \frac{\varphi}{l} = \frac{M_T}{GI_p} = \frac{40 \times 10^3}{80 \times 10^9 \times 0.0229 \times 10^{-3}} \times \frac{180}{\pi} = 1.25 < [\theta]$$

所以,该矩形截面杆受力作用是安全的。

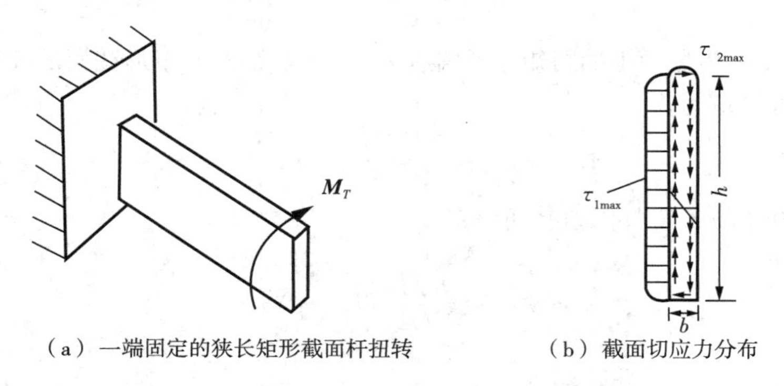


(a) 一端固定的狭长矩形截面杆扭转　　(b) 截面切应力分布

图 14-28　矩形截面杆扭转模型

### 14.6.2 闭口薄壁截面杆的扭转

闭口薄壁截面杆是指薄壁杆件横截面的壁厚中线是一条闭合的线。如图 14-29 所示,这些闭口薄壁截面就是一种环状截面。这种截面杆也称为箱形截面杆。这种杆承受扭转时截面也会出现翘曲。但是,如果截面环的表面是光滑的,在承受自由纯扭转时,截面不发生翘曲。在这种情况下,截面上只有切应力。下面给出这样的切应力的计算方法。

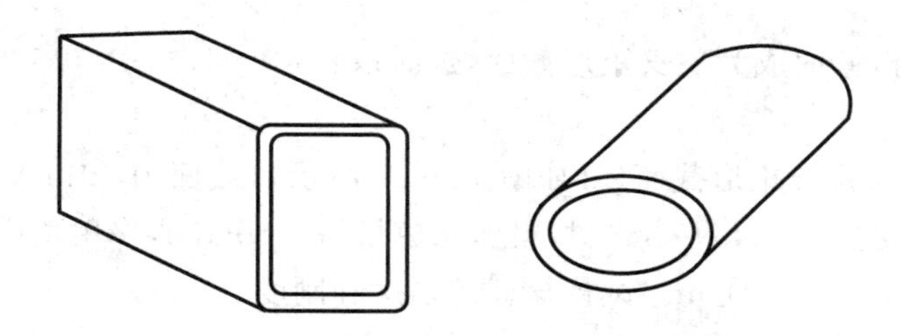

图 14-29　闭口薄壁截面杆模型

如图 14-30(a) 所示,截面上切应力沿着闭口环线变化,利用切应力互等定理,在垂直于横截面的杆壁中也存在切应力。取壁厚微单元体如图 14-30(b),由平衡条件得到:

$$\sum F_X = 0, \tau_1 \delta_1 \mathrm{d}x - \tau_2 \delta_2 \mathrm{d}x = 0$$

所以,

$$\tau_1 \delta_1 = \tau_2 \delta_2 \tag{14-69}$$

上式说明,沿闭口环线截面上切应力与壁厚的乘积是常量。利用这一结果可以导出截面上的切应力计算公式。

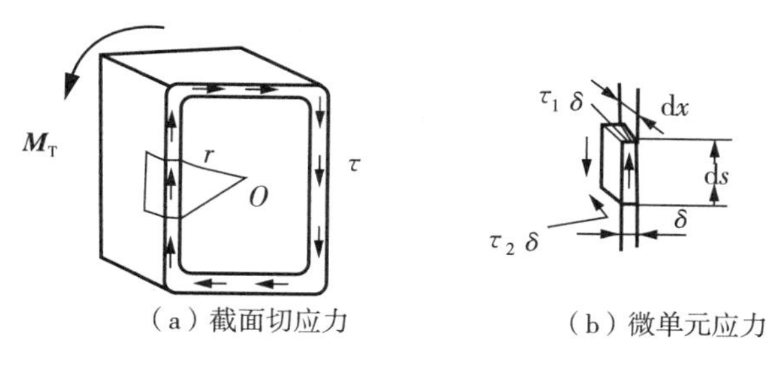


（a）截面切应力　　（b）微单元应力

图 14-30　闭口薄壁截面杆切应力模型

在微截面上切应力对截面中心的力矩为：

$$dM_T = r\tau\delta\,ds \tag{14-70}$$

整个截面的合力矩为：

$$M_T = \int dM_T = \int r\tau\delta\,ds = \tau\delta\int r ds = 2A_0\tau\delta \tag{14-71}$$

这里，$\int r ds = 2A_0$，$A_0$ 为闭口环形中心线围成的面积。

这样，截面上的切应力为：

$$\tau = \frac{M_T}{2A_0\delta} \tag{14-72}$$

从上述公式可以看到，在截面壁厚最薄的地方，切应力最大。这也说明环形薄壁构件在最薄的位置容易失效的原因。

下面计算等直闭口薄壁截面杆的扭转角。根据剪应力应变能密度计算公式，

$$u_\varepsilon = \frac{\tau^2}{2G} = \frac{1}{2G}\left(\frac{M_T}{2A_0\delta}\right)^2 = \frac{{M_T}^2}{8GA_0^2\delta^2} \tag{14-73}$$

整个杆中的应变能为：

$$U_\varepsilon = \int u_\varepsilon dV = \frac{{M_T}^2}{8GA_0^2}\int\frac{\delta ds dl}{\delta^2} = \frac{{M_T}^2}{8GA_0^2}\int_0^L dl\int\frac{1}{\delta}ds \tag{14-74}$$

令，$\Theta = \int_0^L dl\int\frac{1}{\delta}ds$，则：

$$U_\varepsilon = \frac{{M_T}^2\Theta}{8GA_0^2} \tag{14-75}$$

另一方面，外力矩使闭口薄壁截面等直杆扭转了角度 $\varphi$，所做功为：

$$W = \frac{M\varphi}{2} \tag{14-76}$$

由功能互等关系，$U = W$，得到：

$$\varphi = \frac{M_T\Theta}{4GA_0^2} \tag{14-77}$$

特别地，当闭口薄壁截面等直杆的壁厚为常值时，

$$\varphi=\frac{M_T}{4GA_0^2}\frac{SL}{\delta} \tag{14-78}$$

式(14-78)中，$S$ 为环形截面壁厚的中线全长，$L$ 为等直杆的全长。

闭口薄壁截面等直杆单位长度的扭转角为：

$$\theta=\frac{\varphi}{L}=\frac{M_T}{4GA_0^2}\frac{S}{\delta} \tag{14-79}$$

对于薄壁截面杆件通常需要控制其刚度，即

$$\theta=\frac{M_T}{4GA_0{}^2}\frac{S}{\delta}\leqslant[\theta] \tag{14-80}$$

**例 14-8** 设有三种环形截面杆，如图 14-31 所示。截面壁厚均为 $\delta$，特征尺寸为 $a$。材料和杆长相同。在端面承受相同扭矩 $M_T$。试比较各截面上的切应力和单位长度扭转角。

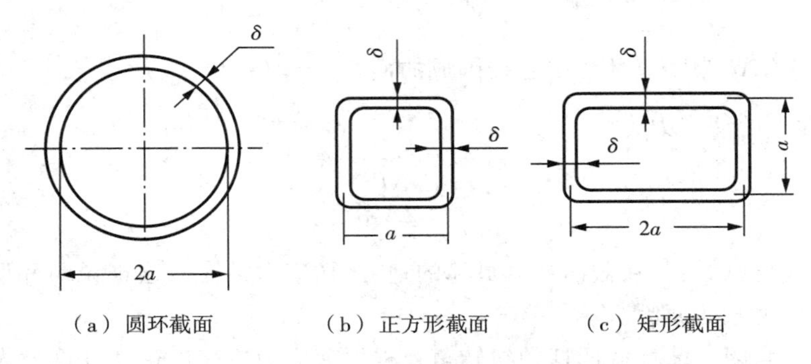


（a）圆环截面　（b）正方形截面　（c）矩形截面

图 14-31 三种环形截面模型

**解：**(1) 圆环截面

截面面积：$A=2\pi a\delta$

截面厚度中线包围的面积：$A_0=\pi a^2=\dfrac{1}{4\pi}\left(\dfrac{A}{\delta}\right)^2$

截面厚度中线长度：$S=2\pi a=A/\delta$

所以，截面切应力：$\tau_a=\dfrac{M_T}{2A_0\delta}=\dfrac{2\pi M_T\delta}{A^2}$

单位长度的扭转角：$\theta_a=\dfrac{M_T}{4GA_0^2}\dfrac{S}{\delta}=\dfrac{4\pi^2M_T\delta^2}{GA^3}$

(2) 正方形环截面

截面面积：$A=4a\delta$

截面厚度中线包围的面积：$A_0=a^2=\left(\dfrac{A}{4\delta}\right)^2$

截面厚度中线长度：$S=4a=\dfrac{A}{\delta}$

所以，截面切应力：$\tau_b=\dfrac{M_T}{2A_0\delta}=\dfrac{8M_T\delta}{A^2}$

单位长度的扭转角：$\theta_b=\dfrac{M_T}{4GA_0^2}\dfrac{S}{\delta}=\dfrac{64M_T\delta^2}{GA^3}$

(3) 长方形环截面

截面积：$A=6a\delta$

截面厚度中线包围的面积：$A_0=2a^2=\left(\dfrac{A}{6\delta}\right)^2$

截面厚度中线长度：$S=6a=\dfrac{A}{\delta}$

所以，截面切应力：$\tau_c=\dfrac{M_T}{2A_0\delta}=\dfrac{18M_T\delta}{A^2}$

单位长度的扭转角：$\theta_c=\dfrac{M_T}{4GA_0^2}\dfrac{S}{\delta}=\dfrac{324M_T\delta^2}{GA^3}$

三种截面上的切应力之比为：$i_y{}^2=I_y/A$

三种截面杆的单位长度的扭转角之比为：$i_z{}^2=I_z/A$

### 14.6.3 开口薄壁截面杆的扭转

开口薄壁截面杆是指薄壁杆件横截面的壁厚中线是一条不闭合的线。工程中广泛采用的型材就是开口薄壁杆件。如图 14-32(a) ~ (e) 分别是工字截面、槽形截面、T 形截面和开口圆弧截面等。在土建和水利工程中常用到开口薄壁截面杆。下面仅介绍这类杆在自由扭转时的应力和变形近似方法。

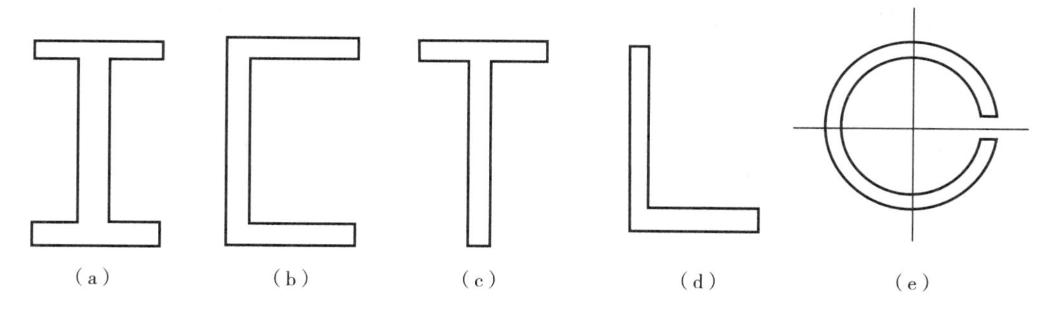


图 14-31 几种开口截面模型

设开口薄壁截面杆由若干狭长的矩形截面组成。当杆受扭转时，横截面上的总扭矩为 $M_T$，而每个狭长矩形截面上由切应力合成的扭矩为 $M_{Ti}$。根据扭矩合成原理知道，

$$M_T=\sum_{i=1}^{n}M_{Ti} \tag{14-81}$$

由式(14-81) 无法直接求出每个狭长矩形截面上的扭矩 $M_{Ti}$。需从几何、物理方面进行分析，建立补充方程。然后再联立求解。

由试验观察到，开口薄壁截面杆扭转后，横截面虽然翘曲，但横截面的周边形状在其变形前面上的投影保持不变。根据这一现象作出的假设称为刚周边假设。例如图 14-33 所示的工字形截面杆扭转后，其横截面在原平面内的投影仍为工字形。由此可知，在单位长度杆内，横截面的单位长度扭转角和各狭长矩形的单位长度扭转角 $\theta_i$ 均相同，即

$$\theta_1=\theta_2=\cdots=\theta_n$$

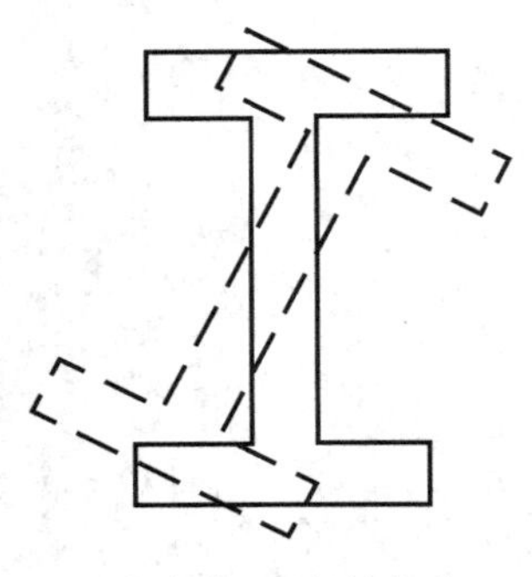

（a）截面杆扭转变形

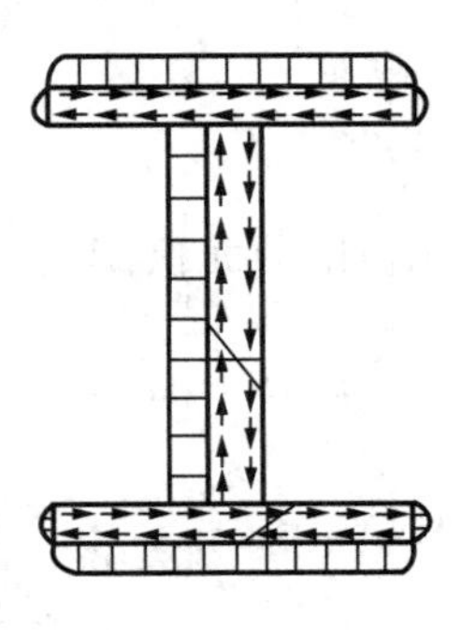

（b）截面杆扭转应力分布

图 14－33　工字形截面杆扭转模型

利用单位长度的扭转角计算式得到：

$$\frac{M_{T1}}{GI_{P1}}=\frac{M_{T2}}{GI_{P2}}=\cdots=\frac{M_{Tn}}{GI_{Pn}} \tag{14-82}$$

将上式代入式(14－81)后化简，得到每个狭长矩形截面上扭矩：

$$M_{Tk}=M_T/\sum_{i=1}^{n}\frac{I_{Pi}}{I_{Pk}} \tag{14-83}$$

因此，每个狭长矩形截面上单位长度的扭转角：

$$\theta_k=\frac{M_{Tk}}{GI_{Pk}}=\frac{M_T}{G}/\sum_{i=1}^{n}I_{Pi} \tag{14-84}$$

设每个狭长矩形截面的厚度为 $\delta_k$，则 $W_{Pk}=h_k\delta_k^2/3$，$I_{Pk}=h_k\delta_k^3/3$，则每个狭长矩形截面上最大切应力为：

$$\tau_{k\max}=\frac{M_{Tk}}{W_{Pk}}=\frac{M_T}{W_{Pk}}/\sum_{i=1}^{n}\frac{I_{Pi}}{I_{Pk}}=\frac{M_TI_{Pk}}{W_{Pk}}/\sum_{i=1}^{n}I_{Pi}=M_T\delta_k/\sum_{i=1}^{n}I_{Pi} \tag{14-85}$$

显然，全部截面上最大的切应力应该发生在截面最厚的地方：

$$\tau_{\max}=M_T\delta_{\max}/\sum_{i=1}^{n}I_{Pi} \tag{14-86}$$

式(14－86)中，$\delta_{\max}$ 为整个截面上最大的壁厚。

考虑到工程中使用的型材的截面有变化，通常计算截面极惯性矩时采用：

$$I_{Pi}=\frac{\lambda}{3}h_i\delta_i^3,\quad \sum_{i=1}^{n}I_{Pi}=\frac{\lambda}{3}\sum_{i=1}^{n}h_i\delta_i^3 \tag{14-87}$$

式(14－87)中，$\lambda$ 为修正系数。L 形截面取 $\lambda=1.00$，T 形截面 $\lambda=1.15$，槽形截面取 $\lambda=1.12$，工字形截面 $\lambda=1.20$。

$$\tau_{k\max}=\frac{M_TI_{Pk}}{W_{Pk}}/\sum_{i=1}^{n}I_{Pi}=\frac{3M_T\delta_k}{\lambda\sum_{i=1}^{n}h_i\delta_i^3} \tag{14-88}$$

$$\tau_{\max}=\frac{3M_T\delta_{\max}}{\lambda\sum_{i=1}^{n}h_i\delta_i^3} \tag{14-89}$$

**例 14-9** 设工字形截面杆尺寸为，$h_1=300\text{mm}$，$h_2=500\text{mm}$，厚度一致（如图 14-34 所示）。两端承受扭矩 40kN。材料剪切模量 $G=80\text{GPa}$，许用切应力$[\tau]=100\text{MPa}$，许用单位长度扭转角$[\theta]=2°/\text{mm}$。试设计核杆的厚度。

**解**：(1) 由强度校核确定工字形截面杆的厚度，取 $\lambda=1.20$，

$$\sum_{i=1}^{n}I_{Pi}=\frac{\lambda}{3}\sum_{i=1}^{n}h_i\delta_i^3=\frac{1.20}{3}\sum_{i=1}^{2}h_i\delta_i^3$$

$$=\frac{1.20}{3}\delta^3(0.3+0.5)=0.32\delta^3(\text{m}^4)$$

长边中点的最大切应力需要满足强度条件：

$$\tau=M_T\delta/\sum_{i=1}^{n}I_{Pi}=M_T\delta/(0.32\delta^3)\leqslant[\tau]$$

所以，

$$\delta\geqslant\sqrt{\frac{M_T}{0.32[\tau]}}=\sqrt{\frac{40\times10^3}{0.32\times100\times10^6}}=0.035(\text{m})$$

(2) 由刚度校核确定工字形截面杆的厚度

单位长度杆的扭转角需要刚度条件：

$$\theta=\frac{M_T}{G\sum_{i=1}^{n}I_{Pi}}=\frac{M_T}{G\times0.32\delta^3}\leqslant[\theta]\frac{\pi}{180}$$

$$\delta\geqslant\left(\frac{180M_T}{0.32\pi G[\theta]}\right)^{1/3}=\left(\frac{180\times40\times10^3}{0.32\times\pi\times80\times10^9\times2}\right)^{1/3}=0.0355(\text{m})$$

所以，最小的工字形截面杆的厚度应该为 $\delta=35.5\text{mm}$。

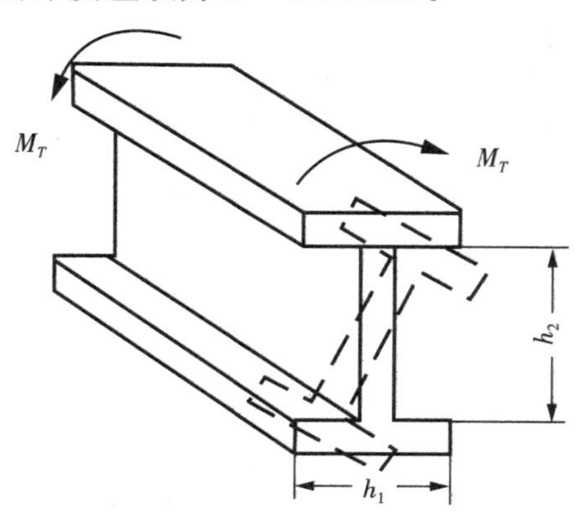


图 14-34 工字形截面杆受力模型

## 14.7　工程构件的接触应力与强度

工程中经常会碰到两个构件相互接触，承受比较大的载荷。例如，火车轮轨接触、齿轮啮合接触、轴承零件内部接触，等等。因此，需要校核接触部位的强度。

从初始接触的状态的不同，接触通常分为点接触和线接触。如果两个物体开始接触时只有一点的情况称为点接触，如果两个物体开始接触时是一条线的情况称为线接触。

由于接触应力是发生在很小区域中的压应力，因此，采用下面的假设：

1) 接触区的材料处于理想的弹性状态；

2) 接触面积与构件尺寸相比是很小的量；

3) 接触表面是光滑表面，不考虑摩擦。

在这些条件下，1881 年，H. Hertz 通过弹性力学分析，给出了比较完整的接触应力分析结果。下面将介绍其中的主要计算方法(参阅文献[15])。

### 14.7.1　点接触应力

通常，当两个接触体初始接触是点的情况就称为点接触。随着接触压力的加大，接触面积会不断增大为一个小的面积接触。下面给出两种典型的点接触压力计算方法。

1. 两个球体接触

当两个光滑的球面体在外力 $Q$ 作用下相互接触，如图 14－35(a) 所示。球面半径为 $R_1$、$R_2$，材料弹性模量和泊松比分别为 $E_1$、$\nu_1$；$E_2$、$\nu_2$。

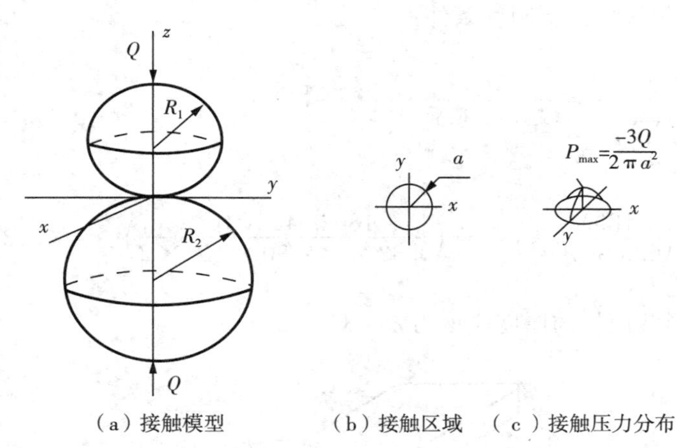


(a) 接触模型　　(b) 接触区域　　(c) 接触压力分布

图 14－35　两个球面体接触模型

这是一种点接触情况，接触区域为圆[如图 14－35(b) 所示]。接触圆的半径为：

$$a=\left(\frac{3}{2}\frac{Q}{\tilde{E}\sum\rho}\right)^{1/3} \tag{14-90}$$

其中，$\tilde{E}=1/\left(\frac{1-\nu_1^2}{E_1}+\frac{1-\nu_2{}^2}{E_2}\right)$ 为当量弹性模量，$\sum\rho=\frac{1}{R_1}+\frac{1}{R_2}$ 为接触面主曲率和。

接触表面的最大压应力为：

$$p_{max}=\frac{-3Q}{2\pi_a^2} \tag{14-91}$$

整个接触区上的压应力分布为[如图 14-34(c) 所示]：

$$p(x,y)=p_{max}\sqrt{1-\left(\frac{x}{a}\right)^2-\left(\frac{y}{a}\right)^2} \tag{14-92}$$

两个球面体接触变形之和为：

$$\delta=\left(\frac{3}{2}\frac{Q}{\widetilde{E}\sum\rho}\right)^{2/3}\frac{\sum\rho}{2} \tag{14-93}$$

下面讨论几种特殊情况。如果两个球体中，第 2 个变成刚性平面，则在上面的公式中只需要改变

$$\frac{1}{\widetilde{E}}=\frac{1-\nu_1^2}{E_1},\quad \sum\rho=\frac{1}{R_1}$$

如果两个球体中，第 2 个变成凹球面，则在上面的公式中只需要改变

$$\sum\rho=\frac{1}{R_1}-\frac{1}{R_2}$$

如果两个球体由相同的钢材制作，则在上面的公式简化为：

$$a=0.02363\left(\frac{Q}{\sum\rho}\right)^{1/3}(\text{mm}) \tag{14-94}$$

$$\delta=2.791\times10^{-4}(Q)^{2/3}\left(\sum\rho\right)^{1/3}(\text{mm}) \tag{14-95}$$

其中，力 $Q$ 的单位为 N，$\sum\rho$ 的单位为 1/mm，

2. *两个任意曲面体接触*

当两个光滑的曲面体在外力 $Q$ 作用下相互接触，如图 14-36(a) 所示。设两个曲面的两个方向上主曲率分别为 $\rho_{I1}$，$\rho_{I2}$，$\rho_{II1}$，$\rho_{II2}$。其中，I、II 代表两个主方向，1、2 代表两个接触体。物体材料的弹性模量和泊松比分别为 $E_1$、$\nu_1$；$E_2$、$\nu_2$。

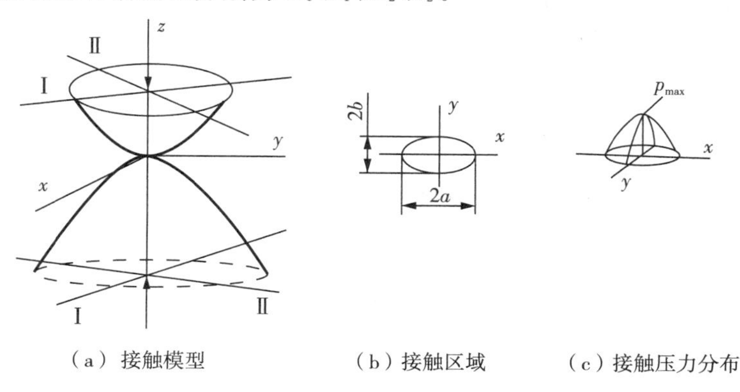


(a) 接触模型 (b) 接触区域 (c) 接触压力分布

图 14-36 两个任意曲面体接触模型

这是一种点接触情况。根据 Hertz 理论，接触区域一般为椭圆[如图 14-35(b) 所示]。整个接触区上的压应力分布为[如图 14-35(c) 所示]：

$$p(x,y)=p_{\max}\sqrt{1-\left(\frac{x}{a}\right)^2-\left(\frac{y}{b}\right)^2} \tag{14-96}$$

同时，接触应力与外载荷 $Q$ 满足平衡关系

$$\int_{\Theta}p(x,y)\mathrm{d}x\mathrm{d}y=Q$$

由上式可以导出接触表面的最大压应力为：

$$p_{\max}=\frac{3Q}{2\pi ab} \tag{14-97}$$

式(14-97) 中，$a$、$b$ 为接触区椭圆半轴长度。椭圆的偏心率为：

$$e=\sqrt{1-(b/a)^2}$$

为了方便计算接触应力，需要建立下面的辅助函数。设曲面的两个方向上主曲率半径为 $R_{\mathrm{I}1}$、$R_{\mathrm{I}2}$，$R_{\mathrm{II}1}$、$R_{\mathrm{II}2}$，则两个接触表面主曲率为：

$$\rho_{\mathrm{I}1}=\frac{\pm 1}{R_{\mathrm{I}1}},\quad \rho_{\mathrm{I}2}=\frac{\pm 1}{R_{I2}},\quad \rho_{\mathrm{II}1}=\frac{\pm 1}{R_{\mathrm{II}1}},\quad \rho_{\mathrm{II}2}=\frac{\pm 1}{R_{\mathrm{II}2}}$$

其中，正号对应外凸表面，负号对应内凹表面。I、II 代表主曲率方向，1、2 代表两个接触体。

两个接触体的主曲率和为：

$$\sum\rho=\rho_{\mathrm{I}1}+\rho_{\mathrm{II}1}+\rho_{\mathrm{I}2}+\rho_{\mathrm{II}2}$$

定义辅助函数

$$F(\rho)=\frac{\sqrt{(\rho_{\mathrm{I}1}-\rho_{\mathrm{II}1})^2+(\rho_{\mathrm{I}2}-\rho_{\mathrm{II}2})^2+2(\rho_{\mathrm{I}1}-\rho_{\mathrm{II}1})(\rho_{\mathrm{I}2}-\rho_{\mathrm{II}2})\cos\theta}}{\sum\rho} \tag{14-98}$$

式(14-98)是一个小于1且非负的函数。$\theta$ 为两个接触表面主曲率面之间的夹角。如果两个主曲率平面重合，则 $\theta=0$。这时

$$F(\rho)=\frac{|\rho_{\mathrm{I}1}-\rho_{\mathrm{II}1}|+|\rho_{\mathrm{I}2}-\rho_{\mathrm{II}2}|}{\sum\rho} \tag{14-99}$$

利用上面的辅助函数，求出接触区椭圆半轴长度为：

$$a=a^*\left(\frac{3Q}{2\tilde{E}\sum\rho}\right)^{1/3} \tag{14-100}$$

$$b=b^*\left(\frac{3Q}{2\tilde{E}\sum\rho}\right)^{1/3}$$

$$\delta=\delta^*\left(\frac{3Q}{2\widetilde{E}\sum\rho}\right)^{2/3}\frac{\sum\rho}{2}$$

其中，

$$a^*=\left(\frac{2\Pi(e)}{\pi(1-e^2)}\right)^{1/3},\quad b^*=\left(\frac{2\sqrt{1-e^2}\,\Pi(e)}{\pi}\right)^{1/3},\quad \delta^*=\frac{2\Gamma(e)}{\pi}\left(\frac{\pi(1-e^2)}{2\Pi(e)}\right)^{1/3}$$

$\Gamma(e)$ 为第一类椭圆积分，$\Pi(e)$ 为第二类椭圆积分。

这样，接触表面的应力完全可以确定出来了。上面各量的计算过程是，首先计算出 $F(\rho)$，再利用直接查表 14-2 或插补计算方法进行计算。

**表 14-2 无量纲系数**

| $F(\rho)$ | $e$ | $a^*$ | $b^*$ | $\delta^*$ |
|---|---|---|---|---|
| 0 | 0 | 1 | 1 | 1 |
| 0.050 | 0.3557 | 1.0343 | 0.9674 | 0.9996 |
| 0.100 | 0.4801 | 1.0702 | 0.9361 | 0.9978 |
| 0.200 | 0.6460 | 1.1498 | 0.8777 | 0.9910 |
| 0.300 | 0.7493 | 1.2416 | 0.8222 | 0.9792 |
| 0.400 | 0.8229 | 1.3508 | 0.7694 | 0.9620 |
| 0.500 | 0.8755 | 1.4858 | 0.7169 | 0.9376 |
| 0.600 | 0.9165 | 1.6606 | 0.6640 | 0.9047 |
| 0.700 | 0.9476 | 1.9052 | 0.6081 | 0.8588 |
| 0.800 | 0.9714 | 2.2920 | 0.5442 | 0.7918 |
| 0.900 | 0.9888 | 3.0914 | 0.4608 | 0.6800 |
| 0.950 | 0.9954 | 4.1189 | 0.3961 | 0.5772 |
| 0.960 | 0.9965 | 4.5112 | 0.3779 | 0.5464 |
| 0.970 | 0.9975 | 5.0656 | 0.3561 | 0.5084 |
| 0.975 | 0.9982 | 5.4337 | 0.3435 | 0.4862 |
| 0.980 | 0.9985 | 5.9416 | 0.3283 | 0.4590 |
| 0.985 | 0.9989 | 6.6568 | 0.3099 | 0.4260 |
| 0.990 | 0.9993 | 7.7486 | 0.2871 | 0.3848 |
| 0.995 | 0.9997 | 10.1481 | 0.2506 | 0.3193 |
| 1.000 | 1.0000 | $\infty$ | 0 | 0 |

### 14.7.2 线接触应力

当两个光滑的圆柱体长度相同为 $l$，轴线平行，在外力 $Q$ 作用下接触，如图 14-37(a) 所示。圆柱面半径为 $R_1$、$R_2$，材料弹性模量和泊松比分别为 $E_1$、$\nu_1$；$E_2$、$\nu_2$。

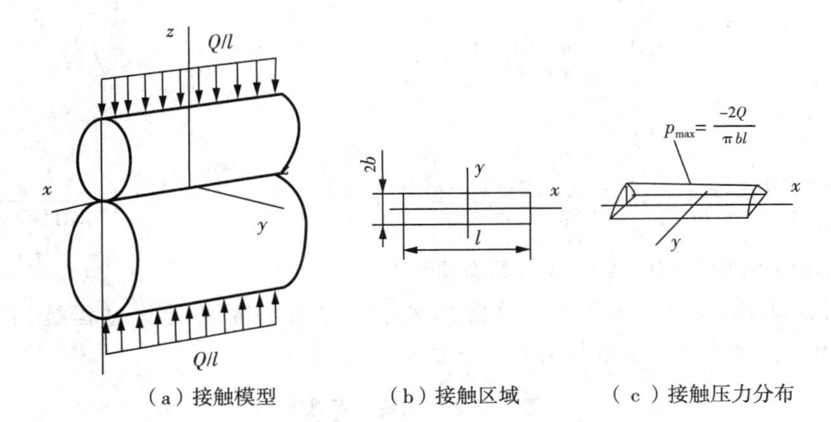


（a）接触模型　　（b）接触区域　　（c）接触压力分布

图 14－37　两个长度相同圆柱体接触模型

这是一种线接触情况，接触区域为矩形[如图 14－37(b) 所示]。矩形的半宽为：

$$b=\left(\frac{4}{\pi}\frac{Q}{\bar{E}l\sum\rho}\right)^{1/2} \tag{14-101}$$

其中，$\bar{E}=1/\left(\frac{1-\nu_1^2}{E_1}+\frac{1-\nu_2^2}{E_2}\right)$，$\sum\rho=\frac{1}{R_1}+\frac{1}{R_2}$。

接触表面的最大压应力为：

$$p_{\max}=\frac{2Q}{\pi bl} \tag{14-102}$$

整个接触区上的压应力分布为[如图 14－37(c) 所示]：

$$p(y)=p_{\max}\sqrt{1-\left(\frac{y}{b}\right)^2} \tag{14-103}$$

同样，对于几种特殊情况，如果两个圆柱体中，第 2 个变成刚性平面，则在上面的公式中只需要改变：

$$\frac{1}{\bar{E}}=\frac{1-\nu_1^2}{E_1},\sum\rho=\frac{1}{R_1}$$

如果两个圆柱体中，第 2 个变成凹柱面，则在上面的公式中只需要改变：

$$\sum\rho=\frac{1}{R_1}-\frac{1}{R_2}$$

如果两个圆柱体由相同的钢材制作，则在上面的公式简化为：

$$b=3.35\times10^{-3}\left(\frac{Q}{l\sum\rho}\right)^{1/2}(\text{mm}) \tag{14-104}$$

$$\delta=3.84\times10^{-5}Q^{0.9}/l^{0.8}(\text{mm}) \tag{14-105}$$

其中，$Q$ 的单位为 N，$\sum\rho$ 的单位为 1/mm，

### 14.7.3 点接触参数近似计算

上面给出的接触参数计算过程比较复杂，实际应用中不太方便，困难的地方是需要确定椭圆积分。下面介绍几种近似的计算方法，它们是根据接触表面曲率函数来确定椭圆参数 $e$ 和椭圆积分。

1）第一种近似公式。利用接触体的表面半径参数近似计算椭圆半轴的比值和椭圆积分方法。为了便于工程实际计算，Brewe、Hamrock 给出下面的近似计算。

$$k=\frac{a}{b}\approx 1.0339\left(\frac{R_y}{R_x}\right)^{0.636}\geqslant 1 \tag{14-106}$$

$$e^2=1-\frac{1}{k^2}\approx 1-1/\left[1.0339\left(\frac{R_y}{R_x}\right)^{0.636}\right]^2 \tag{14-107}$$

$$\Gamma(e)\approx 1.5277+0.6023\ln\left(\frac{R_y}{R_x}\right) \tag{14-108}$$

$$\Pi(e)\approx 1.0003+\frac{0.5968}{R_y/R_x} \tag{14-109}$$

上面的近似计算公式应用时要求$\dfrac{R_y}{R_x}=\dfrac{\rho_{x1}+\rho_{x2}}{\rho_{y1}+\rho_{y2}}>1$。这样接触区域椭圆长轴在 $y$ 方向上。

$$1/R_x=\rho_{x1}+\rho_{x2} \tag{14-110}$$

$$1/R_y=\rho_{y1}+\rho_{y2}$$

$$F(\rho)=\frac{1/R_x-1/R_y}{1/R_x+1/R_y}\quad 0\leqslant F(\rho)\leqslant 1 \tag{14-111}$$

由上面的近似计算公式得到的结果误差小于3%。

2）第二种近似公式。利用接触体的表面曲率比函数近似计算椭圆偏心率的方法。首先，利用椭圆偏心率 $e=\sqrt{1-(b/a)^2}$ 作为参数，对椭圆积分近似计算如下：

$$\begin{aligned}\Gamma(e)\approx\ & 1.3862944+0.1119723(1-e^2)+0.0725296(1-e^2)^2\\ & -[0.5+0.1213478(1-e^2)+0.0288729(1-e^2)^2]\ln(1-e^2)\end{aligned} \tag{14-112}$$

$$\begin{aligned}\Pi(e)\approx\ & 1.0+0.4630151(1-e^2)+0.1077812(1-e^2)^2\\ & -[0.2452727(1-e^2)+0.0412496(1-e^2)^2]\ln(1-e^2)\end{aligned} \tag{14-113}$$

显然，要计算椭圆积分，必须先知道椭圆偏心率。而将前面给出的接触表面曲率比函数改写为

$$F(\rho)=1-2\left(\frac{1}{e^2}-1\right)\left(\frac{\Gamma(e)}{\Pi(e)}-1\right) \tag{14-114}$$

已经模拟出了椭圆偏心率参数的近似计算公式，得出一种简化的近似计算公式如下：

$$\ln\left(\frac{1}{e}\right)\approx\begin{cases}0.4965\ln\left[\dfrac{1}{F(\rho)}\right]-0.435 & F(\rho)\leqslant 0.065\\ 0.224\left[\ln\dfrac{1}{F(\rho)}\right]^{1.407} & F(\rho)>0.065\end{cases} \tag{14-115}$$

利用上式计算出 $e$ 值的误差可以控制在 1% 以内。

3) 第三种近似公式。利用接触体的表面曲率比函数 $F(\rho)$，直接近似计算椭圆半轴的比值和椭圆积分的另外一种方法。为了避免这种不定式计算，首先对椭圆积分进行变换如下：

$$\Gamma(e)=\int_0^{\pi/2}\frac{\mathrm{d}\varphi}{\sqrt{1-e^2\cos^2\varphi}}$$

$$\Pi(e)=\int_0^{\pi/2}\sqrt{1-e^2\cos^2\varphi}\,\mathrm{d}\varphi=\int_0^{\pi/2}\frac{1-e^2\cos^2\varphi}{\sqrt{1-e^2\cos^2\varphi}}\mathrm{d}\varphi$$

$$=\int_0^{\pi/2}\frac{1-e^2}{\sqrt{1-e^2\cos^2\varphi}}\mathrm{d}\varphi+e^2\int_0^{\pi/2}\frac{\sin^2\varphi}{\sqrt{1-e^2\cos^2\varphi}}\mathrm{d}\varphi$$

令

$$\Delta(e)=\int_0^{\pi/2}\frac{\sin^2\varphi}{\sqrt{1-e^2\cos^2\varphi}}\mathrm{d}\varphi=\int_0^1\frac{\sqrt{1-t^2}}{\sqrt{1-e^2t^2}}\mathrm{d}t$$

则

$$\Pi(e)=(1-e^2)\Gamma(e)+e^2\Delta(e) \tag{14-116}$$

在参数 $e$ 的变化范围内($0<e<1$)，上面各积分值的范围为：

$$\pi/2\leqslant\Gamma(e)<\infty,1\leqslant\Pi(e)<\pi/2,\pi/4\leqslant\Delta(e)<1$$

又由曲率函数关系式，合并上两个公式，得到：

$$\frac{2(e^2-1)[1-\Delta(e)/\Gamma(e)]}{1-e^2+e^2\Delta(e)/\Gamma(e)}=1-F(\rho) \tag{14-117}$$

或简化为：

$$\frac{\Delta(\mathrm{e})}{\Pi(\mathrm{e})}=\frac{1}{2}[1+F(\rho)] \tag{14-118}$$

在上面的各式中，表示了椭圆偏心率参数 $e$ 与椭圆积分和表面曲率函数的关系。

下面利用接触体的表面曲率函数 $F(\rho)$ 来近似计算接触参数的另外一种方法如下：

$$e^2=1-\left(\frac{b}{a}\right)^2\approx1-\left(\frac{1-F(\rho)}{1+F(\rho)}\right)^{4/\pi} \tag{14-119}$$

$$\Gamma(e)\approx\frac{\pi}{2}+\left(\frac{\pi}{2}-1\right)\ln\left(\frac{1+F(\rho)}{1-F(\rho)}\right) \tag{14-120}$$

$$\Pi(e)\approx1.0+\frac{(\pi/2-1)}{(1+F(\rho))/(1-F(\rho))} \tag{14-121}$$

$$a^*=\left[\frac{2\Pi(e)}{\pi(1-e^2)}\right]^{1/3}$$

$$\approx\left[0.63662+0.36338\frac{1-F(\rho)}{1+F(\rho)}\right]^{1/3}\Big/\left[\frac{1-F(\rho)}{1+F(\rho)}\right]^{4/(3\pi)} \tag{14-122}$$

$$b^* = \left[\frac{2\sqrt{1-e^2}\,\Pi(e)}{\pi}\right]^{1/3}$$

$$\approx \left[0.63662 + 0.36338\,\frac{1-F(\rho)}{1+F(\rho)}\right]^{1/3} \cdot \left[\frac{1-F(\rho)}{1+F(\rho)}\right]^{2/(3\pi)} \tag{14-123}$$

$$\delta^* = \frac{2\Gamma(e)}{\pi}\left[\frac{2\Pi(e)}{\pi(1-e^2)}\right]^{-1/3}$$

$$\approx \left\{1 - 0.36338\ln\left[\frac{1-F(\rho)}{1+F(\rho)}\right]\right\}\left[\frac{1-F(\rho)}{1+F(\rho)}\right]^{4/(3\pi)} \Big/ \left[0.63662 + 0.36338\,\frac{1-F(\rho)}{1+F(\rho)}\right]^{1/3} \tag{14-124}$$

以上第二种和第三种方法是本书作者经过数值拟合研究，给出近似计算方法（见参考文献[15]）。

### 14.7.4 接触强度校核

首先需要计算接触区域的应力状态。根据材料力学对应力正负号的规定：拉应力为正，压应力为负。同时，由弹性力学数值模拟方法，可以获得接触体内的应力状态。

1. 对于点接触情况应力状态，接触表面中心点的主应力状态为：

$$\begin{cases}\sigma_1 \approx (0.5 + 0.25b/a^{0.6609})\,p_{\max} \\ \sigma_2 \approx (1.0 - 0.25b/a^{0.5797})\,p_{\max} \\ \sigma_3 = -p_{\max}\end{cases} \tag{14-125}$$

这是一种三向受压的应力状态。采用第四强度理论时，相当应力为：

$$\sigma_{eq4} = \sqrt{\frac{1}{2}\left[(\sigma_1-\sigma_2)^2 + (\sigma_2-\sigma_3)^2 + (\sigma_3-\sigma_1)^2\right]} \tag{14-126}$$

在接触中心点表面下 $0.5b$ 处的主应力状态为：

$$\begin{cases}\sigma_1 \approx (0.388 - 0.23b/a)\,p_{\max} \\ \sigma_2 \approx (0.32 - 0.15b/a)\,p_{\max} \\ \sigma_3 \approx -(0.9 - 0.1b/a)\,p_{\max}\end{cases} \tag{14-127}$$

该位置具有最大切应力：

$$\tau_{\max} = \frac{\sigma_1 - \sigma_3}{2} \tag{14-128}$$

采用第三强度理论时，相当应力为：

$$\sigma_{eq3} = \sigma_1 - \sigma_3 \tag{14-129}$$

因此，接触中心点表面下的点是危险点，需要校核接触表面下的应力强度。

2. 对于线接触情况应力状态，接触中心点的主应力状态为：

$$\sigma_1 \approx 0.5p_{\max} \quad \sigma_2 \approx p_{\max} \quad \sigma_3 \approx -p_{\max} \tag{14-130}$$

这是也一种三向受压的应力状态。采用第四强度理论时，相当应力为：

$$\sigma_{eq4}=\sqrt{\frac{1}{2}[(\sigma_1-\sigma_2)^2+(\sigma_2-\sigma_3)^2+(\sigma_3-\sigma_1)^2]} \tag{14-131}$$

在接触中心点表面下 0.786$b$ 处的主应力状态为：

$$\sigma_1\approx 0.26p_{\max}\quad \sigma_2\approx 0.2p_{\max}\quad \sigma_3\approx -0.8p_{\max} \tag{14-132}$$

该位置具有最大切应力：

$$\tau_{\max}=\frac{\sigma_1-\sigma_3}{2} \tag{14-133}$$

采用第三强度理论时，相当应力为：

$$\sigma_{eq3}=\sigma_1-\sigma_3 \tag{14-134}$$

因此，接触中心点表面下的点也是危险点，需要校核接触表面下的应力强度。

3. 强度校核

不论采用哪种强度准则，也不管是什么类型的接触，接触强度校核都归结为需要满足下面的条件：

$$\sigma_{eq}=mp_{\max}\leqslant[\sigma_c]$$

即

$$p_{\max}\leqslant[\sigma_c]/m=[\sigma_{cp}] \tag{14-135}$$

其中，$[\sigma_c]$ 为材料极限压应力；$m$ 为当量系数；$[\sigma_{cp}]$ 为许用压应力。工程应用中许用压应力的取值方法如下。

点接触情况下，对高强度铸铁，通常取$[\sigma_{cp}]=(1000\sim1300)$MPa；对高强度合金钢，通常取$[\sigma_{cp}]=(1300\sim2000)$MPa。

线接触情况下，对高强度铸铁，通常取$[\sigma_{cp}]=(800\sim1000)$MPa；对高强度合金钢，通常取$[\sigma_{cp}]=(1000\sim1500)$MPa。

对铁轨钢，通常取$[\sigma_{cp}]=(800\sim1000)$MPa，对轴承钢，常取$[\sigma_{cp}]=(3500\sim5000)$MPa。

对于接触强度的计算，上面的计算方法是本书的作者经过研究提出的(见参考文献)。

**例 14－10** 考虑铁路钢轨与火车轮的接触问题，如图 14－38 所示。假设车轮的半径

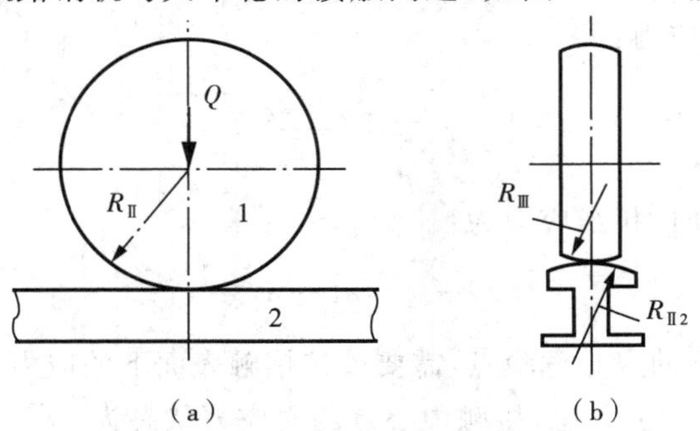


图 14－38 轮轨接触模型例子

$R_{I1}=65\mathrm{mm}$，轮截面圆弧半径 $R_{III}=1500\mathrm{mm}$。钢轨的两个接触主方向上的半径为 $R_{I2}=\infty$，$R_{II2}=1600\mathrm{mm}$。两者的材料都是钢材，$E=209\mathrm{GPa}$，$\nu=0.3$。静态接触载荷 $Q=125\mathrm{kN}$。分析其接触应力状态。

这是一种点接触情况。计算接触点的参数如下。

接触点主曲率：

$$\rho_{I1}=\frac{1}{R_{I1}}=\frac{1}{65}=0.01538,\rho_{III}=\frac{1}{R_{III}}=\frac{1}{1500}=0.00067$$

$$\rho_{I2}=\frac{1}{R_{I2}}=\frac{1}{\infty}=0.\ ,\rho_{II2}=\frac{1}{R_{II2}}=\frac{1}{1600}=0.000625$$

曲率和函数：
$$\sum\rho=\rho_{I1}+\rho_{I2}+\rho_{III}+\rho_{II2}=0.016675(1/\mathrm{mm})$$

与辅助曲率函数：

$$F(\rho)=\frac{\rho_{I1}-\rho_{III}+\rho_{I2}-\rho_{II2}}{\sum\rho}=\frac{0.014086}{0.016675}=0.84468$$

代入近似式(14－115)计算得 $e\approx 0.9796$。

如果利用直接查表或插补计算方法得到 $e=0.9798$。两者的相对误差为 $\varepsilon=0.02\%$。

由式(14－112)、式(14－113)计算得到 $\Gamma(e)=3.01448$，$\Pi(e)=1.05088$。

$$a^*=\left(\frac{2\Pi(e)}{\pi(1-e^2)}\right)^{1/3}\approx\left(\frac{2\times 1.05088}{\pi\times(1-0.9796^2)}\right)^{1/3}=2.54922,$$

$$b^*=\left(\frac{2\sqrt{1-e^2}\,\Pi(e)}{\pi}\right)^{1/3}\approx\left(\frac{2\times\sqrt{1-0.9796^2}\times 1.05088}{\pi}\right)^{1/3}=0.51229,$$

$$\delta^*=\frac{2\Gamma(e)}{\pi}\left(\frac{\pi(1-e^2)}{2\Pi(e)}\right)^{1/3}\approx\frac{2\times 3.01448}{\pi}\times\left(\frac{\pi\times(1-0.9796^2)}{2\times 1.05088}\right)^{1/3}=0.75281$$

而查表并插值得：

$$e\approx 0.9995,a^*\approx 2.55,b^*\approx 0.511,\delta^*\approx 0.75$$

两者非常接近。

接触物体材料参数为：

$$\frac{1}{\tilde{E}}=\frac{1-\nu_1^2}{E_1}+\frac{1-\nu_2^2}{E_2}=8.7081\times 10^{-6}(\mathrm{mm^2/N})$$

代入接触区域尺寸公式得：

$$a=a^*\left[\frac{3}{2}\frac{Q}{\tilde{E}\sum\rho}\right]^{1/3}\approx 2.54922\times\left(\frac{3}{2}\times\frac{125\times 10^3}{0.016675}\times 8.708\times 10^{-6}\right)^{1/3}=11.749(\mathrm{mm})$$

$$b=b^*\left[\frac{3}{2}\frac{Q}{\tilde{E}\sum\rho}\right]^{1/3}\approx 0.51229\times\left(\frac{3}{2}\times\frac{125\times 10^3}{0.016675}\times 8.708\times 10^{-6}\right)^{1/3}=2.361(\mathrm{mm})$$

$$\delta=\delta^*\left[\frac{3Q}{2\tilde{E}\sum\rho}\right]^{2/3}\frac{\sum\rho}{2}\approx 0.75281\times\left(\frac{3\times 125\times 10^3}{2\times 0.01668}\times 8.708\times 10^{-6}\right)^{2/3}$$

$$\times \frac{0.01668}{2} = 0.133(\text{mm})$$

接触表面的最大压应力为：

$$q_{\max} = \frac{3Q}{2\pi ab} = \frac{3 \times 125 \times 10^3}{2 \times \pi \times 11.749 \times 2.361 \times 10^{-6}} = 2.1516 \times 10^9(\text{Pa})$$

# 14.8　工程构件的弹塑性强度

### 14.8.1　理想弹塑性材料特性

弹塑性材料杆件的破坏过程与材料的力学性质有关。对于具有明显屈服且屈服阶段又比较长的材料，如低碳钢，工程上常采用如模型图 14-39 所示的简化 $\sigma-\varepsilon$ 曲线。

按照简化曲线，当正应力不超过屈服极限时，材料是完全弹性的，服从胡克定律。且拉伸和压缩时的弹性模量相同，拉压屈服极限数值也相同。在材料屈服之后，应力不再继续增大，维持在 $\sigma_s$ 的水平。但应变却将无限增大。如在屈服后某一点 $B$ 卸载，则应力将沿着与 $OA$ 平行的直线 $BC$ 返回，亦即卸载时材料仍服从胡克定律。这时的 $OC$ 段为塑性应变。具有如图 14-39 所示的力学特性的材料，称为理想弹塑性材料，它只是一种材料的简化“模型”。材料的理想弹塑性模型与实际材料的主要不同之处是忽略了材料的强化特性，它使材料具有一定的强度储备，因而是偏于安全的。

对于没有明显屈服阶段的材料，可以采用模型图 14-40 所示的强化应力应变曲线。

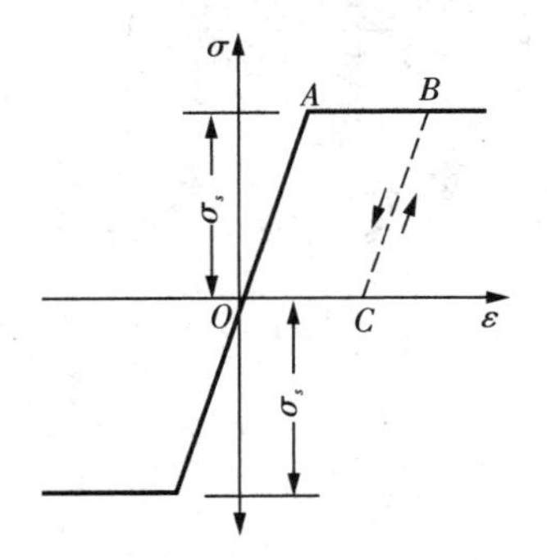


图 14-39　理想弹塑性模型

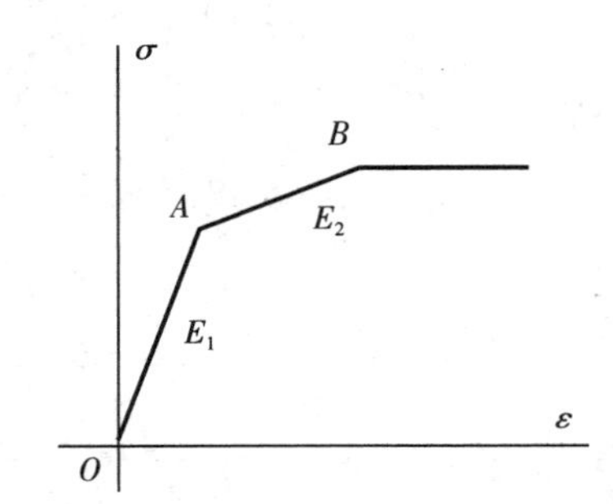


图 14-40　强化弹塑性模型

在本书前面章节中，进行构件的强度计算是按容许应力法进行的。这个方法的基本出发点是当构件危险点处的最大工作应力（$\sigma_{\max}$ 或 $\tau_{\max}$）达到了材料的极限应力，就认为材料已发生强度破坏，梁也就失去了承载能力。但是，对于塑性材料制成的构件，截面上出现一点达到极限应力时并不会立即发生破坏，还可以继续使用。因此，人们又提出了另一种强度设计方法，即“全塑性极限荷载”设计。这种方法是以构件破坏时的全塑性极限荷载为依据建立强度条件，并进行强度计算。

### 14.8.2 拉压杆件的塑性强度

对于静定结构受拉压载荷作用时，构件截面的应力达到塑性屈服后，整个杆件都进入了塑性阶段。构件系统就失去了承载能力。因此，对静定结构中受最大应力的杆件出现塑性屈服，构件的载荷就达到了“全塑性极限荷载”。

对于超静定结构，最大应力的杆件出现塑性屈服，失去承载能力，但整个构件系统不会立即失效，仍然能够承受载荷。因此，对于超静定结构采用全塑性极限荷载设计是有意义的。下面通过例子来说明。

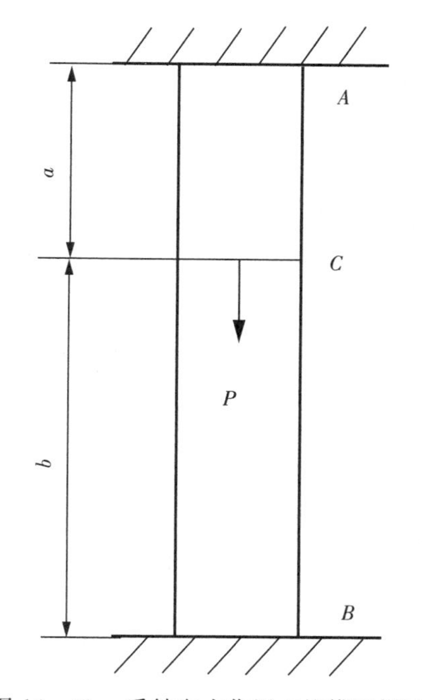

图 14 - 41 受轴向力作用立柱模型例子

**例 14 - 11** 立柱在中间部位受轴向力 $F$ 作用，简化模型如图 14 - 41 所示。截面积为 $A$，材料为理想弹塑性的。屈服应力为 $\sigma_s$。试按照普通强度理论和全塑性极限荷载理论求最大载荷。

**解**：该立柱是一次超静定结构。由求解超静定结构的方法可以求出柱的截面内力为：

在 $AC$ 段：

$$F_{N1}=\frac{Pb}{a+b}\text{（拉力）}$$

在 $BC$ 段：

$$F_{N2}=\frac{Pa}{a+b}\text{（压力）}$$

设 $a<b$，则 $F_{N1}>F_{N2}$。

(1) 按照普通强度理论，该柱最大可承受的载荷为：

$$\sigma_{1\max}=\frac{F_{N1}}{A}=\frac{b}{a+b}\frac{P_{1\max}}{A}=\sigma_s$$

则：

$$P_{1\max}=\frac{a+b}{b}\sigma_s A$$

此时立柱的变形为：

在 $AC$ 段：

$$\delta_1=\frac{\sigma_{1\max}}{E}a=\frac{\sigma_s}{E}a\text{（拉伸）}$$

在 $BC$ 段：

$$\delta_2=\frac{F_{N2}}{EA}b=\frac{\sigma_s}{E}a\text{（压缩）}$$

载荷作用 $C$ 点的位移为：

$$\delta_C = \delta_1 = \frac{\sigma_s}{E} a$$

(2) 按照全塑性极限荷载理论，$AC$ 段柱失效进入塑性屈服，截面内力变为：

$$F_{N1} = \sigma_s A (\text{拉力})$$

由于 $BC$ 段仍然是弹性状态，这时柱子仍然可以承受更大的载荷不会破坏。$BC$ 段立柱的内力为：

$$e = \sqrt{1-(b/a)^2} (\text{压力})$$

$BC$ 段立柱的应力为：

$$\sigma_2 = \frac{F_{N2}}{A} = \frac{P}{A} - \sigma_s$$

当 $BC$ 段立柱的应力也达到屈服时，整个立柱就进入了全塑性，此时的载荷为全塑性极限荷载。即

$$\sigma_{2\max} = \frac{P_{2\max}}{A} - \sigma_s = \sigma_s$$

所以

$$P_{2\max} = 2\sigma_s A$$

比较上面得到的两种最大载荷，显然，按照全塑性极限荷载理论得到更大的载荷值。

$$\alpha = \frac{P_{2\max}}{P_{1\max}} = \frac{2b}{a+b}$$

此时立柱的变形为：

在 $AC$ 段：由于塑性变形，其变形随 $BC$ 段来确定。

在 $BC$ 段：

$$\delta_2 = \frac{F_{N2}}{EA} b = \left(\frac{P_{\max}}{EA} - \frac{\sigma_s}{E}\right) b = \frac{\sigma_s}{E} b$$

载荷作用 $C$ 点的位移为：

$$\delta_C = \delta_2 = \frac{\sigma_s}{E} b$$

### 14.8.3 圆轴扭转的塑性强度

圆轴在受到扭矩 $T$ 作用后，在弹性范围内截面上的切应力已知为：

$$\tau = \frac{T\rho}{I_P}$$

它是一种线性分布规律，如图 14-42(a) 所示。

当扭矩继续增大，截面边缘开始进入塑性屈服。此时的最大扭矩为：

$$T_s=\frac{I_P}{R}\tau_s=\frac{\pi}{2}R^3\tau_s \tag{14-136}$$

假设轴材料为理想塑性材料[如图 14-42(b) 所示]。再继续增大扭矩，则截面上的切应力分布为[如图 14-42(c) 所示]：

$$\tau=\begin{cases}\dfrac{\rho}{\rho_s}\tau_s & 0\leqslant\rho\leqslant\rho_s\\ \tau_s & \rho_s\leqslant\rho\leqslant R\end{cases}$$

最后，扭矩增大使截面全部进入塑性状态[如图 14-41(d) 所示]。这时，截面切应力合成为：

$$T_P=\int_A\tau_s\mathrm{d}A=\int_0^R\tau_s 2\pi\rho\mathrm{d}\rho=\frac{2\pi}{3}R^3\tau_s \tag{14-137}$$

式(14-137) 是圆轴扭转截面进入全塑性时的极限扭矩。显然，全塑性极限扭矩比弹性极限扭矩大 1/3。

$$\alpha=\frac{T_P}{T_s}=\frac{4}{3} \tag{14-138}$$

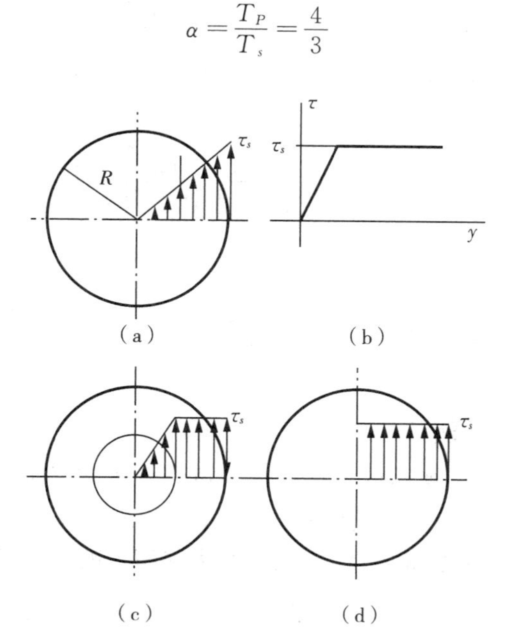


图 14-42 弹塑性圆轴截面应力模型

**例 14-12** 设圆轴的材料服的切应力与应变之间从非线性关系：

$$\tau=C\gamma^n$$

式中，$C$、$n$ 为常数。试确定圆轴扭转时的应力与变形计算方法。

**解：**根据圆轴扭转的平面假设，截面上任意点的切应变为：

$$\gamma_\rho=\rho\frac{\mathrm{d}\varphi}{\mathrm{d}x}$$

截面上任意点的切应力为：

$$\tau_\rho = C\gamma_\rho{}^n = C\left(\rho\frac{\mathrm{d}\varphi}{\mathrm{d}x}\right)^n$$

截面切应力合成后对于截面扭矩：

$$T = \int_A \rho\tau_\rho \mathrm{d}A = \int_A C\rho\left(\rho\frac{\mathrm{d}\varphi}{\mathrm{d}x}\right)^n \mathrm{d}A = 2\pi C\left(\frac{\mathrm{d}\varphi}{\mathrm{d}x}\right)^n \int_0^R \rho^{n+2}\mathrm{d}\rho$$

$$= \frac{2\pi CR^{n+3}}{n+3}\left(\frac{\mathrm{d}\varphi}{\mathrm{d}x}\right)^n$$

从上面的各式化简后得到：

$$\tau_\rho = \frac{(n+3)T}{2\pi R^{n+3}}\rho^n = \frac{(n+3)T}{2\pi R^3}\left(\frac{\rho}{R}\right)^n = \frac{(n+3)TR}{4I_P}\left(\frac{\rho}{R}\right)^n$$

在圆截面边缘，切应力得到最大值：

$$\tau_R = \frac{(n+3)T}{2\pi R^3} = \frac{(n+3)TR}{4I_P}$$

当 $n=1$ 时，材料是线弹性材料，上面得到的结果与第 4 章中的结果一致。

再考虑轴的扭转变形。

$$\frac{\mathrm{d}\varphi}{\mathrm{d}x} = \frac{\gamma_\rho}{\rho} = \frac{1}{\rho}\left(\frac{\tau_\rho}{C}\right)^{1/n} = \frac{1}{R}\left(\frac{(n+3)TR}{4CI_P}\right)^{1/n}$$

沿轴的长度积分得到：

$$\varphi = \int_l \mathrm{d}\varphi = \frac{l}{R}\left(\frac{(n+3)T}{2\pi CR^3}\right)^{1/n} = \frac{l}{R}\left(\frac{(n+3)TR}{4CI_P}\right)^{1/n}$$

### 14.8.4 弯曲梁的塑性强度

下面分析如图 14－43(a) 所示的塑性材料的矩形截面梁弯曲时的应力变化。当横截面的上、下边缘处的正应力达到 $\sigma_s$ 时，横截面上的正应力沿梁高仍呈直线分布。此时，上、下边缘开始进入屈服，截面处于弹性极限状态。这时，横截面上的弯矩可由下式求得：

$$M_s = W_z\sigma_s \tag{14-139}$$

$M_s$ 是材料处于弹性状态时矩形截面梁横截面上弯矩的最大值，称为屈服弯矩。

但这并不是该横截面的极限弯矩能力，因为当横截面上、下边缘处的正应力达到时，其他各处的正应力仍小于 $\sigma_s$，梁还可以继续承受荷载。随着荷载的加大，横截面上、下边缘处的正应力将保持 $\sigma_s$，不会再增大，但其他各处的正应力将续增大至 $\sigma_s$，即横截面上的屈服区将从上、下边缘逐渐向中性轴扩展，其正应力分布规律模型如图 14－43(b) 所示。横截面上中心部分仍为弹性区，而靠近上、下边缘的部分为屈服区或塑性区，截面呈弹塑性状态。

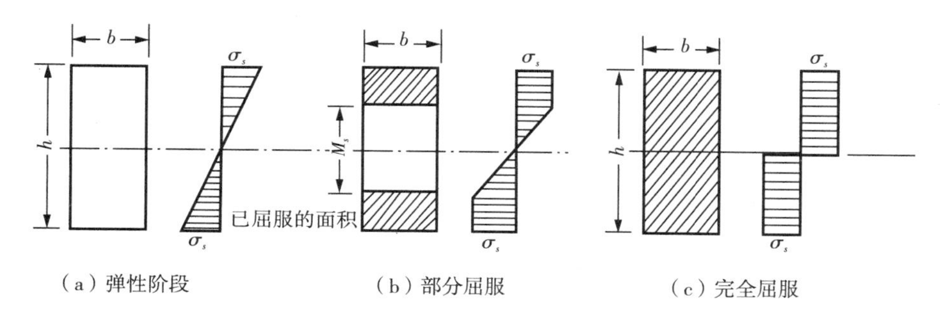


图 14-43 矩形截面梁横截面上的正应力变化模型

再进一步加载，达到极限情况是横截面上各处的正应力都达到 $\sigma_s$，正应力沿梁高的分布如图 14-43(c) 所示。这时横截面已全部屈服，变形将无限增大，即梁的上半(或下半) 部分将在该截面处无限缩短，而另半个部分将无限伸长。因此，梁在该截面左、右两侧将绕该截面的中性轴无限制的转动，如同在该截面中性轴处出现了一个“中间铰”。这样的铰称为塑性铰。

实际上，塑性铰是该截面中性轴附近的一个区域成为塑性区所致。模型如图 14-44 所示为简支梁中点受集中力时出现塑性铰的情况，是由于中部成为塑性区(图中阴影部分) 所致。对于静定梁，只要出现了一个塑性铰，就将成为几何可变系统而不能继续承载。

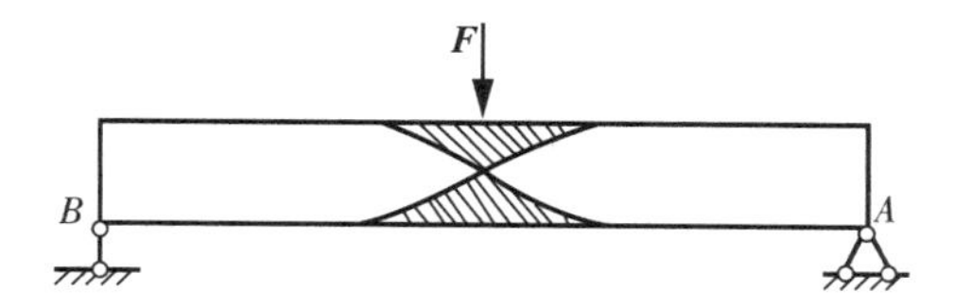


图 14-44 塑性铰模型

当截面上各点处的正应力都达到 $\sigma_s$ 时，截面上的弯矩才是极限弯矩 $M_P$。

$$M_P = \sigma_s bh^2/4 \tag{14-140}$$

对于非矩形截面，为了计算极限弯矩，首先要确定该截面完全屈服时的中性轴位置。与弹性状态时一样，横截面上中性轴的位置可由横截面上轴力 $F_N=0$ 的条件确定。由图 14-43(c) 可见，在完全屈服的情况下，横截面的上半(或下半) 部分的正应力将合成为一压力 $F_{N1}$，而另一半上的正应力将合成为一拉力 $F_{N2}$。但该截面上没有轴力，因此，$F_{N1}$、$F_{N2}$ 之和必为零。

$$F_N = \int_{A1} \sigma_s \mathrm{d}A - \int_{A2} \sigma_s \mathrm{d}A = 0 \tag{14-141}$$

式(14-141) 中 $A_1$ 为横截面上拉应力区的面积，$A_2$ 为压应力区的面积。

显然，由上式可以导出 $A_1 = A_2$。可见在横截面完全屈服的情况下，拉应力区的面积必定与压应力区的面积相等，即中性轴将横截面分为面积相等的两部分。

因此，对于一般的具有水平对称轴的截面，在弹性状态和完全屈服两种情况下的中性轴位置是相同的，并没有变动。但对于没有水平对称轴的截面，模型如图 14-45(a) 所示的 T

形截面，当梁的横截面由弹性状态转变为完全屈服时，中性轴将上移至等分面积处。

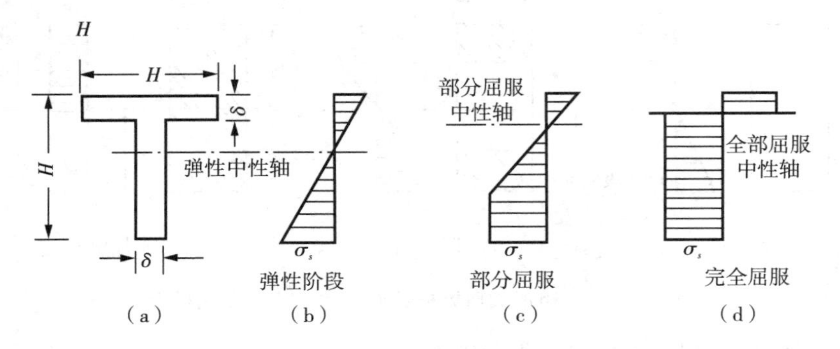


图 14-45　T 形截面上的正应力变化模型

对于一般的截面，当横截面的中性轴位置确定后，按下式计算极限弯矩为：

$$M_P=\int_{A1}y\sigma_s\mathrm{d}A-\int_{A2}(-y)\sigma_s\mathrm{d}A=\sigma_s\left(\int_{A1}y\mathrm{d}A+\int_{A2}y\mathrm{d}A\right) \tag{14-142}$$

若令

$$W_P=\int_{A1}y\mathrm{d}A+\int_{A2}y\mathrm{d}A$$

则

$$M_P=\sigma_sW_P \tag{14-143}$$

式中 $W_P$ 称为塑性弯曲截面系数。对于矩形截面，

$$W_P=bh^2/4 \tag{14-144}$$

令

$$\alpha=\frac{M_P}{M_s}=\frac{W_P}{W_z}=\frac{bh^2}{4}\Big/\frac{bh^2}{6}=1.5$$

此比值称为矩形截面形状系数。

可见，矩形截面梁从弹性极限状态到横截面完全屈服，横截面所承受的弯矩增大 50%。表明在这一过程中，梁还有相当大的承载潜力。

对于其他形状的截面，可用相同的方法得到形状系数的数值。几种常见截面的形状系数列于表 14-3 中。

**表 14-3　常见截面的形状系数**

| 截面形式 | | | | |
|---|---|---|---|---|
| 截面形状系数 | 1.50 | 1.70 | 1.27 | 1.15～1.17 |

将材料的完全塑性极限弯矩除以强度安全因数 $n$，得容许弯矩 $[M_P]$，即

$$[M_P]=M_{Pc}/n \tag{14-145}$$

从而得到按极限荷载法建立的梁的强度条件为

$$M_P=\sigma_s W_P \leqslant [M_P] \tag{14-146}$$

由此，即可对梁进行强度计算，即校核强度、设计截面和求容许荷载。

**例 14-13** 跨度为 $l=6\text{m}$ 的简支梁，在中点受集中荷载 $F$ 作用。梁的截面为T形，模型尺寸如图 14-46。

1）如果材料的屈服极限 $\sigma_s=240\text{MPa}$，试求该截面完全屈服时中性轴的位置和极限弯矩，并与弹性极限状态作比较。

2）如果已知材料的容许应力$[\sigma_s]=160\text{MPa}$，按极限荷载法求此梁的容许荷载$[F_P]$。

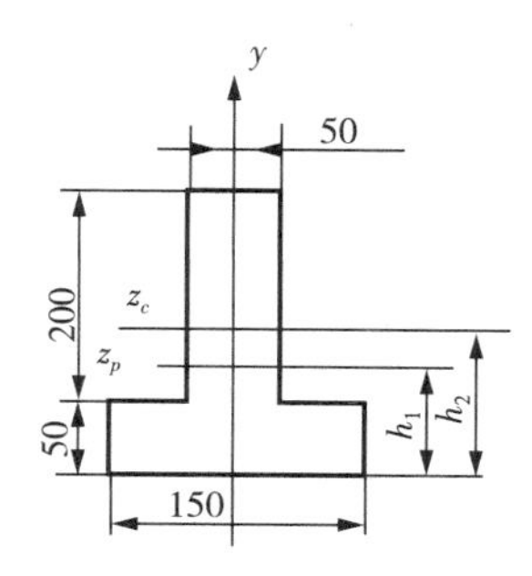


图 14-46 T形梁的截面例子

**解**：1）确定截面处于完全屈服状态的中性轴的位置。设中性轴 $z_p$ 至截面底边的距离为 $h_1$，则由 $A_1=A_2$，得：

$$50\times(250-h_1)=50\times(h_1-50)+150\times50$$

解得：

$$h_1=\frac{1}{2}(250+50-150)=75(\text{mm})$$

再计算截面完全屈服的极限弯矩。由

$$W_P=\int_{A1}y\text{d}A+\int_{A2}y\text{d}A$$

$$=(765625+15625+281250)\times10^{-9}=0.937\times10^{-3}(\text{m}^3)$$

由式(14-143)，

$$M_P=\sigma_s W_P=240\times10^6\times0.937\times10^{-3}=255\times10^3(\text{N}\cdot\text{m})$$

2）当截面处于弹性极限状态，首先确定中性轴 $z_c$ 的位置。设中性轴 $z_c$ 至截面底边的距离为 $h_2$。由于截面轴力为零，即

$$\int_A y\text{d}A=0$$

将T形截面分为两个矩形，分别计算上面的积分为：

$$\int_{-h_2}^{-h_2+\delta} y \times 150 \mathrm{d}y + \int_{-h_c+\delta}^{h-h_2} y \times 50 \mathrm{d}y = 0$$

由上式解得 $h_2 = 103.6(\mathrm{mm})$。

T 形截面惯性矩为：

$$I_z = \int_{-103.6}^{-53.6} y^2 \times 150 \mathrm{d}y + \int_{-53.6}^{156.4} y^2 \times 50 \mathrm{d}y$$

$$= 114.225 \times 10^6 (\mathrm{mm}^4) = 114.225 \times 10^{-6} (\mathrm{m}^4)$$

抗弯系数为：

$$W_z = \frac{I_z}{h - h_2} = \frac{114.225 \times 10^{-6}}{(250 - 103.6) \times 10^{-3}} = 0.78 \times 10^{-3} (\mathrm{m}^3)$$

此时，弹性极限状态下截面的弯矩为：

$$M_s = \sigma_s W_z = 240 \times 10^6 \times 0.78 \times 10^{-3} = 187.25 \times 10^3 (\mathrm{N \cdot m})$$

而简支梁中点作用集中力的最大弯矩为：

$$M_{\max} = \frac{Fl}{4}$$

极限荷载下的应力满足的条件

$$M_{\max} \leqslant [M_P] = [\sigma_s] W_P$$

所以

$$[F_P] = \frac{4[M_P]}{l} = \frac{4[\sigma_S] W_P}{l} = \frac{4 \times 160 \times 10^6 \times 0.937 \times 10^{-3}}{6} = 10^5 (\mathrm{N})$$

# 习题参考答案

第 1 章

略

第 2 章

2-5 (a) 力螺旋。$R=Pk$，$M'_0=-aPk$，中心轴上一点坐标$(a,0,0)$。

(b) $R=-300i-200j+300k(\mathrm{N})$，$M_0=200i-300j(\mathrm{N\cdot m})$，

合力 $R'=R$，通过点$\left(1,\dfrac{2}{3},0\right)$。

(c) $R=(100+100\sqrt{2})i+(80+100\sqrt{2}-50\sqrt{3})j(\mathrm{N})$，

$M_0=[70+50(\sqrt{3}/2)]k(\mathrm{N\cdot m})$

2-6 $R=0$，$M_0=0$

2-7 $M=266(-0.6i+0.8k)(\mathrm{N\cdot m})$

2-8 $\alpha=27.8°$，$\beta=32.2°$.

2-9 $T_1=T_2=7.5\mathrm{kN}$.

2-10 $\tan\beta=\left(\dfrac{2P}{Q}+1\right)\tan\alpha$.

2-11 $\alpha=60°$，$Q=17.3N$.

第 3 章

3-1 (a)$R_{AX}=R_{AY}=-\mathrm{P}$，$R_s=P$(沿 $B$ 向上)；

(b)$R_A=53.8\mathrm{N}$，$R_D=43.9\mathrm{N}$；

(c)$R_A=4\sqrt{2}\mathrm{kN}$，$R_B=4\mathrm{kN}$

3-2 (a)$Q=P\cot\alpha$

(b)$Q=P\cot\alpha$

3-3 $R_B=0$，$R_C=-P$，$R_E=2\sqrt{2}P$

3-4 $N_1=P+\dfrac{Q}{2}$；$N_2=0$；$N_3=Q\dfrac{R+r}{2\sqrt{R^2+2rR}}$；$S=Q\dfrac{R+r}{2\sqrt{R^2+2rR}}$

3-5 $S=0.136P$

3-6 $M_2=4M_1$

3-7 (a)$S_{AB}=S_{CB}=0$，$S_{AD}=S_{CD}=P$，$S_{DB}=\sqrt{2}P$；

(b)$S_1=S_3=S_5=S_6=0$，$S_2=P$，$S_4=\sqrt{2}P$

3-8 (a)$S_{CD}=-0.866P$；

(b)$S_{AB}=0.43P$

3-9　$X_A=-\frac{P}{2}, Y_A=-P, X_B=-\frac{P}{2}, Y_B=P$

3-10　$Q=\frac{\sin(\alpha+\phi)}{\cos(\theta-\phi)}\cdot P$，当 $\theta=\phi$ 时，$Q_{\min}=P\cdot\sin(\alpha+\phi)$

3-11　(1)$W_{\min}=452\text{N}$；(2)$F=289\text{N}$

3-12　$\tan\alpha\geqslant\frac{P+2O}{2f(P+Q)}$

3-13　$\sin\theta=\frac{3\pi f}{4+3\pi f}$

3-14　$\sin\phi=\frac{fr}{(1+f^2)b}$

3-15　$P=500\text{N}$

3-16　(a)$P=140\text{N}$；(b)$P=265\text{N}$

3-17　$n=21$ 本

3-18　$b\leqslant 11\text{cm}$

3-19　$f=\frac{1}{2\sqrt{3}}$

3-20　$x=\frac{1}{2}\cdot\frac{b}{\tan\phi}$

3-21　先滑动。

3-22　$f\geqslant\frac{r}{R}$

3-23　$R_C=R_D=\frac{Wl\omega^2\sin2\theta}{24g}$

3-24　$R=m\omega^2b/6$，$R$ 距 $A$ 为 $l/3$

第 4 章

4-1　(1) 不考虑重力 $\sigma_B=\frac{F}{A}, \sigma_C=\frac{2F}{A}$；

考虑重 $\sigma_B=\frac{F}{A}+\rho gl, \sigma_C=\frac{2F}{A}+2\rho gl$；

(2) 不考虑重力 $\Delta_B=\frac{2Fl}{EA}, \Delta_C=\frac{3Fl}{EA}$；

考虑重力 $\Delta_B=\frac{(2F+\rho gAl)l}{EA}+\frac{\rho gl^2}{2E}, \Delta_C=\frac{3Fl}{EA}+\frac{2\rho gl^2}{E}$

4-2　(1) $(F_N)_{\max}=(F_N)_C=11.958\text{kN}$；

(2)$\sigma_A=29.755\text{MPa}, \sigma_C=39.86\text{MPa}$

4-3　(1)$\sigma_{\max}=\sigma_A=10.0\text{MPa}$

(2)$\Delta_C=\Delta_{铝}+\Delta_{钢}=\frac{Fl_a}{E_aA_a}+\frac{F}{E_s}\frac{l_s}{A_1-A_0}ln\frac{A_1}{A_0}$

4-4　$\sigma_{AB}=0, \sigma_{BC}=-80\text{MPa}$

4-5　$E=73.4\text{GPa}, \nu=0.326$

4-6　$\Delta_G=2.225\text{mm}$

4-7 $\Delta_l=\dfrac{4Fl}{\pi Ed_1d_2}$

4-10 (1)$\sigma_{max}=350MPa$,(2)$\sigma_{max}=950MPa$,(3)$\sigma_{max}=404MPa$

4-11 (a)$\sigma_{(1)}=35.35MPa$,$\sigma_{(2)}=31.62MPa$,$\sigma_{(3)}=-15.81MPa$

(b)$\sigma_{(1)}=-15.88MPa$,$\sigma_{(2)}=22.5MPa$,$\sigma_{(3)}=-38.18MPa$

4-12 $A_1=5cm^2$,$A_2=14.1cm^2$,$A_3=25cm^2$

4-13 $d=36mm$

4-14 $[F]=45.24kN$

4-15 $a=0.574m$

4-16 $\sigma_{(1)}=\dfrac{4P}{11A}$, $\sigma_{(2)}=\dfrac{6P}{11A}$

4-17 $\Delta BC=\Delta B-\Delta C=0$

4-18 $[p]=[p]_2=40.98\approx 41kN$

4-19 $\tan\alpha=0.6$,$\alpha=30.96°\approx 31°$,$[p]=27.2kN$

4-20 (1)$\Delta_C=\dfrac{\Delta l}{\cos\alpha}=\dfrac{Pl}{2ES\cos^2\alpha}$

(2)$\Delta_C=\dfrac{\Delta l}{\cos\alpha}=\left(\dfrac{P}{2S}\right)^n\dfrac{l}{k\cos^{n+1}\alpha}$

4-21 (1)$F_N(x)=-F_P-(F_Pe^{\frac{\rho A_0x}{F_P}}-F_P)=-F_Pe^{\frac{\rho A_0x}{F_P}}$,(2)$\sigma(x)=-\dfrac{F_P}{A_0}$

(3)$u(x)=\dfrac{F_P}{EA_0}(l-x)$

4-22 $u_C=4.50mm$

第5章

5-2 $\tau=84.88MPa$, $d=33mm$

5-3 $F_1=240kN$,$F_2=190.4kN$

5-4 $\tau=2.5MPa$,$\sigma_{bs}=6.82MPa$

5-5 $\tau=50.5MPa$,$\sigma_{bs}=69.4MPa$

5-6 $d/h=2.4$

5-7 $M_e=209Nm$

5-8 $F\geqslant 823kN$

5-9 $\sigma_{bs}=124MPa<[\sigma_{bs}]$

5-10 $\tau=41.8MPa<[\tau]$,$\sigma_{bs}=44.6MPa<[\sigma_{bs}]$

5-11 $\tau=19.1MPa<[\tau]$

5-12 (a)$\tau=109.8MPa$, (b)$\tau=133.8MPa$

第6章

6-1 $\tau_1=31.4MPa$,$\tau_2=0$,$\tau_3=47.2MPa$,$\gamma_{max}=0.59\times 10^{-3}$

6-2 (1)$\tau=35.5MPa$,(2)$\varphi=0.01136rad$

6-4 6.67%

6－5 $a=402\text{mm}$

6－6 $\varphi=\dfrac{16m_x l^3}{3\pi G d^4}$

6－7 (1)$d=79\text{mm}$,

(2)$d_1=66\text{mm}$,$d_2=79\text{mm}$,$d_3=79\text{mm}$,$d_4=50\text{mm}$

6－8 (1)$d_1=91\text{mm}$,$d_2=80\text{mm}$,(2)$d=91\text{mm}$

6－9 $T_1=5.23\text{kN}\cdot\text{m}$,$T_2=10.5\text{kN}\cdot\text{m}$

6－10 82%

6－11 $\dfrac{l}{a}=1+\left(\dfrac{d_2}{d_1}\right)^4$

6－12 $T_{\max}\leqslant T_2=2883\text{N}\cdot\text{m}=2.88\times10^3\text{N}\cdot\text{m}$

6－13 $\tau_{h\max}=6.38$, $\tau_{s\max}=21.86$

6－14 $\tau_{s\max}=133\text{MPa}$

6－15 $d_1\geqslant\sqrt[3]{\dfrac{16T}{\pi[\tau]}}=45\text{mm}$,$D_1\geqslant\sqrt[3]{\dfrac{16T}{\pi[\tau](1-\alpha^4)}}=46\text{mm}$

6－16 $u=\dfrac{1}{2}\tau y=29\times10^{-3}\text{MPa}=29\text{kJ/m}^3$

第 7 章

7－2 (a) $|F_Q|_{\max}=\dfrac{M}{2l}$, $|M|_{\max}=2M$;

(b) $|F_Q|_{\max}=\dfrac{5}{4}ql$, $|M|_{\max}=ql^2$;

(c) $|F_Q|_{\max}=ql$, $|M|_{\max}=ql^2$;

(d) $|F_Q|_{\max}=\dfrac{1}{2}ql$, $|M|_{\max}=\dfrac{1}{8}ql^2$

7－3 (a) $|M|_{\max}=2F_P l$; (b) $|M|_{\max}=ql^2$;

(c) $|M|_{\max}=ql^2$;(d) $|M|_{\max}=ql^2$

7－6 $\rho=85.7\text{m}$

7－7 $\sigma_{\max}=1000\text{MPa}$

7－8 $\rho1=1215\text{m}$,$\rho2=142\text{m}$

7－9 (1)21%,(2) 腹板约 15.9%,翼缘约 84.1%

7－10 $\sigma A=0.0754\text{MPa}$,$\sigma B=0.0754\text{MPa}$,$\sigma t\max=4.75\text{MPa}$,$\sigma c\max=6.28\text{MPa}$

7－11 (a)$\sigma_{\max}=\dfrac{ql^2/2}{bh^2/6}=\dfrac{3ql^2}{4a^3}$,(b)$\sigma_{\max}=\dfrac{ql^2/4}{bh^2/6}=\dfrac{3ql^2}{2a^3}$,(c)$\sigma_{\max}=\dfrac{ql^2/4}{bh^2/6}=\dfrac{3ql^2}{4a^3}$

7－12 $F=85.8\text{kN}$

7－13 $\sigma=55.8\text{MPa}$,$\tau=15.9\text{MPa}$

7－14 $\tau_{a-a}=0$,$\tau_{b-b}=1.75\text{MPa}$

7－15 $\tau=1\text{MPa}$

7－16 $F=13.1\text{kN}$

6－17 $\sigma_{t\max}=28.8\text{MPa}$,$\sigma_{c\max}=46.1\text{MPa}$

7－18　$d=266\mathrm{mm}$

7－19　$q=15.7\mathrm{kN/m}$

7－20　18层

第8章

8－3　(a)$\theta_B=\dfrac{qa^3}{6EI_z}$,$w_C=\dfrac{-qa^4}{12EI_z}$,(b)$\theta_B=\dfrac{qa^3}{2EI_z}$,$w_C=\dfrac{-qa^4}{8EI_z}$,

(c)$\theta_C=\dfrac{-Fa^2}{12EI_z}$,$w_C=\dfrac{-Fa^3}{12EI_z}$,(d)$w_B=0.584\mathrm{mm}$,$w_D=0.281\mathrm{mm}$

8－5　(a)$w_B=\dfrac{-23Fl^3}{12EI_z}$,$w_D=\dfrac{-27Fl^3}{2EI_z}$　(b)$\theta_C=\dfrac{-Fl^2}{4EI_z}$

(c)$w_C=\dfrac{-5ql^4}{12EI_z}$,$\theta_B=\dfrac{23ql^3}{12EI_z}$　(d)$w_C=\dfrac{-5Fl^3}{8EI_z}$,$\theta_C=\dfrac{-11Fl^2}{12EI_z}$

8－6　14$a$号槽钢

8－7　(a)$F_{By}=3.48F$　(b)$F_{By}=5ql/8$　(c)$F_{By}=F$

8－8　$w_c=\dfrac{Fl^3}{24E(2I_1+I_2)}$

8－9

$$\theta_B=(\theta_B)_3+(\bar{\theta}_B)_4=-\frac{F_P(2l)^2}{16EI}+\frac{\frac{F_Pl}{2}l}{6EI}=-\frac{F_Pl^2}{6EI}(\text{顺})$$

$$w_C=(w_C)_1+(\theta_D)_2l+(w_E)_3+(\bar{\theta}_E)_4\cdot l$$

$$=-\frac{F_Pl^3}{3EI}-\frac{(F_Pl)l}{EI}\cdot l-\frac{F_P(2l)^3}{48EI}-\frac{\left(\frac{F_Pl}{2}\right)l}{3EI}\cdot l=-\frac{5F_Pl^3}{3EI}(\downarrow)$$

8－10　$w_C=w|_{x=2l}=-\dfrac{5ql^4}{3EI}(\downarrow)$

8－12

$AB$段挠曲线方程(原点在点$A$):$w_0(x)=\dfrac{1}{EI}\left[\dfrac{F_Pl}{2}x^2-\dfrac{F_P}{6}x^3\right](0\leqslant x\leqslant l)$

$BD$段挠曲线方程(原点在点$B$):$w_1(x)=\dfrac{1}{EI}\left[\dfrac{F_Pl^3}{3}-\dfrac{F_Pl^2}{6}x-\dfrac{F_P}{6}x^3+\dfrac{F_P}{3}<x-l>^3\right]$

8－13

(a) $$\theta_B=(\theta_B)_1+(\theta_B)_2=(\theta_B)_1+(\theta_A)_2=-\frac{q(l)^3}{6EI}+\frac{\left(\frac{1}{2}ql^2\right)\cdot\left(\frac{l}{2}\right)}{EI}=\frac{ql^3}{12EI}(\text{逆})$$

$$w_A=(w_A)_1+(w_A)_2=\left[-\frac{q\left(\frac{l}{2}\right)^4}{8EI}-\frac{\frac{ql^2}{8}\left(\frac{l}{2}\right)^2}{2EI}-\frac{\frac{ql}{2}\left(\frac{l}{2}\right)^3}{3EI}\right]+\frac{\frac{1}{2}ql^2\left(\frac{l}{2}\right)^2}{2EI}=\frac{7ql^4}{384EI}(\uparrow)$$

(b) $$\theta_B=(\theta_B)_1+(\theta_B)_3=-\frac{\frac{ql}{2}(2l)}{3EI}+\frac{(ql)\cdot(2l)^2}{16EI}=-\frac{ql^3}{12EI}(\text{顺})$$

$$w_A=(w_A)_1+(w_A)_2+(w_A)_3=-\frac{\frac{ql^2}{2}(2l)}{3EI}l-\frac{ql^4}{8EI}+\frac{(ql)(2l)^2}{16EI}l=-\frac{5ql^4}{24EI}(\downarrow)$$

8 - 14 $\delta_C = -\dfrac{ql^4}{24EI}\left(7 + \dfrac{6I}{Al^2}\right)$

8 - 15 $u_E = 2 \times \left[\dfrac{(F_P l)\ \dfrac{l}{2}}{EI} \cdot l + \dfrac{F_P l^3}{3EI}\right] = \dfrac{5F_P l^3}{3EI}$

8 - 16

(1) $M(x) = EI\dfrac{d^2w}{dx^2} = -\dfrac{q_0 x^3}{6l} + \dfrac{q_0 lx}{6}$

$$M\left(\frac{l}{2}\right) = -\frac{q_0\left(\frac{l}{2}\right)^3}{6l} + \frac{q_0 l\left(\frac{l}{2}\right)}{6} = \frac{q_0 l^2}{16}$$

(2) $F_Q(x) = \dfrac{dM}{dx} = -\dfrac{q_0 x^2}{2l} + \dfrac{q_0 l}{6}$

令 $F_Q = 0$，$-\dfrac{q_0 \bar{x}^2}{2l} + \dfrac{q_0 l}{6} = 0$，$\bar{x} = \dfrac{\sqrt{3}}{3}l$

$$M_{\max} = \left|M\left(\frac{\sqrt{3}}{3}l\right)\right| = \left|-\frac{q_0}{6l}\left(\frac{\sqrt{3}}{3}l\right)^3 + \frac{q_0 l}{6}\left(\frac{\sqrt{3}}{3}l\right)\right| = \frac{\sqrt{3}q_0 l^2}{27}$$

(3) $q(x) = \dfrac{dF_Q}{dx} = -\dfrac{q_0}{l}x$（↓）

(4) $M|_{x=0} = 0$，$M|_{x=l} = -\dfrac{q_0 l^3}{6l} + \dfrac{q_0 l \cdot l}{6} = 0$　两支座无集中力偶

$$F_{Rl} = F_Q|_{x=0} = 0 + \frac{q_0 l}{6} = \frac{q_0 l}{6}(\uparrow)$$

$$F_{Rr} = F_Q|_{x=l} = -\frac{q_0 l^2}{2l} + \frac{q_0 l}{6} = -\frac{q_0 l}{3}(\uparrow)$$

8 - 17

(1) $M(x) = -EI\dfrac{d^2w}{dx^2} = -EI\left[\dfrac{q_0}{EI}\left(\dfrac{1}{2}x^2 - \dfrac{3}{8}xl\right)\right] = -q_0\left(\dfrac{x^2}{2} - \dfrac{3}{8}xl\right)$

$$F_Q(x) = \frac{dM}{dx} = -q_0\left(\bar{x} - \frac{3}{8}l\right)$$

令　$F_Q(x) = 0$　得 $\bar{x} = \dfrac{3}{8}l$

$$M_{\max} = \left|M\left(\frac{3}{8}l\right)\right| = \left|-q_0\left[\frac{1}{2}\left(\frac{3}{8}l\right)^2 - \frac{3l}{8}\left(\frac{3}{8}l\right)\right]\right| = \frac{9q_0 l^2}{128}$$

$$(F_Q)_{\max} = |F_Q|_{x=l}| = \left|-q_0\left(l - \frac{3}{8}l\right)\right| = \frac{5}{8}ql$$

(2) $M|_{x=0} = 0$，$F_Q|_{x=0} = \dfrac{3}{8}q_0 l$　左端可动铰支座。

$M|_{x=l} = -\dfrac{q_0 l^2}{8}$，$F_Q|_{x=l} = -\dfrac{5}{8}ql$　右端固定。

8 - 18 $\sigma_s = 17.27\text{MPa}$、$\sigma_a = 6.05\text{MPa}$

8 - 19 $x = \dfrac{5}{6}b$

8-20 $u_C=h-\Delta l_2=2.5-0.0497\times 9.73=2.016\text{mm}$

第9章

9-1 $u_V=0.0044\text{MPa}, u_s=0.053\text{MPa}$

9-2 $\sigma_{r3}=95\text{MPa}, \sigma_{r4}=86.75\text{MPa}$

9-3 $\sigma_{r3}=250\text{MPa}, \sigma_{r4}=229\text{MPa}$

9-4 $\sigma_{r3}=183\text{MPa}$

9-5 $\sigma_{r3}=56.2\text{MPa}$

9-6 (1a)$\sigma_{r3}=\sigma_1-\sigma_3=\sqrt{\sigma^2+4\tau^2}$;(1$b$)$\sigma_{r3}=\sigma_1-\sigma_3=\sigma+\tau$

(2a)$\sigma_{r4}=\sqrt{\frac{1}{2}[(\sigma_1-\sigma_2)^2+(\sigma_2-\sigma_3)^2+(\sigma_3-\sigma_1)^2]}=\sqrt{\sigma^2+3\tau^2}$;

(2b)$\sigma_{r4}=\sqrt{\frac{1}{2}[(\sigma_1-\sigma_2)^2+(\sigma_2-\sigma_3)^2+(\sigma_3-\sigma_1)^2]}=\sqrt{\sigma^2+3\tau^2}$

9-7 $\sigma_{r3}=\sigma_1-\sigma_3=1.18\text{MPa}, \tau_{A-A}=1.4\text{MPa}$

9-8 $\sigma_{\max}=168.7\text{MPa}, \tau_{\max}=89.5\text{MPa}, \sigma_{r4}=142.7\text{MPa}$

9-9 $\varphi=26.6^\circ$

9-10 $A$ 点 $\sigma_1=5.84\text{MPa}, \sigma_3=-0.01\text{MPa}, \alpha_0=1.86^\circ$

$B$ 点 $\sigma_1=0.08\text{MPa}, \sigma_3=-3.59\text{MPa}, \alpha_0=81.66^\circ$

9-11 (a)$\sigma_{60^\circ}=18.12\text{MPa}, \tau_{60^\circ}=47.99\text{MPa}$

(b)$\sigma_{-30^\circ}=-83.12\text{MPa}, \tau_{-30^\circ}=-22.0\text{MPa}$

(c)$\sigma_{45^\circ}=-60.0\text{MPa}, \tau_{45^\circ}=10.0\text{MPa}$

(d)$\sigma_{120^\circ}=-35.0\text{MPa}, \tau_{120^\circ}=-8.66\text{MPa}$

9-12 $A$ 点 $\sigma_{-70^\circ}=0.58\text{MPa}, \tau_{-70^\circ}=0.84\text{MPa}$

$B$ 点 $\sigma_{-70^\circ}=0.45\text{MPa}, \tau_{-70^\circ}=1.23\text{MPa}$

9-13 (a)$\sigma_1=160\text{MPa}, \sigma_3=-30\text{MPa}, \alpha_0=-23.56^\circ$

(b)$\sigma_1=55\text{MPa}, \sigma_3=-115\text{MPa}, \alpha_0=-55.28^\circ$

(c)$\sigma_1=88.3\text{MPa}, \sigma_3=-28.3\text{MPa}, \alpha_0=-15.48^\circ$

(d)$\sigma_1=20\text{MPa}, \sigma_3=0\text{MPa}, \alpha_0=-45^\circ$

9-14 $F=4.798\text{kN}$

9-15 (a)$\sigma_1=3F, \sigma_3=-F, \alpha_0=0^\circ$

(b)$\sigma_1=2F, \sigma_3=-2F, \alpha_0=0^\circ$

9-16 (1)$\sigma_x=4.48\text{MPa}, \sigma_y=2.52\text{MPa}, \tau_{xy}=3.36\text{MPa}$

(2)$\sigma_1=7\text{MPa}, \sigma_3=0, \alpha_0=-36.9^\circ$

9-18 $F=13.4\text{kN}$

9-19 $F=31.8\text{kN}$

9-20 $T=54.8\text{kN}\cdot\text{m}$

9-21 $p=1.412\text{MPa}$

9-22 (a):$\begin{cases}\sigma_1=390\text{MPa}\\ \sigma_3=50\text{MPa}\\ \sigma_2=90\text{MPa}\end{cases}$

$\tau_{max} = 170\text{MPa}$

$$(b):\begin{cases}\sigma_1 = 290\text{MPa}\\ \sigma_2 = -50\text{MPa}\\ \sigma_3 = -90\text{MPa}\end{cases}$$

$\tau_{max} = 190\text{MPa}$

9 - 23　$\nu = \frac{1}{3}, E = 68.7\text{MPa}$

第 10 章

10 - 3　选用 $32b$

10 - 4　$|F_{Nx}|_{max} = \bar{p}l$（固定端）；　$|M|_{max} = \frac{2}{}hl$（固定端）

10 - 5　(a) 为拉弯组合

$$\sigma_a = \frac{F_P}{a \times \frac{3}{2}a} + \frac{F_P \cdot \frac{a}{4}}{\frac{a\left(\frac{3}{2}a\right)^2}{6}} = \frac{4}{3} \cdot \frac{F_P}{a^2}$$

(b) 为单向拉伸

$$\sigma_b = \frac{F_P}{a^2}, \quad \frac{\sigma_a}{\sigma_b} = \frac{4}{3}$$

10 - 6　1. $\sigma_A = \sigma_B = -8\text{MPa}$

2. $\sigma_A = -15.3\text{MPa}$

3. 在点 1 加载：

$\sigma_A = -12.67\text{MPa}$

$\sigma_B = 7.33\text{MPa}$

由对称性，得在 3 点加载：$\sigma_A = 7.33\text{MPa}, \sigma_B = -12.67\text{MPa}$

10 - 7　1) $h = 3d = 75\text{mm}$；2) $\sigma_A = 40\text{MPa}$

10 - 8　1) $\sigma_a = \frac{M_z}{W_z} - \frac{M_y}{W_y} = \frac{6lF_P}{b^2h^2}(b\cos\beta - h\sin\beta)$

2) $\beta = \tan^{-1}\frac{b}{h}$

10 - 9　$F = \frac{-(\varepsilon_A + \varepsilon_B)Ea^3}{12l}, M = \frac{(\varepsilon_B - \varepsilon_A)Ea^3}{12}$

10 - 10　(1) $\sigma_{max} = 9.88\text{MPa}$　(2) $\sigma_{max} = 10.5\text{MPa}$

10 - 11　$\sigma_{tmax} = 5.09\text{MPa}$，　$\sigma_{cmax} = -5.29\text{MPa}$

10 - 12　(1) $\sigma_{cmax} = 0.72\text{MPa}$　(2) $D = 4.15\text{m}$

10 - 13　$\sigma_A = -1.13\text{MPa}$，　$\sigma_B = -1.73\text{MPa}$

10 - 14　$b = 5.81\text{m}$

10 - 15　$F = 24.9\text{kN}$

10 - 16　$F = 129.3\text{kN}$，　$a = 0.144\text{m}$

10 - 17　$\sigma_{eq3} = 161\text{MPa}$，安全

10－18　$\sigma_{eq3}=161\text{MPa}$

10－19　$\sigma_{eq4}=122\text{MPa}$

10－20　$\sigma_{eq4}=75.5\text{MPa}$

10－21　$\sigma_H=-1.12\text{MPa}$，　$\sigma_K=11.87\text{MPa}$

10－22　$\sigma_c=\dfrac{F_{Nx}}{A}=-20.6\text{MPa}$

$$\sigma_a=\frac{F_{Nx}}{A}+\frac{M_z}{W_z}=41.6\text{MPa}$$

$$\sigma_b=\frac{F_{Nx}}{A}+\frac{M_z}{W_z}+\frac{M_y}{W_y}=240\text{MPa}$$

$$\sigma_d=\frac{F_{Nx}}{A}-\frac{M_z}{W_z}+\frac{M_y}{W_y}=116\text{MPa}$$

10－23　$\sigma_{\max}=9.8\text{MPa}$

第 11 章

11－6　$F=89.93\text{kN}$

11－7　$F_{cr}=258.8\text{kN}$

11－8　矩形 / 实心圆 / 正方形 / 空心圆 $=1/1.91/2.0/5.6$

11－9　$F=142\text{kN}$

11－10　$F=124.9\text{kN}$，$F=48.5\text{kN}$

11－11　$F_{cr}=150\text{kN}$

11－12　$q=60\text{kN/m}$

11－13　$F_{cr}=125.5\text{kN}$，$F_{cr}/F=1.84$

11－14　$\sigma=170\text{MPa}$

11－15　$AB$ 梁 $\sigma_{\max}=175\text{MPa}$，$CD$ 杆 $\sigma_{\max}=102\text{MPa}$

11－16　$[F]=34\text{kN}$

第 12 章

12－1　梁 $\sigma_{d\max}=135.4\text{MPa}$，吊索 $\sigma_{d\max}=160.4\text{MPa}$

12－2　梁 $\sigma_{d\max}=110\text{MPa}$，吊索 $\sigma_{d\max}=47.7\text{MPa}$

12－3　$\sigma_{d\max}=174.8\text{MPa}$

12－4　$\Delta l=\dfrac{\omega^2 l}{3EA}(3Q+Q_1)$

12－5　$h_1=0.392\text{m}$，$h_2=0.01\text{m}$

12－6　$\sigma_{d\max}=153\text{MPa}$

12－7　$\sigma_{d\max}=43.14\text{MPa}$

12－8　(a)$r=0$，$\Delta\sigma=200\text{MPa}$　(b)$r=-1/3$，$\Delta\sigma=200\text{MPa}$

(c)$r=1/4$，$\Delta\sigma=150\text{MPa}$　(d)$r=-1$，$\Delta\sigma=200\text{MPa}$

12－9　$\sigma_{\max}=\dfrac{32Fa}{\pi d^3}$，$\sigma_{min}=\dfrac{-32Fa}{\pi d^3}$，$r=-1$，$\Delta\sigma=\dfrac{64Fa}{\pi d^3}$

12－10　$r=0$，$\Delta\sigma=117.7\text{MPa}$

第 13 章

13－1 (1)$U_\varepsilon=\frac{1}{2}F_C\Delta_C(F_C)+\frac{1}{2}F\Delta_D(F_D)+F_C\Delta_C(F_D)$

$$=\frac{2F_C{}^2l^3}{243EI_z}+\frac{2F_D{}^2l^3}{243EI_z}+\frac{7F_CF_Dl^3}{486EI_z},$$

(2)$U_\varepsilon=\frac{1}{2}F\Delta_D(F_D)+\frac{1}{2}F_C\Delta_C(F_C)+F_D\Delta_D(F_C)$

$$=\frac{2F_D{}^2l^3}{243EI_z}+\frac{2F_C{}^2l^3}{243EI_z}+\frac{7F_CF_Dl^3}{486EI_z}$$

(3)$U_\varepsilon=\frac{1}{2}F_C\Delta_C(F_C,F_D)+\frac{1}{2}F_D\Delta_D(F_C,F_D)$

$$=\frac{2F_C{}^2l^3}{243EI_z}+\frac{2F_D{}^2l^3}{243EI_z}+\frac{7F_CF_Dl^3}{486EI_z}$$

13－2 可以，但需要区分 $B$、$C$ 点的力 $F$。

13－3 (a)$U_\varepsilon=\frac{3F^2a}{4EA}$，(b)$U_\varepsilon=\frac{M^2a}{12EI_z}$，(c)$U_\varepsilon=\frac{F^2a^3}{12EI_z}+\frac{F^2D^2a}{8GI_P}$

13－4 (a)$\Delta_C=\frac{5Fl^3}{6EI_z}$，$\theta_C=\frac{3Fl^2}{2EI_z}$，(b)$\Delta_C=\frac{5ql^4}{48EI_z}$，$\theta_C=\frac{-ql^3}{48EI_z}$

13－5 (a)$\Delta_C=\frac{Fa}{2EA}$，(b)$\Delta_C=0$，(c)$\Delta_C=\frac{9Fa}{4EA}$

13－6 (a)$\Delta_C=\frac{11qa^4}{24EI_z}$，$\theta_A=\frac{2qa^2}{3EI_z}$，(b)$\Delta_C=\frac{13Ml^2}{36EI_z}$，$\theta_A=\frac{Ml}{9EI_z}$

13－7 (a)$\Delta_A=\frac{3Fa^3}{2EI_z}$，(b)$\Delta_C=\frac{3Fa^3}{8EI_z}$，(c)$\Delta_C=0$，$\Delta_D=\frac{Fa^3}{2EI_z}$

13－8 由 $F_Q$ 图知，全梁有向下均布 $q$ 载荷，由 $F_Q$ 图中 $A$、$B$、$C$ 处突变，知 $A$、$B$、$C$ 处有向上集中力

$F_{RA}=0.3\text{kN}(\uparrow)$

$F_{RC}=1\text{kN}(\uparrow)$

$F_{RB}=0.3\text{kN}(\uparrow)$

$q=\frac{0.3-(-0.5)}{4}=0.2\text{kN}/m(\downarrow)$

13－9 $\sigma_{CE}=15\text{MPa}$；$\sigma_{DE}=50\text{MPa}$

13－10 1)
$$\begin{cases}\sigma_c=\dfrac{F_{Nc}}{A_c}=\dfrac{E_cF_P}{E_cA_c+E_aA_a}=\dfrac{E_cF_P}{E_c\cdot\dfrac{\pi d^2}{4}+E_a\cdot\dfrac{\pi}{4}(D^2-d^2)}\\[2ex]\sigma_a=\dfrac{F_{Na}}{A_a}=\dfrac{E_aF_P}{E_c\dfrac{\pi d^2}{4}+E_a\dfrac{\pi(D^2-d^2)}{4}}\end{cases}$$

2)$\sigma_c=83.5\text{MPa}$； $\sigma_a=55.6\text{MPa}$

13－11 (1)$\theta_B=\frac{ql^3}{12EI}$(逆)； (2)$w_A=\frac{7ql^4}{384EI}(\uparrow)$

(3)$\theta_B = -\dfrac{ql^3}{12EI}$(顺)；　(4)$w_A = -\dfrac{5ql^4}{24EI}$(↓)

13-12　(1)$B$ 点转角 $\theta_B = -\dfrac{F_P l^2}{6EI}$(顺)

(2)$C$ 处挠度(垂直位移)$w_c = -\dfrac{5F_P l^3}{3EI}$(↓)

13-13　$u_E = \dfrac{5F_P l^3}{3EI}$

13-14　$\delta_0 = 3.888\text{mm}$

13-15　$CD$ 梁　$F_{RD} = F = 1.144\text{kN}$(↑)　$M_D = 286\text{N}\cdot\text{m}$(顺)

$AB$ 梁　$F_{RA} = 10.856\text{kN}$(↑)

$M_A = -1942\text{N}\cdot\text{m}$

13-16　$F_{RA} = 71.25\text{kN}$(↑)；　$M_A = -125\text{kN}\cdot\text{m}$(逆)

$F_{RC} = 48.75\text{kN}$(↑)；　$M_C = -115\text{kN}\cdot\text{m}$(顺)

13-17　$\tau_{\max} = \sigma_{\max} = 31.66\text{MPa}$

13-18　$y(x) = -w(x) = \dfrac{F_P x^3}{3EI}$

13-19　$a = \dfrac{2}{3}l$

13-20　1) $\dfrac{h}{b} = \sqrt{2}$(正应力尽可能小)；　2) $\dfrac{h}{b} = \sqrt{3}$(曲率半径尽可能大)

# 参考文献


[1] 范钦珊．工程力学[M]．北京:清华大学出版社,2005.

[2] 边文凤,李晓玲．工程力学[M]．北京:机械工业出版社,2003.

[3] 李俊峰．理论力学(第1版)[M]．北京:清华大学出版社,2001.

[4] 哈尔滨工业大学理论力学教研室．理论力学Ⅰ(第6版)[M]．北京:高等教育出版社,2002.

[5] 孙训方,方孝淑,关来泰,等．材料力学(第5版).[M]北京:高等教育出版社,2009修订.

[6] 刘鸿文．材料力学(第5版)[M]．北京:高等教育出版社,2011.

[7] 单辉祖．材料力学[M]．北京:高等教育出版社,1999.

[8] 皮萨连科,亚科符列夫,马特维也夫．材料力学手册[M]．范钦珊,朱祖成,译．北京:中国建筑工业出版社,1981.

[9] 渥美光,铃木幸三,三田贤次．材料力学[M]．张少如,译．北京:人民教育出版社,1981.

[10] 杨咸启,张伟林,李晓玲．材料力学[M]．合肥:中国科技大学出版社,2016.

[11] 顾志荣,吴永生．材料力学学习方法及题解指导(第2版)[M]．上海:同济大学出版社,2003.

[12] 赵诒枢,吴胜军,尹长城．材料力学学习方法及题解指导(第2版)[M]．上海:同济大学出版社,2003.

[13] 杨咸启,刘胜荣,褚园．轴承接触应力计算与塑性屈服安定[J]．轴承,2015,3:7-10.

[14] 杨咸启,刘胜荣,曹建华．HERTZ接触应力屈服强度问题研究[J]．机械强度,2016,185(3):580-584.

[15] 杨咸启．接触力学理论与滚动轴承设计分析[M]．武汉:华中科技大学出版社,2018,1.

[16] 杨咸启,时大方,刘国仓．高速铁路滚子轴承中凸度滚子接触参数分析与轴承稳健设计模型[J]．黄山学院学报,2021,3.

[17] 杨咸启,李晓玲,刘胜荣．滚动轴承几何与力学参数化设计和工程问题分析[M]．合肥:合肥工业大学出版社,2021.

[18] Gere J M,Timoshenko S P. Mechanics of materials,Second SI Edition[M]. New. York:VanNostrand Reinhold,1984.

[19] Popov E P. Mechanics of materials, 2nd ed [M]. New Jersey: Prentice - HallInc,1976.

[20] M H Yu. Advances in strength theories for materials under complex stress state in the 20th Century[J]. Applied Mechanics Reviews,2002. 55(3):169-218.